基于水沙联合分布的黄河水库群多目标调度方案优化

李新杰　王远见　方洪斌　王　梁　著

黄河水利出版社
·郑州·

内 容 提 要

本书针对当前黄河流域水沙情势变化、水库库容减少、上中下游河道冲刷能力降低、水库群水资源多目标利用之间的矛盾竞争关系愈加突出等问题,基于大系统多目标优化理论、模糊集理论、统计学理论和二维 Copula 函数等理论方法,采用数学建模与优化方法,研究适应新的水沙条件下的黄河流域水库群多维协同调度模型的构建和求解方法,对变化的水沙条件下水库调度技术进行总结和探索。研究成果对黄河流域等多沙河流水库水资源科学管理和高效利用具有重要指导意义。

本书可作为从事流域规划、水库调度管理等相关技术人员的参考书,也可供相关专业科研人员和院校师生参阅。

图书在版编目(CIP)数据

基于水沙联合分布的黄河水库群多目标调度方案优化/李新杰等著. —郑州:黄河水利出版社,2022.9
ISBN 978-7-5509-3410-8

Ⅰ.①基… Ⅱ.①李… Ⅲ.①黄河-梯级水库-水库调度-研究 Ⅳ.①TV697.1

中国版本图书馆 CIP 数据核字(2022)第 184962 号

组稿编辑:王志宽 电话:0371-66024331 E-mail:wangzhikuan83@126.com

出 版 社:黄河水利出版社 网址:www.yrcp.com
地址:河南省郑州市顺河路黄委会综合楼14层 邮政编码:450003
发行单位:黄河水利出版社
发行部电话:0371-66026940、66020550、66028024、66022620(传真)
E-mail:hhslcbs@126.com
承印单位:广东虎彩云印刷有限公司
开本:787 mm×1 092 mm 1/16
印张:24.5
字数:566 千字
版次:2022 年 9 月第 1 版 印次:2022 年 9 月第 1 次印刷
定价:180.00 元

前　言

　　近几十年来,随着黄河流域坝库工程的建成、水土保持措施的实施和农业灌溉等水利设施的修建和运用,加之流域气候的变化,黄河中下游的水沙关系发生重大变化,对水库及中下游河道防洪安全和生态环境产生了重要的影响。

　　基于以上研究背景,本书以黄河流域水库群为研究对象,基于 Copula 函数理论,构建了二维水沙联合分布模型,分析了黄河流域的水沙变化规律及演变趋势;基于模糊理论分析方法,对龙羊峡水库和小浪底水库汛期进行模糊划分;采用平衡曲线方法,研究了龙羊峡水库和小浪底水库的补偿调度规则,结合黄河流域全河水量调度实践进行了应用分析;基于大系统多目标优化理论,建立了黄河流域水库群多目标优化调度模型,提出了基于改进的 NSGA 算法的调度模型求解方法,得到水库优化调度方案集;基于构建的水库调度方案评价指标体系,提出了基于灰靶-累计前景理论的模糊综合评判方法,对调度方案进行了评价和优选。研究成果对黄河流域及其他多沙河流水库水沙调控理论探索和调度实践具有一定的指导意义。本书作者由黄河水利科学研究院和黄河勘测规划设计研究院有限公司的科研人员组成,由李新杰、王远见、方洪斌和王梁参与撰写,撰写过程中得到了许多专家的帮助。

　　本书得到了国家自然科学基金面上项目"水沙变异条件下的多沙河流梯级水库水沙联合优化调度研究(51879115)"和"十三五"国家重点研发计划项目专题"黄河流域水量分配方案优化及综合调度关键技术(2017YFC0404406-03)"的资助。

　　囿于作者水平有限,书中难免存在不妥和疏漏之处,恳请广大读者和专家不吝指教!

作　者

2022 年 8 月

目　录

第 1 章　黄河流域概况及问题分析

1.1　黄河流域概况

黄河发源于青藏高原巴颜喀拉山北麓约古宗列盆地,流经青海、四川、甘肃、宁夏、内蒙古、山西、陕西、河南、山东等九省(区),在山东省垦利县注入渤海,干流河道全长 5 464 km,流域总面积 79.5 万 km²(含内流区面积 4.2 万 km²)。

自河源至内蒙古自治区托克托县的河口镇为黄河上游,干流河道长 3 472 km,流域面积 42.8 万 km²,汇入的较大支流(流域面积大于 1 000 km²,下同)有 43 条。龙羊峡以上河段是黄河径流的主要来源区和水源涵养区,也是我国三江源自然保护区的重要组成部分。玛多以上属河源段,地势平坦,多为草原、湖泊和沼泽,河段内的扎陵湖、鄂陵湖,海拔在 4 260 m 以上,蓄水量分别为 47 亿 m³ 和 108 亿 m³,是我国最大的高原淡水湖;玛多至玛曲区间,黄河流经巴颜喀拉山与阿尼玛卿山之间的古盆地和低山丘陵,大部分河段河谷宽阔,间有几段峡谷;玛曲至龙羊峡区间,黄河流经高山峡谷,水量相对丰沛,水流湍急,水力资源较丰富;龙羊峡至宁夏境内的下河沿,川峡相间,落差集中,水力资源十分丰富,是我国重要的水电基地;下河沿至河口镇,黄河流经宁蒙平原,河道展宽,比降平缓,两岸分布着大面积的引黄灌区,沿河平原不同程度地存在洪水和冰凌灾害,特别是内蒙古三盛公以下河段,系黄河自低纬度流向高纬度后的河段,凌汛期间冰塞、冰坝壅水,往往造成堤防决溢,危害较大,近年来该河道主槽淤积萎缩严重,导致凌汛期冰下过流能力下降,槽蓄水量增加,河道防凌(洪)形势十分严峻,本河段流经干旱地区,降水量少,蒸发量大,加之灌溉引水和河道侧渗损失,致使黄河水量沿程减少。

河口镇至河南郑州桃花峪为黄河中游,干流河道长 1 206 km,流域面积 34.4 万 km²,汇入的较大支流有 30 条。河段内绝大部分支流地处黄土高原地区,暴雨集中,水土流失十分严重,是黄河洪水和泥沙的主要来源区。河口镇至禹门口河段(也称北干流)是黄河干流上最长的一段连续峡谷,水力资源较丰富,峡谷下段有著名的壶口瀑布,深槽宽仅30~50 m,枯水水面落差约 18 m,气势宏伟壮观。禹门口至潼关河段(也称小北干流),黄河流经汾渭地堑,河谷展宽,河长约 130 km,河道宽浅散乱,冲淤变化剧烈,河段内有汾河、渭河两大支流相继汇入。潼关至小浪底河段,河长约 240 km,是黄河干流的最后一段峡谷;小浪底以下河谷逐渐展宽,是黄河由山区进入平原的过渡河段。

桃花峪以下至入海口为黄河下游,流域面积 2.3 万 km²,汇入的较大支流只有 3 条。现状河床高出背河地面 4~6 m,比两岸平原高出更多,成为淮河流域和海河流域的分水岭,是举世闻名的"地上悬河"。从桃花峪至河口,除南岸东平湖至济南区间为低山丘陵外,其余全靠堤防挡水,历史上堤防决口频繁,目前悬河、洪水依然严重威胁黄淮海平原地区的安全,是中华民族的"心腹之患"。

黄河下游河道具有上宽下窄的特点。桃花峪至高村河段,河长 207 km,堤距一般 10 km 左右,最宽处有 24 km,河槽宽一般 3~5 km,河道泥沙冲淤变化剧烈,河势游荡多变,历史上洪水灾害非常严重,重大改道都发生在本河段,现状两岸堤防保护面积广大,是黄河下游防洪的重要河段。高村至陶城铺河段,河道长 165 km,堤距一般在 5 km 以上,河槽宽 1~2 km。陶城铺至宁海河段,河道长 322 km,堤距一般 1~3 km,河槽宽 0.4~1.2 km。宁海以下为河口段,河道长 92 km,随着入海口的淤积—延伸—摆动,入海流路相应改道变迁,摆动范围北起徒骇河口,南至支脉沟口,扇形面积约 6 000 km²。现状入海流路是 1976 年人工改道清水沟后形成的新河道,位于渤海湾与莱州湾交汇处,是一个弱潮陆相河口。随着河口的淤积延伸,1953 年至小浪底水库建成前,年平均净造陆面积约 24 km²。

黄河下游两岸大堤之间滩区面积约 3 154 km²,有耕地 340 万亩❶,居住人口 189.5 万。东坝头至陶城铺河段,主槽淤积和生产堤的修建,造成槽高、滩低、堤根洼的"二级悬河",严重威胁防洪安全。

1.2　黄河水沙特性

1.2.1　输沙量大,水流含沙量高,水沙关系不协调

黄河以泥沙多而闻名于世。在我国的大江大河中,黄河的流域面积仅次于长江而居第二位,但由于大部分地区处于半干旱和干旱地带,流域水资源量极为贫乏,与流域面积相比很不相称。黄河多年平均天然径流量 535 亿 m³(《黄河流域综合规划》,1956~2000 年,利津站),天然来沙量 16 亿 t(1919~1959 年,陕县站),多年平均含沙量达 35 kg/m³。黄河的径流量不及长江的 1/20,而来沙量为长江的 3 倍,与世界多泥沙河流相比,孟加拉国的恒河年沙量 14.5 亿 t,与黄河相近,但水量达 3 710 亿 m³,是黄河的 7 倍,而含沙量较小,只有 3.9 kg/m³,远小于黄河;美国的科罗拉多河的含沙量为 27.5 kg/m³,与黄河相近,而年沙量仅有 1.35 亿 t。由此可见,黄河沙量之多,含沙量之高,在世界大江大河中是绝无仅有的。水沙关系不协调主要体现在干支流含沙量高和来沙系数(含沙量和流量之比,下同)大上,头道拐至龙门区间的来水含沙量高达 123 kg/m³,来沙系数高达 0.69 kg·s/m⁶,黄河支流渭河华县的来水含沙量也达 50 kg/m³,来沙系数也达到 0.22 kg·s/m⁶。

1.2.2　地区水沙分布不均,水沙异源

黄河流经不同的自然地理单元,流域地形、地貌和气候等条件差别很大,受其影响,黄河具有水沙异源的特点(见表 1-2-1)。黄河水量主要来自上游,中游是黄河泥沙的主要来源区。

---

❶　1 亩 = 1/15 hm²,全书同。

表 1-2-1　黄河主要站区水沙特征值统计

河段站名		1919~1959 年实测									1956~2000年天然
		水量/亿 m³			沙量/亿 t			含沙量/(kg/m³)			水量/亿 m³
		7~10月	11~6月	7~6月	7~10月	11~6月	7~6月	7~10月	11~6月	7~6月	7~6月
上游	唐乃亥	111.4	74.1	185.5	0.05	0.02	0.07	0.46	0.22	0.37	205.1
	兰州	187.4	123.1	310.5	0.91	0.20	1.11	4.85	1.60	3.56	329.9
	下河沿	184.3	115.7	300.0	1.61	0.24	1.85	8.74	2.08	6.17	330.9
	下头区间支流	5.1	4.0	9.1	0.56	0.05	0.61	109.20	12.10	66.30	—
	头道拐	155.9	94.8	250.7	1.17	0.25	1.42	7.51	2.64	5.67	331.7
中下游	龙门	196.7	128.7	325.4	9.35	1.25	10.60	47.53	9.73	32.58	379.1
	头龙区间	40.8	33.9	74.7	8.18	1.00	9.18	200.26	29.57	122.84	—
	渭洛汾河	64.4	37.7	102.1	5.20	0.41	5.61	80.71	10.97	54.94	108.36
	四站	261.1	166.5	427.6	14.54	1.67	16.21	55.71	10.02	37.92	424.99
	潼关	259.0	167.1	426.1	13.40	2.52	15.92	51.72	15.11	37.36	—
	三门峡	259.6	167.3	426.9	13.47	2.59	16.06	51.87	15.50	37.61	482.7
	伊洛沁河	32.5	16.9	49.4	0.34	0.03	0.37	10.36	1.89	7.46	—
	三黑武	292.1	184.2	476.3	13.80	2.62	16.42	47.25	14.25	34.49	41.33
	花园口	295.8	184.1	479.9	12.82	2.34	15.16	43.32	12.73	31.59	532.8
	利津	298.7	164.9	463.6	11.45	1.70	13.15	38.34	10.29	28.36	534.8

注：1. 四站是指黄河干流龙门、渭河华县、汾河河津、北洛河洑头之和。

2. 三黑武是指黄河干流三门峡、伊洛河黑石关、沁河武陟之和。

3. 下头区间是指下河沿至头道拐区间。

4. 头龙区间是指头道拐至龙门区间。

5. 利津站数据为 1950 年 7 月至 1960 年 6 月年平均值。

上游头道拐以上流域面积为 38 万 km²，占全流域面积的 51%，年均天然径流量占全河的 62%，而年沙量仅占 9%（1919~1959 年系列，与三门峡站比较，下同）。上游径流又集中来源于流域面积仅占全河流域面积 18% 的兰州以上，年均天然径流量占头道拐以上的 99%，是黄河水量的主要来源区，而上游兰州以下祖厉河、清水河、十大孔兑等支流来沙及入黄风积沙所占比例超过 50%，因此上游水沙也是异源的。

头道拐至龙门区间流域面积为 11 万 km²，占全流域面积的 15%，该区间有皇甫川、无定河、窟野河等众多支流汇入，年均天然径流量占全河的 9%，而年沙量却占 57%，是黄河泥沙的主要来源区；龙门至三门峡区间（简称龙三区间）流域面积 19 万 km²，该区间有渭河、泾河、汾河等支流汇入，年均天然径流量占全河的 20%，年沙量占 35%，该区间部分地区也属于黄河泥沙的主要来源区。

三门峡以下的伊河、洛河和沁河是黄河的清水来源区之一,年水量占全河水量的8%,年沙量仅占2%。

1.2.3 年内水沙分配集中,年际变化大

黄河水沙年内分配集中,主要集中在汛期(7~10月)。天然情况下黄河汛期水量占年水量的60%左右,汛期沙量占年沙量的80%以上,沙量集中程度更甚于水量,且主要集中在暴雨洪水期,往往5~10 d的沙量可占年沙量的50%~90%,支流沙量的集中程度又甚于干流。例如,龙门站1961年最大5 d沙量占年沙量的33%,三门峡站1933年最大5 d沙量占年沙量的54%,支流窟野河1966年最大5 d沙量占年沙量的75%,岔巴沟1966年最大5 d沙量占年沙量的89%。

黄河水沙年际变化大。以三门峡水文站为例,实测最大年径流量为659.1亿 m^3(1937年),最小年径流量仅为120.3亿 m^3(2002年),丰枯极值比为5.5。三门峡水文站最大年输沙量为37.26亿 t(1933年),最小年输沙量为1.11亿 t(2008年),丰枯极值比为33.57。由于输沙量年际变化较大,黄河泥沙主要集中在几个大沙年份,20世纪80年代以前各年代最大3年输沙量所占比例在40%左右;1980年以来黄河来沙进入一个长时期枯水时段,潼关站最大年沙量为14.44亿 t,多年平均沙量5.86亿 t,但大沙年份所占比例依然较高,潼关站年来沙量大于10亿 t的1981年、1988年、1994年和1996年4年沙量占1981~2012年32年总沙量的26.4%。

在1919~2012年实测径流系列中,出现了1922~1932年、1969~1974年和1986~2012年3个枯水时段,分别持续了11年、6年和27年,花园口断面3个枯水段水量分别相当于长系列的85%、78%和62%;1981~1985年为连续5年的丰水时段,该时段水量为长系列平均水量的1.24倍。

1.2.4 不同地区泥沙颗粒组成不同

黄河上中游来沙组成中,头道拐以上来沙较细,头道拐泥沙中数粒径多年平均为0.018 mm;头道拐至龙门区间是黄河多沙、粗沙区,因此来沙粗,龙门站中数粒径则达0.029 mm,区间主要支流,泥沙中数粒径在0.019~0.057 mm;龙门以下渭河来沙较细,华县站泥沙中数粒径与上游泥沙中数粒径比较接近,为0.018 mm,见表1-2-2。

表1-2-2 黄河上中游干支流泥沙颗粒组成统计(1966~2013年)

站(河)名		分组泥沙沙重百分数/%			中数粒径/ mm
		<0.025 mm	0.025~0.05 mm	>0.05 mm	
干流	兰州	61.9	21.1	17.0	0.017
	下河沿	62.5	21.8	15.6	0.017
	头道拐	59.7	21.5	18.8	0.018
	龙门	45.6	26.5	27.9	0.029
	潼关	52.2	26.5	21.3	0.023

续表 1-2-2

站(河)名		分组泥沙沙重百分数/%			中数粒径/ mm
		<0.025 mm	0.025~0.05 mm	>0.05 mm	
支流	渭河华县	62.3	25.2	12.5	0.018
	皇甫川	35.8	14.8	49.4	0.041
	孤山川	41.6	20.9	37.5	0.033
	窟野河	34.1	15.0	50.9	0.045
	秃尾河	26.8	19.2	54.0	0.057
	三川河	53.2	26.8	20.0	0.023
	无定河	38.9	27.7	33.4	0.034
	清涧河	45.2	30.1	24.7	0.028
	昕水河	60.3	24.4	15.3	0.019
	延水河	44.0	28.5	27.5	0.029

注:考虑各支流已有资料情况,统计开始时间为 1966 年。

1.3　黄河水沙变化特点

1.3.1　水沙量大幅度减少,减少程度在空间上分布不均

对黄河主要水文站实测径流量、输沙量资料的统计分析表明,由于气候降雨的影响及人类活动的加剧,进入黄河的水沙量呈逐步减少趋势,20 世纪 80 年代中期发生显著变化,2000 年以来水沙量减少幅度更大。黄河主要干支流水文站不同时期实测径流量和输沙量变化情况见表 1-3-1。

1.3.1.1　水沙量大幅度减少

黄河干流下河沿、头道拐、龙门、四站、潼关、三门峡、花园口和利津等站 1919~1959 年多年平均实测径流量分别为 300.1 亿 m³、250.7 亿 m³、325.4 亿 m³、427.6 亿 m³、426.1 亿 m³、426.9 亿 m³、480.0 亿 m³ 和 463.6 亿 m³,1987~1999 年平均径流量为 250.8 亿 m³、164.4 亿 m³、205.4 亿 m³、265.6 亿 m³、260.6 亿 m³、255.0 亿 m³、274.9 亿 m³ 和 148.2 亿 m³,较 1919~1959 年多年平均值减少了 16.4%、34.4%、36.9%、37.9%、38.8%、40.3%、42.7% 和 68.0%,2000 年以来黄河中下游水量继续减少(河口镇以上来水与 1987~1999 年基本相当),以上各站 2000~2012 年平均径流量为 260.3 亿 m³、163.5 亿 m³、184.1 亿 m³、243.7 亿 m³、231.2 亿 m³、218.7 亿 m³、257.9 亿 m³ 和 165.3 亿 m³,与 1919~1959 年相比,分别减少了 13.3%、34.8%、43.4%、43.0%、45.7%、48.8%、46.3%、64.3%。支流入黄水量同样变化很大,渭河华县站和汾河河津站 1987~1999 年入黄水量较 1919~1959 年多年平均值减少 39.6% 和 65.3%,2000 年以来较 1919~1959 年减少了 36.4% 和 74.3%。从历年实测径流量过程看,1990 年以来四站径流量均小于多年平均值,其中 2002 年仅 158.95 亿 m³,是 1919 年以来径流量最小的一年。

表 1-3-1　黄河主要干支流水文站实测径流量和输沙量不同时段对比

时段/年	下河沿 水量	下河沿 沙量	下河沿 来沙系数	头道拐 水量	头道拐 沙量	头道拐 来沙系数	龙门 水量	龙门 沙量	龙门 来沙系数	潼关 水量	潼关 沙量	潼关 来沙系数	三门峡 水量	三门峡 沙量	三门峡 来沙系数	花园口 水量	花园口 沙量	花园口 来沙系数
1919~1949	298.3	1.69	0.006	253.7	1.39	0.007	328.8	10.20	0.030	427.2	15.56	0.027	427.2	15.56	0.027	481.7	15.03	0.020
1950~1959	305.6	2.34	0.008	241.4	1.51	0.008	315.1	11.85	0.038	422.9	17.04	0.030	426.1	17.60	0.031	474.4	15.56	0.022
1960~1969	356.5	1.70	0.004	275.0	1.83	0.008	340.9	11.38	0.031	456.6	14.37	0.022	460.0	11.54	0.017	515.2	11.31	0.013
1970~1979	308.3	1.20	0.004	232.4	1.15	0.007	283.1	8.67	0.034	353.9	13.02	0.033	354.7	13.77	0.035	377.7	12.19	0.027
1980~1989	329.9	0.90	0.003	242.1	0.99	0.005	278.7	4.69	0.019	374.3	7.86	0.018	376.2	8.64	0.019	418.5	7.79	0.014
1990~1999	238.0	0.91	0.005	153.7	0.39	0.005	194.1	5.06	0.042	241.5	7.87	0.043	233.1	7.67	0.045	249.6	6.79	0.034
2000~2012	260.3	0.41	0.002	163.5	0.44	0.005	184.1	1.57	0.015	231.2	2.76	0.016	218.7	3.27	0.022	257.9	1.01	0.005
1919~2012	298.0	1.37	0.005	228.0	1.15	0.007	284.1	8.01	0.031	369.6	11.91	0.028	367.9	11.88	0.028	411.1	10.80	0.020
1919~1959①	300.1	1.85	0.006	250.7	1.42	0.007	325.4	10.60	0.032	426.1	15.92	0.028	426.9	16.06	0.028	480.0	15.16	0.021
1950~1986②	327.6	1.60	0.005	251.6	1.43	0.007	309.4	9.39	0.031	408.2	13.42	0.025	410.4	13.21	0.025	453.5	12.00	0.018
1987~1999③	250.8	0.88	0.004	164.4	0.45	0.004	205.4	5.31	0.040	260.6	8.07	0.037	255.0	7.97	0.039	274.9	7.11	0.030
2000~2012④	260.3	0.41	0.002	163.5	0.44	0.005	184.1	1.57	0.015	231.2	2.76	0.016	218.7	3.27	0.022	257.9	1.01	0.005
③较①少/%	16.4	52.4	33.3	34.4	68.3	28.6	36.9	49.9	-25.0	38.8	49.3	-32.1	40.3	50.4	-39.3	42.7	53.1	-42.9
④较①少/%	13.3	77.8	66.7	34.8	69.0	28.6	43.4	85.2	53.1	45.7	82.7	42.9	48.8	79.6	21.4	46.3	93.3	76.2

注：水量的单位为亿 m³；沙量的单位为亿 t；来沙系数的单位为 kg·s/m⁶。

续表 1-3-1

时段/年	利津			华县			河津			湺头			四站		
	水量	沙量	来沙系数	水量	沙量	来沙系数	水量	沙量	来沙系数	水量	沙量	来沙系数	水量	沙量	来沙系数
1919~1949				78.0	4.23	0.219	15.3	0.48	0.647	7.0	0.81	5.177	429.1	15.72	0.027
1950~1959	463.6	13.15	0.019	83.8	4.26	0.191	17.4	0.70	0.726	6.5	0.92	6.896	422.8	17.74	0.031
1960~1969	512.9	11.00	0.013	97.9	4.39	0.145	18.3	0.35	0.328	8.9	1.00	3.968	465.9	17.12	0.025
1970~1979	304.2	8.88	0.030	57.7	3.82	0.362	9.9	0.19	0.602	5.7	0.80	7.618	356.5	13.47	0.033
1980~1989	290.7	6.46	0.024	81.0	2.77	0.133	6.7	0.04	0.311	7.1	0.47	2.966	373.5	7.98	0.018
1990~1999	131.5	3.79	0.069	41.8	2.79	0.504	4.8	0.03	0.422	6.6	0.89	6.390	247.3	8.78	0.045
2000~2012	165.3	1.40	0.016	50.5	1.21	0.149	4.1	0	0.059	5.0	0.18	2.293	243.7	2.96	0.016
1919~2012	304.4	7.16	0.024	71.2	3.48	0.216	11.7	0.30	0.688	6.7	0.73	5.077	373.7	12.52	0.028
1919~1959①	463.6	13.15	0.019	79.4	4.24	0.212	15.8	0.53	0.673	6.9	0.84	5.554	427.6	16.21	0.028
1950~1986②	408.1	10.24	0.019	81.0	3.89	0.187	13.5	0.34	0.588	7.1	0.81	5.088	411.0	14.44	0.027
1987~1999③	148.2	4.15	0.059	48.0	2.79	0.382	5.5	0.04	0.385	6.7	0.84	5.935	265.6	8.98	0.040
2000~2012④	165.3	1.40	0.016	50.5	1.21	0.149	4.1	0	0.059	5.0	0.18	2.293	243.7	2.96	0.016
③较①少/%	68.0	68.4	-210.5	39.5	34.2	-80.2	65.2	92.5	42.8	2.9	0	-6.9	37.9	44.6	-42.9
④较①少/%	64.3	89.4	15.8	36.4	71.5	29.7	74.1	100.0	91.2	27.5	78.6	58.7	43.0	81.7	42.9

与径流量变化趋势基本一致,实测输沙量也大幅度减少。下河沿、头道拐、龙门、四站、潼关、三门峡、花园口和利津等站 1919~1959 年多年平均实测输沙量分别为 1.85 亿 t、1.42 亿 t、10.60 亿 t、16.21 亿 t、15.92 亿 t、16.06 亿 t、15.16 亿 t 和 13.15 亿 t,1987~1999 年平均输沙量分别减至 0.88 亿 t、0.45 亿 t、5.31 亿 t、8.98 亿 t、8.07 亿 t、7.97 亿 t、7.11 亿 t 和 4.15 亿 t,较 1919~1959 年减少 52.4%、68.3%、49.9%、44.6%、49.3%、50.4%、53.1%和 68.4%,2000 年以来黄河来沙量尤其是中游来沙量大幅减少,2000~2012 年下河沿、头道拐、龙门、四站、潼关和三门峡等站年均沙量仅有 0.41 亿 t、0.44 亿 t、1.57 亿 t、2.96 亿 t、2.76 亿 t 和 3.27 亿 t,与 1919~1959 年相比,分别减少 77.8%、69.0%、85.2%、81.7%、82.7%、79.6%,为历史上实测最枯沙时段。小浪底水库投入运用以来,由于水库拦沙作用,进入下游的沙量大大减少,2000~2012 年花园口站和利津站沙量仅有 1.01 亿 t、1.40 亿 t。渭河、汾河和北洛河等支流入黄沙量也同步减少,2000~2012 年华县站、河津站、洑头站输沙量较 1919~1959 年多年均值偏少 71.5%以上。

随着水沙量的减少,表示水沙关系的来沙系数发生变化,龙门、华县、河津、洑头四站 1919~1949 年、1950~1959 年、1960~1969 年、1970~1979 年、1980~1989 年、1990~1999 年、2000~2012 年多年平均来沙系数分别为 0.030 kg·s/m⁶、0.038 kg·s/m⁶、0.031 kg·s/m⁶、0.034 kg·s/m⁶、0.019 kg·s/m⁶、0.042 kg·s/m⁶、0.015 kg·s/m⁶,20 世纪 90 年代来沙系数明显增加,2000 年后多年平均来沙系数有所减小。

1.3.1.2 水沙量减少程度在空间上分布不均

近期泥沙减少主要集中在头道拐至龙门区间。潼关站沙量由 1919~1959 年平均 15.92 亿 t 减少到 1987 年以来的 5.42 亿 t,年平均减少的 10.50 亿 t 的泥沙中,头道拐至龙门区间减少了 6.19 亿 t,占 58.9%;龙门至潼关区间减少了 3.34 亿 t,占 31.8%;头道拐以上减少了 0.97 亿 t,仅占 9.3%。与 1919~1959 年实测沙量相比,1987 年以来头道拐至龙门区间、龙门至潼关区间实测沙量分别减少了 67.4%、62.8%,头道拐至龙门区间沙量减少幅度最大。

黄河水量减少和沙量减少的空间分布有所不同,虽然头道拐至龙门区间减水量占该区水量的比例最大,但黄河水量减少的绝对量主要集中在头道拐以上。与 1919~1959 年相比,1987 年以来潼关站减少的 180.2 亿 m³ 水量中,头道拐以上减水量为 86.8 亿 m³,占 48.1%;头道拐至龙门区间减水量为 43.9 亿 m³,占 24.4%;龙门至潼关区间减水量为 49.5 亿 m³,占 27.5%。与 1919~1959 年实测水量相比,1987 年以来头道拐至龙门区间、龙门至潼关区间水量分别减少了 58.8%、49.2%,头道拐至龙门区间水量减少的比例最大。

1.3.2 径流量年内分配比例发生变化,汛期比例减少

径流量年内分配比例发生变化,表现为汛期比例下降,非汛期比例上升,年内径流量月分配趋于均匀。

表 1-3-2 给出了黄河干流主要水文站实测径流量年内分配不同时段对比情况。可以看出,黄河干流花园口水文站以上,1986 年以前,汛期径流量一般可占年径流量的 60%左右,1986 年以来普遍降到了 47%以下,且最大月径流量与最小月径流量的比值也逐步缩小。2000 年小浪底水库投入运用以来,下游花园口断面汛期来水比例仅为 38%,考虑小浪底水库调节的影响,统计 6~10 月来水比例为 53%,与 1987~1999 年时段基本相同。

表 1-3-2　黄河干流主要水文站实测径流量年内分配对比

站名	时段/年	年内各月分配/%												汛期
		1	2	3	4	5	6	7	8	9	10	11	12	
下河沿	1950~1968	3.0	2.8	5.1	5.1	5.6	5.6	13.1	16.2	17.9	14.7	7.6	3.3	61.9
	1969~1986	5.5	5.5	7.9	7.5	3.7	4.3	11.0	14.4	15.0	13.9	6.5	4.7	54.3
	1987~1999	7.3	7.7	13.4	9.4	3.3	4.7	7.3	15.0	12.2	5.1	7.2	7.4	39.6
	2000~2013	5.5	6.8	13.5	10.0	4.5	6.4	6.1	11.2	14.7	8.2	7.6	5.5	40.2
头道拐	1919~1968	2.6	2.6	4.3	4.8	5.2	7.1	14.1	17	16.9	14.5	7.7	3.2	62.5
	1969~1986	5.4	5.3	7.7	7.4	4.1	4.2	10.6	14.4	15.5	14.3	6.6	4.6	54.8
	1987~1999	7.3	7.6	13.1	9.6	3.3	4.7	7.6	15.4	12.0	5.0	7.0	7.3	40.0
	2000~2013	5.7	7.1	14.2	10.2	4.6	6.1	5.7	10.4	14.3	8.2	7.9	5.7	38.6
龙门	1919~1968	2.7	3.1	5.4	5.2	5.3	6.3	13.8	17.5	15.6	13.8	7.9	3.4	60.7
	1969~1986	4.9	5.4	7.9	7.5	4.9	3.9	10.8	15.2	14.4	13.5	6.9	4.8	53.9
	1987~1999	6.3	7.2	12.1	9.6	3.9	4.8	9.2	16.0	12.1	5.5	6.0	7.5	42.8
	2000~2013	4.7	6.9	12.4	10.0	4.6	6.7	7.6	10.5	14.0	8.9	7.4	6.3	41.0
潼关	1919~1968	2.8	3.2	5.2	5.8	5.8	5.5	13.0	17.6	15.5	13.6	8.2	3.9	59.7
	1969~1986	4.2	4.7	7.0	6.8	5.7	3.8	10.7	14.5	17.0	14.2	7.2	4.1	56.4
	1987~1999	5.4	6.1	10.5	9.2	4.9	5.5	10.5	16.9	12.4	6.8	5.8	6.0	46.6
	2000~2013	4.6	6.6	10.7	8.7	4.9	6.2	7.9	10.8	14.7	11.3	7.6	6.1	44.7
三门峡	1919~1968	2.8	3.1	5.1	5.3	5.6	6.4	13.6	17.6	15.6	13.5	7.7	3.7	60.3
	1969~1986	3.7	3.2	7.3	6.7	6.6	4.9	10.7	14.5	16.1	14.6	7.1	4.6	55.9
	1987~1999	4.5	5.7	9.2	9.1	7.1	6.6	10.5	17.0	12.4	6.2	5.7	6.3	46.1
	2000~2013	4.2	6.2	10.3	8.1	5.0	6.7	8.3	11.1	16.2	10.9	7.1	5.8	46.5
花园口	1919~1968	2.9	3.0	4.9	5.2	5.5	6.3	13.6	17.8	15.7	13.6	7.8	3.8	60.7
	1969~1986	3.8	3.0	6.8	6.3	6.2	4.5	11.0	15.0	16.5	15.0	7.3	4.6	57.5
	1987~1999	4.8	5.1	9.1	8.7	6.9	6.2	10.2	17.4	12.9	6.8	5.7	6.2	47.3
	2000~2013	4.5	4.5	8.7	8.5	7.3	15.3	11.3	8.6	8.4	9.9	6.8	6.1	38.2

1.3.3 汛期小流量历时增加、输沙比例提高,有利于输沙的大流量历时和水量明显减少

黄河不仅径流量、泥沙量大大减少,而且水沙过程也发生了很大变化,汛期平枯水流量历时增加,输沙比例大大提高。从潼关水文站汛期日均流量过程的统计结果(见表 1-3-3)看,1987 年以来,2 000 m³/s 以下流量级历时大大增加,相应水量、沙量所占比例也明显提高。1960~1968 年日均流量小于 2 000 m³/s 出现天数占汛期比例为 36.3%,水量、沙量占汛期的比例为 18.0%、14.6%;1969~1986 年出现天数比例为 61.3%,相应水量、沙量占汛期的比例分别为 36.6%、30.8%,与 1960~1968 年相比略有提高,而 1987~1999 年该流量级出现天数比例增加至 87.5%,相应水量、沙量占汛期的比例分别为 69.2%、47.5%,2000~2013 年该流量级出现天数比例增为 90.4%,相应水量、沙量占汛期的比例分别为 74.4%、70.3%。

表 1-3-3 潼关水文站不同时期各流量级水沙特征值(7~10 月)

时段/年	流量级/(m³/s)	天数/d	水量/亿 m³	沙量/亿 t	出现概率/%	水比例/%	沙比例/%
1960~1968	0~1 000	10.8	6.16	0.17	8.8	2.2	1.4
	1 000~2 000	33.8	44.33	1.62	27.5	15.8	13.2
	2 000~3 000	33.1	71.22	2.79	26.9	25.4	22.8
	3 000~4 000	25.9	76.41	3.14	21.0	27.2	25.6
	>4 000	19.4	82.42	4.54	15.8	29.4	37.0
	>2 000	78.4	230.05	10.47	63.7	82.0	85.4
	合计	123.0	280.54	12.26	100.0	100.0	100.0
1969~1986	0~1 000	29.9	17.59	0.69	24.3	8.6	7.6
	1 000~2 000	45.6	57.42	2.09	37.0	28.0	23.1
	2 000~3 000	24.9	51.97	2.35	20.2	25.4	26.0
	3 000~4 000	14.0	41.78	1.86	11.4	20.4	20.5
	>4 000	8.7	36.06	2.06	7.1	17.6	22.8
	>2 000	47.6	129.81	6.27	38.7	63.4	69.3
	合计	123.1	204.82	9.05	100.0	100.0	100.0

续表 1-3-3

时段/年	流量级/(m³/s)	天数/d	水量/亿 m³	沙量/亿 t	出现概率/%	水比例/%	沙比例/%
1987~1999	0~1 000	66.2	32.40	0.62	53.8	27.2	10.1
	1 000~2 000	41.5	50.11	2.29	33.7	42.0	37.4
	2 000~3 000	11.1	23.08	1.67	9.0	19.3	27.3
	3 000~4 000	3.0	8.63	0.83	2.4	7.2	13.6
	>4 000	1.2	5.09	0.71	1.0	4.3	11.6
	>2 000	15.3	36.80	3.21	12.4	30.8	52.5
	合计	123.0	119.31	6.12	100.0	100.0	100.0
2000~2013	0~1 000	71.4	34.87	0.63	58.0	31.6	31.2
	1 000~2 000	39.9	47.14	0.79	32.4	42.8	39.1
	2 000~3 000	8.0	16.41	0.42	6.5	14.9	20.8
	3 000~4 000	2.9	8.63	0.15	2.4	7.8	7.4
	>4 000	0.8	3.14	0.03	0.7	2.9	1.5
	>2 000	11.7	28.18	0.60	9.6	25.6	29.7
	合计	123.0	110.19	2.02	100.0	100.0	100.0

相反,日均流量大于 2 000 m³/s 的流量级历时,相应水量、沙量占汛期的比例则大大减少。例如,2 000~4 000 m³/s 流量级天数的比例由 1960~1968 年的 47.9%减少至 1969~1986 年的 31.6%,1987~1999 年该流量级出现天数比例仅为 11.4%,而 2000~2013 年又减少至 8.9%;该流量级水量占汛期水量的比例由 1960~1968 年的 52.6%减少至 1969~1986 年的 45.8%,1987~1999 年为 26.1%,2000~2013 年减为 22.7%;该流量级相应沙量占汛期的比例也由 1960~1968 年的 48.4%减少至 1969~1986 年的 46.5%,1987~1999 年的 40.9%,2000~2013 年的 28.2%,逐时段持续减少。大于 4 000 m³/s 流量级天数的比例由 1960~1968 年的 15.8%减少至 1969~1986 年的 7.1%,1987~1999 年该流量级天数比例仅为 1.0%,2000~2013 年又减少至 0.7%;该流量级水量占汛期水量比例 1960~1968 年为 29.4%,1969~1986 年为 17.6%,1987~1999 年为 4.3%,2000~2013 年为 2.9%;该流量级相应沙量占汛期的比例 1960~1968 年为 37.0%,1969~1986 年为 22.8%,1987~1999 年为 11.6%,2000~2013 年仅为 1.5%。

统计花园口水文站 6~10 月日均流量过程(见表 1-3-4)可以看出,与潼关水文站相似,1987 年以后,随着黄河来水量的减少,日均流量大于 2 000 m³/s 的流量级历时,相应水量、沙量比例减少。然而,2000~2013 年由于小浪底水库调水调沙运用,增加了进入下游的有利于输沙的水量。1987~1999 年日均流量大于 2 000 m³/s 出现天数比例为 13.4%,相应水量、沙量占 6~10 月水量、沙量的比例分别为 35.0%、57.6%;2000~2013 年出现天数比例为 14.7%,相应水量、沙量占汛期的比例分别为 41.7%、69.4%,与 1987~1999 年时段相比稍有增加。

表 1-3-4 花园口站不同时期各流量级水沙特征值(6~10 月)

时段/年	流量级/(m³/s)	天数/d	水量/亿 m³	沙量/亿 t	出现概率/%	水比例/%	沙比例/%
1960~1968	0~1 000	30.3	11.80	0.16	19.8	3.5	1.8
	1 000~2 000	35.0	44.20	0.81	22.9	13.3	9.0
	2 000~3 000	35.0	74.77	1.84	22.9	22.4	20.5
	3 000~4 000	23.3	70.33	2.16	15.2	21.1	24.0
	>4 000	29.3	132.49	4.02	19.2	39.7	44.7
	>2 000	87.6	277.59	8.02	57.3	83.2	89.2
	合计	152.9	333.59	8.99	100.0	100.0	100.0
1969~1986	0~1 000	49.1	25.87	0.42	32.1	10.4	4.7
	1 000~2 000	49.4	62.39	1.77	32.3	25.0	19.6
	2 000~3 000	26.6	56.09	2.34	17.4	22.5	25.9
	3 000~4 000	12.1	36.13	1.63	7.9	14.5	18.0
	>4 000	15.8	69.19	2.87	10.3	27.6	31.8
	>2 000	54.5	161.41	6.84	35.6	64.6	75.7
	合计	153.0	249.67	9.03	100.0	100.0	100.0
1987~1999	0~1 000	85.5	39.04	0.58	55.9	26.5	9.3
	1 000~2 000	47.0	56.74	2.07	30.7	38.5	33.1
	2 000~3 000	13.7	28.48	1.67	8.9	19.3	26.7
	3 000~4 000	4.7	13.71	1.01	3.1	9.3	16.2
	>4 000	2.2	9.47	0.92	1.4	6.4	14.7
	>2 000	20.6	51.66	3.60	13.4	35.0	57.6
	合计	153.1	147.44	6.25	100.0	100.0	100.0
2000~2013	0~1 000	106.2	51.91	0.12	69.4	37.6	14.1
	1 000~2 000	24.4	28.57	0.14	15.9	20.7	16.5
	2 000~3 000	13.0	28.32	0.37	8.5	20.5	43.5
	3 000~4 000	7.9	23.81	0.19	5.2	17.2	22.4
	>4 000	1.6	5.54	0.03	1.0	4.0	3.5
	>2 000	22.5	57.67	0.59	14.7	41.7	69.4
	合计	153.1	138.15	0.85	100.0	100.0	100.0

1.3.4　中常洪水的洪峰流量减小,但仍有发生大洪水的可能

20 世纪 80 年代后期以来,黄河中下游中常洪水的洪峰流量减小,3 000 m³/s 以上量级的洪水场次也明显减少。统计结果(见表 1-3-5)表明,黄河中游潼关站年均洪水发生的场次,在 1987 年以前,3 000 m³/s 以上和 6 000 m³/s 以上分别是 5.5 场和 1.3 场,1987~1999年分别减少至 2.8 场和 0.3 场,2000 年以来洪水发生场次更少,3 000 m³/s 以上年均仅1.0 场,且最大洪峰流量仅为 5 800 m³/s(2011 年 9 月 21 日);下游花园口站 1987 年以前年均发生 3 000 m³/s 以上和 6 000 m³/s 以上的洪水分别为 5.0 场和 1.4 场,1987~1999年后分别减少至 2.6 场和 0.4 场,2000 年小浪底水库运用以来,进入下游 3 000 m³/s 以上洪水年均 1.3 场,大部分为汛前调水调沙期间小浪底水库塑造的洪水,最大洪峰流量6 600 m³/s,是 2010 年汛前调水调沙异重流排沙期间洪峰异常增值导致。

同时,分析黄河干流主要水文站逐年最大洪峰流量可以发现,1987 年以后洪峰流量明显减小。潼关站和花园口站 1987~2013 年最大洪峰流量仅 8 260 m³/s 和 7 860 m³/s("96·8"洪水)。

表 1-3-5　中下游主要站不同时段洪水特征值统计

站名	时段/年	洪水发生场次/(场/a)		最大洪峰	
		>3 000 m³/s	>6 000 m³/s	流量/(m³/s)	发生年份
潼关	1950~1986	5.5	1.3	13 400	1954
	1987~1999	2.8	0.3	8 260	1988
	2000~2013	1.0	0	5 800	2011
花园口	1950~1986	5.0	1.4	22 300	1958
	1987~1999	2.6	0.4	7 860	1996
	2000~2013	1.3	0.1	6 600	2010

另外,黄河洪水主要来源于黄河中游的强降雨过程,由于中游总体治理程度还比较低,现有水利水保工程对于一般洪水过程的影响比较明显,但对于由强降雨过程所引起的大暴雨洪水的影响程度则十分微弱,因此一旦遭遇中游的强降雨,仍有发生大洪水的可能。例如,龙门站在 1986 年后的 1988 年、1992 年、1994 年、1996 年都发生了 10 000 m³/s 以上的大洪水,2003 年府谷站出现了 12 800 m³/s(7 月 30 日)的洪水,2012 年吴堡站出现了洪峰流量 10 600 m³/s(7 月 27 日)的洪水。

1.3.5　泥沙粒径组成变化不大

统计黄河上中游主要站不同时期悬移质泥沙颗粒组成及中数粒径变化见表 1-3-6。由表 1-3-6 可以看出,黄河上中游来沙粒径及悬移质不同粒径泥沙组成各个时段变化不大。

表 1-3-6　黄河上中游主要站不同时期悬移质泥沙颗粒组成及中数粒径变化

站名	时段/年	年均沙量/亿 t	分组泥沙沙重百分数/%				中数粒径 d_{50}/mm
			<0.025 mm	0.025~0.05 mm	>0.05 mm	全沙	
头道拐	1958~1968	1.99	63.6	21.6	14.8	100	0.016
	1969~1986	1.09	59.3	22.3	18.5	100	0.018
	1987~1999	0.45	64.3	16.8	18.9	100	0.013
	2000~2013	0.45	55.8	20.1	24.1	100	0.021
	1958~2013	0.96	61.2	21.1	17.7	100	0.017
龙门	1957~1968	12.27	43.0	27.8	29.2	100	0.031
	1969~1986	7.03	46.0	26.3	27.7	100	0.028
	1987~1999	5.31	46.4	27.4	26.2	100	0.028
	2000~2013	1.62	49.1	23.4	27.5	100	0.026
	1957~2013	6.41	45.1	26.9	28.0	100	0.029
潼关	1961~1968	15.10	52.3	27.9	19.8	100	0.023
	1969~1986	10.90	53.3	26.4	20.3	100	0.023
	1987~1999	8.06	50.8	26.4	22.8	100	0.024
	2000~2013	2.85	53.2	22.0	24.8	100	0.023
	1961~2013	8.71	52.4	26.5	21.1	100	0.023
华县	1957~1968	4.75	65.3	23.7	11.0	100	0.017
	1969~1986	3.35	63.5	25.7	10.8	100	0.017
	1987~1999	2.77	59.1	25.2	15.7	100	0.020
	2000~2013	1.22	62.8	22.3	14.9	100	0.017
	1957~2013	2.99	63.1	24.6	12.3	100	0.018
洑头	1963~1968	1.25	45.9	38.0	16.1	100	0.027
	1969~1986	0.65	45.6	33.7	20.7	100	0.028
	1987~1999	0.84	51.8	31.5	16.7	100	0.024
	2000~2013	0.20	56.1	29.3	14.7	100	0.021
	1963~2013	0.67	48.4	33.7	17.9	100	0.026

注：各站 20 世纪 80 年代以前粒径计法的颗粒级配均进行了修正，下同。

黄河上游头道拐站 1958~1968 年悬移质泥沙中数粒径多年平均为 0.016 mm；1969~1986 年为 0.018 mm；1987~1999 年中数粒径减小为 0.013 mm；2000~2013 年有所增大，为 0.021 mm。从不同时期分组泥沙组成上看，不同时期粒径小于 0.025 mm 的泥沙占全沙的比例为 55.8%~63.6%，粒径 0.025~0.05 mm 的泥沙比例为 16.8%~22.3%，粒径大于 0.05 mm 的泥沙比例为 14.8%~24.1%，不同时期不同颗粒泥沙组成相差不大。

黄河中游龙门站 1957~1968 年、1969~1986 年、1987~1999 年、2000~2013 年 4 个时

段悬移质泥沙中数粒径分别为 0.031 mm、0.028 mm、0.028 mm、0.026 mm,粒径小于 0.025 mm 的泥沙占全沙的比例分别为 43.0%、46.0%、46.4%、49.1%,粒径大于 0.05 mm 的泥沙占全沙的比例为 29.2%、27.7%、26.2%、27.5%。潼关站各时期悬移质泥沙中数粒径均在 0.023 mm 左右,分组泥沙比例也相差不大,粒径小于 0.025 mm 的泥沙占全沙的比例为 50.8%~53.2%,粒径大于 0.05 mm 的泥沙占全沙的比例为 19.8%~24.8%。

黄河中游支流渭河华县站各时期泥沙中数粒径分别为 0.017 mm、0.017 mm、0.020 mm、0.017 mm,粒径小于 0.025 mm 的泥沙占全沙的比例分别为 65.3%、63.5%、59.1%、62.8%,粒径大于 0.05 mm 的泥沙比例分别为 11.0%、10.8%、15.7%、14.9%。

北洛河洑头站各时期泥沙中数粒径分别为 0.027 mm、0.028 mm、0.024 mm、0.021 mm,粒径小于 0.025 mm 的泥沙占全沙的比例分别为 45.9%、45.6%、51.8%、56.1%,粒径大于 0.05 mm 的泥沙比例分别为 16.1%、20.7%、16.7%、14.7%。

通过上述分析,并结合各站中数粒径历年变化过程,黄河干支流泥沙组成变化不大。

1987 年以来,虽然黄河径流量、输沙量都有不同程度的减少,但是汛期来水量、有利于输沙的大流量历时和相应水量明显减少,造成黄河宁蒙河段、小北干流、渭河下游、黄河下游等上中游主要冲积性河道淤积萎缩(黄河下游河道由于小浪底水库蓄水拦沙和调水调沙的作用,河道淤积萎缩的局面得到了缓解),主槽过流能力减小,防洪防凌形势严峻。

1.4　黄河水沙变化主要原因分析

1.4.1　水沙减少原因分析

20 世纪 80 年代以来黄河中游主要产沙区入黄泥沙的大幅度减少,与降雨变化、水利水保措施减沙、黄土高原退耕还林还草、水资源开发利用、道路建设、流域煤矿开采以及河道采砂取土等诸多因素有关。

1.4.1.1　中游降雨变化

黄河中游产沙量与降雨量、降雨强度关系密切,流域沙量的 57% 来自于头龙区间。根据黄河流域主要产沙区头龙区间不同时期降雨量的变化(见表 1-4-1)可以看出,20 世纪 70 年代以后,黄河中游头龙区间年、主汛期、25 mm 雨区、50 mm 雨区降雨量总体上均呈减少的趋势,80 年代降雨最少,90 年代降雨略有增加,2000 年以后降雨基本恢复到 70 年代水平,但是低于 1969 年以前的降雨水平。以主汛期 7~8 月降雨和 50 mm 雨区降雨为例,1956~1969 年、1970~1979 年、1980~1989 年、1990~1999 年、2000~2010 年 7~8 月降雨量分别为 236.7 亿 m³、217.7 亿 m³、183.2 亿 m³、196.4 亿 m³、197.4 亿 m³,50 mm 雨区降雨量分别为 43.2 亿 m³、42.8 亿 m³、25.5 亿 m³、27.8 亿 m³、38.7 亿 m³。各雨区笼罩面积变化与降雨量变化相似。

龙门至三门峡区间(简称龙三区间)也是黄河泥沙的主要来源区,该区间来沙量占流域来沙量的 35%。从不同时期的降雨变化看,20 世纪 70 年代以前年降雨量、主汛期 7~8 月降雨量、25 mm 雨区降雨量最大,90 年代最小,2000 年以后有所增大。

表 1-4-1　黄河中游地区不同时期降雨特征值变化

区间	时段/年	雨量/亿 m³					笼罩面积/万 km²		
		全年	7~8月	25 mm 雨区	50 mm 雨区	100 mm 雨区	25 mm 雨区	50 mm 雨区	100 mm 雨区
头龙区间	1956~1969	481.0	236.7	120.0	43.2	7.0	20.63	1.97	0.07
	1970~1979	426.0	217.7	114.0	42.8	7.0	19.88	1.64	0.12
	1980~1989	406.4	183.2	81.2	25.5	2.1	14.31	0.82	0.01
	1990~1999	388.9	196.4	94.1	27.8	2.7	16.83	0.94	0.02
	2000~2010	451.3	197.4	97.7	38.7	4.5	17.03	1.40	0.04
	1956~2010	434.8	208.3	102.7	36.2	4.8	17.93	1.40	0.05
龙三区间	1956~1969	560.4	220.9	188.6	61.7	6.9	33.34	2.37	0.06
	1970~1979	531.7	216.5	177.3	64.6	6.6	31.39	2.37	0.02
	1980~1989	546.5	215.7	174.8	56.0	5.3	31.02	1.76	0.03
	1990~1999	491.5	197.7	163.9	55.6	5.6	28.75	2.25	0.05
	2000~2010	536.8	210.0	179.4	64.6	10.2	30.58	2.41	0.15
	1956~2010	535.4	212.8	177.7	60.7	7.0	31.18	2.24	0.06

从整体来看,近 10 年(2003~2012 年)来头龙区间雨量、雨强、大雨和暴雨频次均有所增大,对产水产沙影响较大的汛期和主汛期雨量、高强度降雨的雨量和频次增大的程度更加显著。与 1966~2000 年相比,近 10 年头龙区间年、汛期、主汛期降雨量较历史有所增大,年降雨量增大 14.18%、汛期增大 12.23%、主汛期增大 4.94%,主汛期增大幅度小于汛期,汛期的增幅小于非汛期;大于 10 mm/d(中雨)、25 mm/d(大雨)和 50 mm/d(暴雨)降雨量和降雨天数有所增加,降雨量分别增大 10.83%、18.61%、29.22%,降雨天数分别增加 6.29%、16.43%、28.57%。头龙区间不同时段降雨特征值统计见表 1-4-2。

表 1-4-2　头龙区间不同时段降雨特征值统计

时段/年	降雨量/mm			量级降雨面平均雨量/mm			量级降雨面平均天数/d		
	全年	汛期	主汛期	中雨	大雨	暴雨	中雨	大雨	暴雨
1966~1980①	417.40	313.00	210.30	249.00	123.30	37.10	11.01	3.09	0.53
1966~2000②	400.00	295.20	194.40	229.00	113.40	33.20	10.17	2.86	0.49
2003~2012③	456.70	331.30	204.00	253.80	134.50	42.90	10.81	3.33	0.63
1966~2012④	414.20	304.90	195.70	236.40	120.00	36.60	10.35	3.00	0.53
③较①大/%	9.42	5.85	-3.00	1.93	9.08	15.63	-1.82	7.77	18.87
③较②大/%	14.18	12.23	4.94	10.83	18.61	29.22	6.29	16.43	28.57
③较④大/%	10.26	8.66	4.24	7.36	12.08	17.21	4.44	11.10	18.87

注:本表来自"十二五"国家科技支撑计划项目专题报告阶段成果。

从局部来看,近 10 年(2003~2012 年)头龙区间西北部的皇甫川、孤山川和窟野河 3 支流,年、汛期降雨量虽然有所增大,但是对产流产沙起主要作用的主汛期降雨量、高强度降雨的雨量和频次减小。头龙区间西北部 3 支流不同时段降雨特征值统计见表 1-4-3。

表 1-4-3　头龙区间西北部 3 支流不同时段降雨特征值统计

时段/年	降雨量/mm			量级降雨面平均雨量/mm			量级降雨面平均天数/d		
	全年	汛期	主汛期	中雨	大雨	暴雨	中雨	大雨	暴雨
1966~1980①	389.2	308.3	220.5	239.3	126.5	46.5	10.19	3.01	0.64
1966~2000②	368.4	287.0	201.9	212.9	109.9	39.5	9.20	2.63	0.56
2003~2012③	399.8	291.7	188.2	209.9	99.3	34.8	9.37	2.41	0.48
1966~2012④	375.2	287.6	196.9	211.4	107.2	38.5	9.19	2.57	0.54
③较①大/%	2.72	-5.38	-14.65	-12.29	-21.50	-25.16	-8.05	-19.93	-25.00
③较②大/%	8.52	1.64	-6.79	-1.41	-9.65	-11.90	1.85	-8.37	-14.29
③较④大/%	6.56	1.43	-4.42	-0.71	-7.37	-9.61	1.96	-6.23	-11.11

注:本表来自"十二五"国家科技支撑计划项目专题报告阶段成果。

与 1966~2000 年相比,近 10 年 3 支流年、汛期降雨量较历史有所增大,年降雨量增大 8.52%、汛期增大 1.64%,但主汛期减小 6.79%;量级降雨量均有所减小,大于 10 mm/d(中雨)、25 mm/d(大雨)和 50 mm/d(暴雨)降雨量分别减少 1.41%、9.65%、11.90%;大于 10 mm/d(中雨)降雨天数增加 1.85%,但大于 25 mm/d(大雨)和 50 mm/d(暴雨)降雨天数分别减少 8.37%、14.29%。

上述分析表明,20 世纪 80 年代、90 年代,黄河中游主要产沙区暴雨量、暴雨强度和频次都有不同程度的减少,近期十来年中游地区的降雨整体偏多,利于产沙的暴雨量、暴雨强度、暴雨频次有所增大,但是局部地方利于产沙的降雨仍然偏小。水利部黄河水沙变化研究基金项目《黄河水沙变化研究》(第二卷)与"十一五"国家科技支撑计划课题"黄河流域水沙变化情势评价研究"项目分别对 1996 年以前和 1997~2006 年人类活动与降雨对年均减沙量的影响关系做了深入研究,提出了不同时期头龙区间人类活动减沙与降雨因素减沙量的关系,见表 1-4-4。20 世纪 90 年代以来黄河沙量的减少量,降雨因素占 50%~60%,水利水保措施作用占 40%~50%。

1.4.1.2　水利水保措施减沙

中华人民共和国成立以来,黄土高原开展了大规模综合治理,特别近十多年来,国家加大了水土流失治理力度,先后在黄河流域实施了黄河上中游水土保持重点防治工程、国家水土保持重点治理工程、黄土高原淤地坝试点工程、农业综合开发水土保持等国家重点水土保持项目。在国家重点水土保持项目的带动下,黄河流域水土流失防治工作取得了显著成效,见表 1-4-4。截至 2011 年年底,黄河流域保存水土流失治理面积约 1 979 万 hm²,其中梯田 341 万 hm²、坝地 22 万 hm²、林草植被 1 468 万 hm²,骨干坝 5 655 座、中小型淤地坝 5.2 万座,淤地面积 9 万 hm²,各类小型蓄水保土工程 208.6 万处(座)。

表 1-4-4　各时段头龙区间人类活动及降雨因素减沙量对比

时段/年	实测年总量/亿 t	人类活动减沙量/亿 t			还原沙量/亿 t	人类活动减沙量占计算沙量比值/%	与 20 世纪 60 年代还原输沙比较					
							总减少量		降雨因素		人为因素	
		已控区	未控区	全流域			减少量/亿 t	占还原量比例/%	减少量/亿 t	占还原量比例/%	减少量/亿 t	占总减少量比例/%
1960~1969	9.53	0.57	0.25	0.82	10.35	7.9	0.82	7.92	0	0	0.82	100
1970~1979	7.54	1.76	0.55	2.31	9.85	23.5	2.81	28.53	0.50	5.08	2.31	82.21
1980~1989	3.71	1.69	0.51	2.20	5.91	37.2	6.64	112.35	4.44	75.13	2.20	33.13
1990~1996	5.41	2.04	0.70	2.74	8.15	33.6	4.94	60.61	2.20	26.99	2.74	55.47
1997~2006	2.17	3.41	0.33	3.74	5.91	63.3	8.18	138.41	4.44	75.13	3.74	45.72

注:1996 年以前为二期水沙基金成果,1997~2006 年为"黄河流域水沙变化情势评价研究"成果。

　　针对黄河上中游地区水利水保减水减沙作用,不少学者开展了大量的研究工作,取得了较多的研究成果。水利部黄河水沙变化研究基金项目《黄河水沙变化研究》(第二卷)对水利水保措施减水减沙量进行了系统的分析,汇总给出了中游各时期水利水保减沙情况(见表 1-4-5),1960~1996 年系列黄河中游 5 站(龙门、河津、张家山、洑头、咸阳)以上年均减沙 4.511 亿 t。同时还指出,如果以 20 世纪 50 年代、60 年代作为基准期,计算 1970 年以后的水利水保工程减沙量,1970~1996 年 5 站以上年均减沙量 3.075 亿 t(以 20 世纪 50~60 年代下垫面条件为基准,计算 1970~1996 年新增水利水保措施的减沙量)。

表 1-4-5　黄河中游各时段减沙量　　　　　　　　　　　　单位:亿 t

项目	1950~1959 年	1960~1969 年	1970~1979 年	1980~1989 年	1990~1996 年	1950~1969 年	1960~1996 年
总减沙量	0.965	2.466	4.283	5.696	6.060	1.716	4.511
水利工程	0.991	1.696	2.369	2.494	2.076	1.344	2.166
水保措施	0.109	1.145	2.519	3.676	4.055	0.627	2.754
河道冲淤+人为增沙	−0.135	−0.375	−0.605	−0.474	−0.071	−0.255	−0.409

　　"十一五"国家科技支撑计划课题"黄河流域水沙变化情势评价研究"在 1950~1996 年黄河水沙变化研究成果的基础上,分析了近期水沙变化特点,系统核查了近期 1997~2006 年黄河中游水土保持措施基本资料,利用"水文法"和"水保法"两种方法计算了近期人类活动对水沙变化的影响程度,结果(见表 1-4-6)表明,1997~2006 年黄河中游水利水保综合治理等人类活动年均减沙量为 5.24 亿~5.87 亿 t,由此可以看出,黄河中游地区水利水保等生态工程的持续建设,使得中游地区的生态环境得到了进一步改善,水利水保

等人类活动的减沙作用较以前有所加强。

表 1-4-6　黄河中游地区近期人类活动减水减沙量(1997~2006 年)

河流(区间)	减水/亿 m³		减沙/亿 t	
	水文法	水保法	水文法	水保法
头龙区间(包括未控区)	29.90	26.78	3.50	3.51
泾河	6.25	8.43	0.65	0.43
北洛河	1.11	2.18	0.32	0.12
渭河	31.02	32.11	1.04	0.82
汾河	17.50	17.60	0.36	0.36
合计	85.78	87.10	5.87	5.24

注:1. 渭河流域研究成果为华县以上(不包括泾河流域)。

　　2. 合计值包含未控区。

"十二五"科技支撑计划"黄河中游来沙锐减主要驱动力及人为调控效应研究"课题阶段成果,对潼关以上水库、现状骨干坝和中小型淤地坝规模及其分布进行统计核实,计算分析得到 2007~2014 年水库和淤地坝年均减沙量为 3.113 亿 t 左右(见表 1-4-7),其中水库拦沙年均 1.714 亿 t,淤地坝拦沙和减蚀 1.399 亿 t(减蚀量约占 20%),提出 2007~2014 年林草植被、梯田平均水平在 1966~2014 年多年平均降雨条件下,可减沙 10.7 亿 t(潼关断面)。

表 1-4-7　2007~2014 年潼关以上水库和淤地坝拦减沙量

河流(区域)	淤地坝拦沙减蚀量/亿 t	水库拦沙量/亿 t	合计
河口镇以上	0.113	0.558	0.671
河口镇至龙门	0.992	0.878	1.868
汾河	0.040	0.044	0.840
北洛河	0.073	0.036	0.109
泾河	0.139	0.054	0.194
渭河	0.042	0.145	0.187
潼关以上合计	1.399	1.714	3.113

《黄河水沙变化研究》(2014 年 7 月,水利部黄河水利委员会和中国水利水电科学研究院)对黄河流域 2000~2012 年水利水保措施面积进行了核实,分析计算提出了 2000~2012 年水利水保措施减沙量,梯田、林草地及坝地年均减水减沙量分别为 36.2 亿 m³、7.2 亿 t,水库年均拦沙量为 2.08 亿 t,合计 9.28 亿 t,见表 1-4-8。

表 1-4-8　黄河流域 2000~2012 年水利水保措施年均减水减沙量

项目	梯田	林草地	坝地	水库拦沙	合计	备注
减水量/亿 m³	12.2	18.2	5.8	—	193.2	煤矿用水 2.84,经济社会用水 154.12
减沙量/亿 t	1.45	2.27	3.48	2.08	9.28	

上述分析表明,黄河流域近期水利水保措施的大力建设,一定程度上改变了产流产沙的下垫面条件,水利水保措施发挥了减水减沙效益,使得入黄泥沙有较大幅度的减少。但是还应该看到,虽然黄河流域尤其是中游地区水土保持综合治理改变了产流产沙的下垫面条件,在降雨较小时,与治理前相比相同降雨条件下产流产沙量减小,发挥了较大的减水减沙作用,但若遇大面积强暴雨,减水减沙作用将会降低,甚至还会增加产流产沙。例如,2002 年 7 月头龙区间支流清涧河发生大暴雨,子长站流量达 5 500 m³/s,是 1953 年建站以来实测第二大洪峰,清涧河年径流量和输沙量分别达 2.39 亿 m³、1.08 亿 t,是水土保持治理后年均值的 1.7 倍和 3.4 倍。

1.4.1.3　黄土高原退耕还林还草减沙

1999 年国家全面推行退耕还林和封山禁牧政策以来,黄土高原地区林草植被明显改善,对减少入黄泥沙发挥了重要作用。据统计,陕西省植被覆盖率由 2000 年的 56.9%上升至 2010 年的 71.1%,年均增加 1.4%,其中榆林市植被覆盖率由 12%上升至 33.2%;延安市植被覆盖率由 45.4%上升至 68.2%。植被覆盖率的显著提高,必然会降低坡面侵蚀产沙强度,进而减少河流输沙量。

同时,流域能源重化工基地建设和工业化、城镇化进程的加快,改变了地区的经济结构和生产方式,农村人口大量外迁和劳动力转移,对当地退耕还林、退牧还草、生态自我修复等起到了积极的作用,促进了植被恢复,减少了区域的来沙量。

1.4.1.4　水资源开发利用,在减少入黄水量的同时,也减少了入黄沙量

随着经济社会的快速发展,流域水资源利用量显著增加,这也是导致近期入黄水量和沙量大幅减少的重要原因之一。近年来,黄河中游的窟野河、皇甫川、孤山川、清水川等流域内建设了大量工业园区,需要引用大量生产生活用水,为保证引水,水库建设基本上把上游水量全部用完,沙量也无法进入下游。另外,其取水方式除水库蓄水、河道引水外,还增加了河床内打井、截潜流、矿井水利用等进一步减少了进入下游的水量和沙量。据调查,2008 年和 2009 年,窟野河流域经济社会耗水量接近 2 亿 m³,而在 20 世纪 70 年代至 90 年代初,用水量不足 2 000 万 m³,据新的黄河水资源评价成果,该流域浅层地下水可开采量为零、煤矿开采目前主要在 100 m 以内的浅层,故其所有用水均可视为地表水。

河道径流的减少,特别是汛期径流的减少,不利于河道泥沙的输送,在大部分年份会减少进入黄河的泥沙,相当于增强了河道的临时滞沙功能,但遇大洪水时将可能一并冲刷进入黄河。

1.4.1.5　道路建设

我国交通基础设施建设的飞速发展在黄土高原也得到充分体现,高速公路、铁路和村

村通等的通车里程已经达到20世纪80年代以前的几十至几千倍。随着环境保护和水土保持监督力度的增强,黄土高原的高速公路和铁路建设对弃土弃渣的处理总体上是规范的。由于道路两侧排水设施齐全,且绿化带很宽,投运后的高速公路和铁路实际上减轻了水土流失。不过,就整个严重水土流失区看,高速公路、铁路及城镇的占地面积只有总土地面积的1%,所以其减沙量级不大。

但是,近年大规模兴建的"村村通"乡镇公路存在人为增加水土流失的可能。实地调查发现,由于投资限制,这些乡镇道路基本上不设排水设施,道路两侧的低洼处往往成为积水和排水点。大暴雨后,损毁最多的就是这些乡镇道路,包括道路两侧被人工削整的陡峭山体、道路路基掏空、道路切割等。

1.4.1.6　煤矿开采影响区域水循环,导致入黄水沙量减少

黄河流域煤炭等矿产资源丰富,是我国重要的能源基地,黄河流域煤炭资源不仅储量丰富,而且煤类齐全、煤质优良、开采条件较好、区位优势明显。黄河流域已探明的煤产地685处,保有储量4 492亿t,占全国煤炭储量的46.5%,预测煤炭资源总储量约1.5万亿t。近年来,随着黄河流域经济的快速发展,煤炭的需求量迅速加大,煤矿开采量迅速增加,2006年流域相关省区共产原煤13.5亿t,占全国的71.4%。

对典型采煤区域的研究表明,由于采煤改变了水文地质条件,水资源的产、汇、补、径、排等发生变化,直接表现为河川径流减少,地下水存蓄量遭到破坏。如窟野河流域,据有关资料分析,该地区煤矿开采、洗选和周边绿化等基本上依靠矿井涌水,吨煤涌水量0.3~0.5 m³,2009年流域原煤产量为27 900万t,估计涌水量1亿~1.4亿m³(不包括煤矿开采可能会破坏地下不透水层而导致的径流下渗量)。地表径流减少,大部分泥沙淤积在河道中,也就减少了入黄泥沙量。

1.4.1.7　河道采砂取土导致洪水流量迅速衰减,挟沙能力降低

黄河砂石开采始于20世纪70年代,近年来,采砂、取土的规模和开采范围迅速扩大,部分河段非法采砂活动日益增多,非法采砂活动在给河势稳定、防洪安全、涉水工程设施安全带来不利影响的同时,也给黄河水沙带来影响。

由于采砂过程中无序开采、滥采乱挖,一些多沙支流河道内坑、洼、坎比比皆是,不少相对较宽河段没有明显主槽。即使洪水期发生高含沙洪水,由于填洼作用导致洪峰、洪量急剧衰减,挟沙能力大幅度降低,大部分泥沙淤积在河道中。这也是近些年支流黄河水沙减少的原因之一。

1.4.2　径流年内分配及过程变化原因分析

黄河径流主要来自中上游地区。1986年上游的龙羊峡和刘家峡两座大型骨干水库(简称龙刘水库)联合调节运用,是导致径流年内分配及过程变化的主要原因。

1.4.2.1　龙羊峡水库、刘家峡水库简介

龙羊峡水库位于青海省共和县和贵南县交界处的黄河龙羊峡进口处,是黄河上游已规划河段的第一个梯级电站,坝址控制流域面积约131 420 km²,占黄河全流域面积的17.5%。水库的开发任务以发电为主,兼有防洪、灌溉、防凌、养殖、旅游等综合效益。水库正常蓄水位2 600 m,相应库容247亿m³,在校核洪水位2 607 m时总库容为276.30

亿 m³。正常死水位 2 560 m,极限死水位 2 530 m,防洪限制水位 2 594 m,防洪库容 45.0 亿 m³,调节库容 193.5 亿 m³,属多年调节水库。水库于 1976 年批准兴建,1978 年开工建设,1986 年 10 月下闸蓄水,1987 年 9 月首台机组投产发电,1989 年工程基本竣工,2001 年通过竣工验收。

刘家峡水库位于甘肃省永靖县境内的黄河干流上,下距兰州市 100 km,控制流域面积约 181 766 km²,占黄河全流域面积的 1/4,是一座以发电为主,兼顾防洪、防凌、灌溉、养殖等综合效益的大型水利水电枢纽工程。水库设计正常蓄水位和设计洪水位均为 1 735 m,相应库容 57 亿 m³;死水位 1 694 m,防洪标准按 1 000 年一遇洪水设计,可能最大洪水校核。校核洪水位 1 738 m,相应库容 64 亿 m³;设计防洪限制水位 1 726 m;兴利库容 41.5 亿 m³,为不完全年调节水库。水库于 1968 年 10 月蓄水,1969 年 3 月首台机组开始发电,1974 年最后一台机组安装完毕,枢纽工程全面建成。

1.4.2.2　龙羊峡水库、刘家峡水库年内蓄泄水量变化

根据龙羊峡水库、刘家峡水库入库、出库水沙条件,统计龙羊峡水库、刘家峡水库蓄水、泄水情况,结果见表 1-4-9、表 1-4-10。由表可知,1968 年 11 月至 1986 年 10 月,刘家峡水库单库运用期间,汛期最大蓄水量 49.5 亿 m³,平均蓄水量 29.6 亿 m³,其中 7~8 月蓄水量为 12.3 亿 m³;非汛期平均泄水量为 26.7 亿 m³。

1986 年 11 月龙羊峡水库投入运用后,龙刘水库联合调节,1986 年 11 月至 2013 年 10 月龙羊峡水库汛期最大蓄水量 117.2 亿 m³,平均蓄水量 45.1 亿 m³,其中 7~8 月蓄水量为 26.6 亿 m³,非汛期平均泄水量为 31.5 亿 m³;同时期,刘家峡水库汛期最大蓄水量为 29.8 亿 m³,平均蓄水量 3.6 亿 m³,其中 7~8 月蓄水量为 4.6 亿 m³,非汛期平均泄水量为 5.1 亿 m³;两个水库汛期蓄水量合计 48.7 亿 m³,其中 7~8 月蓄水量为 31.2 亿 m³。

以上数据表明,龙羊峡水库、刘家峡水库联合运用,汛期多蓄水、非汛期下泄的兴利调节方式,改变了径流的年内分配。

1.4.2.3　龙羊峡水库、刘家峡水库联合调节对水沙的影响

根据 1968~2013 年龙羊峡水库、刘家峡水库径流调节情况和水库拦沙情况,对小川站至下河沿站的水沙进行还原,还原前后的水沙量统计见表 1-4-11~表 1-4-13。由表可知,刘家峡水库蓄水运用以前的天然状态,小川站、下河沿站汛期水量占全年水量的比例分别为 44.2%、47.4%,汛期沙量占全年沙量的比例分别为 66.2%、81.0%。

刘家峡水库蓄水运用后至龙羊峡水库蓄水运用前,由于刘家峡水库的调节作用(还原后与还原前相比,下同),下河沿站汛期水量减少 28.4 亿 m³,汛期来水比例由 61.5% 减少为 53.1%;汛期沙量减少 0.464 亿 t,汛期来沙比例由 84.7% 减少为 83.6%;汛期大于 2 000 m³/s 流量级的天数减少 13.4 d,相应水量减少 32.2 亿 m³,相应沙量减少 0.43 亿 t,而小于 1 000 m³/s 流量级的天数增加 15.6 d,相应水量增加 10.4 亿 m³。

龙羊峡水库运用后,与刘家峡水库联合运用,进一步改变了径流年内分配过程,下河沿站汛期水量减少 55.8 亿 m³,汛期来水比例由 60.1% 减少为 42.8%;汛期沙量减少 0.288 亿 t,汛期来沙比例变化不大;汛期大于 2 000 m³/s 流量级的天数减少 24.0 d,相应水量减少 54.6 亿 m³、相应沙量减少 0.27 亿 t,而小于 1 000 m³/s 流量级的天数增加 41.6 d,相应水量增加 28.5 亿 m³。

表 1-4-9　龙羊峡水库历年逐月蓄水、泄水情况

单位:亿 m³

时段(年-月)	11月	12月	1月	2月	3月	4月	5月	6月	7月	8月	9月	10月	11~6月	7~10月	11~10月
1986-11~1987-10	9.6	6.1	4.1	-4.2	-11.5	-2.8	3.0	14.5	22.5	4.9	8.4	8.8	18.8	44.6	63.4
1987-11~1988-10	3.1	-6.0	-4.9	-6.6	-7.3	-0.1	-0.8	8.4	3.1	-1.2	4.8	17.3	-14.2	24.0	9.8
1988-11~1989-10	2.2	-6.8	-13.0	-7.1	-5.2	-1.8	5.9	43.9	38.6	4.8	3.4	11.6	18.1	58.4	76.5
1989-11~1990-10	3.8	-2.9	-9.8	-9.6	-10.2	-7.6	-8.8	-3.9	1.9	3.8	8.6	3.7	-49.0	18.0	-31.0
1990-11~1991-10	-2.1	-10.1	-12.2	-10.2	-10.7	-7.0	-3.4	-3.8	-1.4	8.1	4.4	3.4	-59.5	14.5	-45.0
1991-11~1992-10	-7.8	-2.9	-13.9	-5.8	-4.4	-0.7	-2.2	2.9	31.3	13.4	18.7	21.7	-34.8	85.0	50.3
1992-11~1993-10	-2.8	-12.6	-9.7	-11.2	-7.0	-0.4	3.1	7.3	19.7	24.7	7.9	4.7	-33.3	57.0	23.7
1993-11~1994-10	-2.9	-9.8	-12.7	-12.4	-14.0	-3.4	-6.7	11.6	12.2	-2.7	1.3	-0.4	-50.3	10.4	-39.9
1994-11~1995-10	-5.7	-13.8	-15.0	-12.8	-12.0	-0.7	3.7	-4.4	-4.4	13.3	10.4	1.6	-60.7	20.9	-39.8
1995-11~1996-10	-4.3	-2.8	-8.4	-8.6	-6.3	0.2	1.1	7.5	0.1	2.6	2.0	6.9	-21.6	11.6	-10.0
1996-11~1997-10	-1.7	-7.5	-7.0	-6.3	-1.6	-1.2	9.7	2.0	12.6	10.5	0.9	-2.6	-13.6	21.4	7.8
1997-11~1998-10	-4.5	-6.0	-6.3	-4.6	-3.7	3.1	6.1	-0.6	17.9	21.9	18.6	9.6	-16.5	68.0	51.5
1998-11~1999-10	0	-6.6	-8.7	-8.2	-8.6	-6.9	-4.3	23.9	46.4	23.4	6.5	16.0	-19.4	92.3	72.9
1999-11~2000-10	0.6	-8.4	-11.7	-10.0	-8.3	-6.7	-4.6	12.2	5.3	5.7	10.3	4.3	-36.9	25.6	-11.3
2000-11~2001-10	-4.9	-7.8	-6.8	-7.2	-6.3	-2.4	-1.6	7.6	1.4	-0.3	8.4	12.3	-29.4	21.8	-7.6
2001-11~2002-10	-5.5	-10.0	-5.9	-4.2	-6.5	-5.8	-4.7	11.6	8.9	-0.8	-2.6	-9.4	-31.0	-3.9	-34.9
2002-11~2003-10	-9.6	-8.3	-5.8	-1.7	-1.5	-3.6	0.6	3.6	10.2	25.2	29.1	17.8	-26.3	82.3	56.0
2003-11~2004-10	0.3	-4.1	-6.5	-8.1	-7.5	-5.5	-3.8	3.2	6.7	13.2	17.5	10.5	-32.0	47.9	15.9
2004-11~2005-10	0.4	-6.2	-8.5	-4.8	-6.4	-3.6	3.4	8.2	39.2	29.0	21.4	27.7	-17.5	117.3	99.8
2005-11~2006-10	3.0	-5.8	-4.8	-4.7	-11.1	-15.2	-14.0	-2.5	0.2	1.0	8.6	7.0	-55.1	16.8	-38.3
2006-11~2007-10	-2.4	-6.9	-8.0	-7.8	-6.9	-7.6	-9.5	12.2	20.7	3.7	8.0	10.4	-36.9	42.8	5.9
2007-11~2008-10	0.8	-6.4	-8.4	-9.2	-6.1	-7.7	-10.8	-11.3	3.8	9.7	9.8	20.5	-59.1	43.8	-15.3
2008-11~2009-10	4.4	-2.9	-9.0	-8.5	-6.7	-11.8	-4.8	6.8	29.7	26.2	26.2	18.2	-32.5	100.3	67.8
2009-11~2010-10	2.2	-4.5	-7.5	-4.9	-6.1	-14.4	-15.0	2.6	30.5	-4.1	-2.6	0.6	-47.6	24.4	-23.2
2010-11~2011-10	-3.3	-10.0	-10.5	-3.9	-10.4	-11.2	-10.1	14.0	26.0	8.3	10.3	14.7	-45.4	59.3	13.9
2011-11~2012-10	2.6	-6.3	-7.5	-6.4	-4.1	-2.0	-0.2	6.8	42.5	23.1	4.2	3.4	-17.1	73.2	56.1
2012-11~2013-10	-5.0	-8.1	-10.3	-5.8	-7.4	-11.3	-4.1	3.2	24.0	12.2	2.3	2.2	-48.8	40.7	-8.1
1986-11~2013-10平均	-1.1	-6.6	-8.5	-7.2	-7.3	-5.1	-2.7	6.9	16.7	10.4	9.1	9.0	-31.5	45.0	13.4
1986-11~2013-10汛期最大蓄水									46.4	29.0	29.1	27.7		117.3	
1986-11~2013-10非汛期最大泄水	-9.6	-13.8	-15.0	-12.8	-14.0	-15.2	-15.0	-11.3					-60.7		

注:"+"表示蓄水;"-"表示泄水。

表 1-4-10 刘家峡水库历年逐月蓄水、泄水情况

单位：亿 m³

时段（年·月）	11月	12月	1月	2月	3月	4月	5月	6月	7月	8月	9月	10月	11~6月	7~10月	11~10月
1968-11~1969-10	5.4	1.2	-1.5	-0.7	0.3	3.1	-0.4	-1.3	7.7	5.9	11.8	19.5	6.1	44.9	51.0
1969-11~1970-10	-1.6	-8.4	-4.3	-5.1	-5.8	0.3	-3.2	4.5	5.3	11.9	6.2	7.0	-23.6	30.4	6.8
1970-11~1971-10	-2.9	-3.5	-2.2	-2.9	-1.9	-9.1	-15.6	-4.8	1.9	1.8	28.4	-3.5	-42.9	28.6	-14.3
1971-11~1972-10	5.8	-2.1	-5.0	-4.9	-1.8	-3.8	-0.9	-3.4	7.0	-1.6	5.9	8.5	-16.1	19.8	3.7
1972-11~1973-10	-4.0	-5.3	-6.4	-5.7	-7.1	-6.2	-3.7	2.6	-0.1	15.0	11.4	3.1	-35.7	29.4	-6.3
1973-11~1974-10	-1.4	-5.6	-8.3	-7.6	-5.8	-5.6	-6.1	-0.6	0.1	9.1	16.2	2.9	-41.0	28.3	-12.7
1974-11~1975-10	-2.6	-6.8	-10.1	-7.0	-6.1	-6.2	-1.6	6.4	8.0	-2.2	6.8	6.1	-34.0	18.7	-15.3
1975-11~1976-10	-0.1	-5.3	-6.9	-6.6	-1.9	-2.0	-6.7	2.9	1.1	10.7	4.9	7.6	-26.6	24.3	-2.3
1976-11~1977-10	-3.2	-6.5	-9.0	-6.7	-2.5	-0.2	1.9	0.5	3.4	2.5	1.0	-0.5	-25.7	6.4	-19.3
1977-11~1978-10	-2.2	-2.2	-4.7	-2.6	-1.4	1.0	-6.0	5.5	4.1	22.8	13.1	4.0	-12.6	44.0	31.4
1978-11~1979-10	-0.5	-4.3	-7.3	-7.6	-5.6	-4.2	-9.6	0.2	14.9	8.6	12.6	4.3	-38.9	40.4	1.5
1979-11~1980-10	-4.4	-3.7	-5.9	-5.6	-3.8	-5.3	-6.3	2.6	12.5	5.7	14.9	3.9	-32.4	37.0	4.6
1980-11~1981-10	-1.7	-3.3	-6.5	-3.2	-4.0	-4.4	-9.7	-3.2	17.5	5.7	10.0	6.0	-36.0	39.2	3.2
1981-11~1982-10	0.8	-3.5	-6.8	-5.5	-2.3	-5.8	-2.5	0.7	7.0	1.7	17.2	3.2	-24.9	29.1	4.2
1982-11~1983-10	0.2	-3.8	-7.8	-3.8	-3.9	-3.1	0.9	5.3	2.0	4.1	8.5	6.1	-16.0	20.7	4.7
1983-11~1984-10	-0.6	-4.5	-9.4	-6.6	-4.4	-4.6	-6.0	7.7	12.1	1.5	5.7	4.7	-28.4	24.0	-4.4
1984-11~1985-10	-2.7	-3.5	-8.0	-4.3	-2.5	-5.4	-7.1	-3.9	10.9	6.6	17.1	1.1	-37.4	35.7	-1.7
1985-11~1986-10	-1.3	-6.0	-7.1	-2.8	-4.8	-4.1	0.5	10.1	3.1	-7.1	9.0	-5.0	-15.5	0	-15.5
1986-11~1987-10	-11.0	-6.9	-8.3	-0.3	4.8	-0.6	-6.6	11.2	10.4	3.3	-6.1	-11.1	-17.7	-3.5	-21.2
1987-11~1988-10	-10.0	0.1	-0.9	3.2	4.9	-2.9	-8.3	-1.5	3.6	-0.7	4.4	10.2	-15.4	17.5	2.1
1988-11~1989-10	2.9	-4.5	3.0	-1.6	0.7	-6.8	-3.9	6.7	11.6	2.4	4.7	-1.5	-3.5	17.2	13.7
1989-11~1990-10	-6.9	-4.8	1.7	2.9	4.8	1.5	-1.7	-4.6	-0.8	1.5	5.5	0.9	-7.1	7.1	-4.7
1990-11~1991-10	-8.8	0	1.4	1.7	5.3	-1.9	-10.5	2.0	-0.5	5.7	1.8	-2.0	-10.8	5.0	-5.8
1991-11~1992-10	-0.8	-4.2	4.8	-1.5	0.8	-0.5	-9.4	2.2	3.1	10.3	7.1	-4.6	-8.6	15.9	7.3
1992-11~1993-10	-4.4	2.5	0.5	3.5	2.3	-0.9	-6.8	5.8	-3.6	-1.1	1.8	-3.7	2.5	-6.6	-4.1
1993-11~1994-10	-5.4	1.0	3.8	3.7	7.6	-0.8	-1.8	-2.2	-0.7	-1.7	1.3	1.1	6.9	0	5.9
1994-11~1995-10	-3.8	3.2	4.3	2.7	6.3	-5.6	-11.4	-2.6	1.4	7.6	7.2	4.3	-6.9	20.5	13.6
1995-11~1996-10	-3.3	-3.7	2.4	3.9	2.9	-7.8	-9.9	-0.8	4.0	6.6	6.0	-4.2	-16.3	12.4	-3.9

注："+"表示蓄水，"-"表示泄水。

续表 1-4-10

时段（年-月）	11月	12月	1月	2月	3月	4月	5月	6月	7月	8月	9月	10月	11~6月	7~10月	11~10月
1996-11~1997-10	-2.8	4.0	-3.9	3.2	1.0	-0.9	-12.0	-2.7	3.5	-1.1	0.5	-0.5	-14.1	2.4	-11.7
1997-11~1998-10	-0.5	3.4	3.0	1.9	2.1	-3.0	-10.0	-0.4	1.7	6.6	6.4	-0.2	-3.5	14.5	11.0
1998-11~1999-10	-5.3	0.5	1.8	3.6	2.5	-3.4	-9.9	1.7	5.5	-5.0	-0.9	-3.3	-8.5	-3.7	-12.2
1999-11~2000-10	-1.4	2.7	5.2	5.9	4.7	-1.7	-8.9	-5.3	0.1	6.6	-3.4	-1.1	1.2	2.2	3.4
2000-11~2001-10	0.9	4.3	2.2	5.6	4.5	-5.1	-9.2	-4.1	1.8	1.3	7.1	0.5	-0.9	10.7	9.8
2001-11~2002-10	0	7.4	0.9	2.4	4.2	-3.6	-4.5	-3.0	-1.3	2.9	1.1	-5.2	3.8	-2.5	1.3
2002-11~2003-10	2.2	3.6	2.8	-0.3	1.6	2.0	-2.6	-2.8	4.7	7.9	2.9	-3.8	6.5	11.7	18.2
2003-11~2004-10	-1.9	1.2	1.8	5.7	6.2	-3.3	-9.5	-5.1	3.5	3.9	4.4	-0.7	-4.9	11.1	6.2
2004-11~2005-10	-4.8	2.0	2.4	0.2	4.0	-1.1	-7.4	-6.5	4.1	3.0	2.8	1.9	-11.2	11.8	0.6
2005-11~2006-10	-4.4	2.5	1.0	2.2	3.6	-3.1	-2.5	-7.8	3.7	2.0	2.6	-2.0	-8.5	6.3	-2.2
2006-11~2007-10	-2.6	1.5	3.1	3.3	5.3	-3.1	-9.1	0.5	-3.3	2.2	6.5	-1.4	-1.1	4.0	2.9
2007-11~2008-10	-4.2	2.6	2.1	4.7	2.9	-2.6	-6.7	-5.1	1.8	2.1	4.9	-5.7	-6.3	3.1	-3.2
2008-11~2009-10	-1.3	4.7	0.9	6.1	-1.7	-3.7	-2.3	-6.6	0.7	5.1	2.1	-5.2	-3.9	2.7	-1.2
2009-11~2010-10	-0.7	6.0	2.2	2.3	2.2	-7.8	-3.9	-5.1	0.7	3.4	5.7	-3.5	-4.8	6.3	1.5
2010-11~2011-10	-4.8	6.0	3.9	0	4.6	-1.4	-5.9	-9.3	-0.3	2.6	5.9	-5.4	-6.9	2.8	-4.1
2011-11~2012-10	-4.3	5.1	2.4	3.3	1.3	1.8	-4.6	-8.7	2.9	-5.4	-2.0	-4.1	-3.7	-8.6	-12.3
2012-11~2013-10	-0.4	2.3	3.7	4.0	2.4	1.7	-2.6	-4.8	-0.6	-2.7	5.3	-7.3	6.3	-5.3	1.0
1968-11~1986-10平均	-0.9	-4.3	-6.5	-5.0	-3.6	-3.6	-4.6	1.8	6.6	5.7	11.2	4.4	-26.8	27.9	1.1
1986-11~2013-10平均	-3.3	1.6	1.8	2.7	3.4	-2.4	-6.7	-2.2	2.1	2.5	3.2	-2.1	-5.1	5.7	0.6
1968-11~2013-10平均	-2.3	-0.8	-1.5	-0.4	0.6	-2.9	-5.9	-0.6	3.9	3.8	6.4	0.5	-13.8	14.6	0.8
1968-11~1986-10汛期最大蓄水									17.5	22.8	28.4	19.5		49.5	
1968-11~1986-10非汛期最大泄水	-4.4	-8.4	-10.1	-7.6	-7.1	-9.1	-15.6	-4.8					-42.7		
1986-11~2013-10汛期最大蓄水									11.6	10.3	7.2	10.2		23.8	
1986-11~2013-10非汛期最大泄水	-11.0	-6.9	-8.3	-1.6	-1.7	-7.8	-12.0	-9.3					-17.6		

注："+"表示蓄水；"-"表示泄水。

表 1-4-11　小川站、下河沿站龙羊峡水库、刘家峡水库还原前后水沙量特征值

测站	还原前后	时段（年-月）	水量/亿 m³			水量比例/%			沙量/亿 t			沙量比例/%		
			11~6月	7~10月	11~10月	11~6月	7~10月	11~10月	11~6月	7~10月	11~10月	11~6月	7~10月	11~10月
小川	还原前	1919-11~1968-10	108.0	164.7	272.7	39.6	60.4	100.0	0.137	0.621	0.757	18.1	82.0	100.0
		1968-11~1986-10	141.4	145.6	287.0	49.3	50.7	100.0	0.062	0.094	0.157	39.5	59.9	100.0
	还原前①	1986-11~2013-10	141.4	89.6	231.0	61.2	38.8	100.0	0.043	0.104	0.147	29.3	70.7	100.0
		1968-11~2013-10	141.4	112.0	253.4	55.8	44.2	100.0	0.051	0.100	0.151	33.8	66.2	100.0
	还原后②	1968-11~1986-10	113.3	173.8	287.1	39.5	60.5	100.0	0.127	0.554	0.680	18.7	81.5	100.0
		1986-11~2013-10	105.8	144.3	250.1	42.3	57.7	100.0	0.137	0.386	0.524	26.1	73.7	100.0
		1968-11~2013-10	108.8	156.1	264.9	41.1	58.9	100.0	0.133	0.453	0.586	22.7	77.3	100.0
	②-①	1968-11~1986-10	-28.1	28.2	0.1	-9.8	9.8	0	0.065	0.460	0.523	-20.8	21.6	0
		1986-11~2013-10	-35.6	54.7	19.1	-18.9	18.9	0	0.094	0.282	0.377	-3.2	3.0	0
		1968-11~2013-10	-32.6	44.1	11.5	-14.7	14.7	0	0.082	0.353	0.435	-11.1	11.1	0
下河沿	还原前③	1919-11~1968-10	120.9	193.0	313.9	38.5	61.5	100.0	0.250	1.603	1.853	13.5	86.5	100.0
		1968-11~1986-10	149.6	169.1	318.7	46.9	53.1	100.0	0.175	0.895	1.070	16.4	83.6	100.0
		1986-11~2013-10	146.2	109.3	255.5	57.2	42.8	100.0	0.139	0.496	0.636	21.9	78.0	100.0
		1968-11~2013-10	147.6	133.2	280.8	52.6	47.4	100.0	0.154	0.655	0.809	19.0	81.0	100.0
	还原后④	1968-11~1986-10	121.3	197.5	318.8	38.0	61.9	100.0	0.247	1.359	1.605	15.4	84.7	100.0
		1986-11~2013-10	109.6	165.1	274.7	39.9	60.1	100.0	0.233	0.784	1.018	22.9	77.0	100.0
		1968-11~2013-10	114.3	178.0	292.3	39.1	60.9	100.0	0.239	1.014	1.253	19.1	80.9	100.0
	④-③	1968-11~1986-10	-28.3	28.4	0.1	-8.9	8.9	0	0.072	0.464	0.535	-1.0	1.0	0
		1986-11~2013-10	-36.6	55.8	19.2	-17.3	17.3	0	0.094	0.288	0.382	1.0	-1.0	0
		1968-11~2013-10	-33.3	44.8	11.5	-13.5	13.5	0	0.085	0.359	0.444	0.1	-0.1	0

注：还原前水沙为实测统计值；1968-11~2013-10 仅还原龙羊峡水库、刘家峡水库影响。

上述分析表明，刘家峡水库运用后，改变了下游河道断面径流年内分配及过程，使汛期水量减少，尤其是大流量洪水水量减少，由于水库拦沙在一定程度上也减少了进入下游河道的泥沙量；龙羊峡水库运用后，进一步改变了下游河道断面径流年内分配及过程，汛期水量减少更多，大流量洪水水量进一步减少，而随着刘家峡水库淤积拦沙作用减弱。

表 1-4-12　小川站龙羊峡水库、刘家峡水库还原前后汛期不同流量级水沙量统计

系列/年	还原前后	流量级/（m³/s）	平均天数/d	平均水量/亿 m³	平均沙量/亿 t	平均含沙量/（kg/m³）	天数百分数/%	水量百分数/%	沙量百分数/%
1968~1986	还原前①	0~1 000	51.0	32.6	0.02	0.59	41.5	22.4	20.0
		1 000~2 000	47.9	56.5	0.04	0.66	39.0	38.8	40.0
		2 000~3 000	17.9	37.8	0.03	0.73	14.6	25.9	30.0
		3 000~4 000	5.4	15.9	0.01	0.63	4.4	10.9	10.0
		>4 000	0.7	2.9	0	0.08	0.6	2.0	0
		>2 000	24.1	56.6	0.04	0.67	19.6	38.9	40.1
	还原后②	0~1 000	27.8	19.8	0.05	2.62	22.6	11.4	9.1
		1 000~2 000	61.8	75.9	0.21	2.83	50.2	43.7	38.2
		2 000~3 000	25.9	53.9	0.19	3.44	21.1	31.0	34.5
		3 000~4 000	5.6	16.5	0.07	4.42	4.6	9.5	12.7
		>4 000	1.9	7.7	0.03	3.70	1.5	4.4	5.5
		>2 000	33.4	78.1	0.29	3.67	27.1	44.9	51.8
	②-①	0~1 000	−23.2	−12.8	0.03	2.03	−18.9	−11.0	10.9
		1 000~2 000	13.9	19.4	0.17	2.17	11.2	4.9	1.8
		2 000~3 000	8.0	16.1	0.16	2.71	6.5	5.1	4.5
		3 000~4 000	0.2	0.6	0.06	3.79	0.2	−1.4	2.7
		>4 000	1.2	4.8	0.03	3.61	0.9	2.4	5.5
		>2 000	9.3	21.6	0.25	3.01	7.6	6.1	11.8
1987~2013	还原前③	0~1 000	96.1	59.2	0.06	1.00	78.1	66.0	60.0
		1 000~2 000	24.5	25.4	0.04	1.62	19.9	28.3	40.0
		2 000~3 000	2.3	4.8	0	0.65	1.9	5.4	0
		3 000~4 000	0.1	0.2	0	0.08	0.1	0.2	0
		>4 000	0	0	0	0	0	0	0
		>2 000	2.4	5.0	0	0.63	1.9	5.6	0

续表 1-4-12

系列/年	还原前后	流量级/(m³/s)	平均天数/d	平均水量/亿 m³	平均沙量/亿 t	平均含沙量/(kg/m³)	天数百分数/%	水量百分数/%	沙量百分数/%
1987~2013	还原后④	0~1 000	40.2	26.9	0.07	2.65	32.7	18.6	18.4
		1 000~2 000	64.6	77.2	0.18	2.35	52.5	53.5	47.4
		2 000~3 000	15.1	31.2	0.10	3.26	12.3	21.6	26.3
		3 000~4 000	2.9	8.2	0.03	3.51	2.3	5.7	7.9
		>4 000	0.2	0.8	0	3.53	0.2	0	0
		>2 000	18.2	40.2	0.13	3.32	14.8	27.3	34.2
	④-③	0~1 000	-55.9	-32.3	0.01	1.65	-45.4	-27.1	-3.6
		1 000~2 000	40.1	51.8	0.14	0.73	32.6	43.4	50.0
		2 000~3 000	12.8	26.4	0.10	2.61	10.4	22.1	35.7
		3 000~4 000	2.8	8.0	0.03	3.43	2.3	6.7	10.7
		>4 000	0.2	0.8	0	3.53	0.2	0	0
		>2 000	15.8	35.2	0.13	2.69	12.9	28.8	46.4

表 1-4-13 下河沿站龙羊峡水库、刘家峡水库还原前后汛期不同流量级水沙量统计

系列/年	还原前后	流量级/(m³/s)	平均天数/d	平均水量/亿 m³	平均沙量/亿 t	平均含沙量/(kg/m³)	天数百分数/%	水量百分数/%	沙量百分数/%
1968~1986	还原前①	0~1 000	31.8	21.9	0.09	4.04	25.9	13.0	10.0
		1 000~2 000	60.7	71.4	0.44	6.16	49.3	42.2	48.9
		2 000~3 000	20.1	42.8	0.20	4.65	16.3	25.3	22.2
		3 000~4 000	8.6	25.8	0.14	5.26	7.0	15.3	15.6
		>4 000	1.8	7.2	0.03	4.37	1.5	4.3	3.3
		>2 000	30.5	75.8	0.37	4.76	24.8	44.8	41.1
	还原后②	0~1 000	16.2	11.5	0.05	3.99	13.1	5.8	3.7
		1 000~2 000	62.9	78.1	0.51	6.58	51.2	39.5	37.5
		2 000~3 000	30.4	63.3	0.39	6.11	24.7	32.1	28.7
		3 000~4 000	9.5	27.9	0.28	10.04	7.7	14.1	20.7
		>4 000	4.0	16.6	0.13	7.92	3.3	8.4	9.6
		>2 000	43.9	108.0	0.80	8.02	35.7	54.7	58.8

续表 1-4-13

系列/年	还原前后	流量级/(m³/s)	平均天数/d	平均水量/亿m³	平均沙量/亿t	平均含沙量/(kg/m³)	天数百分数/%	水量百分数/%	沙量百分数/%
1968~1986	②-①	0~1 000	-15.6	-10.4	-0.04	-0.05	-12.7	-21.1	-7.4
		1 000~2 000	2.2	6.6	0.07	0.42	1.8	13.4	13.0
		2 000~3 000	10.3	20.7	0.19	1.46	8.4	42.1	35.2
		3 000~4 000	0.9	2.1	0.14	4.78	0.7	4.3	25.9
		>4 000	2.2	9.4	0.10	3.55	1.8	19.1	18.5
		>2 000	13.4	32.2	0.43	3.26	10.9	65.5	79.6
1987~2013	还原前③	0~1 000	69.6	47.4	0.17	3.62	56.6	43.4	34.7
		1 000~2 000	49.7	53.2	0.28	5.30	40.4	48.7	57.1
		2 000~3 000	2.3	4.9	0.03	6.11	1.9	4.5	6.1
		3 000~4 000	1.4	3.8	0.01	3.25	1.1	3.5	2.1
		>4 000	0	0	0	0	0	0	0
		>2 000	3.7	8.7	0.04	4.68	3.0	8.0	8.2
	还原后④	0~1 000	27.9	18.9	0.08	4.24	22.7	11.5	10.2
		1 000~2 000	67.3	82.9	0.39	4.70	54.7	50.2	49.3
		2 000~3 000	21.4	44.0	0.18	4.03	17.4	26.7	22.8
		3 000~4 000	5.4	16.1	0.11	6.64	4.4	9.8	13.9
		>4 000	0.9	3.2	0.03	9.66	0.7	1.9	3.8
		>2 000	27.7	63.3	0.32	6.78	22.5	38.4	40.5
	④-③	0~1 000	-41.6	-28.5	-0.09	0.62	-33.8	-25.2	19.1
		1 000~2 000	17.6	29.7	0.11	-0.60	14.3	26.3	23.4
		2 000~3 000	19.1	39.2	0.15	-2.08	15.5	34.7	31.9
		3 000~4 000	4.1	12.3	0.09	3.39	3.3	10.9	19.1
		>4 000	0.9	3.2	0.03	9.66	0.7	2.8	6.4
		>2 000	24.0	54.6	0.27	2.10	19.5	48.4	57.4

1.5　已建骨干工程概况

目前,黄河干流已建成包括龙羊峡、刘家峡、三门峡、小浪底等 4 座骨干工程在内的梯级工程 20 余座,这些工程按照设计运用方式运用,发挥了巨大的防洪、防凌、供水、灌溉、发电等综合利用效益。

1.5.1　黄河干流梯级工程布局

黄河流经青海、四川、甘肃、宁夏、内蒙古、山西、陕西、河南、山东等九省(区),干流河道全长 5 464 km,流域总面积 79.5 万 km²(含内流区面积 4.2 万 km²),流域面积大于 1 000 km² 的支流有 76 条。与其他江河不同,黄河流域上中游地区的面积占总面积的 97%;长达数百千米的黄河下游河床高于两岸地面,流域面积只占 3%。

黄河具有水少沙多、水沙关系不协调的突出特点。流域年均降水量 446 mm,其中 6~9 月占 61%~76%,西北部分地区年降水量只有 200 mm 左右。黄河现状下垫面条件下多年平均天然径流量 535 亿 m³,以其占全国河川径流量 2% 的有限水资源,承担着占全国 12% 的人口、15% 的耕地及 50 多座大中城市的供水任务,同时还承担向流域外部分地区远距离调水的任务,水资源供需矛盾突出。

黄河流经世界上水土流失面积最广、侵蚀强度最大的黄土高原,多年平均输沙量 16 亿 t,平均含沙量 35 kg/m³,是世界大江大河中输沙量最大、水流含沙量最高的河流。黄河来沙地区分布相对集中,约 62.8% 的全沙和 72.5% 的粗泥沙(粒径 $d \geqslant 0.05$ mm)来自黄河中游 7.86 万 km² 的多沙粗沙区。黄河水少沙多、水流含沙量高的特性,使得黄河水沙关系极不协调,突出表现在黄河下游,大量泥沙淤积在下游河道,成为举世闻名的"地上悬河"。黄河洪水主要来自中游,其中三门峡以上洪水多发生在 8 月,支流洪水的含沙量时常达 1 000~1 500 kg/m³;三门峡至花园口区间洪水多发生在 7 月、8 月,特大暴雨洪水发生在 7 月下旬至 8 月上旬。

黄河流域土地、矿产资源丰富,生产发展潜力大。大部分地区光热资源充足,耕地面积 2.44 亿亩。上中游地区的水能资源、中游地区的煤炭资源、中下游地区的石油和天然气资源,都十分丰富,其中煤炭资源最具优势,已探明保有储量 5 500 亿 t,占全国的 46.5%,预测总储量 2.0 万亿 t,在全国占有极其重要的地位,被誉为我国的"能源流域",是我国经济发展新的增长带。水电可开发总装机容量 37 343 MW。

流域经济社会发展相对落后。截至 2006 年年底,流域总人口 11 299 万,其中城镇人口 4 424 万,城镇化率为 39.2%。2006 年 GDP(国内生产总值)为 17 111 亿元,人均 GDP 为 15 144 元,比全国人均 GDP 低 20% 左右。特别是,黄河上中游大部分地区生态环境脆弱,水土流失严重,经济发展落后,人民群众生活水平不高,饮水困难问题仍没有得到很好解决,水资源严重匮乏已成为制约经济社会发展、能源基地建设和生态环境改善的瓶颈。

黄河上游是黄河水量的主要来源区,兰州以上河川径流量约占全河的 62%。龙羊峡至下河沿河段水力资源十分丰富,是国家重点开发建设的水电基地之一,下河沿至河口镇河段为平原河道,比降平缓,两岸分布着大面积的引黄灌区,沿河平原存在不同程度的洪水和冰凌灾害。因此,上游河段的梯级工程布局既要充分考虑黄河水资源的调节和配置任务、开发水能资源,又要考虑宁蒙河段防洪、防凌的要求。

黄河中游绝大部分地处黄土高原地区,暴雨集中,水土流失十分严重、生态环境脆弱,是下游洪水和泥沙的主要来源区,其中河口镇至禹门口河段,是干流最长一段连续峡谷,水能资源较丰富;禹门口至潼关区间,河道冲淤变化剧烈,两岸分布着大面积的干旱台塬耕地,是陕西、山西两省重要的农业开发区;潼关至小浪底河段是黄河干流的最后一段峡谷。因此,该河段开发以控制黄河洪水和泥沙、减少下游河道淤积和保障黄河下游防洪安全为主要目标,同时兼顾调节径流和供水、发电。

黄河下游两岸地区为黄淮海平原,黄河河道高悬于两岸地面之上,两岸堤防是下游防洪安全的重要保障,在不发生大改道的前提下,堤防一旦决口,洪水泥沙威胁涉及范围包括河南、山东、安徽、江苏、河北等五省所属的 110 个县(市),总面积达 12 万 km²(其中耕地 1.12 亿亩),人口 9 000 多万,以及许多城市、重要能源基地和交通设施与治海、治淮体系和大量的灌溉渠道等。

黄河水利委员会 1997 年编制完成的《黄河治理开发规划纲要》,根据黄河水少沙多、水沙异源、上中下游除害兴利紧密联系、相互制约的客观情况,考虑经济社会发展和黄河治理开发的总体要求,贯彻"兴利除害,综合利用"的治河方针,在黄河干流的龙羊峡至桃花峪河段共布置了 36 座梯级枢纽工程,并明确提出龙羊峡、刘家峡、大柳树、碛口、古贤、三门峡和小浪底等七大控制性骨干工程构成黄河水沙调控体系的主体。黄河龙羊峡以下河段干流梯级工程主要技术经济指标见表 1-5-1。

表 1-5-1 黄河龙羊峡以下河段干流梯级工程主要技术经济指标

序号	工程名称	建设地点	控制面积/万 km²	正常蓄水位/m	调节库容/亿 m³	最大水头/m	装机容量/MW	年发电量/(亿 kW·h)
1	★●龙羊峡	青海共和	13.1	2 600.0	193.5	148.5	1 280.0	59.4
2	●拉西瓦	青海贵德	13.2	2 452.0	1.5	220	4 200.0	102.2
3	●尼那	青海贵德	13.2	2 235.5	0.1	18.1	160.0	7.6
4	山坪	青海贵德	13.3	2 219.5	0.1	15.5	160.0	6.6
5	●李家峡	青海尖扎	13.7	2 180.0	0.6	135.6	2 000.0	60.6
6	●直岗拉卡	青海尖扎	13.7	2 050.0	—	17.5	192.0	7.6
7	●康扬	青海尖扎	13.7	2 033.0	0.1	22.5	283.5	9.9
8	●公伯峡	青海循化	14.4	2 005.0	0.8	106.6	1 500.0	51.4
9	●苏只	青海循化	14.5	1 900.0	0.1	20.7	225.0	8.8
10	●黄丰	青海循化	14.5	1 880.5	0.1	19.1	225.0	8.7
11	●积石峡	青海循化	14.7	1 856.0	0.4	73.0	1 020.0	33.6
12	大河家	青海循化	14.7	1 783.0	—	20.5	120.0	4.7
13	●寺沟峡	甘肃积石山	14.8	1 748.0	0.1	25.7	240.0	9.7
14	★●刘家峡	甘肃永靖	18.2	1 735.0	35	114.0	1 690.0	60.5
15	●盐锅峡	甘肃兰州	18.3	1 619.0	0.1	39.5	472.0	22.4
16	●八盘峡	甘肃兰州	21.5	1 578.0	0.1	19.6	252.0	11.0

续表 1-5-1

序号	工程名称	建设地点	控制面积/万 km²	正常蓄水位/m	调节库容/亿 m³	最大水头/m	装机容量/MW	年发电量/(亿 kW·h)
17	河口	甘肃兰州	22.0	1 558	—	6.8	74.0	3.9
18	●柴家峡	甘肃兰州	22.1	1 550.5	—	10	96.0	4.9
19	●小峡	甘肃兰州	22.5	1 499.0	0.1	18.6	230.0	9.6
20	●大峡	甘肃兰州	22.8	1 480.0	0.6	31.4	324.5	15.9
21	●乌金峡	甘肃靖远	22.9	1 436.0	0.1	13.4	140.0	6.8
22	★大柳树	宁夏中卫	25.2	1 380.0	57.6	139.0	2 000.0	77.9
23	●沙坡头	宁夏中卫	25.4	1 240.5	0.1	11.0	120.3	6.1
24	●青铜峡	宁夏青铜峡	27.5	1 156.0	0.1	23.5	324.0	13.7
25	海勃湾	内蒙古海勃湾	31.2	1 076.0	1.5	9.9	90.0	3.6
26	●三盛公	内蒙古磴口	31.4	1 055.0	0.2	8.6		
	1~26 小计				292.9		17 418.3	607.1
27	●万家寨	山西、内蒙古	39.5	977.0	4.5	81.5	1 080.0	27.5
28	●龙口	山西、内蒙古	39.7	898.0	0.7	36.2	420.0	13.0
29	●天桥	山西、陕西	40.4	834.0	—	20.1	128.0	6.1
30	★碛口	山西、陕西	43.1	785.0	27.9	73.4	1 800.0	43.6
31	★古贤	山西、陕西	49.0	645.0	36.1	119.6	2 100.0	71.0
32	甘泽坡	山西、陕西	49.7	425.0	2.4	38.7	440.0	13.0
33	★●三门峡	山西、河南	68.8	335.0	—	52	410.0	12.0
34	★●小浪底	河南	69.4	275.0	51	138.9	1 800.0	58.5
35	●西霞院	河南	69.5	134.0	0.45	14.4	140.0	5.8
36	桃花峪	河南	71.5	110.0	11.9	—	—	—
	27~36 小计				135.0		8 318	250.5
	1~36 小计				427.9		25 736.3	857.6

注：★为骨干工程；●为已建、在建工程。

1.5.2　黄河已建骨干工程概况

1.5.2.1　龙羊峡水库

龙羊峡水库位于黄河上游青海省共和县和贵南县交界的峡谷进口段,距西宁公路里程 147 km,是一座具有多年调节性能的大型综合利用枢纽工程,是黄河的"龙头"水库。坝址控制流域面积 131 420 km²,占黄河流域总面积 17.5%,多年平均流量 659 m³/s。多年平均入库悬移质输沙量为 2 490 万 t,多年平均含沙量为 1.15 kg/m³。

龙羊峡水库设计开发任务以发电为主,兼顾防洪和供水综合利用。龙羊峡水库库容大,来沙少,年径流量占全河的 1/3 以上,主要任务是对径流进行多年调节,提高水资源的利用率,增加上游河段梯级电站的保证出力。通过与黄河上游的刘家峡水库及其他梯级水电站群联合补偿调节运行,在发电、防洪、防凌、灌溉、供水等方面有显著的经济效益。

龙羊峡水库设计正常蓄水位 2 600 m,相应库容 247 亿 m³;死水位 2 530 m,相应库容 53.5 亿 m³;汛期限制水位 2 594 m;设计洪水位 2 602.25 m;校核洪水位 2 607 m;相应库容 276.30 亿 m³;水库调节库容 193.5 亿 m³,库容系数 0.94,具有多年调节性能。按设计运行 50 年后,剩余库容为 221.35 亿 m³。龙羊峡水电站装机容量 1 280 MW,保证出力 589.8 MW,多年平均发电量 59.42 亿 kW·h,是西北电网调峰、调频和事故备用的主力电厂。

龙羊峡水库于 1977 年 12 月开挖导流洞,1979 年 12 月截流,1986 年 10 月下闸蓄水,1989 年 8 月 4 台机组全部安装完毕,电站建设总工期 15 年。自 1987 年 9 月第一台机组投产发电至 2007 年,已累计发电 804.06 亿 kW·h。

1.5.2.2　刘家峡水库

刘家峡水库位于甘肃省永靖县境内黄河干流上,距兰州市 100 km,至黄河口距离 3 445 km。坝址控制流域面积 181 766 km²,坝址处多年平均流量 885 m³/s,多年平均天然径流量 279 亿 m³。水库入库沙量大部分来自贵德以下的干支流区间,多年平均年输沙量 8 700 万 t,多年平均含沙量 3.31 kg/m³。

刘家峡水库设计开发任务以发电、防洪为主,兼顾供水、灌溉综合利用。在黑山峡河段开发之前,还承担上游梯级电站的反调节任务,满足宁蒙地区灌溉供水高峰期的补水要求和防凌期对下泄流量的控制任务。

刘家峡水库正常蓄水位 1 735 m,死水位 1 694 m,正常蓄水位以下总库容 57 亿 m³。电站设计装机容量 1 225 MW,竣工验收核定装机容量 1 160 MW。1994～2001 年期间对全厂五台机组进行增容改造和右岸小机建设后刘家峡水电厂的总装机规模为 1 390 MW,设计年发电量 57.04 亿 kW·h。考虑刘家峡洮河口排沙洞扩机工程后电站总装机容量 1 690 MW,年发电量 60.51 亿 kW·h。

刘家峡水电站工程是第一届全国人民代表大会第二次会议通过的黄河流域规划中确定的第一期工程之一,是中华人民共和国成立后兴建的第一座百万千瓦级水电厂。工程于 1958 年 9 月开工兴建,1969 年 3 月第一台机组发电,1974 年年底全部建成。

刘家峡水库目前泥沙淤积严重,至 1999 年库内共淤积泥沙 15.30 亿 m³,有效库容损失 17.4%,其中洮河库区淤积 0.533 亿 m³,冲淤已达平衡,大夏河库区淤积 0.606 亿 m³。由于洮河口沙坎淤高,电站低水位运行时发生阻水,水库已不能按设计要求降低至死水位 1 694 m 运行,影响电站正常运行,根据泥沙淤积情况,目前水量调度核定的水库最低运用水位为 1 717 m。由于有效库容损失,调节能力降低,已影响水库正常调度运行,且洮河泥沙大量通过机组及泄水建筑物,造成机组过流部件及泄洪设施严重磨损,降低了电站的效益,危及电站的安全运用。同时,由于刘家峡水库承担宁蒙河段的防凌、供水任务,对电站发电制约作用大,运行水位低,大流量弃水时有发生,影响梯级电站发电效益。

1.5.2.3　三门峡水库

三门峡水库位于黄河中游的干流上,右岸是河南省三门峡市,左岸是山西省平陆县。水库控制流域面积 688 399 km²,占黄河全流域面积的 91.5%。坝址处多年平均径流量 426.69 亿 m³,实测最大流量 22 000 m³/s,多年平均输沙量 16.0 亿 t(1919~1959 年)。

三门峡水库控制着坝址以上(上大洪水)的黄河洪水泥沙,对三门峡至花园口区间洪水(下大洪水)能起错峰作用。原规划的开发任务是防洪、防凌、灌溉、发电、供水等综合利用。水库设计最高水位 340 m,总库容 162 亿 m³,防洪库容 56 亿 m³,正常蓄水位 335 m。

枢纽工程为混凝土重力坝,坝顶高程 353 m,主坝长 713.2 m,最大坝高 106 m。其中,左岸有非溢流坝段、溢流坝段、隔墩坝段、电站坝段;右岸有非溢流坝段,右侧副坝为双铰心墙斜丁坝。在泄流坝段 280 m 高程设 12 个施工导流底孔,在 300 m 高程设 12 个深水孔,在 290 m 高程的左岸建 2 条隧洞。水电站为坝后式,有 7 台机组和 1 条泄流钢管(由发电钢管改建)。

三门峡工程于 1957 年 4 月开工,1958 年 11 月截流,1960 年 9 月水库开始"蓄水拦沙"运用,水库淤积严重。为解决水库淤积问题,1962 年 3 月决定采用"滞洪排沙"运用方式,并于 1965~1969 年和 1969~1973 年 12 月先后两次对枢纽泄洪排沙设施进行增建和改建,扩大泄流能力。1969 年 6 月四省(陕西、山西、河南、山东)会议确定的改建原则是"在确保西安、确保下游的前提下,合理防洪,排沙放淤,径流发电",安装五台 50 MW 的水轮发电机组。第一台机组于 1973 年 12 月开始发电,其余四台机组分别于 1975 年、1976 年、1977 年和 1979 年并网发电。1994~1997 年为了充分挖掘水能资源,增加发电效益,利用原有机坑扩建两台 75 MW 机组。2000 年,对 1 号发电机组进行了技术改造,改造后的单机容量由 50 MW 增至 60 MW。目前,电站装机容量达 410 MW,年发电量为 12 亿 kW·h。

1.5.2.4　小浪底水库

黄河小浪底水利枢纽位于河南省洛阳市以北 40 km 的黄河干流上,上距三门峡水利枢纽 131 km,下距郑州黄河京广铁路桥 115 km,坝址以上流域面积 694 155 km²,占黄河全流域面积的 92.2%,处在承上启下控制黄河水沙的关键部位,是黄河三门峡以下唯一能够取得较大库容的坝址。考虑坝址以上各部门耗水及水利水保措施后,枢纽设计水平年多年平均入库径流量 277.1 亿 m³,多年平均输沙量 12.75 亿 t。

小浪底水利枢纽是黄河干流规划的七大骨干工程之一,坝址径流量占全河总径流量的 91.2%,控制几乎 100% 的黄河泥沙,在黄河的治理开发和保证下游地区防洪安全方面起着最重要的作用,也是控制黄河水沙、协调黄河水沙关系的最关键工程。其开发任务是:以防洪(包括防凌)、减淤为主,兼顾供水、灌溉和发电,蓄清排浑,除害兴利,综合利用。

小浪底水库为不完全年调节水库,水库最高蓄水位 275 m,总库容 126.5 亿 m³,长期有效库容 51 亿 m³,其中防洪库容 41 亿 m³,调水调沙库容 10 亿 m³;可拦沙约 100 亿 t。

小浪底水电站装机容量 1 800 MW,保证出力为 283.9 MW/353.8 MW(前 10 年/10 年后),年平均发电量 45.99 亿 kW·h/58.51 亿 kW·h(前 10 年平均/10 年后平均)。

枢纽主要水工建筑物:壤土斜心墙堆石坝,坝顶高程 281 m,最大坝高 160 m,坝顶长 1 667 m;泄洪排沙系统,包括 3 条洞径 14.5 m 的孔板泄洪洞、3 条洞径 6.5 m 的排沙洞、3 条明流泄洪洞、1 条溢洪道、1 条灌溉和洞群进出口的进水塔群及大型消力塘;发电设施包括 6 条洞径 7.8 m 的引水发电洞、3 条尾水洞、6 台单机容量 300 MW 水轮发电机组。

小浪底水利枢纽于 1991 年 9 月 1 日开始前期准备工程,1994 年 9 月 12 日主体工程开工,1997 年 11 月截流,1999 年 10 月下闸蓄水,1999 年年末第一台机组发电,单机容量 300 MW,共 6 台机组,2001 年 12 月 31 日全部工程竣工。

1.5.2.5　万家寨水利枢纽和海勃湾水利枢纽

万家寨水利枢纽位于黄河北干流的上段,坝址以上控制流域面积 39.5 万 km²。水库最高蓄水位 980.00 m,相应总库容 8.96 亿 m³,调节库容 4.45 亿 m³。工程开发任务主要是供水结合发电调峰,兼有防洪、防凌作用。电站装机容量 1 080 MW。水库年供水量 14 亿 m³,对缓解山西、内蒙古两省(区)能源基地、工农业用水及人民生活用水的紧张状况具有重要作用。

海勃湾水利枢纽位于内蒙古自治区境内的黄河干流上,距乌海市区 3 km,坝址以上控制流域面积 31.2 万 km²。水库正常蓄水位 1 076 m,相应总库容 4.87 亿 m³,长期调节库容约 0.94 亿 m³。工程开发任务以防凌为主,结合发电,兼顾防洪和改善生态环境等综合利用。

1.5.2.6　主要支流控制性水利枢纽

故县水库、陆浑水库均位于支流伊洛河上。伊洛河是黄河中游的清水来源区,两坝址控制径流量分别为 12.8 亿 m³、10.25 亿 m³,年输沙量分别为 655 万 t、300 万 t;伊洛河洪水是黄河三花区间(三门峡至花园口区间)洪水的主要来源区之一。洛河故县水库和伊河陆浑水库是黄河下游防洪工程体系的有机组成部分,总库容分别为 11.8 亿 m³ 和 13.2 亿 m³,开发任务均以防洪为主,兼顾灌溉、供水、发电,并配合黄河干流骨干水库调水调沙运行。

河口村水库位于沁河的最后一段峡谷出口处,坝址控制流域面积 9 223 km²,年径流量 10.89 亿 m³,年输沙量 518 万 t。沁河洪水是三花区间洪水的主要来源区之一。河口村水库是控制沁河洪水、径流的关键工程,是黄河下游防洪工程体系的重要组成部分,开发任务以防洪、供水为主,兼顾灌溉、发电、改善生态,并配合黄河干流骨干水库调水调沙运行。

1.5.3　已建骨干水库总体运用方式

1.5.3.1　龙羊峡水库、刘家峡水库运用方式

根据龙羊峡水库、刘家峡水库的开发任务,龙羊峡水库与刘家峡水库及待建的大柳树水利枢纽联合运行,从根本上控制黄河上游的洪水,消除凌汛威胁,满足青海、甘肃、宁夏、内蒙古四省(区)的工农业用水的需要,提高黄河中下游枯水年的供水量和上游梯级的发电效益。

在龙羊峡—河口镇河段的已建工程中,除龙羊峡、刘家峡两座水电站具有调节能力外,其余均为径流式电站。自 1986 年龙羊峡水电站建成后,黄河上游已经形成了龙羊峡和刘家峡两大水库联合调度的局面。为减轻 11 月至次年 3 月黄河凌汛期的防凌负担,国家防汛抗旱总指挥部(简称国家防总)1989 年授权黄河防汛抗旱总指挥部(简称黄河防总)负责凌汛期全河水量统一调度,黄河防总按旬下达水库的下泄流量,水调办公室具体执行。

龙羊峡水库调度的原则和任务是:在确保大坝安全的前提下,根据水文、气象预报,统筹兼顾,协调防洪与兴利的矛盾,充分利用库容与来水量,合理蓄水、泄水和用水,力争发挥水库最大综合利用效益。刘家峡水库的调度运用,主要受防洪、防凌、灌溉供水和发电等综合利用要求等控制,每年的凌汛期,按防凌要求控制下泄流量,缓解宁蒙河段的冰凌灾害,4~6 月为灌溉季节,调节流量满足甘肃、宁夏、内蒙古等省(区)工农业用水的需求,7~10 月为汛期,根据兰州以下防洪需要调度运用。

1.5.3.2　三门峡水库运用方式

三门峡水利枢纽自 1960 年 9 月投入运用以来,由于原规划设计对黄河泥沙问题认识不足,枢纽在实际运行中经历了两次改建和“蓄水拦沙”(1960 年 9 月 15 日至 1962 年 3 月 19 日)、“滞洪排沙”(1962 年 3 月 20 日至 1973 年 10 月)以及“蓄清排浑”(1973 年 11 月至目前)三个不同运用阶段。同时,枢纽经两次增、改建,增加了泄流排沙设施,加大了泄流排沙能力。1973 年以后,水库采用“蓄清排浑”运用方式,即汛期泄流排沙,汛后蓄水兴利,使库区泥沙基本冲淤平衡,水库淤积得到控制。

2006 年黄河水利委员会研究提出三门峡水库采用“汛敞”运用方案,并上报水利部。“汛敞”即水库汛期完全敞泄,非汛期按最高水位不超过 318 m,平均水位不超过 315 m 运用,但该运用方式一直未批复。目前,三门峡水库汛期基本仍按 305 m 水位控制运用,遇流量大于 1 500 m³/s 敞泄排沙,非汛期控制最高运用水位不超过 318 m。

凌汛期(12 月至次年 2 月),三门峡水库的防凌运用方式为:当小浪底水库防凌库容足够未启用三门峡水库防凌运用时,三门峡水库控制最高运用水位不超过 318 m,预留约 15 亿 m³ 防凌库容;当小浪底水库防凌库容不足时,启用三门峡水库预留防凌库容,调节小浪底水库入库流量,促成小浪底水库有条件达到防凌控泄流量要求。

1.5.3.3　小浪底水库运用方式

小浪底水库运用阶段分为拦沙初期、拦沙后期和正常运用期。拦沙初期为水库累计淤积量达到 21 亿~22 亿 m³ 的时期;拦沙后期为拦沙初期结束后至库区高滩深槽形成,坝前滩面高程达到 254 m,相应淤积量到 75.5 亿 m³ 的整个时期;拦沙后期结束后即转入正常运用期。

在小浪底水库初步设计阶段,确定的正常运用期防洪运用方式为:预报花园口站洪水流量小于 8 000 m³/s,按进出库平衡运用。预报花园口站洪水流量大于 8 000 m³/s,按控制花园口站 8 000 m³/s 方式运用,在此过程中:①当水库蓄洪量达到 7.9 亿 m³ 时,小浪底水库按控制花园口站流量不超过 10 000 m³/s 运用。当水库蓄洪量达到 20 亿 m³ 且有增大趋势时,控制蓄洪水位不再升高,相应增大泄洪流量、允许花园口站洪水流量超过 10 000 m³/s。当预报花园口站 10 000 m³/s 以上洪量达到 20 亿 m³ 时,说明东平湖滞洪区将达到可能承担黄河分洪量 17.5 亿 m^3,小浪底水库恢复按控制花园口站 10 000 m^3/s 运用。②水库蓄洪量虽未达到 7.9 亿 m^3,但小花间(小浪底至花园口区间)的洪水流量已达 7 000 m^3/s,且有上涨趋势,水库下泄最小流量 1 000 m^3/s。若预报小花间流量大于 9 000 m^3/s,水库下泄最小流量 1 000 m^3/s,否则按控制花园口站 10 000 m^3/s 运用。

根据 2013 年汛前小浪底水库淤积测验资料,库区已累计淤积泥沙 27.2 亿 m^3,水库已经进入拦沙后期。

在水利部批复的《小浪底水利枢纽拦沙后期(第一阶段)运用调度规程》中,其防洪调度方式为:当预报花园口流量小于编号洪峰流量 4 000 m^3/s 时,水库适时调节水沙,按控制花园口流量不大于下游主槽平滩流量的原则泄洪。当预报花园口洪峰流量为 4 000~8 000 m^3/s 时,需根据中期天气预报和潼关站含沙量情况,确定不同的泄洪方式:①若中期预报黄河中游有强降雨天气或当潼关站实测含沙量大于或等于 200 kg/m^3 的洪水时,原则上按进出库平衡方式运用。②若中期预报黄河中游没有强降雨天气且潼关站实测含沙量小于 200 kg/m^3,小花间来水洪峰流量小于下游主槽平滩流量时,原则上按控制花园口站流量不大于下游主槽平滩流量运用;当小花间来水洪峰流量大于或等于下游主槽平滩流量时,可视洪水情况控制运用,控制水库最高运用水位不超过正常运用期汛限水位 254 m。当预报花园口洪峰流量为 8 000~10 000 m^3/s 时,若入库流量不大于水库相应泄洪能力,原则上按进出库平衡方式运用;若入库流量大于水库相应泄洪能力,则按敞泄滞洪运用。当预报花园口流量大于 10 000 m^3/s 时,若预报小花间流量小于或等于 9 000 m^3/s,按控制花园口 10 000 m^3/s 运用;若预报小花间流量大于 9 000 m^3/s,则按不大于 1 000 m^3/s 下泄;当预报花园口流量回落至 10 000 m^3/s 以下时,按控制花园口流量不大于 10 000 m^3/s 泄洪,直到小浪底库水位降至汛限水位以下。当危及水库安全时,应加大流量泄洪。

每年 10 月至次年的 7 月上旬为蓄水调节期,水库蓄水调节径流,进行防凌、供水、灌溉、发电等综合运用。

凌汛期(12 月至次年 2 月),小浪底水库的防凌运用方式为:凌汛前,预蓄适当水量;封河前,控制小浪底水库出库流量,凑泄花园口站流量达到封河流量,同时控制封河时水库水位不高于 267.3 m,预留 20 亿 m^3 防凌库容;封河后,控制小浪底水库出库流量,使得考虑区间加水、用水后凑泄花园口站流量达到封河期控泄流量;开河时,控制小浪底水库出库流量,凑泄花园口站流量不大于开河流量;开河后,视来水和下游用水情况逐步加大出库流量,泄放水库蓄水量。

1.6　黄河已建骨干水库的作用

黄河干流建成的龙羊峡、刘家峡、三门峡和小浪底四座骨干水利枢纽工程,按照设计的运用方式运用,在防洪(包括防凌)、减淤、工农业供水及发电等方面发挥了极为重要的作用,有力地支持了黄河流域及黄淮海平原地区的经济社会发展。

1.6.1　已建骨干工程的防洪作用

1.6.1.1　在黄河下游防洪中发挥的作用

三门峡水库建成后,黄河下游尚未发生超过 22 000 m³/s 的大洪水,但自 1964 年以来,三门峡以上地区曾六次出现流量大于 10 000 m³/s 的大洪水,三门峡水库削减洪峰,在一定程度上缓解了黄河下游防洪抢险的紧张局面,减轻了黄河下游的防洪负担,为黄河下游几十年伏秋大汛不决口发挥了重要的作用。其中,1977 年 8 月 6 日发生了三门峡水库入库洪峰流量为 15 400 m³/s 的洪水,三门峡水库 8 月 7 日最大下泄流量 8 900 m³/s,削减洪峰流量 6 500 m³/s;1982 年 7 月 29 日花园口出现洪峰流量 15 300 m³/s 的洪水,由于三门峡水库滞洪削峰和其他分滞洪工程协同发挥作用,这次洪水安全入海。

陆浑水库、故县水库建成后,与三门峡水库联合防洪调度运用,可减少下游花园口洪峰流量超过 22 000 m³/s 的出现概率,使黄河下游的防洪标准由 30 年一遇提高到 60 年一遇,增加了黄河下游防洪调度的灵活性和可靠性。

小浪底水库建成后,对三门峡、小浪底、陆浑和故县等水库的联合调度运用,显著削减了黄河下游稀遇洪水,使花园口断面 100 年一遇洪峰流量由 29 200 m³/s 削减到 15 700 m³/s,1 000 年一遇洪峰流量由 42 100 m³/s 削减到 22 600 m³/s,接近花园口设防流量 22 000 m³/s。由此可见,三门峡、小浪底、陆浑和故县等水库的建设,对黄河下游防洪起到了重要作用,增强了堤防抗御大洪水的能力,大大减轻了黄河下游的防洪压力。

1.6.1.2　在黄河上游防洪中的作用

龙羊峡水库正常蓄水位 2 600 m,原始库容 247 亿 m³,调节库容 193.5 亿 m³,为多年调节水库,控制着黄河上游 65% 的水量和主要洪水来源,在黄河上游防洪中发挥着巨大的调蓄作用,通过水库对洪水的调节和控制,可以消减黄河上游洪峰流量 3 040~4 500 m³/s,大大提高了下游电站和城市的防洪标准。刘家峡水库总库容 57 亿 m³,有效库容 41.5 亿 m³,水库建成投运后提高了兰州市及下游梯级电站的防洪标准。刘家峡水库按保障兰州市防洪标准 100 年一遇进行设计,刘家峡水库的防洪作用,使兰州市中山桥断面 100 年一遇的洪峰流量从 8 080 m³/s 减少为不超过其安全泄量 6 500 m³/s,考虑区间洪水后,刘家峡水库下泄流量不超过 4 540 m³/s。同时,刘家峡水库的防洪作用,可以使盐锅峡水电站 1 000 年一遇标准提高到 2 000 年一遇。目前,龙羊峡、刘家峡水库防洪运用还考虑在建电站工程的施工洪水要求。

1.6.2　已建骨干水库的防凌作用

1.6.2.1　在黄河下游防凌中发挥的作用

历史上黄河下游凌汛灾害比较严重,据不完全统计,1883~1936 年 54 年间有 21 年凌汛期决口。1949 年以来至三门峡水库建成前,黄河下游曾有两次凌汛决口,造成了较大的凌汛灾害,1951 年 2 月 3 日发生在利津王庄,淹没村庄 91 个,受灾人口 7 万,受灾面积 43 万亩;1955 年 1 月 29 日发生在利津五庄,受灾人口 20.5 万,受灾面积 86 万亩。

自从三门峡水库建成运用以来,由于三门峡水库改变了下游河道凌期的流量,水库下泄水温升高也影响黄河下游河段的冰情,不仅推迟封河时间,而且使下游封冻河段长度明显减少,封、开河冰塞、冰坝次数减少,大大地减轻了黄河下游的防凌威胁。1960～2000年的40年中,特别是下游凌汛严重的1969年、1970年、1976年、1977年,由于利用三门峡水库调节凌汛期河道水量,推迟了开河时间,避免了"武开河"的不利局面,安全度过凌汛期。水库建成后黄河下游再没有出现凌汛决口,在保障黄河下游的凌汛安全方面发挥了重要的作用。

小浪底水库运用后,在水库运用初期具有足够的防凌库容,对下游河道的流量进行更加直接的调节,出库水温比建坝前明显增高,基本解除了黄河下游的凌汛威胁。2001年冬季,黄河下游气温较常年偏低,防凌形势严峻,在即将封河的关键时期,小浪底水库持续以500 m³/s的流量向下游补水,使封河形势得到缓解,开创了严寒之年下游不封河的先例。2002年凌汛期,在来水极枯、封河流量较小条件下,由于封冻期合理控泄,下游河道107 km封河河段开河平稳;2003年济南、北镇站1月上旬平均气温为1970年以来同期最低值,黄河下游出现两次封河、开河,最大封冻长度达330.6 km的严重凌情,封冻期小浪底水库控泄流量仅为120～170 m³/s,实现了全线"文开河"。2004年12月至2005年2月下游凌汛期间,小浪底水库实际泄水21.06亿m³,各月平均流量分别为312 m³/s、251 m³/s、247 m³/s,有效缓解了凌汛形势。小浪底水库运用后的2001～2007年,凌汛期黄河下游年均封河长度129 km,仅为1950～2000年平均封河长度254 km的51%,河道易封易开,2005～2006年度凌汛期还出现了罕见的"三封三开"现象,大大减小了凌汛成灾的概率。

小浪底水库进入正常运用期后,仍可提供20亿m³的防凌库容,三门峡水库可提供15亿m³的防凌库容,通过合理控制下泄流量,减少凌汛期间河道槽蓄水量,减少开河时的凌峰流量,满足下游防凌减灾的需要。

1.6.2.2 在黄河上游防凌中的作用

刘家峡水库建成运行以后,特别是1989年按《黄河刘家峡水库凌期水量调度暂行办法》进行凌汛期调度以来,刘家峡水库一是调节凌汛期水量,增大封河流量,提高了冰下过流能力,并使冰期河道保持比较平稳的流量过程,有效减轻了开河期凌情灾害。二是使刘家峡水库出库水温有所提高,部分河段不再封冻,并推迟了内蒙古河段流凌、封河日期,对缓解内蒙古河段的防凌压力、减轻凌汛灾害发挥了作用。

1.6.3 已建骨干工程的供水作用

1.6.3.1 龙刘水库在黄河水资源优化配置中发挥了关键作用

第一,龙羊峡水库利用其多年调节性能,将丰水年的多余水量调至枯水年或特枯水年,补充枯水年全河水量之不足,实现年际间水资源的合理配置;第二,两水库拦蓄黄河汛期水量以补充枯水期水量之不足,提高了沿黄两岸的供水保证率,增加了上游梯级水电基地的发电效益。从水资源年内分配来看,龙刘水库一般6～10月蓄水,最大蓄水量达116亿m³,11～5月供水,最大供水量达56亿m³;从水资源年际配置来看,两水库年最大蓄水量达104亿m³(2003年),年最大供水量为44.7亿m³。由此看出,两水库的建设在黄河水量的统一调度和合理配置中发挥了重要作用。

1.6.3.2　小浪底水库在保证黄河不断流、提高下游用水保证率方面发挥了关键作用

小浪底水库建成运用后,通过对黄河干流骨干工程联合调度,在作物生长的关键季节实施水量集中下泄,缓解了下游两岸地区的旱情,保证了生活生产供水的安全,发挥了灌溉供水效益。同时,小浪底水库建成以来黄河下游河段没有发生断流现象,入海水量增大,河口地区生态环境显著改善。1999 年 10 月至 2006 年 10 月,除 2003 年发生秋汛外,黄河流域来水持续偏枯,2002~2003 年度花园口站天然径流量仅 250.67 亿 m³,仅为多年均值的 50%,是有实测资料以来的最小值。小浪底水库的合理调蓄,不仅确保了黄河下游不断流,保障了黄河下游沿黄地区按照国家批准的年度用水计划用水,还四次向河北、天津应急调水,七次实施引黄济青,2006 年首次实施引黄入淀。

1.6.4　已建骨干工程的发电作用

黄河干流峡谷众多,水力资源丰富。据 2004 年完成的全国水力资源复查结果,黄河流域水力资源理论蕴藏量共 43 312 MW,其中干流 32 827 MW,占 75.8%,具有良好的水电开发条件。新中国成立后,黄河干流水电资源得到了高度开发。截至 2008 年,黄河干流已建、在建水电站 27 座,装机容量达 18 945 MW。已经建成的龙羊峡、李家峡、公伯峡、刘家峡、万家寨、三门峡、小浪底等水利枢纽和水电站工程 19 座,装机容量 12 084 MW,正在建设的水电站有拉西瓦、积石峡、乌金峡、龙口等 8 座,装机容量 6 861 MW。龙羊峡、李家峡、刘家峡、盐锅峡、八盘峡、青铜峡等上游 10 余座水电站组成了中国目前最大的梯级水电站群。截止到 2007 年年底,黄河干流水电站已累计发电约 5 500 亿 kW·h。

1.6.4.1　龙羊峡水电站

龙羊峡水电站是黄河上游的"龙头"电站,被誉为"万里黄河第一坝",电站装有 4 台单机容量 32 万 kW 的水轮发电机组,总装机容量 128 万 kW,年设计发电量 60 亿 kW·h,是西北电网第一调峰调频电厂。电站投产以后一直承担西北电网第一调峰调频任务,提高了西北电网的电能质量,保证了电网的安全稳定运行,增加了电网的可靠性,同时也提高了下游梯级水电站的保证出力。

1.6.4.2　刘家峡水电站

刘家峡水电站目前装机容量 169 万 kW,设计年平均发电量为 60.5 亿 kW·h。电站于 1968 年 10 月蓄水,1969 年 4 月 1 日首台机组并网发电,1974 年 12 月 5 台机组全部投入运行。刘家峡水电站是西北电网的骨干电站,在西北电力系统中处于十分重要的地位。

刘家峡水电站一直担负着西北电网的调峰、调频、调相的重要任务。近几年来西北电网的峰谷差冬季超过 100 万 kW,而刘家峡水电厂就承担 90 万 kW,即使汛期水电大发时,根据系统需要,还得担负约 40 万 kW 的峰谷差的调节任务。年调峰电量达 33 亿 kW·h,占多年平均实发电量的 68.75%。

刘家峡水电站还担负着西北电网的事故备用任务,其备用容量达该电站总装机容量的 20%,为减少系统事故损失起了十分重要的作用。

1.6.4.3　三门峡水电站

三门峡水电站 1973 年底第一台机组发电投产,1978 年年底完成第五台机组安装,电站总装机容量为 25 万 kW,经过以后的扩机改造,三门峡水力发电厂现有 7 台水轮发电机

组,总装机容量41万kW,年发电量12亿kW·h,是豫西地区调峰、调频任务的主要电站之一。从1973年12月第一台机组发电至2006年年底,三门峡水电站已经累计发电331.61亿kW·h。尤其是三门峡水电站担任电力系统中的部分峰荷容量,降低了系统中火电站的煤耗,取得了显著经济效益。

三门峡水电站1989年以前非汛期发电,对河南省用电的高峰期即12月至翌年的第一季度很有补益,对缓解华中电网供电紧张状况也起到了较大的作用。1989~1994年,三门峡水电站充分利用汛期的大洪水,对7月、8月的来沙高峰期进行集中排沙,在8月下旬至汛末入库水沙较平稳时进行汛期发电,其间如遇大洪水,发电服从防洪、排沙运用。通过合理调度,平均每年可增加发电时间1500 h,较好地处理了防洪、排沙减淤和汛期发电三者之间的关系。1998年后,汛期采用"洪水排沙,平水发电"运用方式,在7月、8月的非洪水期也进行汛期发电,既不影响防汛排沙,又可进行汛期发电,使汛期发电时间由原来的1500 h左右提高到2000 h以上。

1.6.4.4 小浪底水电站

小浪底水电站总装机容量为180万kW,多年平均设计发电量51亿kW·h,供电范围主要是河南省电网,是河南省电网装机规模最大、调峰能力最强的调峰电源。小浪底水库调节库容大,在满足防洪、防凌、减淤、供水和灌溉等综合利用要求的条件下,能够承担峰荷工作容量135.0万kW,避免电力系统135.0万kW的火电机组启停调峰,大量减少火电机组的启停费用。据2005年年底统计,小浪底水电站6年来累计发电183.5亿kW·h,实现销售收入44.6亿元,不仅创造了显著的经济效益,还有效缓解了电网用电紧张局面。

1.6.5 骨干水库拦沙和调水调沙的减淤作用

黄河是一条多泥沙河流,骨干工程在减少河道泥沙淤积方面也发挥了重要作用。三门峡水库自1960年9月至1964年10月,水库拦沙44.7亿t,使黄河下游河道冲刷22.3亿t。第一次改建后到1973年黄河下游河道又发生回淤。水库自1973年11月采用"蓄清排浑"运用方式以来,每年非汛期水库蓄水拦沙,下泄清水,使下游河道由建库前的淤积变为冲刷,把非汛期的泥沙调到汛期泄水排沙,充分发挥黄河下游河道大水带大沙的特点,有利于下游河道输沙入海,减少河道淤积。

小浪底水库通过拦沙和调水调沙,在减少河道淤积、恢复中水河槽过流能力方面发挥了重要作用。小浪底水库可拦沙约100亿t,可使下游河道减淤78亿t左右,约相当于下游河道20年的淤积量。根据下游河道断面法冲淤量计算结果,小浪底水库下闸蓄水运用以来(1999年10月至2008年4月),黄河下游各个河段都发生了冲刷,白鹤至利津河段冲刷15.90亿t。其中,高村以上河段冲刷11.88亿t,占冲刷总量的72.6%;艾山以下河段冲刷2.73亿t,占冲刷总量的16.7%;高村至艾山河段冲刷1.76亿t,占下游河道冲刷总量的10.7%。从冲刷量的时间分布来看,冲刷量主要集中在汛期,汛期下游河道共冲刷11.18亿t,占年总冲刷量的68.2%。

伴随着下游河道的持续冲刷,各河段平滩流量不断增大,黄河下游河道的最小平滩流量由2002年汛前的1800 m³/s增加到2009年的3880 m³/s,各个断面平滩流量变化情况见表 1-6-1。

表 1-6-1　　2002 年后黄河下游河道平滩流量变化情况　　　　单位：m³/s

项目	花园口	夹河滩	高村	孙口	艾山	泺口	利津
2002 年汛初	3 600	2 900	1 800	2 070	2 530	2 900	3 000
2003 年汛初	3 800	2 900	2 420	2 080	2 710	3 100	3 150
2004 年汛初	4 700	3 800	3 600	2 730	3 100	3 600	3 800
2005 年汛初	5 200	4 000	4 000	3 080	3 500	3 800	4 000
2006 年汛初	5 500	5 000	4 400	3 500	3 700	3 900	4 000
2007 年汛初	5 800	5 400	4 700	3 650	3 800	4 000	4 000
2008 年汛初	6 300	6 000	4 900	3 810	3 800	4 000	4 100
累计增加	2 700	3 100	3 100	1 740	1 270	1 100	1 100

1.7　黄河水库群调度存在的问题分析

1.7.1　水库群防洪调度存在的主要问题

1.7.1.1　龙羊峡水库、刘家峡水库防洪调度中存在的问题

龙羊峡水库建成后，黄河上游防洪已基本形成了龙刘水库联合防洪调度的局面。近年来，随着国民经济的发展，黄河上游掀起了水电开发的热潮，目前在龙羊峡至三盛公河段已建、在建以及拟建的电站达 20 余座。龙羊峡以下上游河段经济发展迅猛，沿黄两岸兰州、西宁、银川、包头等城市、灌区等对黄河防洪的要求提高。目前，黄河上游龙刘水库防洪调度存在的主要问题如下：

（1）龙刘水库原设计的防洪任务没有考虑宁蒙河段防洪要求，宁蒙河段的河防工程考虑上游龙刘水库按设计方式运用后的洪水进行设计。但目前该河段部分堤防工程尚未达到设计标准，当发生设计标准洪水时，龙刘水库若按设计运用方式下泄，该河段依靠其现有河防工程不能完全保证设计标准内防洪安全。因此，在近期龙刘水库防洪运用时，除考虑设计的防洪任务外，还需要兼顾宁蒙河段的防洪安全。

（2）目前黄河上游主要控制站天然设计洪水多为 20 世纪 70 年代审定成果，需要延长系列进行复核计算。

（3）刘家峡水库下游河段及水电站防洪设计时，认为刘家峡至兰州区间（简称刘兰区间）洪水与黄河干流洪水不遭遇，因而未考虑刘兰区间与兰州同频率的地区组成，设计洪水地区组成不全面，按水库设计防洪方式运用后，满足不了兰州市 100 年一遇洪水不超 6 500 m³/s 的防洪要求，刘家峡水库下游（指湟水入黄口以下至兰州）已建水电站也难以达到其校核标准。

1.7.1.2　中下游水库群防洪调度中存在的问题

目前,自然条件的变化和经济社会的发展对防洪调度提出了更高要求,同时黄河中下游防洪工程条件也发生了变化,中游支流沁河河口村水库近期内将建成,小浪底水库已进入拦沙后期。在小浪底水库初步设计阶段,黄河下游河道过流能力较大,小浪底水库对于中小洪水的控制流量为 8 000 m³/s,目前黄河下游河道淤积萎缩严重,主槽最小过流能力仅为 4 000 m³/s,而下游滩区约有 189 万人,常遇量级洪水就可能造成下游滩区较为严重的淹没损失,黄河下游中小洪水防洪问题依然突出,对常遇量级洪水的防洪调度仍需要进一步研究。

1.7.2　水库群防凌运用存在的主要问题

黄河下游河段,小浪底水库运用后,出库流量的水温较建库前明显升高,缓解了黄河下游凌汛情势;利用小浪底水库预留的 20 亿 m³ 防凌库容,对下游河道流量进行更加直接的调节,遇小浪底水库防凌库容不足时,利用三门峡水库备用的 15 亿 m³ 防凌库容。三门峡水库与小浪底水库联合防凌运用,基本解除了黄河下游的凌汛威胁。因此,黄河防凌的主要问题在于宁蒙河段。

对于黄河宁蒙河段,龙刘水库联合防凌运用后,在减免宁蒙河段凌汛灾害方面发挥了重要作用。但近年宁蒙河段防凌仍存在以下主要问题:①内蒙古河段的年最大槽蓄水增量有所增加,平均最大槽蓄水增量约为 15.74 亿 m³,近期个别年份已经接近 20 亿 m³,对河段防凌安全造成了较大威胁。②河段壅水严重,封开河期间水文站最高水位有所上升,近 10 年三湖河口站凌汛期最高水位全部超过 1 020 m,其中,2007~2008 年由于壅水严重,凌汛期最高水位达 1 021.22 m。③随着沿河两岸的经济社会发展,单次凌灾造成的损失不断增加。以上的不利局面表明,现状宁蒙河段防凌形势严峻。造成这种情况的原因包含自然条件因素和水库调度运用因素。

自然条件方面的因素包括:①防凌工程体系不完善。刘家峡水库距离宁蒙防凌重点河段较远,其地理位置的局限性决定了其防凌运用的及时性、有效性受到严重制约;应急分洪工程分洪能力小、制约因素多;堤防仍存在高度不够、宽度不足、堤防质量差等问题;河道整治工程少,基础薄弱,布局不合理,不能形成有效的控导体系。②河道边界条件变化。由于自然与人为影响,宁蒙河段水沙关系严重的不协调,导致主河槽严重淤积,特别是内蒙古河段平滩过流能力大幅度降低,由 20 世纪 80 年代的 4 000 m³/s 以上减小到 2010 年的约 1 500 m³/s 水平。主槽严重淤积萎缩,导致凌汛期极易发生冰塞和冰坝,且封河后冰下过流能力大幅度降低,引起河道槽蓄水增量大幅度增加,凌汛水位急剧抬高,这是造成目前防洪、防凌被动局面的一个主要原因。③气候变化因素。受气候变化影响,宁蒙河段在气温整体变暖的过程中,冷暖极值事件频发,且冷暖变化异常,严重影响了封开河形势,增加了防凌调度的难度。

在水库防凌调度运用方面主要包括:①水库防凌控泄流量还不适应内蒙古河道冰下过流能力大幅减小的情况。在 1986 年以前,由于内蒙古河段保持了较大的中水河槽,流凌封河期和稳封期兰州站下泄流量越大,头道拐站稳封期的平均流量也越大,但在 1999 年以后,即使兰州站流凌封河期和稳封期下泄流量增加,头道拐站稳封期的流量变化不明显,说明在现状河道边界条件下,依靠提高流凌封河期下泄流量,对增加头道拐稳封期流量的作用不明显,故封河后槽蓄水增量仍较大,封河期壅水上滩河道长、持续历时长,壅水较大,大堤渗漏、管涌时有发生,威胁堤防安全。②刘家峡防凌调度与梯级发电存在较大矛盾,遇宁蒙河段开河期凌情严重时,若要求刘家峡水库进一步控泄,不仅时机难以掌握,而且也难以实施。③海勃湾水库即将建成,作为防凌、发电等综合利用工程,其设计防凌运用方式对干流梯级水库群防凌调度的影响需要研究。

1.7.3　骨干水库在协调宁蒙河段水沙关系中存在的问题

龙刘水库联合对黄河水量进行多年调节,蓄存丰水年和丰水期水量,补充枯水年和枯水期水量。其中,汛期(7~10月)多年平均蓄水量达51亿 m^3,改变了宁蒙河段水沙量年内分布,汛期进入宁蒙河段的水量、沙量占全年的比例均减小,平均含沙量变化不大,但来沙系数却明显增大,水沙关系进一步恶化。下河沿站为黄河干流进入宁蒙河段水沙量控制站,1950~1986年,年水量为329.11亿 m^3,年沙量为1.611亿 t,平均含沙量为4.89 kg/m^3,其中汛期水量占全年比例为57.6%,汛期沙量占全年比例为86.0%,汛期平均含沙量为7.31 kg/m^3,汛期来沙系数为0.004 1 $kg \cdot s/m^6$;1987~2009年,年水量为245.79亿 m^3,年沙量为0.675亿 t,平均含沙量为2.47 kg/m^3,其中汛期水量占全年比例为42.0%,汛期沙量占全年比例为77.8%,汛期平均含沙量为5.08 kg/m^3,汛期来沙系数为0.005 2 $kg \cdot s/m^6$。受水库调度的影响,下河沿站汛期水量占全年比例大幅度减小,导致汛期来沙系数明显增大,对河道输沙不利。

宁蒙河段干支流来沙量主要集中在汛期,汛期水沙关系的恶化导致了宁蒙河段(特别是内蒙古河段)主槽的淤积萎缩。从内蒙古巴彦高勒至蒲滩拐河段主槽年均淤积量来看,1962~1982年、1982~1991年、1991~2000年和2000~2012年的四个时期分别为 −0.18亿 t、0.21 t、0.47亿 t和0.39亿 t,总体呈现逐年增加的趋势。目前,内蒙古部分河段已演变为"地上悬河",同时随着主槽不断萎缩,中小流量水位明显抬高;1986年之前该河段平滩流量基本在3 000 m^3/s 以上,至2004年普遍降至1 500 m^3/s 左右,局部河段不足1 000 m^3/s,虽然受2012年大洪水淤滩刷槽的影响,逐步恢复至2 000 m^3/s 左右,但目前干支流水沙关系不协调,仍将使该河段主河槽继续萎缩,威胁堤防安全。

1.7.4　水库群水量调度存在的主要问题

20世纪后期黄河下游日益加剧的河道断流促使黄河水量走向统一调度。目前,黄河水量调度的时间范围已经从非汛期走向全年,空间范围已经从下游扩展到全河、从干流扩展到主要支流,水量调度的手段也从最初的行政命令为主变成水量调度系统、法律法规和行政手段相结合。现阶段黄河水量调度实行年度水量调度计划与月、旬水量调度方案和实时调度指令相结合的调度方式。

年度水量调度计划是依据批准的黄河水量分配方案和年度预测来水量、水库蓄水量,按照同比例丰增枯减、多年调节水库蓄丰补枯的原则,在综合平衡申报的年度用水计划建议和水库运行计划建议的基础上采用逐河段水量平衡法编制的。月水量调度方案是根据批复的年度水量调度计划,结合最新的月径流预报、水库运行计划以及前期水量调度计划的执行情况,采用逐河段水量平衡对年度水量调度计划拟订的骨干水库月平均下泄流量、省际断面月径流量、各省(区)月水量分配指标等进行滚动调整。旬水量调度方案是在月水量调度方案的基础上,根据短期径流预报、用水需求、水库运行计划和前期调度方案执行情况进行滚动编制。实时调度指令主要指根据实时水情、雨情、旱情、墒情、水库蓄水量及用水情况,对已下达的月、旬水量调度方案做出调整。

黄河流域属资源性缺水地区,水资源供需矛盾突出,如何在保障防洪防凌安全的前提下,协调好黄河水资源供需关系并兼顾黄河健康生命,还需要进一步研究水库群水量调度方案,分析不同来水年水库蓄补水规律,为充分发挥已建梯级水库群的综合利用效益和实施最严格的水资源管理提供技术支撑。

(1)水量调度中骨干水库补水量确定有待进一步研究。从 1999 年 3 月正式启动黄河水量统一调度工作以来,黄河天然来水整体依然偏枯,年平均天然径流量略枯于中等枯水年,水量统一调度不仅确保了黄河不断流,还保证了一定的河道基流,同时保证了流域城乡居民生活和工农业生产供水安全,支撑了流域及相关地区经济可持续发展。然而历史上的 1922~1932 年从连续枯水段年数和天然径流量上都比 1994~2002 年要严重,因此在全河水量调度工作中还必须做好遭遇更长连续枯水段的预案准备。水量调度实践证明,年可供水量的分析是调度方案编制的关键之一,其中的难点即为水库补水量的预估。目前,调度方案编制时龙羊峡水库补水量是根据该水文年来水的丰枯程度并考虑该年度汛末水库实际蓄水量来确定,基本原则为中等枯水年和特别枯水年补水,其他类型年不补水。因此,有必要进一步分析不同来水年水库蓄补水规律,为提高方案编制的科学性和合理性提供技术支撑。

(2)干旱年份干流水库群调度研究有待加强。黄河流域是旱灾最严重的地区之一,当前,黄河流域已建设了一批灌区和高扬程提水灌溉工程,加上干流水库群在抗旱调度中的联合运用,流域的抗旱能力得到极大提高,但同时也面临着如下问题:一是黄河流域水资源紧缺,工业特别是能源化工产业用水增长迅猛,支流用水增加入黄水量减少,加之黄河水资源有减少趋势,干旱年份尤其是旱灾期间骨干水库水源调度捉襟见肘,对于抗旱水量预留和调配难度大;二是黄河水资源和农业用水时空分布差异大,来水主要在上游,且以汛期为主,易发生旱灾的中下游用水则受上游水库调节,水量调度压力大;三是国家粮食安全战略强化了农业用水地位,近年来持续干旱增加了抗旱压力,国际粮价应“旱”而涨,要求水利部门高度重视抗旱水源筹备和应急调度。按照国家 2011 年中央一号文件,在黄河流域 2020 年基本建成防汛抗旱减灾体系,任重而道远。因此,有必要进一步针对不同来水条件研究干旱年水量调度的水库补水量、断面流量控制要求、用水计划压缩比例等。

(3)应加强干流水库群应急调度对策研究。由于黄河流域及相关地区水资源日益紧张,实施应急水量调度已成为解决黄河供水地区水资源危机的手段之一。《黄河水量调度条例》指出出现严重干旱、省际或者重要控制断面流量降至预警流量、水库运行故障、重大水污染事故等情况,可能造成供水危机、黄河断流时,黄河水利委员会应当组织实施应急调度。截止到 2010 年,在黄河防总、流域机构、省区水行政与抗旱主管部门及水库管理单位的共同努力下,已成功应对了 21 起干流断面预警、2003 年上半年黄河来水特枯及

2009 年的流域严重干旱等事件。现阶段伴随社会生产活动的剧增,河道断流、突发性水污染事件及应急供水事件发生的频次也随之增加,黄河供水安全频频陷入突发性事件的危局。如 2009 年年底至 2010 年年初为确保天津城市供水安全和缓解白洋淀生态用水危机而实施的引黄济津济淀应急调水、2010 年年初渭河油污染事件等,都启动了相应水库的应急调度工作。因此,有必要进一步开展干流水库群应急调度对策研究,为缓解黄河供水地区水资源危机提供相应的技术支撑。

此外,虽然小浪底水库通过水库拦沙和调水调沙使得黄河下游发生了全线冲刷,河道最小平滩流量有所恢复,但调水调沙用水及协调水沙关系塑造大流量过程对水量要求大,与供水、发电目标矛盾突出,全河水量统一调度需要考虑协调水沙关系用水需求。

第 2 章　水库水电站调度技术总结

2.1　概　述

事实证明,水库优化调度或水库群的联合调度能有效改善水资源短缺状况、防治洪涝灾害、增加电力产能,达到水资源合理配置的效果。

调度规则作为指导水库群系统联合调度的重要工具,一般是以当前时段的水文状况(如各水库的蓄水状态、水位、面临时段入流等)为依据,对当前时段水库的下泄水量、出力负荷等做出合理决策,以期获得长期水库(群)运行的理想效果。有别于已知长时序所有来水情况下运用数学方法获得的库群系统最优决策过程及最优效益值(以动态规划方法为代表),调度规则仅需对未来较近时段(如下一时段)的径流进行准确预测而后做出实时的调度决策,这在当前水文预报技术条件下是有可能实现的;运用调度规则指导水库群运行的效益一般劣于最优效益值,但是天然径流的不确定性使得已知长时序来水下所得的最优运行过程并不能够具体地指导实际调度,合理的调度规则对于库群操作以取得长时序稳定的较大效益具有更为实际的指导意义。

黄河梯级系统作为具有调节性能的工程措施,承担流域防洪、防凌、供水、发电、灌溉等任务,同时还要实现黄河上游宁蒙河段及下游河道的泥沙冲淤和保障河流生态安全,任务矛盾突出。当前黄河流域已建成大型水库 30 多座,总库容超过 700 亿 m^3,形成了黄河梯级系统,承担流域防洪、防凌、供水、发电、灌溉等任务,同时还要实现黄河上游宁蒙河段及下游河道的泥沙冲淤和保障河流生态安全,系统复杂、矛盾突出。径流的显著减少与水资源需求量的急剧增加使得现行的水库调度规则已满足不了黄河流域的基本需求,因此针对环境变化下,径流减少和用水需求增加的黄河流域现状,研究梯级水库群的调度规则有重要的意义。

2.2　水库群调度规则研究的关键技术

2.2.1　调度规则的表现形式

目前,对水库群调度规则研究的主流表现形式可归纳为"总-分"模式。总——库群系统对下游需水区的总供水量或系统总负荷的决策;分——当系统总供水量或总负荷已知前提下各单库的供水量或负荷值的决策。对于多目标综合利用的水库群系统,决策还需考虑对多目标的协调规则。一般情况下,调度图和调度函数多用来作为解决"总"决策问题的调度规则表现形式,而对于"分"决策问题,针对不同的库群特征和调度目标,其分配规则的表现形式需分类归纳。

调度图和调度函数是水库群联合调度中最常用的两种调度规则形式。

调度图是指导库群调度运行的常用方法。它以时间(月或旬等)为横坐标,以水位、蓄水量或蓄能等为纵坐标,由一些控制水库决策量的调度线将相应的水库的水位范围、兴利库容、蓄能空间等划分为不同区域,各区域内有相应的调度决策。目前,调度图应用于水库群系统的研究分为两类:

(1)单库或聚合水库调度图的研究,如适用于多用水户的多目标限制供水调度图和决策发电库群系统总负荷(出力)值的蓄能调度图;各单库调度图有机结合,共同确定库群系统的总供水或总出力,如有研究在处理并联供水库群联合调度时,在某一水库调度图上添加联合供水调度线,根据蓄水状态与调度线位置确定由哪个水库对共同用水户供水。

(2)一些调度图研究的有益补充,如二维调度图应用于供水系统取得不错效果,然而拓展于多库系统时多维调度图结构的复杂性制约了其发展;通过引入梯级可能出力的概念,建立梯级可能出力与总出力的分段线性关系图,根据梯级可能出力推求梯级总出力。当水库群联合调度时,对当前时段的总出力或总供水量的决策,不应以某一水库的蓄水或蓄能状态为决策参考,而应从水库群系统整体蓄水量或蓄能的角度出发,综合考虑各水库的蓄水或蓄能状态制定出力或供水决策。从此角度来看,聚合水库思想在库群中的应用更为合适,适用范围也更广泛。

调度函数是将已有的径流序列通过优化方法得到的最优运行轨迹以及决策序列作为水库运行要素的观测数据,通过回归分析等方式,获得调度决策与相关要素(如水位、入流等)的函数关系。一般所建立的是面临时段决策水库决策变量(供水量、负荷值等)与水库群系统水文要素(蓄水量、面临时段入流量等)之间的函数关系,不仅可以用于决策水库群系统总供水量或总负荷值,也可以用于决策各库的独立供水量或负荷值,在库群联合调度中得到了应用与发展。

梯级水库群联合调度多见于以发电为主的梯级流域的电力系统,本书主要研究了梯级水库群中长期发电调度问题,在已知梯级水库各时段总负荷或电量,国内外关于梯级负荷(或出力)分配规则主要有以下相关研究:

(1)蓄供水判别式法。以蓄供水期增发电能尽可能大或损失电能尽可能小为原则,通过判断时段内各水库放水发电(或蓄水储能)的不蓄电能损失(或增量)值,即判别式值,确定水库时段内的蓄放水次序,是最为常用的时段内出力分配的方法。通常系统中判别式值大的水库在蓄水期优先蓄水,判别式值小的水库在供水期优先放水;而且适用于串、并联水库群水电站系统。但蓄供水判别式存在着增大系统弃水、缺乏对水量分配的考虑和时段内操作缺乏对后续时段影响的考虑等问题,针对上述蓄供水判别式在梯级水库应用中的不足,相关学者进行了研究。

(2)库容效率指数法。是由美国工程兵团开发的一种水库群调度方法,指代各水库的发电效率指标,国内学者李玮等将其作为时段内出力分配的方法应用于清江梯级水电站的联合调度。本书认为:库容效率指数法与蓄供水判别式法在实质上相同,均通过计算水电站群中各个水库增发或蓄入单位电能所引起的未来蓄(供)水期的能量差值作为蓄放水的判别标准,只不过其能量损失的计算标准不同。

(3)一些以水量和蓄能相关原则指导分配的研究。如弃水最小原则、强迫弃水策略、耗水量最小原则、蓄能最大准则、全箱库能增益原则、上游水库调度期末蓄能最大准则等，不一一具表。同时也存在一些不足，如最小弃水模型注重于高水头发电而忽略了库群系统间水量分布的影响。

2.2.2　调度规则的研究方法

首先对水库调度系统的模型构建做回顾。基于调度规则的库群系统数学建模研究重点经历了从早期模拟模型，到后期优化模型，至近些年来模拟－优化模型配套使用的演变。

（1）模拟模型主要是以计算机语言为工具，分析所研究的系统，将其物理特性与行为重新加以诠释，以符合实际的调度操作情况，是一种模仿实际系统行为的演算程序。优点在于对解决具有多变量、多约束等非线性特征的水库群调度问题尤为适用，但其缺点在于只能测试和评价既定调度规则的有效性，而无法直接求得系统操作的最优解或合理的调度规则。

（2）优化模型是以系统化的数学分析方法，求得目标函数的最优解及系统的决策过程。与模拟模型所不同，优化模型可以直接求解当前目标函数下最优或接近最优的调度规则表现形式，也可以求解调度库群系统的最优运行过程。根据是否考虑水文径流的随机性，可分为确定性模型和随机性模型。优化模型寻优能力强，但是对复杂系统的数学建模相当困难，且求解长系列调度时易陷入"维数灾"。

模拟与优化模型的优缺点形成了较好的互补性，近些年来，基于模拟－优化模型的库群联合调度得到了初步研究，大致有两个研究方向的应用。一是针对不同水库群系统特征的调度规则研究，如混联水库群、并联供水库群、跨流域调水工程、梯级发电水库群；二是对于模拟－优化模型的研究则主要侧重于对最优解获取的优化方法的研究，此方面将在下一小节做系统性的文献总结和回顾。

水库（群）优化调度规则的研究方法也是多种多样的，基于相关调度规则和数学建模理论的研究，尤其是大量智能优化方法的兴起，使得复杂水库群系统的联合调度规则得到了更深入的探讨，相关研究方法可分为两类：一是"优化－拟合－修正"的研究方法（见图 2-2-1），二是"预定义规则＋（模拟）优化模型"（见图 2-2-2）的研究方法。

第一类方法通过优化模型直接仿真和优化具有长系列径流资料的水库（群）调度过程，得到长系列最优的蓄水量、放水量的决策序列；以此为样本，通过回归分析、数据挖掘等方法，形成特定的调度规则表达形式；而后对获得的调度规则通过模拟调度进行检验，并进行适当的调整与修正。该研究方法原理相对简单，但缺点在于对最优样本的分析可能失效，无法获得可行的调度规则形式，且随着水库数目的增加优化模型易陷入"维数灾"。相关此方法的研究重点可分为两方面：一是调度规则提取方法；二是采用优化方法，一般多为数学规划方法及其改进，求解长系列最优的运行策略，为训练样本的有效性提供保障。

第二类方法首先基于已有的调度经验，预先拟定含待定参数的水库（群）优化调度规则形式，给定初始参数，按照此预定义的调度规则模拟长系列的调度过程。而后一方面可以通过模拟调度的结果对预定义调度规则的参数做经验修正，迭代往返至满意为止（见

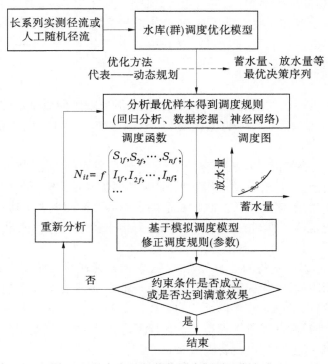

图 2-2-1　水库(群)优化调度规则研究方法 I

图 2-2-2 中的虚线),这是早期模拟模型研究对预定义调度规则研究方法的贡献,但是仅能对有限的调度规则效果进行评价和经验性的修正,不能保证预定义调度规则参数取值的最优性;另一方面可以将模拟调度的结果传递给优化模型,通过优化方法求解得到预定义参数的最优决策集,且往往需要多次在模拟模型和优化模型间传递,此法结合了模拟模型且能较好地描述复杂水库群系统特征和优化模型寻优能力强的优点,称为基于模拟–优化模型的水库群联合调度规则求解方法。第二类方法规避了第一类方法所遭遇的"维数灾"问题,但潜在的风险则是对复杂库群系统的认识不够全面,预定义的调度规则形式的合理性受到质疑。

目前,常用的预定义调度规则形式的待优化参数包括调度线位置、调度函数的系数、特定规则的参数及它们之间的组合等。另有一类预定义调度规则是基于边际效益方程的理论研究,这对于预定义调度规则形式的合理性是较好的诠释。然而如何将基于边际效益的两阶段模型得到的调度规则形式应用于水库调度多阶段决策依然存在一些问题。

2.2.3　调度规则的提取方法

水库群联合调度增加了优化问题的复杂性,随着大型流域水利工程的修建,优化问题的求解面临着越来越大的挑战,由此多种类的优化方法随着得到拓展,Rosenthal 就指出水库群调度问题并没有标准化的优化建模和求解方法,不同优化方法同样可以达到相同的优化目标。由早期传统的数学规划方法到近代的启发式算法,水库群联合调度的优化方法得到了长足的发展和改进,本书将应用于水库调度问题的优化方法划分为数学规划

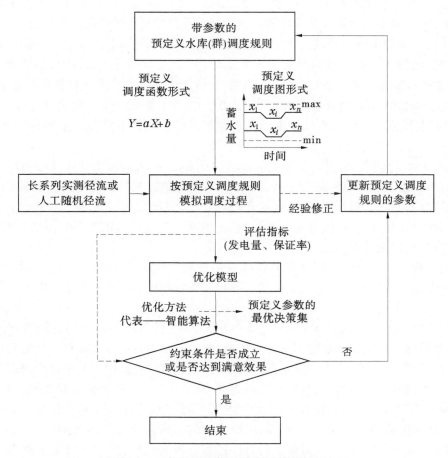

图 2-2-2   水库(群)优化调度规则研究方法 Ⅱ

方法、智能优化算法和其他方法三大类,分别对其做文献回顾。

数学规划方法应用于水库调度中较为常见的线性规划、非线性规划、动态规划。

线性规划(liner programming, LP)要求目标函数与限制式必须满足线性关系,在水库调度中通常以最小化成本的方式来求取全局最优解(global optimization),它是早期水资源规划与管理领域应用最为广泛的优化技术。由于只能处理凸集求解域和线性目标函数,导致对实际问题的过多假设和简化,因此近些年来对水资源系统模型的近似线性化和逐步线性化成为其发展方向。

非线性规划(non-liner programming, NLP)可以处理实际调度问题中的非线性约束条件及目标(如发电调度问题),一般求解方法多采用拉格朗日乘子法、库恩–塔克条件法(Kuhn-Tucker, K-T 条件)、罚函数法和梯度下降法,且各求解方法适用于一定条件下的非线性规划问题。非线性规划方法建模复杂,计算效率低,影响了其在水库调度问题中的应用和发展,近些年来的研究多是以拉格朗日乘子或 K-T 条件等方法定性分析调度问题的一般性规律。

动态规划(dynamic programming, DP)是最优化领域中的一个重要分支,在 1957 年最先提出,是一种研究多阶段决策过程的递推式最优化方法。后有学者将其引入水库优化调度问题,由于对水资源系统非线性和随机性特性及约束条件的广泛适用性,成为继线性规划后应用最多的水资源领域优化技术。然而其计算时间随着状态变量的增加而呈指数增长,存在"维数灾"问题,继而引发了一系列改进的动态规划方法的研究,诸如增量动态规划、离散微分动态规划、逐次逼近动态规划、逐步优化算法等。虽然有诸多的改进方法,但"维数灾"问题尚未得到有效解决,且改进方法也存在着难以保证全局最优性的问题;但 DP 及其改进方法可得到水库调度问题理论最优值及最优策略作为参照,仍得到广泛应用。

20 世纪 90 年代以来,得益于仿生学领域的深入研究,大量智能优化算法得以发展并应用于水库调度问题。这一类方法多是以自然界生物的智能信息交互机制为原理构造基于直观或经验的算法,包括遗传算法、粒子群算法、禁忌搜索等。智能优化算法一般是针对具体问题设计相关的算法,理论要求弱,技术性强。但与传统的数学规划方法相比,智能算法速度快,应用性强。

有别于智能优化算法与传统算法,另有一些优化方法从不同的角度出发,建立适用于具有针对性水资源系统特征的优化方法,一般与其他优化方法相辅可得到更为满意的系统决策。

数据挖掘(data mining,DM)是一门新兴发展的学科,其功能在于从观测数据集提取隐藏的预测性信息,挖掘出数据间潜在的模式,找出有价值的信息和知识。针对目前水库调度技术中的分类调度、扩大调度信息源等研究热点,有学者提出一种利用数据挖掘技术分析历史水文数据与历史调度数据生成调度规则的方法。还有学者选取水库蓄水量、调度时段编号、需水量、径流量和水文年型 5 个特征属性构成数据集,采用数据挖掘技术提取水库供水调度规则。决策树方法是数据挖掘中的一种重要方法,它能够从一组无规律的事例中利用信息论原理对大量样本的属性进行分析和归纳,推理出以决策树形式表示的分类规则。

模糊集理论用定性的语言描述而不是复杂的数学关系来定义某些相关关系,常用来处理不确定的、非精确的、定性描述的决策问题。

大系统协调分解方法是将大系统分解成相对独立的若干子系统,子系统视为下层决策单元,并设置协调器协调各子系统决策的信息交互,向整个系统最优的方向演进。大系统分解协调方法具有两个显著的特点:子系统寻优无级别和目标函数与耦合条件多额可分性。

层次规划方法是对所求实际问题划分层次性进行最优解寻求的方法,常用的为二层规划方法。对于复杂和大型的水资源系统,层次性是其重要特征。随着水资源供需矛盾的加剧,水库群调配水等实际问题所涉及的工程规模越来越大,层次性愈加明显,作为一种解析实际问题层次性划分的理论方法,目前层次规划方法用于水库调度问题中的研究较少,应引起后续学者的关注。

综上所述,优化方法种类繁多且各具优势。近年来,优化算法的发展呈现出相互融合的趋势,它们之间的相互补充可增强彼此解决实际问题的寻优能力。水库调度优化方法归纳如图 2-2-3 所示。

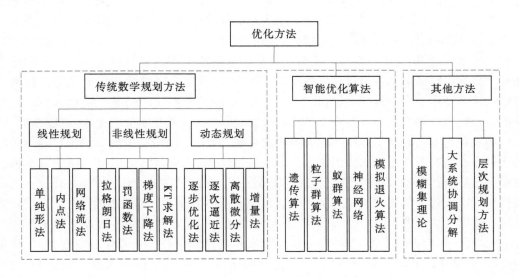

图 2-2-3　水库调度优化方法归纳

2.3　多目标调度关键技术

2.3.1　水库多目标优化调度

自 1974 年三门峡水库采用"蓄清排浑,滞洪排沙"运用方式以来,国内学者对多沙河流的水库水沙优化调度开展了大量的研究。关于黄河治理先后有众多专家提出了"除害兴利,综合利用""宽河固堤""蓄水拦沙""上拦下排"等一系列治黄方略。早期钱宁等针对黄河水沙条件多变,河势不稳定的特点,提出了利用上游水库调蓄不协调水沙过程的思路。杜殿勖等以三门峡水库水位为例,构建了水库水沙联调随机动态规划模型,该模型考虑了供水、发电、潼关高程及下游河道淤积的问题。王士强等以下游减淤为主要目标,提出有利于下游河道减淤的调度方式。赵华侠等探讨了三门峡水库洪水期调水调沙的研究。1999 年随着小浪底水库的投入运行,李国英利用水库泄水建筑物的泄流能力,提出了人工塑造洪水高效排沙的思路,并对塑造的洪水量级、洪峰历时、洪水含沙量及泥沙级配进行了研究,探讨高效排沙的洪水组合,提出基于水库群联合调度和人工扰动的黄河调水调沙理念。张遂业等基于合理利用水资源和河道减淤与治理相结合的目标,提出了黄河调水调沙研究的方向。包为民等将异重流总流微分模型引入多沙河流水库中,描述水库泥沙的运动过程,探讨了以出库排沙比最大为目标的水沙联合调度问题。练继建等建立了适于不同目标和预案的异重流过程梯级水库联合调度模型。韩其为对人造洪水的挟沙能力进行了理论分析,为多沙河流水沙调控提供了理论基础。周银军等提出黄河水沙时空调控理论进一步发展的 5 个新方向。通过多年黄河流域调水调沙理论实践,李国英确定了黄河调水调沙高效输沙的重要目标是追求高的排沙比,总结了黄河流域调水调沙有效手段,包括人工塑造异重流高效输沙、黄河上游水库群联合调度塑造协调的水沙关系和下游通过水库调度遏制洪峰增值现象发生等。晋健等构建了基于 SBED 扩散—维全沙水库冲淤计算的水库水沙联合调度模型。彭杨等通过分析水库蓄水和排沙之间的矛盾,构建了以水库防洪、发电及航运调度为子模块的水沙联合调度多目标决策模型。白涛等建立了分别以输沙量和发电量最大的单目标模型,以及综合输沙量和发电量等目标的多目标水沙调度模型。王煜等根据黄河水少沙多、水沙关系不协调的基本特征,以及防洪、防凌、减淤、水资源配置等方面需求,提出了建设黄河水沙调控体系的任务、总体布局、联合运用机制。李强等从水沙调控的理论研究进展、调控模型及算法研究进展、已取得的治沙成果等方面对黄河干流水沙调控进行了总结性梳理,围绕黄河中下游取得的调水调沙成果,论述了黄河水沙调控目前存在的问题及对策,探讨了黄河干流水沙调控理论,为流域机构制定或建立黄河全流域的水沙联合调控体系提供参考。黄河水利科学研究院作为黄河流域管理的技术支撑单位,众多科研人员持续多年地对黄河水沙调控进行了理论研究、方案设计和后评估工作,总结出多沙河流水库调控理论及技术成果。主要有:①从流域尺度上,利用水库群的联合调度,塑造协调的水沙关系,实现梯级水库和河道的冲刷。②从水库之间,利用入库水沙条件,人工塑造异重流排沙,实现库区内高效排沙。③从下游河道角度上,控制水库下泄流量,形成协调的水沙关系,人工塑造洪水,实现河道冲刷,避免局部冲刷或者淤积情况,保证有利于稳定河势的河道平滩流量。

2.3.2　水库多目标优化算法

伴随着复杂多目标优化模型的出现,一系列结合非支配排序的多目标优化算法被提出,1994 年,Srinivas 等提出在遗传算法基础上结合非支配排序方法生成非支配排序遗传算法(NSGA),用于求解多目标问题的 Pareto 最优解集,此类算法是以非支配方法与适应度共享机制为基础的多目标遗传算法,还包括多目标遗传算法(MOGA)、小生境帕累托遗传算法(NPGA)等。随着研究的进一步深入,快速非支配排序遗传算法(NSGA-Ⅱ),基于参考点的非支配排序遗传算法(NSGA-Ⅲ),多目标粒子群算法、多目标人工蚁群等高效多目标算法被提出,并成功地应用于水库调度、生产调度等不同的领域中。2010 年,周建中等采用混合粒子群的方法来对梯级水电站进行优化调度。2013 年,Wang 等通过动态网格多目标粒子群算法求解了小水电优化调度模型,取得了较常规调度更好的效果。2016年,杨晓萍等提出了一种改进的多目标布谷鸟算法来求解水库优化调度模型。2017 年,王学斌等提出了基于个体约束和群体约束技术的改进快速非劣排序遗传算法求解多目标优化调度模型。2018 年,Hojjati 等则采用了两种多目标优化算法求解水资源优化调度问题,对比分析两种算法的优劣。2019 年,Xu 等以汉江至渭河调水工程的两个水利枢纽(黄锦峡、三河口)为例,建立了供水、生态、发电多目标运行模型。使用多种多目标遗传算法分别搜索最优解。2020 年,蔡卓森等针对快速非支配遗传算法的缺陷,提出基于支配强度的快速非支配排序遗传算法,对水库多目标优化调度模型进行求解,并验证算法的有效性;刘东等针对 NSGA-Ⅱ选择机制的缺陷,提出了一种基于雄狮选择法的快速非支配遗传算法,并应用于水库双目标调度问题中,为解决水库优化调度问题提供了新方法。

目前,学者针对 NSGA-Ⅱ 在水库优化调度方面有了一定的研究和应用,但多为两目标的水库优化调度问题,针对算法求解水库调度高维目标优化问题的研究和应用相对较少,有待进一步地加强。

2.4　水电站群优化调度关键技术

水电站群优化调度问题是一个具有复杂约束条件的大型、动态的非线性优化问题,可采用数学上的优化算法对其进行求解。它以系统工程学为理论基础,利用现代计算机技术和最优化技术,寻求满足相应约束条件的调度方案,指导水电站群的安全和高效运行。

水电站群优化调度是一个典型的动态决策过程,系统的规模基本上取决于水电站的数量和调度期划分的时段数量。而水电站之间的水力联系和电力联系又进一步增加了问题求解的复杂程度。通过水电站群的联合调度可以产生巨大的经济效益,因此水电站群优化调度问题也一直是众多专家学者致力研究的热点。

水电站群优化调度研究的两个主要方向是:优化调度模型和模型求解算法。随着水电站规模的不断扩大,研究中构建的水电站水库(群)优化调度模型越来越精细,然而相应的求解算法要么计算速度慢,要么容易陷于局部优化解。

水电站群优化调度模型的求解一般采用优化算法,它是通过确定决策变量的取值,使目标函数在特定约束条件下搜寻到最优解的方法。目前,优化调度最优决策方法主要有线性规划、非线性规划、网络流、动态规划、大系统方法、智能优化算法和并行计算方法等。

2.4.1　线性规划

1939 年,苏联数学家康托洛维奇首次提出了线性规划(linear programming)的概念。线性规划是数学规划中发展最早的一种方法,也是最简单、应用最广泛的一种方法,有成熟、通用的程序,Yeh 给出了众多应用线性规划算法的实例。

线性规划是最早应用于水库调度的方法之一,由于不需要初始决策,且计算结果能得到全局最优解,因此在处理一定规模优化问题时应用非常广泛。目前,线性规划方法的求解技术成熟,易于求解,但由于线性规划模型与水库群系统之间存在一定的差异,对于模型中含有发电等兴利目标时,单纯的线性规划模型不一定能很好地反映水库群联合调度的基本规律。

2.4.2　非线性规划

目标函数或约束条件中包含非线性函数称为非线性规划(non-linear programming,NLP)。一般来说,解非线性规划要比解线性规划问题困难得多,而且也不像线性规划有单纯形法这一通用方法,非线性规划目前还没有适于各种问题的一般算法,各个方法都有自己特定的适用范围,对于一些特定的非线性规划,也常常进行线性化处理使之变为线性规划问题来解。对于一般的非线性规划问题,局部解不一定是整体解,只有凸规划问题的局部解才是全局最优解。水库群发电调度问题不一定能当成线性规划问题来处理,非线性规划在处理此类问题时有更强的适用性。

陈克举等建立了梯级水电站最优开机组合的非线性规划数学模型。周培之等采用多目标非线性规划的数学模型来描述跨流域水电站群补偿调节优化设计问题。魏祥云运用整数非线性规划方法建立选择梯级水电站最优开发顺序的排序模型。伍宏中等建立了一个非线性模型,可用来解决梯级或跨流域的水电站水库群径流补偿调节的问题。唐幼林等提出模糊带权非线性规划数学模型,用范湖子集描述综合利用水库的各目标,并将其应用于四川省紫坪铺水库规划中。田峰巍、黄强等将可变容差法求解非线性规划的原理应用于求解水电站厂内经济运行问题,建立了水电站负荷在空间上最优分配的非线性规划数学模型。

2.4.3　网络流

网络流(network flow optimization)是图论中的一种理论方法,是研究网络上的一类最优化问题。针对水库群优化调度具有目标函数为非线性,约束条件一般为线性集合的特点,若把整个水库群的时空关系展开为一张网络图,就成了水库群调度的非线性网络模型,可由线性网络技术及图论知识进行求解。网络上的流就是由起点流向终点的可行流,它是定义在网络上的非负函数,一方面受到容量的限制,另一方面除去起点和终点以外,在所有中途点要求保持流入量和流出量是平衡的。水库群优化调度的特殊结构使得此类问题也可用网络流模型来表示,该方法具有存储量小、计算速度快、对初始值要求不高的特点。

Rosenthal 等将非线性网络流算法应用于求解水电系统发电量最大优化模型。梅亚东、冯尚友等建立大型水库系统长期优化运行的非线性规划模型,通过线性化,将非线性规划模型转化成网络流模型,应用网络流规划算法求解。Li 等提出增量网络流规划算法,并将其应用于电力管理系统中。赵子臣等提出水电站群补偿调节计算的非线性网络流法,利用水电站群与群之间的水力弱联系,将非线性网络流法与水电站群补偿调节计算的启发式方法相结合,缩小了计算规模。Braga 等提出一种具有特殊网络结构的网络流算法,并将其应用于梯级水电站群实时优化调度中。罗强等针对水库群系统的优化调度,建立非线性网络流模型,并提出逐次线性优化与逆境法相结合的求解方法。

2.4.4　动态规划

动态规划(dynamic programming,DP)把复杂问题简化成了一系列结构相似的最优子问题,而每个子问题的变量个数比原问题少得多,约束集合也相对简单,特别是一类指标、状态转移和允许决策不能用解析形式表示的最优化问题,用解析方法无法求出最优解,而动态规划法很容易。动态规划对于连续的或离散的、线性的或非线性的、确定性的或随机性的问题,只要是能构成多阶段决策过程,便可用来求解。

梅亚东等提出黄河上游梯级水库群优化调度模型,采用约束惩罚法将模型约束转化为目标函数的一部分,然后采用 DP-DDDP 组合算法求解。纪昌明等利用离散微分动态规划法,建立混联式水电站群动能指标和长期调度最优化的数学模型,严格证明了水库系统方程组的可逆性。万俊将大系统分解协调技术与 DDDP 算法交叉运用,不仅节约了计算时间,而且增加了上下层之间的协调次数,对计算成果有利。徐鼎甲以一个日调节周期内耗水量最小为优化准则,采用离散微分动态规划的迭代计算逐次逼近最优解,得到子系统负荷在梯级电站间的最优分配。艾学山等以可行搜索-离散微分动态规划方法求解黄河上游梯级水库联合优化调度问题,在满足综合利用要求的前提下,以水库发电效益最大为目标,求得水库群优化调度的较好解。

梁虹等把逐步优化算法应用到梯级水电站补偿调节计算中,提出了梯级水电站总保证出力最大和对该保证出力在水电站间进行最优分配的方法。余永清等运用 POA 算法的原理,建立了一个大型混联水库群考虑下游水位变化,适用于任何来水年份的变维线性模型。杨侃等对逐次优化算法一致收敛性问题的理论和应用进行了一定研究,发现在水库优化调度中,如果约束条件对算法的收敛性不影响,POA 算法的收敛性与总效益目标函数在整个可行域内的特性有关。宗航等给出了 POA 算法在梯级水电站短期优化调度的实际工程应用及结果,指出了 POA 算法进一步应用的方向。

2.4.5　大系统方法

大系统(large-scale system)分解协调技术的原理是将大系统分解成相对独立的若干子系统,每个子系统视为下层决策单元,并在其上层设置协调器,形成递阶结构形式。整个大系统的求解过程是首先应用现有的优化方法实现各子系统的局部优化;然后根据大系统的总目标,使各个子系统相互协调,即通过上层协调器与下层子系统之间不断地进行信息交换,来达到整个系统的决策优化。因此,大系统分解协调原理具有两个显著的特点:①目标函数(或总体指标函数)和耦合条件是可分的。②各子系统的寻优次序是任意的。水库群联合优化调度模型可分解为两层谱系结构模型,第 1 层为子系统模型,第 2 层为总体协调模型。先进行各水库优化计算,然后对水库群系统的目标进行整体协调求出全局最优解,它克服了一般动态规划中"维数灾"问题,具有明显的优越性。

田峰巍等在对水电站厂内经济运行模型进行求解时,采用大系统优化理论中 Geoffrion 分解原理,将原问题分解为主、子两个问题,进而又将子问题分解为一系列关于水电站机组空间负荷最优分配的子问题,对子问题采用可变容差法进行求解。杨锐等利用大系统分解协调原理对大型水火电混联系统给的水库群调度方案进行优化计算。马光文等应用大系统随机控制理论,提出水库群长期优化运行的随机递阶控制方法,克服了多库带来的"维数灾"问题。李爱玲应用大系统分解协调方法对串联水电站水库群的优化调度问题进行了分析和研究,建立了相应优化调度模型。田峰巍等采用大系统分析技术来绘制水电站水库群的调度图,为解决梯级水电站群调度问题提供了新途径。解建仓等结合黄河干流水库群实例,建立了优化调度模型,采用大系统分解协调原理推导了模型的求解方法,并给出了详细的求解步骤。

2.4.6　智能优化算法

从 20 世纪 90 年代开始,智能优化算法逐渐在梯级水库群优化计算中得到广泛的关注与应用。该类算法通常来自对自然环境中各种现象的模拟,使用种群演化的方式在循环迭代的过程中搜索或者计算最优解。智能优化算法相对传统数学方法有诸多优势。智能优化算法对模型没有限制,可以直接应用于处理非线性、非连续、不可导、多维等复杂问题的求解,并且通常智能优化算法的求解效率高于传统的数学方法。目前主要的智能优化算法有粒子群算法(particle swarm optimization,PSO)、遗传算法(genetic algorithm,GA)、差分进化算法(differential evolution,DE)、蚁群算法(ACO)、混沌优化算法(COA)等。

2.4.6.1　粒子群算法

粒子群算法是 Eberhart 和 Kennedy 在 1995 年根据鸟类集体寻找食物的启发下提出的一种随机搜索算法。鸟类在寻找食物的过程中,会根据自身的飞行经验和同伴的飞行经验来动态调整自身的飞行状态。粒子群算法将飞行中的鸟抽象为"粒子",把鸟类的飞行过程抽象为粒子的位置和速度。每个粒子在搜索过程中经历过的位置可以看作是自身的飞行经验,而全部种群中经历过的最好位置相当于同伴的飞行经验。粒子的位置通过粒子自身的历史最优位置和全局最优位置不断调整,从而完成搜索的过程。

武新宇等以水电站群最小出力约束下的发电量最大为目标建立水电站群优化调度数学模型,采用两阶段粒子群算法进行求解。张双虎等对递减惯性权值进行改进,将其表示为粒子群进化速度与群体平均适应度方差的函数,给出了适合 PSO 算法的约束处理机制,提出了一种改进自适应粒子群算法,并将其应用于水库优化调度中。程春田等从替代动态规划的必然性和潜力方面探讨了粒子群算法与动态规划对比的优劣,认为粒子群算法是替代动态规划、求解装机规模庞大的巨型水电站厂内经济运行的有效方法。张俊等提出了一种自适应指数惯性权重系数代替线性递减惯性权重系数,同时将遗传算法中的染色体交叉、变异思想引入粒子的更新策略,提高了粒子的多样性,增强了算法的全局搜索能力。周建中等提出多目标混合粒子群算法以求解梯级水电站多目标联合优化调度模型,算法采用混合蛙跳算法的分组–混合优化框架进行全局搜索,在族群内部采用粒子群算法进行个体进化,引入外部精英集,提高了算法的收敛性和非劣解集的多样性。

智能优化算法也存在一些缺点。例如,求解的参数繁多,针对每个模型都需要试算确定合适的参数;受随机性的影响,随机进化算法的解往往不稳定;此外,随机优化算法还有容易陷入局部最优从而早熟收敛的缺点。

2.4.6.2　遗传算法

GA 算法是一种基于模拟自然基因和自然选择机制的寻优方法。该方法按照"优胜劣汰"的法则,将适者生存与自然界基因变异、繁衍等规律相结合,采用随机搜索,以种群为单位,根据个体的适应度进行选择、交叉及变异等操作,最终可收敛于全局最优解。在求解梯级水库群联合优化调度问题时显示出明显的优势,与传统的动态规划方法相比,GA 算法采用概率的变迁规则来指导搜索方向,而不采用确定性搜索规则,搜索过程不直接作用于变量上,状态变量和控制变量无须离散化,所需内存小、稳定性强,在确定性优化调度方面得到了较为广泛的应用。

马光文、王黎等将遗传算法应用于求解水电站优化调度问题,为克服水电站群优化调度"维数灾"问题提供了一条新途径。伍永刚等应用二倍体遗传算法对梯级水电站日优化调度问题求解,仿真结果验证了算法的有效性。畅建霞、黄强等为避免采用二进制编码时存在的编码冗余问题,提出基于十进制编码的改进遗传算法,并进行水电站水库优化调度研究。王少波等提出一种基于自适应遗传算法的水库优化调度问题的求解方法,能够在进化过程中根据个体优劣和群体分散程度对遗传算法控制参数进行动态调整。万星等针对遗传算法存在求解精度与收敛速度间的矛盾,提出一种自适应对称调和遗传算法,并以清江隔河岩水库为例建立水库发电最优调度的数学模型,取得了满意的结果。陈立华等提出采用超立方体浮点数编码自适应遗传算法和超立方体浮点数编码模拟退火算法,通过 16 种不同策略的 GA 在雅砻江梯级优化调度中的应用,表明了改进策略的有效性和优越性。王旭等在传统遗传算法概念的基础上提出了可行空间搜索的概念。

2.4.6.3　差分进化算法

差分进化算法是由 Storn 和 Price 于 1996 年提出的一种基于群体差异的启发式随机搜索算法。算法通过种群内个体间的合作与竞争来实现对待优化问题的求解。差分进化算法通过对种群中个体叠加差分矢量生成变异个体,然后通过交叉算子和选择算子生成新的个体。

差分进化算法实现简单,而且收敛速度快,近几年来已在水电能源优化领域有较多应用。Yuan 等在应用差分进化算法求解梯级水库日调度模型中,提出了包含复杂约束的个体比较方法,结合混沌理论优化差分进化算法的模型参数,同时提出了基于可行域调整的约束处理方法,使梯级水库群优化调度中的各种约束都能满足。Lakshminarasimman 等克服了差分进化算法种群大小依赖于解维度的缺点,引入了加速操作和迁移操作,加速操作对解的周围进行局部搜索,加快算法收敛,迁移操作通过针对当前最优个体产生新的个体从而摆脱局部最优解,防止算法早熟。李英海等将差分进化算法纳入蛙跳算法的计算框架中,对整个群体进行分组进化、分组混合,在分组内部采用差分进化算法进行搜索,增强了差分进化算法在梯级水库群优化调度应用中的全局搜索能力。原文林等针对差分进化算法缺乏对梯级水库群优化问题复杂约束条件处理的不足提出了非参数惩罚的约束处理机制,将各个约束条件的约束违反转换为一个相对值评价,与传统算法相比结果合理,且具有更高的计算精度和计算效率。Qin 等以文化算法为框架,内部种群代际进化采用差分进化算法,提出了文化差分进化算法,并将该算法应用于水库的防洪调度中。

2.4.7　并行计算方法

随着计算机软硬件技术的进步,并行计算得到了前所未有的发展,并行计算技术也被广泛应用于诸多领域。以水利行业为例,Kazuo Kashiyama 以并行有限元分析的方法对暴雨和潮流的大规模计算进行研究。江春波等针对大规模水环境预测的需要,建立了网络并行机群系统,进行浅水流动的并行计算研究。余欣等基于 MPI 的消息传递,实现了黄河二维水沙数学模型的并行编程。徐礼强等提出了以并行和分布式处理技术为指导,以 GIS 技术为研究平台,构建水资源管理信息系统的构想。杨明等以数据分布存储作为区域划分的依据,实现了计算量的负载平衡,并将其应用于黄河二维水沙数学模型的并行编程中。左一鸣等建立了二维水动力并行模型,自主开发通信平台克服了 MPI 不能实现进程迁移的问题,并将其应用于长江内江段进行数值模拟。王浩等引入"中转进程"改善数字流域模型(TUD-Basin)的计算效率。王建军等通过对 TDMA 算法的改造,将方程组系数计算及求解方程组并行化,并将其应用于长江中游水道治理工程。秦中等提出采用并行算法核算水资源量的观点,并以贵阳城区作为水资源的需求主体进行模拟计算。崔寅等利用若干台多核微型计算机对平底结构撞击自由水面所引起的碰击问题进行并行计算,为利用并行算法分析大型平底结构碰击限制水域水面所产生的水动力现象进行了有益的尝试。李褆来等采用 PGI Fortran7.1-2 的 OpenMP 技术对二维水动力数学模型进行了并行优化试验,模型的运算速度提高明显。王敏等基于 MPI 消息传递实现了小浪底水库三维数学模型的并行编程,采取网格分区和主从进程模式实现了并行计算。

在水库优化调度方面,Escudero 等针对来水不确定情况下水电站的发电问题进行方案分析和并行计算。解建仓等提出了粗粒度的神经网络并行结构,可在一般的计算机网络环境中实现并行计算。毛睿、陈国良等首次提出基于并行分布式计算技术的高性能计算方法进行库群优化调度的方法,并在并行机上实现了淮河水库群优化调度系统。陈立华等对粒子群算法和遗传算法进行并行化研究,并将其应用于梯级水库群的联合调度。程春田等采用细粒度并行离散微分动态规划法对不同规模的梯级水电站长期发电量最大模型进行求解。万新宇、王光谦建立了基于主从模式的并行动态规划模型,并将其运用到水布娅水库的发电优化计算中。李想等采用并行遗传算法的粗粒度模型,引入迁移算子,以三峡—葛洲坝梯级水库为例,将基于双向环迁移拓扑的粗粒度并行遗传算法应用于水库调度模型求解。

总体来说,并行计算技术在水利行业尤其是水库调度方面的应用还处于起步期,许多学者开始致力于构建反映并行特性的数学模型以及对传统串行算法的并行化等方面的研究。随着计算机软硬件技术的不断进步,并行计算的性能将会进一步提高,这也给大规模梯级水电站水库群联合调度的求解带来了新的希望,关于并行计算的相关研究必将成为新的热点。

2.4.8　目前存在的问题

随着我国水电建设和管理的迅速发展,截至 2021 年 12 月底,我国水电装机容量约 3.91 亿 kW。伴随着水电系统规模的迅猛发展,大规模、跨流域、跨省、跨区域已经成为我国水电调度的显著特征,水电系统将面临非常复杂的运行调度难题。水电系统的规模和复杂性导致现有优化求解方法无法对水电系统优化模型进行满意的求解,具体来说主要有以下几个方面:

(1)动态规划算法虽然应用广泛,但"维数灾"问题限制了该方法的应用,在大型水库群优化调度问题中很难在有效的时间内进行求解。逐步优化算法和离散微分动态规划对传统动态规划进行了改进,可以求解数量不多的水库群系统,但对于复杂的水库群联合优化调度模型,动态规划改进算法在处理多水库、多目标任务时,还是会出现"维数灾"问题。

(2)智能优化方法的求解质量随着系统规模的扩大而下降。以差分进化算法、遗传算法、粒子群算法为代表的智能优化方法,可以避免传统优化方法存在的"维数灾"问题。但是,随着水电站数量规模的扩大及求解时段的增加,上述优化方法单个个体的解链随之加长。因此,在进化过程中,极易因为个别基因位的破坏导致该个体成为不可行解,从而增大了这类个体被淘汰的概率,最终导致种群陷入"早熟收敛"。

(3)对于大规模水电站群组成的水电系统,由于存在电站、梯级、电网等不同层次的运行约束,其优化调度模型的求解成为难题。尤其是大规模水电站群的短期调度问题,水流滞后性的特点和结果时效性要求,使得传统优化方法难以在较短时间内求解出较为满意的结果用以指导水电系统运行。

2.5　本章小结

　　本章将水库调控的相关实用技术分为优化方法和调度策略两大类,并分别对相关研究及应用归类总结。优化方法方面详细介绍了常用的线性规划、动态规划和智能优化算法等,并对突破上述方法能力限制的并行计算方法进行了相关阐述;以调度图与调度函数为基础,分供水库群和发电库群两大类介绍了相应的常用调度策略。本章所述为后续水库调控技术的进一步应用研究奠定了基础。

第3章　黄河上游水库群多目标联合调度研究

3.1　上游水库群特征指标及需求分析

3.1.1　上游水库群特征指标

黄河具有水少沙多、水沙关系不协调的特性,历史上黄河下游泥沙淤积导致河道抬高和频繁改道,洪水威胁十分严重,随着经济社会的快速发展,水资源供需矛盾十分尖锐。为科学调控洪水、协调黄河水沙关系、提高水资源配置能力,充分发挥水资源综合利用效益,目前,黄河上游已建成以干流的龙羊峡、刘家峡、海勃湾等水利枢纽为主体,以拉西瓦、李家峡等水电站为补充的大型梯级水库群。通过水库群联合运用,在防洪、防凌、减淤、供水、灌溉、发电等方面发挥了巨大作用和效益,有力支持了流域和相关地区经济社会的稳定发展。

本书研究对象为黄河上游梯级水库群,重点考虑龙羊峡、刘家峡、海勃湾水库,还考虑拉西瓦、尼那、山坪、李家峡、直岗拉卡、康扬、公伯峡、苏只、黄丰、积石峡、大河家、寺沟峡、盐锅峡、八盘峡、河口、柴家峡、小峡、大峡、乌金峡、小观音、大柳树、沙坡头、青铜峡和海勃湾等24个梯级水电站。黄河上游已建骨干工程主要技术经济指标见表3-1-1。

表 3-1-1　黄河上游已建骨干工程主要技术经济指标

电站名称	龙羊峡	刘家峡	海勃湾
控制流域面积/km²	131 420	181 766	312 400
校核洪水位/m	2 607	1 738	1 073.3
正常蓄水位/m	2 600	1 735	1 076
汛期防洪限制水位/m	2 594(设计)	1 726(设计)	1 071.5
死水位/m	2 530	1 694	1 069
总库容/亿 m³	274(现状)(设计 276.3)	64(现状)(设计 57)	4.59
调节库容/亿 m³	193.6(现状) (设计 193.5)	41.5(现状) (设计 36.76)	4.08(初期) 1.76(淤积 20 年后)
调节性能	多年	不完全年	日
装机容量/MW	1 280	1 350	90
保证出力/MW	589.8	400	
年发电量/(亿 kW·h)	59.42	57	3.59

注:数据来源于 2011 年 6 月黄河防汛抗旱总指挥部办公室编制的《黄河干流及重要支流水库、水电站基本资料和管理文件汇编》。

3.1.1.1　龙羊峡水利枢纽

龙羊峡水利枢纽位于青海省共和县和贵南县交界处的黄河龙羊峡进口处,坝址控制流域面积 131 420 km²,占黄河全流域面积的 17.5%。水库的开发任务以发电为主,兼有防洪、灌溉、防凌、养殖、旅游等综合效益。多年平均流量 650 m³/s,年径流量 205 亿 m³。水库正常蓄水位 2 600 m,相应库容 247 亿 m³,在校核洪水位 2 607 m 时总库容为 276.30 亿 m³。正常死水位 2 560 m,极限死水位 2 530 m,防洪限制水位 2 594 m,调节库容 193.6 亿 m³,属多年调节水库。

3.1.1.2　刘家峡水利枢纽

刘家峡水利枢纽位于甘肃省永靖县境内的黄河干流上,下距兰州市 100 km,控制流域面积 181 766 km²,占黄河全流域面积的 1/4,是一座以发电为主,兼顾防洪、防凌、灌溉、养殖等综合效益的大型水利水电枢纽工程。水库设计正常蓄水位和设计洪水位均为 1 735 m,相应库容 57 亿 m³;死水位 1 694 m,防洪标准按 1 000 年一遇洪水设计,可能最大洪水校核。校核洪水位 1 738 m,相应库容 64 亿 m³;设计防洪限制水位 1 726 m,防洪库容 14.7 亿 m³;兴利库容 41.5 亿 m³,为不完全年调节水库。电站总装机容量 1 350 MW,最大发电流量 1 550 m³/s。

黄河上游干流梯级水电站基本情况如表 3-1-2 所示。

3.1.2　龙刘水库的运用方式

龙羊峡、刘家峡水库联合对黄河水量进行多年调节,蓄存丰水年和丰水期水量,补充枯水年和枯水期水量,年内汛期最大蓄水量达 121 亿 m³,非汛期补水量最大达 64 亿 m³,对于满足流域生活和基本生产用水、保障流域枯水年的供水安全、保证特枯水年黄河不断流起到了关键作用,同时提高了上游梯级电站保证出力。现状工程条件下龙刘水库联合运用方式为:

7~9 月为汛期,水库控制在汛限水位(或其以下)运行。在汛期,当水库水位及来水过程达到防洪运用条件时,转入防洪运用。龙羊峡水库设计汛限水位 2 594 m,水库建成后,汛限水位逐步抬高,截至 2012 年汛限水位为 2 588 m。刘家峡水库设计汛限水位 1 726 m,目前汛限水位 1 727 m。

龙刘水库联合调度共同承担下游兰州及已建盐锅峡、八盘峡工程的防洪任务,设计运用方式为:①刘家峡水库。当发生 100 年一遇及以下的洪水时,水库控制下泄流量不大于 4 290 m³/s;当发生大于 100 年一遇、小于或等于 1 000 年一遇洪水时,水库控制下泄流量不大于 4 510 m³/s;当发生大于 1 000 年一遇、小于或等于 2 000 年一遇洪水时,水库控制下泄流量不大于 7 260 m³/s;当发生 2 000 年一遇以上洪水时,刘家峡水库按敞泄运用。②龙羊峡水库。若发生小于或等于 1 000 年一遇的洪水时,水库按最大下泄流量不超过 4 000 m³/s 运用;当入库洪水大于 1 000 年一遇时,水库下泄流量逐步加大到 6 000 m³/s。现状运用时利用龙羊峡汛限水位 2 588 m 至设计汛限水位 2 594 m 之间的库容兼顾宁蒙河段防洪要求。现状运用方式为:①刘家峡水库。当发生 10 年一遇及以下洪水时,刘家峡水库控制下泄流量不大于 2 500 m³/s,当发生 10 年一遇以上洪水时按设计方式运用。②龙羊峡水库。与刘家峡水库按一定蓄洪比例拦洪泄流,各量级洪水的控制流量与设计方式一致。

表 3-1-2　黄河上游干流梯级水电站基本情况

水电站	正常蓄水位/m	正常水位以下库容/10⁹ m³	调节库容/10⁹ m³	调节性能	装机容量实际/规划/MW	保证出力/MW	年发电量/(10⁹ kW·h)	淹没耕地/亩	迁移人口/人	建设情况(2021年)	建设情况(2005年)
龙羊峡	2 600	274	193.5	多年	1 280	589.8	5.942	86 700	29 700	已建	已建
拉西瓦	2 452	10	1.5	日	3 500/4 200	958.8	10.233	249	880	已建	在建
尼那	2 235.5	0.262	0.086	日	160	74.7	0.763	790	32	已建	已建
山坪	2 219.5	1.24	0.063	日	160	64.1	0.661	2 376	110	规划	规划
李家峡	2 180	16.48	0.6	日	1 600/2 000	581	5.9	6 834	4 206	已建	已建
直岗拉卡	2 050	0.15	0.03	日	192	69.8	0.762	481.6	964	已建	在建
康扬	2 033	0.288	0.05	日	284	93.6	0.992	2 182	2 601	已建	可研
公伯峡	2 005	5.5	0.75	日	1 500	492	5.14	8 445.5	5 571	已建	在建
苏只	1 900	0.245	0.02	日	225	82.4	0.879	3 450	650	已建	在建
黄丰	1 882	0.7	0.15	日	225	92.7	0.879	3 610.5	1 070	在建	规划
积石峡	1 856	2.38	0.2	日	1 000	328.9	3.39	3 104	3 262	已建	规划
大河家	1 782	0.09	0.009	日	187	73	0.743	349.5	55	规划	规划
寺沟峡(炳灵)	1 748	0.479	0.099	年	240	88	0.97	8 970	7 609	已建	已建
刘家峡	1 735	40.68	20.44	年	1 350	489.9	5.76	77 718	32 639	已建	已建
盐锅峡	1 619	2.2	0.07	日	470	152	2.28	6 885	5 925	已建	已建
八盘峡	1 578	0.49	0.09	日	16	82	0.95	3 090	3 950	已建	规划
河口	1 557.5	0.12		日	78	41.2	0.455	570	0	已建	规划
柴家峡	1 550	0.16		日	96	46.8	0.494	525	0	已建	可研
小峡	1 499	0.48	0.14	日	230	93	0.956	50	0	已建	在建
大峡	1 480	0.9	0.55	日	300	143.1	1.465	4 766	0	已建	已建
乌金峡	1436	0.201	0.054 4	日	150	63	0.665	455	0	已建	在建
小观音	1 380	70.2	49.6	年	1 400	486.1	5.342	53 571	61 672	规划	规划
大柳树	1 276	1.52	0.42	日	440	211.7	2.277	2 510	3 364	规划	规划
沙坡头	1 240.5	0.26		径流式	123	5.1	0.671	675	200	已建	已建
青铜峡	1 156	5.65	3.2	日	302	86.8	1.122	65 680	19 315	已建	已建

10月,水库一般蓄水运用。由于该时段刘家峡水库以下用水量减少,梯级发电任务主要由龙羊峡—刘家峡区间电站承担,至10月底,龙羊峡水库最高水位允许达到正常蓄水位,刘家峡水库考虑到11月底需要腾出库容满足防凌要求,按满足防凌库容的要求控泄10~11月流量。12月上旬为宁蒙河段封冻期,要求刘家峡水库11月按满足宁蒙河段冬凌和防凌要求控制下泄流量。

11月至次年3月为凌汛期、枯水季节,刘家峡水库以下用水量较小,刘家峡水库按防凌运用要求的流量下泄,龙羊峡水库补水以满足梯级电站出力要求。此时,龙羊峡水库水位消落,而刘家峡水库蓄水,3月底允许蓄至正常蓄水位。龙刘水库在凌汛期的防凌运用方式为:①刘家峡水库根据宁蒙河段引黄灌区的引退水规律及流凌、封河、开河的特点,对下泄流量进行控制。凌汛前,刘家峡水库预留一定的防凌库容并预蓄适当水量;11月上旬流凌前,刘家峡水库大流量下泄所蓄水量,以满足宁蒙河段引水需求;至11月中下旬封河前,刘家峡水库下泄流量由大到小逐步减小,以对宁蒙河段引黄灌区退水流量进行反调节,有利于推迟封河时间、塑造较为合理的封河流量,且在封河前预留一定的防凌库容;封河期刘家峡水库基本保持平均下泄流量500 m³/s 左右并控制过程平稳,有利于减小宁蒙河段槽蓄水增量并降低流量波动对防凌的不利影响;开河期,刘家峡水库进一步压减下泄流量,以减小宁蒙河段凌洪流量,避免形成"武开河"形势。②龙羊峡水库主要根据刘家峡水库的下泄流量、库内蓄水量、上游来水量和电网发电需求,配合刘家峡水库防凌运用,并进行发电补偿调节。流凌期,龙羊峡水库视来水、刘家峡水库蓄水和泄流情况等下泄水量;封河期,龙羊峡水库根据刘家峡出库流量和电网发电要求下泄水量,并控制封河期总出库水量与刘家峡水库基本一致;开河期,龙羊峡水库视刘家峡水库蓄水情况按照加大泄量或保持一定流量控制运用,下泄库内蓄水。

4~6月为宁蒙地区的主灌溉期,由于天然来水量不足,需自下而上由水库补水。补水次序为:刘家峡水库先补水,如不足再由龙羊峡水库补水。此时,刘家峡水库大量供水发电,而龙刘河段电站的发电流量较小,控制龙羊峡水电站发电流量满足梯级保证出力要求。6月底龙刘水库水位降至汛限水位。

3.1.3　上游水库群的作用

黄河上游水库群在防洪、防凌、减淤、调水调沙、水量调度和发电等方面发挥了巨大作用,有力地支持了沿黄地区经济社会的持续发展。

3.1.3.1　在黄河上游防洪中的作用

龙刘水库建成运用后,发电、灌溉、供水和社会效益明显,在消减黄河上游的洪峰流量方面也发挥了巨大作用。

刘家峡水库与盐锅峡水库、八盘峡水库同时设计,盐锅峡水库最先建成。刘家峡水库设计时,为保证兰州市100年一遇洪水控制在6 500 m³/s,刘家峡水库100年一遇洪水控泄4 540 m³/s(《刘家峡水电站设计文件》,水利电力部西北勘测设计院,1987年4月);为减少下游电站投资,刘家峡水库1 000年一遇洪水控泄7 500 m³/s。盐锅峡水库、八盘峡水库设计时均考虑了刘家峡水库的调节作用。刘家峡水库原设计的防洪标准为1 000年一遇设计、10 000年一遇校核,但由于设计时采用的实测洪水系列仅至1961年,之后

1964 年、1967 年发生大洪水,延长系列后设计洪水数值加大,按照原设计的泄流能力复核计算,刘家峡实际的防洪标准只能达到 5 000 年一遇,下游盐锅峡和八盘峡电站的防洪标准分别只能达到 1 000 年一遇和 300 年一遇。

鉴于此,在龙羊峡水库设计时,提出需要龙羊峡水库来提高刘家峡等工程和兰州等沿河城镇的防洪标准。龙羊峡水库的开发任务为:"兴建龙羊峡水电站工程能更好地适应青、甘、宁、陕四省(区)工农业发展用电的需要,提高刘家峡等工程和兰州等沿河城镇的防洪标准,更好地发挥刘、盐、八、青等工程的效益……"。

龙羊峡水库的控制作用,使龙刘区间河段在建和待建电站导流工程与泄洪建筑物规模缩小,从而减少泄洪工程投资,缩短工程建设周期,效益显著。龙羊峡提高了下游刘家峡、盐锅峡、八盘峡水电站和兰州市的防洪标准,使刘家峡水库校核标准由 5 000 年一遇,提高到了可能最大洪水;盐锅峡水库校核标准由 1 000 年一遇,提高到了 2 000 年一遇;八盘峡水库校核标准由 300 年一遇,提高到了 1 000 年一遇。兰州市设计防洪标准为 100 年一遇,河道允许排洪流量 6 500 m³/s,龙羊峡水库建成后,可使遭遇 100 年一遇洪水时,刘家峡水库下泄流量由 4 770 m³/s(《黄河龙羊峡水电站技术设计》,水利电力部西北勘测设计院,1986 年)减少为 4 290 m³/s,提高了兰州市的防洪标准。

3.1.3.2　在黄河防凌中的作用

自刘家峡水库建成运行以后,特别是 1989 年按《黄河刘家峡水库凌期水量调度暂行办法》进行凌汛期调度以来,刘家峡水库一方面调节凌汛期水量,增大封河流量,提高了冰下过流能力,并使冰期河道保持比较平稳的流量过程;另一方面,刘家峡水库出库水温有所提高,使青铜峡以上河段不再封冻,大大减轻了宁夏河段的防凌压力,并推迟了内蒙古河段流凌、封河日期,对缓解内蒙古河段的防凌压力、减轻凌汛灾害发挥了作用。

3.1.3.3　在协调黄河水沙关系和减少河道淤积中的作用

黄河是一条多泥沙河流,梯级水库群在黄河减淤方面也发挥着重要作用。通过上游水库群的联合调度,可以为宁蒙河段及黄河中下游地区的冲沙减淤塑造有利的大流量时机和过程,如三门峡水库自 1960 年 9 月至 1964 年 10 月,水库拦沙 44.7 亿 t,使黄河下游河道冲刷沙量 22.3 亿 t。第一次改建后到 1973 年黄河下游河道又发生回淤。水库自 1973 年 11 月采用"蓄清排浑"运用方式以来,每年非汛期水库蓄水拦沙,下泄清水,汛期泄水排沙,充分发挥黄河下游河道大水带大沙的特点,有利于下游河道输沙入海,减少河道淤积。

小浪底水库主要通过水库拦沙和调水调沙对下游河道发挥减淤作用。按照工程设计,小浪底水库拦沙约 100 亿 t,可使下游河道减淤 78 亿 t 左右,约相当于下游河道 20 年的淤积量。根据下游河道断面法冲淤量计算结果,小浪底水库下闸蓄水运用以来(1999 年 10 月至 2010 年 4 月),黄河下游各个河段都发生了冲刷,白鹤至利津河段冲刷沙量 18.15 亿 t。伴随着下游河道的持续冲刷,各河段平滩流量不断增大,黄河下游河道的最小平滩流量由 2002 年的 1 800 m³/s 增加到 2012 年的 4 000 m³/s 左右。

3.1.3.4　在供水安全和确保黄河不断流中的作用

龙羊峡和刘家峡两水库的建设和联合调度在黄河水量的统一调度和合理配置中发挥了重要作用。第一,龙羊峡水库利用其多年调节性能,将丰水年的多余水量调至枯水年或特枯水年,补充枯水年全河水量之不足,实现年际间水资源的合理配置;第二,两水库拦蓄黄河汛期水量以补充枯水期水量之不足,提高了沿黄两岸的供水保证率,增加了上游梯级水电基地的发电效益。分析 1998 年 7 月至 2010 年 6 月系列,从水资源年内分配来看,龙刘水库汛期(7~10 月)多年平均蓄水量为 54.0 亿 m^3,最大蓄水量达 120.6 亿 m^3(2005年);非汛期(11 月至次年 6 月)多年平均补水量为 44.7 亿 m^3,最大补水量达 64.4 亿 m^3(2005~2006 年度)。从水资源年际配置来看,两水库年最大蓄水量达 56.3 亿 m^3(2005~2006 年度),年最大增供水量为 39.0 亿 m^3(2002~2003 年度);2000~2003 年度连续三个年度黄河来水特枯,龙羊峡水库合计跨年度补水 75.2 亿 m^3,对特枯水年黄河不断流、保障生活和基本的生产用水起到了关键作用。

3.1.3.5　发电作用

黄河干流峡谷众多,水力资源丰富。据 2004 年完成的全国水力资源复查结果,黄河流域水力资源理论蕴藏量共 43 312 MW,其中干流 32 827 MW,占 75.8%,具有良好的水电开发条件。新中国成立后,黄河干流水电资源得到了高度开发。截至 2008 年,黄河干流已建、在建水电站 27 座,装机容量达 18 945 MW。龙羊峡、李家峡、刘家峡、盐锅峡、八盘峡、青铜峡等上游 20 余座水电站组成了中国目前最大的梯级水电站群。

1. 龙羊峡水电站

龙羊峡水电站是黄河上游的"龙头"电站,被誉为"万里黄河第一坝",电站装有 4 台单机容量 32 万 kW 的水轮发电机组,总装机容量 128 万 kW,设计年发电量 59.4 亿 kW·h,是西北电网重要的调峰调频电厂。电站投产以后一直承担西北电网第一调峰调频任务,提高了西北电网的电能质量,保证了电网的安全稳定运行,增加了电网的可靠性,同时也提高了下游梯级水电站的保证出力。

2. 刘家峡水电站

刘家峡水电站目前装机容量 135 万 kW,设计年平均发电量为 57 亿 kW·h。电站于 1968 年 10 月蓄水,1969 年 4 月 1 日首台机组并网发电,1974 年 12 月 5 台机组全部投入运行。刘家峡水电站是西北电网的骨干电站,在西北电力系统中处于十分重要的地位。刘家峡水电站一直担负着西北电网的调峰、调频、调相的重要任务。近几年来,西北电网的峰谷差冬季超过 100 万 kW,而刘家峡水电厂就承担 90 万 kW,即使汛期水电大发时,根据系统需要,还得担负约 40 万 kW 峰谷差的调节任务。年调峰电量达 33 亿 kW·h,占多年平均实发电量的 68.75%。

刘家峡水电站还担负着西北电网的事故备用任务,其备用容量达该电站总装机容量的 20%,为减少系统事故损失起到了十分重要的作用。

3.1.4　水沙电一体化调度需求分析

20 世纪后期黄河下游日益加剧的河道断流促使黄河水量走向统一调度。目前,黄河水量调度的时间范围已经从非汛期走向全年,空间范围已经从下游扩展到全河、从干流扩展到主要支流,水量调度的手段也从最初的以行政命令为主变成水量调度系统、法律法规和行政手段相结合。然而,黄河流域属资源性缺水地区,水资源供需矛盾突出,如何在保障防洪防凌安全的前提下,协调好黄河水资源供需关系并兼顾黄河生命健康,还需要进一步优化水库群年内调度方案、完善跨年度调度方案,为充分发挥已建、在建梯级水库的综合利用效益和实施最严格的水资源管理提供技术支撑。

3.1.4.1　水库群多目标联合调度模型有待完善

多目标对于龙羊峡至河口镇的黄河上游区间的水库群调度研究,是以上游梯级水库群电算程序(电力补偿调节)为模型基础进行修改,即以梯级水库群发电调度为主,对防洪、防凌、调水调沙等目标,多是以约束控制或边界条件的形式参与调度,对于多目标的联合考虑不够完善;随着黄河水量的统一调度和水库群调度的长期运用,宁蒙河段防凌和冲沙问题形势发生变化,其重要程度愈发受到重视,甚至与上游水库群的发电作用比肩。然而目前还缺乏对新形势下上游水库群的联合调度的需求分析,另联合调度模型对于多目标调度的协调和模块整合尚不完善,有必要开展进一步研究。

3.1.4.2　水量调度中骨干水库补水量确定有待进一步研究

从 1999 年 3 月正式启动黄河水量统一调度工作以来,黄河天然来水整体依然偏枯,年平均天然径流量略枯于中等枯水年,通过水量统一调度不仅确保了黄河不断流,还保证了一定的河道基流,同时保证了流域城乡居民生活和工农业生产供水安全,支撑了流域及相关地区经济可持续发展。然而历史上的 1922~1932 年连续枯水段年数和天然径流量都比 1994~2002 年要严重,因此在全河水量调度工作中还必须做好遭遇更长连续枯水段的预案准备。水量调度实践证明,年可供水量的分析是调度方案编制的关键之一,其中的难点即为水库补水量的预估。目前,调度方案编制时龙羊峡水库补水量是根据该水文年来水的丰枯程度并考虑该年度汛末水库实际蓄水量来确定的,基本原则为中等枯水年和特别枯水年补水,其他类型年不补水。因此,有必要进一步分析不同来水年水库蓄水补水规律,做好遭遇更长连续枯水段的预案准备。水量调度实践证明,连续枯水年来水情况、龙羊峡水库运用原则、蓄水补水的方式等是关系到全流域水量调度目标能否实现的关键,应在水库群水量调度研究过程中,加强龙羊峡水库合理消落水位研究。

3.1.4.3　应加强宁蒙河段冲淤的调度方案研究

1987 年以来,宁蒙河段的水沙条件发生了改变,致使宁蒙河段河槽淤积,河道过流能力大幅度减小,然而目前黄河上游水库群的联合调度还是以防洪、防凌、发电为目标,缺乏对宁蒙河段减淤冲沙的调度考虑,应补充考虑宁蒙河段冲淤的综合调度方案研究,设置缓解宁蒙河段中水河槽萎缩不同水平的水量需求,对比不同方案调度目标达到程度,推荐黄河上游水库群合理配水,兼顾输沙、优化发电的运用方式。

黄河上游防洪、防凌、供水、发电等各项需求目标的具体调度方案叙述如下。

3.1.4.4　防洪调度

黄河上游宁蒙河段和兰州河段的防洪问题突出,对这些河段分别提出防洪标准、设防流量和平滩流量等指标。黄河上游宁蒙河段设防流量为 5 630~5 990 m³/s,兰州城区河段设防流量为 6 500 m³/s;下游堤防按国务院批准的防御花园口 22 000 m³/s 洪水标准设防,下游河道需长期保持的中水河槽流量为 4 000 m³/s。黄河干流上游的龙羊峡、刘家峡等水库需根据黄河防洪河段的要求,进行防洪控制运用。

目前,黄河上游龙羊峡以下干流已建、在建梯级水库(水电站)24 座(规划建设 26 座),龙羊峡水库、刘家峡水库总设计防洪库容为 42.0 亿 m³,两座水库联合调度,承担龙羊峡至青铜峡河段梯级水库（水电站）和兰州市城市河段防洪任务，兼顾宁夏、内蒙古河段防洪。

兰州市城市河段堤防长 76 km，设计防洪标准为 100 年一遇，设计流量为兰州站 6 500 m³/s。兰州城市河段的防洪要求是：当发生 100 年一遇洪水时，龙刘水库按照设计防洪方式运用以后，兰州河段流量不超过其相应标准设防流量。

宁夏、内蒙古河段干流堤防长 1 400 km，设计防洪标准：宁夏下河沿—内蒙古三盛公河段为 20 年一遇（设防流量石嘴山代表站 5 630 m³/s），其中银川、吴忠市城市河段为 50 年一遇（石嘴山站代表站 5 990 m³/s）；三盛公—蒲滩拐河段左岸为 50 年一遇（三湖河口代表站设防流量 5 900 m³/s），右岸除达拉特旗电厂河段为 50 年一遇外，其余河段为 30 年一遇（三湖河口代表站设防流量 5 710 m³/s）。宁蒙河段的防洪要求是：当发生 20～50 年一遇洪水时，龙刘水库按照设计防洪方式运用以后，宁蒙河段流量不超过其相应标准设防流量。

黄河上游兰州城市河段 90% 以上堤防设防流量达 6 500 m³/s，内蒙古河段仍有 60% 以上达不到设计标准，且由于龙刘水库运用改变了天然洪水过程，使宁蒙河段河道不断淤积，尤其是主河槽淤积萎缩越来越严重，目前宁蒙河段平滩流量仅 1 500 m³/s 左右。在多年的冲刷和淤积下，宁蒙河段河床形成了大面积滩地，经开发利用，形成耕地约 120 万亩，常住人口约 2.2 万。当黄河发生大洪水时影响人口可达约 35 万，洪水漫滩淹没损失严重。在龙羊峡水库未达到设计汛限水位时，需要龙刘水库兼顾宁蒙河段防洪要求。

3.1.4.5　防凌调度

干流梯级水库调度的防凌目标是利用现有的防凌工程，通过水库调度，尽可能减小凌灾损失。针对黄河干流的具体工程状况及气温条件、河道过流能力等影响因素，干流上游梯级水库群联合调度的防凌要求主要针对刘家峡水库，有如下要求：

封河前期，控制刘家峡水库的泄量，根据区间来水和灌区引退水流量情况，以适宜流量封河，尽可能减少冰塞成灾；封河期控制刘家峡水库出库流量均匀变化，避免忽大忽小，稳定封河冰盖，合理控制河道河槽蓄水量；开河期适时控制刘家峡水库下泄量，尽量减少"武开河"，尽可能减少凌灾损失。

3.1.4.6　减缓宁蒙河段中水河槽淤积萎缩需求

1987 年以来，受上游龙羊峡、刘家峡等水库联合调度的影响，黄河干流汛期进入宁蒙河段的水量大幅度减少，加上区间十大孔兑等支流入汇，以及区间引水量的增加等，多种因素综合作用，导致进入宁蒙河段的水沙条件发生了改变，大流量天数大幅度减少，汛期来沙系数增大近一倍，水沙搭配不协调，致使内蒙古巴彦高勒以下河段主槽明显淤积，河道过流能力大幅度减小。

宁蒙河段干支流来沙量主要集中在汛期，汛期水沙关系的恶化导致了宁蒙河段（特别是内蒙古河段）主槽的淤积萎缩。从内蒙古巴彦高勒—蒲滩拐河段主槽年均淤积量来看，1962～1982 年、1982～1991 年、1991～2000 年和 2000～2012 年的四个时期分别为 -0.18 亿 t、0.21 亿 t、0.47 亿 t 和 0.39 亿 t，总体呈现逐年增加的趋势。目前，内蒙古部分河段已演变为"地上悬河"，同时随着主槽的不断萎缩，中小流量水位明显抬高；1986 年之前，该河段平滩流量基本在 3 000 m³/s 以上，至 2004 年普遍降至 1 500 m³/s 左右，局部河段不足 1 000 m³/s,虽然受 2012 年大洪水淤滩刷槽的影响,逐步恢复至 2 000 m³/s 左右,但目前干支流水沙关系不协调,仍将使该河段主河槽继续萎缩,威胁堤防安全。

改善河道水沙关系、变不协调的水沙关系为协调,是减缓宁蒙河段中水河槽萎缩的重要措施,可以通过增水、减沙和调控水沙等多种途径实现。增水,主要指跨流域调水,即为南水北调西线工程,但短期内难以实现;减沙,主要指水利水保措施拦沙,一般周期长,见效较慢。因此,短期内改善宁蒙河段水沙关系,最直接、最有效的方法就是调控水沙,即通过上游龙羊峡、刘家峡等水库群联合调度来调节进入宁蒙河段的水沙过程,在宁蒙河段干、支流来沙集中的时段,适时下泄一定历时的大流量过程,有助于提高河道输沙能力,大水带大沙,协调水沙关系,在一定条件下,还可以利用富余的挟沙能力对河道淤积的泥沙进行冲刷,恢复部分河槽过流能力。考虑到黄河上游梯级水库承担着防洪(防凌)、供水、灌溉、发电等多项任务,在枯水年份,水库供水、灌溉、发电与河道减淤对于水量的需求存在一定的矛盾,应尽量利用来水较丰的年份泄放一定历时的大流量过程冲刷宁蒙河道,以减少来水偏枯、水沙搭配不利的年份对河道造成的淤积。

3.1.4.7　河道外耗水需求

2009 年完成的《黄河流域水资源综合规划》,综合考虑经济社会发展需求和黄河水资源的承载能力,拟订南水北调西线一期工程生效前水资源配置方案,河道外各省(区)可利用水量 332.79 亿 m³,入海水量为 187.00 亿 m³,各河段水资源配置结果见表 3-1-3。各河段地表水耗水过程见表 3-1-4。

表 3-1-3　南水北调西线一期工程生效前黄河水资源配置　　　　单位:亿 m³

河段	需水量	向流域内配置的供水量				缺水量	缺水率/%	黄河地表水消耗量		
		地表水供水量	地下水供水量	其他供水量	合计			流域内消耗量	流域外消耗量	合计
龙羊峡以上	2.63	2.60	0.12	0.02	2.74	0.11	0	2.30	0	2.30
龙羊峡至兰州	48.19	28.99	5.33	1.12	35.44	12.75	26.5	22.28	0.40	22.68
兰州至河口镇	200.26	135.55	26.40	2.46	164.41	35.85	17.9	96.95	1.60	98.55
河口镇至龙门	26.20	14.58	7.48	1.04	23.10	3.10	11.8	11.67	5.60	17.27
龙门至三门峡	150.93	80.012	47.00	5.28	132.47	18.46	12.2	67.31	0	67.31
三门峡至花园口	37.72	22.00	13.76	1.47	37.23	0.49	1.3	17.66	8.22	25.88
花园口以下	49.31	23.37	20.33	0.97	44.67	4.64	9.4	20.34	77.52	97.86
内流区	5.88	1.14	3.29	0.08	4.51	1.37	23.3	0.94	0	0.94
合计	521.12	308.42	123.71	12.44	444.57	76.55	14.7	239.45	93.34	332.79

注:配置水量仅为黄河水量,不包括南水北调东线工程向山东供水 0.17 亿 m³,引红济石、引乾济石、引汉济渭向黄河分别调水 0.90 亿 m³、0.47 亿 m³、10.00 亿 m³。

表 3-1-4　黄河干流各河段地表水耗水过程　　　单位:亿 m³

河段	7月	8月	9月	10月	11月	12月	1月	2月	3月	4月	5月	6月	全年
龙羊峡以上	0.66	0.03	0.03	0.14	0.14	0.01	0.01	0.01	0.17	0.42	0.38	0.31	2.3
龙刘区间干支流	0.64	0.21	0.12	0.37	0.3	0.09	0.09	0.09	0.37	0.79	0.58	0.76	4.41
刘兰区间干支流	2.13	1.08	0.86	1.64	1.52	0.69	0.69	0.69	1.13	2.99	2.16	2.69	18.27
兰州至大柳树	1.11	0.74	0.55	0.78	0.81	0.52	0.52	0.52	0.81	1.26	1.11	1.19	9.92
大柳树至青铜峡	2.4	1.72	0.8	0.59	1.39	0.04	0.04	0.04	0.04	1.21	2.57	2.28	13.13
青铜峡至河口镇	14.45	8.7	6.52	5.43	5.38	0.79	0.79	0.79	0.79	2.08	12.22	17.57	75.50
河口镇以上用水	21.39	12.48	8.85	8.94	9.54	2.14	2.14	2.14	3.31	8.75	19.02	24.80	123.52
内流区	0.02	0.02	0.02	0.09	0.12	0.11	0.17	0.16	0.02	0.13	0.06	0.02	0.94
河口镇至龙门	1.94	2.33	1.04	0.99	0.90	0.87	0.87	0.87	1.50	1.96	1.98	2.04	17.27
龙门至三门峡	6.85	11.32	4.11	7.25	4.35	2.35	2.25	2.15	6.13	8.01	6.58	5.95	67.31
三门峡至花园口	1.63	2.50	0.82	2.48	1.45	0.49	0.49	0.49	2.40	4.94	4.67	3.53	25.88
花园口以下	6.3	5.35	1.8	7.52	9.47	3.69	3.67	4.11	11.83	16.37	17.37	10.39	97.86
合计	38.13	34.00	16.67	27.28	25.83	9.65	9.59	9.92	25.19	40.16	49.68	46.73	332.79

根据《黄河水量调度管理办法》,各省(区、市)年度用水量实行按比例丰增枯减的调度原则,即根据年度黄河来水量,依据 1987 年国务院批准的可供水量各省(区、市)所占比重进行分配,枯水年同比例压缩。

3.1.4.8　典型断面河道内需水要求

河道内需水量包括汛期输沙水量和维持中水河槽水量以及非汛期生态需水量。根据《黄河流域水资源综合规划》结果,利津断面、河口镇断面河道内生态环境需水结果见表 3-1-5。

表 3-1-5　黄河干流主要断面河道内生态环境需水量

项目		河口镇	利津
生态水量/ 亿 m³	汛期	120.0	150.0~170.0
	非汛期	77.0	50.0
	全年	197.0	200.0~220.0
低限生态流量/(m³/s)		250	50

本书研究针对黄河上游至河口镇河段,仅考虑河口镇断面的生态需水。河口镇断面河道内生态需水主要包括宁蒙河段汛期输沙塑槽用水和非汛期生态基流。为恢复宁蒙河段(主要为内蒙古河段)主槽的行洪排沙能力,减少宁蒙河段的淤积,河口镇断面应保障汛期输沙塑槽需要的低限水量约为 120 亿 m³。在满足防凌要求和生态环境要求的情况下,河口镇断面非汛期生态需水量为 77 亿 m³。

3.2　黄河上游水库群联合调度模型研究

3.2.1　黄河上游水库群综合调度模型构建

在黄河水量统一调度实践的基础上,充分利用《黄河流域水资源综合规划》《黄河流域综合规划》《黄河水沙调控体系建设规划》等成果,吸收黄河水资源经济模型、宁蒙河段水量演进模型、黄河水沙调控体系模型等,构建以龙羊峡、刘家峡梯级水库为核心的黄河上游梯级水库群联合调度模型,将前述防洪、防凌、宁蒙河段减淤分析成果作为条件或约束,为黄河上游水库群综合调度多目标协调、方案比选、调度方式优化提供技术平台。

3.2.1.1　河流分段及计算节点

根据黄河流域水资源条件、行政区划和水库工程布局等条件,划分调度计算节点:

(1)调度关键性水库。考虑两个较大的调节性水库(龙羊峡、刘家峡),每个水库作为一个断面节点。

(2)计划用水节点。从用水区域考虑,按水资源二级区套省区划分用水节点,各河段主要支流集中汇入,不考虑取水口门位置,按区间聚合径流考虑。

(3)防凌调度控制断面。上游选取兰州断面。

(4)防断流调度控制断面。上游选取河口镇断面。

(5)其他电站作为流量节点考虑。

根据研究需要,黄河上游梯级水库群联合调度计算节点概化如图 3-2-1 所示(截止到河口镇断面)。模型节点分为五种类型:具有区间入流的节点、水库、电站、用水户和断面控制节点。模型计算所需基本数据通过节点形式输入,计算结果也以节点形式输出或在计算结果上处理成其他形式成果。

3.2.1.2　调度目标及约束条件

为更好的反映黄河流域水资源利用的多目标性,黄河上游梯级水库群联合调度模型将目标分为五类,即防洪防凌调度目标、计划供水目标、防断流目标、河道减淤目标和发电调度目标。

(1)防洪防凌调度目标:通过控制水库水位和下泄流量来体现。

(2)计划供水目标:各用水节点按照水资源配置方案实行计划供水,计划供水保证率高。在枯水年份,供水量不能满足用水要求时,通过水库合理调度,优化径流时空分布过程,使计算供水量与计划供水差额最小,且分布合理。

(3)防断流目标:通过控制水库水位、下泄流量及断面最小下泄流量来体现。

(4)河道减淤目标:按照黄河流域水资源配置方案的入海水量及断面配置水量要求,考虑河口镇断面的下泄水量要求,上游重点考虑宁蒙河段减淤主要控制指标,通过优化水库运用方式,塑造有利于河道冲刷的流量过程。

(5)发电调度目标:在实现上述目标的前提下,寻求上游梯级电站的合理运行方式,提高发电效益。

调度指标是水库群联合运行的基本参数,是黄河防洪防凌、减淤和水资源配置的控制

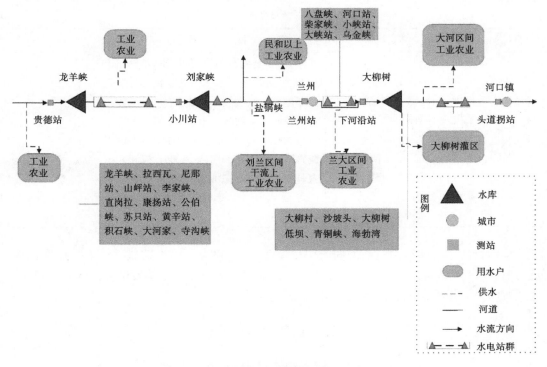

图 3-2-1　黄河上游梯级水库群联合调度计算节点概化

条件,是水库群综合运用方案制订的依据。本书研究将水库群调度指标分为约束性指标和指导性指标两类。约束性指标具有强制性和制约性,而指导性指标是参照执行并在一定条件下可进行调整变化的指标,当约束性指标与其他指标发生冲突时,应首先满足约束性指标的要求。结合《黄河流域综合规划》《黄河水沙调控体系建设规划》等成果,针对水库群调度的需求,提出水库群调度的约束性指标和指导性指标,见表 3-2-1。

表 3-2-1　上游水库群调度指标

目标	约束性指标	指导性指标	备注
上游防洪	兰州断面 100 年一遇洪水不超过 6 500 m³/s	兼顾宁蒙河段防洪,视宁蒙河段河道过流能力及水库防洪能力而定,刘家峡水库 10 年一遇洪水控制出库流量不超过 2 500 m³/s	龙羊峡、刘家峡水库联合调度
宁蒙河段防凌	水库凌汛期最高运用水位均不能超过正常蓄水位	水库防凌库容不小于 40 亿 m³	防凌库容由宁蒙河段以上梯级水库承担
宁蒙河段减淤	—	控制下河沿断面,凑泄流量指标为不小于 2 500 m³/s,一次洪水调控历时不少于 14 d	龙羊峡、刘家峡水库优化调度,兼顾青铜峡、沙坡头、三盛公等水库

续表 3-2-1

目标	约束性指标	指导性指标	备注
水资源配置	《黄河水量调度条例实施细则(试行)》中确定的黄河重要控制断面预警流量,其中下河沿为 200 m³/s,头道拐为 50 m³/s,龙门为 100 m³/s,花园口为 150 m³/s,利津为 30 m³/s	丰水年配置耗水较多年平均增加10%,控制配置耗水量为 360 亿 m³;平水年配置耗水 332.8 亿 m³;枯水年配置耗水较多年平均减少 10%,控制配置耗水量 300 亿 m³;特枯水年和连续枯水段配置耗水较多年平均减少 20%,控制配置耗水量为 266 亿 m³。水库蓄水量多时可适当补水,增加枯水年份配置耗水量	龙羊峡、刘家峡、万家寨、三门峡和小浪底水库联合调度

根据黄河上游梯级水电站群的结构和运行特点,在满足防洪防凌、计划供水、防断流及河道冲淤等目标前提下,以满足最低发电保证率要求下多年平均发电量最大化为目标,建立黄河上游水库群综合调度模型,目标函数为

$$\begin{cases} \max E = \sum_{t=1}^{T} \sum_{i=1}^{n} N_{it} \times \Delta t \\ N_{it} = K_i \times q_{it} \times H_{it} \end{cases} \tag{3-2-1}$$

式中:E 为调度期梯级水库群系统总的发电量;T、n 分别为时段总数和水库数目,默认梯级水库自上而下依次编号为 $1,\cdots,n$;N_{it} 为第 t 时段 i 水库的出力;Δt 为时段长度;K_i 为 i 水库水电站的综合出力系数;q_{it}、H_{it} 分别为第 t 时段 i 水库水电站的发电引用流量和发电水头。

主要约束条件如下:

$$\text{s. t. } Q_{it} = q_{it} + SP_{it} = (BS_{it} + I_{it} - S_{it})/\Delta t \tag{3-2-2}$$

$$P = \frac{\#(\sum_{i=1}^{n} N_{it} \geqslant N_b)}{T} \geqslant P_0 \tag{3-2-3}$$

$$S_i^{\min} \leqslant S_{it} \leqslant S_i^{\max} \tag{3-2-4}$$

$$N_{it}^{\min} \leqslant N_{it} \leqslant N_{it}^{\max} \tag{3-2-5}$$

$$Q_{it}^{\min} \leqslant Q_{it} \leqslant Q_{it}^{\max} \tag{3-2-6}$$

$$Q_{it}^{\max} = \min \begin{cases} \text{最大下泄流量} \\ \text{防凌控泄流量} \end{cases} \tag{3-2-7}$$

$$Q_{it}^{\min} = \max \begin{cases} \text{水库供水量} \\ \text{排输沙流量} \\ \text{防断流流量} \end{cases} \tag{3-2-8}$$

上述式中:#( ) 为统计次数,表示梯级总出力大于保证出力 N_b 的时段数;P 为计算时段内梯级系统的发电保证率;P_0 为发电保证率下限;$S_i^{\min}$、$S_i^{\max}$ 分别为 i 水库的库容最小值和最

大值(防洪限制水位);$N_{it}^{\min}$、$N_{it}^{\max}$ 分别为第 t 时段 i 水库出力的最小值和最大值;$Q_{it}^{\min}$、$Q_{it}^{\max}$ 分别为第 t 时段 i 水库下泄流量的最小值和最大值;I_{it} 为第 t 时段 i 水库的区间入流水量;S_{it},$BS_{i,t}$ 分别为第 t 时段 i 水库初末的蓄水状态;Q_{it}、SP_{it} 分别为第 t 时段 i 水库的下泄流量和弃水流量;其他参数意义同前。

3.2.1.3　模型运行原则

考虑目前的实际调度情况和各调控目标要求,确定模型运行原则:

(1)龙羊峡、刘家峡等水库构成黄河上游的水量调节体系,同时还承担着黄河上游河段的防洪、防凌和工农业供水等任务,刘家峡水库和龙羊峡水库进行联合补偿调节运用,满足河段的综合利用要求。

(2)龙羊峡、刘家峡水库运用方式。结合以往研究成果,龙羊峡、刘家峡水库运用方式应基本遵循"供水不足,由刘家峡先补偿;出力不足,由龙羊峡先补偿"的原则。

(3)刘家峡水库承担宁蒙河段防凌的主要任务,根据国家防总国汛〔1989〕1 号文《关于黄河防汛总指挥部负责统一调度黄河凌汛期间全河水量的通知》精神,在凌汛期间由黄河防总根据气象、冰情、水情,在首先保证凌汛安全的前提下兼顾发电调度刘家峡水库下泄流量。国家防总国汛〔1989〕22 号文《黄河刘家峡水库凌期水量调度暂行办法》中规定,刘家峡水库下泄水量采用"月计划,旬安排"的调度方式,即提前 5 d 下达次月的调度计划及次旬的水量调度指令,刘家峡水库下泄水量按旬平均流量严格控制,各日出库流量避免忽大忽小,日平均流量变幅不能超过旬平均流量的 10%。宁蒙河段防凌调度期为 11 月至翌年 3 月。黄河防总根据气象、冰情和水情,在首先保证防凌安全的前提下,兼顾发电和引水,优化调度刘家峡的下泄流量。

(4)按龙羊峡、刘家峡、海勃湾水库,还考虑拉西瓦、尼那、山坪、李家峡、直岗拉卡、康扬、公伯峡、苏只、黄丰、积石峡、大河家、寺沟峡、盐锅峡、八盘峡、河口、柴家峡、小峡、大峡、乌金峡、沙坡头、青铜峡等 24 个梯级水电站联合补偿调节、统一调度进行设计。

(5)梯级水库调度运用在满足防洪、防凌、城镇生活及工业供水、灌溉、河口镇最小下泄流量要求等条件下,使梯级电站获得较大的梯级保证出力和发电量。

3.2.1.4　采用的基本资料

1. 径流资料

水文成果修订的 1956~2010 年系列为目前黄河水利委员会组织研究的最新径流成果,还未通过水利部审查。

该系列内的 1956~2000 年径流量数据与水资源综合规划采用系列相比较小,利津站天然径流量为 491.25 亿 m³(1956~2000 年),主要原因是采用的下垫面条件不同,水资源综合规划系列的下垫面条件是 1980~2000 年,水文成果修订采用的下垫面条件是 1980~2010 年。

根据水文成果修订后的 1956~2010 年系列,兰州站多年平均天然径流量为 320.8 亿 m³(其中 1956~2000 年为 324.48 亿 m³)。

2. 水库和水电站资料

水库水位-库容曲线采用 2011 年 6 月黄河防汛抗旱总指挥部办公室编制的《黄河干流及重要支流水库、水电站基本资料和管理文件汇编》中的数据。

3. 河道外配置水量资料

黄河上游联合调度模型计算采用的河段用水为分配的月平均耗水过程,即根据各河段天然来水扣减分配耗水,不足部分由水库调节补充。采用的耗水过程为黄河流域水资源综合规划分配的耗水过程,黄河上游干流河段地表水耗水过程见表 3-2-2。

表 3-2-2　黄河上游干流河段地表水耗水过程　　　　单位:亿 m³

河段	7月	8月	9月	10月	11月	12月	1月	2月	3月	4月	5月	6月	全年
龙羊峡以上	0.67	0.03	0.03	0.14	0.14	0.01	0.01	0.01	0.17	0.42	0.38	0.31	2.32
龙刘区间干支流	0.64	0.21	0.12	0.37	0.30	0.09	0.09	0.09	0.37	0.79	0.58	0.76	4.41
刘兰区间干支流	2.13	1.08	0.86	1.64	1.52	0.69	0.69	0.69	1.13	2.99	2.16	2.69	18.27
兰州至大柳树	1.11	0.74	0.55	0.78	0.81	0.52	0.52	0.52	0.81	1.26	1.11	1.19	9.92
大柳树至青铜峡	2.40	1.72	0.80	0.59	1.39	0.04	0.04	0.04	1.21	2.57	2.28	13.12
青铜峡至河口镇	14.45	8.70	6.52	5.43	5.38	0.79	0.79	0.79	0.79	2.08	12.22	17.57	75.51
河口镇以上用水	21.40	12.48	8.88	8.95	9.54	2.14	2.14	2.14	3.31	8.75	19.02	24.80	123.55

3.2.2　现状运行方式分析及模型验证

按水库现状运用原则和调度方式,采用黄河上游梯级水库群联合调度模型进行长系列调节计算,分析各河段水量平衡,即水库出库加上区间净来水(天然入流扣除区间耗水)即得下断面来水。龙羊峡以下河段至河口镇断面水量平衡多年平均结果见表 3-2-3。

从表 3-2-3 来看,逐河段各控制断面水量平衡。龙羊峡水库多年平均出库水量 199.93 亿 m³,其中汛期占 39.95%;龙刘区间净来水 61.41 亿 m³,刘家峡水库蓄泄平衡,出库水量 261.33 亿 m³,汛期占 42.58%;下河沿断面来水 283.2 亿 m³,汛期占 46.29%,河口镇断面来水 195.0 亿 m³,汛期占 47.13%。

为进一步说明上游水库径流调节计算结果的合理性,以龙羊峡运用以来 1989～2010 年为例进行计算结果与实际运用的对比分析,见表 3-2-4。由表可见,经水库调节和河段水量平衡后,1989～2010 年计算龙羊峡出库、刘家峡出库、下河沿和河口镇断面多年平均年水量与实际存在一定差别,但年内分配过程、汛期、非汛期水量所占比例均与实际相接近,说明梯级水库的运用原则和调度方式与实际情况一致,比较好地模拟了上游梯级水库调度和区间水量平衡过程,径流调节计算结果是合理的。若规划水平年保持上游梯级现状运用方式不变,则其径流调节系列结果可以作为干流水沙系列设计的断面水量控制依据。以下对龙羊峡、刘家峡、下河沿和河口镇断面结果分别进行分析。

3.2.2.1　龙羊峡、刘家峡水库下泄水量分析

龙羊峡水库系列年径流调节计算下泄过程见表 3-2-5,水库蓄泄水量过程见表 3-2-6。从龙羊峡水库蓄泄运用过程来看,多年平均水库 6～10 月蓄水 48.1 亿 m³,11～5 月泄水 48.1 亿 m³。

表3-2-3 龙羊峡—河口镇各河段水量平衡过程

时段	河段	各月流量/(m³/s)												年水量/亿m³	汛期水量/亿m³	汛期比例/%
		7月	8月	9月	10月	11月	12月	1月	2月	3月	4月	5月	6月			
（1956~2010年）计算	龙羊峡出库	890	789	736	590	494	556	571	594	560	642	656	521	199.93	79.87	39.95
	龙刘区间净来水	298	362	383	292	170	101	79	78	76	107	197	185	61.41		
	刘家峡入库	1 189	1 151	1 119	881	663	657	650	672	635	749	853	706	261.33		
	刘家峡蓄泄	−0.4	3.0	2.5	−1.2	−9.5	2.8	3.7	6.0	5.2	1.6	−5.2	−8.5	0		
	刘家峡出库	1 202	1 039	1 022	925	1 030	554	511	425	442	688	1 048	1 035	261.33	111.27	42.58
	刘下区间净来水	157	282	210	71	35	13	−4	12	19	−69	−21	35	19.62		
	下河沿断面	1 360	1 298	1 244	1 033	1 064	568	509	431	452	620	1 067	1 100	283.2	131.1	46.29
	下河区间净来水	−726	−382	−255	−107	−254	−223	−132	−43	199	−92	−545	−779	−88.2		
	河口镇断面	634	916	989	925	810	345	376	387	651	528	522	321	195.0	91.91	47.13
（1989~2010年）计算	龙羊峡出库	656	701	577	496	459	553	573	598	568	633	611	509	182.28	64.57	35.43
	龙刘区间净来水	267	282	297	246	152	98	68	64	62	114	181	150	52.24		
	刘家峡入库	923	983	874	741	611	651	641	663	630	747	792	659	234.52		
	刘家峡蓄泄	−1.4	3.1	2.8	−1.2	−9.4	2.4	3.4	5.8	5.1	2.6	−5.4	−7.6	0		
	刘家峡出库	975	867	767	787	975	560	515	424	441	648	994	953	234.52	90.28	38.50
	刘下区间净来水	164	296	228	98	53	22	3	28	34	−73	−21	75	23.93		
	下河沿断面	1 137	1 126	1 021	911	1 022	584	520	447	458	572	1 020	1 059	260.26	111.49	42.84
	下河区间净来水	−638	−395	−220	−199	−307	−270	−204	−60	313	−52	−562	−727	−87.63		
	河口镇断面	500	731	801	712	715	314	316	387	771	520	459	332	172.63	72.81	42.18

表 3-2-4 1989~2010 年典型断面实测与计算过程对比

河段		各月流量/(m³/s)												年水量/亿m³	汛期水量/亿m³	汛期比例/%
		7月	8月	9月	10月	11月	12月	1月	2月	3月	4月	5月	6月			
龙羊峡出库	计算	656	701	577	496	459	553	573	598	568	633	611	509	182.3	64.6	35.44
	实测	620	643	597	538	549	502	506	492	492	545	634	669	178.5	63.7	35.69
刘家峡出库	计算	975	867	767	787	975	560	515	424	441	648	994	953	234.5	90.3	38.51
	实测	807	796	747	851	785	525	475	430	444	752	1 042	945	226.4	85.1	37.59
下河沿断面	计算	1 137	1 126	1 021	911	1 022	584	520	447	458	572	1 020	1 059	260.3	111.5	42.84
	实测	999	1 037	1 017	955	805	585	519	485	475	767	1 046	979	254.6	106.5	41.83
河口镇断面	计算	500	731	801	712	715	314	316	387	771	520	459	332	172.6	72.8	42.18
	实测	378	749	785	390	475	391	367	485	847	615	231	328	158.7	61	38.44

表 3-2-5　龙羊峡水库系列年径流调节计算下泄过程

| 年份 | 各月流量/(m³/s) | | | | | | | | | | | | 汛期水量/亿m³ | 非汛期水量/亿m³ | 年水量/亿m³ |
	7月	8月	9月	10月	11月	12月	1月	2月	3月	4月	5月	6月			
1956	839	516	508	500	446	567	580	605	598	671	685	484	62.8	121.2	184.0
1957	482	569	487	504	451	562	579	607	599	604	727	460	54.3	120.0	174.3
1958	560	459	496	441	421	555	576	599	535	650	683	529	52.0	118.9	170.9
1959	525	382	523	480	433	563	579	603	544	655	700	418	50.7	117.5	168.2
1960	1 189	573	512	434	416	569	581	608	525	536	691	562	72.1	117.3	189.4
1961	465	491	475	348	631	532	568	541	459	647	711	529	47.2	120.7	167.9
1962	1 248	1 203	503	438	419	563	575	600	547	650	673	557	90.4	119.8	210.2
1963	683	525	1 435	1 111	561	559	570	596	516	624	620	501	99.3	118.8	218.1
1964	1 133	1 368	886	744	571	538	569	519	457	622	674	537	109.9	117.3	227.2
1965	1 064	774	519	491	438	564	576	592	588	679	710	586	75.8	123.8	199.6
1966	842	559	1 037	928	589	552	571	593	567	628	557	502	89.3	119.1	208.3
1967	2 288	1 601	1 803	1 025	793	525	475	573	552	641	667	559	178.3	124.9	303.2
1968	2 150	949	1 494	716	551	562	575	586	472	653	686	578	140.9	121.8	262.7
1969	541	568	530	499	438	560	574	599	591	658	669	560	56.8	121.5	178.3
1970	510	440	456	480	429	566	581	606	543	555	706	500	50.1	117.3	167.4
1971	482	550	469	442	431	562	574	598	589	657	687	537	51.6	121.2	172.8
1972	877	1 033	517	524	447	566	578	603	598	667	687	537	78.6	122.4	201.0
1973	490	564	527	460	427	563	578	600	453	636	686	522	54.2	116.7	170.9
1974	738	569	503	465	424	534	577	599	592	662	681	545	60.5	120.6	181.1

续表 3-2-5

年份	各月流量/(m³/s)												汛期水量/亿m³	非汛期水量/亿m³	年水量/亿m³
	7月	8月	9月	10月	11月	12月	1月	2月	3月	4月	5月	6月			
1975	1 642	1 778	1 159	1 433	861	559	568	560	465	637	689	481	160.0	125.9	285.9
1976	1 677	1 865	1 459	592	515	554	568	590	574	626	666	516	148.5	120.5	269.0
1977	917	697	506	501	439	560	576	599	591	651	710	445	69.8	119.6	189.4
1978	469	526	409	441	407	528	554	569	511	644	720	578	49.1	117.9	167.0
1979	750	738	1 150	471	446	551	573	597	519	650	711	569	82.3	120.6	202.9
1980	681	528	721	631	487	558	570	594	585	686	723	722	68.0	128.7	196.7
1981	764	1 033	2 880	1 163	699	549	566	588	582	639	695	542	153.9	127.0	280.9
1982	2 216	1 033	1 121	1 133	682	558	576	596	587	668	680	517	146.4	127.1	273.5
1983	2 641	1 739	589	1 433	891	558	571	596	586	658	700	519	171.0	132.7	303.7
1984	2 303	1 439	475	461	430	559	573	597	587	660	697	553	124.9	121.8	246.7
1985	437	614	1 894	670	500	551	568	593	588	657	677	512	95.2	121.5	216.7
1986	1 495	704	550	505	449	560	570	597	592	704	682	497	86.7	121.6	208.3
1987	712	1 027	522	513	450	563	575	602	596	697	682	456	73.8	120.8	194.6
1988	496	492	518	466	440	628	577	605	594	682	681	547	52.4	124.3	176.7
1989	2 465	1 971	1 426	732	666	552	539	590	580	678	664	567	175.4	126.3	301.7
1990	742	887	555	498	449	554	572	594	587	706	703	559	71.4	123.5	194.9
1991	475	558	558	523	458	562	577	601	593	715	715	455	56.1	122.3	178.4
1992	431	564	624	530	511	554	572	593	585	673	693	538	57.0	123.4	180.4
1993	1 354	1 607	596	499	450	557	572	594	590	709	716	549	108.1	123.9	232.0

续表 3-2-5

年份	各月流量/(m³/s)												汛期水量/亿m³	非汛期水量/亿m³	年水量/亿m³
	7月	8月	9月	10月	11月	12月	1月	2月	3月	4月	5月	6月			
1994	792	625	503	495	464	557	574	601	593	676	719	580	64.2	124.5	188.7
1995	527	495	471	503	450	557	578	603	598	702	474	444	53.1	115.1	168.2
1996	497	480	525	512	452	569	581	606	600	573	471	471	53.5	112.9	166.4
1997	492	503	543	524	448	573	593	603	550	528	471	489	54.8	111.1	165.9
1998	331	564	548	492	411	539	546	610	526	466	348	709	51.4	108.3	159.7
1999	630	541	507	471	419	495	570	590	566	728	569	644	57.1	119.6	176.7
2000	535	486	499	468	411	548	564	554	444	646	471	436	52.8	106.4	159.2
2001	469	551	492	467	442	549	582	605	591	542	460	427	52.6	109.7	162.3
2002	506	515	545	505	476	587	603	626	499	569	437	516	55.0	112.6	167.6
2003	455	387	400	436	427	573	590	616	503	560	713	428	44.6	115.3	159.9
2004	435	423	424	361	440	577	574	621	600	542	704	390	43.6	116.3	159.9
2005	395	567	516	394	412	553	570	591	591	645	683	405	49.7	116.4	166.1
2006	470	525	457	465	427	559	578	597	587	564	716	415	51.0	116.3	167.3
2007	511	453	433	408	407	551	561	591	580	656	703	559	48.0	120.5	168.5
2008	570	510	515	437	427	516	567	592	584	690	685	533	54.0	120.1	174.1
2009	691	1 516	970	690	598	536	568	589	586	719	709	569	102.7	127.4	230.1
均值	890	789	736	590	494	556	571	594	560	642	656	521	79.9	120.1	200.0

· 82 · 基于水沙联合分布的黄河水库群多目标调度方案优化

表 3-2-6　龙羊峡水库系列年蓄泄水量过程

单位：亿 m³

年份	7月	8月	9月	10月	11月	12月	1月	2月	3月	4月	5月	6月	6~10月	11~5月	年水量
1956	7	0	1	0.4	-3.8	-11.1	-12.1	-11.6	-11.8	-10.1	-7	1.6	10.0	-67.5	-57.5
1957	15	11	10.4	5.6	-1.8	-9.9	-11.3	-11.1	-11.3	-9.7	-7.3	11.7	53.7	-62.4	-8.7
1958	11.6	20.7	22.7	18.1	5.1	-7.3	-10.5	-10.2	-8.3	-8.7	-4.9	13.2	86.3	-44.8	41.5
1959	13.6	16	6.2	-2.6	-4.1	-10.4	-12.3	-11.3	-9.9	-11.7	-12.4	3.5	36.7	-72.1	-35.4
1960	-1.8	17.9	13	9.6	1.5	-9.6	-11.1	-10.8	-7.9	-2.3	-1.2	6.2	44.9	-41.4	3.5
1961	31	15.5	14.7	24.6	2.7	-6.8	-10.2	-8.6	-7.1	-7.1	-4.3	14.7	100.5	-41.4	59.1
1962	4.6	0	4.4	7.2	0.7	-9.6	-11.7	-11.3	-9.6	-10.0	-6.1	2.4	18.6	-57.6	-39.0
1963	20.5	17.1	18.4	12.4	0	-8.1	-10	-9.8	-7.4	-6.3	-1.6	2.5	70.9	-43.2	27.7
1964	16	0	12.4	12.4	0	-7.3	-10.1	-7.7	-6.5	-7.7	-3.0	7.7	48.5	-42.2	6.2
1965	9.8	0	11.5	8.2	-0.7	-9.6	-10.9	-10.4	-10	-10.1	-9.6	-4.0	25.5	-61.3	-35.8
1966	4.2	30.5	23.4	12.4	0	-7.4	-10	-9.9	-8.8	-7.8	13.7	16.2	86.7	-30.2	56.5
1967	-10.8	0	12.4	12.4	0	-4.9	-6.1	-8.3	-6.9	-4.4	12.8	14.5	28.5	-17.8	10.7
1968	-21.3	0	12.4	12.4	0	-6.9	-9.3	-9.3	-6.2	-8.9	-5.3	1.3	4.8	-45.9	-41.1
1969	14.3	5.5	4.1	8.5	-1.6	-10.1	-11.6	-11.1	-11	-8.1	-3.5	2.3	34.7	-57.0	-22.3
1970	4.8	19	2.5	3.1	-2.2	-10.6	-12	-11.5	-9.4	-6.3	-6.4	3	32.4	-58.4	-26.0
1971	5.3	2	21.2	34.8	7.1	-7.1	-9.8	-9.3	-8.5	-6.3	0.3	12.9	76.2	-33.6	42.6
1972	25.5	0	6.1	3	-2.3	-9.7	-11	-10.5	-10.2	-10.2	-3.9	12.4	47.0	-57.8	-10.8
1973	10.3	8.4	12	14.6	2.6	-8.7	-11.2	-10.4	-6.5	-9.1	-5.8	9.3	54.6	-49.1	5.5
1974	3	10.9	21.1	12.3	4	-7.1	-10.8	-10.2	-9.9	-9.5	-0.6	14.4	61.7	-44.1	17.6
1975	13.3	0	12.4	12.4	0	-5.8	-9	-7.7	-4.2	-5.5	-2	16.8	54.9	-34.2	20.7

续表 3-2-6

年份	7月	8月	9月	10月	11月	12月	1月	2月	3月	4月	5月	6月	6~10月	11~5月	年水量
1976	-7.3	0	12.4	12.4	0	-7.4	-9.7	-9.5	-7.9	-1.3	4.4	10.8	28.3	-31.4	-3.1
1977	-4.2	0	3.5	0.6	-2.8	-10.1	-12.1	-11.2	-10.9	-5.4	-4.8	7.5	7.4	-57.3	-49.9
1978	1.8	13.8	33.6	14.6	2.8	-7.5	-9.8	-9.6	-8.1	-7.2	-9	-3.3	60.5	-48.4	12.1
1979	8.2	25.5	12.4	12.4	-0.3	-8.3	-10.9	-10.3	-7.9	-8.9	-9.8	0.7	59.2	-56.4	2.8
1980	16.3	10.7	16.2	12.4	0	-9.2	-10.8	-10.3	-10	-9.5	-4.3	7.8	63.4	-54.1	9.3
1981	21.6	0	12.4	12.4	0	-5.6	-8.7	-8.4	-8.3	-6.9	3.3	24.3	70.7	-34.6	36.1
1982	-14.5	0	12.4	12.4	0	-6.5	-9.4	-9.4	-9.3	-5.7	4.3	16.9	27.2	-36.0	-8.8
1983	-5.6	0	12.4	12.4	0	-4.8	-8.2	-7.6	-7.3	-6.2	-5.4	13.1	32.2	-39.5	-7.2
1984	1.6	0	8.7	10.8	2.1	-7.7	-10	-10.3	-9.8	-8.4	-7.1	2.3	23.4	-51.2	-27.8
1985	20.2	9.1	12.4	12.4	0	-7.7	-9.9	-9.9	-9.7	-8.4	3.3	14.5	68.6	-42.3	26.3
1986	3.1	0	12.4	3.8	-2.2	-9.4	-11.6	-10.2	-9.8	-10.9	-3.4	17.7	37.0	-57.5	-20.5
1987	23.6	0	3.6	0.7	-2.8	-9.7	-10.9	-10.2	-9.4	-9.3	-7.0	8.8	36.7	-59.3	-22.6
1988	8.8	3.5	8.6	21.5	5.4	-8.7	-10	-9.7	-7.7	-7.4	5.8	43.6	86.0	-32.3	53.7
1989	-7.4	0	12.4	12.4	0	-5.7	-7.6	-7.4	-6.7	-7.5	2.5	6.1	23.5	-32.4	-8.9
1990	1.5	0	12.4	6.9	-0.3	-8.4	-10.2	-8.5	-9.2	-10.9	-4.4	2.2	23.0	-51.9	-28.9
1991	8.6	15.5	4.8	3.9	-1	-9.3	-11.6	-10.9	-10.2	-8.2	-6.0	9.4	42.2	-57.2	-15.0
1992	32.1	13.5	12.4	12.4	0	-7.3	-10.6	-8.5	-8.2	-4.5	1.5	12.3	82.7	-37.6	45.1
1993	0.6	0	12.4	7.1	0.8	-9	-8.9	-8.7	-8.4	-5.0	0	14.8	34.9	-39.2	-4.3
1994	4.9	0	5.2	1.8	-3.3	-9.1	-11.3	-11.1	-10.4	-7.3	0.3	-0.5	11.4	-52.2	-40.8
1995	0.2	13.9	14.5	6.4	1.1	-8.6	-10.9	-10	-10.2	-9.2	2.9	10.6	45.6	-44.9	0.7

续表 3-2-6

年份	7月	8月	9月	10月	11月	12月	1月	2月	3月	4月	5月	6月	6~10月	11~5月	年水量
1996	5.3	7.8	4	2.1	-2.6	-10.5	-12	-11.4	-10.6	-7.2	10.1	8.5	27.7	-44.2	-16.5
1997	14.5	4.6	-1	-0.9	-4.2	-11.7	-12.4	-11.2	-10.6	-4.4	3	1.1	18.3	-51.5	-33.2
1998	18.6	16	15.3	8.1	0.4	-9	-11.4	-10.7	-9.3	-5.9	-0.3	21.4	79.4	-46.2	33.2
1999	40.9	17.9	8.8	14.5	4.1	-7.7	-10.6	-10.9	-9.5	-9.2	-4.5	7.2	89.3	-48.3	41.0
2000	2.8	6.5	6.6	3.3	-2.4	-9.6	-12.4	-10.4	-8	-9.5	-1.2	7.9	27.1	-53.5	-26.4
2001	1.6	0.8	6.9	7.9	-1.3	-10.1	-12	-11.8	-11.8	-8.7	-4.3	9.5	26.7	-60.0	-33.3
2002	7.3	-1	-3.1	-4.1	-6.8	-12.5	-13.8	-12.4	-9.3	-9.4	-1.8	-0.1	-1.0	-66.0	-67.0
2003	9.5	21.8	26.2	15.3	-0.1	-9.1	-11	-11.2	-7.6	-8.4	-11	5.2	78.0	-58.4	19.6
2004	6	12.2	14.3	11.2	-0.2	-9.9	-11.3	-10.3	-11.3	-4.7	-2.2	10.7	54.4	-49.9	4.5
2005	39.4	24	21	33.3	5.5	-7.2	-8.2	-9	-8.4	-9.2	-8.4	5.9	123.6	-44.9	78.7
2006	9.4	1.7	9.2	5.5	-2.1	-9.6	-10.8	-10	-9	-6.3	-9.6	22.9	48.7	-57.4	-8.7
2007	22.5	12.7	16.1	10.2	1.1	-7.8	-9.2	-9.2	-8.7	-7.4	-8.3	-1.2	60.3	-49.5	10.8
2008	8.6	14.5	10.2	16	1.7	-7.4	-10	-8.9	-11.4	-7	-0.1	12.8	62.1	-43.1	19.0
2009	23.5	0	12.4	12.4	0	-6.5	-6.7	-7.1	-7.3	-9.2	-7.1	12.2	60.5	-43.9	16.6
均值	9.3	7.8	11.5	10.1	0	-8.5	-10.5	-9.9	-9.0	-7.7	-2.5	9.4	48.1	-48.1	0

　　龙羊峡水库 1986 年 10 月投入运用,1987 年和 1988 年是龙羊峡水库的初期蓄水期,为便于分析对比,以 1989~2010 年为例对比分析龙羊峡水库蓄泄运用情况,1989~2010 年龙羊峡水库计算和实际下泄水量过程分别见表 3-2-7 和表 3-2-8。

表 3-2-7　1989~2010 年龙羊峡水库计算下泄水量

年份	各月流量/(m³/s)												年水量/亿 m³
	7 月	8 月	9 月	10 月	11 月	12 月	1 月	2 月	3 月	4 月	5 月	6 月	
1989	2 465	1 971	1 426	732	666	552	539	590	580	678	664	567	301.7
1990	742	887	555	498	449	554	572	594	587	706	703	559	194.9
1991	475	558	558	523	458	562	577	601	593	715	715	455	178.4
1992	431	564	624	530	511	554	572	593	585	673	693	538	180.4
1993	1 354	1 607	596	499	450	557	572	594	590	709	716	549	232.0
1994	792	625	503	495	464	557	574	601	593	676	719	580	188.8
1995	527	495	471	503	450	557	578	603	598	702	474	444	168.1
1996	497	480	525	512	452	569	581	606	600	573	471	471	166.4
1997	492	503	543	524	448	573	593	603	550	528	471	489	165.9
1998	331	564	548	492	411	539	546	610	526	466	348	709	159.7
1999	630	541	507	471	419	495	570	590	566	728	569	644	176.7
2000	535	486	499	468	411	548	564	554	444	646	471	436	159.2
2001	469	551	492	467	442	549	582	605	591	542	460	427	162.2
2002	506	515	545	505	476	587	603	626	499	569	437	516	167.6
2003	455	387	400	436	427	573	590	616	503	560	713	428	159.9
2004	435	423	424	361	440	577	574	621	600	542	704	390	160
2005	395	567	516	394	412	553	570	591	591	645	683	405	166.1
2006	470	525	457	465	427	559	578	597	587	564	716	415	167.2
2007	511	453	433	408	407	551	561	591	580	656	703	559	168.5
2008	570	510	515	437	427	516	567	592	584	690	685	533	174.1
2009	691	1 516	970	690	598	536	568	589	586	719	709	569	230.1
均值	656	701	577	496	459	553	573	598	568	633	611	509	182.3

表 3-2-8　1989~2010 年龙羊峡水库实际下泄水量

年份	各月流量/(m³/s)												年水量/亿 m³
	7 月	8 月	9 月	10 月	11 月	12 月	1 月	2 月	3 月	4 月	5 月	6 月	
1989	919	1 780	1 710	760	529	453	635	660	680	663	1 040	901	282.4
1990	710	711	639	586	520	617	604	574	614	518	582	724	194.6
1991	824	870	579	553	731	342	678	414	360	400	549	711	184.6
1992	616	582	369	241	543	692	551	655	508	507	598	735	173.1
1993	687	746	804	612	593	595	651	689	730	636	895	725	219.8
1994	584	734	664	632	600	703	705	665	637	430	589	750	202.2
1995	716	534	610	656	622	344	465	520	456	330	529	521	165.7
1996	666	662	582	379	461	487	407	392	275	339	455	667	151.8
1997	528	294	475	620	532	424	388	342	332	291	363	583	136
1998	391	417	482	529	498	501	492	537	558	557	532	630	160.8
1999	575	535	616	564	571	580	621	592	515	651	622	533	183.2
2000	587	576	444	552	586	490	401	454	414	405	537	544	157.5
2001	549	578	449	386	621	583	358	323	425	466	490	366	147.3
2002	469	521	496	720	608	462	318	184	215	363	358	393	134.7
2003	434	289	361	372	457	381	405	484	485	437	452	547	133.9
2004	456	430	398	477	468	470	488	360	446	486	511	492	144.3
2005	506	491	517	700	542	509	414	425	656	882	901	739	191.6
2006	833	588	454	482	488	471	480	497	519	635	687	798	182.3
2007	625	772	742	436	447	472	484	520	449	673	782	922	192.4
2008	753	768	592	430	478	407	541	586	535	898	891	830	202.5
2009	594	621	563	602	641	562	532	460	527	879	944	932	206.6
均值	620	643	597	538	549	502	506	492	492	545	634	669	178.5

3.2.2.2　龙羊峡水库下泄水量及过程分析

1. 下泄水量分析

从表 3-2-7 和表 3-2-8 中可以看出,龙羊峡水库径流调节计算结果多年平均下泄水量与实测水量差别为 3.8 亿 m³。其主要原因为：

水库的蓄变量差异：实测系列中，龙羊峡水库 1989 年 7 月初水位为 2 553.2 m，2010 年 6 月末水位为 2 565.9 m，龙羊峡水库在 21 年中蓄水 26.8 亿 m³，年平均蓄水 1.3 亿 m³。而调节计算中 1989 年 7 月初龙羊峡水库水位为 2 595.79 m，相应蓄水量为 205.5 亿 m³，在 2010 年 6 月末水库的水位为 2 592.10 m，相应蓄水量为 191.2 亿 m³，龙羊峡水库进行多年调节补充枯水系列水量之不足，相当于在 21 年中下泄了 14.3 亿 m³，年均泄水量 0.7 亿 m³，由于初末水位的不同而存在差值 1.3+0.7=2.0(亿 m³)。

水库的入库水量差异：1989 年 7 月至 2010 年 6 月实测龙羊峡多年平均入库水量为 187.8 亿 m³，调节计算时采用的多年平均入库水量为 189.6 亿 m³(贵德站天然水量 191.9 亿 m³，龙羊峡以上分配耗水 2.3 亿 m³)，多年平均入库水量设计比实测多 1.8 亿 m³。

通过分析可以看出，水库起始水位和蓄变量不同及采用入库资料水量差别，使得龙羊峡多年平均下泄水量比实际多 2.0+1.8=3.8(亿 m³)，与上述径流调节多年平均下泄水量差值 3.8 亿 m³ 基本相同，龙羊峡水库下泄水量计算合理。

2.年内下泄过程分析

由于龙羊峡水库在实时调度中下泄流量过程所受的影响因素较多，且调节计算时龙羊峡水库的蓄水状态与实际存在很大差别，因此水库历年下泄水量过程与实际下泄过程存在差异是必然的。龙羊峡水库在实际运用中，1989 年以来大部分年份为枯水年份，水库蓄水运用且水位均达不到汛限水位 2 594 m，水库在汛前运用水位较低。而在长系列调节计算中，1989 年以前水量是连续的相对丰水，龙羊峡水库在 1989 年汛前运用水位即达到汛限水位 2 594 m，由于水库的多年调节作用，将汛期蓄水量调节到非汛期，同时对枯水段起到了跨年度补水作用，因此各月的出库过程与实际存在一定的差异。从表 3-2-7 和表 3-2-8 中可以看出，虽然水库历年下泄水量过程与实际下泄过程存在差异，但龙羊峡水库多年平均的下泄过程与实际下泄过程的分配趋势基本一致，汛期、非汛期分配比例也基本一致，可以认为年内下泄过程成果是合理的。

3.水库蓄泄过程分析

1989~2009 年龙羊峡水库径流调节蓄泄水过程见表 3-2-9，水库多年平均 6~10 月蓄水 48.5 亿 m³，11~5 月泄水 49.2 亿 m³，防凌期 11~3 月泄水 39.3 亿 m³，与实际也较吻合。

3.2.2.3　刘家峡水库下泄水量及过程分析

为分析刘家峡水库径流调节结果的合理性，以 1989~2009 年为例对比分析刘家峡水库运用情况。刘家峡水库系列年径流调节计算下泄过程见表 3-2-10，水库蓄泄水过程见表 3-2-11。从刘家峡水库径流调节运用过程来看，水库多年平均 7~9 月蓄水 5.2 亿 m³，10 月、11 月、4~6 月泄水 22.8 亿 m³，防凌期 12~3 月多年平均蓄水 17.6 亿 m³。水库蓄泄水运用方式与刘家峡实际调度方式基本一致。

表 3-2-9　1989~2009 年龙羊峡水库径流调节蓄泄水过程

单位：亿 m³

年份	7月	8月	9月	10月	11月	12月	1月	2月	3月	4月	5月	6月	6~10月	11~5月	11~3月	年
1989	-7.4	0	12.4	12.4	0	-5.7	-7.6	-7.4	-6.7	-7.5	2.5	6.1	23.5	-32.4	-27.4	-8.9
1990	1.5	0	12.4	6.9	-0.3	-8.4	-10.2	-8.5	-9.2	-10.9	-4.4	2.2	23.0	-51.9	-36.6	-28.9
1991	8.6	15.5	4.8	3.9	-1.0	-9.3	-11.6	-10.9	-10.2	-8.2	-6.0	9.4	42.2	-57.2	-43.0	-15.0
1992	32.1	13.5	12.4	12.4	0	-7.3	-10.6	-8.5	-8.2	-4.5	1.5	12.3	82.7	-37.6	-34.6	45.1
1993	0.6	0	12.4	7.1	0.8	-9.0	-8.9	-8.7	-8.4	-5.0	0	14.8	34.9	-39.2	-34.2	-4.3
1994	4.9	0	5.2	1.8	-3.3	-9.1	-11.3	-11.1	-10.4	-7.3	0.3	-0.5	11.4	-52.2	-45.2	-40.8
1995	0.2	13.9	14.5	6.4	1.1	-8.6	-10.9	-10.0	-10.2	-9.2	2.9	10.6	45.6	-44.9	-38.6	0.7
1996	5.3	7.8	4.0	2.1	-2.6	-10.5	-12.0	-11.4	-10.6	-7.2	10.1	8.5	27.7	-44.2	-47.0	-16.5
1997	14.5	4.6	-1.0	-0.9	-4.2	-11.7	-12.4	-11.2	-10.6	-4.4	3.0	1.1	18.3	-51.5	-50.1	-33.2
1998	18.6	16.0	15.3	8.1	0.4	-9.0	-11.4	-10.7	-9.3	-5.9	-0.3	21.4	79.4	-46.2	-40.0	33.2
1999	40.9	17.9	8.8	14.5	4.1	-7.7	-10.6	-10.9	-9.5	-9.2	-4.5	7.2	89.3	-48.3	-34.6	41.0
2000	2.8	6.5	6.6	3.3	-2.4	-9.6	-12.4	-10.4	-8.0	-9.5	-1.2	7.9	27.1	-53.5	-42.8	-26.4
2001	1.6	0.8	6.9	7.9	-1.3	-10.1	-12.0	-11.8	-11.8	-8.7	-4.3	9.5	26.7	-60.0	-47.0	-33.3
2002	7.3	-1.0	-3.1	-4.1	-6.8	-12.5	-13.8	-12.4	-9.3	-9.4	-1.8	-0.1	-1.0	-66.0	-54.8	-67.0
2003	9.5	21.8	26.2	15.3	-0.1	-9.1	-11.0	-11.2	-7.6	-8.4	-11.0	5.2	78.0	-58.4	-39.0	19.6
2004	6.0	12.2	14.3	11.2	-0.2	-9.9	-11.3	-10.3	-11.3	-4.7	-2.2	10.7	54.4	-49.9	-43.0	4.5
2005	39.4	24.0	21.0	33.3	5.5	-7.2	-8.2	-9.0	-8.4	-9.2	-8.4	5.9	123.6	-44.9	-27.3	78.7
2006	9.4	1.7	9.2	5.5	-2.1	-9.6	-10.8	-10.0	-9.0	-6.3	-9.6	22.9	48.7	-57.4	-41.5	-8.7
2007	22.5	12.7	16.1	10.2	1.1	-7.8	-9.2	-9.2	-8.7	-7.4	-8.3	-1.2	60.3	-49.5	-33.8	10.8
2008	8.6	14.5	10.2	16.0	1.7	-7.4	-10.0	-8.9	-11.4	-7.0	-0.1	12.8	62.1	-43.1	-36	19.1
2009	23.5	0	12.4	12.4	0	-6.5	-6.7	-7.1	-7.3	-9.2	-7.1	12.2	60.5	-43.9	-27.6	16.6
均值	11.9	8.7	10.5	8.8	-0.5	-8.9	-10.6	-10.0	-9.3	-7.6	-2.3	8.5	48.5	-49.2	-39.2	-0.7

表 3-2-10　刘家峡水库系列年径流调节计算下泄过程

年份	各月流量/(m³/s)												汛期水量/亿 m³	非汛期水量/亿 m³	年水量/亿 m³
	7月	8月	9月	10月	11月	12月	1月	2月	3月	4月	5月	6月			
1956	1 120	819	687	733	925	540	500	423	440	708	1 110	840	89.4	143.7	233.1
1957	1 022	447	583	672	894	540	500	423	440	472	1 003	1 221	72.5	143.8	216.3
1958	495	977	917	850	967	540	500	423	441	741	1 089	1 108	86.0	152.1	238.1
1959	823	1 318	911	775	970	540	500	423	442	751	1 059	1 073	101.7	150.7	252.4
1960	1 408	721	694	922	1 036	540	500	423	441	656	1 094	1 236	99.7	155.1	254.8
1961	883	600	974	1 160	1 362	541	500	424	441	750	1 006	1 183	96.0	162.3	258.3
1962	1 269	1 480	685	894	1 013	540	500	423	442	754	1 125	1 026	115.3	152.4	267.7
1963	1 361	596	1 806	1 740	1 179	540	500	423	441	798	1 250	1 165	145.8	164.8	310.7
1964	2 024	2 139	1 500	1 365	1 272	541	501	425	441	815	1 103	1 102	186.9	162.2	349.1
1965	1 121	994	579	724	933	540	500	423	440	664	1 033	975	91.1	144.2	235.3
1966	1 350	775	1 670	1 434	1 186	540	500	423	442	810	1 473	1 195	138.6	172.1	310.7
1967	3 159	2 330	3 331	1 625	1 103	639	806	481	523	747	1 105	1 013	276.9	168.1	445.0
1968	2 305	1 425	2 034	747	1 374	540	500	425	441	720	1 054	966	172.6	157.5	330.1
1969	868	468	587	683	944	540	500	423	440	722	1 125	1 010	69.3	149.4	218.7
1970	700	736	793	771	983	540	500	423	441	617	1 072	793	79.7	140.6	220.3
1971	783	533	629	848	956	540	500	423	440	724	1 057	1 127	74.3	151.0	225.3
1972	1 152	1 089	624	657	941	540	500	423	440	711	1 106	1 138	93.8	151.8	245.6
1973	800	799	900	835	988	540	500	425	441	791	1 095	1 206	88.5	156.7	245.2
1974	920	442	652	819	998	637	500	423	440	712	1 103	1 076	75.3	154.2	229.5

续表 3-2-10

年份	各月流量/(m³/s)												汛期水量/亿 m³	非汛期水量/亿 m³	年水量/亿 m³
---	7月	8月	9月	10月	11月	12月	1月	2月	3月	4月	5月	6月			
1975	1 858	2 281	1 593	1 988	1 527	543	500	424	441	763	1 047	1 315	205.4	171.5	376.9
1976	1 778	2 785	2 095	884	1 093	540	500	423	441	805	1 134	1 163	200.2	159.6	359.8
1977	1 035	1 021	639	706	930	540	500	423	440	738	997	928	90.5	143.8	234.3
1978	782	871	1 185	860	1 032	541	501	425	441	758	975	1 003	98.0	148.5	246.5
1979	1 231	1 308	1 689	981	916	541	500	423	442	736	1 002	1 034	138.1	146.4	284.5
1980	1 046	598	720	861	987	540	500	423	440	636	980	1 373	85.8	153.8	239.6
1981	945	1 376	3 516	1 541	1 203	540	500	423	440	757	1 040	1 109	194.6	157.3	351.9
1982	2 140	1 153	1 298	1 431	1 176	540	500	423	440	691	1 055	1 145	160.2	156.2	316.4
1983	2 824	2 112	759	1 828	1 476	540	500	423	440	706	1 012	1 151	200.8	163.4	364.2
1984	2 754	1 987	756	822	971	540	500	423	442	706	1 037	1 006	168.6	147.3	315.9
1985	843	904	627	1 095	1 052	562	500	423	440	713	1 098	1 112	138.8	154.4	293.2
1986	1 932	956	580	705	910	540	500	423	440	593	1 107	1 185	113.8	149.2	263.0
1987	987	1 198	627	691	919	540	500	423	440	623	1 093	871	93.3	141.7	235.0
1988	697	642	580	751	924	646	500	423	440	654	1 058	1 029	71.0	148.6	219.6
1989	2 817	2 289	1 668	1 038	1 213	540	584	423	440	626	1 064	970	207.8	153.4	361.2
1990	968	1 177	767	737	911	551	500	423	440	576	1 016	1 001	97.1	141.9	239.0
1991	794	507	537	653	889	540	500	423	440	569	971	853	66.3	135.8	202.1
1992	893	930	993	901	1 028	540	500	423	440	640	1 037	1 089	98.7	149.1	247.8
1993	1 645	1 869	688	695	904	540	500	423	440	565	977	1 042	130.6	141.1	271.7

续表 3-2-10

年份	各月流量/(m³/s)												汛期水量/亿m³	非汛期水量/亿m³	年水量/亿m³
	7月	8月	9月	10月	11月	12月	1月	2月	3月	4月	5月	6月			
1994	1 132	902	617	699	854	548	500	423	440	683	984	990	89.2	141.9	231.1
1995	661	951	678	684	914	564	500	423	440	603	814	928	79.1	135.7	214.8
1996	709	678	611	693	913	540	500	423	440	567	853	897	71.6	134.3	205.9
1997	747	613	593	684	951	540	500	425	441	726	877	817	70.1	138.1	208.2
1998	785	388	494	741	1 074	585	638	431	442	945	1 329	300	64.1	150.7	214.8
1999	300	482	1 064	779	1 133	795	508	423	440	497	1 030	476	69.4	139.1	208.5
2000	1 009	719	649	761	1 066	541	501	425	441	789	845	1 020	83.5	147.1	230.6
2001	821	521	631	762	933	617	500	423	442	661	792	942	72.7	138.9	211.6
2002	749	661	606	768	875	540	500	425	441	650	975	1 067	74.0	143.2	217.2
2003	790	502	800	821	965	540	500	423	442	654	1 077	1 078	77.3	148.7	226.0
2004	848	438	463	703	957	540	552	423	442	671	1 122	1 167	65.3	153.8	219.1
2005	990	795	880	968	971	540	500	423	440	771	1 071	1 080	96.6	151.7	248.3
2006	830	562	714	755	938	540	500	423	441	577	1 012	1 085	76.0	144.4	220.4
2007	1 001	802	777	831	956	540	530	423	440	707	1 020	1 064	90.7	148.7	239.4
2008	1 061	634	615	884	907	541	500	423	440	622	1 070	1 161	85.0	148.3	233.3
2009	922	1 790	1 254	961	1 121	540	500	423	440	508	952	980	130.9	143.0	273.9
均值	1 202	1 039	1 022	925	1 030	554	511	425	442	688	1 047	1 035	111.3	150.1	261.4

表 3-2-11　刘家峡水库系列年蓄泄水过程

单位:亿 m³

年份	7月	8月	9月	10月	11月	12月	1月	2月	3月	4月	5月	6月	7~9月	10~11月+4~6月	12~3月	年
1956	0	0	2.2	-1.1	-9.6	2.5	3.9	6.1	6.0	0.8	-5.1	-5.7	2.2	-20.7	18.5	0
1957	-8.4	8.4	2.2	-1.1	-9.6	1.8	2.6	5.5	5.1	4.2	-5.1	-14.1	2.2	-25.7	15.0	-8.5
1958	6.8	1.6	2.2	-1.1	-9.6	3.2	4.5	6.6	4.9	0	-5.1	-9.2	10.6	-25.0	19.2	4.8
1959	3.5	0	2.2	-1.1	-9.6	3.3	4.2	6.7	5.0	0	-5.1	-14.1	5.7	-29.9	19.2	-5.0
1960	0	8.4	2.2	-1.1	-9.6	4.3	3.7	6.3	4.8	0	-5.1	-14.1	10.6	-29.9	19.1	-0.2
1961	0	8.4	2.2	-1.1	-9.6	4.4	4.8	6.2	3.8	0	-5.1	-14.1	10.6	-29.9	19.2	-0.1
1962	7.8	0.6	2.2	-1.1	-9.6	3.9	3.4	6.5	5.4	0	-5.1	-6.2	10.6	-22.0	19.2	7.8
1963	-8.0	8.4	2.2	-1.1	-9.6	3.8	3.8	6.5	5.1	0	-5.1	-5.7	2.6	-21.5	19.2	0.3
1964	0	0	2.2	-1.1	-9.6	4.4	5.1	5.9	3.8	0	-5.1	-10.2	2.2	-26.0	19.2	-4.6
1965	4.5	0	2.2	-1.1	-9.6	2.6	4.1	5	5.1	2.4	-5.1	-7.4	6.7	-20.8	16.8	2.7
1966	-6.7	8.4	2.2	-1.1	-9.6	2.8	4.2	5.7	6.4	0	-5.1	-5.7	3.9	-21.5	19.1	1.5
1967	0	2.4	2.2	-1.1	-9.6	2.6	7.0	5.9	3.8	0	-5.1	-8.6	2.2	-24.4	19.3	-2.9
1968	2.9	3.2	2.2	-1.1	-9.6	3.0	5.4	7.1	3.8	0	-5.1	-6.9	5.1	-22.7	19.3	1.7
1969	-7.2	8.4	2.2	-1.1	-9.6	2.3	3.3	5.9	6.4	1.3	-5.1	-5.7	3.4	-20.2	17.9	1.1
1970	-2.4	2.4	2.2	-1.4	-9.2	3.9	4.0	6.3	5.0	0	-5.1	-5.7	2.2	-21.5	19.2	-0.1
1971	-3.2	3.2	2.2	-1.1	-9.6	2.8	4.2	6	5.8	0.4	-5.1	-9.6	2.2	-24.9	18.8	-3.9
1972	-2	5.9	2.2	-1.1	-9.6	2.7	3.3	6.2	6.3	0.8	-5.1	-12.7	6.1	-27.6	18.5	-3.1
1973	-1.5	8.4	2.2	-1.1	-9.6	3.8	4.8	6.8	3.8	0	-5.1	-13.4	9.1	-29.2	19.2	-0.9
1974	-0.8	8.4	2.2	-1.1	-9.6	0.3	4.3	6.6	7.0	1	-5.1	-9.9	9.8	-24.7	18.2	3.3

续表 3-2-11

年份	7月	8月	9月	10月	11月	12月	1月	2月	3月	4月	5月	6月	7~9月	10~11+4~6	12~3月	年
1975	4.2	0	2.2	-1.1	-9.6	4.4	4.8	6.2	3.8	0	-5.1	-12.1	6.4	-27.9	19.2	-2.3
1976	6.4	0	2.2	-1.1	-9.6	3.5	3.5	7	5.1	0	-5.1	-11	8.6	-26.8	19.1	0.9
1977	5.3	0	2.2	-1.1	-9.6	2.9	3.6	6.2	6.4	0.1	-5.1	-7.6	7.5	-23.3	19.1	3.3
1978	-1.5	3.4	2.2	-1.1	-9.6	4.4	5.1	5.9	3.8	0	-5.1	-8.7	4.1	-24.5	19.2	-1.2
1979	-5.4	8.4	2.2	-1.1	-9.6	4.4	2.9	7	4.9	0	-5.1	-10	5.2	-25.8	19.2	-1.4
1980	-4.1	4.3	6.3	-1.1	-9.6	2.6	2.1	6	5.4	3	-5.1	-14.1	6.5	-26.9	16.1	-4.3
1981	8.4	0	2.2	-1.1	-9.6	2	3.9	5.9	6.2	1.2	-5.1	-11.3	10.6	-25.9	18.0	2.7
1982	5.6	0	2.2	-1.1	-9.6	1.3	3.5	5.8	6.3	2.3	-5.1	-11.6	7.8	-25	16.9	-0.4
1983	5.9	0	2.2	-1.1	-9.6	3.3	3.1	5.7	6	1.1	-5.1	-6	8.1	-20.7	18.1	5.5
1984	0.2	0	2.2	-1.1	-9.6	2.8	3.9	6.4	6	0	-5.1	-5.7	2.4	-21.5	19.1	0
1985	0	0	2.2	-1.1	-9.6	2.7	3.3	6.1	6.5	0.5	-5.1	-5.7	2.2	-21	18.6	-0.2
1986	0	0	2.2	-1.1	-9.6	2.9	3.5	4.7	4.7	3.4	-5.1	-5.7	2.2	-18.1	15.8	-0.1
1987	0	0	2.2	-1.1	-9.6	1.9	3.3	5.1	5.1	3.9	-5.1	-5.7	2.2	-17.6	15.4	0
1988	0	0	2.2	-1.1	-9.6	0	3	5.9	5.4	4.9	-5.1	-5.7	2.2	-16.6	14.3	-0.1
1989	0	0	2.2	-1.1	-9.6	2.9	0.6	5.6	6.1	4	-5.1	-5.7	2.2	-17.5	15.2	-0.1
1990	0	0	2.2	-1.1	-9.6	1.6	2.8	4.7	5.4	4.6	-5.1	-5.7	2.2	-16.9	14.5	-0.2
1991	-6.2	4.9	3.6	-1.1	-9.6	1.2	2.5	5.1	5.4	4.9	-5.1	-5.7	2.3	-16.6	14.2	-0.1
1992	-3.5	3.5	2.2	-1.1	-9.6	1.4	3.2	5.7	6	3	-5.1	-5.7	2.2	-18.5	16.3	0
1993	0	0	2.2	-1.1	-9.6	2	2.4	4.4	4.6	5.7	-5.1	-5.7	2.2	-15.8	13.4	-0.2

续表 3-2-11

年份	7月	8月	9月	10月	11月	12月	1月	2月	3月	4月	5月	6月	7~9月	10~11+4~6	12~3月	年
1994	0	0	2.2	-1.1	-9.6	2.0	3.1	5.4	5.5	3.2	-5.1	-8	2.2	-20.6	16	-2.4
1995	0.7	1.6	2.2	-1.1	-9.6	0.8	2.7	5.3	5.5	4.9	-5.1	-6.8	4.5	-17.7	14.3	1.1
1996	0.2	1.0	2.2	-1.1	-9.6	0.9	5.2	4.9	5.8	2.4	-5.1	-8.5	3.4	-21.9	16.8	-1.7
1997	-1.4	4.2	2.2	-1.1	-9.6	2.8	6.0	6.5	3.8	0	-5.1	-5.7	5.0	-21.5	19.1	2.6
1998	-4.3	4.3	2.2	-1.1	-9.6	4.4	3.3	7.4	4.0	0	-7.7	-7.8	2.2	-26.2	19.1	-4.9
1999	-3.7	8.4	2.2	-1.1	-9.6	0.6	3.0	5.4	1.9	8.3	-5.1	-5.7	6.9	-13.2	10.9	4.6
2000	-0.3	0.3	2.2	-1.1	-9.6	4.4	5.1	5.9	3.8	0	-5.1	-8.1	2.2	-23.9	19.2	-2.5
2001	-3.4	4.5	3.5	-1.1	-9.6	2.1	4.0	6.7	6.4	0	-5.1	-5.7	4.6	-21.5	19.2	2.3
2002	-0.2	0.2	2.2	-3.5	-7.1	3.5	5.3	6.6	3.8	0	-10	-9.2	2.2	-29.8	19.2	-8.4
2003	0	8.4	2.2	-1.1	-9.6	3.3	4.5	6.9	4.5	0	-5.1	-10.9	10.6	-26.7	19.2	3.1
2004	-3.3	3.0	7.7	-1.1	-9.6	3.7	2.5	7.4	5.6	0	-5.1	-13.3	7.4	-29.1	19.2	-2.5
2005	0.1	7.6	2.2	-1.1	-9.6	2.1	4.6	6.5	5.7	0.3	-5.1	-10.9	9.9	-26.4	18.9	2.4
2006	-0.8	6.0	2.2	-1.1	-9.6	2.7	4.1	5.0	7.4	0	-5.1	-5.7	7.4	-21.5	19.2	5.1
2007	-0.3	0.3	2.2	-1.1	-9.6	3.3	2.7	6.0	5.0	2.3	-5.1	-9.0	2.2	-22.5	17.0	-3.3
2008	-5.2	4.7	5.9	-1.1	-9.6	4.4	0.2	4.5	5.7	4.3	-5.1	-10.4	5.4	-21.9	14.8	-1.7
2009	2.6	2.1	2.2	-1.1	-9.6	0.9	2.8	5.0	4.6	5.9	-5.1	-5.7	6.9	-15.6	13.3	4.6
均值	-0.3	3.0	2.5	-1.2	-9.5	2.8	3.7	6.0	5.2	1.6	-5.2	-8.5	5.2	-22.8	17.7	0.1

1. 下泄水量分析

1989~2010 年刘家峡水库计算与实测下泄水量过程见表 3-2-12 和表 3-2-13,可以看出,刘家峡水库多年平均实际下泄水量与径流调节计算下泄水量相差 8.1 亿 m³。其差别分析如下:

龙羊峡水库下泄水量的差别:1989~2009 年龙羊峡水库的下泄水量计算值比实测值多 3.8 亿 m³。

刘家峡水库蓄变量的差别:根据刘家峡水库 1989 年 7 月至 2009 年 6 月实测入库、出库过程分析,刘家峡水库多年平均蓄水量为 1.4 亿 m³;径流调节计算中刘家峡水库 1989 年 7 月初水位 1 726 m,2010 年 6 月末水位 1 726 m,相当于水库内的蓄水量未发生变化。从刘家峡水库蓄放水情况来说,实测与计算相比,实测情况刘家峡水库多蓄水 1.4 亿 m³。

径流资料选取产生的水量差别:径流调节计算中以贵德站天然径流量作为龙羊峡水库天然入库,小川站天然径流量作为刘家峡水库天然入库,两者相减作为区间天然入流,扣除区间的耗水作为龙刘区间的净来水。因此,贵德—小川区间水量与龙刘两库实际区间水量有差别,各年由于资料不同产生的区间水量有差别。龙刘区间净来水计算值为 52.2 亿 m³,而根据实测资料,龙羊峡水库实际下泄水量为 178.5 亿 m³,刘家峡水库实测来水为 227.7 亿 m³,龙刘区间净来水为 49.2 亿 m³,比计算值少 3.0 亿 m³。

综上所述,三种因素使刘家峡水库下泄水量比实测的下泄水量多 3.8+1.4+3.0=8.2（亿 m³）,与 8.1 亿 m³ 基本相等,因此刘家峡计算出库水量正确。

2. 年内下泄过程分析

由于刘家峡水库调节计算时的蓄水状态与实际存在差别,且历年防凌调控流量也存在差别,因此水库历年下泄水量过程与实际下泄过程存在差异是必然的。根据实测资料,在实际运用中,部分年份刘家峡水库 7~10 月水位高于汛限水位 1 726 m,而在调节计算中,当刘家峡水库水位高于 1 726 m 时,多余来水将强制下泄,这就造成水库在汛期的下泄水量与实际存在差异。防凌期控泄流量比目前实际调度略大也使防凌期下泄水量增加。从表 3-2-12 和表 3-2-13 中可以看出,虽然水库历年下泄水量过程与实际下泄过程存在差异,但刘家峡水库多年平均的计算下泄过程与实际下泄过程的分配趋势基本一致,汛期、非汛期水量所占比例也基本一致。

表 3-2-12　1989~2010 年刘家峡水库计算下泄水量过程

年份	各月流量/(m³/s)												年水量/亿 m³
	7 月	8 月	9 月	10 月	11 月	12 月	1 月	2 月	3 月	4 月	5 月	6 月	
1989	2 817	2 289	1 668	1 038	1 213	540	584	423	440	626	1 064	970	361.2
1990	968	1 177	767	737	911	551	500	423	440	576	1 016	1 001	239.0
1991	794	507	537	653	889	540	500	423	440	569	971	853	202.0
1992	893	930	993	901	1 028	540	500	423	440	640	1 037	1 089	247.8
1993	1 645	1 869	688	695	904	540	500	423	440	565	977	1 042	271.7
1994	1 132	902	617	699	854	548	500	423	440	683	984	990	231.1

续表 3-2-12

年份	各月流量/（m³/s）												年水量/亿 m³
	7月	8月	9月	10月	11月	12月	1月	2月	3月	4月	5月	6月	
1995	661	951	678	684	914	564	500	423	440	603	814	928	214.8
1996	709	678	611	693	913	540	500	423	440	567	853	897	205.9
1997	747	613	593	684	951	540	500	425	441	726	877	817	208.2
1998	785	388	494	741	1 074	585	638	431	442	945	1 329	300	214.8
1999	300	482	1 064	779	1 133	795	508	423	440	497	1 030	476	208.5
2000	1 009	719	649	761	1 066	541	501	425	441	789	845	1 020	230.6
2001	821	521	631	762	933	617	500	423	442	661	792	942	211.7
2002	749	661	606	768	875	540	500	425	441	650	975	1 067	217.3
2003	790	502	800	821	965	540	500	423	442	654	1 077	1 078	226.0
2004	848	438	463	703	957	540	552	423	442	671	1 122	1 167	219.1
2005	990	795	880	968	971	540	500	423	440	771	1 071	1 080	248.3
2006	830	562	714	755	938	540	500	423	441	577	1 012	1 085	220.4
2007	1 001	802	777	831	956	540	530	423	440	707	1 020	1 064	239.4
2008	1 061	634	615	884	907	541	500	423	440	622	1 070	1 161	233.3
2009	922	1 790	1254	961	1 121	540	500	423	440	508	952	980	273.9
均值	975	867	767	787	975	560	515	424	441	648	995	953	234.5

表 3-2-13　　1989～2010 年刘家峡水库实际下泄水量过程

年份	各月流量/（m³/s）												年水量/亿 m³
	7月	8月	9月	10月	11月	12月	1月	2月	3月	4月	5月	6月	
1989	875	2 060	1 920	1 110	945	710	614	587	587	751	1 360	1 340	338.6
1990	984	931	736	775	942	668	590	546	475	652	1 100	862	243.9
1991	988	805	638	709	831	554	528	528	389	492	986	767	216.3
1992	827	699	521	736	815	631	587	571	513	646	1 010	861	221.5
1993	1 120	1 050	936	882	882	600	555	558	508	784	1 090	1 080	264.4
1994	956	1 080	824	774	848	662	614	575	511	789	1 100	965	255.3
1995	848	754	625	664	796	533	405	388	417	737	1 040	790	210.6
1996	756	669	529	655	630	354	315	284	281	485	1 060	835	180.7
1997	609	589	549	673	652	342	317	305	314	551	993	763	175.3
1998	561	431	456	675	781	560	517	460	557	779	987	751	197.7

续表 3-2-13

年份	各月流量/(m³/s)												年水量/亿 m³
	7月	8月	9月	10月	11月	12月	1月	2月	3月	4月	5月	6月	
1999	926	943	831	910	774	580	539	458	447	842	1 030	876	241.2
2000	735	488	802	853	710	465	444	334	373	715	1 010	854	204.9
2001	673	667	522	670	751	468	407	334	372	726	897	778	191.3
2002	668	536	572	1 010	624	413	303	267	231	355	600	613	163.3
2003	480	467	672	991	730	453	420	349	361	654	941	877	194.6
2004	646	477	511	780	781	514	481	456	372	684	991	959	201.2
2005	728	733	883	1 260	925	509	474	440	588	1 120	1 160	1 190	263.4
2006	907	770	741	781	725	509	443	403	438	750	1 080	1 010	225.4
2007	1 060	948	895	1 060	826	514	471	418	418	909	1 110	1 210	259.1
2008	852	932	703	970	696	481	471	366	706	1 170	1 170	1 210	256.3
2009	738	691	824	930	828	495	478	403	473	1 200	1 160	1 250	249.1
均值	807	796	747	851	785	525	475	430	444	752	1 042	945	226.4

3. 凌汛期刘家峡水库下泄水量分析

从表可以看出,某些年份凌汛期刘家峡水库的出库流量与拟定的防凌控泄流量不一致。

11 月刘家峡水库下泄流量大于防凌控泄流量 747 m³/s,主要是由于龙羊峡水库在 10 月蓄满,在 11 月满足出力所要求的下泄流量后,多余来水量也强制下泄,而刘家峡水库 11 月还需要腾空防凌库容,因此就造成部分年份 11 月刘家峡水库下泄流量大于 747 m³/s。

12 月基本上按照控泄流量下泄,只有 6 年大于控泄流量 540 m³/s,这是因为存在负流量,为了凑泄河口镇最小流量 250 m³/s 刘家峡水库多下泄水量。

1 月有 4 年刘家峡水库下泄水量大于防凌控泄流量 500 m³/s。1989 年 1 月龙刘区间净来水 614 m³/s,刘家峡水库库容无法满足防凌要求;1989 年、1999 年和 2004 年是为了凑泄河口镇最小流量 250 m³/s 刘家峡水库多下泄水量。

2 月和 3 月除 1989 年大水年外,刘家峡水库的防凌下泄流量均等于控泄流量。

3 月除 1989 年大水年外,刘家峡水库的防凌下泄流量均等于控泄流量。

3.2.2.4　黄河干流断面水量计算成果

根据龙刘水库调节计算和河段水量平衡,下河沿和河口镇断面径流调节计算结果见表 3-2-14、表 3-2-15。

表 3-2-14　1956~2010 年下河沿断面系列年径流计算结果

年份	各月流量/(m³/s)												汛期水量/亿 m³	全年水量/亿 m³
	7 月	8 月	9 月	10 月	11 月	12 月	1 月	2 月	3 月	4 月	5 月	6 月		
1956	1 203	1 017	722	694	922	520	473	403	427	622	1 076	803	96.8	234.2
1957	1 297	683	1 060	836	945	587	513	429	464	435	1 010	1 331	102.9	252.5
1958	785	1 518	1 225	980	1 051	596	484	435	464	722	1 082	1 179	119.7	277.1
1959	1 234	1 672	1 047	804	963	538	486	422	428	689	1 100	1 045	126.5	275.0
1960	1 437	1 014	763	980	1 026	545	532	432	448	610	1 110	1 205	111.7	266.4
1961	1 119	968	1 333	1 348	1 505	601	484	417	441	658	970	1 160	126.5	289.6
1962	1 354	1 593	756	919	1 016	547	504	414	432	682	1 112	1 078	123.1	274.6
1963	1 536	752	1 900	1 891	1 170	524	507	412	427	750	1 328	1 329	161.1	329.9
1964	2 399	2 610	1 838	1 563	1 306	570	495	406	421	729	1 088	1 059	223.7	382.6
1965	1 223	1 119	731	790	965	518	461	448	445	578	986	961	102.8	243.2
1966	1 382	1 028	1 869	1 579	1 247	575	482	427	449	711	1 619	1 323	155.3	334.3
1967	3 282	2 732	3 433	1 782	1 214	673	803	542	584	712	1 228	1 053	297.8	476.2
1968	2 480	1 539	2 178	872	1 373	536	456	394	453	691	1 079	1 018	187.4	344.4
1969	911	646	694	780	953	563	504	402	448	662	1 230	1 139	80.6	235.2
1970	775	1 144	1 051	829	995	528	492	400	440	521	1 054	833	100.9	238.8
1971	939	714	1 152	985	1 065	536	497	416	448	667	1 111	1 132	100.5	254.3
1972	1 267	1 330	782	646	887	517	473	396	399	624	1 072	1 144	107.1	251.5
1973	855	885	1 088	871	983	505	447	366	415	714	1 068	1 128	98.1	245.4
1974	966	682	820	852	987	606	457	397	418	620	1 068	1 081	88.2	235.8
1975	1 947	2 414	1 644	2 201	1 580	521	498	424	441	704	998	1 274	218.4	386.7
1976	1 942	3 195	2 503	1 021	1 109	562	503	450	463	724	1 106	1 160	229.8	388.8
1977	1 193	1 238	792	758	945	541	503	428	452	683	1 071	960	106.0	252.2
1978	1 004	1 082	1 551	982	1 067	543	527	436	461	694	980	985	122.4	271.4
1979	1 288	1 653	1 963	1 128	937	574	497	418	463	702	1 023	1 034	159.9	307.8
1980	1 138	744	783	902	1 026	556	510	426	468	573	961	1 323	94.8	247.7
1981	1 164	1 726	3 861	1 773	1 290	592	524	453	462	722	1 015	1 067	225.0	385.2
1982	2 275	1 269	1 380	1 522	1 183	551	468	417	450	586	1 109	1 162	171.5	326.6
1983	3 099	2 665	948	1 877	1 489	530	480	387	443	657	1 036	1 211	229.2	392.3
1984	2 928	2 280	876	865	969	535	475	424	449	650	1 056	1 116	185.4	333.9

续表 3-2-14

年份	各月流量/(m³/s)												汛期水量/亿 m³	全年水量/亿 m³
	7 月	8 月	9 月	10 月	11 月	12 月	1 月	2 月	3 月	4 月	5 月	6 月		
1985	1 092	1 132	2 669	1 324	1 072	558	510	433	446	653	1 056	1 325	164.2	322.6
1986	2 177	1 175	762	690	907	542	514	417	443	539	1 058	1 364	128	279.5
1987	1 060	1 343	704	667	904	536	508	405	439	539	1 146	973	100.5	243.3
1988	830	901	834	905	960	676	474	380	430	634	1 178	1 219	92.2	248.2
1989	3 419	2 613	2 361	1 280	1 322	594	632	466	504	613	1 163	1 013	257.1	422.2
1990	1 105	1 352	848	714	884	577	513	449	473	537	1 078	1 158	106.9	255.4
1991	911	632	611	663	899	563	501	427	481	518	1 080	1 050	74.9	219.5
1992	1 114	1 296	1 272	1 079	1 078	598	507	463	474	673	1 098	1 234	126.4	286.7
1993	1 966	2 477	951	800	928	570	510	454	444	513	969	1 118	165.1	309.2
1994	1 308	1 159	894	825	904	600	530	437	470	635	1 025	1 024	111.3	258.7
1995	750	1 274	1 097	825	954	602	519	422	435	598	884	997	104.7	246.4
1996	878	977	784	739	948	555	512	436	458	509	883	873	89.8	225.2
1997	872	924	701	706	966	554	413	374	478	588	966	941	85.2	223.5
1998	919	1 060	901	769	950	506	538	412	445	451	786	1 362	96.9	239.4
1999	1 735	713	818	829	1 004	574	494	446	570	434	832	1 080	109	251.2
2000	692	828	799	875	979	510	459	400	379	638	846	906	84.9	218.7
2001	919	673	980	925	946	594	497	438	421	575	1 040	1 122	92.8	240.3
2002	752	765	681	743	908	523	489	432	415	570	1 103	1 043	78.1	221.7
2003	856	853	1 134	1 111	1 102	598	528	463	412	520	1 124	1 037	104.9	256.4
2004	971	739	724	779	1 039	593	597	454	477	671	1 225	1 174	85.4	248.6
2005	947	930	1 193	1 247	1 122	619	528	477	415	704	1 146	1 043	114.6	273.0
2006	888	764	1 100	945	1 059	595	516	463	447	521	1 013	981	98.1	244.5
2007	1 008	910	1 145	1 258	1 146	604	554	499	494	685	1 025	1 020	114.7	272.4
2008	953	763	811	949	1 072	638	545	492	479	574	1 101	1 072	92.4	248.8
2009	930	1 941	1 643	1 063	1 251	706	540	485	450	486	1 039	995	148.0	303.7
均值	1 361	1 298	1 244	1 032	1 064	568	509	430	452	620	1 067	1 100	131.1	283.2
比例	46.3%				53.7%									100%

表 3-2-15 1956~2010 年河口镇断面系列年径流计算结果

| 年份 | 各月流量/(m³/s) | | | | | | | | | | | | 汛期水量/亿 m³ | 全年水量/亿 m³ |
	7月	8月	9月	10月	11月	12月	1月	2月	3月	4月	5月	6月		
1956	688	774	605	567	725	410	387	340	402	516	576	286	70.0	165.4
1957	300	277	598	796	696	417	424	344	501	286	432	250	52.3	140.1
1958	300	661	1 483	942	986	447	394	411	631	644	427	250	89.4	199.0
1959	688	1 281	1 218	756	730	464	434	357	551	543	684	250	104.6	209.8
1960	300	669	541	1 031	928	401	452	371	523	372	509	250	67.6	167.2
1961	300	408	1 431	984	1 463	462	455	362	586	472	585	250	82.4	203.7
1962	300	1 371	551	759	775	415	443	340	477	473	525	250	79.4	176.2
1963	300	605	891	1 948	1 032	410	419	323	533	618	676	853	99.5	226.8
1964	873	2 878	1 495	1 563	1 185	357	454	339	556	544	626	250	181.1	294.0
1965	387	901	323	647	751	377	415	405	523	432	492	250	60.2	155.5
1966	300	539	1 177	1 556	922	407	424	392	543	544	821	667	94.7	218.3
1967	2 363	2 258	3 369	1 790	1 027	250	589	560	695	642	574	250	259	378.8
1968	1 896	1 386	1 603	1 205	1 149	346	397	362	579	596	522	250	161.7	271.6
1969	300	450	575	650	506	354	519	268	479	640	787	631	52.4	162.3
1970	300	551	1 118	578	766	420	446	253	463	396	633	263	67.2	162.8
1971	300	294	749	400	1 138	305	405	320	589	488	563	250	46.0	152.3
1972	300	1 187	714	459	473	385	372	352	558	498	482	250	70.7	158.9
1973	300	266	1 082	644	809	268	321	287	603	605	605	250	60.5	158.7
1974	300	310	425	659	692	250	384	400	601	545	530	250	45.0	140.5
1975	918	2 006	1 381	1 996	1 374	251	429	391	704	634	495	250	167.6	285.9
1976	1 377	2 532	2 442	1 030	786	349	326	471	772	712	583	250	195.6	306.7
1977	813	1 001	650	660	829	462	338	332	554	414	819	250	83.1	188.1
1978	300	661	1 114	1 007	863	286	389	360	638	525	519	250	81.6	181.8
1979	300	1 054	1 633	1 186	475	561	333	412	682	600	563	250	110.4	212.0
1980	300	250	316	1 003	734	349	387	449	597	425	424	250	49.8	144.2
1981	691	907	2 818	2 318	1 122	378	416	434	710	537	418	250	177.9	289.4
1982	1 519	998	938	1 547	1 017	315	397	508	610	404	516	250	133.2	238.0
1983	2 028	2 550	818	1 656	1 380	354	280	346	533	704	482	250	188.2	301.2
1984	1 896	2 386	710	825	744	282	329	573	442	702	520	277	155.2	255.9

续表 3-2-15

年份	各月流量/(m³/s)												汛期水量/亿 m³	全年水量/亿 m³
	7月	8月	9月	10月	11月	12月	1月	2月	3月	4月	5月	6月		
1985	419	705	1 956	1 573	894	250	504	578	555	619	479	429	122.9	235.2
1986	1 609	710	574	760	559	395	444	346	533	545	473	560	97.4	198.3
1987	470	787	549	604	572	380	482	442	530	507	554	299	64.1	162.6
1988	311	481	709	890	634	250	485	362	693	413	641	344	63.4	163.7
1989	2 413	1 827	2 103	1 143	1 036	516	250	416	708	537	593	414	198.7	315.6
1990	538	950	746	622	433	250	412	558	741	427	383	573	75.9	174.3
1991	300	250	407	448	547	291	266	422	738	430	564	380	37.3	132.4
1992	300	977	1 061	855	792	376	298	318	799	571	536	408	84.6	192.0
1993	945	2 057	735	587	397	407	388	351	793	441	409	257	115.2	205.5
1994	842	925	722	660	653	250	310	422	774	448	521	250	83.7	178.7
1995	300	839	948	744	592	250	397	307	630	584	338	250	75.0	162.7
1996	300	797	760	665	597	469	478	400	789	469	347	250	66.9	166.5
1997	300	683	577	596	518	344	304	313	828	563	480	405	57.2	155.8
1998	300	658	607	645	515	251	250	250	770	450	250	603	58.7	146.1
1999	958	394	512	711	657	250	250	418	1 055	448	377	268	68.5	166.0
2000	300	520	425	727	624	273	276	387	743	539	464	250	52.4	145.5
2001	300	250	651	786	700	250	369	469	697	452	752	559	52.7	163.7
2002	300	360	378	400	589	263	307	420	679	536	250	250	38.2	124.2
2003	300	568	1012	901	917	293	368	421	782	432	560	250	73.6	178.9
2004	300	250	526	593	699	322	250	327	858	692	564	250	44.2	148.1
2005	300	375	796	966	894	251	327	387	682	717	552	250	64.6	170.8
2006	300	462	893	761	729	264	337	449	760	465	540	350	63.9	165.7
2007	300	512	972	456	1 552	289	250	308	959	671	379	250	59.2	181.0
2008	300	250	638	773	835	274	287	368	658	611	364	250	52.0	147.3
2009	300	1 447	1 360	912	736	458	260	433	746	440	415	257	106.5	204.5
均值	634	916	989	925	810	344	376	388	651	528	522	321	91.9	195.0
比例	47.1%				52.9%									100%

3.2.2.5　黄河干流断面水量计算结果合理性分析

1986 年 10 月龙羊峡水库下闸蓄水运用以来,河口镇断面实测汛期水量占全年的比例为 39%,小于长系列调节计算结果比例。

龙羊峡水库初始两年运用不正常,为了分析计算结果的合理性,对 1989～2010 年下河沿和河口镇断面的实测结果与计算结果进行对比分析。

3.2.2.6　下河沿断面结果分析

1. 径流过程分析

1989～2010 年下河沿断面计算和实测水量结果见表 3-2-16 和表 3-2-17,可以看出,1989～2010 年下河沿断面计算结果中汛期水量占全年的比例为 42.8%,实测汛期水量占全年的比例为 41.8%,多年平均下泄流量过程分配与实际基本一致,汛期水量占全年的比例也与实际基本一致。

2. 下泄水量分析

计算与实测相比总水量有差别。从表 3-2-16 和表 3-2-17 中可以看出,下河沿断面的计算总水量比实测总水量大了 5.7 亿 m^3。主要原因为:

(1)刘家峡水库下泄水量不同。刘家峡水库计算比实测多下泄 8.1 亿 m^3。

(2)区间入流引起的差值。刘家峡—下河沿区间计算时的净来水为 23.9 亿 m^3,而根据断面实测水量差值可以得到区间实际来水为 26.3 亿 m^3,计算区间净水量比实测净水量少 2.4 亿 m^3。

刘家峡水库下泄水量和区间净来水的差别,造成下河沿断面水量比实测大 8.1 − 2.4＝5.7(亿 m^3),与表中计算总水量与实测的差值 5.7 亿 m^3 基本符合。

表 3-2-16　1989～2010 年下河沿断面计算水量

| 年份 | 各月流量/(m³/s) | | | | | | | | | | | | 汛期水量/亿 m³ | 年水量/亿 m³ |
	7 月	8 月	9 月	10 月	11 月	12 月	1 月	2 月	3 月	4 月	5 月	6 月		
1989	3 419	2 613	2 361	1 280	1 322	594	632	466	504	613	1 163	1 013	257.1	422.2
1990	1 105	1 352	848	714	884	577	513	449	473	537	1 078	1 158	106.9	255.4
1991	911	632	611	663	899	563	501	427	481	518	1 080	1 050	74.9	219.5
1992	1 114	1 296	1 272	1 079	1 078	598	507	463	474	673	1 098	1 234	126.4	286.7
1993	1 966	2 477	951	800	928	570	510	454	444	513	969	1 118	165.1	309.2
1994	1 308	1 159	894	825	904	600	530	437	470	635	1 025	1 024	111.3	258.7
1995	750	1 274	1 097	825	954	602	519	422	435	598	884	997	104.7	246.4
1996	878	977	784	739	948	555	512	436	458	509	883	873	89.8	225.2
1997	872	924	701	706	966	554	413	374	478	588	966	941	85.2	223.5
1998	919	1 060	901	769	950	506	538	412	445	451	786	1 362	96.9	239.4
1999	1 735	713	818	829	1 004	574	494	446	570	434	832	1 080	109	251.2

续表 3-2-16

年份	各月流量/(m³/s)												汛期水量/亿 m³	年水量/亿 m³
	7月	8月	9月	10月	11月	12月	1月	2月	3月	4月	5月	6月		
2000	692	828	799	875	979	510	459	400	379	638	846	906	84.9	218.7
2001	919	673	980	925	946	594	497	438	421	575	1 040	1 122	92.8	240.3
2002	752	765	681	743	908	523	489	432	415	570	1 103	1 043	78.1	221.7
2003	856	853	1 134	1 111	1 102	598	528	463	412	520	1 124	1 037	104.9	256.4
2004	971	739	724	779	1 039	593	597	454	477	671	1 225	1 174	85.4	248.6
2005	947	930	1 193	1 247	1 122	619	528	477	415	704	1 146	1 043	114.6	273.0
2006	888	764	1 100	945	1 059	595	516	463	447	521	1 013	981	98.1	244.5
2007	1 008	910	1 145	1 258	1 146	604	554	499	494	685	1 025	1 020	114.7	272.4
2008	953	763	811	949	1 072	638	545	492	479	574	1 101	1 072	92.4	248.8
2009	930	1 941	1 643	1 063	1 251	706	540	485	450	486	1 039	995	148	303.7
均值	1 137	1 126	1 021	911	1 022	584	520	447	458	572	1 020	1 059	111.5	260.3
比例	42.8%					57.2%								100%

表 3-2-17　1989~2010 年下河沿断面实测径流量

年份	各月流量/(m³/s)												汛期水量/亿 m³	年水量/亿 m³
	7月	8月	9月	10月	11月	12月	1月	2月	3月	4月	5月	6月		
1989	1 540	2 430	2 680	1 420	1 090	818	704	673	676	845	1 490	1 430	213.8	416.1
1990	1 180	1 140	872	817	929	733	615	590	519	649	1 110	964	106.6	266.5
1991	1 100	887	686	692	789	597	534	541	426	482	1 010	849	89.5	226.3
1992	941	890	703	804	771	663	591	581	531	714	1 000	949	88.8	240.5
1993	1 380	1 500	1 150	957	875	635	575	575	511	775	1 040	1 140	132.6	292.8
1994	1 130	1 300	1 100	845	844	698	650	613	550	793	1 060	933	116.2	276.9
1995	932	973	993	755	778	590	438	415	430	791	1 060	810	97.0	236.1
1996	864	900	698	650	590	389	342	318	304	484	1 090	783	82.7	195.5
1997	795	931	706	665	592	392	355	358	355	580	1 010	846	82.3	199.9
1998	794	801	742	843	817	636	554	529	616	763	973	862	84.5	235.1
1999	1 296	1 166	1 023	979	804	636	581	499	470	869	956	924	118.7	268.9
2000	800	685	988	949	719	507	476	372	386	679	966	815	90.8	219.7

续表 3-2-17

年份	各月流量/(m³/s)												汛期水量/亿 m³	全年水量/亿 m³
	7月	8月	9月	10月	11月	12月	1月	2月	3月	4月	5月	6月		
2001	862	804	801	778	738	522	455	388	397	730	970	931	86.2	220.6
2002	827	685	712	1 046	671	464	349	324	273	362	682	664	87.0	186.1
2003	681	786	1 065	1 150	806	540	486	426	400	660	949	885	97.7	232.6
2004	751	702	796	891	822	592	533	523	407	726	1 034	971	83.4	230.1
2005	933	1 022	1 148	1 440	975	576	543	515	586	1 120	1 168	1 178	120.7	294.9
2006	1 112	987	1 068	952	771	579	502	472	465	768	1 035	1 060	109.4	257.3
2007	1 241	1 142	1 287	1 260	919	599	541	533	469	947	1 076	1 146	130.9	293.8
2008	888	1 116	928	1 072	738	539	524	459	726	1 152	1 123	1 155	106.4	274.5
2009	930	932	1 207	1 100	873	586	544	487	478	1 220	1 161	1 254	110.6	283.3
均值	999	1 037	1 017	955	805	585	519	485	475	767	1 046	979	106.5	254.6
比例	41.8%				58.2%									100%

3.2.2.7　河口镇断面结果分析

1. 下泄水量分析

1989～2010 年河口镇断面的计算结果见表 3-2-18,实测资料见表 3-2-19。从表中可以看出,1989～2010 年河口镇多年平均计算水量为 173.1 亿 m³,而实测水量为 158.7 亿 m³,两者相差 14.4 亿 m³。由于下河沿—河口镇区间的水库库容都比较小,水库蓄放水量对多年平均水量影响比较小,分析其产生水量差别的原因主要有两方面:一是下河沿断面来水产生,二是区间来水和耗水产生。

(1)下河沿断面多年平均计算下泄水量比实测下泄水量大 6.1 亿 m³。

(2)下河沿—河口镇区间实际入流和实际耗水量与计算采用的入流、耗水差别,造成河口镇断面水量差别。根据表 3-2-18 下河沿—河口镇区间来水的对比分析,1989～2010年,下河沿—河口镇区间实际净入流为 -92.4 亿 m³,计算中的净入流为 -96.5 亿 m³,实际区间净来水比计算区间净来水小 9.2 亿 m³。

2. 年内水量过程分析

从表 3-2-18 和表 3-2-19 可以看出,河口镇断面多年平均年内水量过程部分月有较大差异,10 月计算月平均流量为 712 m³/s,实际月平均流量为 390 m³/s;11 月计算月平均流量为 715 m³/s,实际月平均流量为 475 m³/s;5 月计算月平均流量为 459 m³/s,实际月平均流量为 231 m³/s;7 月计算月平均流量为 500 m³/s,实际月平均流量为 378 m³/s。河口镇断面计算汛期水量占全年比例也略大于实测。

从上述分析来看,下河沿断面计算值与实测值差别不大,而且区间无调蓄能力强的大型水库,因此下河沿—河口镇区间的这些月份产生差别和汛期、非汛期水量比例差别的原因主要是:①河段区间入流影响。②河段引水量与计算采用的耗水过程不一致。③河口镇断面的最小流量控制也产生一定影响。

表 3-2-18 1989~2010 年河口镇断面计算水量

| 年份 | 各月流量/(m³/s) | | | | | | | | | | | | 汛期水量/亿 m³ | 年水量/亿 m³ |
	7 月	8 月	9 月	10 月	11 月	12 月	1 月	2 月	3 月	4 月	5 月	6 月		
1989	2 413	1 827	2 103	1 143	1 036	516	250	416	708	537	593	414	198.7	315.6
1990	538	950	746	622	433	250	412	558	741	427	383	573	75.9	174.3
1991	300	250	407	448	547	291	266	422	738	430	564	380	37.3	132.4
1992	300	977	1 061	855	792	376	298	318	799	571	536	408	84.6	192.0
1993	945	2 057	735	587	397	407	388	351	793	441	409	257	115.2	205.5
1994	842	925	722	660	653	250	310	422	774	448	521	250	83.7	178.7
1995	300	839	948	744	592	250	397	307	630	584	338	250	75	162.7
1996	300	797	760	665	597	469	478	400	789	469	347	250	66.9	166.5
1997	300	683	577	596	518	344	304	313	828	563	480	405	57.2	155.8
1998	300	658	607	645	515	251	250	250	770	450	250	603	58.7	146.1
1999	958	394	512	711	657	250	250	418	1 055	448	377	268	68.5	166.0
2000	300	520	425	727	624	273	276	387	743	539	464	250	52.4	145.5
2001	300	250	651	786	700	250	369	469	697	452	752	559	52.7	163.7
2002	300	360	378	400	589	263	307	420	679	536	250	250	38.2	124.2
2003	300	568	1 012	901	917	293	368	421	782	432	560	250	73.6	178.9
2004	300	250	526	593	699	322	250	327	858	692	564	250	44.2	148.1
2005	300	375	796	966	894	251	327	387	682	717	552	250	64.6	170.8
2006	300	462	893	761	729	264	337	449	760	465	540	350	63.9	165.7
2007	300	512	972	456	1 552	289	250	308	959	671	379	250	59.2	181.0
2008	300	250	638	773	835	274	287	368	658	611	364	250	52	147.3
2009	300	1 447	1 360	912	736	458	260	433	746	440	415	257	106.5	204.5
均值	500	731	801	712	715	314	316	387	771	520	459	332	72.8	172.6
比例	42.2%					57.8%								100%

表 3-2-19　1989~2010 年河口镇断面实测水量

年份	各月流量/(m³/s)												汛期水量/亿 m³	年水量/亿 m³
	7月	8月	9月	10月	11月	12月	1月	2月	3月	4月	5月	6月		
1989	634	1 860	2 500	871	798	807	362	682	969	807	480	764	154.9	303.0
1990	642	925	771	324	569	461	590	770	857	596	193	563	70.6	190.3
1991	339	418	318	178	413	395	377	607	742	348	124	283	33.3	118.9
1992	278	915	447	267	576	564	470	550	955	633	130	176	50.7	156.7
1993	531	1 320	807	422	379	564	529	570	934	681	116	400	81.8	190.8
1994	589	1 310	868	301	634	481	512	663	932	565	141	171	81.4	188.3
1995	550	943	911	345	507	337	391	358	690	839	226	197	72.8	165.5
1996	380	947	620	189	284	381	379	342	710	412	74	93	56.7	126.8
1997	170	751	410	98	181	248	295	348	758	360	321	229	37.9	109.7
1998	321	454	298	207	411	445	336	418	1 000	582	141	128	34.0	124.7
1999	720	743	707	399	460	360	266	520	1 040	750	81	257	68.2	165.6
2000	269	462	585	423	343	352	347	406	816	449	108	92	46.1	122.3
2001	70	430	603	276	467	256	378	470	726	467	400	371	36.4	128.7
2002	177	277	428	357	361	269	212	359	586	230	155	77	32.8	91.5
2003	157	361	899	560	518	291	373	429	819	365	239	353	52.2	140.7
2004	145	333	667	273	483	386	231	443	836	545	243	204	37.4	125.5
2005	227	609	762	676	678	269	387	472	911	965	394	358	60.2	176.1
2006	639	715	856	286	362	320	369	504	833	494	302	602	66.1	165.0
2007	532	747	1 120	643	699	366	286	389	926	766	268	458	80.5	189.2
2008	242	725	845	566	521	256	290	399	933	1 020	297	365	63.0	169.6
2009	336	486	1 060	539	328	413	317	485	811	1 040	422	745	63.9	183.0
均值	378	749	785	390	475	391	367	485	847	615	231	328	61.0	158.7
比例	38%				62%									100%

上述分析表明,宁蒙河段净来水与计算采用净来水存在差别,下河沿—河口镇区间的天然负入流过程将影响河口镇断面水量过程。

计算中宁蒙河段的耗水采用的是水资源规划的最新结果,与灌区实际的引用水过程和引水量存在差别(见表 3-2-20 和表 3-2-21)。即使考虑到宁蒙河段的耗水问题,实际宁蒙灌区的引水量依然大于所采用的水资源配置方案结果。因此,宁蒙河段计算耗水过程与实际引水过程差别将造成河口镇断面计算水量过程与实测过程的差别,且汛期水量所占比例较实测大。

调节计算中河口镇断面最小控制流量 250 m³/s,而在实际运用过程中,河口镇断面的月流量很多时段都小于 250 m³/s,这样也造成计算与实测的结果差异。

综上所述,基于前述拟定水库调节运用方式、采用的径流系列资料和规划河段耗水资料,河口镇断面径流计算结果是合理的。

表 3-2-20　宁夏灌区 2005~2013 年月平均引水流量及年引水量

项目		2005 年	2006 年	2007 年	2008 年	2009 年	2010 年	2011 年	2012 年	2013 年	年平均
各月流量/(m³/s)	4	294	307	302	275	337	269	764	255	242	338
	5	540	593	487	539	513	535	532	498	460	522
	6	539	586	431	566	580	553	587	582	521	549
	7	528	469	541	523	547	566	573	469	486	522
	8	390	469	458	445	391	470	461	454	396	437
	9	229	188	198	220	118	184	174	166	96	175
	10	203	181	184	183	106	151	159	196	121	165
	11	386	444	408	381	400	359	363	401	328	386
汛期(7~10 月)水量/亿 m³		35.5	34.4	36.3	36.0	30.5	36.0	35.9	33.8	28.9	34.1
非汛期引水量/亿 m³		46.3	50.7	42.8	46.3	48.1	45.1	59.0	45.6	40.8	47.2
年引水量/亿 m³		81.8	85.1	79.1	82.3	78.6	81.1	94.9	79.4	69.7	81.3

表 3-2-21　内蒙古灌区 2005~2013 年月平均引水流量及年引水量

项目		2005 年	2006 年	2007 年	2008 年	2009 年	2010 年	2011 年	2012 年	2013 年	年平均
各月流量/(m³/s)	4	46	0	120	110	0	0	132	150	173	81
	5	351	131	327	317	174	174	378	474	462	310
	6	363	396	289	330	350	350	335	330	332	342
	7	369	336	369	291	312	312	370	293	432	343
	8	223	112	201	134	198	198	151	194	56	163
	9	308	345	337	306	305	305	289	214	302	301
	10	450	583	567	584	580	580	546	524	553	552
	11	48	52	52	46	135	135	174	157	155	106

续表 3-2-21

项目	2005 年	2006 年	2007 年	2008 年	2009 年	2010 年	2011 年	2012 年	2013 年	年平均
汛期(7~10 月)水量/亿 m³	35.5	36.1	38.7	34.5	36.7	36.7	35.6	32.2	35.3	35.7
非汛期引水量/亿 m³	21.2	15.2	20.7	21.1	17.3	17.3	26.8	29.2	29.5	22.0
年引水量/亿 m³	56.7	51.3	59.4	55.6	54.0	54.0	62.4	61.4	64.8	57.7

3.3　黄河上游梯级水库群综合调度方案研究

在以上研究和优化模型构建的基础上,结合现阶段水库群防洪、防凌、减淤、供水、发电等调度实际情况,以综合调度效益最大化为目标进行方案计算。重点对防洪调度方案、防凌调度方案进行研究和分析,并考虑减缓宁蒙河段中水河槽萎缩的调度方式,设置不同水平的冲沙减淤方案,对比不同方案调度目标达到程度,推荐黄河上游水库群合理配水,兼顾输沙、优化发电的运用方式。

3.3.1　防洪调度研究

3.3.1.1　上游洪水特性

1.洪水季节及发生时间

黄河上游洪水主要由降雨形成,洪水的季节变化基本上与降雨的季节变化相一致。一般自 5 月下旬至 6 月,黄河上游青藏高原区进入雨季,干流开始涨水。7 月至 8 月中旬,降水量比 6 月大大增加,黄河的洪水量也突增,由于这期间一般降雨持续天数较短,因此发生中、小等级的洪水次数多,但也有个别年份如 1904 年、1964 年因为有较长的持续性大范围降雨而发生大洪水。8 月下旬至 9 月上旬,降水量大大增加,在此时期往往出现全年最大的洪水,如 1946 年、1967 年和 1981 年等。即黄河上游汛期有三次涨水高潮,以 7 月和 9 月最大,5 月下旬至 6 月上旬的洪水相对较小。

兰州站自 1934 年设站以来,调查及实测洪峰流量大于 5 000 m³/s 的洪水共发生了 11 场(洪峰流量及发生时间见表 3-3-1),其中洪峰发生在 6 月下旬至 7 月的占 55%,洪水峰型相对尖瘦;洪峰发生在 9 月的占 36%,洪水峰型较胖;洪峰发生在 8 月的占 9%,洪水峰型偏瘦。兰州站 3 000~5 000 m³/s 洪水共发生 59 场,其中洪峰出现在 6 月下旬至 7 月的占 46%,洪峰出现在 9 月的占 25.4%,洪峰出现在 8 月的占 18.6%。

表 3-3-1　兰州站大洪水洪峰流量及发生时间统计

年份	1904	1935	1943	1946	1964	1967	1978	1981	1983	1989	2012
洪峰流量/（m³/s）	8 500	5 510	5 060	5 900	5 660	5 510	5 260	7 090	5 150	5 100	5 500
发生时间（月-日）	07-17~07-18	08-05	06-27	09-13	07-26	09-10	09-08	09-15	07-14	06-25	07-30

2. 兰州站洪水地区组成及遭遇

通过统计兰州站最大 15 d 洪量、最大 45 d 洪量地区组成可知：

（1）兰州站洪水主要来自上诠站以上。7 次较大洪水上诠站以上来水量占 77.6%~93.0%，与其面积比 82.1% 接近或略大。

（2）上诠站以上来水又主要来自唐乃亥以上。唐乃亥站来水占兰州站洪水的比例为 49.8%~83.1%，除 1978 年 15 d 洪量唐乃亥以上来水比例较小外，一般情况下来水比例与其面积比 54.8% 相比接近或偏大。

（3）刘兰区间来水比例不同典型差别较大。1981 年、1967 年最小为 7%~9%，1946 年最大为 22% 左右，1943 年、1946 年刘兰区间来水比例均大于其面积比 17.9%，1964 年、1989 年 45 d 洪量刘兰区间来水比例接近其面积比 17.9%。

（4）唐乃亥—上诠区间（简称唐上区间）来水比例不同典型洪水也差别较大，1964 年、1967 年、1978 年来水比例达 30%~37%，大于其面积比 27.3%；而 1946 年、1989 年仅 9%~12%。

根据实测资料统计，上诠以上洪水与刘兰区间洪水经常遭遇，在黄河干流发生较大洪水时，刘兰区间往往也有较大洪水过程。1943 年、1946 年、1978 年、1989 年等大水年份，上诠站较大洪水基本过程与刘兰区间洪水过程相遭遇，形成兰州大洪水。洪水期水库调节后干流大流量持续时间较长，更增加了干流洪水与区间洪水过程遭遇的机会。

3. 设计洪水

黄河上游与龙羊峡、刘家峡两水库防洪运用有关的水文站包括贵德站、上诠站、兰州站，有关的区间为龙羊峡刘家峡区间、刘家峡兰州区间。

贵德站、上诠站设计洪水分别在龙羊峡、刘家峡水库设计时有审定结果，兰州站设计洪水结果在《黑山峡补充初设报告》（1974 年）中经正式审定，结果见表 3-3-2。龙羊峡设计洪水采用洪水系列 1946~1974 年共 29 年，1904 年历史洪水洪峰流量 5 720 m³/s，重现期为 160 年。刘家峡设计洪水采用洪水系列 1934~1972 年共 39 年，1904 年历史洪水洪峰流量 7 880 m³/s，重现期为 120~160 年。兰州站采用的洪水系列为 1934~1972 年。

1981 年、1989 年上游又发生了大洪水，因此本书将贵德站、上诠站、兰州站洪水系列延长至 2010 年，对天然设计洪水结果进行复核，另外计算了龙刘区间、刘兰区间设计洪水。2010 年以后，黄河上游于 2012 年发生较大洪水，龙羊峡入库站唐乃亥最大洪峰流量为 3 440 m³/s，15 d 洪量 38.9 亿 m³，从 2012 年洪水对长系列的均值影响看，1956~2010 年洪水的 W_{15} 均值为 24.7 亿 m³，1956~2012 年洪水的 W_{15} 均值为 24.9 亿 m³，差值为 0.2

亿 m³。加入 2012 年洪水不会对设计洪水结果造成明显影响。

4. 设计洪水过程

以兰州为控制断面,设计洪水地区组成按典型年法和同频率法考虑。

典型年法即兰州、刘家峡以上、刘兰区间洪水过程按典型洪水来源同倍比放大。同频率法地区组成应包含刘家峡与兰州同频、刘兰区间相应,以及刘兰区间与兰州同频、刘家峡以上相应两种。在以往黄河上游防洪设计结果中,同频率法仅考虑了刘家峡与兰州同频,本次通过对上游洪水特性的全面分析认为刘兰区间与干流洪水存在遭遇的可能性,应该增加刘兰区间与兰州同频的地区组成。

由于刘兰区间与兰州同频率的设计洪水地区组成结果尚未经过审批,本书研究中仅将问题提出,暂不采用此设计洪水地区组成进行方案计算,仍采用以往审查过的结果(见表 3-3-2)。

表 3-3-2　贵德、上诠、兰州设计洪水结果

站名	项目	均值	C_v	C_s/C_v	设计频率/%							
					0.01	0.05	0.1	0.5	1	5	10	20
贵德	$Q_m/(m^3/s)$	2 470	0.36	4	8 650	7 540	7 040	5 900	5 410	4 200	3 660	3 090
	$W_{15}/$亿 m³	26.2	0.34	4	86.5	75.8	71	60	55	43.4	38.1	32.5
	$W_{45}/$亿 m³	62	0.33	4	199	175	164	139	128	102	89.4	76.7
上诠	$Q_m/(m^3/s)$	3 270	0.34	4	10 800	9 460	8 860	7 490	6 860	5 430	4 740	4 060
	$W_{15}/$亿 m³	35.1	0.34	4	116	102	95.1	80.4	73.6	58.2	50.9	43.6
	$W_{45}/$亿 m³	82.8	0.32	3	238	213	201	174	162	132	118	103
兰州	$Q_m/(m^3/s)$	3 900	0.335	4	12 700	11 100	10 400	8 840	8 110	6 440	5 640	4 840
	$W_{15}/$亿 m³	40.8	0.33	4	131	115	108	91	84	67	58.8	51
	$W_{45}/$亿 m³	97.8	0.31	3	274	245	232	202	188	154	139	121

3.3.1.2　龙羊峡、刘家峡水库现状防洪运用方式分析

1. 近年来防洪任务

龙羊峡、刘家峡水库共同承担水库下游防洪对象的防洪任务,两水库的设计防洪任务就是确保水库自身和兰州市、八盘峡、盐锅峡电站的防洪安全。

近年来,黄河上游掀起了水电开发的热潮,在龙羊峡至三盛公河段,除在龙羊峡设计阶段已建成的刘家峡、八盘峡、盐锅峡等电站外,已建、在建及拟建的电站达 20 余座。2010 年以前,在建工程多,龙羊峡、刘家峡水库承担其施工度汛安全的任务,随着上游在建水电站工程的逐渐减少,在建水电站施工期度汛对龙刘水库的需求降低,尤其是 2010 年以后,在建工程的度汛安全流量都能满足其设计要求,在施工度汛标准内龙刘水库不再承担在建工程防洪任务。

在龙刘水库设计阶段,宁蒙河段无明确的防洪要求。宁蒙河段堤防设计洪水是考虑龙刘水库按设计防洪方式运用后的结果,下河沿、石嘴山站 20 年一遇设计洪峰流量分别

为 5 600 m³/s、5 630 m³/s。现状宁蒙河段部分堤防尚未达到设计防洪标准,宁蒙河段河道过洪能力在 3 500 m³/s 左右,部分河段过洪能力甚至低于整治流量,防洪形势较为严峻,因此需要龙刘水库兼顾其防洪安全。

2. 近年来防洪运用方式

由于龙羊峡水库逐步蓄水的要求,从 1994~2001 年,汛限水位由 2 580 m 逐步抬高至 2 588 m。由于近年来黄河上游在建工程多且宁蒙河段有防洪需求,从 2001 年至今,龙羊峡水库汛限水位一直采用 2 588 m。

龙羊峡水库汛限水位 2 588 m 到设计汛限水位 2 594 m 之间的防洪库容用来兼顾在建水电站工程施工度汛及宁蒙河段防洪安全。

近年来龙刘水库具体运用方式为:

(1)龙羊峡水库:①当库水位达到或超过汛限水位 2 588 m、低于设计汛限水位 2 594 m 时,按与刘家峡水库的蓄洪比例灵活控制下泄流量。②当库水位达到或超过设计汛限水位时,水库按照设计防洪运用方式运用。若入库流量小于或等于 7 040 m³/s(1 000 年一遇),龙羊峡水库按最大下泄流量不超过 4 000 m³/s 方式运用;当入库洪水流量大于 7 040 m³/s,为确保大坝安全,龙羊峡水库下泄流量逐步加大到 6 000 m³/s。

(2)刘家峡水库:①当刘家峡天然入库流量小于或等于 4 520 m³/s(日均,下同;10 年一遇洪水)时,刘家峡水库控制下泄流量不大于 2 500 m³/s。②当刘家峡水库天然入库流量大于 4 520 m³/s 时,刘家峡水库按龙羊峡、刘家峡水库联合调洪刘家峡水库泄量判别图进行洪水调度。刘家峡水库的洪水量级(100 年一遇、1 000 年一遇和 2 000 年一遇等)由刘家峡水库天然入库流量和龙刘水库总蓄洪量两个指标共同判别。当发生 100 年一遇及以下的洪水,刘家峡水库控制下泄流量不大于 4 290 m³/s;当发生大于 100 年一遇、小于或等于 1 000 年一遇洪水时,刘家峡水库控制下泄流量不大于 4 510 m³/s;当发生大于 1 000 年一遇、小于或等于 2 000 年一遇洪水时,刘家峡水库控制下泄流量不大于 7 260 m³/s;当发生 2 000 年一遇以上洪水时,刘家峡水库按敞泄运用。

3.3.1.3　未来 5~10 年防洪条件变化分析

1. 防洪保护对象防洪要求的变化

1)兰州

根据兰州市城市防洪规划,兰州市属Ⅱ等设防城市,区域设防标准为 100 年一遇,设防流量为 6 500 m³/s。

2)宁蒙河段

黄河宁蒙河段干流堤防长 1 400 km(其中宁夏河段堤防长 448.1 km,内蒙古河段堤防长 951.9 km)。干流堤防较连续的堤段主要分布在下河沿至青铜峡水库之间的两岸川地、青铜峡以下至石嘴山的左岸、青铜峡至头道墩的右岸、三盛公以下的平原河道两岸;其余不连续分布在头道墩至石嘴山右岸及石嘴山至三盛公库区两岸。宁夏下河沿—石嘴山河段堤防防洪标准为 20~50 年一遇,级别为 3~4 级,设防流量为 5 620~6 020 m³/s(青铜峡站);内蒙古石嘴山—三盛公河段堤防设计防洪标准为 20 年一遇,级别为 4 级,设防流量 5 630 m³/s(石嘴山站);三盛公—蒲滩拐河段堤防设计防洪标准为 30~50 年一遇,级别为 2~4 级,设防流量 5 710~5 900 m³/s(三湖河口站)。宁夏河段堤防已达 20 年一遇设计防洪标准(其中银川市、吴忠市城区河段已达 50 年一遇)。内蒙古河段堤防仍有 60%以上达不到设计标准。

按照《黄河宁蒙河段近期防洪工程建设可行性研究》(已批复)、《黄河流域综合规划》中宁蒙河段安排的防洪工程,至 2020 年新建堤防 42.7 km,加高帮宽堤防 996.8 km,对石嘴山以下现状堤防两侧的低洼地带进行填塘固基,宁蒙河段堤防工程将可能逐步达到设计防洪标准,宁蒙河段防洪任务将主要依靠河防工程来承担。

3)青海、甘肃河段

青海(龙羊峡水库以下)、甘肃部分河段存在侵占河道、涉河作业等现象,致使河道过洪能力有所降低。青海省黄河干流贵德—循化河段设计防洪标准为 10~30 年一遇,目前部分河段河道过洪能力在 2 000 m³/s 左右;甘肃省临夏河段、兰州市农防河段、白银河段设计防洪标准在 10~20 年一遇,目前部分河段河道过洪能力在 3 500 m³/s 左右。2012 年黄河上游发生大水以后,青海省、甘肃省已开始进行黄河干流河道防洪工程建设。青海省、甘肃省黄河干流河道过洪能力不断提高。

龙羊峡、刘家峡水库对上述青海、甘肃部分河段无防洪任务,在紧急情况下,视水库能力兼顾其防洪安全。

2. 龙羊峡、刘家峡水库汛限水位的可能变化

从 2001 年起,龙羊峡水库汛限水位一直采用 2 588 m。据 2011 年 5 月 20 日"黄河龙羊峡水电站按设计汛期防洪限制水位运行分析论证报告审查会"结论意见,认为该工程经过 2005 年以来多次高水位运行考验,并通过对库岸和滑坡的技术论证和安全评估,水库工程已具备按设计汛限水位 2 594 m 运用的条件。随着宁蒙河段河防工程建设的推进,宁蒙河段防洪工程将逐步达到设计防洪标准。2021 年汛期,龙羊峡水库汛限水位首次调整至设计汛限水位 2 594 m。

在龙羊峡水库未按设计汛限水位 2 594 m 运用之前,刘家峡水库汛限水位按 1 727 m 运用;龙羊峡水库按设计汛限水位运用之后,刘家峡水库也将按设计汛限水位 1 726 m 运用。

3.3.1.4　上游防洪调度方案制订

1. 洪水调度原则

龙羊峡、刘家峡水库联合防洪调度的总原则是:龙羊峡、刘家峡两库联合调度,共同承担各防洪对象的防洪任务。龙羊峡水库利用设计汛限水位以下的库容兼顾宁蒙河段防洪安全。龙羊峡水库的下泄流量需满足龙刘区间防洪对象的防洪要求,并使刘家峡水库不同频率洪水时的最高库水位不超过设计值;刘家峡水库下泄流量应按照刘家峡下游防洪对象的防洪标准要求严格控制。龙羊峡、刘家峡水库下泄流量不大于各相应频率洪水的控泄流量,洪水退水段最大下泄流量不大于洪水过程的洪峰流量。

龙羊峡水库运用原则如下:

(1)以库水位和入库流量作为下泄流量的判别标准。

(2)当库水位低于汛限水位时,水库合理拦蓄洪水,在满足下游防护对象防洪要求的前提下,按工农业用水、发电和协调水沙关系等要求合理安排下泄流量。

(3)当库水位达到汛限水位后,龙刘水库按一定的蓄洪比同时拦洪泄流,满足下游防

护对象的防洪要求。

刘家峡水库配合龙羊峡水库运用,运用原则为:

(1)以天然入库流量和龙刘水库总蓄洪量作为下泄流量的判别标准(天然入库流量为龙羊峡水库入库流量加上龙刘区间汇入流量)。

(2)刘家峡水库下泄流量应满足下游防护对象的防洪要求。

2.洪水调度方案制订

当龙羊峡水库水位在 2 588～2 594 m 时,视宁蒙河段过洪能力,控制刘家峡水库下泄流量,兼顾宁蒙河段防洪安全。

当龙羊峡水库水位在汛限水位 2 594 m 以上,刘家峡水库水位在设计汛限水位 1 726 m 以上时,方案运用如下:

(1)如兰州站发生 100 年一遇及以下洪水,龙羊峡水库控制下泄流量不超过 4 000 m^3/s,刘家峡水库控制下泄流量不超过 4 290 m^3/s。

(2)如兰州站发生 100 年一遇以上、1 000 年一遇及以下洪水,龙羊峡水库控制下泄流量不超过 4 000 m^3/s,刘家峡水库控制下泄流量不超过 4 510 m^3/s。

(3)如兰州站发生 1 000 年一遇以上、2 000 年一遇及以下洪水,龙羊峡水库控制下泄流量不超过 6 000 m^3/s,刘家峡水库控制下泄流量不超过 7 260 m^3/s。

(4)如兰州站发生 2 000 年一遇以上洪水,龙羊峡水库控制下泄流量不超过 6 000 m^3/s,刘家峡水库按敞泄运用。

3.3.1.5　小结

(1)系列延长后,水库控制站及兰州站天然设计洪水结果与原审定结果差别在 5%左右。

(2)通过对兰州站洪水的来源、组成及遭遇特性的分析,刘兰区间与干流洪水遭遇的可能性还是存在的,特别是上游水库运用后,干流大流量持续历时加长,更增加了干流洪水与刘兰区间洪水遭遇的可能性。因此,以往兰州站洪水组成只考虑典型年法和刘家峡以上同频率法是不全面的,按照设计洪水计算规范,还应考虑区间同频率法。鉴于目前尚无经审批的新的设计洪水地区组结果,本次上游防洪调度方案分析研究采用以往审定的设计洪水结果。

(3)目前龙羊峡水库用 2 588～2 594 m 库容兼顾宁蒙河段防洪安全,仅能兼顾到 10 年一遇,若发生超过 10 年一遇洪水,宁蒙河段防洪形势将十分严峻,设计汛限水位以下防洪库容不足。因此,即便考虑宁蒙河段河道过洪能力在未来 5～10 年逐步提高,刘家峡水库控制流量可以超过 2 500 m^3/s,因泄放大流量而增加的防洪库容应首先用来兼顾 20 年一遇以内洪水,然后才考虑提高水库汛限水位。本书研究暂推荐龙羊峡水库汛限水位 2 588 m 方案。

3.3.2　防凌调度研究

3.3.2.1　凌汛期阶段划分

根据《黄河宁蒙河段防凌指挥调度管理规定(试行)》,"凌汛期指每年 11 月内蒙古河段开始出现流凌之日起,至翌年 3 月宁蒙河段主流全部开通之日止。根据黄河凌汛不同时期的特点,把宁蒙河段的凌汛期划分为三个时期,即流凌期、封河期、开河期。""又把开河期划分为开河初期和开河关键期两个阶段"。同时,鉴于宁蒙河段防凌控制运用一般在11月1日至3月31日,因此本书研究增加流凌前及主流贯通后两个阶段。各阶段的基本释义如下:

(1)流凌前,年度内,从11月1日起至宁蒙河段首次出现流凌之日止。

(2)流凌期,年度内,从宁蒙河段首次出现流凌之日起,至首次出现封河之日止。

(3)封河期,年度内,从宁蒙河段首次出现封河之日起,至宁蒙河段气温明显回升、冰块持续出现消融之时止。

(4)开河期,年度内,从宁夏河段气温明显回升、冰块持续出现消融之时起,至宁蒙河段全部封冻河段(万家寨库区除外)主流开通之日止。根据开河期凌汛严重程度,又把开河期划分为开河初期和开河关键期两个阶段。

开河初期:从宁夏河段气温明显回升、冰块持续出现消融之时起,至开河到乌海市乌达铁路桥之日止。

开河关键期:从开河到乌海市乌达铁路桥之日起,至全部封冻河段(万家寨水库除外)主流贯通之日止。

(5)主流贯通后,年度内,从宁蒙河段全部封冻河段(万家寨库区除外)主流开通之日起,至3月31日止。

本书研究中涉及的凌汛期、流凌期、封河期、开河期、开河关键期等时期的定义均与《黄河宁蒙河段防凌指挥调度管理规定(试行)》一致。同时,根据上述说明,个别凌汛年度,可能不存在流凌前及主流贯通后的时间段,这不影响本书研究成果。

3.3.2.2　宁蒙河段凌汛特点分析

1 凌情特征值分析

1)凌情特征日期变化

根据宁蒙河段石嘴山—头道拐河段1950~1951凌汛年度至2009~2010凌汛年度历年流凌(最早流凌、最晚流凌)、封河(首封、全封)及开河(首开、全开)日期系列,以刘家峡水库建成运用、龙羊峡水库建成运用为节点将1950~1951凌汛年度至2009~2010凌汛年度特征日期分为1950~1968年、1968~1989年及1989~2010年三段进行统计,其与1950~2010年统计情况见表3-3-3。

表3-3-3　宁蒙河段流凌、封河、开河日期统计

年段/年	项目	流凌日期		封河日期		开河日期	
		最早流凌	最晚流凌	河段首封	河段全封	河段首开	河段全开
1950~1968	平均	11月16日	11月24日	11月30日	12月27日	3月7日	3月28日
	最早	11月7日	11月10日	11月14日	12月7日	2月27日	3月22日
	最晚	11月23日	12月2日	12月14日	1月25日	3月16日	4月4日

续表 3-3-3

年段/年	项目	流凌日期		封河日期		开河日期	
		最早流凌	最晚流凌	河段首封	河段全封	河段首开	河段全开
1968~1989	平均	11 月 16 日	11 月 29 日	11 月 28 日	1 月 3 日	3 月 5 日	3 月 28 日
	最早	11 月 4 日	11 月 13 日	11 月 7 日	12 月 6 日	2 月 10 日	3 月 20 日
	最晚	11 月 27 日	12 月 15 日	12 月 18 日	1 月 31 日	3 月 18 日	4 月 5 日
1989~2010	平均	11 月 19 日	12 月 10 日	12 月 4 日	1 月 10 日	2 月 23 日	3 月 21 日
	最早	11 月 8 日	11 月 17 日	11 月 16 日	12 月 25 日	2 月 12 日	3 月 12 日
	最晚	11 月 30 日	12 月 28 日	12 月 30 日	1 月 25 日	3 月 10 日	3 月 30 日
1950~2010	平均	11 月 17 日	12 月 1 日	12 月 1 日	1 月 3 日	3 月 2 日	3 月 26 日
	最早	11 月 4 日	11 月 17 日	11 月 7 日	12 月 6 日	2 月 12 日	3 月 12 日
	最晚	11 月 30 日	12 月 28 日	12 月 30 日	1 月 31 日	3 月 18 日	4 月 5 日

由表 3-3-3 可以看出：①对于流凌日期，宁蒙河段 1950~1968 年的最早流凌日期发生在 11 月 7 日，1968~1989 年为 11 月 4 日，1989~2010 年为 11 月 8 日，无明显变化；平均流凌日期略有推后。②对于封河日期，宁蒙河段 1950~1968 年的最早封河日期发生在 11 月 14 日，1968~1989 年为 11 月 7 日，1989~2010 年为 11 月 16 日，无明显变化；平均封河日期略有推后。③对于开河日期，宁蒙河段 1950~1968 年的最早开河日期发生在 2 月 27 日，1968~1989 年为 2 月 10 日，1989~2010 年为 2 月 5 日，开河日期显著提前；平均开河日期由 1950~1968 年的 3 月 7 日逐步提前至 1989~2010 年的 2 月 23 日，提前了约 15 d。凌汛特征日期的变化与近年来上游龙羊峡、刘家峡水库运用、气候变暖、河道冲淤变化等动力、热力和河道边界条件变化有关。

2）凌情特征指标变化

a）流凌天数、封河天数

根据宁蒙河段石嘴山、巴彦高勒、三湖河口及头道拐等 4 个水文站及石嘴山—头道拐河段 1950~1951 凌汛年度至 2009~2010 凌汛年度历年流凌及封开河日期系列，统计流凌期、封河期天数见表 3-3-4。

表 3-3-4　宁蒙河段流凌期、封河期天数统计　　　　　单位：d

年段/年	项目	石嘴山	巴彦高勒	三湖河口	头道拐	石嘴山—头道拐
1950~1968	流凌期	31	17	14	31	14
	封河期	74	101	108	95	119
1968~1989	流凌期	37	15	14	19	13
	封河期	60	99	115	109	85
1989~2010	流凌期	35	19	18	24	15
	封河期	39	76	100	93	71

续表 3-3-4

年段/年	项目	石嘴山	巴彦高勒	三湖河口	头道拐	石嘴山—头道拐
1950~2010	流凌期	34	17	15	25	14
	封河期	59	92	108	99	83

由表 3-3-4 可以看出：①石嘴山站、巴彦高勒站、三湖河口站及头道拐站 1950~2010 年的平均流凌期天数分别为 34 d、17 d、15 d 及 25 d；石嘴山站、巴彦高勒站及三湖河口站的逐年段变化不显著，而头道拐站 1968~1989 年段较其他年段的流凌天数少，封河天数多。②石嘴山站、巴彦高勒站、三湖河口站及头道拐站 1950~2010 年的平均封河期天数分别为 59 d、92 d、108 d 及 99 d；其中石嘴山站和巴彦高勒站的封河期天数呈现减少趋势，1950~1968 年至 1989~2010 年分别减少了 35 d 和 25 d，封河天数减少主要受上游水库运用后下泄水温升高和气温变化影响，而三湖河口站和头道拐站变化不显著。③横向来看，4 个水文站中三湖河口站流凌期天数最短、封河期天数最长，而石嘴山站流凌期天数最长、封河期天数最短，进一步呈现了内蒙古河段由三湖河口—头道拐段向上游延伸封河，由石嘴山—巴彦高勒向下游分段开河。④从石嘴山—头道拐整个河段来看，流凌期天数为 14 d，封河期天数为 83 d；其中，流凌期天数逐年段变化不大，而封河期天数由 1950~1968 年的 119 d，缩短为 1989~2010 年的 71 d，缩短约 48 d。

b）冰厚及封河长度

宁蒙河段 1950~1951 凌汛年度至 2009~2010 凌汛年度历年一般冰厚、最大冰厚及封冻长度（受资料条件限制，仅统计了 1991~2010 年的封冻长度值）的统计特征如下：①宁蒙河段的一般冰厚和年最大冰厚介于 0.4~0.91 m，最大值出现在 1997~1998 凌汛年度，一般冰厚 1.35 m、年最大冰厚 1.55 m；年封冻长度介于 600~950 km。②经过分析，一般冰厚和年最大冰厚在波动变化中，呈现变小趋势，而封冻长度却显著增大。宁蒙河段冰厚及封冻长度分年段统计情况见表 3-3-5。

表 3-3-5　宁蒙河段冰厚及封冻长度年段均值统计

年段/年	一般冰厚/m	最大冰厚/m	封冻长度/km
1950~1968	0.73	0.91	
1968~1989	0.67	0.86	
1989~2010	0.59	0.80	782.63
1950~2010	0.66	0.85	

由表 3-3-5 可以看出：①宁蒙河段的 1950~2010 年多年平均一般冰厚为 0.66 m、最大冰厚为 0.85 m；1989~2010 年平均封冻长度为 782.63 km。②一般冰厚和最大冰厚逐年段减小，1989~2010 年较 1950~1968 年的一般冰厚减小了 0.14 m，最大冰厚减小了 0.11 m。

c）封河流量

为消除封河当日流量的不稳定，选择封河前 3 d 平均流量作为封河流量进行统计分

析。黄河宁蒙河段最早封河的水文站为三湖河口站或头道拐水文站,按照不同的首封站分别统计对应的封河流量,分析如下:

当首封站为三湖河口站时,除 1989~2000 年有所增大(封河流量约为 700 m^3/s)外,1950~1968 年、1968~1989 年、2000~2010 年三湖河口站的平均封河流量约为 550 m^3/s;相应小川站(按照传播时间 12 d 反推)的多年平均流量约为 700 m^3/s,其中 1968~1989 年及 1989~2000 年约为 750 m^3/s,2000~2010 年约为 620 m^3/s。

当首封站为头道拐站时,平均封河流量在逐年段增加,其中 2000~2010 年平均约为 620 m^3/s;相应小川站(按照传播时间 17 d 反推)的多年平均流量约为 700 m^3/s,其中 1968~1989 年及 1989~2000 年分别约为 700 m^3/s、750 m^3/s,2000~2010 年约为 510 m^3/s。

d)凌峰流量

根据逐年的流量资料序列,统计分析石嘴山、巴彦高勒、三湖河口及头道拐四站的开河凌峰流量变化,可以发现:石嘴山、巴彦高勒和三湖河口等 3 个水文站的凌峰流量呈现波动减小趋势,其中以石嘴山站减小最为明显;头道拐站整体看无明显变化趋势,但 2000 年以后在波动减小。凌峰流量分段统计结果见表 3-3-6。

由表 3-3-6 可以看出:①石嘴山、巴彦高勒及三湖河口 3 个水文站 1950~1968 年的平均凌峰流量分别为 950 m^3/s、861 m^3/s 及 1 467 m^3/s;至 1968~1989 年时,凌峰流量均有减小;至 1989~2010 年的平均凌峰流量为 715 m^3/s、727 m^3/s 及 1 293 m^3/s,平均凌峰流量均略有减小。②头道拐站 1950~1968 年的平均凌峰流量为 1 996 m^3/s;至 1968~1989 年时,凌峰流量增大为 2 262 m^3/s;至 1989~2010 年略有减小,平均凌峰流量为 2 169 m^3/s。

表 3-3-6 宁蒙河段重要水文站凌峰流量分段统计结果

年段/年	项目	凌峰流量/(m^3/s)			
		石嘴山	巴彦高勒	三湖河口	头道拐
1950~1968	平均	950	861	1 467	1 996
	最小	609	629	925	1 000
	最大	1 700	1 100	2 220	3 500
1968~1989	平均	784	745	1 263	2 262
	最小	480	528	782	1 040
	最大	1 330	1 200	2 050	3 210
1989~1998	平均	739	716	1 328	2 453
	最小	422	500	708	1 980
	最大	1 190	985	2 190	3 350

续表 3-3-6

年段/年	项目	凌峰流量/(m³/s)			
		石嘴山	巴彦高勒	三湖河口	头道拐
1998~2010	平均	697	735	1 267	1 956
	最小	450	452	940	1 380
	最大	813	1 200	1 650	2 850
1989~2010	平均	715	727	1 293	2 169
	最小	422	452	708	1 380
	最大	1 190	1 200	2 190	3 350
1950~2010	平均	791	762	1 317	2 170
	最小	422	452	708	1 000
	最大	1 700	1 200	2 220	3 500

e)三湖河口站凌汛期最高水位及水位超 1 020 m 持续天数

20 世纪 90 年代以来,由于河道淤积、人类活动影响等因素共同作用,过流能力逐渐下降,三湖河口站凌汛期最高水位呈现上升趋势。2000~2010 年凌汛期最高水位全部超过 1 020 m,其中 2007~2008 年凌汛期最高水位达 1 021.22 m。

三湖河口站凌汛期日均水位超过 1 020 m(相当于平滩水位)的最长持续天数在 2000~2010 年显著增加,其中 2009~2010 年达到 112 d。同时可以看出,1998~1999 年以后凌汛期三湖河口站高水位持续历时明显增加,两次较大突变年份分别为 1998~1999 年及 2003~2004 年。可能的原因主要是:三湖河口站下游"十大孔兑"来沙较大,甚至在 1998 年形成了"沙坝",导致河道淤堵严重、过流能力小,造成了三湖河口站高水位持续时间较长。

凌汛期最高水位的不断增加及超过 1 020 m(相当于平滩水位)的最长持续天数显著增加的主要原因为:河道淤积严重,畅流期同流量对应水位上升;封河期水位有所抬升。显示了 2000 年以来宁蒙河段壅水问题日益严峻,严重威胁宁蒙河段的防凌安全。

f)年最大槽蓄水增量

宁蒙河段 1950~1951 凌汛年度至 2009~2010 凌汛年度石嘴山—头道拐河段年最大槽蓄水增量分年段统计情况见表 3-3-7。石嘴山—头道拐河段年最大槽蓄水增量在 5 亿~20 亿 m³ 之间波动,呈现增大趋势,尤其近年的最大值已经接近 20 亿 m³。

表 3-3-7 凌汛期宁蒙河段年最大槽蓄水增量统计　　　　　　单位:亿 m³

年段	项目	石嘴山—头道拐	石嘴山—巴彦高勒	巴彦高勒—三湖河口	三湖河口—头道拐
1950~1968 年	平均	8.83	3.08	4.18	2.87
	最低	5.31	1.55	0.48	0.85
	最高	12.35	5.59	10.23	4.95

续表 3-3-7

年段	项目	石嘴山—头道拐	石嘴山—巴彦高勒	巴彦高勒—三湖河口	三湖河口—头道拐
1968~1989 年	平均	9.86	4.35	3.61	5.58
	最低	6.83	1.65	1.78	2.20
	最高	13.17	7.72	6.23	9.17
1989~2010 年	平均	14.29	3.43	6.38	6.72
	最低	4.56	0.97	4.30	1.35
	最高	19.39	7.03	11.10	12.40
1950~2010 年	平均	11.14	3.66	4.76	5.20
	最低	4.56	0.97	0.48	0.85
	最高	19.39	7.72	11.10	12.40

由表 3-3-7 可以看出:①宁蒙河段石嘴山—头道拐河段的 1950~2010 年多年平均的年最大槽蓄水增量为 11.14 亿 m^3、最大槽蓄水增量为 19.39 亿 m^3(发生在 2004~2005 年);三湖河口—头道拐站多年最大的年最大槽蓄水增量为 12.40 亿 m^3。②石嘴山—头道拐河段在 1950~1968 年多年平均的年最大槽蓄水增量为 8.83 亿 m^3,而 1989~2010 年段为 14.29 亿 m^3,增加了近 6 亿 m^3;三湖河口—头道拐、巴彦高勒—三湖河口河段增加了约 3 亿 m^3;石嘴山—巴彦高勒河段变化不大。③横向来看,三湖河口—头道拐河段的年最大槽蓄水增量略大于巴彦高勒—三湖河口河段,远远大于石嘴山—巴彦高勒河段。

2. 中水河槽过流能力分析

1) 平滩流量分析

宁蒙河段三湖河口水文站断面资料条件较好,有明显滩、槽,且该断面处河道冲淤变化基本能反映巴彦高勒—头道拐河段整体的冲淤变化,故以其为代表来分析内蒙古河段平滩流量变化。依据三湖河口历年的实测水位流量关系,确定平滩水位下的过流量。

20 世纪 60 年代初期,三湖河口断面平滩流量基本在 3 000 m^3/s 以下;60 年代以后,平滩流量增大至 4 000 m^3/s 左右;80 年代后期,平滩流量又逐渐减少至 1 500 m^3/s 左右,2004 年平滩流量最小,其后有所恢复,2012 年大水后增大到 2 000 m^3/s 左右。

2) 凌汛期冰下过流能力分析

根据宁蒙河段各水文站断面资料比选,三湖河口站断面河道冲淤变化能基本反映巴彦高勒—头道拐河段整体的冲淤变化,也能较好地反映凌情变化,故选择三湖河口站断面为典型断面。

1968~1989 年三湖河口断面水位 1 020 m 以下畅流期中水河槽过流能力平均在 4 500 m^3/s 左右。其间,稳封期最高水位除个别年度(1975~1976 年度、1980~1981 年度)超过 1 020 m 以外,其他水位均低于 1 020 m,稳封期水位 1 020 m 以下过流能力为 800~1 000 m^3/s,平均 900 m^3/s,为该水位下畅流期中水河槽过流能力的 1/5.0。

1989~2000 年宁蒙河段中水河槽过流能力急剧下降,该时期三湖河口断面水位 1 020 m 以下畅流期中水河槽过流能力平均在 2 100 m^3/s 左右。其间,稳封期水位超过 1 020 m 的时间仅占小部分,稳封期水位 1 020 m 以下的过流能力为 500~900 m^3/s,平均

700 m³/s，为该水位下畅流期中水河槽过流能力的1/3.0。

2000~2010年三湖河口断面水位1 020 m下畅流期中水河槽的过流能力平均在1 500 m³/s左右。其间，稳封期水位超过1 020 m的时间占有较大一部分，稳封期水位1 020 m下过流能力为300~600 m³/s，平均450 m³/s，为该水位下畅流期中水河槽过流能力的1/3.3。

以上分析表明，中水河槽过流能力越大，稳封期冰下过流能力也越大；中水河槽过流能力越小，稳封期冰下过流能力也越小。

3. 宁蒙河段近期凌情特点分析

鉴于近10年的凌情特点对制订干流梯级水库群的防凌调度方案更具意义，因此以下主要分析2000~2010年的凌情变化情况。根据前述分析结果，对近10年宁蒙河段的凌情特点总结如下。

1) 流凌时间、封河时间推迟，开河提前，流凌期、封河期缩短

近10年的总体气温条件是偏暖的，加之人类活动等因素的综合影响，流凌日期、封河日期较晚，开河日期提前；较其他年段流凌天数和封河天数均有所减短。近10年黄河宁蒙河段的平均最早流凌日为11月20日，最晚为12月11日；流凌期较短，平均流凌天数为13 d；平均首封日为12月3日，平均河段全封日为1月10日；平均首开日为2月21日，平均全开日为3月21日；整个封河期较短，平均封河天数为70 d。

2) 河段内年最大槽蓄水增量显著增加，最大值出现时间推后

近10年宁蒙河段三湖河口站的平滩流量为1 500~2 000 m³/s，相比1986年前的3 000 m³/s，河道过流能力大大减小。平滩流量的逐渐减小，加上水库调度等因素的综合影响，导致内蒙古河段的年最大槽蓄水增量增加，平均年最大槽蓄水增量约为15.74亿 m³，近期年份值已经接近20亿 m³，对河段的防凌安全造成了巨大威胁。同时，最大槽蓄水增量出现时间明显滞后。2000年以前槽蓄水增量一般在1月底达最大，而后持续维持至2月底；2000年以后，槽蓄水增量一般在2月上中旬达最大，而后持续维持至3月上中旬，最大槽蓄水增量出现时间向后推迟约15 d。最大槽蓄水增量出现时间推后，增加了开河期水库调度难度。

3) 封开河最高水位有所上升，三湖河口站凌汛期最高水位上升明显

由于受河道主槽淤积萎缩、槽蓄水增量的增加和水库下泄水量的影响，封开河期间水文站最高水位有所上升，三湖河口站及头道拐站封河期最高水位分别为1 020.55 m、988.62 m，开河期最高水位分别为1 020.36 m、988.85 m；三湖河口站凌汛期最高水位上升明显，2000~2010年凌汛期最高水位全部超过1 020 m，其中2007~2008年由于壅水严重，凌汛期最高水位达1 021.22 m，为历史最高水位。

4) "武开河"次数减小，开河最大10 d洪量增加，开河期凌洪过程历时延长

近10年宁蒙河段开河大部分年份为"文开河"，个别年份为"武开河"，"武开河"次数明显较少。同时，受热力条件及河道边界条件等多种因素的影响，头道拐站开河最大10 d洪量在逐渐增大；尤其2000年以来，除2002~2003年开河最大10 d洪量较小外，其他年份均超过10亿 m³。另外，分析开河期凌洪过程可以看出，近10年宁蒙河段开河期凌洪过程历时明显延长，体现在凌洪过程线上，导致凌洪过程呈现宽胖型，为"文开河"形势发

展提供了有利条件,但还存在不利因素。

5)冰坝发生次数减小,凌灾损失增加

随着水库防凌调度经验的不断总结和积累,水库对宁蒙河段的防凌发挥越来越大的积极作用,有效缓解了防凌形势,加上气温偏暖的影响,近10年冰坝发生的次数减小,年均冰坝发生次数为2次,较1950年~2000年的7次,减小明显。但同时,由于水库的防凌调度作用有限,以及大量跨河建筑物的存在,导致冰塞、冰坝险情仍在,且随着近期沿河两岸的经济社会发展,以及滩区人口的不断增多,凌灾造成的损失不断增加。

综上所述,黄河宁蒙河段凌汛期特征日期、相关水位、流量和槽蓄水增量的变化,显示了2000年以来宁蒙河段壅水问题仍然严重,威胁宁蒙河段的防凌安全,防凌形势仍然十分严峻。

3.3.2.3　龙羊峡水库、刘家峡水库防凌调度研究

1. 龙羊峡水库凌汛期调度研究

凌汛期龙羊峡水库主要根据刘家峡水库的下泄流量和库内蓄水、上游来水和水库自身蓄水、电网发电情况等,与刘家峡水库联合运用、进行发电补偿调节。

(1)流凌前及流凌期,在刘家峡水库加大泄流时,龙羊峡水库视来水、刘家峡水库蓄水和泄流情况等按照加大流量、控制平稳下泄或减小下泄流量运用,控制下泄水量使得刘家峡水库封河前预留足够防凌库容。

(2)封河期,龙羊峡水库主要根据刘家峡水库下泄流量和蓄水量、电网发电需求控制出库流量,并控制封河期出库水量与刘家峡出库水量基本相当,控制下泄水量使开河关键期之前刘家峡水库预留不少于 6 亿 m³ 的防凌库容。

(3)开河期,在开河关键期刘家峡水库进一步压减泄流时,龙羊峡水库视刘家峡水库蓄水情况按照加大泄量或保持一定流量控制运用。

(4)主流贯通后,视龙羊峡、刘家峡水库蓄水情况和电网发电需求,龙羊峡水库按照加大泄量或保持一定流量控制运用。

2. 刘家峡水库控泄流量方案研究

1)控泄流量方案制订要求

针对宁蒙河段防凌需求,根据"宁蒙河段防洪防凌形势及对策研究"项目中关于水库防凌调度经验、首封站封河流量、宁蒙河段河道过流能力、诱发冰塞冰坝流量等统计分析结果,分析确定凌汛期不同阶段的防凌控泄流量范围。

a)流凌前

在流凌前下泄较大流量的阶段,根据水库防凌调度经验分析结果,刘家峡水库控泄流量大小与来水条件关系密切。丰水年份的下泄流量范围在 1 200~1 500 m³/s;平水年及枯水年需要根据来水情况调整为 1 000~1 300 m³/s 或者 800~1 100 m³/s。

b)流凌期

在封河前控制下泄流量为 600~700 m³/s,封河前 5 d 控制流量不超过 600 m³/s。

c)封河期

封河期控制泄流范围为 400~650 m³/s。近期宁蒙河段没有出现较大的冰塞险情,因此可以认为近10年的封河流量控制较为合适。由封河流量分析结果可知,近期流凌封河

时三湖河口站的封河流量控制在 $450\sim750$ m³/s,相应刘家峡水库的下泄流量一般控制在 600 m³/s 左右。根据凌汛期河道过流能力的分析可知,由于近期宁蒙河段中水河槽过流能力较小,流凌、封河期水位较高,封河后冰凌大面积漫滩,槽蓄水增量较以往增大较多。通过稳封期典型断面安全过流量分析可知,稳封期三湖河口的流量不宜超过 600 m³/s,相应小川站的下泄流量不宜超过 650 m³/s;稳封期三湖河口站较为安全的过流量约为 400 m³/s,相应小川站的下泄流量约为 435 m³/s。

d)开河期

开河关键期不超过 300 m³/s。近期刘家峡水库的调度经验表明,刘家峡水库不同来水年份流凌期和开河后的下泄流量差别较大,开河关键期的流量基本为 300 m³/s。

e)主流贯通后

主流贯通后,宁蒙河段对水库的防凌要求基本结束,刘家峡水库主要从满足春灌、发电等需求的角度进行水库控泄,一般会进入下泄较大流量阶段。

同时在拟订控泄流量方案时,应注意其他相关约束。龙羊峡、刘家峡水库为综合利用水库,凌汛期除防凌任务外,还有灌溉、供水、发电等综合利用任务。从防凌的角度讲,适宜的防凌控泄流量一般情况下要尽可能的小,而灌溉、供水、发电等综合利用要求需要较大下泄流量、兴利运用。凌汛期龙羊峡、刘家峡水库的运用,需要在满足防凌要求的前提下兼顾灌溉、供水、发电等综合利用要求。

2)龙羊峡水库、刘家峡水库防凌运用实例的分析

每年龙羊峡水库和刘家峡水库以上来水、水库蓄水、宁蒙河段凌情等各不相同,因此每年刘家峡水库的出库水量和流量过程并不相同。为此,选取丰平枯水典型年,对龙羊峡水库、刘家峡水库防凌运用进行分析。

a)典型年选取

由于刘家峡的出库水量约有 50% 是龙羊峡水库下泄蓄水量,刘家峡水库出库流量与龙羊峡凌汛期蓄水量关系较大。因此,本次根据上游来水和凌汛期龙羊峡水库和刘家峡水库蓄水情况,选择不同来水类型的典型年份概况见表 3-3-8。

表 3-3-8 不同来水类型的典型年份概况 单位:亿 m³

凌汛年度	来水类型	天然来水量		水库蓄水量						水库蓄变量		
		唐乃亥	兰州	10 月 31 日			3 月 31 日			凌汛期		
		全年	凌汛期	全年	龙羊峡	刘家峡	龙刘两库	龙羊峡	刘家峡	龙刘两库	龙羊峡	刘家峡	龙刘两库
2005~2006	丰水	255.0	41.0	410.9	181.6	12.4	194.0	158.6	16.8	175.4	-23.0	4.4	-18.6
2007~2008	平水	189.0	32.0	346.3	144.6	11.8	156.4	119.8	17.8	137.6	-24.8	6.0	-18.8
2002~2003	枯水	105.8	17.0	214.5	34.9	1.3	36.2	5.8	7.0	12.8	-29.1	5.7	-23.4

注:水库蓄水量指死水位以上蓄水量。

b)丰水年调度分析

由 2005~2006 年凌汛期龙羊峡和刘家峡水库入、出库流量和水库蓄水量变化过程可

见,丰水年 11 月初唐乃亥流量大于 900 m³/s;流凌前、封河期、开河期和开河后刘家峡出库流量为 1 200~1 500 m³/s、500 m³/s、300 m³/s、1 150 m³/s 左右。

统计 2005~2006 年凌汛期不同阶段龙羊峡和刘家峡水库的入、出库水量和蓄变量见表 3-3-9。

表 3-3-9 丰水年龙羊峡、刘家峡水库凌汛期入、出库水量

时期	阶段	历时/d	龙羊峡水库/亿 m³			龙刘区间入流/亿 m³	刘家峡水库/亿 m³		
			入库	出库	蓄变量		入库	出库	蓄变量
流凌前	1	11	7.7	5.8	1.9	1.8	7.5	12.0	−4.5
流凌期	2	6	3.6	3.5	0.1	0.6	4.1	4.7	−0.6
封河期	3	95	24.6	40.4	−15.8	8.6	49.0	39.7	9.3
开河期	4	25	5.3	10.5	−5.2	1.3	11.8	7.0	4.8
主流贯通后	5	15	3.3	8.6	−5.3	0.7	9.3	10.0	−0.7
合计		152	44.5	68.8	−24.3	13.0	81.7	73.4	8.3

由表 3-3-9 可以看出:①丰水年刘家峡水库出库流量的特点表现为,流凌前下泄流量大、流凌期时间短,封河前刘家峡水库下泄库内蓄水约 5.0 亿 m³;封河期平均出库流量维持在 500 m³/s 左右,水库蓄水约 9.3 亿 m³;开河期平均出库流量维持在 300 m³/s 左右,开河期水库蓄水约 4.8 亿 m³;开河后逐步加大下泄流量至 1 150 m³/s 左右。②龙羊峡水库的运用主要根据刘家峡水库的下泄流量、蓄水和电网发电情况,与刘家峡水库进行发电补偿调节。

c)平水年调度分析

由 2007~2008 年凌汛期龙羊峡、刘家峡水库入、出库流量和水库蓄水量变化过程可见,平水年 11 月初唐乃亥流量为 500~600 m³/s;流凌前、封河期、开河期和开河后刘家峡出库流量为 1 000~1 300 m³/s、500 m³/s、300 m³/s、700~800 m³/s。统计 2007~2008 年凌汛期不同阶段入、出库水量和蓄变量见表 3-3-10。

表 3-3-10 平水年龙羊峡、刘家峡水库 11 月初至翌年 3 月末入、出库水量

时期	阶段	历时/d	龙羊峡水库/亿 m³			龙刘区间入流/亿 m³	刘家峡水库/亿 m³		
			入库	出库	蓄变量		入库	出库	蓄变量
流凌前	1	11	4.5	4.5	0	1.9	6.4	9.8	−3.4
流凌期	2	12	4.0	4.9	−0.9	1.7	6.6	7.2	−0.6
封河期	3	89	14.3	37.0	−22.7	6.8	43.8	36.4	7.4
开河期	4	25	3.7	10.4	−6.7	2.2	12.6	6.8	5.8
主流贯通后	5	14	3.2	6.2	−3.0	1.3	7.5	7.2	0.3
合计		151	29.7	63.0	−33.3	13.9	76.9	67.4	9.5

由表 3-3-10 可以看出:①平水年刘家峡出库流量与多年平均情况较为接近,只是流

凌前下泄流量较大。②龙羊峡水库的运用主要根据刘家峡水库的蓄水和电网发电情况，与刘家峡水库进行发电补偿调节。

d）枯水年调度分析

由 2002～2003 年凌汛期龙羊峡、刘家峡水库入出库流量和水库蓄水量变化过程可以看出，11 月初唐乃亥流量小于 300 m³/s；流凌前、封河期、开河期刘家峡出库流量为 700～900 m³/s、250～400 m³/s、250 m³/s 左右。可见，枯水年受水库蓄水量少、来水小的影响，凌汛初期刘家峡下泄流量较小，凌汛期末开河后龙羊峡、刘家峡水库不加大下泄流量。

2002～2003 年凌汛期不同阶段的入、出库水量和蓄变量见表 3-3-11。可以看出枯水年凌汛期龙羊峡入库水量约 21.1 亿 m³，出库水量约 50.1 亿 m³，龙刘区间来水约 8.9 亿 m³，刘家峡出库水量约 49.2 亿 m³；龙羊峡下泄库内蓄水约 29.1 亿 m³，刘家峡拦蓄上游来水约 9.8 亿 m³。其中，流凌前阶段，龙羊峡下泄库内蓄水约 3.6 亿 m³，刘家峡下泄库内蓄水约 0.9 亿 m³。

表 3-3-11　枯水年龙羊峡、刘家峡水库 11 月初至翌年 3 月末入、出库水量

时期	阶段	历时/d	龙羊峡/亿 m³			龙刘区间入流/亿 m³	刘家峡/亿 m³		
			入库	出库	蓄变量		入库	出库	蓄变量
流凌前	1	13	3.4	7.0	-3.6	1.3	8.3	9.2	-0.9
流凌期	2	8	1.8	4.2	-2.4	0.6	4.8	4.0	0.8
封河期、开河期、主流贯通后	3+4+5	130	15.9	38.9	-23.0	7.0	45.9	36.0	9.9
合计		151	21.1	50.1	-29.0	8.9	59.0	49.2	9.8

e）不同来水年份的调度特点

由以上分析可知，不同来水情况下，龙羊峡、刘家峡水库凌汛期的防凌调度方式不同。丰水年水库蓄水和上游来水较多，流凌前下泄流量大，流凌期时间短，封河前刘家峡水库下泄库内蓄水约 5.0 亿 m³，封河期刘家峡水库蓄水约 9.0 亿 m³，开河期刘家峡水库蓄水约 5.0 亿 m³，开河后下泄流量较大；平水年，封河前两个阶段刘家峡水库下泄流量较丰水年略小，封河期刘家峡水库蓄水约 7.0 亿 m³，开河期刘家峡水库蓄水约 6.0 亿 m³，开河后下泄流量较丰水年略小；枯水年由于水库蓄水量少、来水量小，凌汛初期刘家峡下泄流量较小，封河前刘家峡下泄库内蓄水较少，封河期刘家峡水库蓄水少，开河后龙羊峡和刘家峡水库不加大下泄流量。封河期刘家峡水库下泄流量平稳，开河关键期最小流量在 300 m³/s 左右。

从近些年龙羊峡和刘家峡水库联合调度情况来看，龙羊峡水库和刘家峡水库联合调度在一定程度上减小了防凌与发电的矛盾，宁蒙河段防凌任务主要由刘家峡水库承担，刘家峡水库库容不足时，龙羊峡水库减小泄水量。龙羊峡水库的运用主要根据刘家峡水库的下泄流量、蓄水和电网发电情况，与刘家峡水库进行发电补偿调节。丰水年流凌期，龙

羊峡水库一般不下泄库内蓄水;枯水年龙羊峡水库下泄库内蓄水。封河期,龙羊峡水库根据刘家峡出库流量和电网发电要求下泄流量,并控制封河期出库水量与刘家峡水库基本一致。综合来看,龙羊峡水库在凌汛期较有效地配合了刘家峡水库防凌运用。

　　3) 控泄流量方案拟订

　　根据宁蒙河段中水河槽过流能力分析结果、刘家峡水库凌汛期近期实际调度情况和防凌调度经验,并结合防凌预案及宁蒙河段凌汛形势,根据近 10 年刘家峡水库实际下泄流量过程并结合当年的凌情状况,拟订了基于实测流量的小流量、中流量和大流量三个防凌控泄流量方案,见表 3-3-12。

表 3-3-12　刘家峡水库下泄流量方案　　　　　　　　　单位:m³/s

旬段	实际下泄流量			控泄流量方案		
	2005~2006 年	10 年平均	2001~2002 年	大流量	中流量	小流量
11 月上旬	1 316	1 022	901	1 200	1 000	800
11 月中旬	889	721	756	850	700	550
11 月下旬	507	520	572	500	490	450
12 月上旬	500	486	503	500	490	450
12 月中旬	472	484	473	500	490	450
12 月下旬	505	473	433	500	490	450
1 月上旬	462	441	413	460	450	400
1 月中旬	463	439	403	460	450	400
1 月下旬	462	433	406	460	450	400
2 月上旬	457	407	353	460	450	350
2 月中旬	449	377	326	450	400	300
2 月下旬	368	327	319	350	350	300
3 月上旬	308	297	305	300	300	300
3 月中旬	326	334	337	400	400	300
3 月下旬	977	636	464	1 000	600	500
总水量/亿 m³	74.16	64.67	60.16	73.58	65.61	55.94

　　小流量方案主要考虑宁蒙河段的防凌安全流量需求,是防凌偏安全方案;中流量方案主要根据近 10 年来刘家峡水库实际调度情况和防凌调度经验拟订;大流量方案是在满足防凌要求的情况下,尽量兼顾龙刘水库综合利用的方案。由表 3-3-12 可见,小流量方案凌汛期刘家峡水库下泄总水量为 55.94 亿 m³,可以较好地满足防凌要求,基本满足凌汛期灌溉、供水需求,对发电兼顾较少;中流量方案凌汛期刘家峡水库下泄总水量为 65.61亿 m³,与近期实际调度情况基本一致;大流量方案在中流量方案的基础上进一步加大 11

月和 3 月畅流期的下泄流量,尽量兼顾发电需求,凌汛期刘家峡水库下泄总水量为73.58 亿 m³。

由表 3-3-12 可以看出,各种泄流方案在流凌期差别较大,封河期过程均较为平稳,开河期略有差别。

4)控泄流量方案适用条件分析

根据方案的适用条件可以看出,大流量方案适合来水偏丰、气温偏暖的凌情条件;中流量方案适合来水一般、气温适宜的凌情条件;小流量方案适合来水较枯、气温偏寒的凌情条件。上述拟订的控泄流量方案,是基于近 10 年的河道过流能力(内蒙古河段平均平滩流量为 1 500 m³/s 左右)进行拟订的。从目前宁蒙河段的冲淤变化情况来看,虽然2012 年的大洪水过后,宁蒙河段的平滩流量基本恢复至接近 2 000 m³/s,但近期不会再有更大变化。若遇河道过流能力有较大变化,可根据平滩流量适当调整控泄流量大小。

凌汛期刘家峡水库下泄流量控制的基本思路为:11 月初加大下泄流量满足宁蒙河段冬灌用水需求,11 月中旬逐步减小下泄流量,适应宁蒙灌区退水变化,促成稳定、适当的封河流量;封河期内,为避免河道槽蓄水增量增长过快及封河冰盖稳定,水库保持平稳均匀的下泄流量;开河关键期,为促使河道槽蓄水增量提前释放、改善开河形势,水库逐步减少下泄流量;开河关键期过后,可逐步加大下泄流量。据此,结合对近 10 年刘家峡水库下泄流量过程的分析,考虑到近期上游来水较多、龙羊峡水库蓄水位较高,宁蒙河段河道过流能力较小,近期刘家峡凌汛期下泄总水量一般在 65 亿 m³ 左右,因此以基于实测流量的中流量防凌控泄方案作为凌汛期刘家峡水库下泄流量的推荐方案。

3. 龙刘水库防凌调度方式

1)刘家峡防凌调度关键调控指标

与近期相比,今后 5~10 年黄河上游来水、气温和河道边界条件一般不会有较大变化,刘家峡水库预留防凌库容等防凌调度关键指标可基于现状河道条件(内蒙古河段平滩流量为 1 500 m³/s 左右)、近期气温条件(暖冬)由防凌调度经验数据总结分析确定,若今后 5~10 年河道和气温条件发生较大变化,需相应调整调度指标。

a)防凌库容及防凌控制水位

防凌库容:11 月 1 日,控制刘家峡水库的蓄水量(死水位以上蓄水量,下同)为 4 亿~8 亿 m³;宁蒙河段冬灌引水后,刘家峡水库的蓄水量不超过 4 亿 m³;封河期末,刘家峡水库的蓄水量不超过 14 亿 m³;开河期末,刘家峡水库蓄水不超过 20 亿 m³。

防凌控制水位:11 月 1 日,控制刘家峡水库水位在 1 721~1 725 m;宁蒙河段冬灌引水后及封河前的水位为 1 717~1 721 m;封河期末及开河期前的水位一般控制不超过1 730 m;开河期末水位不超过 1 735 m。

b)控泄流量

根据内蒙古河段凌汛期河道过流能力等的分析结果,在现状的河道边界条件(内蒙古河段平滩流量在 1 500 m³/s 左右)下,封河期刘家峡水库的下泄流量控制在 400~600m³/s 较为合适;开河关键期刘家峡水库控制最小下泄流量为 300 m³/s 左右。

2) 近期气温和河道条件下防凌调度方式

龙羊峡、刘家峡水库的防凌调度,主要体现在对出库流量的控泄,进而对宁蒙河段的凌情进行调控。控泄流量的大小与来水条件、气温条件及河道边界条件密切相关。因每年的来水条件、气温条件及河道边界条件不同,因此每年的防凌运用控制指标应不完全相同。这里仅根据前述的防凌调度分析计算结果,针对现状河道条件及非严寒条件,总结相应的龙羊峡、刘家峡水库的防凌调度方式。若河道条件发生较大变化,或者遇严寒型气温条件等极端情况,应结合各方面条件,针对凌情状况进行调整。

a) 刘家峡水库

(1) 11 月 1 日,控制刘家峡水库蓄水 4 亿~8 亿 m³(死水位以上蓄水量,下同),相应库水位为 1 721~1 725 m,满足宁蒙河段冬灌引水需求,同时预留 12 亿~16 亿 m³ 的防凌库容。

(2) 流凌期(11 月上中旬),刘家峡水库先根据宁蒙河段引用水需求控制下泄流量为 800~1 200 m³/s,后根据宁蒙河段引水和流凌情况逐步减小下泄流量,以利于塑造宁蒙河段较适宜的封河流量。其间刘家峡水库下泄库内蓄水约 4 亿 m³,引水期末控制刘家峡水库蓄水 0~4 亿 m³,相应库水位为 1 717~1 721 m,预留 20 亿~16 亿 m³ 防凌库容。

(3) 封河期,刘家峡水库控制出库流量,蓄水防凌运用,满足宁蒙河段防凌要求。其间,刘家峡水库先按照宁蒙河段适宜封河流量要求的首封流量,控制出库流量为 450~600 m³/s;然后在封河发展阶段,保持流量平稳并缓慢减小;河道全部封冻后,控制出库流量为 400~500 m³/s;封河期末控制水库蓄水量不超过 14 亿 m³,库水位不超过 1 730 m,为开河期预留约 6 亿 m³ 的防凌库容。

(4) 开河关键期,刘家峡水库进一步减小下泄流量,减小宁蒙河段开河期凌洪水量。其间,刘家峡水库控制下泄流量在 300 m³/s 左右,以促使内蒙古河段平稳开河;同时,控制刘家峡水库最高蓄水位不超过 1 735 m。

(5) 宁蒙河段主流贯通后,根据水库蓄水情况、供用水及引水要求,一般按 600~1 000 m³/s 加大下泄流量;若遇枯水年份,可以不加大下泄流量。

b) 龙羊峡水库

凌汛期龙羊峡水库主要根据刘家峡水库的下泄流量和库内蓄水、上游来水和水库自身蓄水、电网发电情况等,与刘家峡水库联合运用、进行发电补偿调节,并控制凌汛期龙羊峡水库水位不超过正常蓄水位 2 600 m。

(1) 11 月 1 日,若上游来水较丰,一般应控制龙羊峡水库蓄水位不超过 2 597.5 m。

(2) 流凌期(11 月上中旬),刘家峡水库加大泄流时,龙羊峡水库视上游和龙刘区间来水、刘家峡水库蓄水等按照控制平稳下泄或减小下泄流量运用,控制下泄水量,使刘家峡水库期末水位尽量降至 1 717~1 721 m,预留足够防凌库容。若龙羊峡水库蓄水位达到 2 600 m,按照进出库平衡运用。

(3) 封河期,龙羊峡水库主要根据刘家峡水库下泄流量和蓄水量、电网发电需求控制出库流量,并控制封河期出库水量与刘家峡出库水量基本相当,若龙羊峡水库蓄水位达到

2 600 m,按照进出库平衡运用。当刘家峡库水位达到 1 730 m 时,龙羊峡水库视龙刘区间来水减小下泄流量,控制刘家峡库水位不超过 1 730 m。

(4)开河关键期,龙羊峡水库视刘家峡水库蓄水、龙刘区间来水,按照维持前期流量或加大流量下泄的方式运用,并控制刘家峡水库最高蓄水位不超过 1 735 m。

(5)宁蒙河段主流贯通后,视龙羊峡、刘家峡水库蓄水情况和电网发电需求,龙羊峡水库按照加大泄量或保持一定流量控制运用。

3)极端严寒条件下防凌调度需注意的问题

极端严寒时,宁蒙河段封河早、封冻期长、冰盖厚、开河晚,进入凌汛期应尽量降低刘家峡水库的蓄水位,留出足够的防凌库容;流凌封河时应特别注意宁蒙河段引退水对凌情的影响,尽量避免过大、过小流量封河;封河期,控制刘家峡水库,特别是龙羊峡水库下泄水量,尽可能减小河道槽蓄水增量;开河期进一步压减下泄流量,避免"武开河"。

4)河道淤积加重条件下防凌调度需注意的问题

若河道淤积加重,三湖河口站平滩流量降至 1 000 m³/s,应考虑采用方案 1 作为防凌调度基础控泄流量方案。

3.3.2.4　海勃湾水库对防凌的影响分析

1.海勃湾水库工程概况及设计防凌调度的方式

黄河海勃湾水利枢纽位于黄河干流内蒙古自治区乌海市境内,下游 87 km 处为内蒙古三盛公水利枢纽。海勃湾水利枢纽是一座集防凌、发电等综合利用于一体的工程,主要由土石坝、泄洪闸、电站坝等建筑物组成。水库于 2010 年 4 月开工,设计施工总工期 46个月。根据《黄河海勃湾水利枢纽工程初步设计报告》(中水北方勘测设计研究有限责任公司,2010 年 3 月),水库正常蓄水位 1 076.0 m,总库容 4.87 亿 m³;死水位 1 069.0 m,相应库容 0.443 亿 m³;电站装机容量 90 MW,年发电量 3.817 亿 kW·h。海勃湾水库凌汛期最高蓄水位为正常蓄水位 1 076.0 m,相应调节库容 4.43 亿 m³。

目前,海勃湾水库是黄河上开发的第一座以防凌为主要任务的水库,《黄河海勃湾水利枢纽工程初步设计报告》中提出的防凌运用方式如下:

凌汛期内蒙古河段的流量主要取决于刘家峡水库的下泄流量,海勃湾水库只是对入库流量进行短期的实时调节,在封开河时段控制下泄流量分别为 650 m³/s 和 400 m³/s,对入库流量实行"多蓄少补"的调度原则。

流凌封河期为 11~12 月,由于要向内蒙古河道补水,流凌封河期开始时水库蓄水至正常蓄水位;开河期为 2~3 月,由于控泄要求,水库需要拦蓄部分上游来水,开河前水库尽量降至死水位。3 月开河后水位尽快升至正常蓄水位。

凌汛期,尽管有刘家峡水库对宁蒙河段基本流量进行了控制,有海勃湾水库对流量进一步实施调控,但由于内蒙古河段的封开河形势、气温和槽蓄水增量的释放等情况复杂多变,内蒙古河道仍难免会发生局部凌灾,因此海勃湾水库在参照石嘴山入流量进行控泄调度的同时,还要时刻准备针对内蒙古河道发生凌灾,对下泄流量进行紧急调控,以减轻或缓解凌汛灾情。开河期为了能及时调控泄量缓解内蒙古河段凌灾抢险压力,海勃湾水库在开河期预留防凌应急库容为 5 000 万~8 000 万 m³,可以短期减小下泄流量或关闭泄水通道,为受灾河段的防凌抢险创造必要的条件。初步计算,开河期若上游石嘴山日均来水 400 m³/s,水库可暂时减小流量或关闭泄水闸门,通过预留的应急抢险库容拦蓄上游来水 2~3 d。

2.海勃湾水库防凌运用方式研究

1)海勃湾水库防凌运用原则、运用水位

针对黄河内蒙古河段现状防凌调度存在的主要问题及该河段的凌汛凌灾特点,确定海勃湾水库的防凌调度原则为:在刘家峡水库凌期调度的基础上,就近调蓄刘家峡水库在凌汛期难以控制的水量。鉴于本书研究的重点是今后 5~10 年宁蒙河段防凌形势及对策,所以主要研究海勃湾水库初期运用方式,着重调节封河期的流量过程,创造较好的封河形势,并预留一定的应急防凌库容;开河期控制下泄流量,减小下游河段输冰输水能力,创造平稳的开河流量过程。

根据《黄河海勃湾水利枢纽工程初步设计报告》,运用初期海勃湾水库正常蓄水位至死水位之间的调节库容为 4.43 亿 m³。海勃湾水库利用调节库容进行防凌运用,即防凌运用最低水位为死水位(1 069.0 m)、最高蓄水位为正常蓄水位(1 076 m)。根据海勃湾水库的有效库容分析,开河期水库预留 0.78 亿 m³ 的应急防凌库容,相应的防凌控制水位为 1 075.1 m,应急运用期间,最高蓄水位为 1 076 m。

2)海勃湾水库防凌最高控制水位

a)海勃湾水库库尾发生冰塞冰坝的重点河段

从海勃湾河段实际发生的冰塞冰坝情况看,黄河乌海市段在封河期和开河期均可能发生冰塞冰坝灾害,且冰塞冰坝壅水水位高,是灾害比较严重且频繁的河段。根据海勃湾水库库区及库尾河段发生冰塞冰坝的历史资料和库尾的地形条件来看,水库库尾冰塞冰坝发生的主要河段分别为九店湾河段和黄柏茨湾河段。九店湾河段和黄柏茨湾河段具有相似的地形条件,河段上段河道狭窄、弯曲、比降大;河段下段河道宽阔、比降小,并且浅滩分布。黄柏茨湾河段自乌达公路桥到峡谷出口处长约 5 km,距离海勃湾水库坝址 10~14 km。水库蓄水以后,黄柏茨湾河段位于库区内,该河段河底高程与水库死水位接近,在此河段发生冰塞冰坝的概率将大大降低。

九店湾河段自头道坎至峡谷出口处长约 8 km,距离海勃湾水库坝址 26~29 km,河道宽约 150 m,平均比降 0.92‰。九店湾以下河段,断面突然变宽,且河道弯曲,夹心滩分布其中,平均河宽 1 500 m。头道坎至九店湾河段上段比较顺直,从二道坎到峡谷出口处河道弯曲,比降较大,出口下游河道骤然变宽,比降变缓,冰块容易在此河段卡堵形成冰坝。经过回水计算,海勃湾水库凌汛期按正常蓄水位 1 076 m 运行时,九店湾断面水库回水水位为 1 080.0 m 左右,九店湾河段有部分河段位于水库回水段,这将增加水库回水段形成冰塞冰坝的可能性。海勃湾水库库区平面示意图见图 3-3-1。

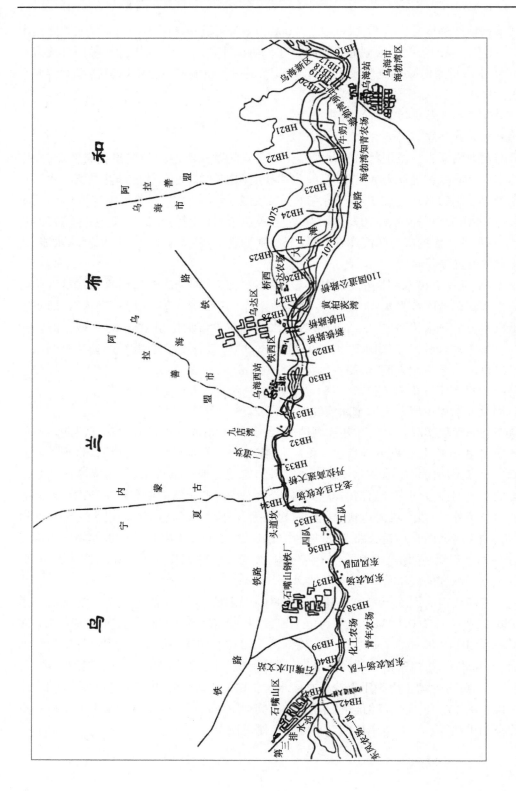

图 3-3-1 海勃湾水库库区平面示意图

b）水库防凌运用水位对冰塞冰坝壅水的影响

水库的运行水位直接决定着回水末端的位置，水位越低，回水末端越靠近坝前；水位越高，回水末端越远离坝前。冰塞头部一般发生在水库回水末端河道比降变化较大，或者河道断面突然缩窄的河段。所以，水库蓄水位对冰塞壅水的规模和形状有直接影响，一般情况下，在河道断面和平均比降变化不是很大时，封河期水库水位越低，冰塞头部的位置越靠近坝前，封河期水库水位越高，冰塞头部的位置越远离坝前。

在内蒙古河段流凌至封河发展阶段，海勃湾水库的运用对入库流量实行"多蓄少补"的调度原则。宁夏灌区引水期，为了减轻宁夏灌区引水造成的内蒙古河道较小流量的影响，海勃湾水库增大下泄流量向下游补水，在补水期末，水库蓄水位较低，甚至可能降到死水位运行；宁夏灌区引水结束、退水流量较大，会使进入内蒙古河段的流量过大、不利于稳定封河，海勃湾水库减小出库流量蓄水运用，库水位逐步升高至 1 075.1 m。

封河阶段，如果海勃湾河段封河较早，则海勃湾水库运行水位较低；若封河较晚，水库运行水位较高。从实测资料分析，石嘴山河段流凌日期最早为 11 月 7 日，最晚为 12 月 27 日；封河日期最早为 12 月 7 日，最晚为 1 月 31 日。所以，海勃湾河段封冻期间，水库的运行水位可能低至死水位，也可能高至 1 075.1 m，库尾的冰塞头部也会因封河水位的不同而有所差异。本次分析中，河道纵断面采用水库运行初期的结果，来水流量选用石嘴山站封河期 5% 的设计流量 869 m³/s，从偏于安全考虑，起调水位选择 1 069 m、1 072 m、1 076 m 三个方案进行计算。

根据计算结果分析，随着水库蓄水位的升高，冰塞体的头部位置越远离坝址，冰塞头部的起点高程也相应提高。从计算情况看，水库蓄水位为 1 069 m 时，冰塞头部位于距离坝址 15 km 的乌达公路桥附近；水库蓄水位为 1 072 m 时，冰塞头部位于距离坝址 20 km 的乌达铁路桥附近；水库蓄水位为 1 076 m 时，冰塞头部位于距离坝址 28 km 的九店湾附近。但水库蓄水位对于冰塞体的影响，主要表现在冰塞头部和前部。不同的水库蓄水位，冰塞的最高壅水位都发生在距离坝址 30 km 的麻黄沟河段，该河段冰塞体壅水水位的变化不大，冰塞壅水高度也相差不多。所以，水库蓄水位不同，冰塞体的头部也不同，但水库蓄水位对冰塞壅水的影响主要表现在头部和前部。在麻黄沟断面上游，冰塞壅水高度与水库蓄水位的关系不大。

对海勃湾水库库尾冰坝壅水的分析表明，不同水位形成的冰坝壅水水位和壅水距离与冰塞表现为类似的特点。但库尾冰坝的壅水水位较冰塞的壅水水位高，壅水距离较短。麻黄沟断面上游河段，不同蓄水位对应的冰坝壅水高度基本接近。

c）海勃湾水库库尾防凌安全对防凌运用水位的要求

海勃湾水库库尾冰塞冰坝壅水的影响范围从水库坝址至石嘴山钢铁厂河段，其中主要的影响对象为沿黄跨河桥梁、石嘴山钢铁厂、宁夏第三排干等。凌汛期，海勃湾水库按正常蓄水位 1 076 m 运行时，库尾形成的冰塞冰坝壅水水位基本不对乌达 110 国道公路桥、三道坎铁路桥、乌海高速公路桥的桥梁安全带来威胁。石嘴山钢铁厂和宁夏灌区第三排干分别位于海勃湾水库坝址以上 43 km 和 53.5 km。库尾冰塞壅水末端位于坝址上游 38~40 km；库尾发生冰坝壅水时，冰坝壅水末端位于坝址上游 36~39 km。海勃湾水库库尾冰塞冰坝壅水对石嘴山钢铁厂和宁夏第三排干的影响不大。

综上所述,海勃湾水库防凌运用水位较低时,冰塞冰坝的头部越接近坝址,对降低库尾的冰塞冰坝水位越有利。但是,海勃湾水库不同的防凌运用水位,在水库回水范围以上河段的库尾冰塞冰坝壅水位基本接近。所以,海勃湾水库在凌汛期的最高防凌运用水位可按 1 076.0 m 运行。需要说明的是,由于内蒙古河段冰情非常复杂,关于冰塞冰坝壅水的研究和计算方法目前尚处于探索阶段,且影响冰塞冰坝的形成发展的因素较多,库尾的冰情形势存在较多的不确定因素。因此,应设立库尾冰情专用监测站,加强对水库库尾冰塞冰坝的监测,为水库的防凌调度运用提供依据。

3)海勃湾水库需要承担的防凌库容

由于海勃湾水库调节库容较小,初期的防凌运用主要是针对流凌封河期的调节运用和开河期的应急防凌运用,因此应着重分析流凌封河期和开河期海勃湾水库可以承担的防凌调节库容。

根据内蒙古河段凌汛基本特点,一般三湖河口—头道拐河段先封河,石嘴山—磴口河段先开河。结合内蒙古河段防凌的总体需求,考虑到宁夏灌区引退水因素,以及内蒙古河段历年封开河凌灾成因和多年的防凌经验,流凌封河时进入内蒙古河段的适宜封河流量一般在 600~800 m³/s,封河发展阶段流量保持平稳且缓慢减小;开河期进入内蒙古河段的流量维持在 400 m³/s 左右较为合适。开河期,下游河段发生冰坝等紧急险情时,海勃湾水库减小下泄流量,缓解下游防凌抢险的压力。据此,设定四个封河流量方案,流凌封河期分别按 600 m³/s、650 m³/s、700 m³/s、750 m³/s、800 m³/s 五个封河流量控制下泄,封河发展阶段减小 50 m³/s,开河期相应的分别按 350 m³/s、400 m³/s、450 m³/s、500 m³/s 四级控制出库流量,分析不同来水条件下需要海勃湾水库承担的防凌库容。经分析,四个流量过程方案中,流凌封河期按 700 m³/s 流量下泄的过程对海勃湾水库的补水、蓄水运用和内蒙古河段防凌最为有利。

根据石嘴山站 1990~2009 年共 20 年的长系列来水资料,按照上述拟订的防凌流量过程方案,进行模拟防凌调节计算,分析流凌封河期和开河期宁蒙河段防凌需要海勃湾水库承担的调节库容。

a)海勃湾水库的防凌运用时段及运用方案

海勃湾水库调节库容较小,主要是配合上游龙刘水库进行防凌运用。但其地理位置特殊,距离内蒙古河段较近,可以根据内蒙古河段的凌情发展形势,机动灵活地实时调整下泄流量。所以,本次以三湖河口站和磴口站的封、开河时间作为海勃湾水库防凌运用时段的判断条件,并考虑到海勃湾水库至三湖河口站约 5 d 的传播时间,将海勃湾水库的防凌运用时段分为以下三个时段:流凌封河期(三湖河口流凌—磴口封河)、稳封期(磴口封河—磴口开河)、开河期(磴口开河—三湖河口开河)。

(1)流凌封河期(三湖河口流凌—磴口封河)。

流凌封河期,海勃湾水库主要防凌作用为调节宁夏灌区引退水引起的流量波动、促使内蒙古河段以适宜的流量封河。宁夏灌区的引水、退水时间一般为 11 月上旬至 11 月底,如果三湖河口站封河时间较早(11 月上中旬),此时受宁夏灌区引水影响,内蒙古河段流量较小,为了防止小流量封河,海勃湾水库应该加大出库流量补水运用;如果三湖河口站封河较晚(11 月下旬),宁夏灌区退水使得进入内蒙古河段的流量偏大,为防止过大流量形成冰塞,海勃湾水库需减小出库流量,使得内蒙古河段以适宜流量封河。所以,一般情况下在 11 月中旬前水库需根据上游来水过程、河道过流能力等相机补水,控制出库流量不超过初始控泄流量,尽量腾出库容,为后续防凌蓄水做准备。

根据石嘴山站 1990~2009 年逐年 11 月上旬实测流量分析,石嘴山站旬平均流量变幅在 247~1 070 m³/s。由于海勃湾水库库容较小,如果流凌封河期的初始控泄流量过大,水库的蓄水量不能完全满足宁夏灌区引水期间的补水要求;如果初始控泄流量过小,水库腾出的库容太小,不能满足宁夏灌区退水期间的蓄水要求。所以,海勃湾水库的初始控泄流量应根据上游来水、内蒙古河段适宜封河流量要求等进行判断和调整,以最大限度地发挥水库的补水和蓄水作用。本次拟订了 2 个封河初期控泄流量方案,方案 1 为封河初期流量按照 700 m³/s 固定流量下泄;方案 2 为封河初期流量按照下河沿前 5 d 平均流量适当调整。内蒙古河段首封后,封河发展阶段控制下泄流量比初始控泄流量减少约 50 m³/s。

(2)稳封期(磴口封河—磴口开河)。

内蒙古河段封河以后,上游来水流量相对比较平稳。海勃湾水库根据上游来水情况调整稳封期的下泄过程。如果上游来水大于磴口封河时的流量,水库控制蓄水位不再升高,按来水流量控制下泄;如果上游来水小于磴口封河时的流量,按此封河流量凑泄,并保持出库过程平稳,以尽量腾出库容,为开河期蓄水做准备。

(3)开河期(磴口开河—三湖河口开河)。

开河期,海勃湾水库的作用主要为根据水库蓄水情况,控制出库流量维持在 400 m³/s 左右,创造良好的开河条件。如果上游来水大于 400 m³/s,按 400 m³/s 下泄;如上游来水小于 400 m³/s,按入库流量下泄。

b)宁蒙河段防凌需要海勃湾水库承担的调节库容

根据石嘴山站 1990~2009 年共 20 年的长系列来水资料,按照上述拟订的防凌运用方案,进行模拟防凌调蓄计算,分析流凌封河期和开河期海勃湾水库需要承担的防凌调节库容。计算结果见表 3-3-13。

表 3-3-13　宁蒙河段防凌需要海勃湾水库承担的防凌库容计算结果

凌汛时段	项目	方案 1			方案 2		
		最大	最小	平均	最大	最小	平均
流凌封河期	最大需补水量/亿 m³	6.00	0.85	3.30	5.86	0.85	2.94
	满足年数/年	16			16		
	最大需蓄水量/亿 m³	2.81	0	0.67	3.13	0	0.90
	满足年数/年	15			17		
稳封期	腾出库容/亿 m³	4.43	0	3.95	4.43	0	3.74
	满足年数/年	14			16		
开河期	最大需蓄水量/亿 m³	5.57	0	1.01	5.57	0	1.13
	满足年数/年	17			17		
	剩余防凌库容/亿 m³	4.43	0	3.36	4.43	0	3.23
	满足年数/年	17			17		

从表 3-3-13 可以看出,流凌封河期,对于方案 1,海勃湾水库封河初期按 700 m³/s 下

泄时,最大需补水量为 6.00 亿 m³,最大需蓄水量为 2.81 亿 m³,开河期最大需蓄水量为 5.57 亿 m³,按照海勃湾水库运用初期的库容条件,流凌封河期和开河期均有部分年份不能满足调蓄要求。对于方案 2,海勃湾水库封河初期按下河沿站前 5 d 平均流量实时调整下泄流量时,流凌封河期最大需补水量为 5.86 亿 m³,最大需蓄水量为 3.13 亿 m³;稳封期有 16 年可以腾出库容;开河期最大需蓄水量为 5.57 亿 m³。方案 2 流凌封河期和稳封期防凌需求满足程度要略好于方案 1,开河期与方案 1 相差不大。可见,方案 2 考虑上游的来水情况适当调整海勃湾水库的下泄流量,而且可以在平滩流量逐渐恢复的情况下,酌情加大流凌封河期下泄流量,形成大流量封河的良好局面,能够较有效利用海勃湾水库的调节库容,更好地发挥水库的防凌作用。因此,本次推荐方案 2 作为防凌运用方案。

根据内蒙古河段开河期的冰坝灾害统计,开河期该河段的主要冰坝灾害集中在三湖河口至头道拐河段。海勃湾水库至三湖河口的传播时间为 5 d 左右,所以在下游河段发生冰坝等重大险情时,海勃湾水库应立即做出响应,控制出库流量,必要时关闭闸门,减小下游河段的抢险救灾压力。开河期,海勃湾水库平均入库流量为 340~640 m³/s,下游河段防凌抢险时间按 5 d 考虑,在关闭闸门的情况下,海勃湾水库需要提供 1.47 亿~2.76 亿 m³ 的应急防凌库容。根据方案 1 和方案 2 的调蓄计算结果,开河期 14 年均可以腾空库容 4.43 亿 m³,3 年腾出部分防凌库容可以满足开河期蓄水要求,共 17 年满足防凌需求;不满足防凌需求的 3 年中,2 年能腾出应急防凌库容 0.78 亿 m³,仅有 1 年不能腾出应急防凌库容。因此,海勃湾水库基本可以利用腾出的库容进行应急防凌运用。

4)海勃湾水库运用初期防凌运用方式

a)防凌运用方式

根据内蒙古河段的防凌需求,分析海勃湾水库不同防凌控泄方案的调蓄计算结果,以石嘴山站为入库依据站,拟定了海勃湾水库各防凌运用时段的运用方式。

(1)11 月初,水库按照入出库平衡运用,运行水位为正常蓄水位 1 076 m。

(2)流凌封河期(三湖河口流凌—磴口封河):

内蒙古河段首封前,海勃湾水库根据下河沿前 5 d 平均流量 $Q_{下河沿}$ 判断确定出库流量。

宁蒙河段引水期(一般 11 月上中旬),石嘴山流量较小,海勃湾水库一般补水运用。当 $Q_{下河沿} \geq 900$ m³/s 时,下泄流量按 800 m³/s 控制;当 $Q_{下河沿} < 900$ m³/s 时,下泄流量按 700 m³/s 控制,以便腾出库容,且补水后最低水位不低于死水位。

宁蒙河段引水结束(一般 11 月下旬),宁夏灌区退水流量影响较大,石嘴山流量较大,海勃湾水库按一般蓄水运用。当 $Q_{下河沿} \geq 900$ m³/s 时,下泄流量按 800 m³/s 控制;当 800 m³/s $< Q_{下河沿} \leq 900$ m³/s 时,下泄流量按 700 m³/s 控制;当 $Q_{下河沿} < 800$ m³/s 时,下泄流量按 650 m³/s 控制。当入库流量大于水库控泄流量时,按水库控泄流量控制下泄,水库蓄水运用,直至防凌控制水位达到 1 075.1 m。库水位达 1 075.1 m,维持此水位按入出库平衡运用。

预报内蒙古河段首封时,海勃湾水库按照上述规则根据下河沿前 5 d 平均流量 $Q_{下河沿}$ 确定出库流量,并维持出库流量稳定;河段首封后,封河发展阶段控制下泄流量平稳且缓慢减小,磴口封河时控泄流量比河段首封流量减少约 50 m³/s。

（3）稳封期（磴口封河—磴口开河）。

海勃湾水库下游河道全部封冻后，海勃湾水库蓄水位一般都能达到 1 075.1 m。海勃湾水库根据上游来水情况调整稳封期的下泄过程。如果上游来水大于磴口封河时的流量，水库控制蓄水位不再升高，按来水流量控制下泄；如果上游来水小于磴口封河时的流量，按此封河流量凑泄，并保持出库过程平稳，以尽量腾出库容，为开河期蓄水做准备。

（4）开河期（磴口开河—三湖河口开河）。

根据内蒙古河段稳封期的来水量和海勃湾水库的控泄要求，在稳封期部分年份海勃湾水库不能腾出足够库容，满足开河期的蓄水要求。所以，在开河期，海勃湾水库的作用主要为根据水库蓄水情况，控制出库流量维持在 400 m³/s 左右，创造良好的开河条件，水库最高蓄水位为 1 075.1 m。

b）开河期海勃湾水库应急防凌运用方式

开河期，水库下游河段发生冰坝壅水等险情时，水库可以根据稳封期腾空库容的情况相机运用。如果在稳封期水库可以腾出 4.43 亿 m³ 的防凌库容，可利用此库容进行应急防凌运用，关闭闸门，为下游抢险救灾创造有利条件。如果仅保留 1 075.1~1 076 m 的应急防凌库容应急运用，减小下泄流量，按出库流量 200 m³/s 控制，缓解下游抢险救灾压力。

c）流凌封河期与龙羊峡、刘家峡水库运用的关系

海勃湾水库流凌封河期的控泄流量直接影响内蒙古河段的封河流量，因此水库出库控泄流量的确定应考虑内蒙古河段的过流能力的变化。但是由于海勃湾水库库容较小，内蒙古河段过流能力变化引起的封河流量变化，本次考虑主要由刘家峡水库控制；海勃湾水库仅在龙羊峡、刘家峡水库运用的基础上发挥微调的作用，在流凌封河期对宁蒙河段引退水造成的流量波动进行调节，水库先补水后蓄水运用，尽可能调节形成适宜平稳的出库流量过程，创造内蒙古河段较好的封河流量形势。

3. 海勃湾水库建成后宁蒙河段凌情变化

1）水库上游河段凌情变化

从海勃湾河段实际发生的冰塞冰坝情况看，乌海市段在封河期和开河期均可能发生冰塞冰坝灾害，且壅水水位高，是灾害比较严重且频繁的河段。

海勃湾水库建成后，对水库上游河段的影响范围主要为库区河段。根据海勃湾水库库区及库尾河段发生冰塞冰坝的历史资料和库尾的地形条件来看，水库库尾冰塞冰坝发生的主要河段分别为九店湾河段和黄柏茨湾河段。经分析，海勃湾水库库尾冰塞冰坝的影响范围距离坝址 13 km 左右，影响河段长度 30 km 左右，位于九店湾河段，冰塞冰坝末端位于距坝址 43 km 的石嘴山钢铁厂附近。

2）水库下游河段凌情变化

海勃湾水库修建以后，对下游凌情的影响主要表现为对河道流量的调节作用、下泄水温的变化和对上游冰量的拦蓄等三个方面。

在对河道流量的调节影响方面，流凌期，海勃湾水库削减因宁夏灌区引退水出现的流量突变过程，可以改善下游河段封河形势，减小巴彦高勒河段发生冰塞的概率。开河期，海勃湾水库根据水库的蓄水位和上游来水量，在下游发生冰坝时，相机运用，尽量控制下

泄流量,必要时关闭闸门,可以缓解开河期的防凌压力。

在对下泄水流温度的变化影响方面,初步预测海勃湾水库建库前后河道水温的变化情况,建库后较建库前下泄水温变动幅度 0.1~0.3 ℃,变化幅度较大的主要在 11 月和 3 月。海勃湾水库的出库水温提高,对磴口以上河段的产凌量有些影响,经估算,海勃湾水库以下河段可减少 20 km 左右河段的产凌量,水库下游约 20 km 河段将由建库前的稳定封冻段变为不稳定封冻段。

海勃湾水库建成后,对上游流凌的拦蓄作用,会使得水库坝址以下河段的流凌量明显减小。经初步估算,在流凌封河期海勃湾水库建成后,巴彦高勒站流凌量将减少 60% 左右。

由于黄河防凌问题复杂,在海勃湾水库防凌运用初期,应加强下游河道凌情发展情势监测,及时分析调度中存在的问题,总结防凌调度经验,并对海勃湾水库防凌方式及时调整、逐步完善。

3.3.2.5　小结

本次研究中,由于宁蒙河段历年的气温、水情、冰情和河道状况等实际情况都在变化,实际调度中刘家峡水库的控泄流量也相应进行调整,各年同期也都不相同。目前研究暂不考虑海勃湾的防凌任务,刘家峡水库防凌控泄流量考虑了 1989 年黄河凌汛期实施统一调度以来的刘家峡水库多年平均下泄情况,拟定凌汛期各月刘家峡水库控泄流量。1989~2007 年刘家峡水库 11 月平均实际下泄流量为 729 m^3/s,本次调控流量拟定为 747 m^3/s,主要是考虑在 11 月下旬或 12 月上旬宁蒙河段封河,刘家峡水库适当加大下泄流量以形成高冰盖,而且在上中旬兼顾宁蒙河段的灌溉供水,腾出防凌库容。12 月至次年 2 月是宁蒙河段的稳封期,考虑到冰下过流能力,调控流量按均匀下泄并逐月缓慢递减考虑,同时考虑到未来工业和生活用水的进一步增加,拟定刘家峡水库在凌汛期的下泄流量比目前多年平均防凌调度流量稍大,调控流量分别拟定为 540 m^3/s、500 m^3/s 和 423 m^3/s。3 月上中旬是宁蒙河段开河期,进一步控制下泄流量(一般在 350 m^3/s 左右),3 月下旬宁蒙河段开河后可根据灌溉供水和发电需要加大泄量,3 月平均下泄流量拟定为 440 m^3/s。

3.3.3　减缓宁蒙河段中水河槽萎缩的调度方案研究

3.3.3.1　宁蒙河道冲淤特性

1. 干支流水沙特性分析

1986 年 11 月以来,宁蒙河段干支流来水来沙条件发生了较大的变化,主要表现为:

(1)干流主要测站的年水量较之前减少 81.4 亿~106.2 亿 m^3,减少幅度为 24.7%~40.5%,年沙量减少 0.70 亿~1.00 亿 t,减少幅度为 49.3%~69.8%;水沙量年内分布也发生了一些变化,汛期水沙量比例减小,非汛期水沙量比例增大,其中汛期水量占全年的比例为 36.7%~43.5%,减少 15.0%~21.9%,汛期沙量占全年的比例为 56.8%~88.1%,减少 0.6%~25.1%。

(2)宁夏主要支流来水来沙量分别增加 0.47 亿 m^3 和 0.19 亿 t,增加幅度分别为 6.5% 和 73.0%,平均含沙量由 35.17 kg/m^3 增加到 57.17 kg/m^3,增加 22.00 kg/m^3;内蒙

古支流总体来水量减少了 0.18 亿 m³,减少幅度为 9.2%,来沙量增加 0.02 亿 t,增加了 8.8%,平均含沙量增加 27.9 kg/m³。

(3)宁蒙灌区年均引水量增加 20.5 亿 m³,增幅为 16.4%;引沙量增加 0.117 亿 t,增幅为 31.9%。考虑退水量、退沙量也略有增加,整个宁蒙灌区年净耗水量增加 16.5 亿 m³,净引沙量增加 0.109 亿 t。

(4)宁蒙河段的干流来水来沙量明显减少,支流来水量增加不大,而来沙量增加较为明显,加上宁蒙灌区净用水量增加,导致水沙关系趋于恶化。龙刘水库联合运用以前,青铜峡站、巴彦高勒站汛期来沙系数分别为 0.005 0 kg·s/m⁶ 和 0.005 2 kg·s/m⁶,两库联合运用之后分别为 0.011 1 kg·s/m⁶ 和 0.011 3 kg·s/m⁶。另外,宁蒙河段区间支流来水量较少,为干流(下河沿站)的 3.2%,而来沙量较大,约为干流来沙量的 61.7%,若加上每年约 2 560 万 t 的入黄风积沙量,区间来沙量所占比例更大。

2. 宁蒙河段冲淤分布

本次河道冲淤计算采用沙量平衡法和断面法两种相互验证,计算结果表明,宁夏河段多年冲淤变化相对较小,基本保持冲淤平衡的状态;而内蒙古河段淤积较多,2000 年以来,年均淤积量为 0.385 亿 t(断面法),淤积较为严重的河段为昭君坟至头道拐和三河湖口至昭君坟两个河段。

3. 河道冲淤与来水来沙关系

下河沿站为黄河干流水沙进入宁蒙河段的控制站,根据下河沿站实测流量过程进行洪水场次的划分。统计分析了 1973 年以来(巴彦高勒站建立以来)宁蒙河段实测洪水冲淤情况,由于宁蒙河段支流日均水沙及沿程逐日引水引沙相关资料缺乏,本次洪水冲淤量计算中,未考虑支流水沙及沿程引水引沙情况。宁蒙河段洪水冲淤与流量、含沙量关系较为密切,当含沙量小于 3 kg/m³ 时,宁蒙河段主要表现为冲刷,随着流量的增加,冲刷程度加剧,流量为 2 500~3 000 m³/s 时,宁蒙河段全线冲刷,并且冲刷效率达最大值,为 -5.06 kg/m³,之后随着流量的增加,冲刷效率降低;当含沙量为 3~7 kg/m³,流量大于 2 000 m³/s 时,宁蒙河段表现为冲刷,当流量增加到 2 500~3 000 m³/s 时,冲刷效率有了明显的增大,当流量大于 3 000 m³/s 时,冲刷效率增加不大。当含沙量为 7~15 kg/m³ 时,宁蒙河段表现为淤积,随着流量的增加,淤积程度有所减小。当含沙量大于 15 kg/m³ 时,宁蒙河段淤积明显加重。

随着流量的增加,宁蒙河段由淤积逐渐转为冲刷,当洪水流量(下河沿断面,下同)大于 2 000 m³/s 时,河道以冲刷为主;当洪水流量小于 2 000 m³/s 时,则以淤积为主。洪水平均流量小于 2 000 m³/s 的洪水共有 36 场,其中有 22 场洪水宁蒙河段表现为淤积,占 61%;其余 14 场洪水宁蒙河段冲刷,主要是含沙量较小,含沙量都小于 5 kg/m³。洪水平均流量大于 2 000 m³/s 的洪水共有 28 场,其中有 21 场洪水宁蒙河段表现为冲刷,占 75%;其余 7 场次洪水由于含沙量大都在 7 kg/m³ 以上,宁蒙河段发生淤积。

从洪水场次分析来看,当下河沿站洪水流量达到 2 000 m³/s 以上,宁蒙河道以冲刷为主,流量级达到 2 500~3 000 m³/s 时,宁蒙河段基本全线冲刷,效果较好。

1987 年以来,内蒙古河段淤积严重,按巴彦高勒站流量过程进行分析,洪水平均流量相对较小,多为 1 000~1 500 m³/s,河道冲淤与洪水来沙系数关系密切,当洪水平均来沙系数小于 0.004 5 kg·s/m⁶ 时,宁蒙河道以冲刷为主;当来沙系数大于 0.055 kg·s/m⁶ 时,河道基本为淤积状态。可见,当流量较小时,若水沙搭配合理也可以冲刷河道,只是冲刷效果要差一些。

从 2012 年洪水冲淤变化特点来看,在河道过流能力较小的河床边界条件下,泄放较大的流量过程,受水流大范围漫滩的影响,虽然河段总体表现为微淤状态,但主槽全线冲刷,淤积主要集中在滩地,河道断面形态发生剧烈调整,扩大了主槽的过流能力。

总之,当来水流量较大时,若河床边界条件相匹配(平滩流量与洪水流量相近),流量越大,输沙效率越高,有利于河道输沙;若河床边界条件不匹配(平滩流量小于洪水流量),随着流量的增大,则会造成大量的漫滩淤积,河道整体输沙效率会有所下降,但有利于淤滩刷槽,扩大主槽的过流能力。

3.3.3.2　宁蒙河段减淤主要控制指标

1. 流量指标

从宁蒙河道不同水流的输沙特性来看,一般情况下,洪水的输沙效率随着流量的增大而增大,而当洪水漫滩后,其输沙效率会趋于稳定,若是大面积漫滩也可能发生一定的淤积,河道整体输沙效率下降,但大流量洪水过程有利于调整河槽断面形态,扩大主槽过流能力。

目前,恢复河道主槽过流能力主要有两种途径:①泄放与河道平滩流量相应的洪水过程,通过逐年的冲刷而达到逐步恢复主槽过流能力,同时随着主槽过流能力的增大逐步加大下泄的流量级别,以黄河下游历年调水调沙调度为典型代表;②下泄超过平滩流量的大流量过程,形成淤滩刷槽,通过滩槽断面形态横向调整达到扩大主槽过流能力的目的,以 2012 年宁蒙河段洪水过程为典型代表。第一种方法恢复主槽过流能力所需历时较长,过程变化相对缓慢,需要下泄的大流量过程的次数和水量较多,主要优势在于不需要大面积漫滩,可以避免漫滩洪水带来的损失和相关的影响;第二种方法恢复主槽过流能力所需历时较短,断面调整剧烈,需要下泄大流量过程的次数和水量要少一些,但会造成大量的滩地淤积,带来一定的淤积损失,同时也会造成局部河势变化较大。

至 2012 年,内蒙古河道平滩流量已经达到 2 000 m³/s 左右,考虑到宁蒙河段洪水漫滩带来的损失与黄河下游滩区相比要小得多,且上游水库联合调度可用于减淤的水量少,为了更好地减缓宁蒙河段淤积和恢复其中水河槽过流能力,本次调控流量按不小于 2 500 m³/s 考虑。

2. 水量指标

2000 年以来,内蒙古河道年均淤积泥沙约 0.39 亿 t,且汛期头道拐站实测输沙量为 0.21 亿 t,在现状水平来沙条件下,若要完全使得河道冲淤平衡,则需要头道拐站汛期输沙量达到 0.60 亿 t,根据水沙量关系计算,则要求汛期头道拐站来水量达到 119 亿 m³。

从历年宁蒙河段洪水期水量与河道冲淤量关系看,当洪水期水量大于 30 亿 m³ 时,宁蒙河段以冲刷为主,所以要想宁蒙河段获得较好的冲刷效果,进入宁蒙河段的一次洪水量应不小于 30 亿 m³。

3. 泄放大流量历时指标

根据各站流量与断面平均流速关系计算,从下河沿至马栅乡,不考虑区间水库调蓄的影响,2 500 m³/s 量级洪水传播时间约 7 d,相关统计见表 3-3-14,考虑青铜峡和三盛公水库的调蓄作用,历时 9~10 d。

表 3-3-14 宁蒙河段 2 500 m³/s 流量洪水传播时间分析

站名	流量/(m³/s)	流速/(m/s)	时速/(km/h)	河道距离/km	传播时间/h	传播时间/d
下河沿	2 500	2.45	8.83			
青铜峡	2 500	2.25	8.08	123.5	14.60	
石嘴山	2 500	2.03	7.30	194.6	25.30	
巴彦高勒	2 500	2.00	7.19	140.6	19.40	
三河湖口	2 500	1.53	5.52	221.1	34.78	
昭君坟	2 500	1.35	4.87	126.4	24.33	
头道拐	2 500	2.36	8.49	184.1	27.56	
马栅				150.8	17.75	
合计					163.72	6.82

根据河道冲淤特性和调水调沙实践,若要达到较好的输沙效果、减少河道淤积,或达到较好的冲刷效果、恢复河道主槽过流能力,调水调沙大流量下泄的历时一般应不小于整个河段的水流传播时间。统计历史上宁蒙河段 2 500~3 000 m³/s 流量级不同场次洪水的冲淤情况,宁蒙河段全线冲刷的场次洪水历时天数最小为 14 d,随着持续历时的增加,河道冲刷量也随之急剧增加。宁蒙河段存在水沙异源的特点,即支流来沙所占比例较大,同时受上游水库群联合调度和区间引水的影响,极易造成水沙关系的不协调,因而淤积在所难免。要减缓宁蒙河道的淤积,并长期维持河道的中水河槽,则需要增加宁蒙河段的大流量过程,利用大流量过程的冲刷来抵消其他时期干支流水沙关系不协调所造成的淤积,在一个较长时段内保持河道的冲淤平衡或较大限度地减缓河道淤积。所以,泄放大流量历时过短,则河道冲刷的量有限,不足以抵消水沙关系不协调时期的河道淤积,从有利于河道减淤角度出发,凑泄流量指标为不小于 2 500 m³/s,建议一次洪水调控历时不少于 14 d。

4. 泄放大流量时机

1)根据干流水沙关系选择时机

2000~2009 年汛期各月下河沿、青铜峡、巴彦高勒、三河湖口和头道拐各站的来水来沙情况统计见表 3-3-15。

从来水量看,下河沿站 9 月、10 月来水较多,7 月、8 月来水相对较少,但 4 个月来水量差别不大。受区间支流来水及引退水的影响,青铜峡、巴彦高勒、三河湖口和头道拐 4站,9 月来水较多,7 月来水最少,8 月、10 月来水量接近(除青铜峡外),与不同月份区间引退水、支流来水存在差异有关。从各站的来沙系数来看,7 月、8 月来沙系数偏大,水沙关系搭配不合理,9 月、10 月来沙系数相对较小;8 月的平均含沙量高,来沙系数大,水沙搭配最不合理,为了协调水沙关系,凑泄大流量过程进入宁蒙河段的时机应首先选择在 8

月,其次为 7 月。

表 3-3-15 2000~2009 年宁蒙河段各站来水来沙情况统计

站名	下河沿				青铜峡			
汛期月份	7	8	9	10	7	8	9	10
水量/亿 m³	23.28	23.07	25.71	28.49	12.43	15.50	24.43	27.00
沙量/亿 t	0.08	0.13	0.05	0.04	0.09	0.17	0.14	0.08
流量/(m³/s)	869	861	992	1 064	464	579	943	1 008
含沙量/(kg/m³)	3.61	5.51	2.10	1.37	7.42	10.74	5.55	3.08
来沙系数/(kg·s/m⁶)	0.004	0.006	0.002	0.001	0.016	0.019	0.006	0.003
站名	巴彦高勒				三河湖口			
汛期月份	7	8	9	10	7	8	9	10
水量/亿 m³	7.32	14.93	18.31	13.74	8.56	14.63	20.60	13.83
沙量/亿 t	0.02	0.11	0.08	0.05	0.02	0.07	0.10	0.05
流量/(m³/s)	273	558	706	513	320	546	795	517
含沙量/(kg/m³)	2.71	7.61	4.37	3.40	2.79	4.56	4.98	3.96
来沙系数/(kg·s/m⁶)	0.010	0.014	0.006	0.007	0.009	0.008	0.006	0.008
站名	头道拐							
汛期月份	7	8	9	10				
水量/亿 m³	7.49	13.78	20.28	12.31				
沙量/亿 t	0.02	0.06	0.09	0.03				
流量/(m³/s)	280	515	782	460				
含沙量/(kg/m³)	2.85	4.29	4.47	2.48				
来沙系数/(kg·s/m⁶)	0.010	0.008	0.006	0.005				

2)根据支流来沙特点选择时机

根据宁蒙河段冲淤特性,其河道淤积不仅与黄河上游进入宁蒙河段的泥沙量有关,而且与支流来水来沙关系密切。宁蒙河段分布有"十大孔兑"(主要分布在昭君坟附近河段),"十大孔兑"来水来沙年内分配极为不均,全年水沙主要来自汛期的几场大洪水,洪水来势迅猛,历时较短,短时间内带来大量的泥沙容易淤堵黄河(历史上支流洪水出现时间统计见表 3-3-16)。由表 3-3-16 可以看出,"十大孔兑"的洪水期主要是 7 月下旬至 8 月上旬。

3)结合中小水库排沙特点选择时机

2000 年以来,青铜峡水库除汛期(主要是 7 月和 8 月)入库含沙量较高时采用沙峰"穿堂过"的方式排沙出库外,汛末(一般是 9 月、10 月)联合上游梯级水库采用短历时(1~3 d)停机泄空集中排沙。其中,集中排沙过程的历时短,流量相对较大,每次排沙量为 378 万~1 500 万 t,平均为 1 039 万 t,出库平均含沙量较高,为 31.96~301.68 kg/m³。大部分沙量在青铜峡至石嘴山河段先淤积,后续利用 9 月、10 月或者非汛期下泄的相对清水逐渐带走,不会在青铜峡至石嘴山河段发生大的淤积,这也是宁夏河段主槽淤积较少的原因之一。

表 3-3-16　沙坝淤堵黄河时支流水沙特征值统计

洪号	洪峰/(m³/s)	洪量/万 m³	最大含沙量/(kg/m³)	输沙总量/万 t	黄河最高水位/m
61821	3 180	5 300	1 200	2 970	1 010.77
66813	3 660	2 320	1 380	1 980	1 011.09
76803	1 160	1 700	383	271	1 009.62
84809	660	956	651	347	1 009.73
89721	6 940	7 350	1 240	5 140	1 010.22

沙坡头水库由于库容小,水库基本达到冲淤平衡,水库排沙时段与青铜峡类似,且排沙量小。

三盛公水库由于以灌溉为主,水库汛期蓄水拦沙,利用河道壅水进行灌溉,而非汛期主要为敞泄运用。2000~2004 年,由于水库淤积严重,每年 8 月中旬进行一次历时 15 d 左右的敞泄排沙,每次排沙量约 500 万 t。

中小水库排沙时机存在一定的差异,青铜峡、沙坡头水库在 9 月、10 月排沙量较大,而三盛公水库则是 8 月中旬排沙量较大。

4)泄放大流量时机的选择

由于黄河流域水资源十分宝贵,因此泄放大流量次数不多,历时也不会很长,不可能完全兼顾干、支流来水来沙和水库排沙,同时宁蒙河段"十大孔兑"来沙对河道冲淤影响较大。所以,泄放大流量进入宁蒙河段的时机宜选择在 7 月下旬和 8 月上旬,以改善汛期河道水沙关系,减缓宁蒙河段淤积。

3.3.3.3　宁蒙河段减淤调度方案拟订

由于黄河上游龙羊峡、刘家峡等梯级水库的开发任务多以发电为主,兼顾防洪、防凌、灌溉等,并未包括宁蒙河段的减淤,因此在方案拟订的过程中,应优先满足防洪(防凌)、灌溉、供水等需求之后,才适当兼顾宁蒙河段的减淤需求。

按照多目标优先序原则和不同减淤目标需求,初步拟订了 3 个方案,各方案水量情况统计见表 3-3-17。其中,方案一为现状方案,下河沿断面多年平均来水量约 300 亿 m³,汛期、非汛期来水量分别为 123.1 亿 m³ 和 176.9 亿 m³;方案二在方案一的基础上,当 7 月、8 月水库蓄水位较高且来水较丰时,适当泄放大流量过程,到 9 月和 10 月蓄水,保证龙羊峡和刘家峡水库汛期和非汛期蓄水量不变。方案三控制龙羊峡和刘家峡水库汛期蓄水量减少约 10.6 亿 m³,并尽可能集中到 7 月和 8 月泄放大流量过程。从调节的实际过程看,方案三汛期大流量年均天数为 12.0 d 和水量 26.43 亿 m³。

表 3-3-17　不同方案下河沿断面年平均水量统计(1956 年 7 月至 2010 年 6 月)

序号	方案	水量/亿 m³			与现状方案相比增加水量/亿 m³			>2 500 m³/s 的天数和水量	
		汛期	非汛期	全年	汛期	非汛期	全年	天数/d	水量/亿 m³
1	方案一(现状)	123.1	176.9	300.0	0	0	0	1.8	4.40
2	方案二	123.1	176.9	300.0	0	0	0	6.7	14.94
3	方案三	133.7	166.3	300.0	10.6	-10.6	0	12.0	26.43

3.3.4　不同调度方案的对比分析

3.3.4.1　联合调度目标满足程度分析

1. 防洪

按本研究推荐的黄河上游防洪方案,龙羊峡水库汛限水位 2 589 m,刘家峡水库汛限水位 1 726 m,刘家峡水库 100 年一遇以下洪水最大泄量由设计的 4 290 m³/s 减小至 3 640 m³/s,能满足兰州市 100 年一遇不超安全泄量 6 500 m³/s 的防洪要求。龙羊峡水库在年度汛限水位至 2 589 m 之间的库容用来兼顾宁蒙河段防洪安全,同时由于刘家峡水库 100 年一遇以下洪水泄量减小,也间接减小了宁蒙河段防洪压力。

2. 防凌

结合对近 10 年刘家峡水库下泄流量过程分析,考虑近期上游来水较多、龙羊峡水库蓄水位较高,宁蒙河段河道淤积,在近期 5~10 年过流能力很难出现较大变化,近期刘家峡凌汛期下泄总水量一般在 65 亿 m³ 左右,采用一般来水年份年度下泄流量作为凌汛期刘家峡水库下泄流量的推荐方案。刘家峡水库下泄流量控制的基本原则为:11 月初开始加大下泄流量,11 月中旬开始减小下泄流量,适应宁蒙灌区引退水变化,促成稳定、适当的封河流量;之后,为避免河道槽蓄水增量过快,并促使河道槽蓄水增量提前释放、改善开河形势,水库逐步减少下泄流量,且在开河期加大控泄力度。

3. 河道外用水

通过各方案全流域和河口镇以上计算的可供耗水量与黄河流域 2020 水平年水资源配置方案对比,分析各方案不同典型年河道外用水满足程度。

《黄河流域水资源综合规划》以"87 分水方案"为基础提出了 2020 水平年水资源配置方案,配置河道外各省(区)可利用水量为 332.8 亿 m³,入海水量为 187.0 亿 m³,其中河口镇以上区域配置河道外可利用水量为 123.5 亿 m³。方案一梯级水库按照现状运用原则,以满足河道内外配置水量为目标,黄河流域多年平均可供耗水量为 332.8 亿 m³,其中河口镇以上可供耗水量为 123.5 亿 m³。

方案二在方案一的基础上,适当调整龙刘水库运用方式,仅在 7 月、8 月水库蓄水位较高且来水较丰时,泄放大流量过程,到 9 月和 10 月蓄水,龙刘水库汛期和非汛期下泄水量与方案一一致。因此,流域可供耗水量与现状方案一致。

方案三龙刘水库汛期少蓄水量 10.6 亿 m³，非汛期补水量减少，多年平均全流域河道外可供地表耗水量减少为 332.5 亿 m³，较配置水量少 0.3 亿 m³，其中河口镇以上可供耗水量为 123.5 亿 m³。与方案一相比，丰水年、多年平均、平水年全流域河道外地表耗水量基本不变，枯水年、特枯水年、连续枯水段有不同程度的减少，其中连续枯水段少 0.4 亿 m³，特枯水年少 1.0 亿 m³。

4. 宁蒙河段减淤

方案一（现状方案）宁蒙河段年均淤积泥沙 0.631 亿 t，淤积主要集中在汛期，非汛期轻微冲刷；方案二在方案一的基础上当 7 月、8 月水库蓄水位较高且来水较丰时，泄放大流量过程，发挥了大水的输沙效果，年均减少淤积 0.059 亿 t；方案三在方案一的基础上，汛期年均增加约 10.6 亿 m³ 水量，汛期减少淤积约 0.142 亿 t，非汛期略有增淤，总体上年均减少淤积约 0.097 亿 t，见表 3-3-18。

表 3-3-18　宁蒙河段冲淤计算结果统计

方案	下河沿水量/亿 m³			下河沿沙量/亿 t			年均冲淤量/亿 t			汛期增水/亿 m³	减淤量/亿 t		
	汛期	非汛期	全年	汛期	非汛期	全年	汛期	非汛期	全年		汛期	非汛期	全年
方案一	123.1	176.9	300.0	0.572	0.259	0.831	0.638	-0.007	0.631	0			
方案二	123.1	176.9	300.0	0.572	0.259	0.831	0.579	-0.007	0.572	0	-0.059	0	0.059
方案三	133.7	166.3	300.0	0.572	0.259	0.831	0.496	0.039	0.535	10.6	-0.142	0.046	0.097

可见，把汛期的部分水量调节到水沙搭配相对不利的 7 月或 8 月，可以稍微减少宁蒙河段的淤积，其作用相对有限；而把非汛期的部分水量调节到汛期集中泄放，对协调宁蒙河段汛期水沙关系是有利的，而对非汛期河道冲淤则是不利的。综合来看，两种方案均可以在一定程度上减少宁蒙河段的淤积，但龙刘水库受限于多目标任务需求，可用于减淤的水量有限，无法真正解决宁蒙河段的淤积问题。

5. 梯级电站电能指标

方案一，1956～2010 年系列龙羊峡—河口镇河段梯级多年平均总发电量为 510.83 亿 kW·h，保证出力为 4 870 MW。

方案二，龙刘水库汛期 7 月、8 月适当少蓄，9 月、10 月适当多蓄，汛期和非汛期总蓄水量不变，汛期末水位与方案一基本一致，梯级电站发电量略有减少，为 510.21 亿 kW·h，保证出力不变，为 4 870 MW，见表 3-3-19。

表 3-3-19　各方案龙羊峡—河口镇上游河段梯级电站电能指标统计

方案名称	发电量/（亿 kW·h）	与方案一相比发电量减少值/（亿 kW·h）	保证出力/MW	与方案一相比保证出力减少值/MW
方案一	510.83	—	4 870	—
方案二	510.21	-0.62	4 870	0
方案三	501.27	-9.56	4 600	-270

方案三，龙刘水库汛期少蓄 10.6 亿 m³，汛期水位降低，同时非汛期补水量减少，梯级

电站多年平均总发电量为 501.27 亿 kW·h,保证出力为 4 600 MW,与方案一相比,分别减少 9.56 亿 kW·h 和 270 MW,减幅分别为 1.9% 和 5.9%。考虑到龙羊峡、刘家峡水电站在西北电网占有重要的地位,并且承担系统的主要调峰调频、事故备用等任务。龙刘水库汛期少蓄 10.6 亿 m³,汛期发电水头降低,上游整个梯级水电站的基荷发电持续时间增加,电网将完全依靠火电站机组深度调峰来解决;非汛期上游梯级电站的总保证出力下降,造成电站的容量效益不能发挥,需要增加火电站装机容量弥补电网容量之不足,而且水电站的调峰容量减少,造成火电站机组调峰深度增加。火电站机组深度调峰,不仅增加了电网的燃料费,更为重要的是影响了电网的安全稳定运行。

3.3.4.2　联合调度效益分析

水库群综合调度各方案产生的经济效益有直接经济效益和间接经济效益,本书仅对直接经济效益(损失或者增加)进行计算。主要包括供水和发电损失效益、减淤和生态供水效益等。由于防洪防凌是作为约束条件来考虑的,因此在方案比选时防洪防凌主要从满足程度上来分析,不进行经济效益计算。

与方案一相比,方案二发电供水损失的年均效益值为 0.13 亿元,增加效益主要是减淤,其可增年均效益为 0.69 亿元,合计即可粗略估算出方案二的经济效益为 0.56 亿元。方案三发电、农业供水损失的效益值分别为 8.32 亿元、0.22 亿元,增加效益主要是减淤和生态环境效益,其可增效益为 1.35 亿元,合计即可粗略估算出方案三的经济效益为 −7.19 亿元。各调整方案总效益见表 3-3-20。结合各方案综合调度目标满足程度及效益分析,在现状运用方式基础上,当 7 月、8 月水库蓄水位较高且来水较丰时,适当泄放大流量过程,到 9 月和 10 月蓄水为非汛期补水,保证龙羊峡、刘家峡水库汛期和非汛期蓄水量不变(方案二)为相对较优的运用方式。与方案一相比,该方案龙羊峡和刘家峡水库多年平均 7 月和 8 月增加下泄水量为 1.4 亿 m³ 和 2.8 亿 m³,9 月和 10 月减少下泄水量为 2.7 亿 m³ 和 1.5 亿 m³。

表 3-3-20　各方案与现状运用方式相比多年平均效益统计表　　　单位:亿元

方案	发电	减淤	农业	生态	总效益
方案二	−0.13	0.69	0	0	0.56
方案三	−8.32	1.13	−0.22	0.22	−7.19

3.3.5　小结

本部分分析了宁蒙河道冲淤特性及主要控制指标,在优先满足防洪、防凌、供水、发电等调度需求之后,拟订了宁蒙河道冲淤不同调度方案,通过各调度目标满足程度及综合效益的对比分析,推荐了考虑减缓宁蒙河段中水河槽萎缩的上游水库群联合调度方案。同时研究认识到,仅依靠优化龙刘水库调节不能彻底解决宁蒙河道主槽淤积萎缩的问题,还需要采取综合措施。这些综合措施可以从以下几个方面展开:①通过在黄河干流上修建如大柳树水库这样的大型水利工程,与龙刘水库配合进行拦沙和调水调沙运用,协调黄河干流进入宁蒙河段的水沙关系。②通过西线南水北调工程,增加进入宁蒙河段的水量,缓解水少沙多、水沙不平衡的矛盾。③针对宁蒙河段区间来沙较多的支流进行综合治理,减少区间支流(尤其"十大孔兑")的来沙量,例如在"十大孔兑"选择引沙条件和地形条件适宜的区域引洪放淤处理泥沙,淤地造田为当地生产服务的作用,加强支流淤地坝建设、基本农田建设,培育植被和兴修小型水利水保工程等。

3.4　本章小结

本章分析现状黄河上游梯级水库群调度的作用,并提出新形势下水库群联合调度的新要求;统筹考虑维持黄河健康生命和经济社会发展的各项需求,进行多目标协调,分析了上游水库群的防洪、防凌、减淤、水资源配置等的调度需求,并提出相关技术指标;在已有研究结果和模型的基础上,构建了黄河上游水库群综合调度模型并与实际调度过程对比进行合理性分析;提出减缓宁蒙河段中水河槽萎缩的上游水库群联合调度方案。

第 4 章　龙羊峡水库年末消落水位研究

4.1　概　述

近年来,黄河上游梯级水电站水库运用受沿黄地区综合用水和防凌安全需求的影响进一步扩大,发电、防凌、用水之间的矛盾愈加突出,综合利用任务日益繁重,出现多目标、多约束、诸多利益群体关系错综复杂的局面。随着跨省区电网互联、互供电交易规模的扩大,水电调度运行方式的安全性、经济性、合理性、合法性面临严峻挑战,对西北电网安全、稳定、高效运行和黄河上游水量统一调度管理工作构成重大影响。

龙羊峡水电站是黄河上游梯级水电站群中的龙头水电站,作为多年调节性水库,其运用方式的较小变化,不仅对当年而且对以后多年梯级水电站群、西北电网运行方式及黄河上游水资源综合利用效益产生较大影响。其中,龙羊峡水库年末消落水位控制方式对梯级水电站及西北电网安全高效运行的影响比较显著。合理地控制龙羊峡水库年末消落水位是安全高效利用龙羊峡水库及保障黄河水资源综合利用效益的重要措施之一。为充分发挥龙羊峡水库多年调节性能的长期补偿作用,研究龙羊峡水库的年末消落水位的最优控制方案具有重要现实意义。

本研究基于前面所构建的满足多目标需求的上游水库群联合调度模型,依据模拟的龙羊峡水库水位优化策略,模拟龙羊峡水库年末优化水位,并结合水库实测年末消落水位分析影响龙羊峡水库年末消落水位的因素,建立多元线性回归模型,以此研究龙羊峡水库年末消落水位的合理预测方法;通过分析龙羊峡汛期弃水研究其年末水位的最优控制策略,最大限度地提高电站群的综合利用效益。

研究技术路线如下:

(1)收集、整理基本资料。

所需资料有龙羊峡水库水文年末和日历年末消落水位资料、逐月平均入库流量资料、下游区间干流用水资料及龙刘两库联合调度等。资料来源主要由西北电网有限公司内部提供、黄河网水资源公报及黄河水利出版社出版的《黄河水资源管理》。

(2)调度模型模拟。

通过前述建立的黄河上游水库群综合调度模型,模拟出龙羊峡水库长系列年末消落水位值。

(3)龙羊峡水库年末消落水位关键影响因子分析。

通过定性分析找出所有可能影响龙羊峡水库年末水位的因子,然后分别对龙羊峡水库年末优化水位和实测水位进行分析,利用逐步回归分析方法筛选影响龙羊峡水库年末消落水位的关键因子。在此说明一点,后面的研究首先并主要分析对水文年年末水位的控制。

(4)龙羊峡水库年末消落水位预测模型构建及求解。

构建多元回归模型并进行求解,预测水位,分析预测效果。

(5)龙羊峡水库年末消落水位控制方案论证。

根据龙羊峡水库年末消落水位的关键因子特点给出典型年,按照水库正常运行原则,在保证下游干流一段区间内正常用水和保障下游防洪、防凌安全条件下,避免水库长期处于低水位运行状态和汛期发生弃水,提出并论证年末消落水位控制方案。

龙羊峡年末消落水位研究技术路线如图 4-1-1 所示。

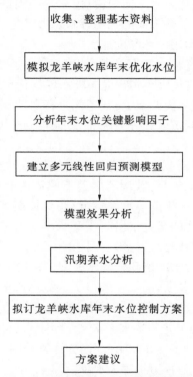

图 4-1-1　龙羊峡年末消落水位研究技术路线

4.2　年末消落水位影响因子率定及分析

4.2.1　基于优化水位的必要性分析

龙羊峡水库在 1990~2003 年间年末水位基本上处于 2 560 m 以下,远低于龙羊峡水库汛限水位(2 588 m),20 世纪 90 年代的情况尤为严重。造成这种局面的原因有自然和人为两大因素:一是黄河上游自 20 世纪 90 年代初开始,基本遭遇连续 9 年的枯水段,电站平均来水流量比多年平均值减少了 80 m³/s,是造成龙羊峡水库长期处于低水位运行的根本原因;二是龙羊峡水库初期运行并不合理,在发电方面,根据调度图电站应降低出力区,然而在实际运行中,企业为了追求眼前利益和完成发电任务,使当年发电尽可能大,梯级出力不仅按保证出力甚至有时大于保证出力运行。在供水方面,按调度图应属破坏区,但龙羊峡水库实际运行中灌溉用水等保证率远远大于设计保证率,电站常常因为供水而被迫发电,最终损害了电网的长期效益。此外,龙羊峡水库初期运行期间,一些调度管理措施不完善,制度不健全,工作人员缺乏调度经验。远距离调水也是导致龙羊峡水库长期处于低水位运行的一个重要原因。1972 年以来,随着沿黄地区多种产业发展,黄河水资源不足的问题开始暴露出来,加上黄河经常发生断流,水资源不足问题已成为黄河流域经济社会可持续发展的制约因素。为了暂时缓解下游严重缺水问题,国家有关部门从 1992年开始,先后五次实施从上游梯级水库向河南、山东远距离调水工作,严重影响了龙刘梯级水库的正常运行,加大了龙羊峡水库的强制补水。由于龙羊峡水库为多年调节性水库,提前超量补水势必导致水库运用破坏深度加大。

龙羊峡水库的实际调度资料受人为因素干扰太大,为了减少人为干扰影响,需要通过建立上游梯级水电站联合调度模型模拟出龙羊峡水库优化年末水位。龙羊峡水库库容较大,它不但对年入库径流进行年内调节,而且还能进行年际调节,因此其调节周期往往是不定的。设计中虽然把多年调节库容分为两部分,即年调节库容和多年调节库容,但在水库运行中,不能硬性划分,实际上多年调节性水库的年末消落水位随不同的来水年份和运行方式每年在变化,所以多年调节水库调度运用的好坏,不能以年为单位进行评价,应以调节周期长度为单位。但遗憾的是,其调节周期不像年调节水库(定值),因此需要建立多年调节计算模型,才能体现多年调节水库特点,获得长期满意的运行策略。所以,本章对于龙羊峡水库年末消落水位的研究采用第 3 章所建立的综合调度模型,从得到的龙羊峡水库年末水库的优化调度策略集进行影响因子的率定。

基于前述建立的黄河上游水库群联合调度模型,通过长系列模拟计算,确定龙羊峡水库 1956 年年末(6 月末)起调水位 $Z_起$ = 2 592.1 m,通过对 1956~2010 年历史资料的长系列调节计算,模拟黄河上游水库群联合调度过程,得出龙羊峡水库水文年末水位,如图 4-2-1 所示。通过计算得出龙羊峡水库水文年年末水位的多年均值 $Z_均$ = 2 582.5 m,标准偏差 S = 12.6 m,变差系数 C_v = 0.004 9。因为计算采用的是水文年,所以在此仅计算水文年年末水位,以后不再讨论日历年年末水位。

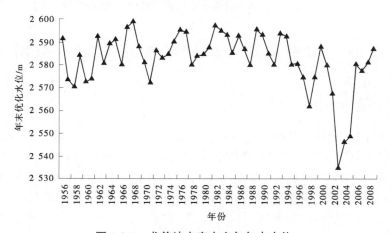

图 4-2-1　龙羊峡水库水文年年末水位

4.2.2　关键影响因子率定

龙羊峡水库年末消落水位的影响因素有许多,根据水库水量平衡原理可知其影响因素应该有当年年初坝前水位 Z_0、当年入库水量 W_{I0} 和用水量 W_{O0}。此外,因为龙羊峡水库是多年调节性水库,所以以后若干年的入库水量 $W_{Ii}(i=1,2\cdots)$ 和干流区域用水量 $W_{Oi}(i=1,2\cdots)$ 对水库当年年末水位也存在着一定影响。

为了从诸多因子中筛选出对龙羊峡水库年末消落水位影响显著的因子,得到相关性较好的关系,采用传统的逐步回归分析法进行率定。

4.2.2.1　基本思路

水文中长期预报中,影响预报对象的因子往往不止一个,那么自然的想法是希望能从这些影响因子中挑选一批与预报对象关系比较好的因子,建立"最优"的回归方程进行预测。所谓"最优"回归方程,主要是指希望在回归方程中包含所有对预报对象影响显著的因子,而不包含对预报对象影响不显著的因子的回归方程。逐步回归分析正是根据这种原则提出来的一种回归分析方法。它的主要思路是在考虑的全部因子中按其对方差的贡献大小,由大到小地逐个引入回归方程,而那些对预报对象作用不显著的因子可能始终不被引入回归方程。另外,已被引入回归方程的因子在引入新因子后也可能会失去显著性,因此需要从回归方程中剔除出去。引入一个因子或从回归方程中剔除一个因子都成为逐步回归的一步,每一步都要进行给定信度的显著性检验(F 检验),以保证在引入新因子前回归方程中只含有对预报对象影响显著的因子,而不显著的因子已被剔除。

逐步回归分析的实施过程是每一步都要对已引入回归方程的因子计算偏回归平方和(方差贡献),然后选一个偏回归平方和最小的因子,在预先给定的 α 水平下进行显著性检验,如果显著则该因子不必从回归方程中剔除,这时更不需要剔除方程中的其他若干因子。相反,如果不显著,则该因子要被剔除,然后按偏回归平方和由小到大依次对方程中其他因子进行 F 检验,最终将对预报对象影响不显著的因子全部剔除,保留的都是显著的。接着再对未引入回归方程中的因子分别计算其偏回归平方和,并选其中偏回归平方和最大的一个因子,同样在给定的 α 水平下做显著性检验,如果显著则将该因子引入回归方程,这一过程一直继续下去,直至在回归方程中的因子都不能剔除而又无新因子可以引入时为止,这时逐步回归分析过程结束。

4.2.2.2　回归模型

设有 m 个因子(自变量)$x_1,x_2,\cdots,x_m$,一个预报对象(因变量)y,有 n 组观测数据系数矩阵和相关系数增广矩阵分别为:

$$X=\begin{pmatrix} x_{11} & x_{12} & \cdots & x_{1m} \\ x_{21} & x_{22} & \cdots & x_{2m} \\ \vdots & \vdots & & \vdots \\ x_{n1} & x_{n2} & \cdots & x_{nm} \end{pmatrix}$$

$$R = \begin{pmatrix} r_{11} & r_{12} & \cdots & r_{1m} & r_{1y} \\ r_{21} & r_{22} & \cdots & r_{2m} & r_{2y} \\ \vdots & \vdots & & \vdots & \vdots \\ r_{m1} & r_{m2} & \cdots & r_{mm} & r_{my} \\ r_{y1} & r_{y2} & \cdots & r_{ym} & r_{yy} \end{pmatrix}$$

式中：r_{ij} 为 x_i 与 x_j 之间的相关系数；r_{iy} 和 r_{yi} 为 x_i 与 y 之间的相关系数；增广矩阵 R 对角线上的元素为 1。

$$r_{ij} = \frac{\sum\limits_{k=1}^{n} (x_{ik} - \bar{x}_i)(x_{jk} - \bar{x}_j)}{\sqrt{\sum\limits_{k=1}^{n} (x_{ik} - \bar{x}_i)^2} \sqrt{\sum\limits_{k=1}^{n} (x_{jk} - \bar{x}_j)^2}} = \frac{l_{ij}}{\sqrt{l_{ii}} \sqrt{l_{jj}}} \qquad (4\text{-}2\text{-}1)$$

$$r_{iy} = \frac{\sum\limits_{k=1}^{n} (x_{ik} - \bar{x}_i)(y_k - \bar{y})}{\sqrt{\sum\limits_{k=1}^{n} (x_{ik} - \bar{x}_i)^2} \sqrt{\sum\limits_{k=1}^{m} (y_k - \bar{y})^2}} = \frac{l_{iy}}{\sqrt{l_{ii}} \sqrt{l_{yy}}} \qquad (4\text{-}2\text{-}2)$$

偏回归平方和(方差贡献)：

$$V_i = \frac{r_{iy} r_{yi}}{r_{ii}} \quad i = 1, 2, \cdots, m \qquad (4\text{-}2\text{-}3)$$

引入因子时：

$$F_1 = \frac{V_i}{r_{yy} - V_i}(n - k - 1) \qquad (4\text{-}2\text{-}4)$$

剔除因子时：

$$F_2 = \frac{V_i}{r_{ii}}(n - k - 1) \qquad (4\text{-}2\text{-}5)$$

式中：k 为引入因子的次序。

所以，逐步回归的步骤如下：

(1)计算所有因子的偏回归平方和 V，选择其中最大的 $V_{\max}$ 计算相应的 F_1。

(2)若 $F_1 > F_\alpha(1, n-k-1)$（α 为显著性水平），则引入该因子，否则结束逐步回归运算。

(3)计算剩余因子的 V，选 $V_{\max}$ 计算 F_1。

(4)若 $F_1 > F_\alpha(1, n-k-1)$（α 为显著性水平），则引入该因子，并进行下一步，否则结束运算。

(5)对已引入的因子计算 V，选择其中最小的 $V_{\min}$，计算相应的 F_2。

(6)若 $F_2 > F_\alpha(1, n-k-1)$，则保留全部已引入的因子，否则剔除该因子，重新开始步骤(5)，直到 $F_1 > F_\alpha(1, n-k-1)$。

(7)返回步骤(3)并循环执行，直至无因子可引入。

在此仅分析水文年年末水位,并将年末水位转换为年末工作水头(年末水位减去死水位)进行研究。影响龙羊峡水库年末工作水头 $h_{末}$ 的可能因子有:年初工作水头 $h_{初}$、当年入库径流量 W_{10} 和上游干流用水量 W_{00}、第 2 年入库径流量 W_{11} 和干流区间取水量 W_{01}、第 3 年入库径流量 W_{12} 和区间干流取水量 W_{02} 等。

通过逐步回归方法分析龙羊峡水库 1988~2010 年的实际资料和 1956~2010 年的年末水位数据,选择置信水平 $\alpha = 0.025$ 对各个因子进行 F 检验。按照因子方差贡献的大小,得到龙羊峡水库年末工作水头的关键影响因子依次为当年入库径流量 W_{10}、年初水位 $h_{初}$、次年入库径流量 W_{11}、上游干流用水量 W_{00} 和第 4 年入库径流量 W_{13}。

4.2.3　年入库径流变化规律

龙羊峡水库年入库径流是水库年末消落水位的关键影响因子之一,因此有必要对其变化规律和特点进行深入分析。

通过计算龙羊峡水库 1987~2010 年日历年的入库径流资料得出:龙羊峡水库多年平均入库径流量 $W_{均} = 184$ 亿 m^3,偏差系数 $C_v = 0.26$。龙羊峡水库年入库径流量随时间呈减小趋势,并且年际间波动较大。变化趋势如图 4-2-2 所示。

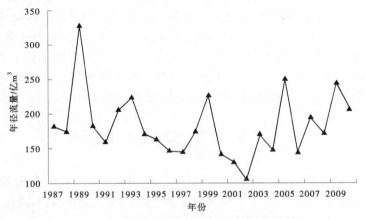

图 4-2-2　龙羊峡水库日历年年入库水量变化趋势

本次计算中龙羊峡水库的入库径流采取贵德水文站天然径流扣除龙羊峡以上区间用水,计算 1956~2010 年日历年年径流量与汛期径流量数据资料,得出汛期 6~10 月径流量占全年径流量的比重最小达 0.58,最大为 0.79,多年均值为 0.70。随着汛期径流量的增大,汛期径流量所占比重也缓慢增大,并不断趋近于极限值 0.80,变化趋势如图 4-2-3 所示。

4.2.4　下游区间用水特点

龙羊峡水库除担任发电、防洪任务外,还要不断往下游泄水以满足下游用水需求,尤其要满足宁蒙、河套两大农业灌区用水量。通过逐步回归分析可以看出,下游用水对龙羊峡水库年末消落水位的影响比较显著。对黄河上游干流用水特点的深入分析有助于研究龙羊峡水库合理控制下泄流量,以便减少无益下泄水量和增加发电效益。

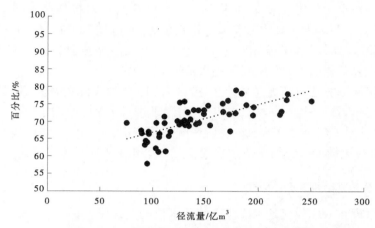

图 4-2-3　龙羊峡汛期径流量占全年径流量的比重与汛期径流量关系

通过计算黄河干流兰州至头道拐区间地表水取水量得出：区间地表水年取水量的多年平均值 $W_{均} = 163$ 亿 m^3；1988 ～ 1998 年间的 $C_{v1} = 0.03$，1999 ～ 2009 年间的 $C_{v2} = 0.10$。由此看出，黄河上游干流年取水量在 1988 ～ 1998 年间相对稳定，而在 1999 ～ 2009 年间波动厉害，2003 年出现取水最低点，此后不断攀升。黄河上游干流取水量在 2003 年达到最低点，主要是因为 2002 年龙羊峡水库入库径流量最少，直接影响 2003 年下泄水量。

多年来黄河上游干流的消耗水量相对稳定，近 10 年平均耗水量为 153.2 亿 m^3。随着社会的发展、科技的进步，黄河干流取水的利用率在不断提高，通过分析黄河干流上游地表取水量和耗水量，近 10 年对黄河干流地表取水的利用率达 0.68。

4.3　年末消落水位预测模型

多年调节性水库年末消落水位的预测方法有多元回归分析、BP 神经网络、遗传算法及它们之间的组合方法，不管哪一种预测方法，都是先用逐步回归率定出关键因子。在此重点讨论传统的多元线性回归分析方法。

多元线性回归是假定在各预报因子和预报量之间呈线性关系的情况下，使预报值和实测值之间误差达到最小，并认为未来是按这种关系发展的，从而进行预报。

多元线性回归方程如下：

$$y = b_0 + b_1 x_1 + b_2 x_2 + b_3 x_3 + b_4 x_4 + \cdots \tag{4-3-1}$$

式中：y 为预测对象；x_1、x_2、x_3、$x_4 \cdots$ 为预报因子；b_0、b_1、b_2、b_3、$b_4 \cdots$ 为回归系数。

水库年末工作水头的关键影响因子依次为当年入库径流量 x_1、年初水位 x_2、次年入库径流量 x_3、上游干流用水量 x_4 和第 4 年入库径流量 x_5。

4.3.1　按实测数据预测年末消落水位

通过关键因子率定，分析出影响龙羊峡水库实测年末实际工作水头 y 的关键因子有3 个：当年入库水量 x_1、年初水位 x_2 和兰州至头道拐区间干流用水量 x_3。相对于优化水位,上游干流用水量 x_4 和第 4 年入库径流量 x_5 的影响因子很低,不作为关键因子考虑。

一般情况下,黄河干流用水量在一定时期是比较稳定的,实际中黄河上游各年代平均用水量如表 4-3-1 所示。

表 4-3-1　黄河上游各年代平均用水量

年代	1950~1959	1960~1969	1970~1979	1980~1989	1990~1999	2000~2010
用水量/亿 m³	73.4	95.2	102.9	121.1	131.7	153.2

将 1989~2009 年水文年样本资料代入式(4-3-1),用最小二乘法计算各回归系数,得到多元线性回归方程如下:

$$y = -94.844 + 0.210x_1 + 0.310x_2 + 0.525x_3 \tag{4-3-2}$$

多元线性回归方程的复相关系数 $R = 0.92$,这说明预报对象与预报因子之间的线性关系较好。将优化年末数据与预测数据对比得出,绝对误差绝对值的多年均值为 4.30 m,相对拟合误差绝对值均值为 35.8%。相对拟合误差绝对值均值比较大的主要原因是 1992 年和 2003 年两年的相对拟合误差都在 150% 以上,这两年实测年末工作水头都不超过 5 m。当 1992 年和 2003 年的数据不再参与模型参数率定时,得到修正多元线性回归方程如下:

$$y = -93.522 + 0.182x_1 + 0.264x_2 + 0.566x_3 \tag{4-3-3}$$

修正后的多元线性回归方程的复相关系数 $R = 0.93$,绝对误差绝对值的多年均值为 3.99 m,相对拟合误差绝对值均值为 18.0%。显然修正后,多元线性回归方程预测精度得到提高,但是对 1992 年和 2003 年年末水位的预测误差仍然太大。将 2010~2011 年的实测数据分别代入式(4-3-2)和式(4-3-3)进行检验,结果如表 4-3-2 所示。

表 4-3-2　实测水文年年末水位多元线性回归方法预测检验结果

年份	实测值/m	式(4-3-2)预测			式(4-3-3)预测		
		预测值/m	绝对误差/m	相对拟合误差/%	预测值/m	绝对误差/m	相对拟合误差/%
2010	50.06	49.54	0.52	1.0	48.45	1.61	3.2
2011	42.11	43.29	1.18	-2.7	42.96	-0.85	-2.0

4.3.2　按优化调度策略预测年末消落水位

通过关键影响因子的率定,分析出优化调度策略下影响龙羊峡水库年末工作水头 y 的关键因子有 5 个:当年入库水量 x_1、年初水位 x_2、第 2 年入库水量 x_3、黄河上游干流用水量 x_4、第 4 年入库水量 x_5。

将 1957~2004 年样本资料代入式(4-3-3),应用最小二乘法计算各回归系数,最终得到多元线性回归方程如下:

$$y = 2.908 + 6.384x_1 + 0.944x_2 + 1.944x_3 - 0.015x_4 - 1.812x_5 \tag{4-3-4}$$

多元线性回归方程的复相关系数 $R=0.96$,说明预报对象与预报因子之间的线性关系较好。值得说明的是,影响因子 x_4 黄河上游干流用水量在优化模型的长系列调度中,采用的是水资源综合规划成果,河口镇以上河段耗水量一定,由于仅在枯水年打折,所以影响因子很小,可以去掉。同时,为了减少水库未来来水情况的不确定性,便于实际操作,在式(4-3-4)回归方程中去掉第 4 年来水量所代表的因子。经多元线性回归分析得到如下简化方程:

$$y = -0.214 + 5.989x_1 + 0.946x_2 + 1.470x_3 \tag{4-3-5}$$

简化方程的复相关系数 $R=0.97$,这说明简化后预报对象和预报因子之间的线性关系仍然较好,将优化年末数据与预测数据对比得出,绝对误差绝对值的多年均值为 2.58 m,相对拟合误差绝对值均值为 6.18%。将 2005~2009 年 5 年的实测数据代入式(4-3-5)检验,结果如表 4-3-3 所示。

表 4-3-3　优化水文年年末水位多元线性回归方法预测检验结果

年份	优化年末水位/m	预测值/m	绝对误差/m	相对拟合误差/%
2005	19.12	17.56	1.56	8.16
2006	50.69	52.38	-1.69	-3.33
2007	47.7	41.85	5.85	12.26
2008	51.34	53.93	-2.59	-5.04
2009	57.27	56.05	1.22	2.13

由表 4-3-3 可以看出,多元线性回归方法预测结果与年末优化水位(除 2007 年外)相差一般在 3 m 以内。

对比表 4-3-2、表 4-3-3 可以看出,对龙羊峡水库实测年末水位和优化年末水位的预测都存在一定误差,有个别情况超出 5 m,总体上看基本控制在 5 m 以内,但基于优化调度策略的绝对误差和相对拟合误差的绝对值比基于实测数据预测的要小一些,可见采用多元线性回归模型针对优化调度策略的年末消落水位的预测精度稍高,更适合用于对龙羊峡水库年末运行水位的预测。但是,这并不意味着单靠优化水位能得到更好的预测,因为优化模型自身存在着一些局限性,如边界约束等。此外,当学习样本较少时,其预测精度也会受到较大影响,所以在龙羊峡水库实际调度中应将基于实测和基于优化水位的两种方法结合一起应用并互相对比论证。

以上通过多元线性回归方法的模型预测结果都是龙羊峡水库年末工作水头 $h_末$,按如下公式进行换算即可得到龙羊峡水库年末消落水位 $z_末$:

$$z_末 = h_末 + 2\,530 \text{ m} \tag{4-3-6}$$

4.4　年末消落水位控制方案

利用多元线性回归模型预测龙羊峡水库年末消落水位前需要明确以下四点:

（1）因为实测的龙羊峡水库水位并不受优化调度模型中按水文年模拟调度的限制，所以对实测的龙羊峡水库年末消落水位可以分水文年末（6 月底）和日历年末（12 月底）分别进行研究。而优化调度模型仅研究水文年年末消落水位。

（2）龙羊峡水库年入库水量由黄河干流贵德水文站逐月平均流量资料扣除龙羊峡以上区间用水计算得来，拟订龙羊峡水库来水频率为 2%、5%、10%、20%、25%、50%、75%、90% 和 95% 等 9 个来水等级。特别说明：在相同来水频率下，日历年与水文年的年入库水量存在一定差异，需要分别对日历年与水文年进行统计。

（3）多元线性回归方法在预测龙羊峡水库年末运行低水位时存在一定误差，由此将水文年年初水位控制在 2 540～2 585 m，将日历年年初水位控制在 2 560～2 600 m，以 5 m 为间隔划分一个档次。

（4）经统计分析，近 10 年来黄河上游年用水量基本稳定在 153 亿 m³。随着经济社会的发展上游干流用水量也会增加，为了应对此情况，实测资料中将未来 10 年上游干流用水量拟定为 163 亿 m³。而对于所建立的黄河上游梯级水库群优化模型，根据水资源综合规划成果，维持河口镇以上河道外耗量水不变，仅在特枯年份打折，近似于 153 亿 m³ 的上游干流用水量不变。

4.4.1　基于实测年末水位的预测

4.4.1.1　日历年年末水位

黄河上游干流两种不同耗水条件下的预测结果见表 4-4-1 和表 4-4-2。将日历年年末水位控制在正常蓄水位 2 600 m 以下，当控制水位超过正常蓄水位时就按正常蓄水位控制，这体现在表 4-4-1 和表 4-4-2 中。

表 4-4-1　日历年年末消落水位预测（用水量 153 亿 m³）　　　　单位：m

年初水位	来水频率								
	2%	5%	10%	20%	25%	50%	75%	90%	95%
2 560	2 590.6	2 590.6	2 590.3	2 588.9	2 587.9	2 578.7	2 544.7	2 540.7	2 539.6
2 565	2 591.4	2 591.6	2 591.5	2 590.1	2 588.9	2 578.4	2 546.9	2 543.7	2 542.8
2 570	2 592.5	2 592.9	2 592.9	2 591.3	2 589.9	2 577.8	2 550.6	2 548.0	2 547.2
2 575	2 594.0	2 594.7	2 594.7	2 592.7	2 590.8	2 577.3	2 556.1	2 553.7	2 552.9
2 580	2 596.0	2 596.9	2 597.0	2 594.2	2 591.8	2 577.4	2 562.8	2 560.7	2 559.9
2 585	2 598.7	2 599.9	2 599.8	2 595.7	2 592.9	2 578.7	2 570.0	2 568.6	2 567.9
2 590	2 600.0	2 600.0	2 600.0	2 598.0	2 594.2	2 581.3	2 576.9	2 576.4	2 576.0
2 595	2 600.0	2 600.0	2 600.0	2 600.0	2 596.2	2 585.1	2 583.0	2 583.3	2 583.3
2 600	2 600.0	2 600.0	2 600.0	2 600.0	2 598.6	2 590.0	2 588.1	2 588.9	2 589.1

表 4-4-2　日历年年末消落水位预测(用水量 163 亿 m³)　　　　单位:m

年初水位	来水频率								
	2%	5%	10%	20%	25%	50%	75%	90%	95%
2 560	2 589.4	2 589.6	2 589.4	2 588.4	2 587.7	2 582.0	2 549.6	2 542.8	2 540.7
2 565	2 590.1	2 590.4	2 590.4	2 589.6	2 588.9	2 582.0	2 552.4	2 546.5	2 544.6
2 570	2 590.9	2 591.5	2 591.7	2 590.9	2 590.1	2 581.7	2 556.7	2 551.8	2 550.1
2 575	2 592.1	2 593.0	2 593.3	2 592.4	2 591.4	2 581.3	2 561.9	2 558.4	2 557.0
2 580	2 593.8	2 594.9	2 595.4	2 594.3	2 592.9	2 581.1	2 567.7	2 565.6	2 564.7
2 585	2 596.0	2 597.5	2 598.1	2 596.4	2 594.6	2 581.5	2 573.8	2 573.0	2 572.6
2 590	2 599.0	2 600.0	2 600.0	2 598.9	2 596.5	2 582.8	2 580.2	2 580.3	2 580.3
2 595	2 600.0	2 600.0	2 600.0	2 600.0	2 598.7	2 585.4	2 586.6	2 587.3	2 587.5
2 600	2 600.0	2 600.0	2 600.0	2 600.0	2 600.0	2 589.0	2 592.7	2 593.7	2 594.1

　　通过表 4-4-1 和表 4-4-2 可以看出:①在年初水位和干流用水相同时,随着当年来水量的减少(来水频率的增大),年末控制水位逐渐降低。②在来水条件(同一来水频率)和干流用水不变时,随着年初水位的抬高,年末控制水位也不断提高,而且呈现较好的线性关系,来水频率为 75% 时线性相关系数可达 0.99。③在年初水位和当年来水条件相同时,当黄河上游干流用水增加时,年末控制水位提高。④随着年初水位的抬高,同一年初水位在不同来水频率条件下对应的年末控制水位差异逐渐缩小。⑤相同年初水位在不同来水条件下对应的年末控制水位差异随着干流用水量的增加而缩小。⑥将年初运行水位保持在 2 590 m 以上时,若龙羊峡水库当年入库水量偏丰,则两种方案得到的年末消落水位都能控制在 2 580 m 以上,若当年入库水量偏枯,则两种方案得到的年末消落水位都能控制在 2 575 m 以上。

4.4.1.2　水文年年末水位

　　黄河上游干流两种不同耗水条件下的预测见表 4-4-3 和表 4-4-4,将水文年年末水位控制在汛限水位 2 588 m 以下,当控制水位超过汛限水位时就按汛限水位控制,。

表 4-4-3　水文年年末消落水位预测(用水量 153 亿 m³)　　　　单位:m

年初水位	来水频率								
	2%	5%	10%	20%	25%	50%	75%	90%	95%
2 540	2 568.1	2 566.0	2 564.5	2 562.9	2 562.1	2 555.0	2 537.6	2 536.5	2 535.9
2 545	2 573.0	2 571.0	2 569.1	2 566.2	2 564.5	2 552.9	2 537.3	2 536.1	2 534.8
2 550	2 576.4	2 575.2	2 573.6	2 569.3	2 566.3	2 554.0	2 543.3	2 539.8	2 536.5

续表 4-4-3

年初水位	来水频率								
	2%	5%	10%	20%	25%	50%	75%	90%	95%
2 555	2 578.4	2 577.8	2 576.1	2 569.4	2 565.8	2 556.6	2 549.4	2 544.1	2 540.1
2 560	2 588.0	2 588.0	2 586.8	2 578.2	2 575.4	2 566.4	2 548.0	2 541.1	2 538.3
2 565	2 588.0	2 588.0	2 588.0	2 579.1	2 575.5	2 563.1	2 543.8	2 538.2	2 536.9
2 570	2 588.0	2 588.0	2 588.0	2 577.3	2 573.7	2 565.5	2 546.5	2 544.3	2 544.1
2 575	2 588.0	2 588.0	2 581.9	2 575.0	2 573.8	2 571.7	2 556.9	2 555.4	2 555.1
2 580	2 588.0	2 581.5	2 575.4	2 573.5	2 573.3	2 572.9	2 559.6	2 558.1	2 557.5
2 585	2 584.2	2 575.3	2 573.6	2 573.1	2 573.1	2 573.0	2 564.1	2 562.4	2 561.5

表 4-4-4　水文年年末消落水位预测（用水量 163 亿 m³）　　　　单位:m

年初水位/m	来水频率								
	2%	5%	10%	20%	25%	50%	75%	90%	95%
2 540	2 577.8	2 577.0	2 575.4	2 569.3	2 565.7	2 557.1	2 549.3	2 539.5	2 533.6
2 545	2 578.4	2 577.7	2 574.8	2 566.5	2 563.9	2 559.9	2 538.4	2 529.2	2 524.9
2 550	2 579.1	2 577.5	2 572.0	2 564.8	2 563.7	2 562.6	2 531.1	2 523.4	2 521.1
2 555	2 588.0	2 587.1	2 580.3	2 577.1	2 576.9	2 577.2	2 528.4	2 522.9	2 521.6
2 560	2 588.0	2 587.8	2 582.3	2 580.8	2 580.6	2 580.2	2 534.5	2 531.0	2 529.9
2 565	2 588.0	2 583.9	2 581.3	2 580.6	2 580.5	2 579.2	2 544.1	2 543.1	2 542.9
2 570	2 588.0	2 582.6	2 581.2	2 580.3	2 579.7	2 574.5	2 560.4	2 558.8	2 558.1
2 575	2 588.0	2 586.9	2 584.5	2 580.3	2 578.0	2 566.5	2 566.0	2 564.3	2 563.5
2 580	2 588.0	2 588.0	2 588.0	2 580.3	2 577.3	2 568.2	2 569.9	2 568.8	2 568.2
2 585	2 588.0	2 588.0	2 583.0	2 576.2	2 574.8	2 572.4	2 571.9	2 571.4	2 571.1

　　通过表 4-4-3、表 4-4-4 可以看出：①在年初水位和干流用水相同时,随着当年来水量的减少(来水频率的增大),年末控制水位逐渐降低。②在来水条件和干流用水不变的情况(同一来水频率)下,年末控制水位随着年初水位的抬升也呈升高趋势,但两者并不呈现一定的线性关系。③在来水条件和年初水位相同时,随着黄河干流用水增加,年末控制水位呈现增高趋势,但是在枯水年和年初水位较低时随着干流用水增加年末水位降低。④随着年初水位的抬高,同一年初水位在不同来水频率条件下对应的年末控制水位差异先增大后减小。⑤无论当年来水丰枯情况,将年初运行水位保持在 2 585 m 以上时,两种方案得到的年末消落水位(次年汛限水位)都能控制在 2 560 m 以上。

4.4.2　基于优化年末水位的预测

　　结合前面对水文年年末优化水位关键影响因子的分析,同时考虑到实际可操作性和减少未来的不确定性,通过控制龙羊峡水库年末水位、当年来水量、次年来水量等3个预报因子对龙羊峡水库年末消落水位进行预测。因为很难预知龙羊峡水库当年和次年的来水情况,拟定以下9种龙羊峡水库来水组合(前者为当年来水频率,后者为次年来水频率)见表4-4-5,表中数据处理同前表。9种来水组合分别为:①25%+25%;②25%+50%;③25%+75%;④50%+25%;⑤50%+50%;⑥50%+75%;⑦75%+25%;⑧75%+50%;⑨75%+75%。

表 4-4-5　水文年年末消落水位预测　　　　　　　　　单位:m

年初水位	来水组合								
	25%+25%	25%+50%	25%+75%	50%+25%	50%+50%	50%+75%	75%+25%	75%+50%	75%+75%
2 540	2 558.9	2 563.1	2 566.6	2 558.4	2 560.6	2 562.2	2 536.0	2 538.4	2 539.8
2 545	2 561.8	2 566.2	2 569.8	2 560.9	2 563.3	2 564.5	2 539.1	2 541.4	2 543.2
2 550	2 564.9	2 569.4	2 572.7	2 563.5	2 565.7	2 567.3	2 542.4	2 544.4	2 546.9
2 555	2 568.1	2 572.6	2 575.5	2 566.2	2 568.0	2 570.2	2 545.5	2 547.8	2 550.7
2 560	2 571.3	2 575.5	2 578.5	2 568.7	2 570.8	2 573.2	2 548.5	2 551.5	2 554.5
2 565	2 574.4	2 578.0	2 581.4	2 570.9	2 573.7	2 576.3	2 551.8	2 555.3	2 558.5
2 570	2 576.9	2 580.7	2 584.1	2 573.3	2 576.6	2 579.3	2 555.3	2 559.1	2 562.4
2 575	2 579.0	2 583.1	2 586.6	2 576.1	2 579.4	2 582.2	2 559.0	2 562.8	2 566.1
2 580	2 581.3	2 585.9	2 588.0	2 579.0	2 582.2	2 584.8	2 562.9	2 566.6	2 569.8
2 585	2 583.6	2 587.4	2 588.0	2 581.8	2 585.0	2 587.5	2 566.7	2 570.4	2 573.6

　　通过表4-4-5可以看出:①当年初水位、干流当年用水量相同时,年末控制水位随着当年入库水量的增加和次年来水量的减少而增高;②在来水条件和干流用水量不变的情况(同一来水频率)下,年末控制水位随着年初水位的抬升而升高,并且两者之间存在极好的线性关系,线性相关系数接近1;③随着年初水位的抬高,相同年初水位在不同来水条件下对应的年末控制水位差异变化稳定;④相同年初水位在不同来水条件下对应的年末控制水位差异随着干流用水量的增加而缩小;⑤无论龙羊峡水库连续两年来水偏丰还是偏枯,将年初运行水位(当年汛限水位)保持在2 580 m以上时,得到的年末消落水位(次年汛限水位)都能控制在2 560 m以上。

4.4.3　方案论证与建议

4.4.3.1　预测方案论证

　　在4.4.1和4.4.2中已经分别计算了基于实测年末水位和基于优化年末水位的预测结果,到底哪种预测更为合理则需要进一步论证。通过对比表4-4-3~表4-4-5,可以看出基于实测年末水位的预测与基于优化年末水位的预测有较大差异,只有少数情况两种方式得到的预测结果基本一致,如表 4-4-6 所示。加粗数据部分表示基于实测水文年年末水位的预测结果与基于优化水文年年末水位的预测结果相符。

表 4-4-6　水文年年末水位对比(用水量 153 亿 m³)　　　　　　单位:m

年初水位	优化		实测	优化		实测	优化		实测
	25%+25%	25%+75%	25%	50%+25%	50%+75%	50%	75%+25%	75%+75%	75%
2 540	2 558.9	2 566.6	**2 562.1**	2 558.4	2 562.2	2 555.0	2 536.0	2 539.8	**2 537.6**
2 545	2 561.8	2 569.8	**2 564.5**	2 560.9	2 564.5	2 552.9	2 539.1	2 543.2	2 537.3
2 550	2 564.9	2 572.7	**2 566.3**	2 563.5	2 567.3	2 554.0	2 542.4	2 546.9	**2 543.3**
2 555	2 568.1	2 575.5	2 565.8	2 566.2	2 570.2	2 556.6	2 545.5	2 550.7	**2 549.4**
2 560	2 571.3	2 578.5	**2 575.4**	2 568.7	2 573.2	2 566.4	2 548.5	2 554.5	2 548.0
2 565	2 574.4	2 581.4	**2 575.5**	2 570.9	2 576.3	2 563.1	2 551.8	2 558.5	2 543.8
2 570	2 576.8	2 584.1	2 573.7	2 573.3	2 579.3	2 565.5	2 555.3	2 562.4	2 546.5
2 575	2 579.0	2 586.5	2 573.8	2 576.1	2 582.2	2 571.7	2 559.0	2 566.1	2 556.9
2 580	2 581.3	2 588.0	2 573.3	2 579.0	2 584.8	2 572.9	2 562.9	2 569.8	2 559.6
2 585	2 583.6	2 588.0	2 573.1	2 581.8	2 587.5	2 573.0	2 566.7	2 573.6	2 564.1

　　基于实测年末水位的预测结果与基于优化年末水位的预测结果存在显著差异的主要原因:龙羊峡水库实际运行中,年末水位的变化受人为干扰因素影响突出,因此基于实测年末水位的预测结果必然包含着人为干扰的影响。通过对比水文年基于实测年末水位的控制方案和基于优化年末水位的方案可以看出,前者方案中出现加粗数据的次数远多于后者,这说明前者方案过多受到人为干预。

　　统计表 4-4-6 中数据可知:基于实测年末水位的预测结果低于基于优化年末水位的预测结果下限的比例达到 58.3%,高于基于优化年末水位的预测结果上限的比例达13.4%,与优化年末水位的预测结果相符的比例仅为 28.3%。由此可见,基于实测年末水位的预测值一般低于基于优化年末水位的预测值,经计算,前者平均比后者低 5~10 m。

　　基于优化年末消落水位的预测结果与基于实测年末消落水位的预测结果相比,既考虑到当年龙羊峡水库来水量对年末消落水位的影响,又考虑到龙羊峡水库次年来水量的影响,这样有助于水库调度对未来的把握。

　　从表 4-4-6 可以看出,龙羊峡水库连续两年为丰水年时,前者预测的当年年末水位一般低于后者预测的水位;龙羊峡水库连续两年为枯水年时,前者的预测水位一般高于后者预测水位。因此,前者的预测水位更能体现出龙羊峡水库的多年调节"蓄丰补枯"特点:在连续丰水年来临时要预留一定的防洪库容,在连续枯水年来临前要尽量蓄水以补干流用水。此外,基于优化年末消落水位的预测更有利于水库长期处于较高水位运行。

　　综合分析考虑,在预测龙羊峡水库年末消落水位时采用基于优化年末消落水位的预测成果更为合理。

4.4.3.2 汛期弃水分析

为了减少龙羊峡水库汛期产生无益弃水的可能性,需要对龙羊峡水库水文年年末(6月末)水位进行进一步分析。水库汛期产生无益弃水主要是由水库来水偏丰、汛期起调水位较高而水电站发电引用水量较少造成的,汛期起调水位越高、发电引用流量越小,汛期产生弃水的可能性就越高。水库产生无益弃水的可能性大小通过汛期弃水概率描述,所谓汛期弃水概率即水库在汛期一定起调水位和发电引用流量条件下产生弃水的可能性大小。汛期弃水概率可通过水库汛期来水频率反映或通过经验公式计算,为了计算简便,在此仅讨论龙羊峡水库 7 月弃水概率。

7 月产生弃水有两种极端情况,当汛期起调水位控制在汛限水位(设 2 588 m 和 2 594 m 两种方案研究),而 7 月月平均发电引用流量为某一较小流量 Q_0 时,7 月弃水概率为 100%;当汛期起调水位控制在某一较低水位 Z_0,而 7 月最大月平均发电引用流量为 1 000 m^3/s 时,7 月弃水概率为 0。龙羊峡水库 7 月不同频率来水量及不同发电引用水量如表 4-4-7 所示。

表 4-4-7　龙羊峡水库 7 月不同频率来水量及不同发电引用水量

频率/%	$W_{入}$/亿 m^3	$Q_{引均}$/(m^3/s)	$W_{引}$/亿 m^3
2	65.58	550	14.73
5	62.40	600	16.07
10	57.49	650	17.41
20	48.93	700	18.75
25	45.24	750	20.09
33	40.03	800	21.43
50	31.35	850	22.77
75	22.36	900	24.11
80	20.82	950	25.44
90	17.76	1 000	26.78
95	16.18		
98	15.20		

1. 基于理论(来水)频率

汛期弃水概率随着汛期起调水位的提高和汛期平均发电引用流量的减小而增大,与水库刚好产生弃水时相应的来水频率呈正相关性。也就是说,水库汛期起调水位很高、平均发电引用流量很小的情况下,水库刚好产生弃水的来水频率很高(来水量很小);水库汛期起调水位很低、平均发电引用流量很大的情况下,水库刚好产生弃水的来水频率很低(来水量很大)。因此,汛期一定起调水位和发电引用流量条件下,水库刚好发生弃水时的来水频率能够反映弃水概率。7 月不同起调水位和发电流量条件下的弃水概率如表 4-4-8 和表 4-4-9 所示。

表 4-4-8　龙羊峡水库 7 月基于理论频率的弃水概率(汛限水位 2 588 m)

起调水位/m	发电流量/(m³/s)									
	1 000	950	900	850	800	750	700	650	600	550
2 575.0	0	0	0	0.02	0.03	0.05	0.06	0.07	0.09	0.10
2 576.0	0.01	0.02	0.04	0.05	0.06	0.08	0.09	0.11	0.12	0.14
2 577.0	0.04	0.05	0.07	0.08	0.10	0.11	0.13	0.14	0.16	0.17
2 578.0	0.07	0.09	0.10	0.12	0.13	0.15	0.16	0.18	0.19	0.21
2 579.0	0.11	0.12	0.14	0.15	0.17	0.18	0.20	0.22	0.24	0.25
2 580.0	0.14	0.16	0.17	0.19	0.21	0.23	0.24	0.26	0.28	0.30
2 581.0	0.18	0.20	0.21	0.23	0.25	0.27	0.29	0.31	0.33	0.36
2 582.0	0.22	0.24	0.26	0.28	0.30	0.32	0.34	0.37	0.39	0.42
2 583.0	0.27	0.29	0.31	0.33	0.36	0.38	0.40	0.43	0.46	0.49
2 584.0	0.32	0.34	0.37	0.39	0.42	0.45	0.47	0.50	0.54	0.57
2 585.0	0.38	0.41	0.43	0.46	0.49	0.52	0.55	0.59	0.63	0.67
2 586.0	0.45	0.48	0.51	0.54	0.57	0.61	0.65	0.69	0.73	0.77
2 587.0	0.53	0.56	0.59	0.63	0.67	0.71	0.75	0.80	0.84	0.89
2 588.0	0.62	0.66	0.70	0.74	0.78	0.82	0.87	0.91	0.95	0.99

表 4-4-9　龙羊峡水库 7 月基于理论频率的弃水概率(汛限水位 2 594 m)

起调水位/m	发电流量/(m³/s)									
	1 000	950	900	850	800	750	700	650	600	550
2 582.0	0	0	0.02	0.03	0.04	0.05	0.07	0.08	0.09	0.11
2 583.0	0.02	0.03	0.05	0.06	0.07	0.09	0.10	0.12	0.13	0.15
2 584.0	0.05	0.07	0.08	0.09	0.11	0.12	0.14	0.16	0.17	0.19
2 585.0	0.09	0.10	0.12	0.13	0.15	0.16	0.18	0.20	0.21	0.23
2 586.0	0.13	0.14	0.16	0.17	0.19	0.20	0.22	0.24	0.26	0.28
2 587.0	0.17	0.18	0.20	0.22	0.23	0.25	0.27	0.29	0.31	0.33
2 588.0	0.21	0.23	0.24	0.26	0.28	0.30	0.33	0.35	0.37	0.40
2 589.0	0.26	0.28	0.30	0.32	0.34	0.36	0.39	0.41	0.44	0.47
2 590.0	0.31	0.33	0.35	0.38	0.40	0.43	0.46	0.49	0.52	0.55
2 591.0	0.37	0.40	0.42	0.45	0.48	0.51	0.54	0.58	0.61	0.65
2 592.0	0.44	0.47	0.50	0.53	0.56	0.60	0.64	0.68	0.72	0.76
2 593.0	0.52	0.55	0.59	0.63	0.67	0.71	0.75	0.79	0.84	0.88
2 594.0	0.62	0.66	0.70	0.74	0.78	0.82	0.87	0.91	0.95	0.99

进一步分析表 4-4-8 和表 4-4-9 可以得出,不同容许弃水概率下的汛期起调水位, 如表 4-4-10 所示。

表 4-4-10 不同容许弃水概率下的汛期起调水位

发电引用流量/(m³/s)	汛限水位/m	容许弃水概率				
		10%	20%	25%	33%	50%
550~800	2 588	2 575.0	2 577.8	2 579.0	2 581.5	2 583.0
	2 594	2 582.0	2 584.3	2 585.4	2 587.0	2 589.5
800~1 000	2 588	2 577.0	2 579.8	2 581.0	2 582.5	2 585.5
	2 594	2 583.8	2 586.8	2 587.4	2 588.9	2 591.3

2. 基于影响因素的概念公式

通过前面分析可知,汛期弃水概率大小取决于汛期起调水位和汛期发电引用流量两个重要因素,因此可以建立弃水概率的概念公式。7 月弃水概率公式如下:

$$P = \left(\frac{Z - 2\ 575 + m}{Z_{汛限} - 2\ 575 + m} \right)^a \times \left(\frac{Q_引 - 550 + n}{1\ 000 - 550 + n} \right)^b \quad (4\text{-}4\text{-}1)$$

式中:P 为弃水概率;m、n 为调整参数,$m = 0.1$,$n = 10$;a、b 为影响系数,$a + b = 1$,$a > 0$,$b > 0$, 其与发电引用流量有关,取值见表 4-4-11。

表 4-4-11 汛期弃水概率影响系数

$Q_引$/(m³/s)	1 000	950	900	850	800	750	700	650	600	550
a	0.90	0.85	0.80	0.75	0.70	0.65	0.60	0.55	0.50	0.45
b	0.10	0.15	0.20	0.25	0.30	0.35	0.40	0.45	0.50	0.55

利用式(4-4-1)计算 7 月不同起调水位和月平均发电引用流量的概率,结果如表 4-4-12 和表 4-4-13 所示。

表 4-4-12 龙羊峡水库 7 月基于概念公式的弃水概率(汛限水位 2 588 m)

起调水位/m	发电流量/(m³/s)									
	1 000	950	900	850	800	750	700	650	600	550
2 575.0	0	0.01	0.02	0.02	0.03	0.03	0.05	0.06	0.08	0.11
2 576.0	0.07	0.09	0.10	0.12	0.14	0.16	0.19	0.23	0.27	0.33
2 577.0	0.13	0.16	0.17	0.19	0.22	0.25	0.28	0.33	0.38	0.44
2 578.0	0.19	0.22	0.24	0.26	0.29	0.32	0.36	0.41	0.46	0.52
2 579.0	0.24	0.27	0.30	0.32	0.35	0.38	0.43	0.47	0.53	0.59
2 580.0	0.29	0.33	0.35	0.38	0.41	0.44	0.48	0.53	0.59	0.65
2 581.0	0.34	0.38	0.41	0.43	0.46	0.50	0.54	0.59	0.64	0.71

续表 4-4-12

起调水位/m	发电流量/(m³/s)									
	1 000	950	900	850	800	750	700	650	600	550
2 582.0	0.39	0.44	0.46	0.49	0.51	0.55	0.59	0.64	0.70	0.76
2 583.0	0.44	0.49	0.51	0.54	0.56	0.60	0.64	0.69	0.74	0.81
2 584.0	0.49	0.54	0.56	0.58	0.61	0.65	0.69	0.73	0.79	0.85
2 585.0	0.54	0.59	0.61	0.63	0.66	0.69	0.73	0.78	0.83	0.89
2 586.0	0.59	0.64	0.66	0.68	0.70	0.74	0.77	0.82	0.87	0.93
2 587.0	0.63	0.69	0.70	0.72	0.75	0.78	0.81	0.86	0.91	0.96
2 588.0	0.68	0.74	0.75	0.77	0.79	0.82	0.85	0.90	0.94	1.00

表 4-4-13　龙羊峡水库 7 月基于概念公式的弃水概率(汛限水位 2 594 m)

起调水位/m	发电流量/(m³/s)									
	1 000	950	900	850	800	750	700	650	600	550
2 582.0	0	0.01	0.02	0.02	0.03	0.04	0.05	0.06	0.09	0.12
2 583.0	0.08	0.10	0.11	0.13	0.15	0.17	0.20	0.24	0.28	0.34
2 584.0	0.14	0.17	0.19	0.21	0.23	0.26	0.30	0.34	0.39	0.45
2 585.0	0.20	0.23	0.25	0.28	0.30	0.34	0.38	0.42	0.48	0.54
2 586.0	0.26	0.29	0.32	0.34	0.37	0.41	0.45	0.49	0.55	0.61
2 587.0	0.31	0.35	0.38	0.40	0.43	0.47	0.51	0.56	0.61	0.68
2 588.0	0.37	0.41	0.43	0.46	0.49	0.52	0.57	0.61	0.67	0.73
2 589.0	0.42	0.47	0.49	0.51	0.54	0.58	0.62	0.67	0.72	0.79
2 590.0	0.48	0.52	0.54	0.57	0.60	0.63	0.67	0.72	0.77	0.83
2 591.0	0.53	0.58	0.60	0.62	0.65	0.68	0.72	0.77	0.82	0.88
2 592.0	0.58	0.63	0.65	0.67	0.70	0.73	0.77	0.81	0.86	0.92
2 593.0	0.63	0.68	0.70	0.72	0.74	0.77	0.81	0.85	0.90	0.96
2 594.0	0.68	0.74	0.75	0.77	0.79	0.82	0.85	0.90	0.94	1.00

　　进一步分析表 4-4-12 和表 4-4-13 可以得出,不同容许弃水概率下的汛期起调水位,如表 4-4-14 所示。

表 4-4-14　不同容许弃水概率下的汛期起调水位

发电引用流量/(m³/s)	汛限水位/m	容许弃水概率				
		10%	20%	25%	33%	50%
550~800	2 588	2 575.0	2 575.5	2 575.8	2 576.0	2 577.8
	2 594	2 581.9	2 582.4	2 582.7	2 583.0	2 584.5
800~1 000	2 588	2 575.6	2 576.8	2 577.4	2 578.8	2 582.0
	2 594	2 582.6	2 583.6	2 584.3	2 585.4	2 588.0

一般情况下,容许弃水概率相同时基于概念公式得到的水位低于基于理论频率的水位,前者偏于保守。基于理论(来水)频率的概率计算方法概念清晰,易于理解,不仅能判断某一来水频率条件下水库是否产生弃水,还可以计算出弃水量的大小。以 2010 年 7 月为例,当年 6 月末水位为 2 580.06 m,7 月基于来水频率得出的弃水概率为 14%,这说明当 7 月来水频率低于 14% 时水库就容易发生弃水,而这一年 7 月来水频率为 11%,若水库调控不当会产生无益弃水,按月平均发电引用流量 1 000 m³/s 计算,7 月弃水量可达 3.5 亿 m³。基于概念公式的弃水概率只是给出了汛期某一起调水位和发电引用流量条件下发生弃水的可能性大小,并未反映出什么样的来水频率刚好能使水库发生弃水,也不能计算出弃水量,不利于水库实际调度,仅能作为参考。

实际上,为了避免龙羊峡水库汛期产生无益弃水,水库 6 月末水位应尽可能控制在较低位置,为了避免龙羊峡水库长期处于低水位运行状态,水库 6 月末水位应尽可能控制在较高位置,这在水库实际调度中是矛盾的。因此,龙羊峡水库 6 月末的控制水位既要保证汛期弃水可能性尽可能小,又要保证水库运行过程中能够长期处于高水位,7 月龙羊峡水库发电引用流量拟定为 1 000 m³/s。

4.4.3.3　12 月末水库水位

龙羊峡水库为满足兴利需求,要尽可能保持高水位,因此汛期结束以后水库就要不断蓄水。但是,如果龙羊峡水库 12 月末水位蓄得过高,那么在黄河上游宁蒙河段凌汛期限制出库流量情况下,就很难在次年 6 月末前腾出库容防洪,这就出现了矛盾问题,如何控制龙羊峡水库 12 月末的水位,才能既满足兴利需要,又充分考虑防凌、防洪问题。

其实,前面已经计算出龙羊峡水库 7 月不同弃水概率情况下的 6 月末水位,根据龙羊峡水库 6 月末水位、1~6 月入库水量和龙羊峡、刘家峡水库联合调度规则可以反推出 12 月末水位。龙刘水库联合调度时,龙羊峡水库 1~3 月出库流量分别为 535 m³/s、540 m³/s、642 m³/s。为在 6 月末前腾出防洪库容,龙羊峡需要在 4~6 月集中放水发电,这三个月每月的平均出库流量都为 1 000 m³/s。拟定龙羊峡水库 1~6 月入库水量为 10 年一遇的水量,根据反推运算得出龙羊峡水库 12 月末水位,如表 4-4-15 所示。

表 4-4-15　龙羊峡水库年末控制水位　　　　　　　　单位:m

7月弃水概率	$Z_{汛限}$ = 2 588 m		$Z_{汛限}$ = 2 594 m	
	6月末水位	12月末水位	6月末水位	12月末水位
5%	2 577.3	2 589.4	2 584.0	2 595.4
10%	2 578.8	2 590.7	2 585.3	2 596.6
20%	2 581.5	2 593.1	2 587.8	2 598.4
25%	2 582.6	2 594.1	2 588.8	2 599.8

根据表 4-4-15 得出,龙羊峡水库在 7 月 10% 的弃水概率情况下,如果汛限水位定在 2 588 m,那么龙羊峡水库 6 月末水位应控制在 2 578.8 m,12 月末水位应控制在 2 590.7 m;如果汛限水位定在 2 594 m,那么龙羊峡水库 6 月末水位应控制在 2 585.3 m,12 月末水位应控制在 2 596.6 m。

4.5　本章小结

本章重点研究了龙羊峡水库年末消落水位的关键影响因子,构建了龙羊峡水库年末水位的预测模型并拟订出龙羊峡水库年末消落水位的合理控制方案。主要成果如下:

(1)利用逐步回归分析方法率定出龙羊峡水库年末消落水位的关键影响因子:当年来水量、年初水位、次年来水量及黄河上游干流用水量。

(2)构建并求解预测龙羊峡水库年末消落水位的多元线性回归模型。

(3)根据龙羊峡水库不同来水和干流用水条件拟订出龙羊峡水库年末消落水位多种控制方案。通过合理性分析和论证,得出基于优化年末水位的预测方案比基于实测年末水位的方案更适合用于对龙羊峡水库年末消落水位的控制。

(4)根据基于水文年优化年末水位的控制方案,无论龙羊峡水库连续两年来水偏丰还是偏枯,当年初运行水位(当年汛限水位)保持在 2 580 m 以上时,得到的年末消落水位(次年汛限水位)都能控制在正常死水位 2 560 m 以上。不同来水条件下,基于水文年年末优化水位的年末控制水位与年初水位呈现出极好的线性关系。

(5)龙羊峡水库在 7 月 10% 的弃水概率情况下,如果汛限水位定在 2 588 m,那么水库 6 月末水位应控制在 2 578.8 m,12 月末水位应控制在 2 590.7 m;如果汛限水位定在 2 594 m,那么龙羊峡水库 6 月末水位应控制在 2 585.3 m,12 月末水位应控制在 2 596.6 m。

第 5 章 龙羊峡水库、刘家峡水库联合水位、流量控制研究

5.1 概 述

5.1.1 研究背景

黄河是我国第二大河,自西向东,流经青海、四川、甘肃、宁夏、内蒙古、山西、陕西、河南、山东等九省(区),在山东省垦利县注入渤海,干流河道全长 5 464 km,流域总面积 79.5 万 km²(含内流区面积 4.2 万 km²)。黄河流域降水量少、蒸发量大,水资源短缺、需求旺盛,正常年份水资源供需矛盾突出,干旱枯水年份水资源短缺更加严重。根据《黄河流域综合规划》,至 2030 年,黄河流域总需水量将达到 547.3 亿 m³,在不考虑跨流域调水的情况下,即使采取强化节水措施,黄河流域缺水量将达到 138.4 亿 m³,其中河道外缺水 104.2 亿 m³。由于特殊的地理位置及河道淤积影响,黄河同时也是凌洪灾害频发的河流,其中以宁蒙河段凌汛洪水和中下游河段暴雨洪水危害最大,一旦致灾就会对两岸的经济社会发展及人民群众生命财产安全造成巨大影响。为科学调控洪水、协调黄河水沙关系、提高水资源配置能力,充分发挥水资源综合利用效益,目前,黄河已建成以干流的龙羊峡、刘家峡、海勃湾、万家寨、三门峡、小浪底等水利枢纽为主体,以支流的陆浑、故县、河口村等控制性水库为补充的大型梯级水库群。通过水库群联合运用,在防洪、防凌、减淤、供水、灌溉、发电等方面发挥了巨大作用和效益,有力支持了流域和相关地区经济社会的稳定发展。

黄河上游龙羊峡至青铜峡河段水量丰沛,径流稳定,沿程川峡相间,峡谷中落差集中,梯级开发条件良好,蕴藏着丰富的水电资源,是国家重点开发的十三大水电基地之一,河段已建和待建的梯级水电站共 24 座,装机容量约 1 733 万 kW。黄河上游梯级开发利用原设计以发电为主,是西北电网的主要调峰电源,其中黄河上游龙羊峡水库和刘家峡水库分别具有多年和不完全年调节能力,对黄河径流进行多年调节,增加枯水年和枯水期的发电量,提高梯级电站保证出力和发电量,对于保障西北电网供电安全具有十分重要的作用。在调节径流增加梯级电站发电效益的同时,龙刘水库还要承担供水、灌溉、防洪、防凌等任务,龙刘水库联合对黄河水量进行多年调节,蓄存丰水年和丰水期水量,补充枯水年和枯水期水量,年内汛期最大蓄水量达 121 亿 m³,非汛期补水量最大达 64 亿 m³,对于满足流域生活和基本生产用水、保障流域枯水年的供水安全、保证特枯水年黄河不断流起到了关键作用,同时提高了上游梯级电站保证出力。然而近年来,龙刘水库在运用过程中出

现了刘家峡水库汛前几个月的库水位过低等问题,严重影响了水库综合效益的发挥。

5.1.2　研究意义

　　目前,由于上游龙羊峡水库、刘家峡水库的联合防凌调度及各用水部门需求的改变等,限制了黄河上游水资源综合利用效率的提高,使得黄河上游梯级电站发电与其他用水部门之间的矛盾进一步加剧。如以水能资源理论蕴藏量非常丰富的青海省为例,水电装机容量占青海省总装机容量的 80% 以上。但长期以来,由于宁蒙河段防凌要求,水电出力大幅降低,导致冬季青海省出现缺电,而夏季灌溉季节,青海水电大发,电力电量出现富余。缺电及高额电价差已对青海省社会稳定、人民生活水平提高及经济社会可持续发展都产生了不利影响。

　　另外,黄河上游梯级水电站水库近年来发电、防凌、综合用水之间的矛盾愈加突出,梯级水电调度的多目标、多约束特征愈加明显,原有的龙羊峡水库、刘家峡水库径流常规联合调度设计方案已不能满足新时代黄河上游梯级水电调度安全经济运行的需要。从维持黄河健康生命的理念出发,以黄河干流梯级水库群防洪、防凌、供水、灌溉、发电等生产实践的丰富经验和大量技术研究成果为基础,并结合龙羊峡、刘家峡水库及梯级水库的特点,开展基于全河水量优化调配的龙刘水库联合调度研究,综合分析提出水库水位、调控流量方案,既有利于增加黄河上游梯级电站总出力和电量,也为全河水量优化配置提供技术支持。因此,积极开展该研究具有现实性和迫切性。

5.1.3　研究目标

　　通过对全河水量调配的研究,针对全年汛期、凌汛期、非汛期等不同时段,提出考虑龙刘水库蓄水、黄河来水及用水等不同情景下龙羊峡水库、刘家峡水库的水位、流量优化调配方案。

5.1.4　技术路线

　　研究过程中,首先收集研究所需的相关资料,调研黄河全河水量调度的现状,总结龙刘水库联合调度运用方式,分析其在全河水量调度和梯级发电中的作用,评价实际调度存在的问题。其次根据全河水量调度和梯级发电中存在的问题,统筹协调龙刘水库综合利用调度运用要求与全河水量调度要求,在现状调度运用方案的基础上,结合可能的来水、用水和水库蓄水条件,设定多种调配方案。最后采用长系列调配方式进行多方案水量调度计算,分析不同方案在防洪、防凌、减淤、发电等方案的效益和影响,提出最优方案。本次以实测资料分析、数学模型计算为主要研究手段,进行广泛的调研和咨询,多种途径开展研究工作。工作过程中及时聘请国内有丰富经验和较高理论水平的专家进行指导和咨询。技术路线见图 5-1-1。

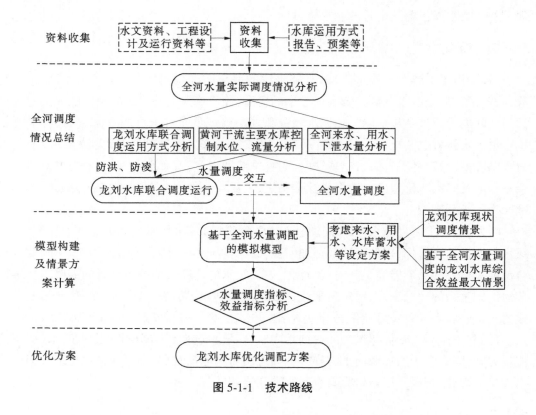

图 5-1-1　技术路线

5.2　全河水量实际调度情况分析

5.2.1　黄河干流水库概况

黄河干流已建成的具有较大调节库容的水库包括龙羊峡、刘家峡、小浪底、万家寨、三门峡等五大水库,其中龙羊峡水库是黄河干流唯一一座多年调节水库,刘家峡水库等干流其他4座水库均为年调节或不完全年调节水库。

5.2.1.1　龙羊峡水库

龙羊峡水库位于黄河上游青海省共和县和贵南县交界的峡谷进口段,距西宁公路里程 147 km,是一座具有多年调节性能的大型综合利用枢纽工程,是黄河的"龙头"水库。坝址控制流域面积 131 420 km²,占黄河流域总面积 17.5%;多年平均径流量 205 亿 m³,占全河径流量的 35.3%;多年平均入库悬移质输沙量为 2 490 万 t,多年平均含沙量为 1.15 kg/m³。

龙羊峡水库设计开发任务以发电为主,兼顾防洪和供水综合利用。龙羊峡水库库容大,来沙少,年径流量占全河的1/3以上,主要任务是对径流进行多年调节,提高水资源的利用率,增加上游河段梯级电站的保证出力。通过与黄河上游的刘家峡水库及其他梯级水电站群联合补偿调节运行,在发电、防洪、防凌、灌溉、供水等方面具有显著的经济效益。

1989 年 7 月至 2010 年 6 月实测龙羊峡多年平均入库水量为 185 亿 m³,水库设计正常蓄水位 2 600 m,相应库容 247 亿 m³,死水位 2 530 m,也是连续枯水年所允许的最低运用水位,相应库容 53.5 亿 m³;汛期限制水位 2 594 m,设计洪水位 2 602.25 m,校核洪水位 2 607 m,相应库容 276.30 亿 m³;水库调节库容 193.5 亿 m³,库容系数 0.94,具有多年调节性能。按设计运行 50 年后,剩余库容为 221.35 亿 m³。龙羊峡水电站装机容量 1 280 MW,保证出力 589.8 MW,多年平均发电量 59.42 亿 kW·h,是西北电网调峰、调频和事故备用的主力电厂。

龙羊峡水库于 1977 年 12 月开挖导流洞,1979 年 12 月截流,1986 年 10 月下闸蓄水,1989 年 8 月 4 台机组全部安装完毕,电站建设总工期 15 年。自 1987 年 9 月第一台机组投产发电至 2022 年 4 月,累计发电量 1 739.33 亿 kW·h。

5.2.1.2　刘家峡水库

刘家峡水库位于甘肃省永靖县境内黄河干流上,距兰州市 100 km,至黄河口 3 445 km。坝址控制流域面积 181 766 km²,坝址处多年平均天然径流量 279 亿 m³。水库入库沙量大部分来自贵德以下的干支流区间,多年平均年输沙量 8 700 万 t,多年平均含沙量 3.31 kg/m³。

刘家峡水库设计开发任务以发电、防洪为主,兼顾供水、灌溉综合利用。在黑山峡河段开发之前,还承担上游梯级电站的反调节任务,满足宁蒙地区灌溉供水高峰期的补水要求和防凌期对下泄流量的控制任务。

1989 年 7 月至 2010 年 6 月实测刘家峡多年平均入库水量为 220 亿 m³,水库正常蓄水位 1 735 m,死水位 1 694 m,正常蓄水位以下总库容 57 亿 m³。电站设计装机容量 1 225 MW,竣工验收核定装机容量 1 160 MW。1994~2001 年期间对全厂五台机组进行增容改造和右岸小机建设后刘家峡水电厂的总装机规模为 1 390 MW,设计年发电量 57.04 亿 kW·h。考虑刘家峡洮河口排沙洞扩机工程后电站总装机容量 1 690 MW,年发电量 60.51 亿 kW·h。

刘家峡水电站工程是第一届全国人民代表大会第二次会议通过的黄河流域规划中确定的第一期工程之一,是新中国成立后兴建的第一座百万千瓦级水电厂。工程于 1958 年 9 月开工兴建,1969 年 3 月第一台机组发电,1974 年年底全部建成。

刘家峡水库目前泥沙淤积严重,1968~2013 年库内共淤积泥沙 16.80 亿 m³,淤积已达平衡,大夏河库区淤积 0.606 亿 m³。由于洮河口沙坎淤高,电站低水位运行时发生阻水,水库已不能按设计要求降低至死水位 1 694 m 运行,影响电站正常运行,根据泥沙淤积情况,目前水量调度核定的水库最低运用水位为 1 717 m。由于有效库容损失,调节能力降低,已影响水库正常调度运行,且洮河泥沙大量通过机组及泄水建筑物,造成机组过流部件及泄洪设施严重磨损,降低了电站的效益,危及电站的安全运用。同时,由于刘家峡水库承担宁蒙河段的防凌、供水任务,对电站发电制约作用大,运行水位低,且大流量弃水时有发生,影响梯级电站发电效益。

5.2.1.3　三门峡水库

三门峡水库位于黄河中游的干流上,右岸是河南省三门峡市,左岸是山西省平陆县。水库控制流域面积 688 399 km²,占黄河全流域面积的 91.5%。坝址处多年平均径流量

426.69 亿 m³,实测最大流量 22 000 m³/s,多年平均输沙量 16.0 亿 t(1919~1959 年)。

三门峡水库控制着坝址以上(上大洪水)的黄河洪水泥沙,对三门峡至花园口区间洪水(下大洪水)能起错峰作用。原规划的开发任务是防洪、防凌、灌溉、发电、供水等综合利用。水库设计最高水位 340 m,总库容 162 亿 m³,防洪库容 56 亿 m³,正常蓄水位 335 m。

枢纽工程为混凝土重力坝,坝顶高程 353 m,主坝长 713.2 m,最大坝高 106 m。其中,左岸有非溢流坝段、溢流坝段、隔墩坝段、电站坝段;右岸有非溢流坝段,右侧副坝为双铰心墙斜丁坝。在泄流坝段 280 m 高程设 12 个施工导流底孔,在 300 m 高程设 12 个深水孔,在 290 m 高程的左岸建 2 条隧洞。水电站为坝后式,有 7 台机组和 1 条泄流钢管(由发电钢管改建)。

三门峡工程于 1957 年 4 月开工,1958 年 11 月截流,1960 年 9 月水库开始"蓄水拦沙"运用,水库淤积严重。为解决水库淤积问题,1962 年 3 月决定采用"滞洪排沙"运用方式,并于 1965~1969 年和 1969~1973 年 12 月先后两次对枢纽泄洪排沙设施进行增建和改建,扩大泄流能力。1969 年 6 月四省会议确定的改建原则是"在确保西安、确保下游的前提下,合理防洪,排沙放淤,径流发电",安装 5 台 50 MW 的水轮发电机组。第 1 台机组于 1973 年 12 月开始发电,其余 4 台机组分别于 1975 年、1976 年、1977 年和 1979 年并网发电。1994~1997 年为了充分挖掘水能资源,增加发电效益,利用原有机坑扩建 2 台 75 MW 机组。2000 年,对 1 号发电机组进行了技术改造,改造后的单机容量由 50 MW 增至 60 MW。目前,电站装机容量达 410 MW,年发电量为 12 亿 kW·h。

三门峡水利枢纽自 1960 年 9 月投入运用至今已 60 余年。由于在原规划设计中对黄河泥沙问题认识不足,使枢纽在 40 多年的实际运行中经历了两次改建和"蓄水拦沙"(1960 年 9 月 15 日至 1962 年 3 月 19 日)、"滞洪排沙"(1962 年 3 月 20 日至 1973 年 10 月)以及"蓄清排浑"(1973 年 11 月至目前)三个不同运用阶段。

枢纽经两次增建、改建,增加了泄流排沙设施,加大了泄流排沙能力。1973 年以后水库采用"蓄清排浑"运用方式,即汛期泄流排沙,汛后蓄水,变水沙不匹配为水沙相适应,使库区泥沙基本冲淤平衡,水库淤积得到控制。

目前,三门峡水库汛期敞泄运用,非汛期 1~3 月防凌运用,并为下游春灌蓄水,其他月份适当抬高水位发电,平均水位不超过 315 m,最高水位不超过 318 m;遇严重凌情、特大洪水和特殊情况时,不受此限制。

5.2.1.4　小浪底水库

黄河小浪底水利枢纽位于河南省洛阳市以北 40 km 的黄河干流上,上距三门峡水利枢纽 131 km,下距郑州黄河京广铁路桥 115 km,坝址以上流域面积 694 155 km²,占黄河全流域面积的 92.2%,是黄河三门峡以下唯一能够取得较大库容的坝址。考虑坝址以上各部门耗水及水利水保措施后,枢纽设计水平年多年平均入库径流量 277.1 亿 m³,多年平均输沙量 12.75 亿 t。

小浪底水利枢纽是黄河干流规划的七大骨干工程之一,坝址径流量占全河总量的 91.2%,控制几乎 100%的黄河泥沙,在黄河的治理开发和保证下游地区防洪安全方面起着最重要的作用,也是控制黄河水沙、协调黄河水沙关系的最关键工程。其开发任务是:以防洪(包括防凌)、减淤为主,兼顾供水、灌溉和发电,蓄清排浑,除害兴利,综合利用。

小浪底水库为不完全年调节水库,水库最高蓄水位 275 m,总库容 126.5 亿 m³,长期有效库容 51 亿 m³,其中防洪库容 41 亿 m³,调水调沙库容 10 亿 m³;可拦沙约 100 亿 t。小浪底水电站装机容量 1 800 MW,保证出力 283.9 MW/353.8 MW(前 10 年/10 年后),年平均发电量 45.99 亿 kW·h/58.51 亿 kW·h(前 10 年平均/10 年后平均)。

枢纽主要水工建筑物:壤土斜心墙堆石坝,坝顶高程 281 m,最大坝高 160 m,坝顶长 1 667 m;泄洪排沙系统,包括 3 条洞径 14.5 m 的孔板泄洪洞、3 条洞径 6.5 m 的排沙洞、3 条明流泄洪洞、1 条溢洪道、1 条灌溉和洞群进出口的进水塔群及大型消力塘;发电设施包括 6 条洞径 7.8 m 的引水发电洞、3 条尾水洞、6 台单机容量 300 MW 水轮发电机组。小浪底水利枢纽于 1991 年 9 月 1 日开始前期准备工程,1994 年 9 月 12 日主体工程开工,1997 年 11 月截流,1999 年 10 月下闸蓄水,1999 年年末第 1 台机组发电,单机容量 300 MW,共 6 台机组,2001 年 12 月 31 日全部工程竣工。

小浪底水库运用分初期和后期两个运用时期。为了发挥小浪底水库初期拦沙减淤作用,采取在汛期逐步抬高水位的运用方式,使之多拦粗沙,通过拦沙和调水调沙,提高对下游河道的减淤效果。小浪底水库初期采用“拦沙、调水调沙”运用,经历三个阶段:①蓄水拦沙阶段,淤满起调水位以下库容。②逐步抬高运用水位阶段。当起调水位以下库容淤满后,转入逐步抬高主汛期水位拦沙和调水调沙运用阶段。主汛期库水位逐步升高至 245 m,库区淤积纵剖面由低而高由下而上逐步发展。由于调水调沙运用,主汛期库水位以升高为主的上下变动。③高滩深槽形成阶段,经历高滩高槽过渡至高滩深槽,塑造新的河床,形成滩地纵剖面和河槽横断面平衡形态。之后水库进入正常运用期,为了保持长期有效库容,并使下游减淤,在汛期 7~9 月,降低水位泄洪排沙,并调水调沙,使水库槽库容多年内冲淤平衡,长期发挥水库对黄河下游减淤的效果。

水库初期和后期运用,每年 10 月至次年的 7 月上旬为蓄水调节期,水库高水位蓄水拦沙调节径流,进行防凌、供水、灌溉、发电等综合运用,基本上下泄清水。在下游非灌溉时期,下泄流量较小,一般约 400 m³/s;在下游灌溉时期,下泄流量较大,一般为 600~1 200 m³/s。在 12 月中下旬平稳下泄较大流量,并腾空 20 亿 m³ 防凌库容,在 1~3 月按黄河下游防凌要求调控下泄流量。

5.2.2　龙刘水库联合调度运用方式分析

龙羊峡水库、刘家峡水库的调度运用对全河水量优化配置具有极为重要的作用,可对黄河水量进行多年调节,蓄存丰水年和丰水期水量,补充枯水年和枯水期水量,年内汛期最大蓄水量达 121 亿 m³,非汛期补水量最大达 64 亿 m³,对于满足流域生活和基本生产用水、保障流域枯水年的供水安全、保证特枯水年黄河不断流起到了关键作用,同时还提高了上游梯级电站保证出力。

5.2.2.1　联合防洪调度

1. 设计防洪运用方式

刘家峡水库与盐锅峡、八盘峡水库同时设计,盐锅峡水库最先建成。刘家峡水库设计时,为保证兰州市 100 年一遇洪水控制在 6 500 m³/s,刘家峡水库 100 年一遇洪水控泄 4 540 m³/s(《刘家峡水电站设计文件》,水利电力部西北勘测设计院,1987 年 4 月);为减少下游电站投资,刘家峡水库 1 000 年一遇洪水控泄 7 500 m³/s。盐锅峡、八盘峡水库设计时均考虑了刘家峡水库的调节作用。刘家峡水库原设计的防洪标准为 1 000 年一遇设计、10 000 年一遇校核,但由于设计时采用的实测洪水系列仅至 1961 年,之后 1964 年、1967 年发生大洪水,延长系列后设计洪水数值加大,按照原设计的泄流能力复核计算,刘家峡实际的防洪标准只能达到 5 000 年一遇,下游盐锅峡和八盘峡电站的防洪标准分别只能达到 1 000 年一遇和 300 年一遇。鉴于此,在龙羊峡水库设计时,提出需要龙羊峡水库来提高刘家峡等工程和兰州等沿河城镇的防洪标准。龙羊峡水库的开发任务为:"兴建龙羊峡水电站工程能更好地适应青、甘、宁、陕四省(区)工农业发展用电的需要,提高刘家峡等工程和兰州等沿河城镇的防洪标准,更好地发挥刘、盐、八、青等工程的效益,……"。

龙刘水库联合调度共同承担下游兰州及已建盐锅峡、八盘峡工程的防洪任务,设计运用方式为:①刘家峡水库:当发生 100 年一遇及以下的洪水时,水库控制下泄流量不大于 4 290 m³/s;当发生大于 100 年一遇、小于或等于 1 000 年一遇洪水时,水库控制下泄流量不大于 4 510 m³/s;当发生大于 1 000 年一遇、小于或等于 2 000 年一遇洪水时,水库控制下泄流量不大于 7 260 m³/s;当发生 2 000 年一遇以上洪水时,刘家峡水库按敞泄运用。②龙羊峡水库:若发生小于或等于 1 000 年一遇的洪水时,水库按最大下泄流量不超过 4 000 m³/s 运用;当入库洪水大于 1 000 年一遇时,水库下泄流量逐步加大到 6 000 m³/s。

2. 近年运用方式

龙羊峡水库是多年调节水库,坝高库大,考虑到大坝安全,水库采取逐步蓄水、逐步抬高水位的运用方式,1994 年汛限水位为 2 580 m,1999 年为 2 585 m,2001 年至今为 2 588 m。由于龙羊峡水库的汛限水位低于设计值,刘家峡水库的汛限水位近几年一直采用 1 727 m。龙刘水库防洪运用时利用龙羊峡汛限水位 2 588 m 至设计汛限水位 2 594 m 之间的库容兼顾宁蒙河段防洪要求。

其中,在 2005 年以前,龙羊峡水库、刘家峡水库的年度防洪度汛方案按照考虑和不考虑在建工程度汛要求运用两种大的方案,每个方案中又考虑龙羊峡、刘家峡水库不同汛限水位组合方案。从 2005 年黄河全河主要水库水电站实行防洪统一调度管理,黄河上游水电站汛期洪水调度开始由黄河防总负责,在黄河水利委员会发布的"2005 年龙羊峡、刘家峡水库联合防洪调度应急方案"中,龙羊峡的汛限水位采用 2 588 m,刘家峡水库汛限水位采用 1 727 m。

2006 年龙羊峡水库的汛限水位仍定为 2 588 m,龙羊峡水库的防洪运用根据入库流量和水库运用水位联合判别,设计汛限水位 2 594 m 仍是水库防洪运用的一个重要指标。2006 年刘家峡水库的汛限水位为 1 727 m,刘家峡水库的防洪运用方式除按照防洪调度图运用外,还考虑了小洪水期对宁蒙河道的冲刷运用。

2007 年和 2008 年,上游各在建工程最高度汛标准分别为 50 年一遇和 100 年一遇,允许龙羊峡水库最大下泄流量分别为 1 850 m³/s 和 2 320 m³/s;10 年一遇洪水允许刘家峡水库最大下泄流量为 2 600 m³/s。龙羊峡水库的汛限水位仍采用 2 588 m,刘家峡水库的汛限水位采用 1 727 m。龙羊峡设计汛限水位 2 594 m 仍是水库防洪运用的一个重要指标,龙羊峡水库 2 594 m 以上按设计防洪运用,2 594 m 以下库容用来保证在建工程在施工度汛标准内防洪安全,刘家峡水库的防洪运用方式按防洪调度图运用。

2009 年,龙羊峡水库的汛限水位仍采用 2 588 m,刘家峡水库的汛限水位采用 1 727 m。上游各在建工程最高度汛标准为 200 年一遇,允许龙羊峡水库最大下泄流量为 2 200 m³/s;刘家峡以下无在建工程施工度汛要求,刘家峡兼顾宁蒙河段防洪。

2010 年,龙羊峡水库的汛限水位仍采用 2 588 m,刘家峡水库的汛限水位采用 1 727 m。龙刘区间在建工程度汛标准及安全流量在汛期各月不同,7 月、8 月在建工程最高度汛标准为 100 年一遇,安全流量 2 200 m³/s,9 月最高度汛标准为 200 年一遇,安全流量 2 300 m³/s,刘家峡以下无在建工程施工度汛要求,刘家峡兼顾宁蒙河段防洪安全按 10 年一遇洪水控制不超 2 500 m³/s 运用。龙羊峡水库 2 594 m 以上按设计防洪运用,2 594 m 以下防洪库容用来兼顾在建工程和宁蒙河段防洪安全,刘家峡水库的防洪运用方式按防洪调度图运用。

2011 年,龙羊峡水库汛限水位为 2 588 m,刘家峡水库汛限水位为 1 727 m。2011 年度不再考虑用龙羊峡 2 588 m 以下库容防洪,龙羊峡设计汛限水位 2 594 m 以下库容用来兼顾宁蒙河段防洪安全,刘家峡兼顾宁蒙河段防洪安全按 10 年一遇洪水控制不超 2 500 m³/s 运用。龙羊峡水库 2 594 m 以上按设计防洪运用。

2012 年 7~8 月,黄河上游降雨偏多,干流河道出现自 1989 年以来的最大洪水。7 月 1 日,龙羊峡水库水位 2 580.63 m,在龙羊峡水库水位达到汛限水位 2 588 m 之前,龙羊峡水库蓄洪运用,控制下泄流量 650 m³/s,后加大至 850 m³/s,7 月 23 日,龙羊峡水库水位达到汛限水位 2 588 m,从 7 月 23 日 12 时起对龙羊峡水库和刘家峡水库进行有效调控,龙羊峡水库逐步加大下泄流量。受刘兰区间暴雨影响,为减缓刘家峡水库水位抬升速度,7 月 28 日 20 时起,龙羊峡水库下泄流量减小至 1 500 m³/s。8 月 24 日 2 时,龙羊峡水库水位达 2 594 m,相应蓄量 224.6 亿 m³。考虑来水流量呈减小趋势,为减轻河道防洪压力,自 8 月 25 日 10 时起,龙羊峡水库逐步压减出库流量。9 月 21 日 8 时,龙羊峡水库水位达 2 595.57 m,相应蓄量 230 亿 m³,水库水位开始向正常蓄水位 2 600 m 过渡。

2012 年 7 月 1 日,刘家峡水库水位 1 724.40 m,水位未达汛限水位 1 727 m,综合考虑龙羊峡水库运用情况、水库上下游区间来水和水库下游河道现状,7 月 4 日起,刘家峡水库出库流量按控制兰州站日均流量不超过 1 200 m³/s 控泄,并逐步缓慢上涨至 2 500 m³/s;刘家峡水库库水位于 7 月 30 日 10 时达 1 727 m。由于刘兰区间局部暴雨影响,兰州站 7 月 30 日 11 时出现黄河干流 2012 年第 3 号洪峰。自 7 月 30 日 11 时至 22 时 30 分,刘家峡水库紧急压减下泄流量,进行错峰运用;22 时 30 分起恢复按控制兰州站 2 500 m³/s 控泄,并于 8 月 8 日起调整为按控制兰州站流量不超过 3 000 m³/s。此后,刘家峡水库出库流量按控制小川水文站 2 500 m³/s 均匀下泄。为了减缓刘家峡水库上涨速度,并为后期预留防洪库容,自 8 月 24 日 8 时起,刘家峡水库出库流量按控制兰州站 3 200~3 400 m³/s 下泄。8 月 28 日 18 时,刘家峡水库水位 1 726.98 m,水位降至汛限水位以下。

2013~2015 年度,龙羊峡水库的汛限水位仍采用 2 588 m,刘家峡水库的汛限水位为 1 727 m。由于各在建工程的安全流量均达到了其度汛标准相应流量,各在建工程度汛标准内,不再需要龙羊峡水库、刘家峡水库控制流量帮忙其度汛。龙羊峡水库设计汛限水位 2 594 m 以下库容用来兼顾宁蒙河段防洪安全,刘家峡兼顾宁蒙河段防洪安全按 10 年一遇洪水控制不超 2 500 m³/s 运用。龙羊峡水库 2 594 m 以上按设计防洪运用。

由上述年份联合防洪调度运用方式可知,在 7~9 月汛期水库控制在汛限水位(或其以下)运行。当水库水位及来水过程达到防洪运用条件时,转入防洪运用。龙羊峡水库设计汛限水位 2 594 m,水库建成后,汛限水位逐步抬高,目前(截至 2015 年)汛限水位为 2 588 m。刘家峡水库设计汛限水位 1 726 m,目前汛限水位 1 727 m。在龙刘水库联合防洪运用时,近年运用方式为:利用龙羊峡水库设计汛限水位(2 594 m)至年度汛限水位 2 594 m 之间的库容兼顾龙刘水库下游在建工程、龙刘区间河段和宁蒙河段防洪安全。龙羊峡水库的下泄流量需满足龙刘区间防洪对象的防洪要求,并使刘家峡水库不同频率洪水时的最高库水位不超过设计值;刘家峡水库下泄流量应按照刘家峡下游防洪对象的防洪标准要求严格控制。龙羊峡、刘家峡水库下泄流量不大于各相应频率洪水的控泄流量,洪水退水段最大下泄流量不大于洪水过程的洪峰流量。

5.2.2.2 联合防凌调度

龙羊峡水库、刘家峡水库原设计都是以发电为主,未考虑凌汛期宁蒙河段的防凌问题。刘家峡水库建成后,为减少宁蒙河段凌汛损失,1989 年 9 月,黄河防总发布了《黄河刘家峡水库凌期水量调度暂行办法》(国汛〔1989〕22 号),规定"黄河凌汛是关系到上下游沿河两岸发展经济和广大人民群众生命财产安全的大事。由于造成凌汛灾害的原因比较复杂,需要通过调节水量,减轻凌汛灾害。""凌期黄河防汛总指挥部根据气象、水情、冰情等因素,在首先保证凌汛安全的前提下兼顾发电,调度刘家峡水库的下泄水量。"《黄河刘家峡水库凌期水量调度暂行办法》(国汛〔1989〕22 号)规定,"刘家峡水库下泄水量按旬平均流量严格控制,各日出库流量避免忽大忽小,日平均流量变幅不能超过旬平均流量的百分之十。"

2010 年,黄河防总发布了《黄河干流及重要支流水库、水电站防洪(凌)调度管理办法(试行)》(黄防总办〔2010〕34 号),提出"黄河防洪(凌)调度遵循电调服从水调原则,实现水沙电一体化调度和综合效益最大化。",规定"刘家峡水库防凌调度采用月计划、旬安排,水库调度单位提前五天下达刘家峡水库防凌调度指令""水库管理单位要严格执行调度指令,控制流量平稳下泄。""水调办加强龙羊峡、刘家峡水库联合调度,为刘家峡水库防凌调度运用预留防凌库容。""凌汛期黄河上游刘家峡以下水库、水电站应按进出库平衡运用,保持河道流量平稳。""凌汛期,当库区或河道发生突发事件或重大险情需调整水库运用指标时,水库调度单位可根据情况,实施水库应急调度。"

依据多年的防凌运用经验,近年龙刘水库在凌汛期的防凌运用方式有以下几种。

1. 刘家峡水库

根据宁蒙河段引黄灌区的引退水规律及流凌、封河、开河的特点,对下泄流量进行控制。凌汛前,刘家峡水库预留一定的防凌库容并预蓄适当水量;11 月上旬流凌前,刘家峡水库大流量下泄所蓄水量,以满足宁蒙河段引水需求;至 11 月中下旬封河前,刘家峡水库下泄流量由大到小逐步减小,以对宁蒙河段引黄灌区退水流量进行反调节,有利于推迟封河时间、塑造较为合理的封河流量,且在封河前预留一定的防凌库容;封河期刘家峡水库基本保持平均下泄流量 500 m³/s 左右并控制过程平稳,有利于减小宁蒙河段槽蓄水增量并降低流量波动对防凌的不利影响;开河期,刘家峡水库进一步压减下泄流量,以减小宁蒙河段凌洪流量,避免形成"武开河"形势。

2. 龙羊峡水库

主要根据刘家峡水库的下泄流量、库内蓄水量、上游来水量和电网发电需求,配合刘家峡水库防凌运用,并进行发电补偿调节。流凌期,龙羊峡水库视来水、刘家峡水库蓄水和泄流情况等下泄水量;封河期,龙羊峡水库根据刘家峡出库流量和电网发电要求下泄水量,并控制封河期总出库水量与刘家峡水库基本一致;开河期,龙羊峡水库视刘家峡水库蓄水情况按照加大泄量或保持一定流量控制运用,下泄库内蓄水。

5.2.2.3　水量调度

根据龙羊峡水库、刘家峡水库的开发任务,龙羊峡水库与刘家峡水库及待建的大柳树水利枢纽联合运行,从根本上控制黄河上游的洪水,消除凌汛威胁,满足青海、甘肃、宁夏、内蒙古四省(区)的工农业用水的需要,提高黄河中下游枯水年的供水量和上游梯级电站的发电效益。在龙羊峡—河口镇河段的已建工程中,除龙羊峡、刘家峡两座水电站具有调节能力外,其余均为径流式电站。

龙羊峡水库调度的原则和任务是:在确保大坝安全的前提下,根据水文、气象预报,统筹兼顾,协调防洪与兴利的矛盾,充分利用库容与来水量,合理蓄水、泄水和用水,力争发挥水库最大综合利用效益。刘家峡水库的调度运用,主要受防洪、防凌、灌溉供水和发电等综合利用要求等控制,每年的凌汛期,按防凌要求控制下泄流量,缓解宁蒙河段的冰凌灾害,4~6 月为灌溉季节,调节流量满足甘、宁、蒙工农业要求,7~10 月为汛期,根据兰州以下防洪需要调度运用。

目前,龙羊峡、刘家峡等水电站的发电运行,受宁蒙地区工农业用水流量过程要求和防洪防凌下泄流量要求的制约作用较大,灌溉高峰期发电出力大,凌汛期发电出力严重下降,梯级水电出力变化大,不能按发电最优方式运行。

5.2.3　黄河干流主要水库控制流量及水位分析

5.2.3.1　龙刘水库汛期及汛后(7~10 月)

1. 汛初水库水位分析

统计分析了龙羊峡水库、刘家峡水库汛初水位情况,见表 5-2-1。龙羊峡水库、刘家峡水库历年汛初水位分析结果显示,两库水位在汛初均低于汛限水位。由于龙羊峡水库在运行初期长期处于低水位运行,1989~2000 年度 7 月初平均水位为 2 549 m,最高水位为 2 566 m;之后水库进入正常运用期,2001~2013 年度 7 月初平均水位为 2 566 m,最高水位为 2 581 m,近 5 年来平均水位为 2 576 m。刘家峡水库 1989~2013 年度 7 月初平均水位为 1 721 m,最高水位为 1 731 m;2001~2013 年度 7 月初平均水位为 1 721 m,最高水位为 1 726 m,近 5 年来 7 月初平均水位为 1 723 m。

表 5-2-1　龙羊峡水库、刘家峡水库汛初水位统计

水库	时段/年	汛初水位/m		
		均值	最小值	最大值
龙羊峡	1989~2000	2 549	2 535	2 566
	2001~2013	2 566	2 533	2 581
	1989~2013	2 558	2 533	2 581
	2009~2013	2 676	2 567	2 581

续表 5-2-1

水库	时段/年	汛初水位/m		
		均值	最小值	最大值
刘家峡	1989~2000	1 720	1 714	1 731
	2001~2013	1 721	1 714	1 726
	1989~2013	1 721	1 714	1 731
	2009~2013	1 723	1 720	1 726

2. 汛期水库出库流量分析

统计分析了龙羊峡水库、刘家峡水库不同年份的汛期旬平均出库流量,见表5-2-2~表5-2-4。由表可见,在没有洪水到来时,汛期龙羊峡水库平均出库流量一般不超过 800 m^3/s,刘家峡水库平均出库流量一般不超过 900 m^3/s,水库按发电流量下泄。

表 5-2-2　龙羊峡水库汛期旬平均出库流量　　　　　　单位:m^3/s

年份	7月上旬	7月中旬	7月下旬	8月上旬	8月中旬	8月下旬	9月上旬	9月中旬	9月下旬
1989	685	895	1 154	1 311	1 774	2 211	2 234	1 972	929
1990	664	682	778	770	676	688	585	661	672
1991	922	772	782	771	878	952	653	600	484
1992	627	441	764	662	635	460	454	365	289
1993	680	644	732	796	754	694	880	858	675
1994	544	530	668	800	725	681	783	657	552
1995	920	670	573	620	438	542	541	506	782
1996	686	572	732	692	710	591	743	645	358
1997	411	447	707	419	206	261	593	351	483
1998	450	366	361	420	488	350	394	547	504
1999	488	575	653	586	366	643	659	553	637
2000	542	584	631	671	580	486	516	405	410
2001	554	600	499	666	498	572	516	504	328
2002	396	486	519	548	460	553	576	396	516
2003	443	381	473	331	278	259	268	431	384
2004	459	406	498	371	517	403	415	408	370
2005	536	496	487	403	479	581	576	504	473
2006	832	845	822	668	578	526	432	498	432
2007	659	623	648	729	842	817	777	692	828
2008	778	729	704	777	728	785	664	568	549
2009	624	607	555	637	638	591	459	556	675
2010	730	1 122	1 130	1 131	1 166	1 125	910	759	741
2011	609	627	622	656	664	584	576	591	630
2012	731	885	1 376	1 419	1 552	1 407	1 001	909	838
2013	814	569	744	917	810	694	629	765	659

表 5-2-3　刘家峡水库汛期旬平均出库流量　　　　　　单位:m³/s

年份	7月上旬	7月中旬	7月下旬	8月上旬	8月中旬	8月下旬	9月上旬	9月中旬	9月下旬
1989	882	866	877	1 565	2 010	2 553	2 207	2 333	1 211
1990	1 021	980	953	1 008	941	852	746	731	730
1991	1 041	1 132	808	943	864	625	703	642	568
1992	905	874	714	746	679	673	541	503	529
1993	975	968	1 391	1 178	909	1 064	986	944	879
1994	900	990	976	1 187	1 086	965	881	877	715
1995	1 007	746	797	887	642	734	782	520	574
1996	908	688	681	737	641	632	606	476	504
1997	556	594	671	513	552	692	472	590	584
1998	617	424	635	581	383	339	348	502	544
1999	736	892	1 131	986	985	866	787	795	911
2000	666	700	830	617	408	444	620	867	918
2001	691	671	660	716	690	601	504	527	535
2002	721	594	686	548	466	587	482	421	813
2003	588	482	381	373	408	607	621	668	727
2004	729	733	493	563	396	474	497	464	573
2005	749	709	727	768	721	713	782	874	994
2006	1 082	866	785	830	716	765	882	762	579
2007	1 119	991	1 055	968	961	917	883	956	845
2008	1 072	769	728	773	894	1 110	807	620	681
2009	897	565	750	691	668	712	815	861	796
2010	982	1 195	1 350	1 229	1 063	1 131	924	898	575
2011	932	888	924	800	530	757	700	758	635
2012	1 047	1 273	1 603	2 368	2 285	2 538	1 772	1 260	1 194
2013	1 199	1 176	1 268	1 401	1 417	1 158	1 057	678	699

表 5-2-4　龙羊峡、刘家峡水库汛期旬平均出库流量统计　　　　单位:m³/s

水库	时段/年	7月上旬	7月中旬	7月下旬	8月上旬	8月中旬	8月下旬	9月上旬	9月中旬	9月下旬
龙羊峡	1989~2000	634.9	598.1	711.3	709.9	685.9	713.4	752.9	676.5	564.6
	2001~2013	628.0	644.3	698.2	711.7	708.3	684.4	599.8	583.2	571.1
	1989~2013	631.3	622.1	704.5	710.9	697.6	698.3	673.3	627.9	568.0
刘家峡	1989~2000	851.3	821.0	871.9	912.4	841.9	870.1	806.5	814.9	722.2
	2001~2013	908.3	839.4	877.6	925.2	862.6	928.5	824.9	749.7	742.0
	1989~2013	880.9	830.6	874.9	919.0	852.7	900.4	816.1	781.0	732.5

3. 7~10 月刘家峡水库最高水位分析

统计分析了刘家峡水库近年来汛期最高水位,以及 9 月末水库蓄水位,2000~2013 年度汛期刘家峡水库平均最高水位为 1 729.1 m,其中 2007~2013 年度汛期平均最高水位为 1 729.7 m;2000~2013 年度 9 月末刘家峡水库平均水位为 1 727 m,其中 2007~2013 年度 9 月末平均库水位为 1 729 m;2000~2013 年度 9 月 16 日刘家峡水库平均水位为 1 726.1 m,其中 2007~2013 年度平均库水位为 1 726.2 m;2000~2013 年度 10 月末刘家峡水库平均水位为 1 724.6 m,其中 2007~2013 年度 10 月末平均库水位为 1 724.5 m。刘家峡水库在汛期 9 月 16 日平均水位为 1 726.1 m,不超过汛限水位,此后水库水位抬升,向正常蓄水位过渡,但近年来刘家峡水库在 7~10 月均未达到正常蓄水位。

5.2.3.2　龙刘水库凌汛期时段(11 月至次年 3 月)

1.凌汛期水库入、出库流量及蓄变量

凌汛期龙羊峡水库入库流量 11~12 月逐步减小,1 月、2 月比较稳定,3 月逐渐增大,不同年段差别不大。1989~2000 年龙羊峡水库出库流量较大,且凌汛期内流量波动较大,在 11 月中旬下泄流量比较大,在 3 月下旬下泄流量比较小。2000 年以后,龙羊峡水库下泄流量过程波动减小,从凌汛期开始到稳封期逐渐降低,然后逐渐升高。

刘家峡水库在一般情况下,为了满足 11 月上旬、中旬宁蒙灌区冬灌要求,出库流量比较大,在 11 月下旬进行流量控泄。根据 1989 年以来刘家峡水库多年平均出库流量统计,11 月上旬、中旬流量分别为 963 m³/s 和 770 m³/s;11 月下旬内蒙古河段进入流凌封河期,刘家峡水库进行控泄运用,出库流量减少至 563 m³/s;之后的封河期和开河期刘家峡水库下泄流量逐渐减少;一般在 3 月上旬刘家峡水库下泄流量达到最小值;内蒙古河段一般在 3 月下旬全河段开河,刘家峡水库由于库内蓄水量较大,水库加大下泄流量发电运用,在 3 月下旬下泄流量多年平均为 605 m³/s。

在 11 月上旬宁蒙河段冬灌期,在 2000 年以前刘家峡水库下泄流量比 2000 年以后下泄流量小;在凌汛期的稳封期,不同时段刘家峡水库的下泄流量均呈缓慢减小趋势,且 2000 年以后流量比 2000 年以前略有小幅度减小;在开河前的 2 月中下旬、开河期的 3 月上中旬,2000 年前刘家峡水库的下泄流量比 2000 年以后的下泄流量略大;在 3 月下旬内蒙古河段开河后,2000 年以后刘家峡水库的下泄流量比较大。

不同年段凌汛期龙羊峡水库、刘家峡水库平均入、出库水量和水库蓄变量见表 5-2-5。可以看出,1989 年以来龙羊峡水库在凌汛期主要下泄库内存水,刘家峡水库主要蓄水,多年平均情况下龙羊峡水库泄放库内水量约 35 亿 m³,刘家峡水库蓄水约 8 亿 m³。与 1989~2013 年平均情况相比,2000~2013 年龙羊峡水库凌汛期下泄水量减小至约 310 亿 m³,刘家峡水库蓄水增加至 10.3 亿 m³。

表 5-2-5　1989 年以来不同时段龙羊峡水库、刘家峡水库平均入、出库水量　单位:亿 m³

时段/年	龙羊峡水量		刘家峡水量		凌汛期水库蓄变量		
	入库	出库	入库	出库	龙羊峡	刘家峡	两库合计
1989~2000	30.4	70.8	78.6	73.4	-40.4	5.3	-35.1
2000~2013	33.2	64.2	77.6	67.3	-31.0	10.3	-20.7
1989~2013	31.9	67.2	78.1	70.1	-35.3	8.0	-27.3

注:龙羊峡入库为唐乃亥站,出库为贵德站;刘家峡入库为循化+折桥+红旗,出库为小川。

2.凌汛期库水位过程

11 月上中旬龙羊峡水位一般变幅不大且略有下降,只是在 2000~2013 年龙羊峡水库在凌汛期初期略有蓄水;11 月下旬至 12 月底,龙羊峡水库水位缓慢下降;1 月至 2 月上中旬水位下降较快,龙羊峡水库补水较其他月份多;2 月中下旬后,由于刘家峡水库控泄小流量,龙羊峡水库水位降幅有所减小。

凌汛期宁蒙河段的防凌和供水任务主要由刘家峡水库承担,刘家峡水库承接龙羊峡水库下泄水量,在宁蒙河段流凌后主要进行控泄运用。凌汛期刘家峡水库蓄水位一般经历一个先下降再回升的过程。11 月上中旬,由于宁蒙灌区冬灌用水等需求,水库放水、库水位下降,在 11 月中旬末库水位一般降到最低(近期 2000 ~ 2013 年凌汛期平均为1 721.6 m);之后,为满足宁蒙河段防凌要求,水库减小下泄流量、开始蓄水,直至 2 月中下旬宁蒙河段逐步进入开河期,水库进一步压减下泄流量,水库蓄水位较快上升,3 月中下旬水位达到最高,宁蒙河段开河后,3 月下旬水库增加泄量、水位开始回落。

5.2.3.3　龙刘水库非汛期其他时段(4~6 月)

1. 宁蒙河段引退水分析

凌汛期以外的非汛期时段,尤其是 4~6 月为宁蒙河段灌溉的高峰期,引水量大,对刘家峡出库流量具有直接的控制作用,下面分析宁蒙河段的实际引水情况。

宁蒙河段灌区引水渠、退水渠多,引水渠相对集中,而退水渠相对分散。宁夏下河沿至石嘴山河段引水渠主要有羚羊寿渠、跃进渠、七星渠、东干渠、汉渠、秦渠、唐徕渠等,内蒙古石嘴山至头道拐河段引水渠主要有沈乌干渠、南总干渠、北总干渠等,引水渠大多设有监测站。通过调查了解灌区灌溉制度和引水情况,分析已有灌区引水流量、含沙量资料,插补延长监测资料不完整(如东干渠有流量监测资料无泥沙监测资料)和完全没有监测资料的引水渠(如羚羊寿渠)。统计不同时期宁蒙灌区引水、退水特征值,见表5-2-6。

表 5-2-6　宁蒙灌区引水、退水特征值

河段	引退水渠	时段 (水文年)	水量/亿 m³		
			7~10 月	11~6 月	7~6 月
宁夏 灌区	引水渠	1960 ~ 1968	31.8	29.7	61.5
		1969 ~ 1986	40.7	44.1	84.8
		1987 ~ 1999	41.2	48.9	90.1
		2000 ~ 2012	32.8	44.9	77.7
		1987 ~ 2012	37.0	46.9	83.9
		1960 ~ 2012	37.4	43.0	80.4
	入黄 退水沟 (不完全)	1960 ~ 1968	8.7	5.8	14.5
		1969 ~ 1986	8.6	7.0	15.6
		1987 ~ 1999	8.5	9.3	17.8
		2000 ~ 2012	5.4	7.2	12.5
		1987 ~ 2012	6.9	8.2	15.2
		1960 ~ 2012	7.8	7.4	15.2

续表 5-2-6

河段	引退水渠	时段（水文年）	水量/亿 m³		
			7~10 月	11~6 月	7~6 月
内蒙古灌区	引水渠	1960~1968	31.6	15.4	47.0
		1969~1986	34.5	19.6	54.1
		1987~1999	40.3	24.8	65.0
		2000~2012	37.3	24.5	61.8
		1987~2012	38.8	24.6	63.4
		1960~2012	36.1	21.3	57.5
	入黄退水沟	1960~1968	1.4	0.8	2.3
		1969~1986	5.2	2.2	7.4
		1987~1999	5.5	2.8	8.3
		2000~2012	6.2	6.2	12.3
		1987~2012	5.9	4.5	10.3
		1960~2012	4.9	3.1	8.0
合计	引水渠	1960~1968	63.4	45.0	108.5
		1969~1986	75.2	63.8	138.9
		1987~1999	81.5	73.7	155.1
		2000~2012	70.1	69.4	139.5
		1987~2012	75.8	71.5	147.3
		1960~2012	73.5	64.4	137.9
	入黄退水沟	1960~1968	10.1	6.6	16.7
		1969~1986	13.9	9.2	23.0
		1987~1999	14.0	12.1	26.1
		2000~2012	11.6	13.3	24.9
		1987~2012	12.8	12.7	25.5
		1960~2012	12.7	10.5	23.2

注：表中退水量数据采用有实测记录的各退水沟渠资料统计而成，并不全面。

1960~2012 年，宁蒙灌区多年平均引水量为 137.9 亿 m³，多年平均退水量为 23.2 亿 m³，占多年平均引水量的 16.8%。

1960~2012 年，宁夏灌区多年平均引水量为 80.4 亿 m³，占宁蒙灌区总引水量的 58.3%。从不同时段看，青铜峡水库建成前，宁夏灌区引水量相对较小，1960~1968 年年平均引水量为 61.5 亿 m³；青铜峡水库建成后，灌区平均引水量增大，1969~1986 年、1987~1999 年、2000~2012 年的引水量分别为 84.8 亿 m³、90.1 亿 m³、77.7 亿 m³。从年内不同时间

看,引水主要集中在 4~11 月,约占 97.9%,引沙主要集中在 5~9 月,约占 96.0%,其中
7~8 月占 68.1%,宁夏灌区引水年内分配比例见表 5-2-7。

表 5-2-7　宁蒙灌区多年平均引水引沙年内分配比例

灌区	1 月	2 月	3 月	4 月	5 月	6 月	7 月	8 月	9 月	10 月	11 月	12 月	合计
宁夏灌区	0.3	0.4	0.5	5	17.6	17.4	17.7	15.8	7.7	5.2	11.5	0.7	100
内蒙古灌区	0	0	0	1.7	15.9	16.3	17.1	10.6	14.9	21	2.5	0	100
宁蒙灌区	0.15	0.2	0.25	3.35	16.75	16.85	17.4	13.2	11.3	13.1	7	0.35	100

1960~2012 年,内蒙古灌区多年平均引水量为 57.5 亿 m³,占宁蒙灌区总引水量的
41.7%。从不同时期看,随着地区经济的发展,内蒙古灌区的引水量增大,1960~1968 年、
1969~1986 年、1987~1999 年、2000~2012 年年平均引水量分别为 47.0 亿 m³、54.1 亿
m³、65.0 亿 m³、61.8 亿 m³。从年内不同时间看,引水主要集中在 5~10 月,约占 95.8%。

2.4~6 月控制流量、水位分析

由龙羊峡水库、刘家峡水库实测的出库过程(见表 5-2-8 和表 5-2-9)可以看出,刘家
峡出库在 4~6 月明显偏大,比龙羊峡高出很多。对比两库的实测水位过程(见表 5-2-10
和表 5-2-11)可以看出:

表 5-2-8　龙羊峡水库实测出库流量过程　　　　　　　单位:m³/s

年份	1 月	2 月	3 月	4 月	5 月	6 月	7 月	8 月	9 月	10 月	11 月	12 月
1989	679	430	486	445	685	701	936	1 814	1 686	775	522	462
1990	647	608	693	654	1 060	889	724	725	630	597	513	629
1991	616	528	626	511	593	714	840	887	571	564	721	349
1992	691	381	367	395	560	701	628	593	364	246	536	705
1993	562	603	518	500	609	725	700	760	793	624	585	606
1994	663	634	744	627	912	715	595	748	655	644	592	716
1995	719	612	649	424	600	740	730	544	602	669	613	351
1996	474	479	465	325	539	514	679	675	574	386	455	496
1997	415	361	280	334	464	658	538	300	468	632	525	432
1998	395	315	338	287	370	575	398	425	475	539	491	511
1999	501	494	569	549	542	621	586	545	608	575	563	591
2000	633	545	525	642	634	526	598	587	438	563	578	499
2001	409	418	422	399	547	537	560	589	443	393	612	594

续表 5-2-8

年份	1月	2月	3月	4月	5月	6月	7月	8月	9月	10月	11月	12月
2002	365	297	433	460	499	361	478	531	489	734	600	471
2003	324	169	219	358	365	388	442	295	356	379	451	388
2004	413	445	494	431	461	540	465	438	393	486	462	479
2005	497	331	455	479	521	485	516	500	510	713	535	519
2006	422	391	669	870	918	729	849	599	448	491	481	480
2007	489	458	529	626	700	787	637	787	732	444	441	481
2008	493	479	458	664	797	909	767	783	584	438	471	415
2009	551	539	545	886	908	819	605	633	555	614	632	573
2010	542	423	537	867	962	919	1 017	1 162	793	648	581	617
2011	555	326	571	796	751	638	597	624	605	550	537	579
2012	524	501	473	589	806	794	1 005	1 445	902	802	691	589
2013	617	502	596	735	804	762	682	739	640	556	639	548
均值	528	451	506	554	664	670	663	709	613	562	553	523

表 5-2-9 刘家峡实测出库流量过程 　　　　　　　　　　　　　　　　单位:m³/s

年份	1月	2月	3月	4月	5月	6月	7月	8月	9月	10月	11月	12月
1989	604	533	509	838	1 040	773	892	2 100	1 894	1 131	932	724
1990	626	540	598	741	1 386	1 322	1 003	949	726	790	929	681
1991	601	503	484	643	1 121	850	1 007	820	629	723	820	565
1992	538	486	396	485	1 005	756	843	712	514	750	804	643
1993	598	526	523	637	1 029	849	1 141	1 070	923	899	870	612
1994	566	514	518	773	1 111	1 065	974	1 101	813	789	836	675
1995	626	529	521	778	1 121	952	864	768	616	677	785	543
1996	413	358	425	727	1 060	779	771	682	522	667	621	361
1997	321	261	286	478	1 080	824	621	600	541	686	643	349
1998	323	281	320	543	1 012	753	572	439	450	688	770	571
1999	527	423	568	768	1 006	741	944	961	820	927	763	591
2000	549	421	456	830	1 050	864	749	497	791	869	700	474
2001	453	307	380	705	1 029	842	686	680	515	683	741	477
2002	415	307	379	716	914	767	681	546	564	1 029	615	421
2003	309	246	235	350	612	605	489	476	663	1 010	720	462
2004	428	321	368	645	959	865	658	486	504	795	770	524

续表 5-2-9

年份	1 月	2 月	3 月	4 月	5 月	6 月	7 月	8 月	9 月	10 月	11 月	12 月
2005	490	420	379	675	1 010	946	742	747	871	1 284	912	519
2006	483	405	599	1 105	1 182	1 174	924	785	731	796	715	519
2007	451	371	446	740	1 101	996	1 080	966	883	1 080	815	524
2008	480	385	426	897	1 131	1 193	868	950	693	989	686	490
2009	480	337	720	1 154	1 192	1 193	752	704	813	948	817	504
2010	487	371	482	1 184	1 182	1 233	1 203	1 162	788	858	837	518
2011	475	392	454	919	1 026	1 182	912	698	696	995	886	523
2012	492	397	497	654	1 259	1 427	1 325	2 438	1 409	1 269	888	570
2013	555	443	638	824	1 156	1 238	1 262	1 351	834	1 043	859	571
均值	492	403	464	752	1 071	968	879	908	768	895	789	536

表 5-2-10　龙羊峡实测水位过程　　　　单位:m

年份	1 月	2 月	3 月	4 月	5 月	6 月	7 月	8 月	9 月	10 月	11 月	12 月
1989	2 538	2 534	2 532	2 531	2 535	2 553	2 567	2 568	2 570	2 574	2 575	2 574
1990	2 571	2 567	2 564	2 562	2 559	2 558	2 559	2 561	2 564	2 566	2 565	2 561
1991	2 557	2 554	2 550	2 547	2 546	2 545	2 544	2 548	2 550	2 551	2 548	2 546
1992	2 539	2 536	2 534	2 534	2 533	2 535	2 548	2 554	2 561	2 569	2 568	2 564
1993	2 561	2 557	2 554	2 554	2 556	2 559	2 566	2 574	2 576	2 577	2 576	2 573
1994	2 569	2 565	2 561	2 560	2 558	2 562	2 566	2 565	2 565	2 564	2 562	2 556
1995	2 550	2 545	2 539	2 539	2 541	2 540	2 536	2 542	2 548	2 548	2 547	2 546
1996	2 542	2 538	2 534	2 535	2 535	2 540	2 540	2 542	2 543	2 546	2 544	2 540
1997	2 537	2 533	2 532	2 532	2 537	2 539	2 546	2 550	2 551	2 549	2 546	2 542
1998	2 539	2 536	2 534	2 535	2 538	2 537	2 546	2 555	2 561	2 564	2 563	2 560
1999	2 556	2 553	2 548	2 544	2 542	2 553	2 569	2 575	2 577	2 581	2 581	2 577
2000	2 574	2 570	2 567	2 564	2 562	2 566	2 567	2 568	2 571	2 571	2 569	2 566
2001	2 563	2 560	2 557	2 556	2 555	2 557	2 574	2 557	2 560	2 564	2 562	2 557
2002	2 555	2 553	2 550	2 547	2 544	2 550	2 553	2 553	2 552	2 548	2 543	2 538
2003	2 535	2 534	2 533	2 531	2 531	2 533	2 539	2 550	2 561	2 567	2 567	2 566
2004	2 564	2 561	2 558	2 556	2 554	2 555	2 558	2 562	2 568	2 570	2 570	2 568
2005	2 565	2 563	2 560	2 559	2 560	2 563	2 576	2 584	2 590	2 597	2 597	2 596
2006	2 595	2 593	2 590	2 586	2 582	2 581	2 581	2 581	2 584	2 586	2 584	2 582
2007	2 580	2 577	2 575	2 573	2 570	2 574	2 580	2 581	2 584	2 587	2 587	2 585
2008	2 581	2 581	2 579	2 577	2 573	2 570	2 571	2 574	2 576	2 581	2 581	2 580

续表 5-2-10

年份	1 月	2 月	3 月	4 月	5 月	6 月	7 月	8 月	9 月	10 月	11 月	12 月
2009	2 577	2 574	2 571	2 567	2 565	2 567	2 576	2 583	2 590	2 594	2 593	2 592
2010	2 590	2 589	2 587	2 583	2 579	2 580	2 588	2 587	2 587	2 587	2 586	2 583
2011	2 579	2 578	2 575	2 571	2 568	2 572	2 579	2 581	2 584	2 588	2 588	2 586
2012	2 583	2 581	2 580	2 579	2 579	2 581	2 591	2 595	2 596	2 596	2 595	2 593
2013	2 590	2 588	2 585	2 582	2 580	2 581	2 587	2 589	2 590	2 589	2 587	2 584

表 5-2-11　刘家峡实测水位过程　　　　　　单位:m

年份	1 月	2 月	3 月	4 月	5 月	6 月	7 月	8 月	9 月	10 月	11 月	12 月
1989	1 725	1 724	1 725	1 719	1 715	1 721	1 731	1 732	1 735	1 733	1 728	1 724
1990	1 724	1 729	1 733	1 734	1 731	1 727	1 726	1 727	1 731	1 732	1 725	1 725
1991	1 726	1 727	1 732	1 730	1 721	1 722	1 721	1 725	1 726	1 725	1 723	1 719
1992	1 723	1 722	1 722	1 721	1 710	1 714	1 717	1 726	1 733	1 729	1 726	1 729
1993	1 729	1 732	1 734	1 733	1 727	1 731	1 728	1 727	1 728	1 726	1 721	1 722
1994	1 725	1 728	1 733	1 732	1 729	1 727	1 726	1 724	1 725	1 726	1 722	1 724
1995	1 727	1 730	1 734	1 729	1 719	1 715	1 716	1 724	1 730	1 733	1 731	1 728
1996	1 729	1 733	1 735	1 728	1 720	1 718	1 721	1 726	1 731	1 728	1 726	1 729
1997	1 726	1 728	1 729	1 728	1 718	1 715	1 719	1 718	1 720	1 721	1 721	1 725
1998	1 727	1 728	1 730	1 727	1 718	1 717	1 719	1 726	1 730	1 728	1 724	1 725
1999	1 727	1 730	1 731	1 728	1 719	1 721	1 727	1 724	1 724	1 721	1 720	1 722
2000	1 726	1 730	1 733	1 731	1 724	1 719	1 718	1 724	1 721	1 720	1 721	1 724
2001	1 726	1 730	1 733	1 728	1 720	1 714	1 716	1 717	1 724	1 725	1 724	1 728
2002	1 729	1 730	1 733	1 730	1 726	1 723	1 721	1 723	1 724	1 717	1 719	1 721
2003	1 723	1 723	1 723	1 724	1 721	1 718	1 723	1 729	1 731	1 728	1 725	1 725
2004	1 726	1 731	1 735	1 731	1 723	1 718	1 723	1 726	1 730	1 729	1 725	1 726
2005	1 728	1 728	1 731	1 730	1 724	1 718	1 722	1 725	1 727	1 729	1 725	1 727
2006	1 728	1 730	1 732	1 729	1 727	1 720	1 723	1 725	1 727	1 726	1 723	1 724
2007	1 727	1 729	1 733	1 731	1 723	1 724	1 721	1 724	1 729	1 728	1 725	1 726
2008	1 728	1 731	1 733	1 731	1 725	1 720	1 722	1 724	1 728	1 724	1 723	1 727
2009	1 728	1 732	1 731	1 727	1 726	1 720	1 720	1 726	1 728	1 723	1 724	1 728
2010	1 730	1 732	1 734	1 728	1 725	1 722	1 723	1 725	1 729	1 726	1 722	1 727
2011	1 730	1 730	1 734	1 733	1 729	1 721	1 722	1 725	1 730	1 726	1 722	1 725
2012	1 728	1 730	1 732	1 734	1 731	1 724	1 728	1 727	1 725	1 721	1 721	1 723
2013	1 727	1 730	1 732	1 733	1 730	1 726	1 727	1 725	1 730	1 723	1 722	1 724

（1）正常年份 3 月底时刘家峡水库防凌期运用结束，水位蓄至接近正常蓄水位，4 月仅少量的宁蒙河段用水需求，水位下降幅度较小。

（2）5 月和 6 月刘家峡水库连续为宁蒙河段补水灌溉，导致刘家峡水库水位在 6 月底多年出现年内最低运行水位，下降至 1 720 m 左右，个别年份库水位甚至低于刘家峡水库目前最低运用水位 1 717 m；虽然此一时期龙羊峡水库也进行了一定的补水，但是仅是由于发电需求进行了部分的主动补水，远小于刘家峡的下泄水量。

（3）多数年份龙羊峡水库进入 6 月后开始蓄水，宁蒙河段用水完全由刘家峡水库承担，导致刘家峡水库 6 月底结束汛前的水位过低，对刘家峡水库的运用产生了不利影响。

5.2.3.4　黄河干流主要水库水量调配分析

表 5-2-12 及表 5-2-13 分别给出了干流五大水库统一调度以来历年汛期和全河用水高峰期 3~6 月蓄变量统计情况。总体看，汛期干流水库处于蓄水状态，平均汛期蓄水 77.76 亿 m³，其中龙羊峡、刘家峡和小浪底三座水库平均汛期蓄水 43.19 亿 m³、4.57 亿 m³ 和 30.47 亿 m³，分别占干流五座水库汛期蓄水总量的 55.5%、5.9% 和 39.2%。而万家寨和三门峡水库由于汛限水位以下库容较小，蓄水量十分有限。2005~2006 年度和 2003~2004 年度，黄河来水达到正常来水水平，干流五座水库汛期合计蓄水量分别达 170.60 亿 m³ 和 163.65 亿 m³。而在来水特枯的 2002~2003 年度，干流五大水库不仅没有蓄水，还合计补水 42.35 亿 m³。

表 5-2-12　统一调度以来干流五大水库汛期蓄变量统计　　　单位：亿 m³

时段/年	龙羊峡	刘家峡	万家寨	三门峡	小浪底	合计
1998~1999	61.4	12.4	1.04	0.45	0	75.29
1999~2000	78.9	0.4	0.41	2.8	6.53	89.04
2000~2001	15	1.5	-0.81	1.5	35.9	53.09
2001~2002	18	9.8	2.97	2.97	17.9	51.64
2002~2003	-4	-5.9	-2.79	1.04	-30.7	-42.35
2003~2004	79.2	10.7	1.26	1.89	70.6	163.65
2004~2005	41	11.4	-2.18	-2	5.4	53.62
2005~2006	109	11.6	2.66	0.94	46.4	170.60
2006~2007	14.4	5.65	3.11	0.97	24.81	48.94
2007~2008	41.6	4.67	1.05	3.63	28.54	79.49
2008~2009	36.2	3.5	2.48	3.4	18.77	64.35
2009~2010	22.35	4.79	-0.63	-0.57	28.14	54.08
2010~2011	50.12	4.54	-0.38	0.35	60.25	114.88
2011~2012	54.74	-3.09	-0.5	-0.31	74.11	124.95
2012~2013	29.94	-3.39	-1.97	0.63	39.94	65.15
平均	43.19	4.57	0.38	1.18	30.47	77.76

表 5-2-13　统一调度以来干流五大水库 3~6 月蓄变量统计　　　单位:亿 m³

时段/年	龙羊峡	刘家峡	万家寨	三门峡	小浪底	合计
1998~1999	0	−11.2	1.02	−5.87	0	−16.05
1999~2000	−11	−13	0.54	−5	−7.9	−36.36
2000~2001	−8	−16.2	−1.23	−1.23	−33.8	−60.46
2001~2002	−7.9	−8.4	2.48	−2.71	−9.3	−25.83
2002~2003	−2	−4.9	−0.48	−2.55	−10.8	−20.73
2003~2004	−14	−15	0.34	2.99	−40.3	−65.97
2004~2005	1	−11	−4.08	−1.36	−45	−60.44
2005~2006	−42.1	−10.65	−4.43	−2.06	−62.48	−121.72
2006~2007	−11	−6.14	−0.35	−3.48	−38.91	−59.88
2007~2008	−33.6	−12.4	−1.37	−4.58	−33.49	−85.44
2008~2009	−22.5	−14.52	−0.15	0.09	−13.09	−50.17
2009~2010	−29.34	−12.02	0.2	0.73	−15.09	−55.55
2010~2011	−18.26	−9.88	−1.22	−0.63	−30.48	−60.47
2011~2012	−2.15	−7.31	0.74	−0.43	−65.46	−74.61
2012~2013	−24.01	−4.85	−0.88	−1.18	−58.43	−89.35
平均	−14.99	−10.50	−0.59	−1.82	−30.97	−58.87

注:"+"表示水库蓄水,"−"表示水库补水。

非汛期(11 月 1 日至次年的 6 月 30 日)干流五大水库总体上处于补水状态,统一调度以来非汛期五大水库平均合计补水量 67.05 亿 m³,其中龙羊峡、刘家峡和小浪底水库补水量占绝大部分,分别补水 38.34 亿 m³、5.98 亿 m³ 和 20.93 亿 m³,分别占总补水量的 57.2%、8.9% 和 31.2%。其中非汛期最大补水量达 119.36 亿 m³,最小补水量为 21.36 亿 m³。

每年的 3~6 月是全河用水高峰期,统一调度以来该时段五大水库多年平均合计补水量 58.87 亿 m³,占非汛期总补水量的 85.8%,其中龙羊峡、刘家峡和小浪底水库分别补水 14.99 亿 m³、10.50 亿 m³ 和 30.97 亿 m³,分别占总补水量的 25.5%、17.8% 和 52.6%。

5.2.4　水库调度及水量配置经验总结及问题分析

5.2.4.1　防洪调度经验

(1)龙刘水库联合防洪运用的大原则与设计条件相同,龙羊峡水库按照入库流量判别洪水大小,刘家峡水库按照调度图控制泄流,龙刘水库同时按比例蓄洪。

(2)随着上游水电站的大规模开发建设,龙刘水库除按设计完成水库自身和兰州市、盐锅峡、八盘峡水库的防洪任务外,还要完成上游已建梯级电站的防洪任务和在建电站施工度汛防洪标准内的防洪任务。

（3）龙羊峡水库近年来的汛限水位为2 588 m，未达到设计的2 594 m，但由于要兼顾在建工程及宁蒙河段的防洪任务，在水库汛限水位起调方案中PMF洪水龙羊峡水库的蓄水位达到2 607 m，刘家峡水库的蓄水位达到1 738 m，都达到了校核水位。近年刘家峡水库的汛限水位为1 727 m。

（4）龙刘水库各防洪对象防洪要求的实现，是通过龙刘水库控制下泄一定量级流量完成的，考虑在建工程和宁蒙河段防洪要求的方案中，龙羊峡水库设计汛限水位仍是控制运用的一个重要约束条件，年度汛限水位2 588 m和设计汛限水位2 594 m同时起控制作用。

5.2.4.2　防凌调度经验

（1）刘家峡水库在凌汛期的调度中，根据宁蒙河段灌溉引水、流凌、封河、开河的特点，对下泄流量进行调整，在调度中考虑了流量演进时间对宁蒙河段流量过程的影响，从1989～2013年凌汛期的多年平均情况看，刘家峡水库出库流量的控制时机、控制流量与宁蒙河段引退水、凌情特征时间相应关系较为一致，水库调度总体比较合理。

（2）一般情况下，11月上旬流凌前，刘家峡水库下泄较大流量可以满足宁蒙河段引水需求。11月中下旬流凌封河时，刘家峡水库下泄流量由大到小逐步减小的运用方式能较好地对宁蒙河段引水进行反调节，有利于推迟封河时间、塑造较为合理的封河流量。封河前，刘家峡水库下泄库内蓄水2亿~6亿 m^3。但如果强降温过程出现早，则封河时间提前、宁蒙河段引水过程未结束，这种规则的调度方式会形成小流量封河，对防凌不利。

（3）封河期，刘家峡水库适度减小下泄流量，有利于减小槽蓄水增量；控制下泄流量过程平稳，以减小流量波动对防凌的不利影响；封河后刘家峡水库基本保持500 m^3/s 左右的平均流量下泄，使得巴彦高勒、三湖河口、头道拐站的流量能够稳定在550 m^3/s、490 m^3/s、420 m^3/s 左右。一般情况下，封河期刘家峡水库蓄水4亿~10亿 m^3。

（4）开河期，刘家峡水库进一步减小流量，减小宁蒙河段凌洪流量，避免形成水鼓冰开的"武开河"形势。近期刘家峡水库在开河期的调度时间总体较为合适，在满足供水、用水的情况下，开河关键期的流量已基本压减到最小300 m^3/s 左右。一般情况下，开河期刘家峡水库蓄水4亿~8亿 m^3。短历时凌洪，内蒙古河段槽蓄水增量释放量占头道拐洪量的比例高达70%，长历时凌洪占比为43%~62%。开河期刘家峡水库减小下泄流量能够较明显减小石嘴山和巴彦高勒站流量过程，但三湖河口和头道拐站受河段槽蓄水增量释放影响较大，水库下泄流量变化对两站流量的影响不容易说清楚。

（5）凌汛期，不同来水情况下，刘家峡水库的防凌调度方式基本一致，但不同阶段下泄流量、水库蓄泄水量有一定差别。丰水年，流凌前和开河后刘家峡水库下泄流量较大，以尽量腾出库容防凌维持封河流量、加大流量兴利，封河期流量略大于平水年；枯水年凌汛期下泄流量较小，封河期和开河关键期的控制流量接近。丰水年封河前，刘家峡水库下泄库内蓄水多，封河期和开河期水库蓄水量大；枯水年，封河前水库下泄库内蓄水少，封河期和开河期水库蓄水量较小。

（6）凌汛期，龙羊峡水库一般下泄流量较稳定，水库补水量占刘家峡出库水量的50%左右，龙羊峡水库的运用主要根据刘家峡水库的下泄流量、蓄水和电网发电情况，与刘家峡水库进行发电补偿调节。流凌期，丰水年龙羊峡水库一般不下泄库内蓄水，平水年少量下泄库内蓄水、枯水年下泄库内蓄水较多;封河期,龙羊峡水库根据刘家峡水库出库流量和电网发电要求下泄流量,并控制封河期出库水量与刘家峡基本一致;开河期,丰水年龙羊峡水库下泄库内蓄水少于平水年,枯水年水库蓄水少、下泄水量小。

(7)由于每年凌汛期气温过程不同、刘家峡水库至宁蒙河段距离较远,气温预报和凌情预报的预见期不能完全满足水库防凌调度的需求等,部分年份刘家峡水库控制出库流量的时机和控制流量并未完全与宁蒙河段凌情的发展相吻合,水库防凌调度还有优化的空间。

(8)宁蒙河段凌汛形势受动力、热力和河道边界条件等多种因素共同影响,虽然龙羊峡、刘家峡水库防凌调度已尽力减小了动力条件对宁蒙河段凌情的影响,但由于近期宁蒙河段主河槽过流能力小、气温波动大,凌汛具有险情多发、凌灾突发、不易防守等特点,水库防凌调度并不能全部解决宁蒙河段的防凌问题,水库调度后宁蒙河段的防凌形势依然严峻,今后必须依靠建设黑山峡水库、加强堤防建设等工程和非工程措施综合防凌。

5.2.4.3　水量配置经验

对于河口镇以上的黄河上游河段,目前龙刘水库的联合运用优先满足河道外需水,而后考虑上游梯级发电效益,为有利于上游梯级电站的发电,现状调度默认的基本原则是:供水时先由刘家峡水库放水,不足时由龙羊峡水库补充;梯级出力达不到要求出力时,先由龙羊峡水库放水,仍然不足时由刘家峡水库放水补充。此种水量配置经验可以在保证河道外需水得到满足的条件下,对上游梯级产能具有较好效果。

《黄河流域水资源综合规划》分配下河沿至河口镇区间河段的年耗水量为 88.6 亿 m^3,河口镇以上的黄河上游总分配耗水量 123.5 亿 m^3,占比高达 72%;其中 4~6 月为灌溉用水高峰期,分配耗水量约 37.9 亿 m^3,占宁蒙河段年均耗水量的近 43%;4 月和 5 月分配耗水量更是达到了 34.6 亿 m^3,占宁蒙河段年均耗水量的近 39%。由上述分析可知,宁蒙河段实际引水量扣除退水后仍然比规划配置水量要大很多,实测资料的宁蒙灌区 4~6 月平均引水占全年的比例为 40%,仅 5 月和 6 月两个月就占了全年比例的约 34%,用水过程与规划配置水量过程较为符合,所以宁蒙灌区 4~6 月有较大的供水需求,由上游龙刘水库联合承担。

所以,每年 4~6 月的灌溉高峰期,由于刘家峡水库距离宁蒙河段最近,优先放水,会造成刘家峡运用水位过低;从刘家峡水库的多年实测水位过程(见图 5-2-1)来看,除 2007 年外,其余年份均在 6 月底达到年内最低运行水位;而对比龙羊峡水库的多年实测水位过程图 5-2-2,多数年份龙羊峡 6 月及以后处于蓄水状态。对比龙羊峡水库与刘家峡水库在灌溉高峰期(4~6 月)的实测水位可以看出:

(1)正常年份 3 月底时刘家峡水库防凌期运用结束,水位蓄至接近正常蓄水位,4 月仅少量的宁蒙河段用水需求,水位下降幅度较小。

(2)5 月和 6 月刘家峡水库连续补水宁蒙河段,导致刘家峡水库水位在 6 月底多年出现年内最低运行水位,下降至 1 720 m 左右,个别年份库水位甚至低于刘家峡水库目前最低运用水位 1 717 m;虽然此一时期龙羊峡水库也进行了一定的补水,但是仅是由于发电需求进行了部分的主动补水,远小于刘家峡的下泄水量,导致刘家峡水库 6 月底结束时,汛期前的水位过低,对刘家峡水库的运用产生了不利影响。

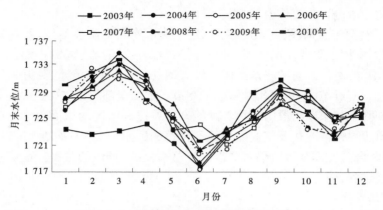

图 5-2-1　刘家峡水库多年实测水位过程

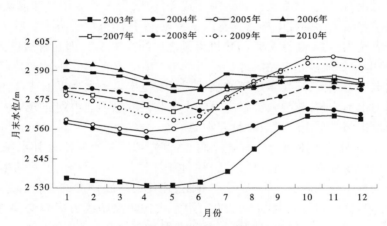

图 5-2-2　龙羊峡水库多年实测水位过程

5.2.4.4　问题分析

1. 防洪防凌运用的问题

龙刘水库在汛期 7~9 月需要进行防洪运用,在 11 月至次年 3 月进行防凌运用,因此龙刘水库联合水位、流量控制研究需要考虑防洪防凌的控制水位和流量。

龙羊峡水库建成后,黄河上游防洪已基本形成了龙刘水库联合防洪调度的局面。近年来,随着国民经济的发展,黄河上游掀起了水电开发的热潮,目前在龙羊峡至三盛公河段已建、在建及拟建的电站达 20 余座。龙羊峡以下上游河段经济发展迅猛,沿黄两岸兰州、西宁、银川、包头等城市、灌区等对黄河防洪的要求提高。目前,黄河上游龙刘水库防洪防凌调度存在如下主要问题:

(1)龙刘水库原设计的防洪任务没有考虑宁蒙河段和龙刘区间河段防洪要求,这部分河段的河防工程考虑上游龙刘水库按设计方式运用后的洪水进行设计。但目前该河段部分堤防工程尚未达到设计标准,当发生设计标准洪水时,龙刘水库若按设计运用方式下泄,该河段依靠其现有河防工程不能完全保证设计标准内防洪安全。因此,在近期龙刘水库防洪运用时,除考虑设计的防洪任务外,还需要兼顾宁蒙河段和龙刘区间河段的防洪安全,则相应的控泄流量需要综合考虑。

（2）对于黄河宁蒙河段,刘家峡水库、龙羊峡水库联合防凌运用后,在减免宁蒙河段凌汛灾害方面发挥了重要作用。但近年宁蒙河段防凌仍存在:内蒙古河段的年最大槽蓄水增量有所增加,对河段防凌安全造成了较大威胁;河段壅水严重,封开河期间水文站最高水位有所上升,近 10 年三湖河口站凌汛期最高水位全部超过 1 020 m 等问题。以上的不利局面表明,现状宁蒙河段防凌形势严峻。造成这种情况的原因包含除防凌工程体系不完善、河道边界条件变化及气候变化等不可控的因素外,对于龙刘水库调度运用而言,龙刘水库的联合防凌调度经验仍需要进一步总结凝练,具体的防凌控泄流量及控制水位需要进一步研究明确。

2. 水量配置问题

12 月至次年 3 月为黄河枯水季节,也是宁蒙河段的防凌运用时期,刘家峡水库调节凌汛期流量过程,在现状梯级条件和运用方式条件下,受工农业用水和防凌运用的影响,使得黄河上游梯级电站的发电出力具有以下特点:一是凌汛期受防凌控泄流量较大制约,梯级保证出力较小,约 460 万 kW,与装机容量之比约为 1∶4.2,即在梯级电站按保证出力发电时,其日电量仅能供水电站满容量运行约 5.7 h;二是在工农业供水需求较大时,梯级电站的总发电出力很大;三是丰水年的汛期梯级发电出力较大。以上特点,使上游梯级电站的发电出力很不均匀,将导致梯级出力较小时装机容量不能得到充分利用、梯级出力很大时水电站承担调峰运用时导致大量弃水的局面。

而进入 4~6 月的宁蒙河段灌溉高峰期,需首先利用刘家峡水库补水满足用水需求,导致刘家峡水库 6 月底结束时水位过低,对刘家峡水库的运用产生了不利影响。

针对龙刘水库现状调度方案,以及龙刘联合防洪、防凌调度的分析和总结,尤其是全河水量配置经验,可以看出,龙刘水库的运用方式在防洪防凌方面有必要进一步总结提升;在水量调度方面,对全河水量配置问题考虑得过于保守,对综合效益的发挥有很大影响。因此,应站在全流域的高度,从保障流域及相关地区经济社会可持续发展和维护河流健康的总体目标出发,建立兴利、减灾与河流生态良性维持协调统一的水库综合调度运用的理念,统筹考虑全河骨干水库的调度运用,完善龙刘水库调度运用方案。从充分发挥水库的综合效益角度上讲,应提出龙刘水库多个运用方式的调整方案,与现状运用方式进行对比分析,为水库调度运用方式的优化决策提供技术支撑。因此,进行龙刘水库运用方式调整及水位、流量控制研究是非常必要的。

5.3　龙刘水库联合防洪调度研究

5.3.1　黄河上游洪水特性分析及设计洪水采用

5.3.1.1　降雨的一般特点

黄河上游受青藏高原热力与动力因素影响,天气系统主要是横切变线。西太平洋副高强大西伸,且停滞少动,使青藏高原上空偏南气流明显增强。孟加拉湾暖湿气流不断北上,若遇冷空气自北南下,往往形成持续性的强连阴雨天气。降雨区位置在唐乃亥以上及洮河、大夏河流域,有时可遍及整个兰州以上地区,是形成上游大洪水的主要雨型。降雨的一般特点:①降雨笼罩面积大,10 d 雨量 50 mm 以上雨量等值线包围的面积最大可达20 万 km^2,一般在 10 万 km^2 左右,100 mm 以上面积可达 5 万 km^2。②降雨历时长,一次过程 10 d 左右,有时几个过程连续出现,长达 30 d。③降雨强度小,降雨中心最大日雨量不足 50 mm。④降雨过程有明显的季节性,一般最早出现在 5 月中旬,最晚至 9 月中旬,在 7 月上旬、中旬和 8 月下旬至 9 月上旬,强连阴雨出现概率最多。自 5 月下旬至 6 月,青藏高原的西南季风稳定建立,黄河上游青藏高原区进入雨季。7 月中旬至 8 月中旬,太平洋副热带高压北跳到北纬 25°~30°,西风带的主要势力北退到北纬 40°附近,这时降水量比 6 月大大增加,但由于这一时期主要受西风槽和高原低涡切变影响,除个别年份如1904 年、1964 年有较长的持续性大范围降雨外,一般降雨持续天数较短。8 月下旬至 9 月上旬,太平洋副热带高压沿北纬 25°~30°西伸至东经 105°以西,西风带也南压到黄河上游北纬 35°附近,降水量大大增加。

5.3.1.2　产汇流特性

河源区湖泊沼泽地面积约 2 000 km^2。其中,最大的为鄂陵湖和扎陵湖,两湖总面积1 000 余 km^2。湖区地面高程为 4 200~4 500 m,湖区四周为丘陵地带,相对高差 100~200m,地形平缓,切割较浅,植被稀疏低矮,是广阔的天然牧场。

黄河从西向东横贯两湖,黄河沿水文站断面控制着河源区和两湖流出的水量,控制流域面积 20 930 km^2。由于受湖泊调蓄作用,洪水过程平缓,主峰涨水历时最长可达 48 d,较其下游吉迈站的洪峰出现时间滞后约 1 个月,最大洪峰多出现在汛期的后期。

若尔盖草原沼泽地区是黄河上游吉迈至玛曲区间的主要产流区,主要支流有白河和黑河,两河流域面积分别为 5 488 km^2 和 7 608 km^2。该区地势自南向北倾斜,上游有森林,中下游为沼泽地,沼泽地面积约 4 300 km^2。山间谷地宽阔平坦。本区对产流起决定作用的是降雨总量,而不是降雨强度。由于本区下垫面为相当厚的含水量丰富的泥炭层,因此,在连续降雨之后,将相继产生大面积的坡地漫流、表层流和壤中流,但三者的速度都极为缓慢。另外,本地区坡度小,植被密集,地表糙率大且常被枯萎根系覆盖,滞洪作用明显。从涨水历时看,白河(唐克站)最长为 7 d,黑河(若尔盖站)最长可达 12 d。历年最大洪峰流量白河 590 m^3/s(1981 年),黑河仅 246 m^3/s(1981 年),洪水出流过程极为平缓。

另外,黄河上游地区还受阿尼玛卿山融雪径流影响,初步估算,在唐乃亥断面,融雪水量占汛期总水量的 5%以下;一次洪水总量中,融雪水量一般都在 10%以下,最多占 17%。

5.3.1.3　洪水特性

1.洪水发生时间及量级

黄河上游洪水主要由降雨形成,洪水的季节变化基本上与降雨的季节变化相一致。一般自 5 月下旬至 6 月,随着黄河上游青藏高原区进入雨季,黄河上游干流开始涨水。7月中旬至 8 月中旬,降水量比 6 月大大增加,黄河的洪水量也突增,由于这期间一般降雨持续天数较短,所以发生中、小等级的洪水次数多,但也有个别年份如 1904 年、1964 年因为有较长的持续性大范围降雨而发生大洪水。8 月下旬至 9 月上旬,降水量大大增加,在此时期往往出现全年最大的洪水,如 1946 年、1967 年和 1981 年等。

2. 洪水来源及组成

黄河上游流域面积大,较大洪水的出现,必须要有大尺度天气系统所形成的长历时、大面积连续降雨,局部暴雨对造洪影响不大。

在黄河吉迈以上水量的来源中,地下水和冰雪溶解补给所占比重较大,又有湖泊和沼泽调蓄作用,因此流量相对稳定,吉迈—玛曲区间和玛曲—唐乃亥区间南段降雨量较丰,为黄河上游的主要产洪区。该区间植被较好,多沼泽和草原,滞洪作用明显,唐乃亥—循化区间为相对干旱区,汇入水量很少,循化—上诠区间的洮河、大夏河流域为黄河上游第二个暴雨区,加入水量较多。上诠洪水主要来自唐乃亥以上干流和洮河、大夏河流域。上诠—兰州(简称上兰),虽然有大通河、湟水汇入,但其水量所占的比重不大,与玛曲—唐乃亥区间产水量相近。兰州以下至安宁渡降水量少,无大支流加入,水量增加不多。安宁渡以下,黄河进入干旱少雨地段,加上宁蒙灌区引水量大,水量沿程递减。

通过统计兰州站最大 15 d 洪量、最大 45 d 洪量地区组成可知:

(1)兰州站洪水主要来自上诠以上。7 次较大洪水上诠以上来水量占 77.6% ~ 93.0%,与其面积比 82.1%接近。

(2)上诠以上来水又主要来自唐乃亥以上。唐乃亥站来水占兰州站比例为 49.8% ~ 83.1%,除 1978 年 15 d 洪量唐乃亥以上来水比例较小外,一般情况下来水比例比其面积比 54.8%偏大。

(3)上兰区间来水比例不同典型差别较大。1981 年、1967 年最小为 7% ~ 9%,1946 年最大为 22%左右,1943 年、1946 年上兰区间来水比例均大于其面积比 17.9%,1964 年、1989 年 45 d 洪量上兰区间来水比例接近其面积比 17.9%。

(4)唐上区间来水比例不同典型洪水也差别较大,1964 年、1967 年、1978 年来水比例达 30% ~ 37%,大于其面积比 27.3%;而 1946 年、1989 年仅 9% ~ 12%。

3. 唐乃亥以上与龙刘区间洪水遭遇分析

从龙刘区间 1954 ~ 2013 年年最大洪水系列看,龙刘区间洪水与干流洪水经常遭遇,从年最大洪水发生时间看,区间洪水与干流洪水洪峰遭遇的年份有 19 年,占统计年份的 1/3。从洪水过程来看,区间与干流洪量遭遇的年份有 25 年,约占统计年份的 47%。

4. 上诠以上与上兰区间洪水遭遇分析

根据实测资料统计,上诠以上洪水与上兰区间洪水经常遭遇,在黄河干流发生较大洪水时,上兰区间往往也有较大洪水过程。如 1943 年、1946 年、1978 年、1989 年,上诠较大洪水基本与上兰区间较大洪水遭遇,形成兰州大洪水。从兰州洪水过程组成可以看出,虽然上诠以上与上兰区间洪水洪峰流量不完全遭遇,但洪水过程基本遭遇。

5. 洪水年代际变化

统计唐乃亥站 1957 ~ 2012 年历年最大洪峰流量、最大 15 d 洪量及汛期(6 ~ 10 月,下同)径流量可以看出,黄河河源区洪水具有一定的周期性,同时最大洪峰流量、最大 15 d 洪量及汛期径流量三者之间的周期关系十分密切,按 1957 ~ 2012 年序列总计,平均周期为 3.4 年。唐乃亥站年最大洪峰流量 C_v 值为 0.39,年最大 15 d 洪量 C_v 值为 0.37,汛期径流量 C_v 值为 0.31,说明唐乃亥站洪水年际变化不大,较为稳定。

6. 洪水基本特征归纳

洪水特性是暴雨特性和产汇流特性的综合反映。黄河上游洪水涨落缓慢、历时较长，一次洪水过程平均 40 d 左右；洪水大多为单峰型，峰量关系较好。但降水时空分布不同，洪水峰型存在一些差异。如 1964 年降雨历时仅 10 d，其中连续 5 d 流域平均日降雨量大于 10 mm，上诠站洪水峰型相对较瘦，洪水历时也短，仅 25 d 左右。而 1967 年和 1981 年降雨日数分别为 20 d 和 31 d，时程分配也较分散，上诠站洪水峰型相对较胖，洪水历时长达 40~60 d。

5.3.1.4　实测典型洪水

龙刘水库联合防洪调度方案设计采用 1964 年、1967 年、1981 年和 2012 年四种洪水典型。其中，1964 年、2012 年洪水发生在 7 月、8 月，1967 年、1981 年洪水发生在 9 月。1964 年、1967 年洪水属于龙刘区间加水较多的类型；1981 年洪水属于龙羊峡以上来水为主，龙刘区间加水相对较少的类型；2012 年洪水属于龙羊峡以上来水为主、洪水过程较胖、刘兰区间加水相对较多的类型。

1. 1964 年洪水

1964 年洪水自 5 月上旬开始，至 11 月中旬结束，最大洪水过程发生在 7 月，洪峰流量发生在 7 月 26 日，且主峰集中，峰型相对高瘦。将 1964 年 7 月洪水作为典型洪水，该场洪水的特点是：峰高量相对小，龙刘区间洪水大，对水库联合调洪运用不利。

2. 1967 年洪水

1967 年洪水自 5 月上旬开始，至 10 月底结束，共发生 3 个洪水过程，为多峰型洪水，其中 9 月洪水最大，7 月洪水次之，5~6 月洪水最小。将 1967 年 9 月洪水作为典型洪水，该场洪水的特点是：洪水量级大、峰型肥胖，龙刘区间洪水大，对水库联合调洪运用不利。

3. 1981 年洪水

1981 年洪水主要发生在 9 月，该场洪水是黄河上游各站自有实测资料以来的最大洪水，这场洪水具有如下特点：

(1)洪水的地区分布呈现上游量级大、下游量级相对较小的特点。这次洪水雨区集中在龙羊峡以上的久治、外斯、若尔盖一带。龙刘区间及刘兰区间雨洪不大，且区间洪峰均出现在干流洪峰之前，两者不遭遇。

(2)过程线呈现两头缓涨缓落、中间猛涨猛落的特点。洪峰及最大 15 d 洪量均很大，洪水集中，最大 15 d 以外的洪量相对较小。

4. 2012 年洪水

2012 年洪水主要发生在 7 月、8 月，该场洪水具有如下特点：

(1)河源区洪水过程涨落异常缓慢，洪水持续时间长，径流量大。

唐乃亥以上地区降雨持续时间从 6 月下旬至 9 月，时间长达近 3 个月。唐乃亥站从 6 月 26 日流量开始起涨，至 7 月 25 日涨至峰顶，之后缓慢回落，至 9 月上旬基本落平。唐乃亥站 7 月径流量为 69.15 亿 m³，较多年同期平均偏多 96.4%；7~8 月径流量为 130.3 亿 m³，为该站 1956 年设站以来同期最大值，较多年均值偏多 106%；7~9 月径流量为 157.2 亿 m³，较多年均值偏多 63.2%。

(2)上兰区间洪水与干流洪水遭遇(兰州最大洪峰时，刘兰区间洪峰流量大且汇流快)。

2012 年汛期兰州实测最大洪峰流量为 3 670 m³/s,发生在 7 月 30 日 10 时,在 30 日 8 时以前刘家峡出库流量一直在 1 800 m³/s 左右。兰州洪峰流量主要由刘兰区间来水造成,而刘兰区间来水又主要来自未控区间(无水文站观测)。本次刘兰区间水文站未控区降雨突发性强、强度大。根据黄河水利委员会水文局测算,该场洪水刘兰区间未控区洪峰流量在 1 630 m³/s 左右,水量约 0.46 亿 m³,占兰州洪水洪量的 32%。

黄河上游洪水过程平缓、历时长,龙羊峡、刘家峡水库设计洪水过程长 45 d,洪水过程类似于径流过程。1964 年典型洪水发生在 7 月,洪水起涨速度相对较快;1967 年洪水发生在 9 月,洪水过程相对平缓,洪水起涨较慢;2012 年典型洪水发生在 7 月、8 月,洪水涨落平缓。

5.3.1.5　设计洪水

鉴于龙刘水库联合防洪调度中存在的主要问题是没有考虑宁蒙河段及龙刘区间河防工程的防洪要求,而河防工程的防洪标准较低,不涉及设计水位和校核水位的调整问题。因此,本研究设计洪水仍采用以往的审批成果。龙羊峡水库、刘家峡水库设计洪水结果见表 5-3-1。龙羊峡水库设计洪水为 1977 年 8 月完成的龙羊峡水库初设补充设计成果,洪水系列为 1946~1974 年(共 29 年),1904 年历史洪水洪峰流量 5 720 m³/s,重现期为 160 年。刘家峡水库设计洪水为 1977 年刘家峡水库竣工报告结果,洪水系列为 1934~1972 年(共 39 年),1904 年历史洪水洪峰流量为 7 880 m³/s,重现期为 120~160 年。兰州站设计洪水为《黑山峡补充初设报告》中的审定结果,洪水系列为 1934~1972 年,1904 年历史洪水洪峰流量为 8 500 m³/s,重现期为 120~160 年。

表 5-3-1　龙羊峡水库、刘家峡水库设计洪水结果

水库/水文站	项目	均值	洪水频率/%										
			33.3	20	10	5	2	1	0.2	0.1	0.05	0.01	PMF
龙羊峡	Q_m/(m³/s)	2 470	2 650	3 090	3 660	4 200	4 890	5 410	6 570	7 040	7 540	8 650	10 500
	W_{15}/亿 m³	26.2	28.1	32.5	38.1	43.4	50.1	55.0	66.0	71.0	75.7	86.5	105
	W_{45}/亿 m³	62.0	66.6	76.7	89.3	102	117	128	155	164	175	199	240
刘家峡	Q_m/(m³/s)	3 270	3 510	4 060	4 740	5 430	6 280	6 860	8 270	8 860	9 450	10 800	13 300
	W_{15}/亿 m³	35.1	37.7	43.6	50.9	58.2	67	73.6	89.0	95.1	101	116	135
	W_{45}/亿 m³	82.8	90.3	103	118	132	150	162	190	201	213	238	285
兰州站	Q_m/(m³/s)	3 900	4 180	4 830	5 640	6 440	7 410	8 110	9 750	10 400	11 100	12 700	
	W_{15}/亿 m³	40.8	43.78	50.45	58.8	67.0	76.7	84.0	101	108	115	131	
	W_{45}/亿 m³	97.8	106.6	121	139	154	174	188	219	232	245	274	

5.3.2　黄河上游防洪约束性指标分析

5.3.2.1　黄河上游在建梯级工程防洪要求

目前,黄河龙羊峡—三盛公河段共有已建、在建梯级水电站工程 24 座,其中已建工程

19 座,在建工程 5 座。已建、在建梯级工程情况详见表 5-3-2。截至 2016 年汛前上游在建梯级工程的工程建设情况如下。

1. 黄丰

黄丰水电站位于青海省循化县境内的黄河干流上,是黄河上游龙羊峡—刘家峡河段中的第 10 个梯级。电站位于青海省循化县街子镇,上游距苏只水电站 9 km,水库末端与苏只水电站尾水衔接;下游距循化县城 5 km,距下游在建的积石峡水电站 35 km。坝址距西宁公路里程 159 km。电站枢纽工程主体由电站厂房、泄洪闸、复合土工膜砂砾石坝、开关站等建筑物组成。工程主要任务是发电,兼顾下游少量灌溉、供水等综合利用效益。电站等别为Ⅲ等中型工程,主要建筑物级别为 3 级。水库正常蓄水位 1 880.5 m,库容 5 900 万 m^3,具有日调节性能。电站总装机容量 225 MW,多年平均发电量 8.7 亿 kW·h,额定水头 16.00 m。电站具有日调节性能。大坝设计洪水标准为 100 年一遇(洪峰流量 5 350 m^3/s),校核洪水标准为 1 000 年一遇(洪峰流量 6 100 m^3/s),站厂房洪水标准与大坝洪水标准相同。

黄丰水电站于 2005 年 12 月 11 日开工,2008 年 11 月 2 日实现主河床截流。泄洪闸于 2009 年 3 月 10 日开工,已实现泄水闸过水;厂房于 2009 年 7 月 24 日开工,10 月 4 日开始混凝土浇筑,2012 年 3 月底完成进口段混凝土底板及防护施工;5 台机组已安装完成,具备并网发电条件。右岸基础防渗墙及高喷灌浆施工完成;右岸复合土工膜砂砾石坝填筑达到 1 870 m 高程,目前正在进行填筑;泄洪闸已过水运行;电站进水口和厂房尾水均已具备挡水条件。目前水库汛期洪水由泄洪闸渲泄,坝前所拦蓄的库容小于 1 亿 m^3 且大于 0.1 亿 m^3。电站进水口闸门和厂房尾水闸门、右岸砂砾石坝挡水,泄洪闸泄洪的方式,泄洪闸 3 孔全开泄洪。

2. 大河家

大河家水电站位于青海省民和县官亭镇与甘肃省积石山县大河家镇交界的黄河干流河段上,是黄河龙羊峡—青铜峡河段水电开发规划中的第 12 个梯级电站,坝址位于大河家镇黄河大桥上游,坝址区以黄河为界,左岸属青海省民和县官亭镇,距青海省省会西宁市公路里程 204 km,距循化县城 36 km。设计正常蓄水位 1 783.0 m,坝顶长度 580.1 m,坝顶高程 1 785.0 m。水库正常蓄水位时总库容 390 万 m^3。大坝设计洪水标准为 100 年一遇,校核洪水标准为 1 000 年一遇。

工程于 2010 年 1 月 27 日开始建设,2011 年 2 月 18 日一期围堰开始填筑,2011 年 5 月完成了一期围堰施工,6 月开始基坑开挖;2014 年 4 月完成二期截流。2016 年大河家水电站度汛,采用河床砂砾石坝、厂房坝段、泄洪闸坝段挡水,电站进水口闸门和厂房尾水闸门下闸挡水,泄洪闸 3 孔全开泄洪的方式。2018 年 1 月 20~23 日通过工程蓄水及枢纽现场验收。电站由建设转向运行。

通过对上述在建工程建设情况进行分析,各在建工程的主体工程已完成,度汛标准达到了工程设计标准,各在建工程度汛标准内,不再需要龙羊峡、刘家峡水库控制流量帮其度汛。

表5-3-2 黄河上游干流梯级工程技术经济指标

序号	电站名称	建设地点	控制面积/万km²	正常蓄水位/m	总库容/亿m³	有效库容/亿m³	调节性能	装机容量/MW	年发电量/(亿kW·h)	建设情况
1	龙羊峡	青海共和	13.1	2 600	247.0	193.5	多年	1 280	59.4	已建
2	拉西瓦	青海贵德	13.2	2 452	10.1	1.5	日	4 200	102.2	已建
3	尼那	青海贵德	13.2	2 235.5	0.3	0.1	日	160	7.6	已建
4	李家峡	青海尖扎	13.7	2 180	16.5	0.6	日/周	2 000	60.6	已建
5	直岗拉卡	青海尖扎	13.7	2 050	0.2	—	日	192	7.6	已建
6	康扬	青海尖扎	13.7	2 033	0.2	0.1	日	283.5	9.9	已建
7	公伯峡	青海循化	14.4	2 005	5.5	0.8	日	1 500	51.4	已建
8	苏只	青海循化	14.5	1 900	0.3	0.1	日	225	8.8	已建
9	黄丰	青海循化	14.5	1 880.5	0.7	0.1	日	225	8.7	在建
10	积石峡	青海循化	14.7	1 856	2.4	0.4	日	1 020	33.6	已建
11	大河家	青海甘肃	14.7	1 783	0.1	—	日	120	4.7	在建
12	炳灵	甘肃积石山	14.8	1 748	0.5	0.1	日	240	9.7	已建
13	刘家峡	甘肃永靖	18.2	1 735	57.0	35	年	1 690	60.5	已建
14	盐锅峡	甘肃兰州	18.3	1 619	2.2	0.1	日	472	22.4	已建
15	八盘峡	甘肃兰州	21.5	1 578	0.5	0.1	日	252	11.0	已建
16	河口	甘肃兰州	22.0	1 558	0.1	0.1		74	3.9	已建
17	柴家峡	甘肃兰州	22.1	1 550.5	0.2	—	日	96	4.9	已建
18	小峡	甘肃兰州	22.5	1 499	0.4	0.1	日	230	9.6	已建
19	大峡	甘肃兰州	22.8	1 480	0.9	0.6	日	324.5	15.9	已建
20	乌金峡	甘肃靖远	22.9	1 436	0.2	0.1	日	140	6.8	已建
21	沙坡头	宁夏中卫	25.4	1 240.5	0.3	0.1	径流	120.3	6.1	已建
22	青铜峡	宁夏青铜峡	27.5	1 156	0.4	0.1	日	324	13.7	已建
23	海勃湾	内蒙古乌海	31.2	1 076	4.9	1.5	年	90	3.6	已建
24	三盛公	内蒙古磴口	31.4	1 055	0.8	0.2	径流	—	—	已建

5.3.2.2　黄河上游河段过洪能力

1. 青海河段

青海省黄河干流龙羊峡以下流经贵德、尖扎、化隆、循化、民和五县,涉及 18 个乡(镇)89 个行政村,人口 2.86 万。沿黄堤防长 37 km。根据 2012 年洪水对青海省沿黄地区造成的淹没损失,结合当地经济社会发展、重要基础设施布局及河道实际情况,2015 年汛期河道过洪能力在 2 000 m³/s 左右。

2. 甘肃河段

黄河干流龙羊峡以下甘肃段流经临夏回族自治州、兰州市、白银市的 14 个县(区),全长 480 km,现已建成各类达标堤防 214.9 km。其中,黄河兰州市城市河段堤防设计防洪标准为 100 年一遇(设计防洪流量 6 500 m³/s),需修建堤防 76 km,现已修建达标堤防 65 km,占 85.5%;临夏河段、兰州市农防河段、白银河段设计防洪标准为 10~20 年一遇,共修建达标堤防 161.06 km(其中临夏州境内 26.1 km,兰州农防河段 30.56 km,白银市境内 104.4 km)。2015 年汛期河道过洪能力在 3 500 m³/s 左右。

3. 宁夏、内蒙古河段

黄河宁夏、内蒙古河段(简称宁蒙河段)自宁夏回族自治区中卫市南长滩至内蒙古自治区的马栅乡,全长 1 203.8 km,干流堤防长 1 433.7 km(其中宁夏河段堤防长 448.1 km,内蒙古河段堤防长 985.6 km)。宁夏河段堤防已达 20 年一遇设计防洪标准(其中银川、吴忠城市河段已达 50 年一遇)。内蒙古河段堤防设计防洪标准:石嘴山—三盛公河段为 20 年一遇洪水;三盛公—蒲滩拐河段左岸为 50 年一遇洪水,设计洪峰流量 5 900 m³/s,右岸除达拉特旗电厂河段为 50 年一遇外,其余河段为 30 年一遇洪水,设计洪峰流量为 5 710~5 900 m³/s。内蒙古河段部分堤防达不到设计防洪标准。

龙羊峡水库、刘家峡水库建成运用后,改变了天然洪水的来水过程,宁蒙河段主槽过流能力减小较多,由 20 世纪 80 年代的 4 000 m³/s 左右减小到目前的 2 000 m³/s 左右。2015 年汛期河道安全过洪流量在 3 500 m³/s 左右。

综合考虑当前青甘宁蒙河段防洪工程现状、河道主槽冲淤状况及区间来水等因素,在现状条件下的黄河上游洪水调度中,龙羊峡水库对 10 年一遇及以下洪水按不大于 2 000 m³/s 控制运用,兼顾青海河段防洪安全;刘家峡水库对 10 年一遇及以下洪水按不大于 2 500 m³/s 控制运用,兼顾甘肃农防河段及宁蒙河段防洪安全。

5.3.3　龙刘水库现状防洪运用方式及优化可行性分析

5.3.3.1　龙刘水库现状防洪运用方式分析

现状龙刘水库联合防洪运用的大原则与设计条件相同,龙羊峡水库按照入库流量判别洪水大小,刘家峡水库按照调度图控制泄流,龙刘水库同时按比例蓄洪。当龙羊峡水库水位低于汛限水位 2 588 m,刘家峡水库水位低于汛限水位 1 727 m 时,水库下泄流量以发电要求为主。当龙羊峡水库水位在 2 588~2 594 m 时,若龙羊峡水库入库流量小于或等于 10 年一遇,龙羊峡水库控制出库流量不超过 2 000 m³/s;若刘家峡水库天然入库流量小于或等于 10 年一遇,刘家峡水库控制下泄流量不大于 2 500 m³/s;若入库流量大于 10 年一遇,则按泄量判别图加大水库下泄流量运用。当龙羊峡库水位达到 2 594 m 时,龙刘水库按照设计防洪运用方式运用。

龙刘水库各防洪对象防洪要求的实现,是通过龙刘水库控制下泄一定量级流量完成的,考虑在建工程和宁蒙河段防洪要求,龙羊峡水库设计汛限水位仍是控制运用的一个重要约束条件,年度汛限水位 2 588 m 和设计汛限水位 2 594 m 同时起控制作用。水库调度首先对库水位进行判别,只要龙羊峡水库的蓄水位低于 2 594 m,龙羊峡水库就按照控制下泄流量不超过下游河道允许的安全泄量下泄。龙羊峡水库蓄水位达到或超过 2 594 m,水库根据入库流量按照设计的防洪运用方式运用。刘家峡水库为满足宁蒙河段防洪要求,在龙羊峡水库设计汛限水位 2 594 m 以下,10 年一遇洪水按照控制最大泄量不超过 2 500 m³/s 运用。为确保刘家峡水库蓄水位不致太高,龙羊峡水库按照蓄洪比例或视刘家峡蓄水位灵活控制下泄流量。

5.3.3.2　龙刘水库防洪调度优化可行性分析

1. 防洪限制水位优化

从 2001 年至今,龙羊峡水库汛限水位一直采用 2 588 m。据 2011 年 5 月 20 日"黄河龙羊峡水电站按设计汛期防洪限制水位运行分析论证报告审查会"结论意见,认为该工程经过 2005 年以来多次高水位运行考验,并通过对库岸和滑坡的技术论证及安全评估,目前水库工程已具备按设计汛限水位 2 594 m 运用的条件。随着宁蒙河段河防工程建设的推进,宁蒙河段防洪工程将逐步达到设计防洪标准。预估今后 5 ~ 10 年,龙羊峡水库汛限水位将有可能逐步抬高。龙羊峡水库按设计汛限水位运用之后,刘家峡水库也将按设计汛限水位 1 726 m 运用,比现状 1 727 m 略低,因此在静态汛限水位的情况下,进一步防洪调度优化的可行性较低。

2. 防洪任务及约束性指标优化

黄河上游除正常防洪任务外,在防洪调度时还需要考虑上游在建电站的防洪及部分未达标或者过洪能力被挤占的河段防洪等问题。随着在建电站的逐步建成运用,堤防达标建设完成及河道防洪管理的不断加强,黄河上游的防洪任务将不断减负,防洪约束性指标不断放开,最终会具备进一步优化防洪调度的可能性。

5.3.4　龙刘水库联合防洪调度方案研究

5.3.4.1　龙刘水库联合防洪调度方案拟订

对于龙刘水库联合防洪调度研究,不考虑洪水预报,即不考虑水库预泄,同时不能人为造洪,即水库下泄量不超过天然日平均入库流量。经分析,两库联合防洪运用方式研究的重点是在满足防洪要求的前提下合理分配两库蓄洪量的问题。

1. 方案拟订的思路

本次调度方案的拟订主要根据龙羊峡水库、刘家峡水库设计联合防洪调度方案和近年来龙羊峡水库、刘家峡水库联合防洪调度方案,主要考虑充分利用汛限水位以上防洪库容,来完成防洪任务,并且在满足防洪要求前提下,尽量蓄水发电运用。

2. 龙羊峡水库运用方案拟订

目前,龙羊峡水库汛限水位 2 588 m,拟定的起调水位包括 2 576 m、2 580 m、2 585 m、2 588 m、2 590 m。

　　近年龙刘水库应用的常规方案为:2 588~2 594 m 的库容按兼顾青海、甘肃、宁蒙河段防洪运用,2 594 m 以上按设计运用。考虑到 2012 年大洪水后,宁蒙河段河道过流能力较好的情况,本次方案拟订考虑了当龙羊峡水库水位在年度汛限水位与设计汛限水位之间时,刘家峡水库下泄不同流量的方案。

　　3.刘家峡水库运用方式

　　刘家峡水库的运用方式与设计条件相同,即刘家峡水库以入库流量和龙刘水库总蓄洪量作为下泄流量的判别标准。

　　龙羊峡水库、刘家峡水库联合防洪调度方案见表 5-3-3。

5.3.4.2　龙刘水库联合防洪调度方案计算与对比分析

　　1.起调水位在 2 588 m 以下

　　如龙羊峡水库起调水位为 2 576 m,2 594 m 以下库容能防御 20 年一遇洪水,即发生 20 年一遇洪水,龙羊峡水库库水位不超过 2 594 m,最大出库流量不超过 2 000 m³/s,刘家峡水库最大出库流量不超过 2 500 m³/s;如龙羊峡水库起调水位为 2 580 m,2 594 m 以下库容能防御 10 年一遇洪水,即发生 10 年一遇洪水,龙羊峡水库库水位不超过 2 594 m,最大出库流量不超过 2 000 m³/s,刘家峡水库最大出库流量不超过 2 500 m³/s,此时龙羊峡水库最高水位为 2 591.58 m,防洪库容仍有余力;如龙羊峡水库起调水位为 2 585 m,2 594 m 以下库容能防御 10 年一遇洪水,即发生 10 年一遇洪水,龙羊峡水库库水位不超过 2 594 m,最大出库流量不超过 2 000 m³/s,刘家峡水库最大出库流量不超过 2 500 m³/s,此时龙羊峡最高水位为 2 593.99 m,2 594 m 以下库容已全部使用。调洪结果见表 5-3-4。

　　2.起调水位为 2 588 m

　　1)常规方案

　　龙羊峡水库运用水位为 2 588~2 594 m 时,龙羊峡水库出库流量按 10 年一遇以内不超过 2 000 m³/s 下泄,刘家峡出库流量按不超过 2 500 m³/s 下泄,其他情况按设计控制流量下泄。按此方案计算,对于 1964 年、1967 年典型,2 594 m 以下库容能防御 10 年一遇洪水,即发生 10 年一遇洪水时,库水位不超过 2 594 m;对于 2012 年、1981 年典型,发生 10 年一遇洪水时,则库水位会超过 2 594 m,龙羊峡水库最大泄量将超过 2 000 m³/s。调洪结果见表 5-3-5。

　　1981 年、2012 年典型在 10 年一遇洪水时库水位超过 2 594 m 的原因:1981 年、2012 年属于龙羊峡以上来水相对较多、龙刘区间来水相对较少的典型,在以刘家峡为控制断面按同倍比法地区组成进行洪水过程放大时,会出现龙羊峡水库入库洪峰或洪量超频的情况。10 年一遇及以下洪水,因龙羊峡要控泄的流量小,且龙羊峡是按入库流量来判别洪水频率的,因此龙羊峡水库库水位会超过 2 594 m。

　　2)加大泄量方案

　　龙羊峡水库运用水位为 2 588~2 594 m 时,龙羊峡水库出库流量按 10 年一遇以内不超过 2 000 m³/s 下泄,刘家峡出库流量按不超过 3 000 m³/s 下泄,其他情况按设计控制流量下泄。计算结果见表 5-3-6。

表 5-3-3　龙羊峡水库、刘家峡水库联合防洪调度方案

龙羊峡起调水位		方式	龙羊峡水库运用				刘家峡水库兼顾（宁蒙河段）防洪运用 刘家峡水库 2 594 m 防洪运用	
			2 588 m 以下	2 588~2 594 m		2 594 m 以上	龙羊峡水库 2 594 m 以下刘家峡水库控制流量	可控标准
				控制流量	可控标准			
从 2 588 m 以下某水位开始起调	2 576	1（常规）	按发电	5 年一遇以下 1 500 m³/s，10 年一遇以上按设计	30~50 年一遇	按设计	10 年一遇以下 2 500 m³/s	20 年一遇
	2 580	1（常规）	按发电	5 年一遇以下 1 500 m³/s，10 年一遇以上按设计	10~20 年一遇	按设计	10 年一遇以下 2 500 m³/s	10 年一遇
	2 585	1（常规）	按发电	5 年一遇以下 1 500 m³/s，10 年一遇以上按设计	10 年一遇	按设计	10 年一遇以下 2 500 m³/s	10 年一遇
从 2 588 m 起调	2 588	1（常规）	按发电	10 年一遇以下控 2 000 m³/s，10 年一遇以上按设计	5~10 年一遇	按设计	10 年一遇以下 2 500 m³/s	5 年一遇
		2（加大泄量方案）	按发电	10 年一遇以下控 2 000 m³/s，10 年一遇以上按设计	10 年一遇	按设计	10 年一遇以下 3 000 m³/s	10 年一遇
从 2 588 m 以上某水位起调	2 590	1（常规）	按发电	10 年一遇以下控 2 000 m³/s，10 年一遇以上按设计	5 年一遇	按设计	10 年一遇以下 2 500 m³/s	5 年一遇
		2（加大泄量方案）	按发电	10 年一遇以下控 2 000 m³/s，10 年一遇以上按设计	5 年一遇	按设计	10 年一遇以下 3 000 m³/s	5 年一遇

表 5-3-4　从 2 588 m 以下水位起调方案结果

起调水位/m	项目	洪水频率/%				
		50	33	20	10	5
2 576	龙最高水位/m	2 586.73	2 588.4	2 588.52	2 589.55	2 591.97
	龙最大泄量/(m³/s)	800	1 500	2 000	2 000	2 000
	刘最高水位/m	1 727.08	1 727.67	1 728.72	1 730.46	1 732.44
	刘最大泄量/(m³/s)	2 000	2 102	2 500	2 500	2 500
	兰州最大流量/(m³/s)	2 594	2 758	3 327	3 469	3 493
2 580	龙最高水位/m	2 588.05	2 589.25	2 589.43	2 591.58	2 593.97
	龙最大泄量/(m³/s)	1 500	1 500	2 000	2 000	4 000
	刘最高水位/m	1 727.08	1 727.67	1 728.66	1 730.37	1 731.85
	刘最大泄量/(m³/s)	2 014.3	2 492	2 500	2 500	4 290
	兰州最大流量/(m³/s)	2 594	3 237	3 327	3 469	4 816
2 585	龙最高水位/m	2 589.86	2 592.18	2 592.25	2 593.99	2 594.13
	龙最大泄量/(m³/s)	1 500	1 500	2 000	2 000	4 000
	刘最高水位/m	1 727.08	1 727.41	1 728.69	1 730.65	1 731.35
	刘最大泄量/(m³/s)	2 479	2 500	2 500	2 500	4 290
	兰州最大流量/(m³/s)	3 044	3 245	3 409	3 549	4 836

注:本表中的"龙"指龙羊峡水库,"刘"指刘家峡水库。

表 5-3-5　从 2 588 m 水位起调方案结果（常规方案）

典型	水库	项目	洪水频率/%										
			33.3	20	10	5	2	1	0.2	0.1	0.05	0.01	PMF
1964 年、1967 年	龙羊峡	最大入库/(m³/s)	2 650	3 090	3 660	4 200	4 890	5 410	6 570	7 040	7 540	8 650	10 500
		最大泄量/(m³/s)	1 500	1 500	2 000	3 460	4 000	4 000	4 000	4 000	6 000	6 000	6 000
		最高水位/m	2 591.07	2 593.21	2 594	2 594.91	2 595.39	2 596.17	2 599.81	2 601.45	2 602.16	2 602.49	2 605.94
		最大库容/亿 m³	213.94	221.72	224.86	227.94	229.71	232.59	246.28	252.49	255.25	256.49	269.99
	刘家峡	最大泄量/(m³/s)	2 500	2 500	2 500	4 290	4 290	4 290	4 510	4 510	7 260	敞泄	敞泄
		最高水位/m	1 727.92	1 729.08	1 730.8	1 732.56	1 731.71	1 732.2	1 734.54	1 734.72	1 735.9	1 735.79	1 737.87
		最大库容/亿 m³	31.6	33.04	35.22	37.5	36.4	37.04	40.08	40.32	41.92	41.77	44.65
2012 年	龙羊峡	最大入库/(m³/s)	2 650	3 090	3 660	4 200	4 890	5 410	6 570	7 040	7 540	8 650	10 500
		最大泄量/(m³/s)	1 500	2 000	3 620	4 000	4 000	4 000	4 000	4 000	6 000	6 000	6 000
		最高水位/m	2 592.16	2 593.61	2 594.15	2 594.27	2 594.82	2 595.88	2 598.93	2 600.44	2 601.53	2 601.51	2 604.56
		最大库容/亿 m³	217.88	223.17	225.14	225.59	227.59	231.51	242.91	248.66	252.81	252.74	264.55
	刘家峡	最大泄量/(m³/s)	2 500	2 500	4 290	4 290	4 290	4 290	4 510	4 510	7 260	敞泄	敞泄
		最高水位/m	1 727.07	1 728.67	1 730.82	1 731	1 731.39	1 732.43	1 733.9	1 735.24	1 735.31	1 736.16	1 736.6
		最大库容/亿 m³	30.55	32.53	35.25	35.48	35.99	37.34	39.25	41.02	41.1	42.28	42.89
1981 年	龙羊峡	最大入库/(m³/s)	2 830	3 280	3 840	4 370	5 030	5 530	6 680	7 140	7 660	8 710	10 140
		最大泄量/(m³/s)	1 500	2 000	3 840	4 000	4 000	4 000	4 000	6 000	6 000	6 000	6 000
		最高水位/m	2 592.5	2 593.5	2 594.02	2 594.38	2 595.29	2 596.34	2 599.2	2 599.55	2 600.75	2 601.02	2 605.38
		最大库容/亿 m³	219.11	222.78	224.66	225.97	229.34	233.23	243.95	245.27	249.85	250.87	267.76
	刘家峡	最大泄量/(m³/s)	2 500	2 500	4 195	4 290	4 290	4 290	4 510	4 510	4 510	敞泄	敞泄
		最高水位/m	1 727.11	1 727.78	1 730.51	1 730.87	1 731.17	1 731.63	1 732.01	1 734.31	1 735.14	1 735.64	1 736.73
		最大库容/亿 m³	30.6	31.43	34.85	35.3	35.7	36.29	36.8	39.79	40.87	41.56	43.07

表 5-3-6　2 588 m 水位起调方案结果(加大泄量方案)

起调水位/m	项目	洪水频率/%				
		50	33	20	10	5
2 588	龙最高水位/m	2 588.73	2 589.9	2 591.5	2 593.99	2 594.16
	龙最大泄量/(m³/s)	2 000	2 000	2 000	3 750	4 000
	刘最高水位/m	1 727.18	1 727.32	1 728.19	1 730.53	1 731.32
	刘最大泄量/(m³/s)	2 954	3 000	3 000	3 000	4 290
	兰州最大流量/(m³/s)	3 457.13	3 677	3 898	4 089	5 305

注:本表中的"龙"指龙羊峡水库,"刘"指刘家峡水库。

该方案与常规方案的差别在于,龙羊峡库水位不超过 2 594 m 时,刘家峡水库 10 年一遇洪水下泄流量可控制为不超过 3 000 m³/s。该方案结果:发生 5 年一遇洪水时,各典型(1964 年、1967 年、1981 年、2012 年)各地区组成(同频率法、同倍比法),在 2 594 m 以下,除采用同倍比放大的 2012 年典型外,其余均能满足龙羊峡出库流量不超过 2 000 m³/s,刘家峡控泄不超过 3 000 m³/s 的防洪需求。对于 2012 年龙羊峡入库峰低量大的典型,采用同倍比放大过程线后,龙羊峡入库洪峰流量不超设计值,但洪量超频,所以有龙羊峡水位接近 2 594 m 时,出库流量超过了 2 000 m³/s 控泄的要求。

3. 龙羊峡水库从 2 588 m 以上某水位起调

1)常规方案

龙羊峡水库运用水位为 2 588~2 594 m 时,龙羊峡出库流量按 10 年一遇以内不超过 2 000 m³/s 下泄,刘家峡出库流量按不超过 2 500 m³/s 下泄,其他情况按设计控制流量下泄。按此方案计算,发生 5 年一遇洪水时,龙羊峡以上来水各典型(1964 年、1967 年、2012 年、1981 年)各地区组成(同频率法、同倍比法),在 2 594 m 以下,都能满足龙羊峡水库不超过 2 000 m³/s,刘家峡水库不超过 2 500 m³/s 的防洪需求。但该方案在个别典型年,存在有龙羊峡、刘家峡水库在遇到设计洪水和校核洪水时,相应库水位超过水库设计洪水位和校核洪水位的风险。调洪结果见表 5-3-7。

表 5-3-7　2 590 m 水位起调方案结果(常规方案)

水库	项目	洪水频率/%							
		50	33	20	10	5	1	0.1	PMF
龙羊峡	最大泄量/(m³/s)	2 000	2 000	2 000	3 838	4 000	4 000	6 000	6 000
	最高水位/m	2 590.71	2 592.02	2 593.86	2 594.24	2 595.47	2 597.57	2 602.49	2 607.8
刘家峡	最大泄量/(m³/s)	2 500	2 500	2 500	4 290	4 290	4 510	4 510	敞泄
	最高水位/m	1 727.44	1 728.13	1 729.39	1 730.06	1 731.01	1 732.29	1 735.28	1 736.71

2）加大泄量方案

龙羊峡水库运用水位为 2 588~2 594 m 时,龙羊峡出库流量按 10 年一遇以内不超过 2 000 m³/s 下泄,刘家峡出库流量按不超过 3 000 m³/s 下泄,其他情况按设计控制流量下泄。按此方案计算,发生 5 年一遇洪水时,龙羊峡以上来水各典型(1964 年、1967 年、2012 年、1981 年)各地区组成(同频率法、同倍比法),在 2 594 m 以下,都能满足龙羊峡水库不超过 2 000 m³/s,刘家峡水库不超过 3 000 m³/s 的防洪需求。调洪结果见表 5-3-8。

表 5-3-8 2 590 m 水位起调方案结果(加大泄量方案)

水库	项目	洪水频率/%							
		50	33	20	10	5	1	0.1	PMF
龙羊峡	最大泄量/ (m³/s)	2 000	2 000	2 000	3 838	4 000	4 000	6 000	6 000
	最高水位/ m	2 590.71	2 591.86	2 593.45	2 594.34	2 594.36	2 597.06	2 601.95	2 606.91
刘家峡	最大泄量/ (m³/s)	2 954	3 000	3 000	4 290	4 290	4 510	4 510	敞泄
	最高水位/ m	1 727.18	1 727.32	1 728.19	1 730.16	1 730.18	1 732.1	1 734.63	1 736.88

4. 方案分析

从以上计算结果可以看出,由于不同频率洪水龙羊峡水库、刘家峡水库的控泄流量不同,表 5-3-8 中统计的最高水位、最大泄流量等数值又是多个典型不同组成过程的最大值,同时龙刘水库蓄洪运用的比例又不完全相同,所以各方案不同频率计算结果并不完全遵循洪水量级越大水库蓄水位越高的规律。

2 588 m 以下起调,起调水位至 2 588 m 之间按发电要求下泄,2 588~2 594 m 之间控泄流量不同,能防御的洪水量级不同。2 588 m 以下起调的各方案,2 594 m 以下库容均能防御 10 年一遇的洪水,即各典型(1964 年、2012 年)各地区组成(同频率法、同倍比法),在龙羊峡水位 2 594 m 以下,都能满足龙羊峡出库流量不超过 2 000 m³/s,刘家峡出库流量不超过 2 500 m³/s 的防洪需求。

2 588 m 起调,按常规方案运用,对 1964 年、1967 年典型,2 588~2 594 m 之间库容能防御 10 年一遇洪水,对 2012 年、1981 年典型,2 588~2 594 m 之间库容能防御 5 年一遇洪水;若按加大泄量方案运用,即刘家峡水库控制下泄流量提高至 3 000 m³/s,当遇到同倍比放大的 2012 年典型时,2 588~2 594 m 之间库容不能够防御 10 年一遇洪水,该运用方案存在运用风险。

2 588 m 以上起调,按常规方案运用,起调水位越高,能兼顾青海、甘肃、宁蒙河段防洪的能力越低,对于汛限水位 2 590 m 方案,不管是常规方案还是加大泄量方案,2 594 m 以下库容仅能防御 5 年一遇洪水。当 2 594 m 起调时,按设计方案运用。

根据以上分析,龙刘水库联合防洪调度方案仍推荐采用现状常规方案。龙羊峡水库的年度汛限水位为 2 588 m,刘家峡水库的汛限水位为 1 727 m,龙羊峡水库年度汛限水位 2 588 m 与设计汛限水位 2 594 m 之间库容用来兼顾青海、甘肃、宁蒙河段防洪安全,对 10

年一遇及以下洪水按不大于 2 000 m³/s 控制运用；刘家峡水库对 10 年一遇及以下洪水按不大于 2 500 m³/s 控制运用，兼顾甘肃农防河段及宁夏、内蒙古河段防洪安全。龙羊峡水库 2 594 m 以上按设计防洪运用。

5.3.4.3　龙刘水库不同水位条件下的调洪计算

1. 水库调洪方案拟订

龙羊峡、刘家峡水库历年汛初水位分析结果显示，两库水位在汛初均低于汛限水位。龙羊峡水库在运行初期长期处于低水位运行，之后 2001～2013 年度 7 月初平均水位为 2 566 m，最高水位为 2 581 m，近 5 年来平均水位为 2 576 m。刘家峡水库 1989～2013 年度 7 月初平均水位为 1 720 m，最高水位为 1 731 m；2001～2013 年度 7 月初平均水位为 1 721 m，最高水位为 1 726 m；近 5 年来 7 月初平均水位为 1 723 m。本次在联合调洪计算时，拟定龙羊峡水库起调水位为 2 566 m、2 576 m、2 581 m、2 585 m、2 588 m，刘家峡水库起调水位分别为 1 720 m、1 721 m、1 723 m、1 724 m、1 726 m、1 727 m、1 728 m、1 729 m、1 730 m。典型洪水选择 1964 年、1967 年、1981 年、2012 年。龙羊峡水库、刘家峡水库联合调洪计算方案如表 5-3-9 所示。

2. 计算结果

（1）当龙羊峡水库起调水位在 2 581 m 以下时。龙羊峡水库、刘家峡水库在汛限水位以下尚有较大库容可用来蓄洪，龙羊峡水库、刘家峡水库联合调洪计算结果见表 5-3-9。

表 5-3-9　龙羊峡水库、刘家峡水库联合调洪计算结果

方案名	龙羊峡水库			刘家峡水库	
	汛限水位/m	设计汛限水位/m	起调水位/m	汛限水位/m	起调水位/m
方案 1			2 566		1 721
方案 2			2 566		1 723
方案 3			2 576		1 721
方案 4			2 576		1 723
方案 5			2 581		1 721
方案 6			2 581		1 723
方案 7	2 588	2 594	2 581	1 727	1 724
方案 8			2 585		1 724
方案 9			2 585		1 726
方案 10			2 588		1 726
方案 11			2 588		1 727
方案 12			2 588		1 728
方案 13			2 588		1 729
方案 14			2 588		1 730

（2）当龙羊峡水库起调水位在 2 581 m 以上时。由于 1981 年、2012 年典型在以刘家峡为控制断面按同倍比法地区组成进行洪水过程放大时，会出现龙羊峡入库洪峰或洪量超频的情况。因此，对各典型年龙羊峡水库、刘家峡水库联合调洪计算结果分别进行分析，计算结果见表 5-3-10～表 5-3-13。

表5-3-10 龙羊峡水库、刘家峡水库联合调洪计算结果（龙羊峡水位2 581 m以下）

方案	水库	起调水位/m	汛限水位/m	项目	重现期/年								
					10	20	50	100	500	1 000	2 000	10 000	PMF
方案1	龙羊峡	2 566	2 588	最大泄量/(m³/s)	800	1 050	1 500	3 500	3 967	4 000	4 680	6 000	6 000
				最高水位/m	2 587.76	2 590.57	2 594.22	2 595.32	2 596.86	2 597.85	2 598.13	2 598.64	2 602.22
	刘家峡	1 721	1 727	最大泄量/(m³/s)	2 000	2 000	3 388	4 290	4 510	4 510	6 730	7 260	7 330
				最高水位/m	1 732.38	1 734.98	1 732.29	1 728.58	1 728.8	1 729.16	1 730.51	1 731.77	1 734.28
方案2	龙羊峡	2 566	2 588	最大泄量/(m³/s)	800	1 050	2 000	3 610	4 000	4 000	5 960	6 000	6 000
				最高水位/m	2 587.76	2 590.57	2 593.66	2 594.76	2 594.21	2 594.64	2 595.4	2 599.32	2 601.25
	刘家峡	1 723	1 727	最大泄量/(m³/s)	2 000	2 000	3 388	4 290	4 290	4 290	7 260	7 480	7 510
				最高水位/m	1 732.56	1 735.12	1 732.43	1 728.74	1 729.47	1 729.95	1 730.66	1 732.28	1 732.12
方案3	龙羊峡	2 576	2 588	最大泄量/(m³/s)	1 500	2 730	3 400	4 000	4 000	4 000	6 000	6 000	6 000
				最高水位/m	2 594.33	2 595.39	2 597.23	2 596.26	2 598.27	2 598.44	2 600.35	2 603.22	2 606.86
	刘家峡	1 721	1 727	最大泄量/(m³/s)	2 494	3 290	3 980	4 290	4 510	4 510	7 260	7 720	7 780
				最高水位/m	1 732.38	1 734.98	1 732.29	1 728.58	1 728.89	1 730.65	1 730.76	1 731.98	1 732.58
方案4	龙羊峡	2 576	2 588	最大泄量/(m³/s)	2 000	4 000	4 000	4 000	4 000	4 000	6 000	6 000	6 000
				最高水位/m	2 593.5	2 594.79	2 595.21	2 595.05	2 596.62	2 597.74	2 598.76	2 602.34	2 605.06
	刘家峡	1 723	1 727	最大泄量/(m³/s)	2 500	4 290	4 290	4 510	4 510	4 510	7 260	7 710	7 840
				最高水位/m	1 732.56	1 735.12	1 732.43	1 728.74	1 729.56	1 730.56	1 730.93	1 732.38	1 732.2
方案5	龙羊峡	2 581	2 588	最大泄量/(m³/s)	2 000	3 000	4 000	4 000	4 000	4 000	6 000	6 000	6 000
				最高水位/m	2 594.55	2 596.14	2 597.32	2 596.9	2 599.44	2 600.79	2 601.88	2 605.12	2 608.38
	刘家峡	1 721	1 727	最大泄量/(m³/s)	2 500	4 290	4 290	4 510	4 510	4 510	7 260	8 080	7 890
				最高水位/m	1 731.55	1 731.74	1 732.29	1 728.76	1 730.2	1 731.17	1 732.27	1 733.32	1 732.58
方案6	龙羊峡	2 581	2 588	最大泄量/(m³/s)	2 500	4 000	4 000	4 000	4 000	4 000	6 000	6 000	6 000
				最高水位/m	2 593.82	2 594.3	2 595.46	2 595.73	2 598.46	2 599.74	2 600.92	2 605.12	2 608.17
	刘家峡	1 723	1 727	最大泄量/(m³/s)	2 500	4 290	4 290	4 290	4 510	4 510	7 260	8 250	8 070
				最高水位/m	1 731.74	1 731.88	1 732.43	1 728.82	1 731.1	1 732.08	1 731.95	1 734.1	1 733.26
方案7	龙羊峡	2 581	2 588	最大泄量/(m³/s)	2 500	4 000	4 000	4 000	4 000	4 000	6 000	6 000	6 000
				最高水位/m	2 593.27	2 594.3	2 594.71	2 595.16	2 598.29	2 599.43	2 601.05	2 606.06	2 608.17
	刘家峡	1 724	1 727	最大泄量/(m³/s)	2 500	4 290	4 290	4 290	4 510	4 510	7 260	8 450	8 200
				最高水位/m	1 731.81	1 731.96	1 732.51	1 729.43	1 731.74	1 733.08	1 734.53	1 735.37	1 734.4

表 5-3-11　龙羊峡水库、刘家峡水库联合调洪计算结果(1964 年、1967 年典型)

方案	水库	起调水位/m	汛限水位/m	项目	重现期/年								
					10	20	50	100	500	1 000	2 000	10 000	PMF
方案8	龙羊峡	2 585	2 588	最大泄量（m³/s）	3 120	3 658	4 000	4 000	4 000	4 000	4 000	6 000	6 000
				最高水位/m	2 593.99	2 594.4	2 595.13	2 596.39	2 600.13	2 601.56	2 601.92	2 605.11	2 608.61
	刘家峡	1 724	1 727	最大泄量（m³/s）	3 710	4 290	4 290	4 510	4 510	4 510	7 260	8 060	7 950
				最高水位/m	1 728.14	1 728.44	1 728.92	1 729.76	1 732.17	1 732.78	1 733.08	1 733.23	1 732.72
方案9	龙羊峡	2 585	2 588	最大泄量（m³/s）	2 000	3 620	4 000	4 000	4 000	4 000	4 000	6 000	6 000
				最高水位/m	2 593.74	2 594.11	2 594.85	2 595.62	2 599.21	2 600.48	2 601.58	2 603.92	2 608.3
	刘家峡	1 726	1 727	最大泄量（m³/s）	2 500	4 134	4 290	4 290	4 510	4 510	7 260	7 920	8 160
				最高水位/m	1 729.74	1 727.36	1 731.01	1 729.84	1 732.18	1 733.36	1 733.74	1 734.67	1 734.78
方案10	龙羊峡	2 588	2 588	最大泄量（m³/s）	3 000	3 658	4 000	4 000	4 000	4 000	4 000	6 000	6 000
				最高水位/m	2 594.07	2 594.53	2 595.72	2 596.46	2 600.33	2 601.71	2 602.8	2 602.18	2 606.15
	刘家峡	1 726	1 727	最大泄量（m³/s）	3 698	3 385	4 290	4 290	4 510	4 510	7 260	8 290	8 380
				最高水位/m	1 729.79	1 731.42	1 730.91	1 730.77	1 733.29	1 734.46	1 734.63	1 734.64	1 734.69
方案11	龙羊峡	2 588	2 588	最大泄量（m³/s）	2 000	3 460	4 000	4 000	4 000	4 000	6 000	6 000	6 000
				最高水位/m	2 594	2 594.91	2 595.39	2 596.17	2 599.81	2 601.45	2 602.16	2 602.49	2 605.94
	刘家峡	1 727	1 727	最大泄量（m³/s）	2 500	4 290	4 290	4 290	4 510	4 510	7 260	8 310	8 460
				最高水位/m	1 730.8	1 732.56	1 731.71	1 732.2	1 734.54	1 734.72	1 735.9	1 735.79	1 737.87
方案12	龙羊峡	2 588	2 588	最大泄量（m³/s）	2 000	3 658	4 000	4 000	4 000	4 000	4 000	6 000	6 000
				最高水位/m	2 593.92	2 594.1	2 595.2	2 595.99	2 599.73	2 601.14	2 602.41	2 601.73	2 605.92
	刘家峡	1 728	1 727	最大泄量（m³/s）	2 500	3 264	4 290	4 290	4 510	4 510	7 260	8 480	8 550
				最高水位/m	1 731.71	1 733.36	1 732.69	1 732.52	1 735.03	1 736.13	1 736.1	1 735.85	1 735.87
方案13	龙羊峡	2 588	2 588	最大泄量（m³/s）	2 000	3 658	4 000	4 000	4 000	4 000	4 000	6 000	6 000
				最高水位/m	2 593.92	2 594.1	2 595.2	2 595.99	2 599.73	2 601.14	2 602.41	2 601.73	2 605.92
	刘家峡	1 729	1 727	最大泄量（m³/s）	2 500	3 264	4 290	4 290	4 510	4 510	7 260	8 590	8 640
				最高水位/m	1 732.66	1 734.31	1 733.65	1 733.48	1 735.92	1 737.03	1 737	1 736.91	1 736.58
方案14	龙羊峡	2 588	2 588	最大泄量（m³/s）	2 000	3 658	4 000	4 000	4 000	4 000	4 000	6 000	6 000
				最高水位/m	2 593.92	2 594.1	2 595.2	2 595.99	2 599.73	2 601.14	2 602.41	2 601.73	2 605.92
	刘家峡	1 730	1 727	最大泄量（m³/s）	2 500	3 264	4 290	4 290	4 510	4 510	7 260	8 695	8 740
				最高水位/m	1 733.61	1 735.25	1 734.6	1 734.43	1 736.82	1 737.92	1 737.89	1 737.64	1 737.36

表5-3-12 龙羊峡水库、刘家峡水库联合调洪计算结果(1981年典型)

方案	水库	起调水位/m	汛限水位/m	项目	重现期/年								
					10	20	50	100	500	1 000	2 000	10 000	PMF
方案8	龙羊峡	2 585	2 588	最大泄量/(m³/s)	3 838	4 000	4 000	4 000	4 000	5 000	6 000	6 000	6 000
				最高水位/m	2 594.05	2 594.55	2 595.29	2 596.66	2 599.08	2 599.45	2 600.58	2 606.12	2 607.47
	刘家峡	1 724	1 727	最大泄量/(m³/s)	4 075	4 290	4 290	4 510	4 510	4 510	7 260	8 020	7 690
				最高水位/m	1 727.62	1 728.33	1 728.86	1 729.04	1 729.72	1 731.74	1 733.01	1 733.57	1 732.41
方案9	龙羊峡	2 585	2 588	最大泄量/(m³/s)	3 838	4 000	4 000	4 000	4 000	5 450	6 000	6 000	6 000
				最高水位/m	2 593.95	2 594.31	2 594.64	2 595.87	2 598.65	2 599.05	2 599.9	2 604.8	2 607.47
	刘家峡	1 726	1 727	最大泄量/(m³/s)	4 195	4 290	4 290	4 290	4 510	4 510	7 260	8 230	7 980
				最高水位/m	1 728.3	1 729.32	1 729.18	1 730.25	1 730.69	1 733.09	1 733.81	1 734.33	1 732.87
方案10	龙羊峡	2 588	2 588	最大泄量/(m³/s)	3 610	4 000	4 000	4 000	4 000	6 000	6 000	6 000	6 000
				最高水位/m	2 595.22	2 594.36	2 595.15	2 596.25	2 599.27	2 600.09	2 600.98	2 601.53	2 605.74
	刘家峡	1 726	1 727	最大泄量/(m³/s)	2 530	4 290	4 290	4 290	4 510	4 510	4 510	8 330	8 270
				最高水位/m	1 730.65	1 729.81	1 730.19	1 730.51	1 731.34	1 734.32	1 734.34	1 735.24	1 735.94
方案11	龙羊峡	2 588	2 588	最大泄量/(m³/s)	3 620	4 000	4 000	4 000	4 000	4 000	6 000	6 000	6 000
				最高水位/m	2 594.15	2 594.27	2 594.82	2 595.88	2 598.93	2 600.44	2 601.53	2 601.51	2 604.56
	刘家峡	1 727	1 727	最大泄量/(m³/s)	4 290	4 290	4 290	4 290	4 510	4 510	7 260	8 280	8 430
				最高水位/m	1 730.82	1 731	1 731.39	1 732.43	1 733.9	1 735.24	1 735.31	1 736.16	1 736.6
方案12	龙羊峡	2 588	2 588	最大泄量/(m³/s)	3 838	4 000	4 000	4 000	4 000	6 000	6 000	6 000	6 000
				最高水位/m	2 594.02	2 594.4	2 595.33	2 596.37	2 599.29	2 599.5	2 600.68	2 602.1	2 606.15
	刘家峡	1 728	1 727	最大泄量/(m³/s)	4 195	4 290	4 290	4 290	4 510	4 510	4 510	8 550	8 490
				最高水位/m	1 730.32	1 731.45	1 731.68	1 731.8	1 732.67	1 735.27	1 735.99	1 736.57	1 737.12
方案13	龙羊峡	2 588	2 588	最大泄量/(m³/s)	3 838	4 000	4 000	4 000	4 000	6 000	6 000	6 000	6 000
				最高水位/m	2 594.02	2 594.4	2 595.33	2 596.37	2 599.29	2 599.5	2 600.68	2 602.1	2 606.15
	刘家峡	1 729	1 727	最大泄量/(m³/s)	4 195	4 290	4 290	4 290	4 510	4 510	4 510	8 650	—
				最高水位/m	1 731.27	1 732.4	1 732.63	1 732.75	1 733.62	1 736.16	1 736.88	1 737.81	—
方案14	龙羊峡	2 588	2 588	最大泄量/(m³/s)	3 838	4 000	4 000	4 000	4 000	6 000	6 000	6 000	6 000
				最高水位/m	2 594.02	2 594.4	2 595.33	2 596.37	2 599.29	2 599.5	2 600.68	2 602.1	2 606.15
	刘家峡	1 730	1 727	最大泄量/(m³/s)	4 195	4 290	4 290	4 290	4 510	4 510	4 510	—	—
				最高水位/m	1 732.22	1 733.35	1 733.58	1 733.7	1 734.58	1 737.06	1 737.78	—	—

表 5-3-13　龙羊峡水库、刘家峡水库联合调洪计算结果（2012 年典型）

方案	水库	起调水位/m	汛限水位/m	项目	重现期/年								
					10	20	50	100	500	1 000	2 000	10 000	PMF
方案8	龙羊峡	2 585	2 588	最大泄量/(m³/s)	3 386.99	4 000	4 000	4 000	4 000	6 000	6 000	6 000	6 000
				最高水位/m	2 593.96	2 594.12	2 595.15	2 596.3	2 599.26	2 600.39	2 599.95	2 607.74	2 627.29
	刘家峡	1 724	1 727	最大泄量/(m³/s)	3 950.99	4 290	4 290	4 510	4 510	4 510	7 260	8 174.29	8 027.31
				最高水位/m	1 728.13	1 728.08	1 728.79	1 729.56	1 731.38	1 733.03	1 733.8	1 734.47	1 734.25
方案9	龙羊峡	2 585	2 588	最大泄量/(m³/s)	3 750	4 000	4 000	4 000	4 000	6 000	6 000	6 000	6 000
				最高水位/m	2 593.97	2 594.27	2 595.03	2 595.76	2 599.04	2 600.1	2 599.83	2 605.84	2 609.51
	刘家峡	1 726	1 727	最大泄量/(m³/s)	4 290	4 290	4 290	4 510	4 510	4 510	7 260	8 312.94	8 324.63
				最高水位/m	1 728.63	1 729.43	1 729.91	1 730.71	1 731.83	1 734.04	1 734.18	1 735.38	1 734.45
方案10	龙羊峡	2 588	2 588	最大泄量/(m³/s)	3 750	4 000	4 000	4 000	4 000	6 000	6 000	6 000	6 000
				最高水位/m	2 594.18	2 594.31	2 595.1	2 596.41	2 599.89	2 600.65	2 600.81	2 602.07	2 606.28
	刘家峡	1 726	1 727	最大泄量/(m³/s)	4 290	4 290	4 290	4 290	4 510	4 510	7 260	8 269.07	8 322.85
				最高水位/m	1 728.7	1 729.45	1 730.34	1 731.12	1 732.2	1 735.04	1 734.86	1 735.4	1 734.5
方案11	龙羊峡	2 588	2 588	最大泄量/(m³/s)	3 840	4 000	4 000	4 000	4 000	6 000	6 000	6 000	6 000
				最高水位/m	2 594.02	2 594.38	2 595.29	2 596.34	2 599.2	2 599.55	2 600.75	2 601.02	2 605.38
	刘家峡	1 727	1 727	最大泄量/(m³/s)	4 195	4 290	4 290	4 290	4 510	4 510	4 510	8 270	8 330
				最高水位/m	1 730.51	1 730.87	1 731.17	1 731.63	1 732.01	1 734.31	1 735.14	1 735.64	1 736.73
方案12	龙羊峡	2 588	2 588	最大泄量/(m³/s)	3 750	4 000	4 000	4 000	4 000	6 000	6 000	6 000	6 000
				最高水位/m	2 594.19	2 594.17	2 594.79	2 596.19	2 599.67	2 600.22	2 600.2	2 601.95	2 606.28
	刘家峡	1 728	1 727	最大泄量/(m³/s)	3 119.01	4 290	4 290	4 290	4 510	4 510	7 260	8 489.47	8 453.88
				最高水位/m	1 731.9	1 731.74	1 732.69	1 732.71	1 733.81	1 734.74	1 735.93	1 737.3	1 737.14
方案13	龙羊峡	2 588	2 588	最大泄量/(m³/s)	3 750	4 000	4 000	4 000	4 000	6 000	6 000	6 000	6 000
				最高水位/m	2 594.19	2 594.17	2 594.79	2 596.19	2 599.67	2 600.22	2 600.2	2 601.95	2 606.28
	刘家峡	1 729	1 727	最大泄量/(m³/s)	3 119.08	4 290	4 290	4 290	4 510	4 510	7 260	8 597.92	—
				最高水位/m	1 732.85	1 732.01	1 732.69	1 733.66	1 734.76	1 735.41	1 736.82	1 737.88	—
方案14	龙羊峡	2 588	2 588	最大泄量/(m³/s)	3 750	4 000	4 000	4 000	4 000	6 000	6 000	6 000	6 000
				最高水位/m	2 594.19	2 594.17	2 594.79	2 596.19	2 599.67	2 600.22	2 600.2	2 601.95	2 606.28
	刘家峡	1 730	1 727	最大泄量/(m³/s)	3 119.08	4 290	4 290	4 290	4 510	—	—	—	—
				最高水位/m	1 733.8	1 732.97	1 733.64	1 734.62	1 735.67	—	—	—	—

3. 计算结果分析

根据调洪计算结果可知,当龙羊峡水库起调水位在 2 581 m 以下时,龙羊峡水库、刘家峡水库在汛限水位以下尚有较大库容可用来蓄洪,龙羊峡水库 10 年一遇下泄流量不超过 2 000 m³/s,1 000 年一遇下泄流量不超过 4 000 m³/s;刘家峡水库遭遇 1 000 年一遇洪水时最高水位为 1 733.08 m,遭遇 PMF 洪水时刘家峡水库最高水位为 1 734.4 m,距校核洪水位 1 738 m 尚有较大库容。

在龙羊峡水库起调水位在 2 581 m 以上时,在遭遇 1981 年、2012 年典型洪水时,在以刘家峡为控制断面按同倍比法地区组成进行洪水过程放大时,出现龙羊峡入库洪峰或洪量超频的情况,因此龙羊峡水库 10 年一遇下泄流量超过了 2 000 m³/s,1 000 年一遇下泄流量超过了 4 000 m³/s。当龙羊峡水库、刘家峡水库在汛限水位起调时,在遭遇 1967 年、1981 年、2012 年典型洪水时刘家峡水库最高洪水位分别为 1 734.72 m、1 735.24 m、1 734.31 m。当刘家峡水库起调水位超过汛限水位时,刘家峡水库最高水位可能超过校核洪水位,给水库带来较大风险。

5.4　龙刘水库联合防凌调度研究

5.4.1　宁蒙河段凌情特点及变化

5.4.1.1　宁蒙河段凌汛概况

黄河宁蒙河段位于黄河流域最北端,全长 1 203.8 km,其中宁夏南长滩至石嘴山长 380.8 km,内蒙古石嘴山至马栅长 823 km,有"十大孔兑"的高含沙洪水汇入。宁蒙河段大部分属于冲积性河道,河流摆动剧烈,游荡性河段较长。1986 年以来,龙羊峡水库汛期大量蓄水,宁蒙河段汛期来水持续偏枯、水沙关系趋于不利,造成河床淤积、主槽萎缩、河道形态恶化、平滩流量减小、河势摆动加剧,使宁蒙河段成为继黄河下游之后的又一"地上悬河",严重威胁沿河两岸防洪防凌安全。

宁蒙河段大陆性气候特征显著,冬季干燥寒冷,气温在 0 ℃ 以下的时间可持续 4~5 个月,头道拐站极端最低气温达−39 ℃。宁蒙河段几乎每年都会发生不同程度的凌情,一般从 11 月中下旬开始流凌,12 月上旬封冻,翌年 3 月中下旬解冻开河。封冻天数一般约 110 d,最长达 150 d 以上;封河长度一般约 800 km,其中内蒙古封河长度 700 km 以上。由于黄河宁蒙河段水流流向为由低纬度流向高纬度且受阴山山脉影响,冬季气温上暖下寒,封河自下而上;翌年春季气温南高北低,开河自上而下。流凌封河期,河段下段先封河,水流阻力加大,上段流凌易在封河处产生冰塞,壅水漫滩,严重时会造成堤防决口;开河期,上游先开河,下游仍处于封冻状态,上游大量冰水沿程汇集拥向下游,极易在弯曲、狭窄河段卡冰结坝,壅高水位,造成凌汛灾害。

宁蒙河段凌灾的主要表现形式为冰塞、冰坝壅水造成管涌、渗漏和堤防决口,冰塞多发生在流凌封河期,冰坝多发生在开河期。冰凌洪水灾害发生频繁,1950~1967 年、1968~1986 年、1987~2013 年内蒙古河段凌汛堤防决口分别为 4 次、1 次、8 次,给沿岸广大人民群众的生命财产造成巨大损失。2000~2001 年度凌汛期,黄河乌达铁路桥下 10

km 处乌兰木头民堤溃决,造成凌汛灾害,受淹面积近 50 km²,直接经济损失 1.3 亿元。2007~2008 年度凌汛期鄂尔多斯市杭锦旗独贵特拉奎素段先后发生 2 处堤防决口,1.02 万人受灾,经济损失达 9.35 亿元。宁蒙河段凌灾历史上主要发生在开河期,后自 1986 年以来由于河道形态恶化,在封河期、开河期均有发生,但大部分仍发生在开河期;封河期冰塞灾害多发生在 12 月,开河期冰坝灾害多发生在 3 月;约 50% 的冰塞险情发生在石嘴山—巴彦高勒段,53.4% 的冰坝险情发生在三湖河口—头道拐河段。宁蒙河段蜿蜒曲折,局部易发生卡冰河段较多,凌灾发生地点分散;受气温、引退水等不易控因素影响较大,凌情预报难度大;发生冰塞冰坝后,短时间内水位快速升高,凌灾突发性强;而且冰塞、冰坝历时一般小于 2 d(最长不超过 4 d、最短不到 1 d),凌汛期天寒地冻,抢险难度较大。

5.4.1.2　宁蒙河段的凌情特征变化

宁蒙河段分为宁夏河段和内蒙古河段。对于宁夏河段的凌情,刘家峡水库、青铜峡水库运用前,大柳树至枣园河段为不稳定封冻河段,枣园以下河段因河道比降缓、流速小、气温低,为常年封冻河段,严重冰塞、冰坝时有发生,冰情变化大而复杂,常出现的冰坝地点在青铜峡谷北部、蔡家河口、石嘴山水文站及其下游及其附近的钢厂、电厂河段;冰塞主要出现在中宁枣园一带。刘家峡水库、青铜峡水库建成运用后,因冬季流量增大、水温增高,青铜峡以下约 100 km 河段流凌日期推迟 5~10 d,不稳定封冻段由青铜峡上游的枣园下延 20 km 到中宁新田附近;一般年份,青铜峡坝下游 40~90 km 为不封冻河段;同时,凌汛次数减少,除石嘴山峡谷段、青铜峡库区及其他一些弯窄河段,仍有些许凌汛灾害出现外,一般年份凌洪灾害不大。鉴于刘家峡水库、青铜峡水库等水库运用后,宁夏河段的防凌问题相对较轻,因此主要针对内蒙古河段(石嘴山站—头道拐站河段)的凌情变化特点进行分析。

1. 特征日期

根据石嘴山—头道拐河段实测冰情特征日期分析,石嘴山—头道拐河段最早流凌和最早封河多发生在三湖河口—头道拐河段,然后向上游区段延伸;最早开河多发生在石嘴山附近而后逐渐向下游铺开。宁蒙河段分年段统计情况见表 5-4-1,可见,河段平均流凌日期及平均封河日期略有推后;1950~1968 年的平均开河日期由 3 月 7 日提前至 1989~2013 年的 2 月 23 日,提前了约 13 d。

2. 流凌天数、封河天数

分年段统计宁蒙河段石嘴山、巴彦高勒、三湖河口及头道拐等四水文站及石嘴山—头道拐河段 1950~2013 年的流凌天数和封河天数,见表 5-4-2。由表 5-4-2 可见,与 1950~1968 年相比,头道拐站 1989~2013 年的平均流凌天数减少了 9 d,其他三站的平均流凌天数变化不显著;石嘴山、巴彦高勒和三湖河口站 1989~2013 年的封河天数较 1950~1968 年分别减少了 34 d、25 d 和 9 d,而头道拐站变化不显著。四站中三湖河口站流凌天数最短、封河天数最长,而石嘴山站流凌天数最长、封河天数最短。石嘴山—头道拐河段流凌天数逐年段变化不大,封河天数 1989~2013 年为 110 d,较 1950~1968 年缩短 9 d。

表 5-4-1　宁蒙河段流凌日期、封河日期、开河日期统计

时段/年	项目	流凌日期		封河日期		开河日期	
		最早流凌	最晚流凌	河段首封	河段全封	河段首开	河段全开
1950~1968	河段平均	11月16日	11月24日	11月30日	12月27日	3月7日	3月28日
	河段最早	11月7日	11月10日	11月14日	12月7日	2月27日	3月22日
	河段最晚	11月23日	12月2日	12月14日	1月25日	3月16日	4月4日
1968~1989	河段平均	11月16日	11月29日	11月28日	1月3日	3月5日	3月28日
	河段最早	11月4日	11月13日	11月7日	12月6日	2月10日	3月20日
	河段最晚	11月27日	12月15日	12月18日	1月31日	3月18日	4月5日
1989~2013	河段平均	11月19日	12月10日	12月3日	1月11日	2月23日	3月23日
	河段最早	11月8日	11月17日	11月16日	12月25日	2月5日	3月12日
	河段最晚	12月4日	12月28日	12月30日	2月10日	3月11日	3月31日

表 5-4-2　宁蒙河段流凌天数及封河天数统计　　　　　　　　单位:d

时段/年	项目	石嘴山	巴彦高勒	三湖河口	头道拐	石嘴山—头道拐
1950~1968	流凌天数	31	17	14	31	14
	封河天数	74	101	108	95	119
1968~1989	流凌天数	37	15	14	19	13
	封河天数	60	99	115	109	120
1989~2013	流凌天数	34	19	17	22	14
	封河天数	40	76	99	92	110

3. 流量、水位

1)首封封河流量

宁蒙河段首封位置一般在三湖河口站至头道拐站之间,个别年份在三湖河口站上游附近。为准确描述河段的封河流量并保证数据一致性,采用宁蒙河段首封日前 3 d 三湖河口站的平均流量作为河段封河流量,宁蒙河段封河流量在不同年段间略有增加,但年段内变化的波动性较大。其中,1950~1968 年的平均封河流量为 526 m^3/s,1968~1989 年为 542 m^3/s,而 1989~2013 年平均值为 649 m^3/s。

2012 年汛期黄河上游洪水较大、历时较长,内蒙古河段主槽冲刷,平滩流量达到 2 000 m^3/s 左右。在此条件下,黄河上游水库群科学调度,控制宁蒙河段首封前 3 d 三湖河口站平均流量约 870 m^3/s,较 1950~2013 年(均值为 584 m^3/s)偏大约 49%。

2)凌峰流量

石嘴山、巴彦高勒、三湖河口及头道拐四站分段统计结果见表 5-4-3。可见,宁蒙河段凌峰流量自上游到下游逐渐增大;刘家峡水库运用后,石嘴山、巴彦高勒和三湖河口站的

平均凌峰流量有较明显减小;龙羊峡水库运用后,石嘴山、巴彦高勒站凌峰流量又略有减小;头道拐站各时期凌峰流量变化不大。

表 5-4-3　宁蒙河段水文站凌峰流量统计　　　　　　　单位:m³/s

时段/年	项目	石嘴山	巴彦高勒	三湖河口	头道拐
1950~1968	平均	950	861	1 467	1 996
	最小	609	629	925	1 000
	最大	1 700	1 100	2 220	3 500
1968~1989	平均	784	745	1 263	2 414
	最小	480	528	782	1 510
	最大	1 330	1 200	2 050	3 210
1989~2013	平均	712	713	1 251	2 102
	最小	422	452	708	1 380
	最大	1 190	1 200	2 190	3 350

3)封河期、开河期最高水位

石嘴山、巴彦高勒站的最高水位一般出现在封河当天,而三湖河口、头道拐站的最高水位一般出现在封河期的后期、开河前。分年段统计石嘴山、巴彦高勒、三湖河口及头道拐四站的封河期、开河期最高水位,统计结果见表 5-4-4。由表 5-4-4 可见,石嘴山和巴彦高勒站封河期水位高于开河期水位;石嘴山站封河期和开河期最高水位变化不大,只有1989~2013 年段开河期水位较其他时段略有降低;巴彦高勒站封河期、开河期最高水位逐渐升高,1989~2013 年段封河期、开河期平均最高水位为 1 053.44 m、1 052.74 m,分别较1950~1968 年段升高了约 2.71 m 和 1.80 m;三湖河口站 1989~2013 年段与 1950~1968年段相比,封河期平均最高水位升高了约 0.50 m,开河期最高水位差别不大。头道拐站各时期的封开河水位相差不大。

表 5-4-4　宁蒙河段重要水文站封河期、开河期最高水位统计　　　　单位:m

时期	时段/年	石嘴山	巴彦高勒	三湖河口	头道拐
封河期	1950~1968	1 088.47	1 050.73	1 019.76	988.66
	1968~1989	1 088.71	1 052.12	1 019.56	988.74
	1989~2013	1 088.78	1 053.44	1 020.26	988.61
开河期	1950~1968	1 088.38	1 050.94	1 020.25	988.82
	1968~1989	1 088.03	1 051.44	1 019.46	988.58
	1989~2013	1 087.72	1 052.74	1 020.07	988.79

注:表中各站水位巴彦高勒、头道拐站为黄海高程系,石嘴山站、三湖河口站为大沽高程系,下同。

4.槽蓄水增量变化

1)槽蓄水增量演变过程分析

宁蒙河段石嘴山—头道拐河段槽蓄水增量在凌汛年度内的演变过程大致可以分为平

峰型、尖峰型及双峰型等 3 种类型。①平峰型。一般 12 月底进入最大槽蓄水增量的量级范围，后小幅变化，至 3 月初开始释放，是气温和河段流量变化不大的条件下最常见的演变过程。②尖峰型。一般在 2 月下旬或 3 月初达到最大槽蓄水增量的量级范围，持续时间较短，后随开河而逐渐释放，是槽蓄水增量值较大的演变过程。③双峰型。一般在 1 月中下旬出现首次增长峰值，略有释放后再次增长，3 月初出现第二次增长峰值，后随开河释放，其最大槽蓄水增量值也较大。

2）年最大槽蓄水增量出现时间

考虑到年内槽蓄水增量会在达到一定量级范围后维持一段时间，选定凌汛年度最大槽蓄水增量 85% 为量级范围的下限值，以凌汛年度槽蓄水增量达到当年最大槽蓄水增量的 85% 时作为年最大槽蓄水增量出现时间。在此基础上，统计宁蒙河段石嘴山—头道拐河段的年最大槽蓄水增量出现时间，见表 5-4-5。由表 5-4-5 可以看出，年最大槽蓄水增量出现时间在年段间呈现推迟趋势，由 1950~1968 年平均 1 月 4 日推迟到 1989~2013 年平均的 1 月 29 日，推迟约 25 d。

表 5-4-5　不同年段宁蒙河段年最大槽蓄水增量出现时间

时段/年	平均	最早	最晚
1950~1968	1 月 4 日	12 月 13 日	2 月 29 日
1968~1989	1 月 16 日	12 月 19 日	2 月 28 日
1989~2013	1 月 29 日	1 月 4 日	3 月 13 日

3）年最大槽蓄水增量年际变化

各河段不同时期平均年最大槽蓄水增量见表 5-4-6。由表 5-4-6 可以看出，石嘴山—头道拐河段最大槽蓄水增量 1989~2013 年平均值为 14.24 亿 m³，比在 1950~1968 年增加了近 5.4 亿 m³；三湖河口—头道拐、巴彦高勒—三湖河口增加了约 3 亿 m³。从槽蓄水增量的分布看，三湖河口—头道拐的年最大槽蓄水增量略大于巴彦高勒—三湖河口，远大于石嘴山—巴彦高勒。

表 5-4-6　凌汛期内蒙古各河段不同时期平均年最大槽蓄水增量年际变化　单位：亿 m³

时段/年	项目	石嘴山—头道拐	石嘴山—巴彦高勒	巴彦高勒—三湖河口	三湖河口—头道拐
1950~1968	平均	8.83	3.08	4.18	2.87
	最小	5.31	1.55	0.48	0.85
	最大	12.35	5.59	10.23	4.95
1968~1989	平均	9.86	4.35	3.61	5.58
	最小	6.83	1.65	1.78	2.20
	最大	13.17	7.72	6.23	9.17
1989~2013	平均	14.24	3.53	6.15	6.60
	最小	4.56	0.97	2.0	1.35
	最大	19.39	7.03	11.40	12.40

4)年最大槽蓄水增量变化成因分析

槽蓄水增量的形成受热力、动力和河道边界条件等多种因素影响,是多因素综合作用的结果,年最大槽蓄水增量能够部分表征河段凌情的严重程度,是判断河段凌情的一个重要指标。龙羊峡水库运用后,宁蒙河段石嘴山—头道拐河段槽蓄水增量显著增大,其原因主要有:龙羊峡水库运用后,汛期流量减小较多,内蒙古河段河道淤积加重、过流能力减小(三湖河口站平滩流量在 1986 年前约 4 000 m³/s,1987 年以后大幅度减小,2004 年低至约 1 200 m³/s),而刘家峡水库建成后,凌汛期下泄流量较建库前增大,两种因素共同影响,使得凌汛期水位偏高、漫滩面积增大,槽蓄水量增加;同时,近期宁蒙河段桥梁等涉河建筑物增加、极端冷暖和气温升降事件出现频繁,影响封河期、开河期形势和河段最大槽蓄水增量。多种因素综合作用,导致近期宁蒙河段的年最大槽蓄水增量显著增大。

5.4.2　宁蒙河段近期凌情变化成因

2000 年以来,宁蒙河段凌情较 2000 年前发生了显著变化。这种变化是多种因素综合作用的结果,其中气温变化、河道过流条件、上游水库调度是主要的因素。

近 10 年来宁蒙河段冬季气温总体偏暖,构成利于防凌的热力条件,气温极值事件较多且交替出现也给防凌安全带来威胁。与前期相比,近 10 年宁蒙河段的气温总体偏暖,如包头气象站 1954~1986 年累计负气温均值为-1 067 ℃,而近 10 年为-793 ℃,升高 274 ℃。在冬季气温偏暖背景下,加之人类活动等因素的综合影响,减缓了河道内冰凌形成条件,有利于热力开河,导致宁蒙河段流凌、封河日期较晚,开河日期提前。在气温总体偏暖的基础上,气温极值事件较多且交替出现,造成了河段出现了"二封二开"的情况,使得防凌问题更为复杂。

河道平滩流量减小、涉河建筑物增加,影响了河段冰凌输移,构成不利于防凌的河道边界条件。近 10 年由于河道过流能力较前期显著降低,槽蓄水增量增加明显,加上气温条件偏暖导致的封开河形势变化等其他因素影响,致使河道内壅水严重,封开河期间各水文站最高水位上升,三湖河口站凌汛期最高水位上升明显。而桥梁等跨河建筑物的影响,也是河段封开河壅水的另一个重要的影响因素。同时,由于内蒙古河段的槽蓄水增量增加,开河期温度上升后槽蓄水增量释放较集中,使得开河最大 10 d 洪量增加;由于凌汛期水位高、冰凌上滩情况普遍,河道槽蓄水增量较大,头道拐站的过流能力较小,使得槽蓄水增量释放时间较长,导致开河期凌洪过程历时延长,加重防凌问题的复杂性。

相对合理的水库防凌调度及防凌工程运用,构成了利于防凌的水动力条件。近期 10 年,流凌封河期上游水库控制适宜的封河流量,减少冰塞发生;封河后,控制流量平稳、缓慢递减,维持较稳定的冰盖,减少冰塞、冰坝的发生;开河关键期,进一步压减流量,减少动力条件对开河的影响,使得内蒙古河段"武开河"次数减少,"文开河"次数增加。但是,由于凌情受多种因素的共同影响,突发性强、难预测,水库防凌作用有限,而且大量跨河建筑物的施工、建设,使得河道条件日趋恶化,因此宁蒙河段冰塞、冰坝等险情依然存在。

5.4.3　宁蒙河段凌汛期防凌控制流量分析

宁蒙河段凌汛险情主要发生在封、开河阶段,而开河期的防凌形势与前期形成的槽蓄水增量关系密切。根据槽蓄水增量形成、发展的过程,凌汛期防凌控制流量主要分析宁蒙河段的封河流量(包括首封和封河发展过程)、稳定封河期安全过流量和开河期的控制流量。

5.4.3.1　封河流量分析

1.不同河道过流能力下的适宜封河流量

考虑到龙羊峡水库运用后,汛期下泄水量减少、宁蒙河道淤积较为严重的实际情况,本次从偏于安全的角度,认为河段首封时的封河流量控制在 $600 \sim 750 \ m^3/s$ 较为合适;河道主槽过流能力达到 $2\ 000 \ m^3/s$ 左右、遇合适的气温条件,封河流量可控制在 $650 \sim 800 \ m^3/s$。河段封河流量一般不低于 $400 \ m^3/s$。

2.封河流量的控制过程

河段首封时形成较高冰盖有利于增大首封河段下游封河流量,河段首封后,已封河段上游壅水、水位高,易形成冰塞、增大槽蓄水增量,因此在封河的过程中,首封后仍应控制适宜流量,根据首封流量大小,按照仍维持首封流量或略有减小的方式控制封河流量。若开始控制的首封流量较大,首封后为避免槽蓄水增量过大,在封河过程中,应控制首封河段上游站封河流量略有减小;若首封流量适中,封河发展阶段可按首封流量控制。

对水文站来说,河段首封时应控制三湖河口流量,封河发展阶段控制巴彦高勒和石嘴山流量,一般控制三湖河口封河流量稍大,巴彦高勒封河流量可略小于三湖河口,石嘴山站封河时间靠后、位置靠上游,封河流量一般小于三湖河口和巴彦高勒站。

5.4.3.2　稳封期安全过流量分析

根据凌汛期封河发展和凌情特点,稳封期定义为封河期扣除首封至全封以外的时段,这一时期河段冰下过流能力已经恢复,过流能力较为稳定。以三湖河口站稳封期的安全过流量代表宁蒙河段情况,分析三湖河口站稳封期的安全过流量。

1.从安全水位角度对安全过流量分析

凌汛期,若水位漫滩、堤防偎水,由于封河后高水位持续时间长,堤防容易发生管涌、渗漏等险情,严重时甚至会导致堤防决口。可见,凌汛期河道水位不漫滩对防凌是较为安全的,因此,以三湖河口站平滩水位 $1\ 020 \ m$ 作为安全水位,分析不同过流条件下的稳封期安全过流量。

从三湖河口站不同时期、不同平滩流量条件下稳封期的水位流量关系分析,平滩流量在 $2\ 000 \ m^3/s$ 左右,平滩水位对应的稳封期过流量为 $500 \sim 900 \ m^3/s$,稳封期仅有个别时间水位超过 $1\ 020 \ m$,且实测最高水位不超过 $1\ 020.5 \ m$;平滩流量在 $1\ 500 \ m^3/s$ 左右,平滩水位对应的稳封期过流量仅有 $300 \sim 600 \ m^3/s$,且稳封期较多时间水位超过 $1\ 020 \ m$,流量超过 $450 \ m^3/s$ 时,水位一般高于 $1\ 020.5 \ m$。

因此,宁蒙河段平滩流量为 $1\ 500 \ m^3/s$ 左右时,稳封期应控制流量不超过 $600 \ m^3/s$;平滩流量为 $2\ 000 \ m^3/s$ 左右时,稳封期一般应控制不超过 $800 \ m^3/s$。

2.从槽蓄水增量角度对安全过流量分析

根据前述分析,内蒙古河段槽蓄水增量与中水河槽过流能力变化有较密切关系,而中水河槽过流能力变化对稳封期冰下过流能力有直接影响。从控制槽蓄水增量的角度来分析稳封期内蒙古河段安全过流量。若以石嘴山至头道拐河段槽蓄水增量不超过 14 亿 m^3 作为较为安全的封河流量的判别标准,平滩流量为 $4\ 000 \ m^3/s$ 左右时,较安全的稳封期流量不超过 650 m³/s;平滩流量为 2 000 m³/s 左右时,较安全的稳封期流量不超过 600 m³/s。平滩流量为 1 500 m³/s 左右时,稳封期流量达 400 m³/s 左右时,槽蓄水增量就可能超过14 亿 m³。

可见,宁蒙河段平滩流量为 1 500 m³/s 左右时,从控制河段平滩水位和控制槽蓄水增量两方面综合考虑,稳封期宜控制宁蒙河段流量为 400~500 m³/s。宁蒙河段平滩流量为2 000 m³/s 左右时,稳封期一般应控制宁蒙河段的过流量为 550~750 m³/s。

5.4.3.3 开河期相关流量分析

1. 开河期槽蓄水增量释放分析

进入开河期,随着气温的升高冰凌逐渐消融,槽蓄水增量逐渐释放,自上而下开河时槽蓄水增量释放量逐段累积,在内蒙古河段下段形成凌汛洪水。分析了 1960~2010 年头道拐站凌洪过程中石嘴山—头道拐河段槽蓄水增量释放量的比例,见表 5-4-7。从表 5-4-7 中看出,近年来随着槽蓄水增量的增大,头道拐凌洪过程中槽蓄水增量的释放量增大、占头道拐的比例加大,2000~2010 年头道拐凌洪中槽蓄水增量平均释放量占头道拐的 63%;最大 1 d 槽蓄水释放量占头道拐的 79%。根据释放量占比情况,考虑到减少与槽蓄水增量释放叠加壅水的概率,控制河道流量在 400~450 m³/s 比较合适。

表 5-4-7 石嘴山—头道拐河段槽蓄水增量释放流量占头道拐比例分析

时段/年	项目	凌洪过程							
		平均流量/(m³/s)			槽蓄释放占头道拐比例/%	最大 1 d 流量/(m³/s)			槽蓄释放占头道拐比例/%
		槽蓄水释放	头道拐	入流值		槽蓄水释放	头道拐	入流值	
1960~1990	平均	556	1 043	487	53	1 520	2 010	490	76
	最大	831	1 530	699	54	2 552	2 980	428	86
	最小	277	632	355	44	565	1 070	505	53
1991~1999	平均	596	1 090	494	55	1 768	2 267	499	78
	最大	876	1 234	358	71	2 819	3 270	451	86
	最小	343	884	541	39	1 254	1 780	526	70
2000~2010	平均	685	1 089	404	63	1 454	1 834	380	79
	最大	962	1 406	444	68	1 927	2 320	393	83
	最小	526	913	387	58	879	1 240	361	71

2. 平滩流量与凌峰流量的关系

表 5-4-8 是不同时期、不同平滩流量时,开河期头道拐凌洪过程与石嘴山—头道拐河段槽蓄水增量释放量的分析表。从表 5-4-8 中可以看出,在平滩流量较大(2 000~4 000 m³/s)的时期,由于凌汛期水位一般不漫滩,槽蓄水增量小,因此石嘴山—头道拐槽蓄水

释放的槽蓄水增量也略小,石嘴山入流可以略大;在平滩流量约 1 500 m³/s 时,由于河道主槽过流能力小,大部分年份、较多河段漫滩、槽蓄水增量大,开河时槽蓄水增量释放量大,石嘴山入流需要减少。考虑到减小凌峰流量的需求,控制进入河道流量在 400～450 m³/s 比较合适。

表 5-4-8　开河期不同平滩流量头道拐凌洪与槽蓄水增量释放量分析

| 时段/年 | 平滩流量/
(m³/s) | 凌洪历时/d | 场次平均流量/(m³/s) | | | 适宜的
河段入流/
(m³/s) |
			头道拐	石嘴山— 头道拐 槽蓄水释放	差值	
1960～1990	4 000	9	1 043	556	487	450
1991～1998	2 000	17	1 086	591	495	450
1999～2013	1 500	21	1 063	661	402	400

3. 冰坝发生对应的三湖河口站流量分析

内蒙古河段冰坝多发生在三湖河口站—头道拐站附近,考虑到三湖河口—头道拐的水流演进时间一般为 3～5 d,因此主要分析冰坝发生前 3 d、当日和后 3 d 三湖河口站相应的流量。1989～2013 年发生冰坝年份的统计分析结果见表 5-4-9,考虑到冰坝的形成需要一定量级的动力条件,选择三湖河口最大 4 d 流量作为分析形成冰坝时三湖河口的对应流量。从统计结果看,这 13 个年度中除 1 年流量为 739 m³/s 外,其余 12 年三湖河口站流量基本都接近或大于 900 m³/s;而且 1998 年后的平均流量比 1998 年前的增大约 200 m³/s。因此,开河期三湖河口日均流量达到 1 000 m³/s 左右,发生冰坝的概率较高。

表 5-4-9　内蒙古河段冰坝发生对应三湖河口站流量统计

| 三湖河口—头道拐
冰坝发生时间/年 | 三湖河口流量/(m³/s) | | | | | |
	前 3 d	当日	后 3 d	前 3 d+当日	当日+后 3 d	4 d 最大
1989～1998	818	783	783	809	783	883
1998～2013	827	1 042	1 019	881	1 025	1 074
1989～2013	823	922	910	848	913	985

5.4.3.4　小结

综上所述,宁蒙河段较为适宜的封河流量、稳封期安全流量和开河期相关流量随河道平滩流量的增大而增加,见表 5-4-10。在封河发展的过程中,控制封河流量等于或略小于首封流量;稳封期的安全过流量略小于封河流量;开河时,需要考虑减少河道流量与槽蓄水增量释放的叠加量并减少冰坝发生概率。对于特枯水年由于上游来水少,封河后,后期仍枯水、河道过流量小,则封河流量可以减小。应避免出现封河流量小、封河后流量加大的情况。

表 5-4-10　宁蒙河段不同河道过流能力时凌汛期控制流量　　单位:m³/s

河道平滩流量	适宜封河流量	稳封期安全流量	开河期流量
1 500 左右	600~750	400~500	400~450
2 000 左右	650~800	550~750	400~450

5.4.4　刘家峡—宁蒙河段区间流量分析

　　理想的水库防凌调度,应是根据河段适宜封河流量、安全过流量等控制指标和水库至控制河段的区间流量过程,进行补偿调节,使得水库控制后的河道流量满足防凌控制要求。但防凌调度中由于受气温的影响,河段封冻时即使保持了一定的封河流量,由于形成了槽蓄水增量,封冻期间的区间流量变化较大,不宜作为水库控制运用的依据。因此,分为封河前和封河后两个时段分析刘家峡水库至宁蒙河段的区间流量,封河前重点分析区间流量和水量,封河后重点分析开河期的槽蓄水增量释放量。

5.4.4.1　引水期的刘家峡—宁蒙河段区间流量分析

　　分析区间引水主要是为了确定刘家峡水库在封河前的下泄流量过程和下泄水量,由于小川至巴彦高勒的水流传播时间为 8 d,小川站 11 月 1 日的流量 11 月 9 日到达巴彦高勒,小川(11 月 1 日后)至巴彦高勒区间引水的影响一般在 15 d 内结束(宁蒙冬灌引水一般最晚在 11 月 20 日至 11 月 25 日结束,宁夏灌区引水后一星期左右开始退水,11 月 15 日左右退水流量最大,引、退水流量和区间来水综合作用后,表现为此区间引水影响在 11 月 24 日左右结束),引水流量较大的时间为 9~10 d,平均引水流量约 500 m³/s;引水流量快速减小的时间为 5~6 d,到 11 月 24 日左右区间引水影响基本结束。统计了 11 月 1 日和 11 月 9 日至引水影响结束的区间水量,见表 5-4-11。由表 5-4-11 可见,2000~2013 年 16 d 的平均引水流量 450 m³/s,引水量 6.22 亿 m³。引水最大年份的平均引水流量为 577 m³/s。

表 5-4-11　近年 11 月 1 日后小川—巴彦高勒区间引水量

时段/年	项目	11 月 1 日至引水影响结束			11 月 9 日至引水影响结束		
		历时/d	平均流量/(m³/s)	水量/亿 m³	历时/d	平均流量/(m³/s)	水量/亿 m³
1989~2000	平均	23	331	6.61	15	325	4.24
	最大	27	400	7.68	19	410	5.63
	最小	19	246	5.52	11	194	2.85
2000~2013	平均	24	473	9.81	16	450	6.22
	最大	28	590	14.27	20	577	9.97
	最小	23	287	5.70	15	312	4.04

5.4.4.2　引水结束—封河前的刘家峡—宁蒙河段区间流量分析

引水结束—封河前主要指引水结束至封河发展的时段。宁蒙河段冬灌引水结束后，河段退水及区间来水成为小川—宁蒙河段区间流量的主要组成。统计了小川—三湖河口、小川—巴彦高勒和小川—石嘴山三个区间这一时期的流量和水量。分析表明，三湖河口封河前（一般宁蒙河段首封前），11月末至12月初小川—三湖河口区间的流量平均在150 m³/s左右。首封后进入封河发展阶段，由于三湖河口站大部分时间于12月上旬封河，河段首封后很快就封冻，计算的小川—三湖河口区间封河前退水量小，因此封河发展阶段主要分析小川—巴彦高勒和小川—石嘴山两个区间的流量和水量。2000～2013年巴彦高勒封河前，小川—巴彦高勒区间的退水流量持续时间约29 d，平均流量72 m³/s，平均退水量1.86亿m³，最大流量193 m³/s，最大退水量4.34亿m³。

5.4.5　龙刘水库联合防凌调度方案研究

5.4.5.1　龙刘水库联合防凌调度原则

根据《黄河刘家峡水库凌期水量调度暂行办法》（国汛〔1989〕22号），"黄河凌汛是关系到上下游沿河两岸发展经济和广大人民群众生命财产安全的大事。由于造成凌汛灾害的原因比较复杂，需要通过调节水量，减轻凌汛灾害。""凌期黄河防汛总指挥部根据气象、水情、冰情等因素，在首先保证凌汛安全的前提下兼顾发电，调度刘家峡水库的下泄水量。"根据《黄河干流及重要支流水库、水电站防洪（凌）调度管理办法（试行）》（黄防总办〔2010〕34号）"黄河防洪（凌）调度遵循电调服从水调原则，实现水沙电一体化调度和综合效益最大化。"

《黄河刘家峡水库凌期水量调度暂行办法》（国汛〔1989〕22号）规定，"刘家峡水库下泄水量按旬平均流量严格控制，各日出库流量避免忽大忽小，日平均流量变幅不能超过旬平均流量的百分之十。"《黄河干流及重要支流水库、水电站防洪（凌）调度管理办法（试行）》（黄防总办〔2010〕34号）规定"刘家峡水库防凌调度采用月计划、旬安排，水库调度单位提前五天下达刘家峡水库防凌调度指令""水库管理单位要严格执行调度指令，控制流量平稳下泄。""水调办加强龙羊峡、刘家峡水库联合调度，为刘家峡水库防凌调度运用预留防凌库容。""凌汛期黄河上游刘家峡以下水库、水电站应按进出库平衡运用，保持河道流量平稳。""凌汛期，当库区或河道发生突发事件或重大险情需调整水库运用指标时，水库调度单位可根据情况，实施水库应急调度。"

因此，刘家峡水库的防凌调度的总原则为，凌汛期控制下泄流量过程，与宁蒙河段凌汛期不同阶段的过流要求相适应，尽量避免冰塞、冰坝发生，减少宁蒙河段凌灾损失。龙羊峡水库对凌汛期下泄水量进行总量控制，并根据刘家峡水库凌汛期控泄流量和水库蓄水情况，配合防凌控泄运用。

在凌汛期的不同阶段刘家峡水库的控制运用原则为：流凌期，根据宁蒙河段引退水控制下泄流量，促使形成内蒙古河段较适宜的封河前流量。封河期，首封及封河发展阶段，控制较稳定的下泄流量，使内蒙古河段以适宜流量封河、形成较为有利的封河形势，尽量避免形成冰塞、控制槽蓄水增量；稳定封冻阶段控制下泄流量稳定，减少流量波动，避免槽蓄水增量过大。开河期，在满足供水需求的条件下，尽量减少水库下泄流量，减小的凌洪流量,尽量避免形成冰坝等凌汛险情。

5.4.5.2　刘家峡水库防凌控泄流量

近期内蒙古河段河道平滩流量大致在 2 000 m³/s,因此本次防凌控泄流量拟定及后述计算主要按照平滩流量为 2 000 m³/s 的条件进行考虑。

1. 刘家峡—头道拐河段需水流量要求

凌汛期刘家峡水库下泄流量需满足水库以下用水、河道生态流量需求,刘家峡—头道拐河段用水需求约为 15.5 亿 m³、头道拐断面生态流量 250 m³/s,考虑刘家峡—头道拐河段区间径流后,凌汛期刘家峡水库最小需下泄水量为 40 亿 m³,各月河段需水过程见表 5-4-12。在实际运用中,刘家峡水库不仅要考虑水库以下的国民经济用水流量要求,而且需要考虑上游发电要求。

表 5-4-12　刘家峡—头道拐河段凌汛期用水需求分析

项目	各月平均流量/(m³/s)					凌汛期水量/亿 m³	
	11 月	12 月	1 月	2 月	3 月	11~3 月	12~2 月
刘家峡—头道拐需水	310	67	67	67	86	15.5	5.2
头道拐生态需水	250	250	250	250	250	32.6	19.5
刘家峡—头道拐天然流量	119	−120	−38	42	310	8.2	−3.2
刘家峡水库需下泄流量	441	437	355	275	26	40.0	27.9

注:刘家峡—头道拐天然流量采用《黄河流域水资源综合规划》头道拐水文站和刘家峡水文站还现后成果的差值。

2. 凌汛期不同阶段宁蒙河段安全过流量要求的刘家峡控泄流量分析

封河流量,根据刘家峡水库至宁蒙河段区间来水分析,宁蒙河段首封时,区间流量一般为 150 m³/s,因此刘家峡的控制流量比宁蒙河段适宜的封河流量减小 150 m³/s,控泄流量为 500~650 m³/s,见表 5-4-13。

开河关键期,为尽量减小冰坝发生概率,应控制下泄流量使三湖河口的最大日均流量不超过 1 000 m³/s。分析了 1952~2012 年 60 年系列,石嘴山—三湖河口河段槽蓄水增量释放的最大日均流量,结果表明,25% 的年份三湖河口流量大于 1 000 m³/s,这种年份即使刘家峡水库关死也不一定能完全避免冰坝的发生;33% 的年份流量为 700~1 000 m³/s,这种年份刘家峡水库流量减小到 300 m³/s 左右,可以减少冰坝的发生;42% 的年份流量小于 700 m³/s,这种情况刘家峡水库可以根据情况稍加大开河期的控泄流量。由于开河期槽蓄水增量的释放受气温等影响较大,刘家峡水库距离三湖河口河段较远,同时还受区间来水影响,不能精确控制内蒙古河段流量,因此开河关键期刘家峡水库按刘家峡—头道拐河段需水要求,同时考虑河道过流能力变化,按 300 m³/s 左右控制下泄。

表 5-4-13　宁蒙河段不同河道过流能力时刘家峡控泄流量　　　　　单位:m³/s

河道平滩流量/(m³/s)	宁蒙河段适宜封河流量 相应的刘家峡控泄流量	宁蒙河段稳封期安全流量 相应的刘家峡控泄流量
1 500 左右	450~600	400~500
2 000 左右	500~650	450~600

3. 历史调度经验分析

由刘家峡水库控泄流量经验分析结果可以看出,宁蒙河段平滩流量为 2 000 m³/s 左右时,流凌前下泄较大流量期间,下泄流量范围在 700~1 500 m³/s;而封河期,水库下泄流量主要考虑封河期河道过流能力、前期河道槽蓄水增量、水位等凌情和上游来水、水库蓄水、黄河中下游河道用水、上游梯级发电等多种情况,因此各种来水条件下水库下泄流量虽有所差别,但差值不大;开河关键期,刘家峡水库按照下游河道供用水等允许的最小流量,并考虑河道过流能力变化,按 300 m³/s 下泄;开河后较大流量期间,受来水条件影响,下泄流量范围在 600~1 000 m³/s。

因此,流凌封河前为满足宁蒙冬灌需求,刘家峡下泄较大流量,根据不同来水条件,控制水库泄流范围在 700~1 500 m³/s。冬灌引水结束后,刘家峡水库按照宁蒙河段要求的适宜封河流量控泄,控泄流量为 500~650 m³/s。稳封期,刘家峡控泄流量为 450~600 m³/s。开河关键期,根据控制下泄流量在 300 m³/s 左右。上游来水较丰时,加大封河期和开河后的过流量,来水较枯时,减小下泄流量。

5.4.5.3　龙刘水库防凌控制水位

1. 龙刘水库联合防凌水位控制关键时间点

从刘家峡水库凌汛期的实际调度过程和库内蓄水位的变化过程可以看出,刘家峡水库的防凌调度主要需确定四个时间点的水库蓄水位(蓄水量):一是 11 月 1 日,刘家峡水库预留的满足宁蒙河段冬灌引水需求的蓄水量;二是冬灌引水结束、封河期开始时的蓄水位,此水位确定了水库预留的凌汛期防凌库容;三是开河期开始时的控制水位,该水位确定了开河期刘家峡水库预留的防凌库容;四是刘家峡水库凌汛期的最高运用水位。其中封河期开始和开河期开始的水位直接影响防凌调度,是最关键的控制水位,而封河期开始的水位又受 11 月 1 日水位影响。

由龙羊峡水库、刘家峡水库实际调度情况分析可知,封河期龙羊峡水库的下泄水量与刘家峡水库基本相同,刘家峡水库拦蓄龙刘区间的来水,即封河期刘家峡水库的防凌库容等于龙刘区间的来水量。开河关键期,龙羊峡水库下泄水量大于刘家峡出库,刘家峡水库的防凌库容等于龙刘区间来水量与龙羊峡多下泄(比刘家峡水库多下泄)的水量之和。

2. 封开河期龙刘区间水量估算

考虑到每年封开河时间不固定,有封河早、开河晚的年份,从偏于安全的角度,主要分析刘家峡水库 11 月 15 日开始按照封河期运用,3 月 20 日按照河段全开运用的情况。因此统计分析了 1954~2010 年度 11 月 15 日至 3 月 20 日期间龙刘区间来水量,见表 5-4-14。

表 5-4-14　1954~2010 年凌汛期不同阶段龙刘区间来水量统计

刘家峡出库时间(月-日)	11-15 ~ 02-19	02-20 ~ 03-20	11-15 ~ 03-20
相应宁蒙河段凌汛阶段	封河期	开河期	封河期+开河期
水量均值/亿 m³	7.6	2.0	9.7
水量最大值/亿 m³	14.1	3.7	17.7
水量最小值/亿 m³	3.0	0.3	4.0

从表 5-4-14 中看出,11 月 15 日至 3 月 20 日龙刘区间最大来水量为 17.7 亿 m³,小于刘家峡水库 20 亿 m³ 的防凌库容,这说明刘家峡水库可以拦蓄封开河阶段龙刘区间的全部来水。从平均值来看,11 月 15 日至 3 月 20 日龙刘区间来水量为 9.7 亿 m³,即在一般情况下,刘家峡水库需要 10 亿 m³ 左右的库容拦蓄龙刘区间来水,另外还有约 10 亿 m³ 的库容可以拦蓄封开河期龙羊峡水库(比刘家峡水库)多下泄的水量。龙羊峡水库(比刘家峡水库)多下泄的水量主要是用于龙刘区间梯级发电,因此刘家峡水库所预留的防凌库容有很大一部分是来自于满足龙刘区间梯级发电用水。

3. 防凌控制水位分析

11 月 1 日刘家峡水库预留的水量主要根据刘家峡—宁蒙河段区间冬灌引耗水量、封河前刘家峡水库实际下泄库内蓄水量、封开河期实际需要的防凌库容等综合确定。近 10 年 11 月 9 日至 11 月 24 日刘家峡—宁蒙河段区间冬灌的耗水量平均为 5.48 亿 m³,即刘家峡水库一般多下泄 5.48 亿 m³ 左右的蓄水就可以在保证宁蒙河段适宜过流量的条件下,基本满足冬灌引水要求。同时,根据龙刘水库实际调度经验,封河前刘家峡水库下泄库内蓄水量(补水量)2 亿~6 亿 m³。因此,确定 11 月 1 日刘家峡水库最少预留 4 亿 m³ 的水量满足宁蒙冬灌引水需求。

刘家峡水库冬灌结束时预留水量与封开河期需要的防凌库容紧密相关,对于龙刘区间 20 年一遇及其以上来水,需要的防凌库容最少在 17 亿 m³ 左右,剩下的约 2.5 亿 m³ 库容用于开河期多拦蓄龙羊峡泄水。而龙刘区间 5~10 年一遇的来水需要的防凌库容最少在 12.5 亿~14.5 亿 m³,有 5.5 亿~7.5 亿 m³ 的库容可用于提高 11 月 1 日蓄水量或开河期多拦蓄龙羊峡泄水;对于这一量级的来水,初步拟定 11 月 1 日预留 6 亿 m³ 蓄水,按照下泄库内蓄水 4 亿 m³,则冬灌结束时刘家峡水库蓄水 2 亿 m³,还有 3.5 亿~5.5 亿 m³ 的库容可用于开河期多拦蓄龙羊峡泄水。

因此,确定刘家峡水库防凌水位控制指标为,11 月 1 日控制在 1 721~1 725 m,满足宁蒙冬灌引水后、封河前的水位为 1 717~1 721 m,封河期末、开河期前一般控制不超过 1 730 m,开河期末不超过 1 735 m。龙羊峡水库配合刘家峡水库防凌运用,保证刘家峡水库防凌水位满足防凌控制要求。

5.4.5.4　龙刘水库凌汛期水位、流量控制方案

1. 刘家峡水库

(1)11 月 1 日,刘家峡水库一般控制蓄水 4 亿~8 亿 m³,相应库水位为 1 721~1 725

m,满足宁蒙冬灌引水需求,同时预留 12 亿~16 亿 m³ 的防凌库容。

（2）流凌期（11 月上中旬）,刘家峡水库首先根据宁蒙河段引用水需求控制下泄流量为 800~1 200 m³/s,然后根据宁蒙河段引水和流凌情况逐步减小下泄流量,以利于塑造宁蒙河段较适宜的封河流量。其间刘家峡水库下泄库内蓄水约 4 亿 m³,引水期末刘家峡水库控制蓄水 0~4 亿 m³,相应库水位为 1 717~1 721 m,为封开河期预留 16 亿~20 亿 m³ 的防凌库容。

（3）封河期,刘家峡水库控制出库流量,蓄水防凌运用,满足宁蒙河段防凌要求。首先刘家峡水库按照宁蒙河段适宜封河流量要求的首封流量,控制出库流量为 500~650 m³/s,封河发展阶段保持流量平稳并缓慢减小;河道全部封冻、进入稳定封冻期,控制出库流量为 450~600 m³/s;封河期末控制水库蓄水不超过 14 亿 m³,库水位不超过 1 730 m,为开河期预留约 6 亿 m³ 的防凌库容。

（4）开河关键期,刘家峡水库进一步减小下泄流量,减小宁蒙河段开河期凌洪水量。刘家峡控制下泄流量在 300 m³/s 左右,以促使内蒙古河段平稳开河。开河期控制刘家峡水库最高蓄水位不超过 1 735 m。

（5）宁蒙河段主流贯通后,根据水库蓄水情况、供用水及引水要求,一般按 600~1 000 m³/s 加大下泄流量;若遇枯水年份,可以不加大下泄流量。

2. 龙羊峡水库

凌汛期龙羊峡水库下泄库内蓄水,其调度方式对刘家峡水库运用水位和下泄流量影响较大,在龙刘两库联合防凌调度中起着水量控制作用。凌汛期龙羊峡水库主要根据刘家峡水库的下泄流量和库内蓄水、上游来水和水库自身蓄水、电网发电情况等,与刘家峡水库联合运用,进行发电补偿调节,并控制凌汛期龙羊峡库水位不超过正常蓄水位 2 600 m。

（1）11 月 1 日,若上游来水较丰,一般应控制龙羊峡水库蓄水位不超过 2 597.5 m。

（2）流凌期,刘家峡水库加大泄流时,龙羊峡水库视上游和龙刘区间来水、刘家峡水库蓄水等按照控制平稳下泄或减小下泄流量运用,控制下泄水量;若龙羊峡水库蓄水位达到 2 600 m,按照进出库平衡运用;使刘家峡水库期末水位尽量降至 1 717~1721 m,预留足够防凌库容。

（3）封河期,龙羊峡水库主要根据刘家峡水库下泄流量和蓄水量、电网发电需求控制出库流量,并控制封河期出库水量与刘家峡出库水量基本相当,若龙羊峡水库蓄水位达到 2 600 m,按照进出库平衡运用。当刘家峡库水位达到 1 730 m 时,龙羊峡水库视龙刘区间来水减小下泄流量,控制刘家峡库水位不超过 1 730 m。

（4）开河关键期,龙羊峡水库视刘家峡水库蓄水,龙刘区间来水,按照维持前期流量或加大流量下泄的方式运用,并控制刘家峡水库最高蓄水位不超过 1 735 m。

（5）宁蒙河段主流贯通后,视龙羊峡、刘家峡水库蓄水情况和电网发电需求,龙羊峡水库按照加大泄量或保持一定流量控制运用。

5.5　基于全河水量调配的模拟模型构建研究

本次研究立足于全河水量的优化调配,以上游龙羊峡水库、刘家峡水库综合利用调度模拟模型为主,同时建立河口镇—龙门中游河段径流调节计算模型和下游三门峡、小浪底联合调节计算模型,以河口镇、龙门为连接断面,采用松散耦合方式衔接上中下游模型,建立基于龙刘水库联合控制,能够计算全河水量配置效果的综合调度模型;同时模拟现状调度情景验证模型的合理性,并为后续方案调整奠定对比基础。

5.5.1　模型总体设计

5.5.1.1　模型功能需求分析

综合利用调度模拟模型的开发目标是通过建立先进而有效的数学工具,评价龙刘水库水位、流量控制对全河水量调配的作用和效果,为水库优化调度决策提供技术支撑。模拟模型总体设计是基于全河骨干水库统一调度的思想,建立满足水库综合利用调度模拟的模型框架,通过整合已有的水库调度、水资源供需平衡等模型,加上新开发部分模型,构建以龙刘水库联合调度、中下游水资源调节为主线的骨干水库综合利用调度模拟模型。在不同情景下,通过模拟计算龙刘水库运用方式调整方案,分析各方案骨干水库综合利用调度的效果和对黄河水资源利用带来的影响,实现从黄河上游控制站—贵德站到下游出口控制站—利津站的统一计算,为基于全河水量优化调配的龙刘水库联合水位、流量控制研究模型技术支持。

5.5.1.2　模型框架

根据模型的功能要求,考虑龙刘水库联合水位、流量控制调整方式研究的具体内容和工作流程特点,以黄河上游河段龙羊峡水库、刘家峡水库综合利用调度模拟模型为主,重点研究河口镇以上上游河段的发电、供水、防洪、防凌等多目标问题,通过设计不同情景与方案,龙羊峡水库、刘家峡水库综合利用调度模拟模型对上游梯级发电指标和下泄流量过程进行计算,得到河口镇断面流量接口后,传递至中下游河段模型计算,进而得到全河指标的影响。综合利用调度模拟模型的总体结构和各组成部分之间的相互关系见图5-5-1。模拟模型包括龙刘水库综合利用调度模拟模型、中游河段径流调节计算模型、下游河段三门峡小浪底联合调度模型等主要部分,满足全河水量调度、全流域水资源配置和供需分析的功能。模型中的约束条件主要考虑:节点水量平衡,水库运行方式、河道冲淤、水资源配置方案、生态环境需水量、水量调度等条件。

5.5.2　龙刘水库综合利用调度模拟模型

根据黄河上游龙羊峡—河口镇河段各梯级水库(电站)的水文特性、调节性能和综合利用任务要求,梯级水库(电站)实行联合补偿调节。由于龙羊峡水库和刘家峡水库作为现状条件下黄河上游控制性骨干水库,因此龙刘水库综合利用调度模拟模型设计的核心是龙刘水库联合运用方式模拟,其他电站视为径流电站。

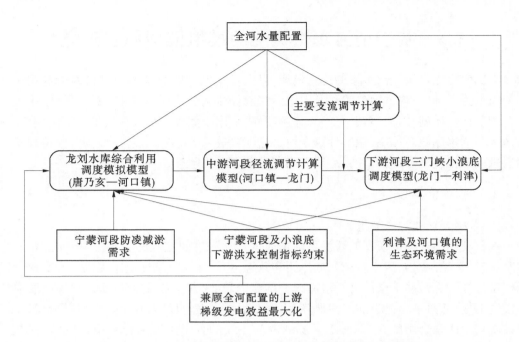

图 5-5-1　基于龙刘水库联合控制的综合利用调度模拟模型框架

5.5.2.1　模型开发要求

根据黄河治理开发和经济社会发展的各项需求,龙羊峡—河口镇河段的梯级工程运行既要保证兰州市、宁蒙河段的防凌、防洪安全,又要考虑有利于宁蒙河段河道减淤和中水河槽维持的水沙条件要求,同时考虑河段的工农业供水、上游河段梯级工程的发电要求,充分发挥黄河水资源的综合利用效益。龙刘水库综合利用调度模拟模型开发需求如下:

(1)防凌防洪。上游凌汛主要发生在内蒙古河段,为减轻宁蒙河段的凌汛危害,凌汛期要求刘家峡水库合理调控下泄流量;上游河段的防洪主要是兰州市和宁蒙河段,通过龙羊峡和刘家峡两库联合调洪控制泄量的方式,使各防洪对象达到规定的防洪标准;防凌防洪的控制流量应作为模型的约束条件。

(2)发电。黄河上游梯级电站是西北电网的骨干电源,承担着系统主要的调峰、调频和事故备用任务,为满足西北电网的安全稳定运行,要求龙羊峡、刘家峡水库必须发挥梯级水库的补偿调节作用,以丰补枯,增加梯级电站保证出力和发电量,提高梯级电站的总发电效益。因此,电能指标计算是本模型的重要组成部分。

(3)供水。包括城市及工业用水和农业灌溉用水,青海、甘肃境内以提灌为主,宁夏、内蒙古境内以自流灌溉为主;灌溉用水量主要分布在刘家峡以下河段,灌溉高峰期间要求上游水库大量补水和加大泄量;上游河段的城市及工业用水量不大,但保证率要求高;不同地区的供水需求应在模型中有所体现。

5.5.2.2　模型基本原理和计算方法

龙羊峡水库为多年调节水库,刘家峡水库为年调节水库,两水库具有很强的调节能力,其他梯级工程只考虑利用水头发电,不考虑调蓄作用。水库径流调节以月/旬为计算时段。

1. 梯级水库群综合利用调度数学模型

1) 目标函数

优先保证河道生态需水,在尽可能满足河道外配置水量要求下,以梯级水电站水库群保证出力最大化,同时兼顾发电量最大,作为调度准则,因此调度模型具有如下多个目标函数。

a) 发电目标

$$\max N = \sum_{i=1}^{T} N(t) = \sum_{t=1}^{T} \sum_{i=1}^{l} N_{i,t} \qquad t = 1,2,\cdots,T \qquad i = 1,2,\cdots,I \qquad (5\text{-}5\text{-}1\text{a})$$

b) 河道外耗水目标

经济社会缺水量最小,即

$$\min f_2 = \sum_{t=1}^{T} \sum_{k=1}^{K} (D_{kt} - S_{kt}) \qquad (5\text{-}5\text{-}1\text{b})$$

c) 生态目标

河道内生态缺水量最小,即

$$\min f_3 = \sum_{t=1}^{T} \sum_{l=1}^{L} \begin{cases} 0 & R_{lt} \geqslant Eco_{lt}^{\min} \\ Eco_{lt}^{\min} - R_{lt} & R_{lt} < Eco_{lt}^{\min} \end{cases} \qquad (5\text{-}5\text{-}1\text{c})$$

式中:$N(t)$ 为第 t 时段梯级保证出力;$N_{i,t}$ 为第 i 个电站在第 t 时段的出力;T 为调度期内的时段数;I 为水库的个数;K 为经济社会需水区数目;D_{kt} 为需水区 k 时段 t 的经济社会需水量;S_{kt} 为需水区 k 时段 t 的总经济社会供水量,$S_{kt} \leqslant D_{kt}$;L 为生态流量控制断面数目;$Eco_{lt}^{\min}$ 为断面 l 时段 t 的最小生态流量;R_{lt} 为断面 l 时段 t 的实际流量。

2) 约束条件

a) 水量平衡方程

$$V_{i,t+1} = V_{i,t} + \Delta T_t (I_{i,t} - Q_{i,t}) \qquad t = 1,2,\cdots,T \qquad i = 1,2,\cdots,I \qquad (5\text{-}5\text{-}2)$$

式中:$I_{i,t}$ 为第 i 个电站第 t 时段入库流量;$Q_{i,t}$ 为第 i 个电站第 t 时段出库流量;$V_{i,t}$ 为第 i 个电站第 t 时段初水库库容。

b) 梯级水库间的水力联系

$$I_{i,t} = Q_{i-1,t} + q_{i,t} \qquad t = 1,2,\cdots,T \qquad i = 2,3,\cdots,I \qquad (5\text{-}5\text{-}3)$$

式中:$Q_{i-1,t}$ 为上游电站在第 t 时段的出库流量;$q_{i,t}$ 为第 $i-1$ 个电站与第 i 个电站之间在第 t 时段的区间入流。

c) 库容约束

$$V_{i,t\min} \leqslant V_{i,t} \leqslant V_{i,t\max} \qquad t = 1,2,\cdots,T \qquad i = 1,2,\cdots,I \qquad (5\text{-}5\text{-}4)$$

式中:$V_{i,t\min}$ 为第 i 个电站第 t 时段最小库容限制;$V_{i,t\max}$ 为第 i 个电站第 t 时段最大库容约束。

d) 下泄流量约束

$$Q_{i,tmin} \leqslant Q_{i,t} \leqslant Q_{i,tmax} \qquad t = 1,2,\cdots,T \qquad i = 1,2,\cdots,I \qquad (5-5-5)$$

式中：$Q_{i,tmax}$ 为第 i 个电站第 t 时段水库下泄流量最大限制，受电站发电最大泄量或下游防洪要求的控制泄量或水库泄洪能力的限制；$Q_{i,tmin}$ 为第 i 个电站第 t 时段水库下泄流量最小限制，一般由综合利用要求或发电要求给定。

e) 出力限制

$$N_{i,tmin} \leqslant N_{i,t} \leqslant N_{i,tmax} \qquad t = 1,2,\cdots,T \qquad i = 1,2,\cdots I \qquad (5-5-6)$$

式中：$N_{i,tmin}$ 是第 i 个电站第 t 时段最小容许出力；$N_{i,tmax}$ 为第 i 个电站第 t 时段最大容许出力，与水电站水头 $H_{i,t}$ 有关。

f) 保证率约束

$$P(P \geqslant P_b) \geqslant P_0 \qquad (5-5-7)$$

即电站的出力 P 大于或等于其保证出力 P_b 的概率必须大于或等于其保证率 P_0。

g) 边界条件

$$\begin{aligned} V_{i,1} &= V_{i,o} \\ V_{i,T} &= V_{i,o} \end{aligned} \qquad i = 1,2,\cdots,I \qquad (5-5-8)$$

式中：$V_{i,o}$ 为第 i 个水库的起调库容；$V_{i,T}$ 为第 i 个水库调节末时段的库容。

2. 模型中关键问题的处理及计算步骤

1) 各电站出力分配

当电站群按天然来水发电大于电力系统需求时，水库应蓄水；反之，则水库应供水，增加发电流量和出力。根据下述参数进行判别，供水时由 k_x 值小的先供水增加发电出力，蓄水时由 k_x 值大的先蓄水。

$$k_x = (W + \sum V)/(F \times \sum h) \qquad (5-5-9)$$

式中：W 为流经该水库的不蓄水量；$\sum V$ 为上游水库的蓄水量；F 为某时段内水库的库面积；$\sum h$ 为从该电站到最后一级水电站的各站水头值之和。

2) 各水库供水分配

当水库天然来水不能满足供水要求时，需要水库供水，由 k_G 小的先供水，各水库供水判别如下：

$$k_G = \sum h \times (1 + k_x) \qquad (5-5-10)$$

根据以上原则，总结出联合补偿调节的基本原则是：供水时先由刘家峡水库放水，不足时由龙羊峡水库补充；梯级出力达不到要求出力时，先由龙羊峡水库放水，仍然不足时由刘家峡水库放水补充。总结为：发电不足时，自上而下补；供水不足时，自下而上补。

3) 保证出力计算方法

龙羊峡水库为多年调节水库，采用拉绷线法求保证流量或出力，使梯级电站的保证出力达到最大。计算出梯级电站的保证出力和梯级运用调度图。

　　4）多年平均发电量计算步骤

　　首先假设各水库的第一计算时段初的水位,查调度图,确定梯级发电总出力,然后按综合利用要求和补偿调节计算的原则,合理确定各水库的下泄流量和发电出力,满足总出力要求。通过逐时段进行计算,直到计算期末,对比计算期末水库水位,修正计算第一时段初水位,再次进行计算,直至两水位相等。统计梯级电站的保证出力是否满足保证率要求,若不满足则相应调整调度图。

5.5.3　综合利用要求

5.5.3.1　防洪要求

　　黄河上游宁蒙河段和兰州河段的防洪问题突出,对这些河段分别提出防洪标准、设防流量和平滩流量等指标。黄河上游宁蒙河段设防流量为 $5\,630 \sim 5\,990\ \mathrm{m^3/s}$,兰州城区河段设防流量为 $6\,500\ \mathrm{m^3/s}$;下游堤防按国务院批准的防御花园口 $22\,000\ \mathrm{m^3/s}$ 洪水标准设防,下游河道需长期保持的中水河槽流量为 $4\,000\ \mathrm{m^3/s}$。黄河干流上游的龙羊峡、刘家峡等水库需根据黄河防洪河段的要求,进行防洪控制运用。

　　目前,黄河上游龙羊峡以下干流已建、在建梯级水库(水电站)24 座(规划建设 26座),龙羊峡水库、刘家峡水库总设计防洪库容为 42.0 亿 $\mathrm{m^3}$,两座水库联合调度,承担龙羊峡至青铜峡河段梯级水库(水电站)和兰州市城市河段防洪任务,兼顾宁夏、内蒙古河段防洪。

　　兰州市城市河段堤防长 76 km,设计防洪标准为 100 年一遇,设计流量为兰州站 $6\,500\ \mathrm{m^3/s}$。兰州城市河段的防洪要求是:当发生 100 年一遇洪水时,龙刘水库按照设计防洪方式运用以后,兰州河段流量不超过其相应标准设防流量。

　　宁夏、内蒙古河段干流堤防长 1 400 km,设计防洪标准:宁夏下河沿—内蒙古三盛公河段为 20 年一遇(设防流量石嘴山代表站 $5\,630\ \mathrm{m^3/s}$),其中银川、吴忠市城市河段为 50年一遇(石嘴山站代表站 $5\,990\ \mathrm{m^3/s}$);三盛公—蒲滩拐河段左岸为 50 年一遇(三湖河口代表站设防流量 $5\,900\ \mathrm{m^3/s}$),右岸除达拉特旗电厂河段为 50 年一遇外,其余河段为 30年一遇(三湖河口代表站设防流量 $5\,710\ \mathrm{m^3/s}$)。宁蒙河段的防洪要求是:当发生 20~50年一遇洪水时,龙刘水库按照设计防洪方式运用以后,宁蒙河段流量不超过其相应标准设防流量。

　　黄河上游兰州城市河段 90%以上堤防设防流量达 $6\,500\ \mathrm{m^3/s}$,内蒙古河段仍有 60%以上达不到设计标准,且由于龙刘水库运用改变了天然洪水过程,宁蒙河段河道不断淤积,尤其是主河槽淤积萎缩越来越严重。在多年的冲刷和淤积下,宁蒙河段河床形成了大面积滩地,经开发利用,形成耕地约 120 万亩,常驻人口约 2.2 万。当黄河发生大洪水时影响人口可达约 35 万,洪水漫滩淹没损失严重。在龙羊峡水库未达到设计汛限水位时,需要龙刘水库兼顾宁蒙河段防洪要求。

5.5.3.2　防凌要求

　　干流梯级水库调度的防凌目标是利用现有的防凌工程,通过水库调度,尽可能减小凌灾损失。针对黄河干流的具体工程状况及气温条件、河道过流能力等影响因素,干流上游梯级水库群联合调度的防凌要求主要针对刘家峡水库,有如下要求:

封河前期,控制刘家峡水库的泄量,根据区间来水和灌区引退水流量情况,以适宜流量封河,尽可能减少冰塞成灾;封河期,控制刘家峡水库出库流量应均匀变化,避免忽大忽小,稳定封河冰盖,合理控制河道河槽蓄水量;开河期,适时控制刘家峡水库下泄量,尽量减少"武开河",尽可能减少凌灾损失。

1. 现状模拟

在进行现状模拟及模型验证时,根据前述分析,以 2000 年后的刘家峡水库实测出库流量过程作为基本方案,并去掉槽蓄水增量较大的 2000~2001 年度、2005~2006 年度及 2009~2012 年流量过程后,多年平均值并取整后作为刘家峡水库现状情景运用方式下的控泄流量方案,见表 5-5-1。

2. 满足防凌要求

在进行情景方案设置计算时,根据制订的龙刘水库凌汛期流量控制方案,考虑平水情景及近期河道过流能力,拟订刘家峡水库防凌控泄流量,见表 5-5-1。

表 5-5-1　刘家峡水库现状的防凌控泄流量

月		11 月			12 月			1 月			2 月			3 月		
旬		上	中	下	上	中	下	上	中	下	上	中	下	上	中	下
现状模拟的防凌控泄流量/(m³/s)	月均		786			494			455			383			456	
	旬均	1 120	780	530	510	510	500	480	470	470	450	410	330	300	360	780
防凌调整的防凌控泄流量/(m³/s)	月均		747			540			500			428			435	
	旬均	1 000	700	540	540	540	540	500	500	500	500	420	350	300	400	600

5.5.3.3　河道外耗水需求

1984 年 8 月国家计委约请有关部门协商拟订了南水北调生效前黄河可供水量分配方案(简称"87 分水方案"),正常来水年份可供水量为 370 亿 m³,其中河口镇以上为 127.1 亿 m³,下游河道生态用水(包括输沙用水)约 210 亿 m³。

《黄河流域水资源综合规划》依据 1956~2000 年 45 年径流系列的径流量,在黄河"87分水方案"的基础上,配置各省(区)河道外用水 332.79 亿 m³,入海水量 187 亿 m³。

由于本次调节计算的径流序列利津断面年均径流量仅 482 亿 m³,因此对黄河流域配置水量根据天然径流的减少同比例折减,不考虑内流区水量分配,配置各省(区)河道外用水 307.75 亿 m³。南水北调西线工程生效前黄河各河段耗水量见表 5-5-2。

5.5.3.4　典型断面河道内需水量要求

河道内需水量包括汛期输沙水量和维持中水河槽水量及非汛期生态需水量。根据《黄河流域水资源综合规划》成果,利津断面、河口镇断面河道内生态环境需水成果见表 5-5-3。

表 5-5-2　黄河可供水量分配方案　　　　　　　　　　单位：亿 m³

河段	各月耗水量												年耗水量
	7月	8月	9月	10月	11月	12月	1月	2月	3月	4月	5月	6月	
龙羊峡以上	0.61	0.03	0.03	0.13	0.13	0.01	0.01	0.01	0.16	0.39	0.34	0.29	2.13
龙刘区间	0.59	0.19	0.11	0.34	0.28	0.08	0.08	0.08	0.34	0.72	0.54	0.70	4.07
刘兰区间	1.98	1.00	0.80	1.52	1.41	0.64	0.64	0.64	1.05	2.78	2.00	2.49	16.96
兰州至大柳树	1.03	0.69	0.51	0.72	0.75	0.48	0.48	0.48	0.75	1.17	1.03	1.10	9.20
大柳树至青铜峡	2.23	1.60	0.74	0.55	1.29	0.04	0.04	0.04	0.04	1.12	2.39	2.11	12.18
青铜峡至河口镇	13.40	8.07	6.05	5.04	4.99	0.73	0.73	0.73	0.73	1.93	11.33	16.29	70.02
河口镇至龙门	1.79	2.16	0.96	0.92	0.83	0.81	0.81	0.81	1.38	1.81	1.83	1.88	15.98
龙门至三门峡	6.36	10.50	3.81	6.72	4.03	2.19	2.10	2.00	5.69	7.42	6.10	5.53	62.45
三门峡至花园口	1.50	2.32	0.76	2.30	1.34	0.45	0.45	0.45	2.23	4.58	4.33	3.27	24.00
花园口以下	5.84	4.96	1.67	6.97	8.78	3.42	3.40	3.81	10.97	15.18	16.11	9.63	90.76
合计	35.34	31.51	15.43	25.22	23.84	8.86	8.75	9.06	23.33	37.11	46.01	43.29	307.75

表 5-5-3　黄河干流主要断面河道内生态环境需水量

项目		河口镇	利津
生态水量/亿 m³	汛期	120.0	150.0~170.0
	非汛期	77.0	50.0
	全年	197.0	200.0~220.0
低限生态流量/(m³/s)		250	50

1. 利津断面

利津断面河道内生态需水主要包括下游河道汛期输沙用水和非汛期生态基流。利津断面生态环境需水量为 200.0 亿~220.0 亿 m³，其中汛期为 150.0 亿~170.0 亿 m³，非汛期需水量为 50.0 亿 m³。由于黄河流域属于资源性缺水地区，河道内分配水量不能完全满足需水要求，在进行利津断面水量控制时，考虑到黄河水资源现状利用情况及未来水资源供需形势，利津断面非汛期生态环境水量应控制在 50 亿 m³ 左右，最小流量为 50 m³/s。

2. 河口镇断面

河口镇断面河道内生态需水主要包括宁蒙河段汛期输沙塑槽用水和非汛期生态基流。为恢复宁蒙河段（主要为内蒙古河段）主槽的行洪排沙能力，减少宁蒙河段的淤积，河口镇断面应保障汛期输沙塑槽需要的低限水量约为 120 亿 m³。在满足防凌要求和生态环境要求的情况下,河口镇断面非汛期生态需水量为 77 亿 m³,最小流量为 250 m³/s。

5.5.4　现状调度模拟

5.5.4.1　计算条件

1. 径流系列资料

在黄河可供水量分配研究时,采用 1919~1979 年天然径流系列,黄河流域多年平均天然径流量为 580 亿 m³。《黄河流域水资源综合规划》采用的 1956~2000 年天然径流系列,利津站多年平均天然年径流量为 535 亿 m³,而本次研究采用黄河流域水文设计修订成果中更接近现状的 1956~2010 年 55 年天然径流系列,利津站断面多年平均天然水量为 482.42 亿 m³,干流主要水文站特征见表 5-5-4。

表 5-5-4　黄河干流主要水文站河川天然径流量主要特征

水文站	最大		最小		多年平均		C_v	C_s/C_v	不同频率年径流量/亿 m³			
	径流量/亿 m³	出现年份	径流量/亿 m³	出现年份	径流量/亿 m³	径流深/mm			20%	50%	75%	95%
贵德	332.21	1989	109.64	2002	202.00	168.2	0.25	3	240.91	195.99	166.20	132.18
兰州	520.79	1967	210.74	2002	320.80	148.2	0.21	3	374.91	313.65	271.92	222.56
河口镇	507.31	1967	196.64	2002	313.53	86	0.21	3	366.55	306.49	265.60	217.27
龙门	572.02	1967	236.12	2002	352.51	76.2	0.20	3	408.54	345.59	302.27	250.32
三门峡	689.04	1964	288.33	2002	435.10	70.1	0.21	3	507.62	425.65	369.69	303.31
花园口	812.32	1964	310.81	2002	480.82	73	0.22	3	562.96	469.80	406.49	331.84
利津	813.92	1964	312.41	2002	482.42	71.1	0.21	3	564.58	471.43	408.10	333.37

2. 龙刘水库联合防洪限制水位

根据前述防洪限制水位的分析,7~8 月汛期时段采用接近现状的龙刘水库联合防洪限制水位进行调度控制,即龙羊峡水库汛期限制水位为 2 588 m,对应刘家峡水库汛期限制水位为 1 727 m。

3. 供水保证率和发电保证率

根据《黄河水量调度管理办法》,"各省(区、市)年度用水量实行按比例丰增枯减的调度原则,即根据年度黄河来水量,依据 1987 年国务院批准的可供水量各省(区、市)所占比重进行分配,枯水年同比例压缩。"农业用水保证率为 75%,超过 75% 来水年份农业用水按照 80% 进行打折处理。工业和生活供水保证率为 95% 以上,按全额满足考虑。在优先满足工农业用水的前提下兼顾发电运用,发电保证率为 90%。

4. 龙刘水库的水位–库容关系

龙刘水库的水位–库容关系见图 5-5-2、图 5-5-3。

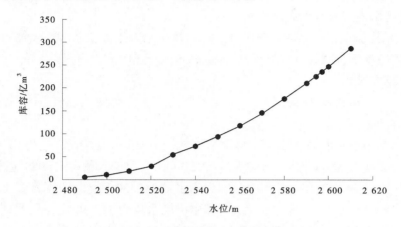

图 5-5-2　龙羊峡水库水位–库容关系

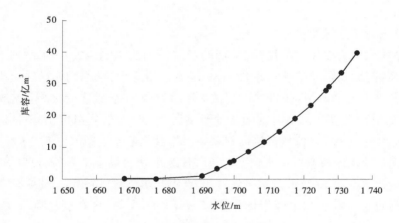

图 5-5-3　刘家峡水库水位–库容关系

5.5.4.2　计算原则

（1）刘家峡水电站属于龙羊峡—青铜峡段梯级水电站的重要组成部分，与黄河上游其他水电站联合运用，为西北电网提供电力、电量和调峰容量；刘家峡水库是黄河治理开发规划的骨干工程之一，与龙羊峡水库、大柳树水库（规划）联合运用，构成黄河上游的水量调节体系，同时还承担着黄河上游河段的防洪、防凌和工农业供水等任务，刘家峡水库和龙羊峡水库进行联合补偿调节运用，满足河段的综合利用要求。

（2）按龙羊峡、李家峡、刘家峡、盐锅峡、八盘峡、小峡、大峡、青铜峡等梯级水电站联合补偿调节、统一调度进行设计。刘家峡水库位于龙羊峡水库下游，其库容、水库蓄水能力及补偿能力较小，因此刘家峡水库作为被补偿电站，龙羊峡水库作为补偿电站。

（3）水库径流调节以旬为计算时段。联合补偿调节的基本原则是：供水时先由刘家峡水库放水，不足时由龙羊峡水库补充；梯级出力达不到要求出力时，先由龙羊峡水库放水，仍然不足时由刘家峡水库放水补充。

（4）梯级水库调度运用在满足防洪、防凌、城镇生活及工业供水、灌溉、河口镇最小下泄流量要求等条件下，使梯级电站获得较大的梯级保证出力和发电量。

5.5.4.3 计算成果

1. 干流典型断面及合理性分析

1）干流典型断面水量

根据黄河上中游水库调节计算和河段水量平衡，1956～2010 年系列，龙羊峡水库多年平均出库水量 200.10 亿 m^3，其中汛期水量 82.20 亿 m^3，汛期水量占 41.08%；刘家峡水库多年平均出库水量 261.70 亿 m^3，其中汛期出库水量 112.30 亿 m^3，汛期水量占 42.91%；下河沿断面多年平均水量为 284.90 亿 m^3，其中汛期水量为 132.90 亿 m^3，汛期水量占年水量的比例为 46.65%；河口镇多年平均水量为 203.46 亿 m^3，其中汛期水量为 97.04 亿 m^3，汛期水量占年水量的比例为 47.69%。黄河上游干流主要典型断面水量计算成果见表 5-5-5。

2）典型断面水量合理性分析

因为龙羊峡水库为多年调节性能，采用的径流系列为 1956～2010 年系列，调度模型计算从 1956 年起，而实际龙羊峡水库自 1989 年才开始运行，且运用初始接近空库状态，在经历 1994 年 7 月至 2003 年 6 月的连续枯水年组后，龙羊峡水库的实测水位接近 2 530 m 的死水位，而模型计算在同一时刻同样处于接近 2 530 m 的死水位状态；同时，刘家峡水库实测水位和模型计算水位也都接近刘家峡水库目前最低运用水位 1 717 m。所以，以 2003 年 6 月龙羊峡水库放空后的水位变化过程作为现状情景模拟是否合理的判别标准，同时考虑到 1999 年以来黄河水量实行统一调度及近期黄河流域用水量变化等因素，以 2003 年后实测的主要断面和水库指标作为模型计算的参考，具有更加接近实际调度的意义。

2003 年 7 月后计算结果与实际运用的对比分析见表 5-5-6。可见，经水库调节和河段水量平衡后，2003 年后计算龙羊峡出库、刘家峡出库、下河沿和河口镇断面多年平均年水量与实际存在一定差别，但年内分配过程、汛期、非汛期水量所占比例均与实际相接近，说明梯级水库的运用原则和调度方式与实际情况一致，比较好地模拟了上游梯级水库调度和区间水量平衡过程，径流调节计算结果是合理的。

龙羊峡水库、刘家峡水库的出库过程对比见图 5-5-4、图 5-5-5。可以看出，龙刘水库的计算出库和实测出库的年内变化趋势是一致的，计算结果的汛期水量占全年水量的比例与实测比例的误差在 1% 左右。尤其是刘家峡水库的出库过程与实测均值差别较小；龙羊峡水库出库过程与实测均值有一定波动，这是因为龙羊峡水库具有多年调节性能，承担着多年系列中蓄丰补枯的作用，模型模拟条件与实测条件不可能完全相一致。但是这些波动也在可接受范围。

表 5-5-5 1956~2010 年系列黄河上游干流典型断面径流调节计算过程

典型断面	各月流量/(m³/s)												年水量/亿 m³	汛期水量/亿 m³	汛期比例/%
	7月	8月	9月	10月	11月	12月	1月	2月	3月	4月	5月	6月			
龙羊峡出库	921	822	666	720	500	454	470	500	420	620	673	848	200.10	82.20	41.08
刘家峡出库	1 160	1 058	848	1 207	845	518	470	384	453	944	1 008	1 061	261.70	112.30	42.91
下河沿断面	1 333	1 329	1 070	1 325	884	537	471	389	469	878	1 034	1 123	284.90	132.90	46.65
河口镇断面	649	974	834	1 236	648	319	339	349	675	795	527	397	203.46	97.04	47.69

表 5-5-6 2003 年以来典型断面实测与计算过程对比

典型断面	项目	各月流量/(m³/s)												年水量/亿 m³	汛期水量/亿 m³	汛期比例/%
		7月	8月	9月	10月	11月	12月	1月	2月	3月	4月	5月	6月			
龙羊峡出库	计算	551	625	500	501	483	448	463	497	566	671	642	680	174.2	57.2	32.8
龙羊峡出库	实测	650	546	527	507	494	487	438	527	689	752	741	741	184.5	62.7	34.0
刘家峡出库	计算	884	825	668	1 049	818	509	484	381	448	858	1 051	1 072	237.8	90.0	37.9
刘家峡出库	实测	840	785	743	970	784	507	471	373	489	914	1 108	1 086	238.4	87.7	36.8
下河沿断面	计算	911	1 031	988	1 265	961	596	521	430	468	806	1 114	1 037	266.2	110.3	41.4
下河沿断面	实测	1 013	1 014	1 049	1 123	836	584	535	449	514	929	1 099	1 078	268.6	110.3	41.1
河口镇断面	计算	321	625	785	996	774	279	273	345	802	795	538	311	179.8	71.7	39.9
河口镇断面	实测	353	613	884	499	497	340	328	410	884	732	315	435	165.3	61.7	37.3

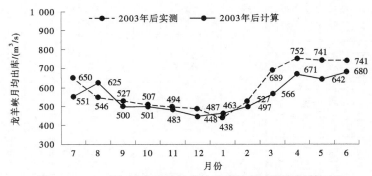

图 5-5-4　2003 年以来龙羊峡月均出库流量实测与计算对比

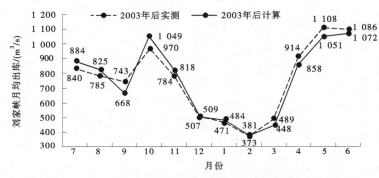

图 5-5-5　2003 年以来刘家峡月均出库流量实测与计算对比

2. 龙刘水库水位过程及合理性分析

1) 径流调节计算龙刘水库水位特征值

根据黄河上游水库群径流调节计算和河段水量平衡,1956~2010 年系列,龙羊峡水库和刘家峡水库月末多年平均水位见表 5-5-7、图 5-5-6 和图 5-5-7。其中,龙羊峡水库最低运行水位接近 2 530 m 的死水位,在 2003 年 6 月底连续枯水段结束时,龙羊峡水库抵达死水位 2 530 m,刘家峡水库同时抵达最低运行水位 1 717 m。

表 5-5-7　现状情景下径流调节计算龙刘水库的月末水位特征值　　　　　　单位:m

水库	特征	7 月	8 月	9 月	10 月	11 月	12 月	1 月	2 月	3 月	4 月	5 月	6 月
龙羊峡	平均	2 579.9	2 582.3	2 586.3	2 588.4	2 588.2	2 586.6	2 584.3	2 581.6	2 580.1	2 577.7	2 576.8	2 577.0
	最高	2 588.0	2 588.0	2 594.0	2 594.0	2 596.7	2 596.2	2 594.9	2 593.2	2 592.6	2 590.7	2 590.2	2 588.0
	最低	2 535.8	2 546.3	2 556.1	2 560.8	2 561.2	2 557.7	2 553.3	2 548.7	2 545.5	2 541.5	2 534.9	2 530.0
刘家峡	平均	1 723.4	1 726.8	1 730.9	1 727.0	1 722.7	1 723.7	1 725.4	1 729.5	1 730.5	1 725.6	1 722.4	1 721.7
	最高	1 727.0	1 727.0	1 731.0	1 727.0	1 723.0	1 727.0	1 729.0	1 735.0	1 735.0	1 733.6	1 731.0	1 727.0
	最低	1 717.0	1 723.9	1 727.9	1 725.7	1 718.6	1 717.1	1 718.8	1 723.6	1 722.0	1 717.5	1 717.0	1 717.0

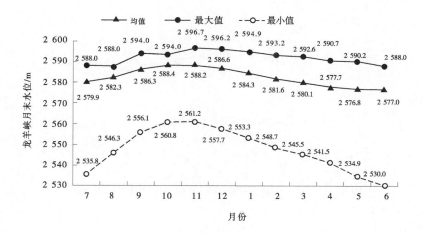

图 5-5-6 现状情景龙羊峡水库月末水位特征值

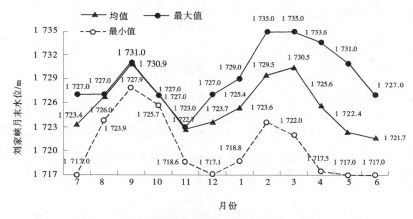

图 5-5-7 现状情景刘家峡水位月末水位特征值

2）龙刘水库水位合理性分析

与典型断面合理性分析时的原因相同，以 2003 年 6 月龙羊峡水库放空后的水位变化过程作为现状情景模拟是否合理的判别标准。2003 年 7 月后计算结果与实际运用的对比分析见图 5-5-8 和图 5-5-9。可以看出，龙刘水库的计算水位和实测水位的年内变化趋势是基本一致的，年内月均水位的变化过程也比较吻合。

3）龙刘水库年均发电量对比

限于收集的资料，龙羊峡水库 1989~2010 年历年发电量统计见表 5-5-8，刘家峡水库 1989~2015 年历年发电量见表 5-5-9，以 2003 年 6 月后的龙刘水库实测发电量与长系列计算发电量均值相对比，见表 5-5-10，现状情景模拟计算得到的龙羊峡水库与刘家峡水库年均发电量分别为 57.9 亿 kW・h 和 59.5 亿 kW・h，与 2004 年以来实测的年均发电量仅分别相差 4.6 亿 kW・h 和 2.6 亿 kW・h，差异幅度在 8% 和 4% 左右，汛期电量与非汛期电量的比例也较为相近，进一步说明了现状情景模拟调度的合理性。

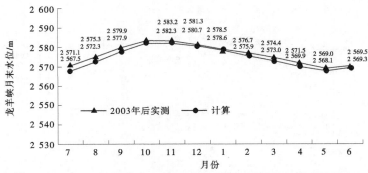

图 5-5-8 2003 年后龙羊峡月末平均水位实测与计算对比

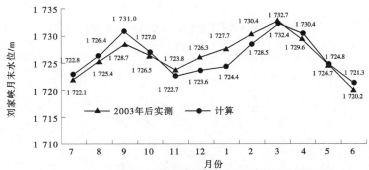

图 5-5-9 2003 年后刘家峡月末平均水位实测与计算对比

表 5-5-8 1989~2010 年龙羊峡水库实测发电量   单位:亿 kW·h

年份	1月	2月	3月	4月	5月	6月	7月	8月	9月	10月	11月	12月	合计
1989	3.60	2.03	2.17	1.97	3.21	3.73	4.63	4.90	5.33	3.46	3.67	3.20	41.90
1990	4.61	4.23	4.71	4.44	7.06	5.86	4.58	4.48	4.00	3.74	3.43	4.04	55.19
1991	3.83	3.03	3.44	2.69	3.12	3.83	4.64	5.06	3.19	3.23	4.16	1.71	41.94
1992	3.60	1.82	1.62	1.71	2.54	3.22	3.35	3.10	1.79	1.26	3.35	4.56	31.94
1993	3.59	3.78	3.12	2.93	3.61	4.40	4.69	5.18	5.73	4.56	4.38	4.43	50.20
1994	4.59	4.23	4.75	3.97	5.65	4.45	3.98	5.08	4.36	4.32	3.93	4.76	54.06
1995	4.39	3.55	3.39	2.15	3.09	3.95	3.63	2.67	2.96	3.45	3.18	1.81	38.21
1996	2.45	2.28	2.07	1.39	2.54	2.45	3.36	3.34	2.86	2.07	2.45	2.59	29.85
1997	2.07	1.64	1.26	1.51	2.23	3.28	2.59	0.57	2.57	3.72	3.15	2.36	26.94
1998	1.98	1.22	1.68	1.55	1.93	3.08	2.11	2.47	3.17	3.79	3.57	3.61	30.17
1999	3.50	3.29	3.65	3.42	3.12	3.47	3.86	3.97	4.34	4.41	4.51	4.81	46.35
2000	4.98	4.21	3.89	4.74	4.57	3.86	4.49	4.27	3.18	4.38	4.44	3.70	50.70
2001	3.03	3.02	3.05	2.80	3.64	3.59	3.76	3.73	2.72	2.53	4.25	4.00	40.12
2002	2.42	1.86	2.76	2.80	2.85	1.95	2.80	3.03	2.76	4.22	3.32	2.48	33.24
2003	1.57	0.79	1.01	1.72	1.73	1.91	2.21	1.43	2.17	2.40	2.98	2.47	22.40

续表 5-5-8

年份	1 月	2 月	3 月	4 月	5 月	6 月	7 月	8 月	9 月	10 月	11 月	12 月	合计
2004	2.81	3.01	3.18	2.69	3.06	3.55	2.97	2.84	2.70	3.44	3.34	3.41	36.99
2005	3.55	2.22	3.07	3.19	3.44	2.98	3.51	3.74	3.85	5.79	4.37	4.17	43.87
2006	3.35	3.10	5.70	7.63	7.93	5.88	6.95	4.65	3.45	4.03	3.95	3.81	60.43
2007	3.59	3.39	3.87	4.48	4.82	5.26	4.48	5.94	5.39	3.15	3.39	3.55	51.31
2008	3.63	3.51	3.31	5.11	5.89	6.40	5.36	5.44	4.10	3.18	3.67	3.13	52.72
2009	4.16	4.03	4.66	6.24	6.09	5.48	3.98	4.59	4.34	4.65	5.19	5.07	58.48
2010	3.63	3.04	4.00	6.78	7.23	6.81	8.24	9.25	6.13	4.86	4.35	4.84	69.15
均值	3.40	2.88	3.20	3.45	4.06	4.06	4.09	4.08	3.69	3.67	3.77	3.57	43.92
2004~2010 均值	3.53	3.19	3.97	5.16	5.50	5.19	5.07	5.21	4.28	4.16	4.04	4.00	53.28

表 5-5-9　1989~2015 年刘家峡水库实测发电量　　　　单位:亿 kW·h

年份	1 月	2 月	3 月	4 月	5 月	6 月	7 月	8 月	9 月	10 月	11 月	12 月	合计
1989	3.38	3.01	2.96	4.78	5.64	4.07	4.67	4.82	4.46	6.23	5.90	4.25	54.17
1990	3.55	3.19	3.73	4.72	4.78	5.55	6.01	6.75	4.25	4.91	5.66	3.95	57.06
1991	3.39	2.91	2.96	4.13	6.88	4.77	5.59	4.49	3.61	4.22	4.70	3.22	50.84
1992	2.91	2.67	2.14	2.80	5.48	3.71	4.05	3.33	2.93	4.51	4.71	3.99	43.22
1993	3.71	3.34	3.47	4.25	5.07	5.30	5.20	4.67	5.25	5.37	4.82	3.30	53.74
1994	3.16	2.95	3.16	5.05	7.04	6.51	5.82	6.15	4.85	4.77	4.81	3.78	58.06
1995	3.70	3.13	3.36	5.04	6.61	5.13	4.39	4.14	3.60	4.22	4.95	3.14	51.41
1996	2.25	2.06	2.64	4.62	5.95	4.39	4.12	3.88	3.10	4.00	3.58	2.06	42.66
1997	1.75	1.40	1.55	2.97	5.91	4.20	3.25	3.17	2.86	3.66	3.40	1.79	35.91
1998	1.77	1.60	1.78	3.44	5.56	4.11	3.02	2.19	3.30	4.92	4.67	3.32	39.66
1999	3.13	2.59	3.95	4.90	5.82	4.06	4.32	5.81	4.77	5.23	4.22	3.27	52.07
2000	3.22	2.48	3.01	5.59	6.65	4.72	4.28	2.61	4.79	4.81	3.89	2.61	48.66
2001	2.45	1.81	2.44	4.70	6.12	4.68	3.68	3.76	2.89	4.17	4.36	2.90	43.95
2002	2.58	1.91	2.48	4.81	5.72	4.69	4.06	3.09	3.42	6.07	3.44	2.36	44.63
2003	1.63	1.22	1.12	1.99	3.51	3.48	2.70	2.96	4.34	6.61	4.53	2.79	36.88
2004	2.47	1.85	2.34	4.40	6.14	5.17	3.80	2.95	3.05	5.11	4.70	3.13	45.12
2005	2.88	2.55	2.14	4.49	6.36	5.64	4.31	4.59	5.53	8.24	5.52	3.27	55.52
2006	3.08	2.58	3.94	7.26	7.29	7.18	5.42	4.88	4.92	5.07	4.40	3.17	59.19
2007	2.46	2.06	2.54	4.65	6.68	5.85	6.29	5.45	5.33	6.79	4.64	2.83	55.57

年份	1月	2月	3月	4月	5月	6月	7月	8月	9月	10月	11月	12月	合计
2008	2.69	2.42	2.70	5.64	6.83	6.65	4.82	5.44	4.05	5.88	3.78	2.69	53.58
2009	2.68	2.04	4.55	7.12	7.06	6.84	4.13	3.95	4.76	5.66	4.47	2.93	56.20
2010	2.90	2.33	3.23	7.51	7.01	7.06	6.75	6.61	4.66	5.04	4.71	2.92	60.73
2011	2.78	2.25	3.15	5.82	7.17	6.71	5.11	4.00	3.99	6.41	4.99	3.02	55.41
2012	2.84	2.36	3.23	3.92	8.11	8.34	7.32	8.88	7.54	7.64	4.93	3.18	68.28
2013	3.26	2.22	4.02	5.27	7.55	7.70	7.78	8.30	4.94	6.43	4.79	3.38	65.63
2014	3.30	1.99	2.57	4.41	6.63	6.72	5.94	5.50	5.17	6.38	5.33	3.22	57.15
2015	3.09	2.24	3.33	4.58	6.13	5.78	5.99	4.48	3.38	4.98	4.25	2.50	50.74
1989~2015 均值	2.85	2.34	2.91	4.77	6.29	5.52	4.92	4.70	4.29	5.46	4.60	3.07	51.70
2004~2015 均值	2.87	2.24	3.15	5.42	6.91	6.64	5.64	5.42	4.77	6.13	4.71	3.02	56.92

表 5-5-10　龙刘水库现状情景计算发电量与实测发电量对比　　单位:亿 kW·h

项目	水库	7月	8月	9月	10月	11月	12月	1月	2月	3月	4月	5月	6月	合计
2004年以来实测	龙羊峡	5.07	5.21	4.28	4.16	4.04	4.00	3.53	3.19	3.97	5.16	5.50	5.19	53.30
	刘家峡	5.64	5.42	4.77	6.13	4.71	3.02	2.87	2.24	3.15	5.42	6.91	6.64	56.92
现状模型计算	龙羊峡	6.01	5.90	5.11	5.35	4.22	3.76	3.93	4.05	3.30	4.90	5.20	6.13	57.89
	刘家峡	6.42	6.23	5.15	7.26	5.06	3.07	2.90	2.40	2.91	5.87	6.03	6.14	59.78
差值（现状-实测）	龙羊峡	0.94	0.69	0.83	1.19	0.18	-0.24	0.40	0.86	-0.67	-0.26	-0.30	0.94	4.56
	刘家峡	0.78	0.81	0.38	1.23	0.35	0.05	0.03	0.16	-0.24	0.45	-0.88	-0.50	2.62

5.6　情景方案分析计算

5.6.1　龙刘水库控制水位、流量方案调整思路

前述经验总结中提出了水量调度中所存在的以下问题:在 4~6 月的宁蒙河段灌溉高峰期,首先运用刘家峡水库放水满足需求,导致 5 月、6 月刘家峡水库经常处于低水位运行,导致刘家峡水库 6 月底结束时汛期前的水位过低,对刘家峡水库的运用产生了不利影响。

其原因在于现状调度的运用方式,即供水时先由刘家峡水库放水,不足时由龙羊峡水

库补充。此种调度运用方式虽然保证河道外需水得到尽量满足的条件下,但对于 4~6 月的灌溉高峰期尚存在可调整的空间,即在灌溉高峰期由原运用方式的刘家峡水库单独补水,调整为龙羊峡与刘家峡水库共同补水,减少刘家峡水库水位下降速度,维持其 6 月及汛期较高的运用水位,从而增加发电量。

针对问题,本次研究提出灌溉高峰期龙刘联合补水的调整思路如下:

(1)维持其他月份调度方式不改变。

(2)分别设置 5 月、6 月龙羊峡、刘家峡相应的联合调控水位。

(3)当龙羊峡水库位于调控水位以上,同时刘家峡水位于调控水位以下时,龙羊峡水库才发生主动补水行为,实现龙刘水库联合向下游补水;否则,任一条件不满足,均按原调度方式向宁蒙河段补水。调整思路的技术路线如图 5-6-1 所示。

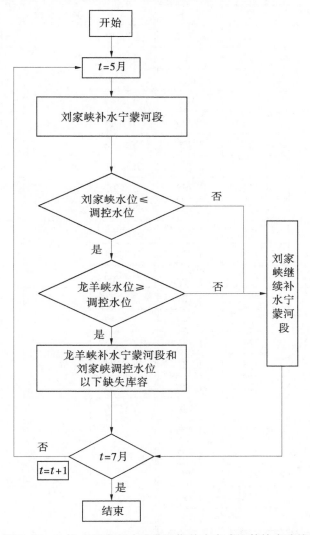

图 5-6-1　5 月、6 月龙刘水库非汛期补水方式调整技术路线

5.6.2 初步方案设置

初步方案设置从非汛期补水方式调整的触发条件——龙刘联合调控水位指标进行设置,刘家峡水库现状情景计算的 5 月、6 月的水位均值分别为 1 722.4 m、1 721.7 m,差距约在 1 m,此次情景设置维持 5 月、6 月刘家峡的调控水位差值为 1 m。而相应的龙羊峡调控水位则设置 5 月、6 月为同一决策变量,范围从 2 530~2 600 m,每 10 m 设置不同方案,初步方案设置如表 5-6-1 所示。其中,包含极限方案[无论龙羊峡处在何种水位状态均向刘家峡进行补水(方案 31~方案 36)],体现水位、流量分级控制的研究特性。

表 5-6-1 非汛期补水方式调整情景的初步方案设置　　　　单位:m

方案	龙羊峡调控水位	刘家峡调控水位		方案	龙羊峡调控水位	刘家峡调控水位	
		5 月	6 月			5 月	6 月
方案 31		1 722	1 721	方案 41		1 722	1 721
方案 32		1 723	1 722	方案 42		1 723	1 722
方案 33	2 530	1 724	1 723	方案 43	2 540	1 724	1 723
方案 34		1 725	1724	方案 44		1 725	1 724
方案 35		1 726	1 725	方案 45		1 726	1 725
方案 36		1 727	1 726	方案 46		1 727	1 726
方案 51		1 722	1 721	方案 61		1 722	1 721
方案 52		1 723	1 722	方案 62		1 723	1 722
方案 53	2 550	1 724	1 723	方案 63	2 560	1 724	1 723
方案 54		1 725	1 724	方案 64		1 725	1 724
方案 55		1 726	1 725	方案 65		1 726	1 725
方案 56		1 727	1 726	方案 66		1 727	1 726
方案 71		1 722	1 721	方案 81		1 722	1 721
方案 72		1 723	1 722	方案 82		1 723	1 722
方案 73	2 570	1 724	1 723	方案 83	2 580	1 724	1 723
方案 74		1 725	1 724	方案 84		1 725	1 724
方案 75		1726	1 725	方案 85		1 726	1 725
方案 76		1 727	1 726	方案 86		1 727	1 726
方案 91		1 722	1 721				
方案 92		1 723	1 722				
方案 93	2 590	1 724	1 723				
方案 94		1 725	1 724				
方案 95		1 726	1 725				
方案 96		1 727	1 726				

5.6.3 计算结果对比分析

5.6.3.1 多方案的对比分析

因为黄河上游水库群调度是集合防洪、防凌、河口镇生态流量约束、水量配置与发电的多目标问题,其中防洪、防凌、河口镇生态流量约束可作为模型调度的硬性约束,然而枯水时段水量配置与发电之间存在较大矛盾,对非汛期补水方式调整的情景对水量配置效果与发电指标均有较大影响。本书研究选取两类优先序下分别计算各方案的结果。一类是与现状相同的计算原则,即梯级水库调度运用在优先满足河口镇以上水量配置的前提下,使梯级电站获得较大的梯级保证出力和发电量;另一类是采用与现状情景相同的保证出力,计算对河口镇以上水量配置所造成的影响。

为了方案比较间的清晰对比,仅列出不同龙羊峡调控水位下的首尾方案的计算结果进行对比分析,非汛期补水方式调整情景的不同方案计算结果见表 5-6-2 及表 5-6-3。

由不同方案的计算结果表得出以下结论:

(1)在河口镇以上配置水量均能得到满足的前提下,龙羊峡调控水位 2 530 m 的极限方案下,刘家峡 5 月、6 月的水位均维持在相应的调控水位以上,方案 31～36 结果表明对梯级保证出力降低范围在 16 万～38 万 kW,年均发电量较现状也降低 0.4 亿～2.8 亿 kW·h,见图 5-6-2、图 5-6-3;而当与现状保持相同的保证出力前提下,极限方案 31～36 与现状相比,影响河口镇以上配置水量年均为 0.24 亿～0.61 亿 m³,短缺水量幅度最大为 2002 年,为 12.8 亿～33.2 亿 m³。说明极限方案下始终维持刘家峡较高水位的情景会对上游的发电量和水量配置造成较大影响。

(2)研究刘家峡同条件下,随着龙羊峡调控水位的提高所带来的影响。由图 5-6-4 和图 5-6-5,随着龙羊峡调控水位的抬高,对上游电能指标和水量配置的不利影响在逐步降低,进一步研究发现,当龙羊峡调控水位为 2 579 m 时,仍然具有 0.02 亿 m³ 的缺水量,直至龙羊峡调控水位提升至 2 580 m 后,对上游电能指标和水量配置的不利影响完全消除。

(3)由图 5-6-3,分别对比方案 81、91 和方案 86、96。龙羊峡调控水位 2 590 m 方案在长系列中,龙羊峡补水发生年数仅有 6 年,各项电能指标与现状情景差别细微。而龙羊峡调控水位 2 580 m 方案比 2 590 m 方案所带来的电能增益要高,尤其是非汛期电能增益 1.4 亿～3.5 亿 kW·h,因为龙羊峡调控水位的降低,长系列年中有 30 年龙羊峡发生主动补水行为。

(4)对比方案 31 和 36 至方案 81 和 86,在相同的龙羊峡调控水位条件下,随着刘家峡调控水位的提高,龙羊峡年均电量在减小,刘家峡年均电量在增加,尤其是 4～6 月的调整时段;而且上游梯级的非汛期电量呈增长趋势,总电量也呈增加趋势。其中,方案 81～86 的对比如图 5-6-6 所示,上游梯级年均发电量增加 0.5 亿 kW·h,非汛期电量增幅明显,为 1.36 亿～3.46 亿 kW·h,其中刘家峡发电量增幅为 0.1 亿～0.2 亿 kW·h。

(5)龙羊峡水库、刘家峡水库相应电量的增幅比较。对比方案 36、46、56、66、76、86,在相同的刘家峡调控水位条件下,随着龙羊峡调控水位的提高,龙羊峡和刘家峡分别较现状方案的电量增幅逐渐增大。随着龙羊峡水位的不断提升,刘家峡电量在逐步增加,在 2 580 m 的调控水位达到顶点,而后开始下降。龙羊峡发电量在超过 2 570 m 的调控水

表 5-6-2　非汛期补水方式调整情景的不同方案计算结果（优先满足河口镇以上用水需求）

方案	方案说明（联调水位/m）	河口镇以上电能指标						龙羊峡补水发生年数
		年电量/（亿 kW·h）	保证出力/万 kW	非汛期电量/（亿 kW·h）	龙羊峡电量/（亿 kW·h）	刘家峡电量/（亿 kW·h）	刘家峡4~6月电量/（亿 kW·h）	
现状		508.7	409.8	300.9	57.9	59.4	18.0	0
方案 31	1 722+1 721+2 530	508.3	393.8	301.5	58.1	59.2	17.9	54
方案 36	1 727+1 726+2 530	505.9	371.4	305.2	57.1	59.2	18.2	54
方案 41	1 722+1 721+2 540	508.7	402.5	302.9	58.0	59.4	18.0	54
方案 46	1 727+1 726+2 540	506.9	382.5	306.3	57.2	59.4	18.3	54
方案 51	1 722+1 721+2 550	508.7	402.5	302.9	58.0	59.4	18.0	51
方案 56	1 727+1 726+2 550	507.0	382.6	306.2	57.2	59.4	18.2	53
方案 61	1 722+1 721+2 560	508.7	401.7	302.7	58.0	59.4	18.0	50
方案 66	1 727+1 726+2 560	507.7	391.4	306.5	57.4	59.6	18.3	49
方案 71	1 722+1 721+2 570	508.9	404.9	302.9	58.0	59.4	18.1	46
方案 76	1 727+1 726+2 570	508.6	397.8	306.5	57.7	59.7	18.3	46
方案 81	1 722+1 721+2 580	509.1	409.8	302.3	58.0	59.5	18.1	30
方案 86	1 727+1 726+2 580	509.3	409.8	304.4	57.9	59.7	18.3	30
方案 91	1 722+1 721+2 590	508.8	409.8	300.9	57.9	59.4	18.0	6
方案 96	1 727+1 726+2 590	508.8	409.8	301.0	58.0	59.4	18.0	6

表 5-6-3　非汛期补水方式调整情景的不同方案计算结果（与现状相同保证出力）

方案	方案说明（联调水位/m）	河口镇以上电能指标						河口镇以上地表水耗水量/亿 m³			龙羊峡补水发生年数
		年电量/(亿 kW·h)	保证出力/万 kW	河口镇非汛期电量/(亿 kW·h)	龙羊峡电量/(亿 kW·h)	刘家峡电量/(亿 kW·h)	刘家峡4~6月电量/(亿 kW·h)	影响量	年最大影响量	备注	
现状		508.7	409.8	300.9	57.9	59.4	18.0	—	—	—	0
方案 31	1 722+1 721+2 530	509.2	409.8	303.8	57.8	59.7	18.2	0.24	12.8	2002 年	54
方案 36	1 727+1 726+2 530	509.4	409.7	309.3	57.3	60.1	18.5	0.61	33.2	2002 年	54
方案 41	1 722+1 721+2 540	509.2	409.7	303.8	57.8	59.7	18.2	0.24	12.8	2002 年	54
方案 46	1 727+1 726+2 540	509.4	409.7	309.3	57.3	60.1	18.5	0.61	33.2	2002 年	
方案 51	1 722+1 721+2 550	509.2	409.7	303.8	57.8	59.7	18.2	0.24	12.8	2002 年	51
方案 56	1 727+1 726+2 550	509.4	409.7	309.1	57.4	60.1	18.5	0.59	32.1	2002 年	50
方案 61	1 722+1 721+2 560	509.2	409.7	303.8	57.8	59.7	18.2	0.24	12.8	2002 年	49
方案 66	1 727+1 726+2 560	509.4	409.7	308.8	57.4	60.1	18.5	0.41	22.1	2002 年	48
方案 71	1 722+1 721+2 570	509.2	409.7	303.5	57.9	59.6	18.2	0.15	8.2	2002 年	45
方案 76	1 727+1 726+2 570	509.5	409.7	307.7	57.6	60.0	18.5	0.31	17.0	2002 年	45
方案 81	1 722+1 721+2 580	509.1	409.8	302.3	58.0	59.5	18.1	0	0		30
方案 86	1 727+1 726+2 580	509.3	409.8	304.4	57.9	59.7	18.3	0	0		30
方案 91	1 722+1 721+2 590	508.8	409.8	300.9	57.9	59.4	18.0	0	0		6
方案 96	1 727+1 726+2 590	508.8	409.8	301.0	58.0	59.4	18.0	0	0		6

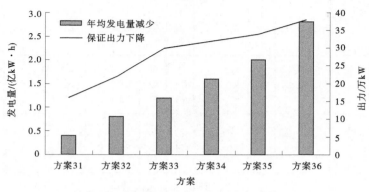

图 5-6-2　龙羊峡调控水位 2 530 m 下的发电影响

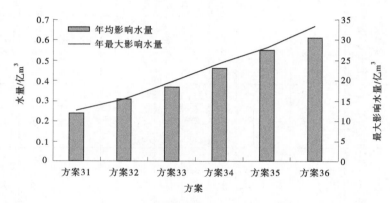

图 5-6-3　龙羊峡调控水位 2 530 m 下的供水影响

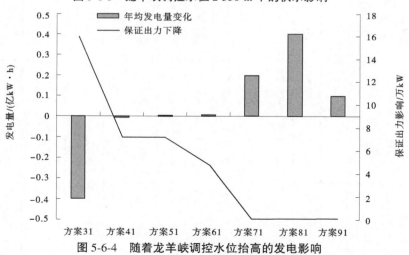

图 5-6-4　随着龙羊峡调控水位抬高的发电影响

位后也超过现状发电量,开始逐步增加;龙羊峡调控水位在 2 580 m 时对龙羊峡、刘家峡的电量提升均为有利影响。

5.6.3.2　枯水年补水的影响分析

方案 31~36 龙羊峡设置的调控水位为死水位 2 530 m,主动补水发生的年份达到了

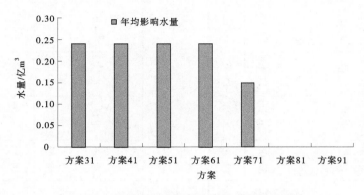

图 5-6-5　随着龙羊峡调控水位抬高的供水影响

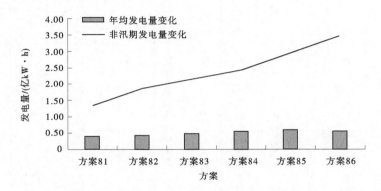

图 5-6-6　随着刘家峡调控水位抬高的发电量变化

54 年,即无论丰平枯年份龙羊峡水库在 5~6 月均发生主动补水行为。以方案 36 为例,频繁补水导致龙羊峡水库多年月水位过程均较现状有较大幅度的降低,导致上游梯级、龙羊峡、刘家峡年均电量均较现状方案下降,仅 4~6 月的电量有所增幅外,方案 36 与现状情景的上游电能指标差异见表 5-6-4、表 5-6-5。

　　连续枯水年下发生龙羊峡主动补水行为后的龙羊峡、刘家峡计算结果对比见表 5-6-6 和表 5-6-7。由表可见,除 1998 年平水年外,枯水年刘家峡的出库水量基本等于龙羊峡的出库水量,即枯水年 4~6 月宁蒙河段的主要供水任务由龙羊峡承担,刘家峡负责蓄水。经计算,在与现状维持相同保证出力的条件下,枯水年补水的方案 36 多年平均缺水量 0.61 亿 m³,其中 2002 水文年的非汛期缺水量高达 33.16 亿 m³,占非汛期需水量的近 50%,可见枯水年发生补水行为的方案无论是对电力产能还是对河道外配置水量均产生较大影响,在优选情景方案时应尽量避免,挑选丰水年条件下发生主动补水行为方案集。

5.6.3.3　龙羊峡调控水位的进一步研究

　　综上所述,从增加上游电能指标和维持水量配置效果的角度考虑,非汛期补水方式调整的情景方案设置应锁定龙羊峡调控水位在 2 580~2 590 m 进行进一步细致研究,进一步方案设置及计算结果如表 5-6-8 所示,由表中结果可得出以下结论:

表 5-6-4 方案 36 上游电能指标

单位:亿 kW·h

项目	各月电量												年均电量	7~10月电量	11~3月电量	4~6月电量
	7月	8月	9月	10月	11月	12月	1月	2月	3月	4月	5月	6月				
上游梯级	53.7	53.25	42.63	51.15	33.91	27.36	27.26	27.25	25.71	42.87	64.88	55.91	505.89	200.74	141.49	163.66
龙羊峡	5.30	5.70	4.89	5.37	3.78	3.37	3.47	3.66	3.14	4.90	7.23	6.25	57.06	21.27	17.42	18.38
刘家峡	6.77	6.30	4.96	7.21	4.83	3.07	2.77	2.32	2.81	5.55	6.13	6.49	59.20	25.24	15.80	18.16

表 5-6-5 方案 36 与现状情景上游电能指标差异(方案 36 至现状)

单位:亿 kW·h

项目	各月电量												年均电量	7~10月电量	11~3月电量	4~6月电量
	7月	8月	9月	10月	11月	12月	1月	2月	3月	4月	5月	6月				
上游梯级	-3.81	-0.92	-2.06	-0.33	-3.22	-2.7	-2.78	-2.81	-1.73	-0.97	17.46	1.01	-2.84	-7.1	-13.24	17.50
龙羊峡	-0.73	-0.17	-0.24	-0.01	-0.45	-0.43	-0.41	-0.39	-0.20	0	1.99	0.17	-0.86	-1.14	-1.88	2.17
刘家峡	0.35	0.14	-0.20	-0.06	-0.22	-0.04	-0.10	-0.09	-0.13	-0.33	0.13	0.34	-0.21	0.24	-0.58	0.13

表 5-6-6　方案 36(1 727+1 726+2 530)的连续枯水年末水位对比

单位:m

年份	频率	4月下末水位		5月上末水位		5月中末水位		5月下末水位		6月上末水位		6月中末水位		6月下末水位	
		刘家峡	龙羊峡	刘家峡	龙羊峡	刘家峡	龙羊峡	刘家峡	龙羊峡	刘家峡	龙羊峡	刘家峡	龙羊峡	刘家峡	龙羊峡
1994	84%	1 726	2 573	1 727	2 576	1 727	2 575	1 727	2 575	1 726	2 575	1 726	2 574	1 726	2 573
1995	67%	1 726	2 573	1 727	2 573	1 727	2 572	1 727	2 572	1 726	2 573	1 726	2 573	1 726	2 573
1996	82%	1 726	2 566	1 727	2 565	1 727	2 566	1 727	2 566	1 726	2 566	1 726	2 566	1 726	2 566
1997	93%	1 726	2 557	1 727	2 558	1 727	2 557	1 727	2 557	1 727	2 557	1 727	2 557	1 726	2 557
1998	51%	1 726	2 566	1 727	2 564	1 727	2 562	1 727	2 560	1 726	2 562	1 726	2 564	1 726	2 566
1999	36%	1 726	2 581	1 727	2 582	1 727	2 581	1 727	2 580	1 726	2 580	1 726	2 581	1 726	2 581
2000	89%	1 726	2 573	1 727	2 574	1 727	2 573	1 727	2 573	1 726	2 573	1 726	2 573	1 726	2 573
2001	95%	1 727	2 565	1 727	2 563	1 728	2 562	1 729	2 561	1 727	2 563	1 727	2 564	1 727	2 565
2002	98%	1 726	2 530	1 727	2 540	1 727	2 537	1 727	2 534	1 726	2 533	1 726	2 532	1 726	2 530
2003	56%	1 726	2 543	1 727	2 549	1 727	2 547	1 727	2 545	1 726	2 545	1 726	2 544	1 726	2 543
2004	73%	1 726	2 548	1 727	2 550	1 727	2 549	1 727	2 549	1 726	2 549	1 726	2 549	1 726	2 548

表 5-6-7 方案 36(1 727+1 726+2 530) 的连续枯水年出库流量对比

单位:m³/s

年份	频率	4月下		5月上		5月中		5月下		6月上		6月中		6月下	
		刘家峡	龙羊峡	刘家峡	龙羊峡	刘家峡	龙羊峡	刘家峡	龙羊峡	刘家峡	龙羊峡	刘家峡	龙羊峡	刘家峡	龙羊峡
1994	84%	1 010	879	944	2 020	944	864	944	864	997	753	997	894	997	894
1995	67%	796	705	947	1 947	947	790	947	790	908	547	908	689	908	689
1996	82%	875	787	987	1 945	987	789	987	789	909	670	909	811	909	811
1997	93%	939	435	877	1 534	877	654	877	654	652	513	652	513	652	513
1998	51%	1 286	812	1 587	2 035	1 587	879	1 587	879	300	856	300	997	300	997
1999	36%	826	735	1 141	2 018	1 141	861	1 141	861	449	688	449	830	449	830
2000	89%	1 049	463	872	1 501	872	682	872	682	1 023	613	1 023	754	1 023	754
2001	95%	1 002	882	512	1 521	512	522	512	521	983	377	748	456	748	456
2002	98%	912	453	1 211	2 171	1 211	1 041	1 211	1 041	1 051	715	1 051	856	1 051	856
2003	56%	1 007	560	989	1 178	989	808	989	808	1 061	689	1 061	831	1 061	831
2004	73%	758	625	1 030	637	1 030	795	1 030	795	1 141	738	1 141	879	1 141	879

（1）龙羊峡调控水位在 2 580 m 及以上时，无论刘家峡调控水位如何，黄河上游梯级的保证出力均能保持与现状情景相一致，多年平均发电量较现状情景的 508.7 亿 kW·h 均有所提升，非汛期电量较现状情景的 300.9 亿 kW·h 也有所提升，同等条件下提升幅度比年均电量要大，说明非汛期补水方式调整的情景方案集中提高了非汛期时段的电力产能。

（2）对比方案 1~6、方案 7~12，随着龙羊峡调控水位的抬高，非汛期电能逐渐下降，如方案 7~12，非汛期电量与现状相比，发电量逐渐减少，见图 5-6-7，龙羊峡主动补水行为发生的年数由 30 年逐步降至 6 年。

（3）从提升非汛期电能指标的角度考虑，选取龙羊峡调控水位为 2 580 m 较为合适，进而研究刘家峡的具体调控水位。需要说明的是，龙羊峡调控水位为 2 580~2 590 m，河口镇以上年均电能增幅在 0.1 亿~0.4 亿 kW·h；非汛期电量增幅在 0.1 亿~1.4 亿 kW·h，电能指标的增幅均不足 5‰，方案间差异并不十分明显。

表 5-6-8　非汛期补水方式调整情景的进一步方案设置及计算结果

方案	龙羊峡调控水位/m	刘家峡调控水位/m	河口镇以上电能指标						龙羊峡补水发生年数
			年电量/(亿 kW·h)	保证出力/万 kW	非汛期电量/(亿 kW·h)	龙羊峡电量/(亿 kW·h)	刘家峡电量/(亿 kW·h)	刘家峡4~6月电量/(亿 kW·h)	
方案 1	2 580	1 722+1 721	509.1	409.8	302.3	58.0	59.5	18.1	30
方案 2	2 582		509.0	409.8	301.9	58.0	59.5	18.1	25
方案 3	2 584		509.0	409.8	301.6	58.0	59.5	18.1	19
方案 4	2 586		508.9	409.8	301.4	58.0	59.4	18.1	17
方案 5	2 588		508.8	409.8	301.0	58.0	59.4	18.0	12
方案 6	2 590		508.8	409.8	300.9	57.9	59.4	18.0	6
方案 7	2 580	1 727+1 726	509.3	409.8	304.4	57.9	59.7	18.3	30
方案 8	2 582		509.3	409.8	303.6	58.0	59.6	18.2	25
方案 9	2 584		509.4	409.8	302.9	58.1	59.6	18.2	19
方案 10	2 586		509.0	409.8	301.9	58.0	59.5	18.1	17
方案 11	2 588		508.9	409.8	301.2	58.0	59.4	18.1	12
方案 12	2 590		508.8	409.8	301.0	58.0	59.4	18.0	6

5.6.4　刘家峡合理调控水位和流量研究

经上述初步计算和分析，本节研究龙羊峡调控水位 2 580 m 条件下刘家峡不同调控水位对全河的影响。方案 81~86 对全河影响的计算结果见表 5-6-9，不同方案下的汛期

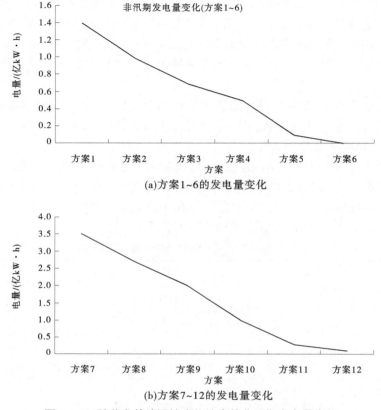

(a)方案1~6的发电量变化

(b)方案7~12的发电量变化

图 5-6-7　　随着龙羊峡调控水位抬高的非汛期发电量变化

和非汛期水量变化统计见表 5-6-10。

由上述计算结果可以看出：

（1）龙羊峡调控水位 2 580 m 条件下，随着刘家峡调控水位的逐步抬升，河口镇以上梯级年均电量、龙刘年均电量、非汛期电量较现状情景均有增长，其中非汛期电量增幅较大，说明调控刘家峡 5 月、6 月的水位有利于非汛期整个梯级的电力产能，且龙刘电力产能均较现状方案有所提升。而当刘家峡调控水位提高至 1 727 m+1 726 m 的方案 86 时，对比方案 85，龙羊峡年均电量有所损耗，与现状情景结果持平，相应的刘家峡电量继续提高 0.1 亿 m³，与前述方案 82~85 的龙刘电能一同增长趋势产生差异，如图 5-6-8 所示。

（2）从方案 81~86 的对比看出，龙羊峡调控水位 2 580 m 条件下，刘家峡调控水位变化对中下游的影响不大，各方案花园口以下对配置水量的影响与现状持平，利津断面入海水量均为 180.55 亿 m³，中下游河段电能指标方面，仅非汛期时段的电量有 0.1 亿 kW·h 的差异，中下游河段年均电量和保证出力均保持不变，如图 5-6-9 所示。

（3）从不同方案河口镇断面的水量变化表（见表 5-6-10），随着刘家峡调控水位的抬高，汛期水量逐渐降低，与现状相比，变化量为 0.04 亿~0.15 亿 m³，变化幅度为 0.04%~0.15%；而且随着调控水位的提高，各方案间汛期水量的差距越来越大，呈增长趋势，其中方案 85 与现状的汛期水量差异幅度控制在了 0.1%。

表 5-6-9　方案 81~86 对全河影响的计算结果

方案	方案说明（联调水位/m）	河口镇以上电能指标						龙羊峡补水发生年数	中下游河段电能指标			花园口以下缺水/亿 m³		利津入海水量/亿 m³
		年电量/(亿 kW·h)	保证出力/万 kW	非汛期电量/(亿 kW·h)	龙羊峡电量/(亿 kW·h)	刘家峡电量/(亿 kW·h)	刘家峡 4~6 月电量/(亿 kW·h)		年电量/(亿 kW·h)	保证出力/万 kW	非汛期电量/(亿 kW·h)	多年平均	年最大	多年平均
现状		508.7	409.8	300.9	57.9	59.4	18.0	—	128.2	109.6	81.6	1.91	19.35	180.55
方案 81	1 722+1 721+2 580	509.1	409.8	302.3	58.0	59.5	18.1	30	128.2	109.6	81.6	1.91	19.35	180.55
方案 82	1 723+1 722+2 580	509.1	409.8	302.7	58.0	59.5	18.1	30	128.2	109.6	81.7	1.91	19.35	180.55
方案 83	1 724+1 723+2 580	509.2	409.8	303.0	58.0	59.6	18.2	30	128.2	109.6	81.7	1.91	19.35	180.55
方案 84	1 725+1 724+2 580	509.2	409.8	303.4	58.0	59.6	18.2	30	128.2	109.6	81.7	1.91	19.35	180.55
方案 85	1 726+1 725+2 580	509.3	409.8	303.8	58.0	59.6	18.3	30	128.2	109.6	81.7	1.91	19.35	180.55
方案 86	1 727+1 726+2 580	509.3	409.8	304.4	57.9	59.7	18.3	30	128.3	109.6	81.7	1.91	19.35	180.55

表 5-6-10　河口镇断面不同方案下的汛期和非汛期水量变化

方案说明 （联调水位/m）	方案	河口镇断面					
		年水量/ 亿 m³	非汛期 水量/亿 m³	汛期水量/ 亿 m³	汛期占比/ %	汛期水量 变化/亿 m³	变化幅度/ %
	现状	203.5	106.4	97.04	47.7	—	
1 722+1 721+2 580	方案 81	203.5	106.5	97.00	47.7	−0.04	0.04
1 723+1 722+2 580	方案 82	203.5	106.5	96.99	47.7	−0.05	0.05
1 724+1 723+2 580	方案 83	203.5	106.5	96.98	47.7	−0.06	0.06
1 725+1 724+2 580	方案 84	203.5	106.5	96.97	47.7	−0.07	0.07
1 726+1 725+2 580	方案 85	203.5	106.5	96.94	47.6	−0.10	0.10
1 727+1 726+2 580	方案 86	203.5	106.6	96.89	47.6	−0.15	0.15

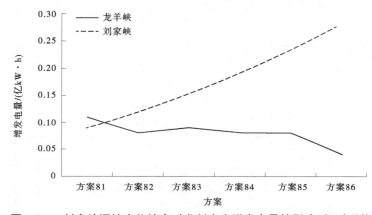

图 5-6-8　刘家峡调控水位抬高对龙刘水库增发电量的影响（相对现状）

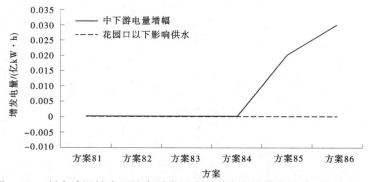

图 5-6-9　刘家峡调控水位抬高对全河中下游电量和供水影响（相对现状）

　　综上所述，从不损耗龙羊峡电力产能角度考虑，应避免设置刘家峡调控水位为 1 727 m+1 726 m 的方案 86。结合前述方案分析，龙羊峡调控水位 2 580 m、刘家峡调控水位 1 726 m+1 725 m 的方案 85 作为非汛期补水方式调整情景的推荐方案，推荐方案与现状情景的上游电能指标差异见表 5-6-11 和表 5-6-12，水位过程差异见图 5-6-10 和图 5-6-11。

表 5-6-11 方案 85 上游电能指标

单位:亿 kW·h

项目	各月电量												年均电量	7~10月电量	11~3月电量	4~6月电量
	7月	8月	9月	10月	11月	12月	1月	2月	3月	4月	5月	6月				
上游梯级	55.42	53.88	44.69	51.48	37.13	30.06	30.04	30.06	27.44	43.84	50.80	54.46	509.29	205.47	154.73	149.09
龙羊峡	5.71	5.82	5.13	5.38	4.23	3.80	3.88	4.05	3.34	4.90	5.69	6.05	57.98	22.04	19.30	16.64
刘家峡	6.44	6.14	5.16	7.27	5.05	3.11	2.87	2.41	2.94	5.88	6.09	6.29	59.63	25.00	16.38	18.25

表 5-6-12 方案 85 与现状情景上游电能指标差异(方案 85 至现状)

单位:亿 kW·h

项目	各月电量												年均电量	7~10月电量	11~3月电量	4~6月电量
	7月	8月	9月	10月	11月	12月	1月	2月	3月	4月	5月	6月				
上游梯级	-2.09	-0.29	0	0	0	0	0	0	0	0	3.38	-0.44	0.56	-2.37	0	2.93
龙羊峡	-0.32	-0.05	0	0	0	0	0	0	0	0	0.45	-0.03	0.06	-0.37	0	0.43
刘家峡	0.02	-0.02	0	0	0	0	0	0	0	0	0.09	0.14	0.22	0	0	0.22

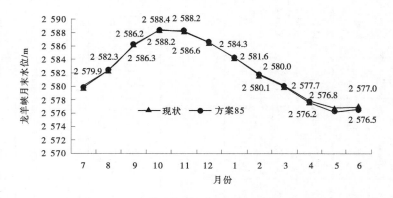

图 5-6-10　方案 85(1 726+1 725+2 580)龙羊峡计算水位与现状情景对比(均值)

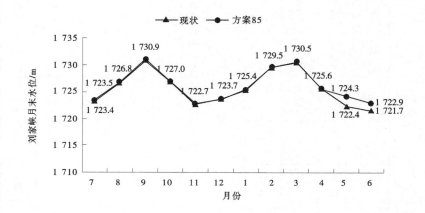

图 5-6-11　方案 85(1 726+1 725+2 580)刘家峡计算水位与现状情景对比(均值)

　　表 5-6-13 和表 5-6-14 分别列出了长系列计算中,4~6 月的龙羊峡、刘家峡水库的库水位和控泄流量,加黑部分为非汛期龙羊峡主动补水方式的发生且能够补足刘家峡调控水位的年份,可以看出,龙羊峡水库在非汛期的 4~6 月的库水位超过 2 580 m 的年份大部分为平水年和丰水年,枯水年份则按照原既定调度原则操作,不发生主动补水行为,且在 5 月、6 月连续主动补水的发生年份一般为丰水年,即年度水量越充沛,龙羊峡发生主动补水行为的年内频次越高。从表 5-6-13、表 5-6-14 中还可以看出,在 1994~2002 年的连续枯水年时段,并没有发生龙羊峡的主动补水行为。

　　分析发生补水年份的龙羊峡、刘家峡出库流量,龙羊峡在发生补水行为时,5 月控泄流量均值约为 700 m³/s,6 月控泄流量均值约为 750 m³/s;对应刘家峡出库在 5 月、6 月的出库控泄流量分别约为 1 000 m³/s 和 1 180 m³/s。对不发生主动补水行为的年份,还按原既定水量调度规则或依据执行。

表 5-6-13　方案 85(1 726+1 725+2 580)的长系列末水位对比(加黑为调整年份)

单位：m

年份	频率	4月下末水位		5月上末水位		5月中末水位		5月下末水位		6月上末水位		6月中末水位		6月下末水位	
		刘家峡	龙羊峡	刘家峡	龙羊峡	刘家峡	龙羊峡	刘家峡	龙羊峡	刘家峡	龙羊峡	刘家峡	龙羊峡	刘家峡	龙羊峡
1956	96%	1 724	2 573	1 723	2 572	1 722	2 572	1 721	2 571	1 722	2 570	1 722	2 570	1 723	2 569
1957	71%	1 717	2 562	1 717	2 566	1 717	2 564	1 717	2 563	1 717	2 563	1 717	2 562	1 717	2 562
1958	**40%**	**1 717**	**2 580**	**1 728**	**2 577**	**1 725**	**2 577**	**1 723**	**2 577**	**1 721**	**2 578**	**1 719**	**2 579**	**1 717**	**2 580**
1959	91%	1 720	2 569	1 727	2 573	1 727	2 571	1 728	2 570	1 725	2 570	1 723	2 569	1 720	2 569
1960	49%	1 717	2 571	1 724	2 572	1 722	2 572	1 721	2 572	1 717	2 573	1 717	2 572	1 717	2 571
1961	**29%**	**1 725**	**2 587**	**1 726**	**2 587**	**1 726**	**2 587**	**1 726**	**2 586**	**1 725**	**2 586**	**1 725**	**2 587**	**1 725**	**2 587**
1962	65%	1 717	2 577	1 723	2 578	1 721	2 578	1 720	2 577	1 719	2 577	1 718	2 577	1 717	2 577
1963	**18%**	**1 727**	**2 585**	**1 730**	**2 586**	**1 730**	**2 585**	**1 730**	**2 585**	**1 727**	**2 585**	**1 727**	**2 585**	**1 727**	**2 585**
1964	**24%**	**1 725**	**2 585**	**1 728**	**2 586**	**1 727**	**2 586**	**1 727**	**2 586**	**1 725**	**2 586**	**1 725**	**2 586**	**1 725**	**2 585**
1965	75%	1 717	2 575	1 726	2 579	1 724	2 578	1 722	2 577	1 720	2 577	1 718	2 576	1 717	2 575
1966	**13%**	**1 727**	**2 588**	**1 728**	**2 587**	**1 729**	**2 588**	**1 731**	**2 590**	**1 727**	**2 591**	**1 727**	**2 590**	**1 727**	**2 588**
1967	**4%**	**1 727**	**2 588**	**1 731**	**2 587**	**1 730**	**2 589**	**1 729**	**2 590**	**1 727**	**2 591**	**1 727**	**2 590**	**1 727**	**2 588**
1968	**33%**	**1 725**	**2 583**	**1 728**	**2 586**	**1 727**	**2 585**	**1 726**	**2 585**	**1 725**	**2 584**	**1 725**	**2 584**	**1 725**	**2 583**
1969	80%	1 727	2 577	1 729	2 578	1 730	2 578	1 731	2 577	1 727	2 577	1 727	2 577	1 727	2 577
1970	85%	1 723	2 568	1 724	2 571	1 723	2 570	1 723	2 570	1 723	2 570	1 723	2 569	1 723	2 568
1971	**38%**	**1 725**	**2 581**	**1 726**	**2 580**	**1 725**	**2 580**	**1 724**	**2 580**	**1 725**	**2 580**	**1 725**	**2 580**	**1 725**	**2 581**
1972	53%	1 717	2 577	1 722	2 577	1 720	2 577	1 717	2 577	1 717	2 577	1 717	2 577	1 717	2 577
1973	**62%**	**1 717**	**2 581**	**1 729**	**2 580**	**1 729**	**2 579**	**1 728**	**2 578**	**1 725**	**2 579**	**1 721**	**2 580**	**1 717**	**2 581**

续表 5-6-13

年份	频率	4月下末水位		5月上末水位		5月中末水位		5月下末水位		6月上末水位		6月中末水位		6月下末水位	
		刘家峡	龙羊峡	刘家峡	龙羊峡	刘家峡	龙羊峡	刘家峡	龙羊峡	刘家峡	龙羊峡	刘家峡	龙羊峡	刘家峡	龙羊峡
1974	45%	1 725	2 584	1 726	2 584	1 726	2 583	1 726	2 583	1 725	2 584	1 725	2 584	1 725	2 584
1975	5%	1 727	2 588	1 729	2 590	1 727	2 590	1 726	2 590	1 725	2 591	1 727	2 590	1 727	2 588
1976	11%	1 727	2 588	1 730	2 588	1 729	2 588	1 729	2 589	1 726	2 590	1 725	2 590	1 727	2 588
1977	87%	1 725	2 575	1 723	2 576	1 725	2 575	1 726	2 575	1 726	2 575	1 726	2 575	1 725	2 575
1978	60%	1 723	2 579	1 726	2 584	1 726	2 583	1 726	2 582	1 725	2 581	1 725	2 580	1 723	2 579
1979	44%	1 720	2 579	1 728	2 582	1 727	2 581	1 726	2 581	1 725	2 580	1 722	2 580	1 720	2 579
1980	42%	1 719	2 579	1 726	2 581	1 726	2 580	1 726	2 579	1 720	2 580	1 725	2 578	1 719	2 579
1981	2%	1 727	2 588	1 726	2 588	1 726	2 588	1 726	2 588	1 725	2 589	1 726	2 590	1 727	2 588
1982	15%	1 727	2 588	1 726	2 587	1 726	2 587	1 726	2 587	1 725	2 588	1 725	2 588	1 727	2 588
1983	7%	1 727	2 588	1 728	2 590	1 727	2 590	1 726	2 589	1 725	2 590	1 727	2 590	1 727	2 588
1984	35%	1 725	2 581	1 729	2 583	1 727	2 582	1 726	2 582	1 726	2 582	1 725	2 581	1 725	2 581
1985	22%	1 727	2 588	1 726	2 585	1 726	2 585	1 726	2 585	1 727	2 586	1 727	2 587	1 727	2 588
1986	55%	1 727	2 583	1 726	2 579	1 724	2 579	1 722	2 579	1 725	2 580	1 727	2 581	1 727	2 583
1987	64%	1 724	2 575	1 724	2 576	1 723	2 575	1 722	2 575	1 723	2 575	1 723	2 575	1 724	2 575
1988	25%	1 727	2 588	1 726	2 578	1 726	2 579	1 726	2 580	1 726	2 584	1 726	2 587	1 727	2 588
1989	9%	1 727	2 588	1 726	2 589	1 726	2 589	1 726	2 589	1 727	2 589	1 727	2 590	1 727	2 588
1990	69%	1 727	2 578	1 726	2 581	1 726	2 579	1 723	2 579	1 726	2 579	1 727	2 579	1 727	2 578
1991	76%	1 723	2 575	1 719	2 575	1 718	2 575	1 717	2 574	1 719	2 574	1 721	2 574	1 723	2 575

续表 5-6-13

年份	频率	4月下末水位		5月上末水位		5月中末水位		5月下末水位		6月上末水位		6月中末水位		6月下末水位	
		刘家峡	龙羊峡	刘家峡	龙羊峡	刘家峡	龙羊峡	刘家峡	龙羊峡	刘家峡	龙羊峡	刘家峡	龙羊峡	刘家峡	龙羊峡
1992	31%	1 727	2 588	1 726	2 587	1 726	2 586	1 726	2 586	1 727	2 587	1 727	2 588	1 727	2 588
1993	27%	1 725	2 586	1 726	2 584	1 726	2 583	1 726	2 583	1 725	2 584	1 725	2 585	1 725	2 586
1994	84%	1 717	2 575	1 718	2 578	1 717	2 578	1 717	2 577	1 717	2 576	1 717	2 576	1 717	2 575
1995	67%	1 717	2 576	1 719	2 575	1 717	2 575	1 717	2 574	1 717	2 575	1 717	2 575	1 717	2 576
1996	82%	1 717	2 569	1 720	2 567	1 717	2 569	1 717	2 569	1 717	2 569	1 717	2 569	1 717	2 569
1997	93%	1 725	2 557	1 726	2 557	1 725	2 557	1 724	2 558	1 725	2 557	1 725	2 557	1 725	2 557
1998	51%	1 717	2 566	1 717	2 564	1 717	2 563	1 717	2 561	1 717	2 563	1 717	2 564	1 717	2 566
1999	36%	1 717	2 579	1 726	2 578	1 722	2 578	1 719	2 578	1 717	2 579	1 717	2 579	1 717	2 579
2000	89%	1 717	2 571	1 723	2 571	1 722	2 571	1 720	2 570	1 718	2 571	1 717	2 571	1 717	2 571
2001	95%	1 727	2 560	1 723	2 559	1 725	2 558	1 727	2 557	1 727	2 558	1 727	2 559	1 727	2 560
2002	98%	1 717	2 530	1 717	2 541	1 717	2 538	1 717	2 535	1 717	2 533	1 717	2 532	1 717	2 530
2003	56%	1 723	2 541	1 729	2 545	1 728	2 544	1 727	2 542	1 726	2 542	1 725	2 542	1 723	2 541
2004	73%	1 723	2 544	1 731	2 543	1 730	2 543	1 729	2 542	1 727	2 543	1 725	2 544	1 723	2 544
2005	20%	1 725	2 577	1 731	2 579	1 730	2 578	1 729	2 577	1 727	2 577	1 726	2 577	1 725	2 577
2006	78%	1 727	2 573	1 728	2 570	1 727	2 569	1 726	2 568	1 727	2 570	1 727	2 572	1 727	2 573
2007	58%	1 720	2 578	1 729	2 581	1 726	2 581	1 726	2 579	1 724	2 579	1 722	2 578	1 720	2 578
2008	47%	1 725	2 581	1 728	2 581	1 726	2 581	1 726	2 580	1 725	2 581	1 725	2 581	1 725	2 581
2009	16%	1 725	2 585	1 726	2 586	1 726	2 584	1 726	2 583	1 725	2 584	1 725	2 585	1 725	2 585

表 5-6-14　方案 85(1 726+1 725+2 580)的长系列出库流量对比（加黑为调整年份）

单位：m³/s

年份	频率	4月下		5月上		5月中		5月下		6月上		6月中		6月下	
		刘家峡	龙羊峡	刘家峡	龙羊峡	刘家峡	龙羊峡	刘家峡	龙羊峡	刘家峡	龙羊峡	刘家峡	龙羊峡	刘家峡	龙羊峡
1956	96%	993	637	1 016	663	1 016	665	1 016	667	826	740	826	740	826	740
1957	71%	987	648	1 057	687	1 057	967	1 057	967	1 194	980	1 194	980	1 194	980
1958	**40%**	**887**	**657**	**1 137**	**610**	**1 137**	**613**	**1 137**	**617**	**1 083**	**631**	**1 083**	**633**	**1 083**	**683**
1959	91%	986	633	854	708	854	709	854	710	1 086	653	1 086	657	1 086	661
1960	49%	1 058	607	1 058	646	1 058	648	1 058	650	1 225	710	1 225	1 095	1 225	1 095
1961	**29%**	**1 062**	**600**	**899**	**750**	**899**	**789**	**899**	**789**	**1 182**	**952**	**1 182**	**1 072**	**1 182**	**1 072**
1962	65%	1 075	605	1 075	638	1 075	640	1 075	643	1 001	662	1 001	663	1 001	680
1963	**18%**	**955**	**625**	**1 047**	**614**	**1 047**	**614**	**1 047**	**614**	**1 381**	**529**	**1 061**	**621**	**1 061**	**621**
1964	**24%**	**1 064**	**598**	**966**	**664**	**966**	**665**	**966**	**665**	**1 093**	**666**	**1 093**	**922**	**1 093**	**922**
1965	75%	1 038	619	1 032	1 433	1 032	662	1 032	665	992	682	992	685	992	742
1966	**13%**	**1 044**	**608**	**1 125**	**594**	**1 125**	**591**	**1 125**	**588**	**1 511**	**500**	**2 034**	**1 565**	**2 360**	**1 891**
1967	**4%**	**881**	**649**	**1 042**	**619**	**1 003**	**631**	**1 003**	**631**	**1 087**	**625**	**1 662**	**1 540**	**2 003**	**1 881**
1968	**33%**	**926**	**641**	**1004**	**644**	**1 004**	**646**	**1 004**	**716**	**979**	**736**	**979**	**856**	**979**	**856**
1969	80%	865	666	816	701	816	700	832	694	1 351	550	908	680	909	681
1970	85%	1 022	629	942	698	942	699	942	700	810	746	810	746	810	746
1971	**38%**	**1 011**	**620**	**965**	**1 023**	**965**	**662**	**965**	**663**	**1 104**	**997**	**1 104**	**885**	**1 104**	**885**
1972	53%	1 018	626	1 107	638	1 107	641	1 107	644	1 135	987	1 135	1 021	1 135	1 021
1973	62%	961	635	961	671	961	672	961	673	1 219	606	1 219	611	1 219	617
1974	45%	966	637	1 069	1 089	1 069	830	1 069	830	1 077	809	1 077	929	1 077	929
1975	5%	905	640	1 045	633	1 045	636	1 045	724	1 287	804	1 530	1 428	2 256	1 892

续表 5-6-14

年份	频率	4月下		5月上		5月中		5月下		6月上		6月中		6月下	
		刘家峡	龙羊峡	刘家峡	龙羊峡	刘家峡	龙羊峡	刘家峡	龙羊峡	刘家峡	龙羊峡	刘家峡	龙羊峡	刘家峡	龙羊峡
1976	11%	877	654	1 023	643	1 023	643	1 023	643	1 149	604	1 149	768	1 674	1 699
1977	87%	1 098	594	675	765	675	764	675	763	929	686	929	687	929	687
1978	60%	1 018	614	954	694	954	885	954	885	1 017	806	1 017	926	1 017	671
1979	44%	913	646	933	679	933	681	933	683	1 047	826	1 047	661	1 047	664
1980	42%	989	630	1 047	1 440	1 047	976	1 047	976	1 374	570	1 374	1 847	1 374	572
1981	2%	994	617	1 101	960	1 101	940	1 101	940	1 095	843	1 095	1 118	2 262	2 236
1982	15%	1 061	607	1 011	1 362	1 011	819	1 011	819	1 119	820	1 119	940	1 119	1 193
1983	7%	780	683	1 002	642	1 002	644	1 002	770	1 125	617	1 304	1 157	2 186	1 788
1984	35%	794	686	988	654	988	656	988	658	956	658	956	659	956	716
1985	22%	872	661	1 093	722	1 093	854	1 093	854	910	655	995	638	1 009	633
1986	55%	832	680	1 108	892	1 108	629	1 108	632	852	685	852	681	1 064	622
1987	64%	893	664	1 011	654	1 011	656	1 011	658	800	724	800	723	800	721
1988	25%	1 014	627	887	1 661	887	681	887	681	912	667	912	663	2 123	2 001
1989	9%	866	655	941	912	941	724	941	724	793	713	840	697	1 558	1 376
1990	69%	927	652	1 110	1 659	1 110	982	1 110	622	659	762	769	725	902	681
1991	76%	920	660	887	693	887	694	887	696	712	749	712	747	712	745
1992	31%	846	660	973	734	973	813	973	813	908	675	944	662	1 340	1 011
1993	27%	902	656	1 051	1 497	1 051	975	1 051	975	1 011	650	1 011	708	1 011	739
1994	84%	1 010	631	944	685	944	767	944	864	997	894	997	894	997	894
1995	67%	796	538	947	483	947	618	947	790	908	689	908	689	908	689

续表 5-6-14

年份	频率	4月下 刘家峡	4月下 龙羊峡	5月上 刘家峡	5月上 龙羊峡	5月中 刘家峡	5月中 龙羊峡	5月下 刘家峡	5月下 龙羊峡	6月上 刘家峡	6月上 龙羊峡	6月中 刘家峡	6月中 龙羊峡	6月下 刘家峡	6月下 龙羊峡
1996	82%	875	519	987	479	987	481	987	743	909	811	909	811	909	811
1997	93%	939	504	877	519	877	520	877	521	652	590	652	590	652	590
1998	51%	1 286	412	1 587	511	1 587	879	1 587	879	300	997	300	997	300	997
1999	36%	826	606	1 141	1 736	1 141	439	1 141	444	449	655	449	830	449	830
2000	89%	1 049	464	872	515	872	517	872	519	1 023	489	1 023	688	1 023	754
2001	95%	1 002	487	512	603	512	602	512	602	800	519	807	515	807	515
2002	98%	912	529	1 211	504	1 211	1 041	1 211	1 041	1 051	856	1 051	856	1 050	855
2003	56%	1 007	649	989	679	989	682	989	684	1061	680	1 061	682	1 061	684
2004	73%	758	719	1 221	604	1 030	660	1 030	661	1 198	632	1 141	641	1 141	644
2005	20%	845	671	1 067	619	991	646	991	648	1 158	612	1 055	647	1 055	649
2006	78%	897	659	953	674	953	676	953	678	989	688	1 096	651	1 095	650
2007	58%	824	669	1 118	610	1 118	615	1 118	980	1 045	653	1 045	656	1 045	659
2008	47%	808	681	1 181	600	1 181	667	1 181	980	1 136	789	1 136	909	1 136	909
2009	16%	867	660	1 009	1 034	1 009	952	1 009	952	950	671	950	727	950	759
均值		944	623	1 012	793	1 006	712	1 006	734	1 011	713	1 030	836	1 153	930
非调整年份均值		966	599	994	701	983	679	983	701	942	719	923	757	923	762
调整年份均值		926	643	1 027	873	1 026	741	1 026	762	1 071	708	1 122	904	1351	1 075
差值		−40	44	34	171	43	62	42	61	129	−12	199	147	429	313

5.6.5　10 月调控水位的补充研究

在推荐龙羊峡主动补水方案 86(1 726+1 725+2 580)的基础上,补充对刘家峡 10 月控制水位的研究,1 727~1 735 m 以 1 m 为间隔做方案研究,计算结果见表 5-6-15。由结果可知,随着刘家峡 10 月控制水位的升高,在 1 733 m 以前,刘家峡和上游梯级水电站群的发电量均呈上升趋势,龙羊峡年均发电量的差异幅度在 0.02 亿 kW·h,基本维持不变;然而当刘家峡控制水位从 1 733 m 变为 1 734 m、1 735 m 时,上游梯级年均发电量呈下降趋势,1 733 m 的控制水位为上游梯级年均发电的极值,此条件下,龙羊峡发电量基本不变,刘家峡年均发电量为 60.01 亿 kW·h,整个梯级保证出力提升为 410.4 万 kW,较低水位控制方案也有较明显提升。

表 5-6-15　刘家峡 10 月控制水位的研究

方案	控制水位/ m	年均电量/(亿 kW·h)			刘家峡电量/(亿 kW·h)			保证出力/ 万 kW
		上游梯级	龙羊峡	刘家峡	7~10 月电量	11~3 月电量	4~6 月电量	
1	1 727	507.98	57.92	58.96	25.14	15.87	17.95	402.4
2	1 728	508.88	57.96	59.39	25.10	16.13	18.17	408.0
3	1 729	509.30	57.98	59.63	25.00	16.38	18.25	409.6
4	1 730	509.56	58.01	59.78	24.89	16.62	18.27	409.6
5	1 731	509.71	57.98	59.90	24.73	16.87	18.29	410.4
6	1 732	509.70	57.96	59.96	24.55	17.10	18.30	410.4
7	1 733	509.75	57.95	60.01	24.35	17.35	18.31	410.4
8	1 734	509.72	57.97	60.04	24.14	17.59	18.32	409.6
9	1 735	509.60	57.94	60.08	23.91	17.86	18.31	409.6

5.7　龙刘水库优化调配方案

5.7.1　龙刘水库优化调配方案

根据本次研究成果,考虑全河水量优化调配要求,根据运用要求分阶段提出龙刘水库联合水位、流量控制方案。

5.7.1.1　汛期及汛后时段(7~10 月)

(1)当龙羊峡水库水位低于汛限水位 2 588 m,刘家峡水库水位低于汛限水位 1 727 m 时:

水库合理拦蓄洪水,下泄流量按发电流量控制。若汛情严重,视情况加大水库下泄流量。

（2）当龙羊峡水库水位在 2 588～2 594 m 时：

若龙羊峡水库入库流量小于或等于 3 660 m³/s（10 年一遇），龙羊峡水库原则上控制出库流量不超过 2 000 m³/s。若入库流量大于 3 660 m³/s（10 年一遇）且仍在上涨或汛情严重，视情况加大水库下泄流量。

若刘家峡水库天然入库流量小于或等于 4 520 m³/s（日均，下同；10 年一遇洪水），刘家峡水库原则上控制下泄流量不大于 2 500 m³/s，若汛情严重，视情况加大水库下泄流量；若入库流量大于 4 520 m³/s，按泄量判别图加大水库下泄流量运用。

（3）当龙羊峡水库水位达到 2 594 m 时，龙刘水库按照设计防洪运用方式运用。

①若龙羊峡入库流量小于或等于 7 040 m³/s（1 000 年一遇），水库按最大下泄流量不超过 4 000 m³/s 方式运用；若入库洪水流量大于 7 040 m³/s，为确保大坝安全，水库下泄流量逐步加大到 6 000 m³/s。

②刘家峡水库按泄量判别图运用，具体如下：

若刘家峡天然入库流量小于或等于 6 510 m³/s（100 年一遇），龙刘水库总蓄洪量位于 100 年一遇调度线及以下区域，说明发生 100 年一遇及以下的洪水，刘家峡水库控制下泄流量不大于 4 290 m³/s；若刘家峡天然入库流量大于 6 510 m³/s 及小于或等于 8 420 m³/s（1 000 年一遇），龙刘水库总蓄洪量位于 100 年一遇调度线和 1 000 年一遇调度线之间区域（含 1 000 年一遇调度线），说明发生大于 100 年一遇及小于或等于 1 000 年一遇的洪水，刘家峡水库控制下泄流量不大于 4 510 m³/s；若刘家峡天然入库流量大于 8 420 m³/s 及小于或等于 8 970 m³/s（2 000 年一遇），龙刘水库总蓄洪量位于 1 000 年一遇调度线和 2 000 年一遇调度线之间区域（含 2 000 年一遇调度线），说明发生大于 1 000 年一遇及小于或等于 2 000 年一遇的洪水，刘家峡水库控制下泄流量不大于 7 260 m³/s；若刘家峡天然入库流量大于 8 970 m³/s，龙刘水库总蓄洪量位于 2 000 年一遇调度线以上区域，说明发生超过 2 000 年一遇的洪水，刘家峡水库按敞泄运用。

在入库洪水消退过程中，刘家峡水库仍根据其天然入库流量和龙刘水库总蓄洪量逐步减少下泄流量，直到水位回落至汛限水位。

（4）汛末，龙刘水库根据来洪情势，逐渐向非汛期过渡运用，在 10 月可蓄水至 1 733～1 735 m（正常蓄水位），并按照全河水量配置要求下泄流量，在 10 月下旬逐渐降低水位转入凌汛期防凌运用。

5.7.1.2　凌汛期时段（11 月至次年 3 月）

1. 刘家峡水库

（1）11 月 1 日，刘家峡水库一般控制蓄水 4 亿～8 亿 m³，相应库水位为 1 721～1 725 m，满足宁蒙冬灌引水需求，同时预留 12 亿～16 亿 m³ 的防凌库容。

（2）流凌期（11 月上中旬），刘家峡水库首先根据宁蒙河段引用水需求控制下泄流量为 800～1 200 m³/s，然后根据宁蒙河段引水和流凌情况逐步减小下泄流量，以利于塑造宁蒙河段较适宜的封河流量。其间刘家峡水库下泄库内蓄水约 4 亿 m³，引水期末刘家峡水库控制蓄水 0～4 亿 m³，相应库水位为 1 717～1 721 m，为封开河期预留约 16 亿～20 亿 m³ 的防凌库容。

（3）封河期，刘家峡水库控制出库流量，蓄水防凌运用，满足宁蒙河段防凌要求。首先刘家峡水库按照宁蒙河段适宜封河流量要求的首封流量,控制出库流量为 500 ~ 650 m³/s,封河发展阶段保持流量平稳并缓慢减小;河道全部封冻、进入稳定封冻期,控制出库流量为 450 ~ 600 m³/s;封河期末控制水库蓄水不超过 14 亿 m³,库水位不超过 1 730 m,为开河期预留约 6 亿 m³ 的防凌库容。

(4)开河关键期,刘家峡水库进一步减小下泄流量,减小宁蒙河段开河期凌洪水量。刘家峡控制下泄流量在 300 m³/s 左右,以促使内蒙古河段平稳开河。开河期控制刘家峡水库最高蓄水位不超过 1 735 m。

(5)宁蒙河段主流贯通后,根据水库蓄水情况、供用水及引水要求,一般按 600 ~ 1 000 m³/s 加大下泄流量;若遇枯水年份,可以不加大下泄流量。

2. 龙羊峡水库

凌汛期龙羊峡水库下泄库内蓄水,其调度方式对刘家峡水库运用水位和下泄流量影响较大,在龙刘水库联合防凌调度中起着水量控制作用。凌汛期龙羊峡水库主要根据刘家峡水库的下泄流量和库内蓄水、上游来水和水库自身蓄水、电网发电情况等,与刘家峡水库联合运用,进行发电补偿调节,并控制凌汛期龙羊峡水库水位不超过正常蓄水位 2 600 m。

(1)11 月 1 日,若上游来水较丰,一般应控制龙羊峡水库蓄水位不超过 2 597.5 m。

(2)流凌期,刘家峡水库加大泄流时,龙羊峡水库视上游和龙刘区间来水、刘家峡水库蓄水等按照控制平稳下泄或减小下泄流量运用,控制下泄水量;若龙羊峡水库蓄水位达到 2 600 m,按照进出库平衡运用;使刘家峡水库期末水位尽量降至 1 717 ~ 1 721 m,预留足够防凌库容。

(3)封河期,龙羊峡水库主要根据刘家峡水库下泄流量和蓄水量、电网发电需求控制出库流量,并控制封河期出库水量与刘家峡出库水量基本相当,若龙羊峡水库蓄水位达到 2 600 m,按照进出库平衡运用。当刘家峡库水位达到 1 730 m 时,龙羊峡水库视龙刘区间来水减小下泄流量,控制刘家峡水库水位不超过 1 730 m。

(4)开河关键期,龙羊峡水库视刘家峡水库蓄水、龙刘区间来水,按照维持前期流量或加大流量下泄的方式运用,并控制刘家峡水库最高蓄水位不超过 1 735 m。

(5)宁蒙河段主流贯通后,视龙羊峡、刘家峡水库蓄水情况和电网发电需求,龙羊峡水库按照加大泄量或保持一定流量控制运用。

5.7.1.3　其他时段(4 ~ 6 月)

(1)4 月,由于宁蒙河段需水量较小,龙羊峡、刘家峡水库仍按常规调度方式对宁蒙河段进行补水,首先由刘家峡水库泄放水量满足宁蒙河段用水,龙羊峡水库则按发电运用方式控泄流量。

(2)5 月,当龙羊峡水库库水位在 2 580 m 及以上时,龙羊峡水库发生主动补水行为,控制龙羊峡水库下泄流量在 600 ~ 900 m³/s,均值维持在 800 m³/s,远超非汛期发电流量的需求,可补水刘家峡水库,使刘家峡库水位在 5 月维持在 1 726 m 及以上;同时,刘家峡出库流量按宁蒙河段引水需求控制,控泄流量为 1 000 ~ 1 100 m³/s;当龙羊峡水库水位低于 2 580 m 时,仍按刘家峡先龙羊峡后的补水顺序根据宁蒙河段用水需求进行控制下泄,龙羊峡水库不发生主动补水行为,龙羊峡水库按发电运用方式控泄流量,刘家峡出库则主要考虑宁蒙河段的引水需求。

（3）6月，当龙羊峡水库库水位在 2 580 m 及以上时，龙羊峡水库发生主动补水行为，控制龙羊峡水库下泄流量在 650~1 000 m³/s，均值维持在 750 m³/s；可使刘家峡库水位在 6月维持在 1 725 m 及以上，刘家峡出库流量按宁蒙河段引用水需求控制，控泄流量为 1 000~1 100 m³/s；当龙羊峡水库水位低于 2 580 m 时，仍按刘家峡先龙羊峡后的补水顺序根据宁蒙河段用水需求进行控制下泄，龙羊峡水库不发生主动补水行为，龙羊峡水库按发电运用方式控泄流量，刘家峡出库则主要考虑宁蒙河段的引水需求。

5.7.2　方案可操作性分析

本次提出的龙刘水库优化调配方案，是在现有龙刘水库水位、流量控制方案的基础上提出的，充分考虑了防洪、防凌和全河水量调度的要求。在防洪方面，根据龙羊峡、刘家峡水库设计联合防洪调度方案和近年来龙羊峡、刘家峡水库联合防洪调度方案，主要考虑充分利用汛限水位以上防洪库容，来完成防洪任务，并且在满足防洪要求前提下，尽量蓄水发电运用；同时，分析了汛期龙刘水库不同运行水位条件下，应对洪水的可能结果。在防凌方面，根据宁蒙河段近期的凌情特点及对龙刘水库的防凌调度要求，总结了龙刘水库的防凌调度经验，并针对近期宁蒙河段过流能力，制订了考虑宁蒙河段防凌要求的联合防凌调度方案，能够通过龙刘水库联合防凌运用，利用水库的防凌库容，满足下泄流量的过程控制要求，更为合理地控制宁蒙河段凌情，减少凌灾损失。在全河水量调度方面，本次研究了龙羊峡、刘家峡非汛期补水方式调整情景的调整思路，分别设置龙刘水库的联合控制水位，在特定情况下才会发生龙羊峡的主动补水行为，通过各方案计算结果的对比分析，最终推荐的情景方案不会改变现状情景下全河水量配置效果。

在此基础上，考虑到龙羊峡水库具有多年调节库容，对全河水量配置具有蓄丰补枯的重要作用，因此仍然基于将水量优先存续在龙羊峡水库的原则开展水位、流量控制研究。本书研究了龙羊峡、刘家峡非汛期补水方式调整情景的调整思路，分别设置龙刘水库的联合控制水位，在特定情况下才会发生龙羊峡的主动补水行为，研究表明该情景方案不会改变现状情景下全河水量配置效果，在不削减龙羊峡自身年均电力产能的同时，抬高了部分年份刘家峡 5月、6月的水位，提升了刘家峡乃至整个梯级水库的电力产能。

5.8　本章小结

针对近年来黄河上游梯级水电站水库发电、防凌、综合用水之间的矛盾问题，此次通过对全河水量调配的研究，针对全年汛期、凌汛期、非汛期等不同时段，提出了考虑龙刘水库蓄水、黄河来水及用水等不同情景下的龙羊峡、刘家峡水库水位、流量优化调配方案。

（1）刘家峡水库、龙羊峡水库先后建成并联合运用以后，在全河水量配置、龙刘区间河段、兰州河段和宁蒙河段的防洪防凌，以及上游发电供水等方面发挥了巨大的作用。同时，龙刘水库的运用方式在防洪、防凌方面仍有必要进一步总结提升；在水量调度方面，对全河水量配置问题考虑得过于保守，导致刘家峡水库 6月底结束时，汛期前的水位过低，对刘家峡水库的运用产生了不利影响，影响了综合效益的发挥。因此，有必要基于全河水量优化调配的角度,考虑综合效益的发挥,对龙刘水库联合水位、流量控制进行研究。

(2)通过动态汛限水位和分期汛限水位研究,以及防洪任务和约束性指标优化后,可以进一步优化防洪调度运用的方案,但在目前的静态汛限水位和防洪约束指标条件下,防洪运用方案的优化余地不大。因此,目前龙羊峡水库、刘家峡水库仍只能按照 2 588 m 和 1 727 m 的汛限水位运行,并针对不同的洪水按照相应的防洪控制流量进行下泄。

(3)近 10 年宁蒙河段流凌封河推迟、开河提前;年最大槽蓄水增量显著增加且最大值出现时间推后;封开河最高水位有所上升,巴彦高勒、三湖河口站凌汛期最高水位上升明显,防凌形势依然严峻。在龙刘水库联合防凌调度时,龙羊峡水库总体控制凌汛期下泄水量,刘家峡水库控制不同阶段的下泄流量过程满足防凌要求。但由于刘家峡水库至宁蒙河段距离较远,凌情预报水平不能完全满足防凌调度的需求,部分年份刘家峡水库控制时机和控泄流量并未完全与宁蒙河段凌情相对应,急需黑山峡等工程措施和非工程措施来进一步完善黄河上游防凌体系。

(4)龙羊峡水库作为黄河流域的"龙头"水库,具有多年调节库容,起着蓄丰补枯的重要作用,将水量尽量优先存续在龙羊峡水库中对全河流域的水量配置和电力产能是有利的。但从综合效益出发,经分析计算,4~6 月的非汛期时段确实存在优化空间,在不影响全河水量配置的情况下,通过采用的推荐方案,能使得刘家峡水库在除枯水年外的调度年份,5 月、6 月最低运行水位可保持在 1 726 m 和 1 725 m,对比 2003 年以来的实测均值 1 722 m 和 1 718 m 有显著提高,龙刘水库乃至上游梯级的发电量均有所提升,且刘家峡非汛期发电量提升明显。研究所设置的方案调整与龙羊峡水库的需水状态紧密相关,作为龙头水库,龙羊峡不仅承担着全河水量配置的任务,还与刘家峡一同承担防洪、防凌、供水等多项开发任务,研究表明仅当龙羊峡水库蓄水 2 580 m 以上才会发生主动补水行为,是符合上游梯级龙刘联合调度的开发任务的,同时受制全河多任务和目标,推荐方案的年均电量增幅有限。

(5)黄河流域位于干旱半干旱地区,属于资源性缺水地区,历史上旱灾频发。近年来,随着气候变化和人类活动加剧,黄河河川径流大幅减少,给水安全、能源安全和粮食安全的保障带来了极大风险。因此,全河水量优化调配是黄河流域一切水库调度必须考虑的前置条件。在此背景下,研究的龙刘联合水位、流量控制方案必须以满足全河水量调配要求为首要前提。

(6)黄河上游龙羊峡和刘家峡水库分别具有多年和不完全年调节能力,龙羊峡作为黄河的龙头水库,承担全河水量调配的任务,刘家峡水库在调节径流、增加梯级电站发电效益的同时,还要承担宁蒙河段供水、灌溉、防洪、防凌等任务。因此,本次在对龙刘联合水位、流量控制时,充分考虑了龙刘水库的开发任务和全河水量配置要求。随着青海、甘肃等地区火电发展,以及防洪防凌可替代工程的规划,尤其是黑山峡河段开发方案的深入论证,龙刘水库的防凌等任务将得到解放,龙刘水库的水位、流量控制方式将可得到进一步优化,能够发挥龙刘水库更大的综合效益。

第6章　黄河干流骨干水库分期
汛限水位研究

6.1　概　述

黄河干流建成有龙羊峡、刘家峡、万家寨、三门峡和小浪底五座骨干水利枢纽工程,其中万家寨、三门峡有效调节库容小,年内按照设计的运用方式,蓄泄平衡,在梯级优化调度中其影响有限,暂不考虑,主要有调节性能的为龙羊峡、小浪底、刘家峡三座水库。龙羊峡有效调节库容180亿 m³(多年调节水库),小浪底有效调节库容50亿 m³(不完全年调节水库),刘家峡有效调节库容20亿 m³(为季调节水库)。而刘家峡水库所在河段在不同调度期控泄十分严格:

(1)11月至次年3月凌汛期,根据历年《黄河防凌调度预案》,凌汛期防凌控泄流量十分稳定,年际间波动较小,其中2020年度的防凌控泄流量如表6-1-1所示,凌汛期刘家峡出库严格按照防凌控泄流量下泄,为刚性要求,与梯级其他水库的调度操作及蓄水状态无关。

(2)4~6月灌溉期,为满足刘家峡下游宁蒙河段的灌溉高峰用水,需要刘家峡连续3个月泄放超过1 000 m³/s的大流量过程,根据历年《黄河可供耗水量分配及凌汛期水量调度计划》,4~6月为满足灌溉用水按需下泄,如表6-1-2所示。

(3)7~10月汛期,刘家峡按照1 726 m汛限水位控制防洪运用。

鉴于刘家峡水库不同时期下泄需求的刚性约束大,同时库容小,调节能力有限,其在梯级水库联合调度中受黄河梯级及其他水库状态影响小,年内下泄过程较为稳定,见图6-1-1。所以黄河干流骨干水库的关键为上游龙羊峡水库、下游小浪底水库,研究其分期汛限水位具有重要意义。

表 6-1-1　凌汛期刘家峡水库防凌控泄流量　　　　　　　单位:m³/s

旬月	月份				
	11	12	1	2	3
上旬	1 300	580	550	510	360
中旬	880	580	540	460	500
下旬	580	580	530	380	1 000
月均	920	580	540	450	630

注:源自《2020~2021年度黄河防凌调度预案》。

表 6-1-2　灌溉期刘家峡水库下泄流量

月份	4	5	6
月均下泄流量/（m³/s）	1 350	1 345	1 500

注:源自 2018 年 7 月至 2019 年 6 月黄河可供耗水量分配及凌汛期水量调度计划。

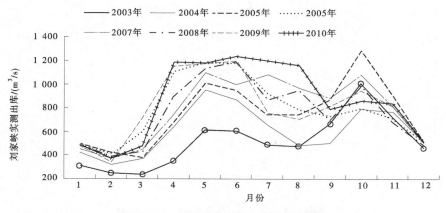

图 6-1-1　刘家峡水库历年实测下泄流量

6.2　龙羊峡分期汛限水位研究

黄河流域"水少沙多,水沙异源",不仅水资源短缺,而且流域防洪工程体系不完善,水库蓄水能力不高。而流域梯级水库的实际调度以偏安全的思想为主导,一般通过地区水文、气象特性分析(成因分析、数理统计)确定汛期,是以普通集合论为基础。这种绝对化的水文分期及汛期描述,即单一的控制限制水位,尽管保证了安全,却影响了兴利效益的发挥。随着沿黄流域经济的发展与水资源的紧缺,水库兴利与防洪矛盾变得越来越尖锐,为了从根本上缓解水库兴利与防洪的矛盾,有必要对传统意义的汛期和非汛期进行重新划分,客观地、动态地描述汛期与非汛期之间的过渡过程。也就是说,汛期具有不确定性,属于模糊集合,可以用模糊集合中的隶属度(隶属函数)对汛期进行描述,进行分期,并确定各时期的汛限水位。

龙羊峡水库作为黄河"龙头"水库,是黄河上游具有多年调节性能的综合利用型水库,位于黄河上游青海省共和县与贵南县交界处,水库控制流域面积 13.14 万 km²,占全流域的 28%。水库设计蓄水位为 2 600 m,总库容 247 亿 m³,调节库容 194 亿 m³,属于大(1)型水库,同时该水利工程兼顾防洪、发电、灌溉、防凌等功能,具有很大的综合效益,在黄河上游防洪运用和全河的水资源优化配置中发挥了重要作用,见图 6-2-1。

截至 2021 年,龙羊峡水库已蓄水运用 35 年。目前龙羊峡水库的汛期调洪的汛限水位是单一确定的,水库调度方式偏保守。为了更清晰地了解水库调控作用,本书以黄河上游龙羊峡水库为例,通过对龙羊峡水库入库唐乃亥水文站实测 32 年日均径流量资料进行模糊分析,在确保水库及下游防洪安全的同时又使水库能有较高的经济效益前提下,对水库汛期进行划分并计算水库分期汛限水位,分析龙羊峡水库的汛期划分和合理的汛限水位,以期辨识径流变化对水库汛期及汛限水位的影响。

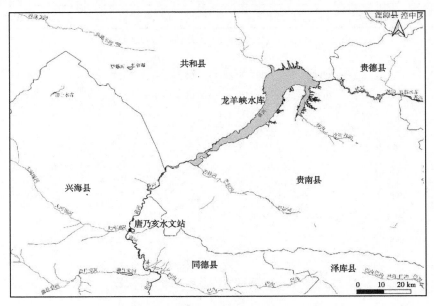

图 6-2-1　龙羊峡水库地理位置图

6.2.1　研究方法

本研究中,运用模糊合集法对龙羊峡水库汛期进行重新划分。模糊理论明确指出:汛期是具有模糊性的一个概念。在一年的时间 T 内,汛期可看作一个模糊子集 A,那么,汛期的相对事件 $\overline{A}$(非汛期)也属于一个模糊子集。因此,模糊隶属函数 $\mu_A(t)$ 可以用来描述汛期和非汛期两者过渡的任何时刻 t 有多大程度的汛期特征,$\mu_{\overline{A}}(t)$ 就为非汛期时期的特征程度。取值范围都为 $0 \sim 1$,即 $0 \leqslant \mu_A(t) \leqslant 1$、$0 \leqslant \mu_{\overline{A}}(t) \leqslant 1$,并且满足 $\mu_A(t) = 1 - \mu_{\overline{A}}(t)$。因此,确定汛期的经验隶属函数就是汛期模糊集分析法的核心问题。

对于描述分期模糊集的隶属函数,首先是要确定一个合适的汛期与非汛期的硬性临界指标 Y_T,然后统计研究区所有年份的径流资料,找流量大于或等于临界值 Y_T 的起始时间 t_1 和结束时间 t_2。区间 $[t_1, t_2]$ 可以作为一年的汛期区段,即汛期模糊集合的一次显影。对于多个年份,可以找出所有年内的显影样本,最终可得到汛期模糊集的隶属度。下面是具体的计算步骤:

(1)统计出 n 年的龙羊峡实测的入库流量作为本实验的总集,年域时间 $T = [1, 365]\mathrm{d}$。

(2)根据实际情况进行分析和试算,选定一个合理的 Y_T,作为判断进入主汛期的流量标准。

(3)统计任何一年中从大于或等于 Y_T 的初始时间 t_{1i} 和结束时间 t_{2i},可得本年的汛期区段,作为模糊集合 A 的一次实验结果,依照此步骤,然后统计所有计算年份的结果,用 $T_i = [t_{1i}, t_{2i}]$ 表示。

（4）T 中，假定任一时间 t 被汛期显影本区间 T_i 覆盖的次数，则时间 t 属于汛期模糊集 A 的隶属频率为 $P_A(t) = \dfrac{m_i}{n}$，当 $n \to \infty$ 时，即可得隶属度为

$$\mu_A(t) = \lim_{x \to \infty} P_A(t) = \lim_{x \to \infty} \left(\frac{m_i}{n} \right) \tag{6-2-1}$$

对于所有时间 t 按顺序进行隶属度的计算，可得到隶属函数。

6.2.2　汛期分期

汛期分期属于高维时间序列的聚类问题，目前主要通过模糊集合分析法、分形法、变点分析法、动态聚类法等来处理这类问题。

以龙羊峡水库上游唐乃亥水文站统计的 1987~2018 年（$n = 32$ 年）的入库流量资料，作为本次的模糊实验集合 A。龙羊峡水库上游降水时空分布很不均匀，主要集中在 5~10 月，所以统计龙羊峡水库 5 月 1 日至 11 月 30 日之间大于或等于 $Y_T = 1\,000\ \mathrm{m^3/s}$ 的流量分析汛期的规律，即 $T = [5.1, 11.30]$，本次研究中选取 $Y_T = 1\,000\ \mathrm{m^3/s}$ 为进入汛期的临界流量，统计大于或等于 $Y_T = 1\,000\ \mathrm{m^3/s}$ 的初始时间（t_{1i}）和结束时间（t_{2i}）。如 1987 年的汛期期间为 $T_{1987} = [t_{1,1987}, t_{2,1987}] = [6.18, 8.17]$，是集合 A 在一次实验中得到的结果，即一个显影样本，32 年就有 32 个显影样本，表 6-2-1 为统计龙羊峡水库 32 年的实验结果。

表 6-2-1　模糊集合 A

序号	年份	$[t_1, t_2]$	序号	年份	$[t_1, t_2]$	序号	年份	$[t_1, t_2]$
1	1987	$[6.18, 8.17]$	12	1998	$[7.14, 10.9]$	23	2009	$[6.14, 10.30]$
2	1988	$[6.18, 10.31]$	13	1999	$[6.6, 10.28]$	24	2010	$[6.12, 8.5]$
3	1989	$[5.7, 10.23]$	14	2000	$[6.7, 9.12]$	25	2011	$[6.4, 10.16]$
4	1990	$[7.30, 9.21]$	15	2001	$[6.14, 10.17]$	26	2012	$[5.11, 10.17]$
5	1991	$[7.30, 8.26]$	16	2002	$[6.26, 7.18]$	27	2013	$[6.4, 8.15]$
6	1992	$[6.25, 10.16]$	17	2003	$[7.20, 10.17]$	28	2014	$[6.4, 10.10]$
7	1993	$[6.20, 9.15]$	18	2004	$[8.16, 9.16]$	29	2015	$[6.27, 7.19]$
8	1994	$[6.13, 7.14]$	19	2005	$[6.22, 10.29]$	30	2016	$[10.16, 10.20]$
9	1995	$[8.6, 9.26]$	20	2006	$[6.24, 9.7]$	31	2017	$[6.17, 11.3]$
10	1996	$[6.7, 8.4]$	21	2007	$[6.16, 9.21]$	32	2018	$[5.15, 10.28]$
11	1997	$[5.22, 7.16]$	22	2008	$[7.5, 10.20]$			

根据表 6-2-1 的结果，可用式（6-2-1）计算 32 年的模糊集合 A 的隶属度。如 5 月 7 日，$[t_{1i}, t_{2i}]$ 的覆盖次数 $m_{5.7} = 1$（1989 年），其隶属度 μ_A（5 月 7 日）$= 1/32 = 0.031$；依次统计并计算其他时间 t 的模糊隶属度，计算结果见表 6-2-2。

表 6-2-2　龙羊峡水库汛期模糊隶属度 $\mu_A(t)$

月	1 日	2 日	3 日	4 日	5 日	6 日	7 日	8 日
5	0	0	0	0	0	0	0.031	0.031
6	0.125	0.125	0.125	0.219	0.219	0.250	0.313	0.313
7	0.750	0.750	0.750	0.750	0.781	0.781	0.781	0.781
8	0.781	0.781	0.781	0.781	0.781	0.781	0.781	0.781
9	0.719	0.719	0.719	0.719	0.719	0.719	0.719	0.688
10	0.500	0.500	0.500	0.500	0.500	0.500	0.500	0.500
11	0.031	0.031	0.031	0	0	0	0	0

月	9 日	10 日	11 日	12 日	13 日	14 日	15 日	16 日
5	0.031	0.031	0.063	0.063	0.063	0.063	0.094	0.094
6	0.313	0.313	0.313	0.344	0.375	0.438	0.438	0.469
7	0.781	0.781	0.781	0.781	0.781	0.813	0.781	0.781
8	0.781	0.781	0.781	0.781	0.781	0.781	0.781	0.813
9	0.688	0.688	0.688	0.688	0.656	0.656	0.656	0.625
10	0.500	0.469	0.438	0.438	0.438	0.438	0.438	0.438
11	0	0	0	0	0	0	0	0

月	17 日	18 日	19 日	20 日	21 日	22 日	23 日	24 日
5	0.094	0.094	0.094	0.094	0.094	0.125	0.125	0.125
6	0.500	0.563	0.563	0.594	0.594	0.625	0.625	0.656
7	0.750	0.750	0.719	0.719	0.719	0.719	0.719	0.719
8	0.781	0.750	0.750	0.750	0.750	0.750	0.750	0.750
9	0.406	0.375	0.375	0.375	0.313	0.313	0.313	0.281
10	0.344	0.250	0.250	0.250	0.188	0.188	0.188	0.156
11	0	0	0	0	0	0	0	0

月	25 日	26 日	27 日	28 日	29 日	30 日	31 日	
5	0.125	0.125	0.125	0.125	0.125	0.125	0.125	
6	0.688	0.719	0.750	0.750	0.750	0.750	—	
7	0.719	0.719	0.719	0.719	0.719	0.781	0.781	
8	0.750	0.750	0.719	0.719	0.719	0.719	0.719	
9	0.281	0.281	0.281	0.281	0.500	0.500	—	
10	0.156	0.156	0.156	0.156	0.125	0.094	0.063	
11	0	0	0	0	0	0	—	

从表 6-2-2 计算的龙羊峡水库汛期模糊隶属度可知,隶属度为 0.750 时进入主汛期,a_1 = 6 月 27 日是主汛期的起始时间,a_1 = 8 月 26 日是主汛期的结束时间。

6.2.3　分期汛限水位

由于在汛期汛限水位保持不变,这影响水库发挥最大的兴利利益,由此演变而来的新方法是时间分期汛限水位,可以有效解决防洪和兴利之间的矛盾,其前提是建立在汛期分期合理的基础上。

龙羊峡水库的汛期防洪库容 $V_{防} = 45$ 亿 m^3,汛限水位 $Z_{限} = 2\,594$ m,对应库容为 195.63 亿 m^3,汛期校核洪水位为 2 607 m。本次研究中,龙羊峡水库的计算分期汛限水位采用直接法。该方法中,把不同时段的汛期隶属度 $\mu_A(t)$ 看作是不同时段的一个库容分配比例,其计算思路为:首先根据已知的 $\mu_A(t)$,可以计算出 $[1-\mu_A(t)] \times V_{防}$,以当作非主汛期不同时段的防洪库容,则主汛期不同时段的总库容为 $[1-\mu_A(t)] \times V_{防} + V_{限}$,再根据 $Z\text{-}V$ 的关系曲线,查出相应的分期防洪限制水位,分期汛限水位计算结果见表 6-2-3。

表 6-2-3　直接法确定龙羊峡水库分期汛限的计算结果

日期 (月-日)	$\mu_A(t)$	$1-\mu_A(t)$	防洪库容/ 亿 m^3	总库容/ 亿 m^3	计算汛限 水位/m	常规汛限 水位/m
05-10	0.031	0.969	68.99	245.34	2 600	2 600
05-20	0.094	0.906	64.51	241.97	2 600	2 600
05-30	0.125	0.875	62.30	240.32	2 599	2 600
06-10	0.313	0.687	48.91	230.26	2 597	2 600
06-20	0.594	0.406	28.91	215.23	2 593	2 594
06-25	0.688	0.312	22.21	210.21	2 592	2 594
06-30	0.750	0.250	17.80	206.89	2 591	2 594
07-10	0.781	0.219	15.59	205.23	2 590	2 588
07-20	0.719	0.281	20.01	208.55	2 591	2 588
07-30	0.781	0.219	15.59	205.23	2 590	2 588
08-10	0.781	0.219	15.59	205.23	2 590	2 588
08-20	0.750	0.250	17.80	206.89	2 591	2 588
08-30	0.719	0.281	20.01	208.55	2 591	2 588
09-05	0.719	0.281	20.01	208.55	2 591	2 588
09-10	0.469	0.531	37.81	221.92	2 595	2 588
09-20	0.375	0.625	44.50	226.95	2 596	2 594
09-25	0.281	0.719	51.19	231.97	2 597	2 594
09-30	0.500	0.500	35.60	220.26	2 594	2 594
10-10	0.469	0.531	37.81	221.92	2 595	2 600
10-20	0.250	0.750	53.40	233.63	2 598	2 600
10-30	0.094	0.906	64.51	241.97	2 600	2 600
11-10	0	1.000	71.20	247.00	2 600	2 600
11-20	0	1.000	71.20	247.00	2 600	2 600
11-30	0	1.000	71.20	247.00	2 600	2 600

从计算结果可以看出,汛前期从 6 月 16 日至 6 月 26 日,汛限水位从 2 594 m 逐渐减小至 2 590 m;主汛期从 6 月 27 日至 8 月 26 日,汛限水位为 2 590 m;汛后期从 8 月 27 日至 9 月 17 日,汛限水位从 2 588 m 逐步抬高至 2 594 m。

图 6-2-2 为水库常规汛限水位和计算汛限水位的比较。相对于龙羊峡水库当前汛限水位的运行方案,使用模糊集分析法确定出的汛限水位,在整个汛期是一个连续、平缓的变化过程,汛期汛限水位只要不超过 2 594 m 就不会影响防洪安全,因此可以对龙羊峡水库汛限水位进行动态控制运用,可以控制主汛期汛限水位为 2 590 m。

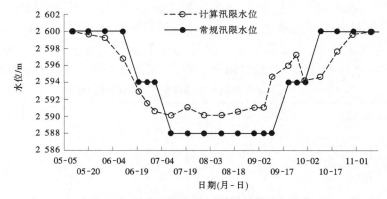

图 6-2-2　常规汛限水位和计算汛限水位的比较

经过模糊集分析所计算的结果与实际运行的前汛期起始日期、截止日期基本上相同。计算的汛限水位是一个渐变的水位,而实际的汛限水位是 1 个值(2 588 m);接近主汛期时,汛限水位低于实际运行的,对防洪更为有利。主汛期比较:主汛期计算的起始时间与实际运行的时间相差不大,计算的主汛期结束时间比实际运用汛期结束时间提前了。根据多年统计资料得知,龙羊峡水库自建成运用以来,因兼顾下游梯级电站施工度汛安全和下游河道防洪需求,水库汛限水位一直未能按设计汛限水位,汛后蓄不满水,不能满足兴利要求,由此可见计算的主汛期比实际运用情况更有利于解决水库应用过程中的实际状况,更有利于水库兴利。汛后期比较:计算的汛后期开始时间提前,汛限水位变化是一渐变过程,逐渐达到兴利水位。

6.3　小浪底分期汛限水位研究

小浪底水库位于穿越中条山、王屋山的晋豫黄河峡谷中,库区全长 130 km,总面积 278 km²。截至 2019 年 3 月,小浪底水库已蓄水运用 19 年。水库运行以来,供水、防洪产生很高的经济效益,水库在保障下游用水安全、保护下游人民群众生命财产安全等方面发挥了重要作用。目前小浪底水库的汛期调洪是,汛限水位是单一确定的,水库调度方式偏于保守。本书为在保证下游人民群众安全的同时又能保证其较高的经济效益,结合 19 年的小浪底水库的水况情况,对水库汛期进行划分,并计算水库分期汛限水位,得到小浪底水库的分期汛限水位设计计算方案。

6.3.1　研究方法

本次研究中,选用模糊集合法来划分小浪底水库汛期,模糊理论明确指出:汛期是具有模糊性的一个概念。在一年的时间 T 内,汛期可被当作一个模糊子集 A,那么,汛期的相对事件 $\overline{A}$(非汛期)也属于一个模糊子集。因此,模糊隶属函数 $\mu_A(t)$ 可以用来描述汛期和非汛期两者相互过渡的任何时刻 t 有多大程度的汛期特征,$\mu_A(t)$ 就为非汛期时期的特性程度。取值范围都为 0~1,即 $0 \leqslant \mu_A(t) \leqslant 1$、$0 \leqslant \mu_{\overline{A}}(t) \leqslant 1$,其两者关系为 $\mu_A(t) = 1 - \mu_{\overline{A}}(t)$。因此,确定汛期的经验隶属函数就是汛期模糊集分析法的核心问题。

对于描述分期模糊集的隶属函数,首先是要确定一个合适的汛期与非汛期的硬性分界指标 Y_T,然后统计研究区所有年份的水况资料,找流量大于或等于 Y_T 的起始时间 t_1 和结束时间 t_2。t_1 和 t_2 的区间可以作为一年的汛期区段,即汛期模糊集合的一次显影。对于多个年份,可以找出所有年内的显影样本,最终可得到汛期模糊集的隶属度,下面是具体的计算步骤:

(1)统计出 n 年的小浪底实测的入库流量作为本实验的总集,年域时间 $T=[1,365]$d。

(2)根据实际情况进行分析和试算,选定一个合理的 Y_T,作为判断进入主汛期的流量标准。

(3)统计任何一年中从大于或等于 Y_T 的初试时间 t_{1i} 和结束时间 t_{2i},可得本年的汛期区段,作为模糊集合 A 的一次实验结果,依照此步骤,然后统计所有计算年份的结果,用 $T_i = [t_{1i}, t_{2i}]$ 表示。

(4)T 中,假定任一时间 t 被汛期显影本区间 T_i 覆盖的次数,则时间 t 属于汛期模糊集 A 的隶属频率为 $P_A(t) = \dfrac{m_i}{n}$,当 $n \to \infty$ 时,即可得隶属度为

$$\mu_A(t) = \lim_{x \to \infty} P_A(t) = \lim_{x \to \infty} \left(\frac{m_i}{n} \right) \tag{6-3-1}$$

对于所有时间 t 按顺序进行隶属度的计算,可得到隶属函数。

6.3.2　汛期分期

统计小浪底水库 1999~2017 年($n=19$ 年)的入库流量,作为本次的模糊实验集合 A。小浪底水库在每年的 5 月之前主要来水为上游冰雪融水,所以选择小浪底水库 6 月 1 日至 12 月 31 日之间的大于或等于 1 000 m³/s 的流量分析汛期的规律,即 $T=[6.1, 12.31]$,本次研究中 $Y_T = 1\,000$ m³/s,即选出大于或等于 $Y_T = 1\,000$ m³/s 的初始时间 t_{1i},结束时间 t_{2i}。如:2003 年的汛期期间为 $T_{2003} = [t_{1,2003}, t_{2,2003}] = [8.2, 12.9]$,是集合 A 在一次实验中得到的结果,即一个显影样本,18 年就有 18 个显影样本,表 6-3-1 为统计小浪底水库 18 年的实验结果。

表 6-3-1　小浪底模糊集合 A

序号	年份	$[t_1, t_2]$	序号	年份	$[t_1, t_2]$	序号	年份	$[t_1, t_2]$
1	1999	$[12.5, 12.14]$	8	2006	$[6.25, 10.2]$	15	2013	$[6.12, 10.2]$
2	2000	$[6.29, 10.18]$	9	2007	$[6.23, 11.20]$	16	2014	$[7.5, 10.12]$
3	2001	$[8.20, 10.3]$	10	2008	$[6.28, 11.19]$	17	2015	$[7.8, 12.12]$
4	2002	$[6.24, 8.18]$	11	2009	$[6.10, 10.8]$	18	2016	$[7.2, 9.23]$
5	2003	$[8.2, 12.9]$	12	2010	$[6.5, 10.4]$	19	2017	$[7.28, 10.26]$
6	2004	$[7.6, 10.3]$	13	2011	$[7.4, 12.17]$			
7	2005	$[6.27, 11.7]$	14	2012	$[6.6, 11.20]$			

根据表 6-3-1 的计算结果,可计算 19 年的模拟集合 A 的隶属度。如:6 月 5 日, $[t_{1i}, t_{2i}]$ 的覆盖次数 $m_{6.5} = 1$,即 2010 年,其隶属度 μ_A(6 月 5 日) $= 1/18 = 0.053$;依次统计并计算其他各时间 t 的模拟隶属度,计算结果见表 6-3-2。

表 6-3-2　小浪底水库汛期模糊隶属度 $\mu_A(t)$

月	1 日	2 日	3 日	4 日	5 日	6 日	7 日	8 日
6	0	0	0	0	0.053	0.105	0.105	0.105
7	0.526	0.579	0.579	0.632	0.684	0.737	0.737	0.789
8	0.842	0.895	0.895	0.895	0.895	0.895	0.895	0.895
9	0.895	0.895	0.895	0.895	0.895	0.895	0.895	0.895
10	0.842	0.842	0.789	0.789	0.737	0.737	0.737	0.737
11	0.526	0.526	0.526	0.526	0.526	0.526	0.526	0.474
12	0.316	0.316	0.316	0.316	0.368	0.368	0.368	0.368
月	9 日	10 日	11 日	12 日	13 日	14 日	15 日	16 日
6	0.105	0.158	0.158	0.211	0.211	0.211	0.211	0.211
7	0.789	0.789	0.789	0.789	0.789	0.789	0.789	0.789
8	0.895	0.895	0.895	0.895	0.895	0.895	0.895	0.895
9	0.895	0.895	0.895	0.895	0.895	0.895	0.895	0.895
10	0.684	0.684	0.684	0.684	0.632	0.632	0.632	0.632
11	0.474	0.474	0.474	0.474	0.474	0.474	0.474	0.474
12	0.368	0.316	0.316	0.316	0.263	0.263	0.211	0.211

续表 6-3-2

月	17 日	18 日	19 日	20 日	21 日	22 日	23 日	24 日
6	0.211	0.211	0.211	0.211	0.211	0.211	0.263	0.316
7	0.789	0.789	0.789	0.789	0.789	0.789	0.789	0.789
8	0.895	0.895	0.842	0.895	0.895	0.895	0.895	0.895
9	0.895	0.895	0.895	0.895	0.895	0.895	0.895	0.842
10	0.632	0.632	0.579	0.579	0.579	0.579	0.579	0.579
11	0.474	0.474	0.474	0.421	0.316	0.316	0.316	0.316
12	0.211	0.158	0.158	0.158	0.158	0.158	0.158	0.158
月	25 日	26 日	27 日	28 日	29 日	30 日	31 日	
6	0.368	0.368	0.421	0.474	0.526	0.526	—	
7	0.789	0.789	0.789	0.842	0.842	0.842	0.842	
8	0.895	0.895	0.895	0.895	0.895	0.895	0.895	
9	0.842	0.842	0.842	0.842	0.842	0.842	—	
10	0.579	0.579	0.526	0.526	0.526	0.526	0.526	
11	0.316	0.316	0.316	0.316	0.316	0.316	—	
12	0.158	0.158	0.158	0.158	0.158	0.158		

从表 6-3-2 计算的小浪底水库汛期模拟隶属度可知,由于 1999 年 12 月小浪底开始投入使用,即 1999 年的隶属度计算可忽略,隶属度=0.895 进入主汛期,a_1=8 月 3 日是主汛期的起始时间,a_1=9 月 23 日是主汛期的结束时间。7 月 8 日至 8 月 3 日作为水库的汛前期,9 月 23 日至 10 月 4 日为汛后期。

6.3.3　分期汛限水位

由于正常的汛限水位在汛期保持不变,这影响水库发挥最大的兴利利益,由此演变而来的新方法是设计分期汛限水位,可以有效地解决防洪和兴利的矛盾,其前提是建立在汛期分期合理的基础上。

小浪底水库的汛期防洪库容 $V_{防}$ = 40.5 亿 m³,汛限水位 $Z_{限}$ = 230.00 m,对应库容 48.6 亿 m³,汛期校核洪水位 $Z_{校}$ = 275.00 m。本次研究中,小浪底水库的计算分期汛限水位采用直接法,该方法中,把不同时段的汛期隶属度 $\mu_A(t)$ 看作是不同时段的一个库容分配比例,其计算思路为:首先根据已知的 $\mu_A(t)$,可以计算出 $[1-\mu_A(t)] \times V_{防}$,以当作非主汛期不同时间段的防洪库容;然后计算 $[1-\mu_A(t)] \times V_{防}+V_{限}$,当作主汛期不同时段的总库容,再根据 $Z-V$ 的关系曲线,查出相应的分期防洪限制水位,分期汛限水位计算结果见表 6-3-3,图 6-3-1 为水库常规汛限水位和计算所得汛限水位的比较。

表 6-3-3   直接法确定小浪底水库分期汛限水位的计算结果

日期 （月-日）	$\mu_A(t)$	$1-\mu_A(t)$	防洪库容/ 亿 m³	总库容/亿 m³	计算汛限 水位/m	常规汛限 水位/m
06-10	0.158	0.842	34.101	44.482	252	248
06-20	0.211	0.789	31.954 5	42.335 5	251	248
06-30	0.526	0.474	19.197	29.578	244	248
07-10	0.789	0.211	8.545 5	18.926 5	237	230
07-20	0.789	0.211	8.545 5	18.926 5	237	230
07-31	0.842	0.158	6.399	16.78	235	230
08-10	0.895	0.105	4.252 5	14.633 5	233.5	230
08-20	0.895	0.105	4.252 5	14.633 5	233.5	230
08-31	0.895	0.105	4.252 5	14.633 5	233.5	230
09-10	0.895	0.105	4.2525	14.633 5	233.5	230
09-20	0.895	0.105	4.252 5	14.633 5	233.5	230
09-30	0.842	0.158	6.399	16.78	235	230
10-10	0.684	0.316	12.798	23.179	240	248
10-20	0.579	0.421	17.050 5	27.431 5	242.5	248
10-31	0.526	0.474	19.197	29.578	244	248
11-10	0.474	0.526	21.303	31.684	245	252
11-20	0.421	0.579	23.449 5	33.830 5	246	256
11-30	0.316	0.684	27.702	38.083	248.4	260
12-10	0.316	0.684	27.702	38.083	252	260

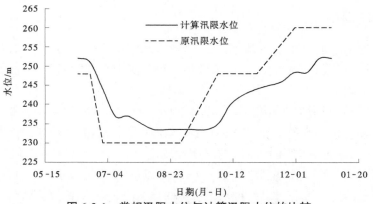

图 6-3-1   常规汛限水位与计算汛限水位的比较

相对于小浪底水库当前汛限水位的运行方案,使用模糊集分析法确定出的汛限水位,在整个汛期是一个连续、平缓的变化过程,汛期汛限水位只要不超过 245 m(考虑控制中常洪水保障下游滩区安全要求),就不会影响防洪安全。所以,小浪底水库汛限水位动态控制运用,如图 6-3-1 所示,汛期汛限水位应控制在 230~245 m。由于目前汛限水位 230 m 相应库容为 10 亿 m³,库容相对较大,汛限水位超过 230 m 时,水库的排沙能力将大幅降低,难以实现异重流排沙,所以此调控方案不适合在多沙年使用。

6.4　龙羊峡、小浪底补偿调度规则研究

针对黄河流域梯级库群,共计龙羊峡、刘家峡、万家寨、三门峡、三小浪底五座水库,其中具有一定调蓄能力的为龙羊峡、刘家峡和小浪底。龙羊峡有效库容 180 亿 m³,为多年调节水库;小浪底有效库容 50 亿 m³,为不完全年调节水库;刘家峡有效库容 20 亿 m³,为季调节水库。

其中,刘家峡年内不同调度期下泄要求多为刚性约束。如 11 月至次年 3 月刘家峡有防凌任务,要求精准下泄防凌控泄流量,4~6 月宁蒙河段灌溉用水高峰期下泄大流量;同时全年需要保证河口镇断面 250 个流量。再加上刘家峡库容小,受黄河梯级及其他水库状态影响小,所以不参与关联规则研究,本次聚合水库及分配规则研究仅考虑龙羊峡和小浪底。

6.4.1　聚合水库调度图

当水库群联合调度时,对当前时段的总出力或总供水量的决策,不应以某一水库的蓄水或蓄能状态为决策参考,而应从水库群系统整体蓄水量或蓄能的角度出发,综合考虑各水库的蓄水或蓄能状态制定出力或供水决策。此一角度来看,聚合水库思想在库群中的应用更为合适,适用范围也较广泛。

梯级水库系统由于共同调度任务使得各库的供水决策相互影响,当确定如何对水库群共同供水任务进行供水时,应从库群系统整体蓄水量的角度出发制定供水决策,目前,将水库群虚拟为聚合水库并针对聚合水库制定供水决策的方法被视为水库群联合调度的最佳方法之一。聚合水库蓄水状态为各库蓄水累加,在调度时段中同样遵循水量平衡方程:

$$V_t = BV_t + I_t - R_t - L_t - SP_t \qquad (6\text{-}4\text{-}1)$$

式中:BV_t、V_t 分别为 t 时段初、末的聚合水库蓄水量;I_t、L_t 分别为聚合水库 t 时段的径流量、水量损失,其值为各库累加;R_t 为 t 时段聚合水库对用水户的供水总量,依据聚合水库蓄水状态和调度线位置确定(见图 6-4-1,假设年内 12 个调度时段,加大或正常或缩减供水量);SP_t 为聚合水库 t 时段弃水量。

当具有多个共同用水户(如同时具有工业和农业等)时,则去除加大供水,对各用水户仅区分正常供水和限制供水;假设共同用水户有 3 个供水目标 $D_{it}(i=1,2,3$,为目标序号),供水优先级从高到低依次为 D_{1t}、D_{2t}、D_{3t},参照郭旭宁 2013 年所提的多目标限制供水规则,设年内总调度时段为 p;在聚合水库蓄水限制间设置对应的限制供水启动向量

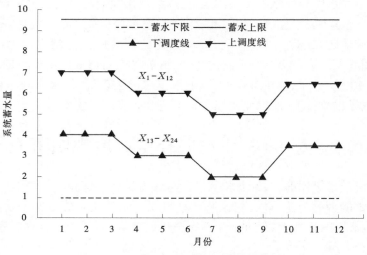

图 6-4-1　聚合水库调度图(单目标型)

$Z_i(z_{i1},z_{i2},\cdots,z_{it},\cdots,z_{ip})$，对于任意调度时段 $t\in[1,p]$，都应有 $z_{1t}\leqslant z_{2t}\leqslant z_{3t}$，$Z_i$ 将聚合水库划分为图 6-4-2 所示的四个供水区间，则聚合水库的供水规则表述为

$$R_t = \begin{cases} D_{1t} + D_{2t} + D_{3t} & V_t \in \text{zone}\,\mathrm{I} \\ D_{1t}\overline{\omega_1} + D_{2t} + D_{3t} & V_t \in \text{zone}\,\mathrm{II} \\ D_{1t}\overline{\omega_1} + D_{2t}\overline{\omega_2} + D_{3t} & V_t \in \text{zone}\,\mathrm{III} \\ D_{1t}\overline{\omega_1} + D_{2t}\overline{\omega_2} + D_{3t}\overline{\omega_3} & V_t \in \text{zone}\,\mathrm{IV} \end{cases} \qquad (6\text{-}4\text{-}2)$$

式中：$\overline{\omega_i}$ 为对应供水目标的限制系数，一般可作为待优化的变量或通过实际工程经验获得。

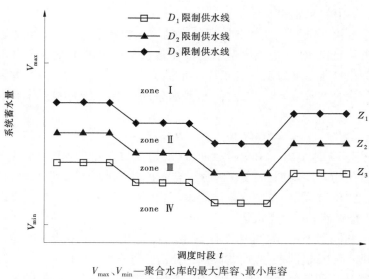

$V_{\max}$、$V_{\min}$—聚合水库的最大库容、最小库容

图 6-4-2　聚合水库调度图(多目标型)

6.4.2　基于平衡曲线的系统水量分配规则

6.4.2.1　平衡曲线

平衡曲线通过探求水库群系统蓄水量与各库蓄水量的关系可以实现水库群中对供水任务的分配,即蓄水量的空间分布。国外学者曾探讨不同操作策略对简化水库系统的影响,并试图解析水库间最佳的蓄水量分布,此为平衡曲线(balancing curve)概念的最初来源,本书称为平衡曲线。目前对此的研究较少,有学者预设系统蓄水量与成员水库蓄水量间的分段函数形式。

1. 表现形式

以供水水库群为例,假设水库群系统中具有 n 个水库共同承担同一个用水户的供水任务(见图6-4-3),该用水户需水量为 $D_t(t=1,2,\cdots,T)$;水库 i 在 t 时段的径流量、水量损失、溢流量及供水量分别为 I_{it}、L_{it}、SP_{it} 和 R_{it}。假设水库 i 在 t 时段初蓄水量 BS_{it},则 t 时段末水库蓄水量 S_{it} 为

$$S_{it} = BS_{it} + I_{it} - R_{it} - L_{it} - SP_{it} \tag{6-4-3}$$

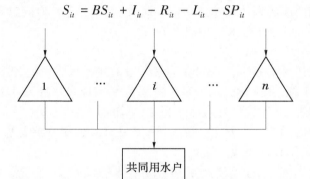

图6-4-3　水库群向同一用水户联合供水调度示意图

水库群系统 t 时段为用水户供水 R_t 之后($R_t \leqslant D_t$),t 时段末系统的总蓄水量 V_t 为

$$V_t = \sum_{i}^{n} (BS_{it} + I_{it} - L_{it} - SP_{it}) - R_t \tag{6-4-4}$$

$$R_t = R_{1t} + R_{2t} + \cdots + R_{nt} \tag{6-4-5}$$

$$V_t = S_{1t} + S_{2t} + \cdots + S_{nt} \tag{6-4-6}$$

因为时段末总蓄水量有多种分配方式,所以具有多种供水效果,且不同分配方式会对未来时段的供水产生影响。系统蓄水量 V_t 在水库群间的空间分布特性是本部分的研究对象,即 i 水库在 t 时段末的理想(目标)蓄水量 $\hat{S}_{it}$-V_t 的关系,两者的关系曲线又称为平衡曲线(balancing curve)。

$\hat{S}_{it}$-V_t 的合理曲线形式应考虑不同的入流量、需水量及水库的有效库容,对于水库系统不同的调度目标、不同的调度时段等也存在差异。目前多数研究中的理想(目标)蓄水量 $\hat{S}_{it}$ 多是作为决策变量通过优选得到,对于目标蓄水量与系统总蓄水量的关系研究较少,多是仅给出特定解析表达及其合理性分析,未有物理含义及理论支撑。省略时段 t,相

关数学表述如下:

$$\hat{S}_i = a_i + b_i \times V \tag{6-4-7}$$

$$\hat{S}_i = K_i - a'_i \times VK + b'_i \times V \tag{6-4-8}$$

$$\hat{S}_i = \frac{S_G^i}{\sum\limits_{i=1}^{n} S_G^i} V_t + S_D^i + \sum_{j=1}^{n} (D_j - I_j) \tag{6-4-9}$$

有学者还给出了二次多项式(非线性)形式的平衡曲线关系式,并得出由于最终受限于物理约束其优化调度结果并无显著差异的结论。

$$\hat{S}_i = a''_i + b'' \times V + c_i \times V^2 \tag{6-4-10}$$

国外相关学者采用随机动态规划推求出密西西比河流域水库群最优决策集,发现部分水库的时段末实际蓄水量与系统蓄水量呈现一定的分段线性关系。也有学者采用分段函数形式描述目标蓄水量与总蓄水量的关系。

以上有关平衡曲线的具体表达式中:a_i、b_i、c_i、a'_i、b'_i、a''_i、b''_i 为待定参数;S_G^i、S_D^i 分别为水库 i 的预见期末的指导性蓄水量和蓄水下限。

2. 物理意义

以分段线性描述平衡曲线,图 6-4-4 为某时段两并联水库系统的平衡曲线示意图(忽略下标时段 t),其中横、纵坐标分别为系统蓄水量 V 与成员水库蓄水量 S_i,K_1、K_2 分别表示两水库的有效库容。可以看出,入库水量 I_i,下游需水状况 D_i、JD 和有效库容 K_i 是定义平衡曲线时应考虑的三个主要水文要素;由于系统入流和下游需水状况随着时间而改变,所以平衡曲线应具有时变性。

平衡曲线的斜率可用来指示系统中各库蓄放水的优先权,在调度过程中起重要作用。任一成员水库平衡曲线的斜率都应该是非负的,因为实际调度过程中随着系统蓄水量的增加,各成员水库的目标蓄水量应该随之增加或保持不变,反之亦然。此外,系统蓄水量的增减必须等于成员水库蓄水量增减的总和,因此各库平衡曲线的斜率之和为1。

若调度时段内当期入流大于当期需水,库群系统需要存蓄多余水量,通过对比各水库平衡曲线的斜率可以得出平衡曲线所表述的物理意义,为库群系统的蓄放水提供参考:

(1)当系统中某一水库的平衡曲线斜率等于 1 时,说明系统蓄水量的增减等于此水库蓄水量的增减,则所有多余水量皆存放于此水库(见图 6-4-4 中过 G 点的 Curve 2)。

(2)当各水库平衡曲线的斜率均小于 1 时,则多余水量按比例存储于各水库(见图 6-4-4 中 G 点前的各库平衡曲线)。

(3)当某一水库的平衡曲线斜率为 0 时,说明系统蓄水量的变化不改变此水库的蓄水状态,则多余水量不存放于此水库(见图 6-4-4 中过 G 点的 Curve 1)。

当水库调度当期入流小于当期需水,水库需要下泄自身水量时,相类似的物理意义同样可由斜率对比得出。

6.4.2.2　基于平衡曲线的分配规则

以平衡曲线作为库群系统蓄水量的分配依据,间接实现对共同用水户供水任务的分配;无论是蓄水期还是供水期平衡曲线统一采用 3 段 4 节点的分段线性形式进行表述,如

图 6-4-5 所示。

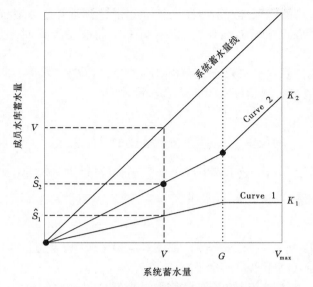

图 6-4-4　两并联水库系统的平衡曲线示意图

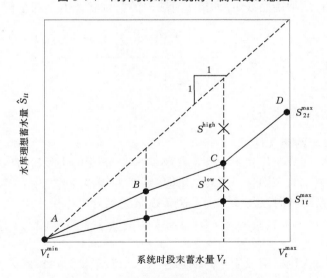

图 6-4-5　某时段平衡曲线简化策略示意图

图 6-4-5 中, V_t、$\hat{S}_{it}$ 分别为 t 时段末系统蓄水量与 i 水库理想蓄水量; $V_t^{\max}$、$V_t^{\min}$ 分别为系统蓄水量的上、下限; $S_{it}^{\max}$ 为 i 水库 t 时段的库容上限。$ABCD$ 的节点坐标设为 $(X_{it}^A, Y_{it}^A)\sim$ (X_{it}^D, Y_{it}^D)。由调度期末系统蓄水量插值得到各水库的目标蓄水量 $\hat{S}_{it}$, 如 t 时段末的系统蓄水量为 V_t 处在平衡曲线节点 B 与 C 之间, 则此时 i 水库 t 时段末的理想蓄水量为

$$\hat{S}_{it} = X_{it}^B + \frac{X_{it}^C - X_{it}^B}{Y_{it}^C - Y_{it}^B}(V_t - Y_{it}^B) \tag{6-4-11}$$

平衡曲线在指导梯级水库群长时序调度时,由于水文径流的不确定性及库容限制,并不能保证所有时段末均能达到理想蓄水状态。在未能达到理想蓄水状态的情况下,应以各库的蓄水状态尽量靠近平衡曲线作为目标,对平衡曲线指导长时序调度进行补充和修正。

由成员水库的期初蓄水量与入流之和扣除损失量,再减去 i 水库 t 时段的独立用水量 RI_{it}(如生态用水、环境最小流量等),可得剩余水量 S_{it}^{lone}:

$$S_{it}^{lone} = S_{it} + I_{it} - RI_{it} - L_{it} \tag{6-4-12}$$

通过对比 S_{it}^{lone} 与 $\hat{S}_{it}$ 的位置关系,可得分配规则的具体表述:

(1)若 $S_{it}^{lone} \geqslant \hat{S}_{it}(i=1,2,\cdots,n)$,如图 6-4-5 中 S^{high} 位置,则 i 水库 t 时段对共同用水户放水至目标蓄水量,此时期末实际蓄水量 $S_{it} = \hat{S}_{it}$,满足决策供水量后的水量视为系统弃水量。

(2)若 $S_{it}^{lone} < \hat{S}_{it}(i=1,2,\cdots,m(m<n))$,如图 6-4-5 中 S^{low} 位置,且 $S_{jt}^{lone} > \hat{S}_{it}(j=m+1,\cdots,n)$,则 i 水库 t 时段对共同用水户不供水,$S_{it} = S_{it}^{lone}(i=1,2,\cdots,m)$。共同用水户的决策供水量由剩余的 $n-m$ 个水库承担,按其理想蓄水量高低位置按比例供水,使各水库期末蓄水量均匀靠近于各自的平衡曲线。j 水库 t 时段末的蓄水状态由下式求解:

$$S_{jt} = \hat{S}_{jt} + \frac{(S_{jt}^{lone} - \hat{S}_{jt}) \times (V_t - \sum_{i=1}^{m} S_{i,t} - \sum_{j=1}^{n-m} \hat{S}_{jt})}{\sum_{j=1}^{n-m} (S_{jt}^{lone} - \hat{S}_{jt})} \tag{6-4-13}$$

6.4.3 优化模型与求解方法

6.4.3.1 目标函数与约束条件

水库群蓄水量空间分布优化模型假定平衡曲线是分段线性形式,且蓄水比例突变点和平衡曲线各分段斜率为未知量,模型结构是以平衡曲线描述蓄水量的空间分布,以聚合水库调度图来确定系统各时段总供水量。决策变量为聚合水库供水上下调度线 $X_i(i=1,2,\cdots,12)$,$X_j(j=13,14,\cdots,24)$(见图 6-4-1)与平衡曲线节点坐标 $(X_{it}^A, Y_{it}^A) \sim (X_{it}^D, Y_{it}^D)$(见图 6-4-5)。

蓄水量空间分布优化模型以用水户的加权缺水指数最小为目标函数,形式如下:

$$f = \min \left[\sum_{j=1}^{G} (w_j \cdot SI_j) \right] \tag{6-4-14}$$

$$SI_j = \frac{1}{T} \sum_{t=1}^{T} \left(\frac{Z_{jt}}{D_{jt}} \right); Z_{jt} = \begin{cases} |D_{jt} - R_{jt}| & \text{if } R_{jt} < D_{jt} \\ 0 & \text{if } R_{jt} \geqslant D_{jt} \end{cases} \tag{6-4-15}$$

式中:SI_j 为第 j 用水户的缺水指数;w_j 为相应于不同用水户缺水指数的权重;t、T 分别为时段序号和时段总数;j、G 分别为用水户序号和用水户总数;D_{jt} 为 t 时段 j 用水户的需水量;R_{jt} 为 t 时段 j 用水户的实际供水量;Z_{jt} 为 t 时段 j 用水户的短缺水量。

模型约束包括水量平衡约束、边界限制、破坏深度约束等。

（1）水量平衡方程

$$S_{it} = BS_{it} + I_{it} - RI_{it} - RJ_{it} - L_{it} - SP_{it} \tag{6-4-16}$$

（2）边界限制

$$S_{it}^{\min} \leqslant S_{it} \leqslant S_{it}^{\max} \tag{6-4-17}$$

（3）供水量约束

$$\sum_{i=1}^{n} RJ_{it} = RJ_t \tag{6-4-18}$$

（4）破坏深度约束

$$R_{jt} \geqslant D_{jt} \times (1 - \text{ratio}_j) \tag{6-4-19}$$

（5）平衡曲线约束

$$V_t = \sum_{i=1}^{n} S_{it} = \sum_{i=1}^{n} \hat{S}_{it} \tag{6-4-20}$$

（6）聚合水库供水调度线约束

$$\left\{ \begin{aligned} &\sum_{i}^{n} S_{it}^{\min} \leqslant X_{13} \leqslant X_1 \leqslant \sum_{i}^{n} S_{it}^{\max} \\ &\qquad\qquad \vdots \\ &\sum_{i}^{n} S_{it}^{\min} \leqslant X_{24} \leqslant X_{12} \leqslant \sum_{i}^{n} S_{it}^{\max} \end{aligned} \right. \tag{6-4-21}$$

（7）平衡曲线蓄水比例突变点约束

$$\left\{ \begin{aligned} &\sum_{i=1}^{n} S_{it}^{\min} = X_{it}^A \leqslant X_{it}^B \leqslant X_{it}^C \leqslant X_{it}^D = \sum_{i=1}^{n} S_{it}^{\min} \\ &S_{it}^{\min} = Y_{it}^A \leqslant Y_{it}^B \leqslant Y_{it}^C \leqslant Y_{it}^D = S_{it}^{\max} \\ &X_{it}^A = \sum_{i=1}^{n} Y_{it}^A, \cdots, X_{it}^D = \sum_{i=1}^{n} Y_{it}^D \end{aligned} \right. \tag{6-4-22}$$

（8）弃水量约束

$$SP_t = \min \left[\left(V_t - \sum_{i=1}^{n} \min(S_{it}^{\max}, S_{it}^{\text{lone}}) \right), 0 \right] \tag{6-4-23}$$

上述式中：SP_t 为聚合水库弃水量，由式（6-4-15）计算；RJ_{it} 为 i 水库 t 时段对共同用水户的放水量，SP_{it} 为 i 水库 t 时段的弃水量；RJ_t 为 t 时段对共同用水户的放水总量；ratio_j 为 j 用水户的允许破坏深度；V_t 为 t 时段末系统的总蓄水量；其他符号含义同前。

6.4.3.2　求解方法

上述构建模型拟建立模拟-优化模型的求解流程，并选取智能算法求解，种群信息交互混合进化的改进粒子群算法（serial master-slaver swarms shuffling evolution algorithm based on particle swarm optimization，SMSE-PSO）通过划分不同种群归类，进行种群间的信息交互，经验证在水库调度领域的应用具有较好的全局收敛性。而模拟-优化的求解流程则是先由 SMSE-PSO 算法在可行域内初步确定一组决策变量值，然后得到相应明确的调度规则，模拟长时序调度，继而得到一系列统计指标，SMSE-PSO 算法通过反馈的指标值即目标函数及时调整决策变量值，循环往复至满足迭代要求。算法流程为：①可行域内随机产生 $L \times P$ 个粒子，其中 L 为种群个数，P 为粒子数目。②确定一个主群体和 $L-1$ 个从群体。③各从群体依据 PSO 标准公式自我调整。④主群体联合考虑自身的信息和

$L-1$ 个从群体所得到的信息更新速度和位置。⑤经过一定迭代次数后,将子群体混合并进行信息交流。⑥迭代至收敛为止。模拟–优化流程如图 6-4-6 所示。

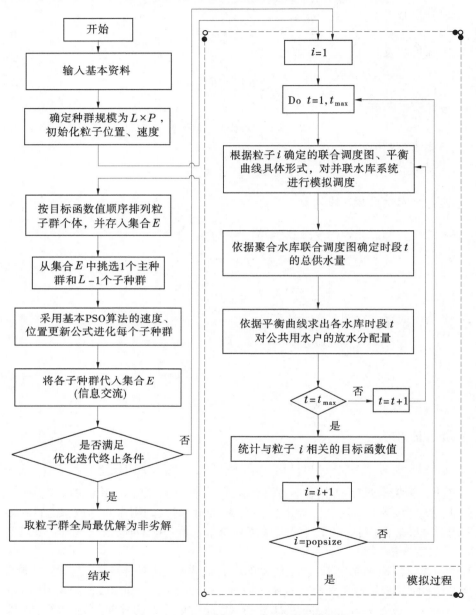

图 6-4-6　基于平衡曲线的水库系统优化调度流程

同时考虑到系统复杂性,采用 SCE-UA(the shuffled complex evolution method)算法相佐证;该算法是结合单纯形法、随机搜索、基因算法等的优点,提出的解决非线性约束最优化问题的进化算法,目前已开始应用于水库优化调度。SCE-UA 算法的基本思路是将基于混合分区思想与竞争的复合型进化算法 CCE(the competitive complex evolution algorithm)相结合,CCE 是算法的核心部分。算法的具体流程见图 6-4-7。

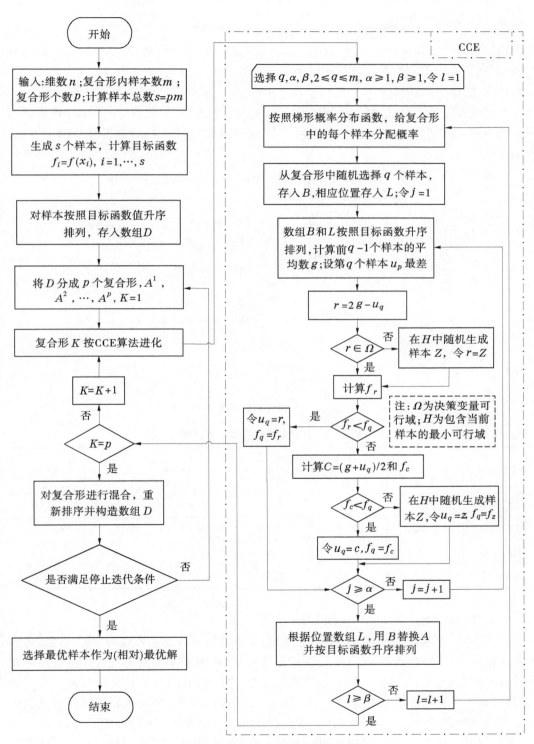

图 6-4-7　SCE-UA 算法优化流程

6.4.4　补偿调度规则

　　按照聚合水库调度图与平衡曲线相结合的预定义调度规则,通过优化计算,并分析修正后,得到具有可操作性的联合调度规则如下。

6.4.4.1　聚合水库调度图

　　通过设置三条调度线,将梯级聚合水库划分为四个区域,通过模拟–优化计算得到的聚合水库调度线如图 6-4-8 所示,各调度分区及相应针对多目标的蓄泄操作如表 6-4-1 所示。

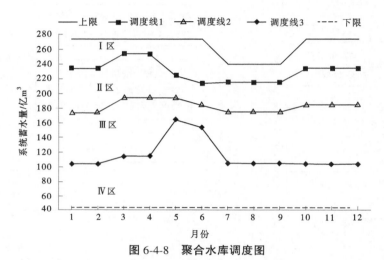

图 6-4-8　聚合水库调度图

表 6-4-1　聚合水库调度分区及操作

调度决策	调度分区及操作				单位	备注
	Ⅰ 区	Ⅱ 区	Ⅲ 区	Ⅳ 区		
供水系数	1.0	1.0	1.0	0.8	—	
冲淤泄流	3 000	2 500	—	—	m³/s	6~9 月
出力系数	1.5	1.2	1.0	0.8	—	
生态流量	适宜	低限	低限	低限	m³/s	上下游

6.4.4.2　目标均衡方案下平衡曲线形式

　　以龙羊峡、小浪底水库蓄水量为状态变量,依据前述部分建立梯级水库群的径流确定下的优化模型,目标均衡方案下,不同调度期龙羊峡、小浪底水库的最优蓄水分布随着系统总蓄水量的增加,龙羊峡、小浪底水库蓄水量整体上呈现增长趋势,但增长幅度呈现不同特性,4~6 月的蓄水状态分布均呈较明显的分段线性规律,相类似的规律可以在其他多个时段中找到;依据蓄水分布的散点聚合程度及径流情况将水利年度划分为汛期(7~9月)、汛后(10~12 月)、干旱期(1~3 月)和供水期(4~6 月)4 个调度时段。在不同的调度时段,设置指示龙羊峡、小浪底水库群最适宜蓄水空间分布的平衡曲线为分段线性,并以关键节点为决策变量通过模拟长时序调度,经优化模型进行修正。

所得的平衡曲线形式在年内除汛期外的其他调度时段差异较小,其中供水期平衡曲线如图 6-4-9(a)所示,图中 K_1、K_2 分别指代龙羊峡、小浪底水库当前调度时段的蓄水上限。可以看出,供水期时段的平衡曲线形式与其最优蓄水状态吻合程度较高,龙羊峡、小浪底水库曲线均从蓄水下限开始以低于 1 的斜率延伸至蓄水上限。由平衡曲线所表述的物理意义,两水库同时放水以补足下游需水,不存在先后供水的补偿调节方式,供水的多少与当前时段成员水库的可利用水量有关,由于龙羊峡水库平衡曲线斜率总是大于小浪底水库平衡曲线斜率,来水与独立用水相同情况下库容较大的龙羊峡水库应下泄更多水量。经统计,非汛期时段龙羊峡、小浪底水库的供水任务分配比例分别为 78% 和 22%,与两水库有效库容比值 75% 与 25% 相近。这样与有效库容成正比的分配规则可以使得两水库同时到达蓄水下限。

优化过程中发现汛期时段的平衡曲线具有差异较大的多种组合形式,其原因在于汛期时段来水充沛,在保证供水与汛末两水库蓄满的情况下,汛期时段可以有多种的蓄放水次序组合。以尽量避免无益弃水为原则,选取汛期时段龙羊峡、小浪底水库平衡曲线形式〔见图 6-4-9(a)〕,蓄水初期以龙羊峡作为补偿水库,至一定水平后两水库同时蓄水,与补偿调节规则有显著差异。不同时段平衡曲线体现的特性如下:

汛期:龙羊峡、小浪底水库按比例同时蓄水(此比例为小浪底 50 亿 m³:龙羊峡 90 亿 m³),小浪底先于龙羊峡蓄满。

供水期(4~6 月):两水库则以接近库容比例的速率下泄水量。

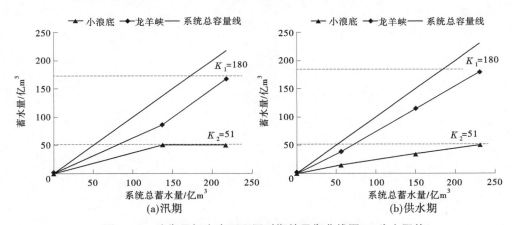

图 6-4-9　均衡目标方案下不同时期的平衡曲线图(K 为上限值)

6.5　本章小结

本书采用模糊及理论分析方法,对龙羊峡、小浪底水库汛期进行模糊划分,对汛期进行分期并推求不同时期的汛限水位,构建模拟–优化的模型,采用平衡曲线方法研究了龙羊峡、小浪底水库的补偿调度规则,得出以下结论:

(1)实例分析结果表明,龙羊峡水库汛限水位在不同月份其汛期隶属度不同,所需要的防洪库容也不同,从而可不同程度地提高汛限水位,据此优化水库的防洪调度方案。汛限水位的提高,有利于拦蓄汛末雨洪,增加水库蓄水量,减少水库弃水量,增加水库综合效益,缓解水库汛期防洪与兴利之间的矛盾。

(2)通过对小浪底水库的 18 年水况资料的收集,采用模糊集理论分析方法确定了水库的主汛期为 8 月 3 日至 9 月 23 日,并采用直接法确定了水库的分期汛限水位的过程。根据对实测数据的计算得小浪底水库的分期汛限水位进行水库的防洪调度,在一定程度上可以减缓小浪底水库汛期防洪和兴利的矛盾,达到减少汛期的弃水量,提高水库的综合效益。

(3)目标均衡方案下,龙羊峡、小浪底水库的补偿调度规则为汛期按比例同时蓄水,小浪底先于龙羊峡蓄满;而供水期两水库则以接近库容比例的速率下泄水量。

第 7 章　适应环境变化的黄河梯级水库群调度方案

7.1　概　述

7.1.1　研究背景及意义

　　黄河作为多沙河流的典型,因其输沙量和含沙量均为世界之最而举世闻名。黄河的径流量主要来源于上游的天然降水、冰雪融水和地下水,而泥沙主要来源于黄河流域中游的黄土高原及风沙区,因此黄河具有水少沙多、水沙异源、水资源时空分布不均、上下游及左右岸防洪兴利矛盾突出的特点。同时,黄河资源性缺水,水沙关系不协调是黄河治理亟待解决的问题。自新中国成立以来,党和国家非常重视黄河的治理开发工作,在黄河干支流流域进行了大规模的水利工程的建设,初步建成了以龙羊峡、刘家峡、万家寨、三门峡、小浪底等为主的黄河上中下游洪水泥沙调控工程体系,使得黄河流域开发治理取得了显著的成绩。这些工程在水利条件改善、生态环境保护及生产发展等方面产生了积极作用。但是,随着经济发展,黄河流域水资源供需矛盾日益加剧、生态环境不断恶化、河道泥沙不断淤积等问题,影响了黄河流域的生态保护和可持续发展。

　　自 1999 年黄河下游控制性水库小浪底水库建成以来,截至 2021 年 10 月,已经进行了 22 次调水调沙生产运行,在保障流域防洪及生活、生产、灌溉和生态用水安全、减小洪水漫滩、扩大下游主河槽过流能力、改善河流生态环境及电网供电质量等方面发挥了巨大的社会效益和经济效益,取得了良好的效果。2007 年,小浪底水库进入拦沙后期,小浪底水库库容减小,调节能力降低,相机降水溯源冲刷时,多次出现排沙比大于 1 的情况,黄河流域水沙调控面临新的挑战,也引起了国内学者的关注。

　　2019 年 9 月 18 日,习近平总书记在郑州主持召开黄河流域生态保护和高质量发展座谈会并发表重要讲话,提出了“黄河水少沙多、水沙关系不协调,是黄河复杂难治的症结所在。尽管黄河多年没有出大的问题,但丝毫不能放松警惕。要紧紧抓住水沙关系调节这个‘牛鼻子’,完善水沙调控机制……”的重要讲话和科学论断,将黄河的生态保护、高质量发展及水沙调控上升为国家战略。

　　针对当前黄河流域水沙情势变化、水库库容减少、排沙比增大、黄河下游及入海口生态环境恶化及黄河中下游河道冲刷能力降低等突出特点,黄河梯级水库群水资源多目标利用之间的矛盾竞争关系愈加突出,亟待完善现有的梯级水库群多目标调度理论,指导黄河梯级水库群水沙电生态多维协同控制,研究适应新的水沙条件下的黄河梯级水库群多维协同调度模型、方案和评价体系,构建协调的水沙关系,减缓水库淤积,增大入海沙量和维持河道过流能力,保障黄河流域生态保护和高质量发展。

7.1.2　研究进展

7.1.2.1　水沙关系演变规律

　　近几十年来坝库工程、水土保持工程和农业灌溉等工程的修建和使用,加之自然气候条件变化的影响,使得黄河中下游的水沙关系产生重大变化。以黄河中游潼关水文站为例,1919~1959 年实测年均径流量为 426.1 亿 m³,输沙量为 15.92 亿 t。2000~2019 年年均径流量大幅度减少至 241.9 亿 m³,减少约 43%;输沙量减少至 2.44 亿 t,减少约 85%。黄河水沙情势巨变,水沙不协调影响黄河河道输沙与冲淤过程,导致黄河中下游的河道淤积严重,其中下游河道河床不断抬升,主河槽行洪输沙能力大幅降低,"地上悬河"等现象加剧,威胁沿途群众的生命财产安全。

　　针对当前黄河流域水沙关系的变化,很多学者采用不同的方法对黄河的中下游水沙关系演变特征、规律及发展趋势展开大量的研究工作。楚纯洁等采用双累积曲线分析了黄河干流水沙关系变异规律,并应用 Mann-Kendall 法与小波分析法研究了不同时间尺度黄河干流水沙变化情况。王延贵等根据黄河流域主要水文站 1950~2015 年以来的实测水沙资料,利用 Mann-Kendall 统计检验法和水沙量累积曲线法,深入研究黄河流域产流侵蚀过程和空间分布的变异特点。徐家隆等根据 1970~1989 年水文站的实测资料,采用双累积曲线法分析了黄河支流仕望河流域的水量变化规律,揭示了降雨和产流产沙的内在联系。颜明等通过 Mann-Kendall 检验方法确定了泾河流域 1958~2013 年的水沙资料的突变时间点,并对比分析泾河流域径流和泥沙的尺度效应。郭爱军等提出滑动相关系数法用于泾河流域中水沙关系的变异诊断,并基于 Copula 函数分析了径河流域的水沙关系演变特征。姚曼飞等基于泾河干支流 8 个水文站实测水沙量数据,采用 Copula 函数构建了水沙联合分布模型,并计算了各个水文站的水沙丰平枯遭遇频率。马雁等基于黄河上游兰州站 2014~2018 年的水沙数据,总结了年径流量和年输沙量相关性关系和演变规律。张金良等探讨了建立泥沙频率曲线的可行性。丁志宏等运用 Copula 函数方法构建了水沙联合分布模型对黄河中游汛期水沙运动的变化规律从随机过程的角度予以揭示;莫淑红等采用 Copula 函数构建了渭河干流及其支流千河年径流的联合概率分布模型;刘翔竣等基于淮河中游吴家渡水文站 1950~2015 年的径流量和输沙量资料,通过对径流量、输沙量的边缘分布函数和 Copula 函数的比选,确定最优函数形式并建立淮河流域水沙联合分布模型,运用模型对流域内水沙丰枯遭遇频率进行了计算,进而对比分析了径流量和输沙量单变量和联合变量的设计值并绘制了等值线图。

　　随着黄河上游水利工程的运行和中游宁蒙河段灌区取用水等人类活动的影响,进入黄河中游的水沙过程发生了很大的变化,对黄河中下游河道及水库冲淤、流域生态环境等产生了重要影响。因此,科学揭示水沙关系变化规律对黄河中下游水资源管理和高效利用具有重要意义。

7.1.2.2　水库多目标优化调度

　　自 1974 年三门峡水库采用"蓄清排浑,滞洪排沙"运用方式以来,国内学者对多沙河流的水库水沙优化调度开展了大量的研究。关于黄河治理先后有众多专家提出了"除害兴利,综合利用""宽河固堤""蓄水拦沙""上拦下排"等一系列治黄方略。早期钱宁等针对黄河水沙条件多变、河势不稳定的特点,提出了利用上游水库调蓄不协调水沙过程的思路。杜殿勋等以三门峡水位为例,构建了水库水沙联调随机动态规划模型,该模型考虑了供水、发电、潼关高程及下游河道淤积的问题。王士强等以下游减淤为主要目标,提出有利于下游河道减淤的调度方式。赵华侠等探讨了三门峡水库洪水期调水调沙的研究。1999 年随着小浪底水库的投入运行,李国英利用水库泄水建筑物的泄流能力,提出了人工塑造洪水高效排沙的思路,并对塑造的洪水量级、洪峰历时、洪水含沙量及泥沙级配进行了研究,探讨高效排沙的洪水组合,提出基于水库群联合调度和人工扰动的黄河调水调沙理念。张遂业等基于合理利用水资源和河道减淤与治理相结合的目标,提出了黄河调水调沙研究的方向。包为民等将异重流总流微分模型引入多沙河流水库中,描述水库泥沙的运动过程,探讨了以出库排沙比最大为目标的水沙联合调度问题。练继建等建立了适于不同目标和预案的异重流过程梯级水库联合调度模型。韩其为对人造洪水的挟沙能力进行了理论分析,为多沙河流水沙调控提供了理论基础。周银军等提出黄河水沙时空调控理论进一步发展的 5 个新方向。通过多年黄河流域调水调沙理论实践,李国英确定了黄河调水调沙高效输沙的重要目标是追求高的排沙比,总结了黄河流域调水调沙有效手段,包括人工塑造异重流高效输沙、黄河上游水库群联合调度塑造协调的水沙关系和下游通过水库调度遏制洪峰增值现象发生等。晋健等构建了基于 SBED 扩散一维全沙水库冲淤计算的水库水沙联合调度模型。彭杨等通过分析水库蓄水和排沙之间的矛盾,构建了以水库防洪、发电及航运调度为子模块的水沙联合调度多目标决策模型。白涛等建立了分别以输沙量和发电量最大的单目标模型,以及综合输沙量和发电量等目标的多目标水沙调度模型。王煜等根据黄河水少、沙多、水沙关系不协调的基本特征,以及防洪、防凌、减淤、水资源配置等方面需求,提出了建设黄河水沙调控体系的任务、总体布局、联合运用机制。李强等从水沙调控的理论研究进展、调控模型及算法研究进展、已取得的治沙成果等方面对黄河干流水沙调控进行了总结性梳理,围绕黄河中下游取得的调水调沙成果,论述了黄河水沙调控目前存在的问题及对策,探讨了黄河干流水沙调控理论,为流域机构制定或建立黄河全流域的水沙联合调控体系提供参考。黄科院作为黄河流域管理的技术支撑单位,众多科研人员持续多年对黄河水沙调控进行了理论研究、方案设计和后评估工作,总结出多沙河流水库调控理论及技术成果。主要有:①从流域尺度上,利用水库群的联合调度,塑造协调的水沙关系,实现梯级水库和河道的冲刷。②从水库之间,利用入库水沙条件,人工塑造异重流排沙,实现库区内高效排沙。③从下游河道角度上,控制水库下泄流量,形成协调的水沙关系,人工塑造洪水,实现河道冲刷,避免局部冲刷或者淤积情况,保证有利于稳定河势的河道平滩流量。

7.1.2.3　水库多目标优化算法

伴随着复杂多目标优化模型的出现,一系列结合非支配排序的多目标优化算法被提出,1994 年,Srinivas 等提出在遗传算法基础上结合非支配排序方法生成非支配排序遗传算法(NSGA),用于求解多目标问题的 Pareto 最优解集,此类算法是以非支配方法与适应度共享机制为基础的多目标遗传算法,还包括多目标遗传算法(MOGA)、小生境帕累托遗传算法(NPGA)等。随着研究进一步深入,快速非支配排序遗传算法(NSGA-Ⅱ),基于参考点的非支配排序遗传算法(NSGA-Ⅲ),多目标粒子群算法、多目标人工蚁群等高效多目标算法被提出,并成功地应用于水库调度、生产调度等不同的领域中。2010 年,周建中等采用混合粒子群的方法来对梯级水电站进行优化调度。2013 年,Wang 等通过动态网格多目标粒子群算法求解了小水电优化调度模型,取得了较常规调度更好的效果。2016年,杨晓萍等提出了一种改进的多目标布谷鸟算法来求解水库优化调度模型。2017 年,王学斌等提出了基于个体约束和群体约束技术的改进快速非劣排序遗传算法求解多目标优化调度模型。2018 年,Hojjati 等则采用了两种多目标优化算法求解水资源优化调度问题,对比分析两种算法的优劣。2019 年,Xu 等以汉江至渭河调水工程的两个水利枢纽(黄锦峡、三河口)为例,建立了供水、生态、发电多目标运行模型。使用多种多目标遗传算法分别搜索最优解。2020 年,蔡卓森等针对快速非支配遗传算法的缺陷,提出基于支配强度的快速非支配排序遗传算法,对水库多目标优化调度模型进行求解,并验证算法的有效性;刘东等针对 NSGA-Ⅱ 选择机制的缺陷,提出了一种基于雄狮选择法的快速非支配遗传算法,并应用于水库双目标调度问题中,为解决水库优化调度问题提供了新方法。

目前,学者针对 NSGA-Ⅱ 在水库优化调度方面有了一定的研究和应用,但多为两目标的水库优化调度问题,针对算法求解水库调度高维目标优化问题的研究和应用相对较少,有待进一步地加强。

7.1.2.4　水库调度方案评价研究

由于水库多目标优化调度需要综合考虑防洪、发电、航运、泥沙淤积等诸多因素,是一个复杂的大系统多目标问题,在对水库调度方案效果评价时,也会遇到如何对定性指标准确描述、对定量指标的特征值进行准确测度等类似的问题。在历年不同水沙条件下水沙调控政策效果评价中,经常会遇到的问题是不少指标因不宜精确地描述,具有极大的模糊性,所以给评价带来了困难。

目前,水库调度方面关于评价决策方法的研究并不多见。程春田等根据两阶段满意规划方法获得水库的防洪调度方案的理想协商解集,再通过模糊识别方法从中确定最佳决策结果;侯召成等通过对个人决策结果线性加权得到群体结果,该方法是可行的,但个人极端决策结果对群决策结果的影响较大;吕一兵等提出了水库防洪调度问题的多人多目标决策模型,该模型首先求出每个决策者对每个方案的相对最优隶属度,然后通过两个阶段收集群体偏好,得到每个决策者对每个方案的最优隶属度,模型简单易操作;刘治理等首先判断个人决策结果和群体决策结果的一致程度,如果偏差超出可接受的范围,则需要决策者修改自己的决策结果;Hashemi 等在区间直觉模糊环境下,提出了一种基于折中比法的多目标群决策模型,首先采用 IVIF 加权几何平均算子将专家组提供的所有 IVIF 决策矩阵聚合为一个决策矩阵,提出了一个扩展的集合指数用以区分评价过程中的主观和客观信息;董增川等结合黄河流域实际特点,选择可供水量、利津入海水量等 10 项指标为评价体系,在模糊优选法、灰色关联分析法、集对分析法等评价方法的基础上建立了组合决策模型,定量评价黄河流域水量调度方案的优劣,为流域管理决策者水资源调度决策提供重要的参考。

7.1.3　研究内容与技术路线

7.1.3.1　研究内容

本书基于统计学、系统论与优化理论的基本思想,分析黄河流域水沙演变规律和发展趋势,探讨水沙协调度及水沙搭配关系,建立兼顾防洪、减淤、发电及生态供水的多维协同的水库调度模型,提出适应未来环境变化、供水高效合理、水沙过程协调、水电出力优化、水生态与环境健康的多维协同调度方案,提出适应环境变化的水库调度方案评价指标体系和优选方法,形成应对不同水沙情势的黄河梯级水库群多维协同调度优化方案集。具体研究内容如下。

1.黄河流域水沙变化规律和演变趋势研究

基于黄河中游控制水文站头道拐站和潼关站多年实测水沙资料,诊断水沙关系变异特性,分析黄河中游水沙的丰平枯划分方法,研究黄河中游水沙关系整体的变化情况及丰平枯遭遇规律。

2.黄河流域水沙协调度分析研究

分析黄河下游历史场次洪水含沙量和排沙比的关系,总结高效输沙洪水排沙比、流量和含沙量关系,提出潼关站水沙协调度的定义和判别方法,研究协调水沙搭配关系。

3.多目标优化算法研究

分析 NSGA-Ⅱ和 NSGA-Ⅲ的算法特点和实现过程,针对 NSGA-Ⅱ求解多目标问题时存在局部搜索能力较差的缺陷,提出基于逐次逼近方法的 SA-NSGA-Ⅱ。引入两目标测试函数和水库调度实例对改进 NSGA-Ⅱ进行测试,引入三目标测试函数对 NSGA-Ⅲ进行测试,通过对比分析,验证算法求解高维度多目标优化问题的有效性。

4.黄河梯级水库多维协同调度模型及其求解研究

基于水沙数学模型与优化理论的基本思想,分别建立以调度期内平均出力最大、下游生态流量平均改变度最小为目标的万三小(指万家寨、三门峡、小浪底)小梯级水库群优化调度模型和以调度期内平均出力最大、下游生态流量平均改变度最小、最大削峰率最大为目标的小浪底单水库优化调度模型。根据选取的典型年,利用 SA-NSGA-Ⅱ求解万三小梯级水库两目标优化调度模型,利用 NSGA-Ⅲ求解三水库目标优化调度模型,获取各典型年下梯级水库群和单水库的多维协同调度方案集。

5.梯级水库多维协同调度方案综合评价研究

基于数学模型计算成果,构建水库调度方案综合效益评价指标体系,引入客观、主观相结合的评价方式,对各方案集进行统一量化、评分、优选,得到各典型年的优选方案,对比实际调度情况,验证各优选方案综合效益的优越性,形成适应不同水沙情景的调度方案集,为科学制订黄河流域梯级水库优化调度方案提供一种新思路。

7.1.3.2　技术路线

技术路线如图 7-1-1 所示。

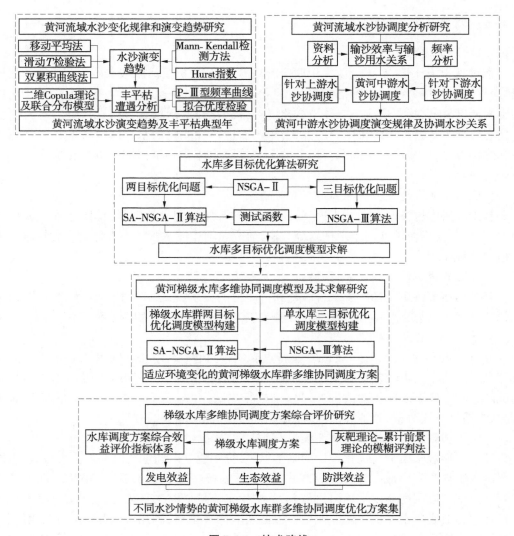

图 7-1-1　技术路线

7.2　黄河流域水沙变化规律和演变趋势研究

近年来,气候变化和人类活动引起的剧烈环境变化造成全球范围内各种尺度上极端水文事件频发,经济受到重大损失和人类生命安全受到严重威胁。在全球环境变化背景下,水文气象序列阶段性变化特征和规律受气候变化和人类活动的双重因素扰动,如何分析其演变趋势和辨识变异性的计算理论与方法,是目前科学研究的热点及难点,也是当今水文学和气象学面临的极具挑战性的科学问题,更是提高对未来环境变化及其对人类影响预测可靠性的前提。

目前,国内外对水文气象序列趋势和变异开展了很多研究,研究理论与方法主要集中在基于统计理论基础上的参数和非参数检验方法上。不同的统计方法都对数据有不同的诸多假设(如数据须正态分布、同质性等),使得它们的计算结果之间存在差异。当水文泥沙数据无法满足假设时,可导致研究结果出现一定的偏差。为了克服统计方法应用时假设条件的限制,许多研究者对理论与方法进行不断改进。首先是对原始序列数据进行预处理的方法使其满足一定的假设条件,以提高统计分析结果的可靠性;其次是综合运用多种方法进行对比分析,使得结果更具准确性和说服力。

本书将目前普遍采用的方法进行综合比较,基于黄河流域中游重要水文控制站头道拐水文站和潼关水文站多年实测年输沙量和年径流量资料,采用提出的研究方法进行综合比较,研究水沙系列演变特征及水沙丰平枯遭遇特征,为黄河流域水沙调控、防洪减灾和生态保护等提供参考依据。

7.2.1　水沙变化规律研究方法

7.2.1.1　移动平均法

移动平均法是一种简单平滑预测技术。它的基本思想是:根据时间序列资料逐项推移,依次计算包含一定项数的序时平均值,以反映长期趋势的方法。因此,当时间序列的数值由于受周期变动和随机波动的影响,起伏较大,不易显示出事件的发展趋势时,使用移动平均法可以消除这些因素的影响,显示出事件的发展方向与趋势(趋势线),然后依趋势线分析预测序列的长期趋势。移动平均法应用步骤如下:

(1)对动态数列$\{a_i\}$,$i=1,2,\cdots,t$,做定性认识与修正。在运用移动平均法前,必须进行深入细致的定性认识,准确地把握动态数列各指标数值变动的原因,将非基本因素对动态数列变化的影响剔除掉,而将基本因素的影响保留下来。其中:基本因素就是对动态数列各指标数值变化起长期性作用的因素,非基本因素就是对动态数列各指标数值变化起暂时性、偶然性作用的因素,具体包括季节因素和随机因素。

(2)移动平均方法的合理选择。根据预测时使用的各元素的权重不同,选择简单移动平均法或加权移动平均法。当各元素的权重都相等的时候用简单移动平均法。其计算模型如下:

$$\bar{a}_i = (a_{i-1} + a_{i-2} + \cdots + a_{i-n})/n \tag{7-2-1}$$

(3)确定计算模型参数值期数。选择适当的期数n,计算得出周期移动平均值。

7.2.1.2　双累积曲线法

双累积曲线法(double mass curve,简称 DMS)是目前用于分析水文气象要素一致性或者长序列演变趋势和强度的最直观和最广泛的分析方法。其原理是通过在直角坐标系中绘制同时期内一个变量连续累积值与另一个变量的连续累积值关系曲线,并建立双累积曲线。其计算步骤如下:

设有两个变量X(参考变量或基准变量)及Y(被检验变量),在N年的观测期内,有观测值X_i及Y_i,其中$i=1,2,\cdots,N$。

(1)计算累积值。对变量X及变量Y按年序计算各自的累积值,得到新的逐年累积序列X_i'及Y_i',其中$i=1,2,3,\cdots,N$,即

$$X_i' = \sum_{i=1}^{N} X_i, \quad Y_i' = \sum_{i=1}^{N} Y_i \tag{7-2-2}$$

(2)绘制累积关系曲线。在直角坐标系中绘制两个变量所对应点累积值的关系曲线。绘制的曲线图一般以被检验的变量为纵坐标(Y轴)、参考变量或基准变量为横坐标。

(3)变异性判断。如果被检验或校正变量没有发生系统偏差,那么累积曲线为一条直线,如果直线斜率有明显偏离,则说明变量关系出现突变,那么斜率发生突变点所对应的年份就是 2 个变量累积关系出现突变的时间。

7.2.1.3 滑动 T 检验法

滑动 T 检验法基于 T 检验法,对序列逐点进行 T 检验。通过考察两组样本平均值的差异是否显著来检验突变。其基本思想是把一时间序列中两段子序列均值有无显著差异看作来自两个总体均值有无显著差异的问题来检验。如果两段子序列的均值差异超过了一定的显著性水平,可以认为均值发生了质变,有突变发生。

T 检验法的原理:设滑动点前后两个序列总体的分布函数各为 $F_1(x)$ 和 $F_2(x)$,从总体 $F_1(x)$ 和 $F_2(x)$ 中分别抽取容量为 n_1 和 n_2 两个样本,要求检验原假设:$F_1(x) = F_2(x)$,则

$$T = \frac{\bar{x}_1 - \bar{x}_2}{S_w \left(\frac{1}{n_1} + \frac{1}{n_2} \right)^{\frac{1}{2}}} \quad (7\text{-}2\text{-}3)$$

其中

$$\bar{x}_1 = \frac{1}{n_1} \sum_{t=1}^{n_1} x_t, \qquad \bar{x}_2 = \frac{1}{n_2} \sum_{t=n_1+1}^{n_1+n_2} x_t \quad (7\text{-}2\text{-}4)$$

$$S_w^2 = \frac{(n_1 - 1) S_1^2 + (n_2 - 1) S_2^2}{n_1 + n_2 - 2} \quad (7\text{-}2\text{-}5)$$

$$S_1^2 = \frac{1}{n_1 - 1} \sum_{t=1}^{n_1} (x_t - \bar{x}_1)^2, \qquad S_2^2 = \frac{1}{n_2 - 1} \sum_{t=n_1+1}^{n_1+n_2} (x_t - \bar{x}_1)^2 \quad (7\text{-}2\text{-}6)$$

T 服从 $t(n_1+n_2-2)$ 分布,选择显著性水平 a,查 t 分布表得到临界值 $t_{a/2}$,当 $T > t_{a/2}$ 时,拒绝原假设,说明其存在显著性差异;反之则接受原假设,说明其不存在显著差异。

7.2.1.4 Mann-Kendall 趋势测试方法

Mann-Kendall 检验方法是由 Mann 和 Kendall 提出的分析时间序列趋势的非参数检验方法。Mann-Kendall 检验方法中,原假设 H_0 为与时间相关的序列数据$\{x_1, \cdots, x_n\}$,为 n 个独立的、随机变量同分布的样本,备选假设 H_1 是双边检验,对于所有的 $k, j \leq n$,且 $k \neq j, x_k$ 和 x_j 分布是不同的,Mann-Kendall 检验方法中的统计变量 S 计算公式如下:

$$S = \sum_{k=1}^{n-1} \sum_{j=k+1}^{n} \text{Sgn}(x_j - x_k), \quad (k = 2, 3, \cdots, n) \quad (7\text{-}2\text{-}7)$$

其中

$$\text{Sgn}(x_j - x_k) = \begin{cases} +1 & x_j - x_k > 0 \\ 0 & x_j - x_k = 0 \\ -1 & x_j - x_k < 0 \end{cases} \quad (7\text{-}2\text{-}8)$$

S 为正态分布,其期望值和方差分别定义为

$$E(s_k) = n(n + 1) / 4 \tag{7-2-9}$$

$$\mathrm{Var}(S_k) = n(n - 1)(2n + 5) / 72 \tag{7-2-10}$$

定义趋势变化统计量如式(7-2-11)所示。式中，$UF_1 = 0$，给定显著水平 $a = 0.05$，其临界值 $U_{\alpha(0.05)} = \pm 1.96$，$U_{\alpha(0.01)} = \pm 2.56$，若 $UF_k > 0$，表示序列呈上升趋势；若 $UF_k < 0$，表示序列呈下降趋势；若 $|UF_k| < 1.96$，变化趋势不显著；若 $1.96 < |UF_k| < 2.56$，变化趋势显著；若 $|UF_k| > 2.56$，变化趋势极显著。

$$UF_k = \frac{S_k - E(S_k)}{\sqrt{\mathrm{Var}(S_k)}}, \quad (k = 2, 3, \cdots, n) \tag{7-2-11}$$

UF_k 是标准正态分布，是按照时间序列 $\{X\}$ 计算出的统计量，将时间序列逆序，再重复上述过程，同时使 $UB_k = -UF_k$，则称 UB_k 为序列 UF_k 的反序列。将 UB_k 和 UF_k 绘于同一坐标轴下，给定显著水平 α 对应的置信曲线，若 UB_k 和 UF_k 在置信曲线之间相交，则相交点所对应年份为突变发生时间。

当 $n > 10$ 时，Mann-Kendall 统计量 Z 的计算公式为

$$Z = \begin{cases} (S - 1) / \sqrt{\mathrm{Var}(S)}, & S > 0 \\ 0, & S = 0 \\ (S + 1) / \sqrt{\mathrm{Var}(S)}, & S < 0 \end{cases} \tag{7-2-12}$$

式中：Z 为一个正态分布的统计量；$\mathrm{Var}(S)$ 为方差。

在给定的置信度水平 a 上，若 $|Z| \geqslant Z_{1-a/2}$，则拒绝原假设，即在 a 置信度水平上，时间序列存在较为明显上升或下降趋势。

7.2.1.5　Hurst 指数

Hurst 指数 H 是定量描述时间序列变化趋势的持续性强度的有效方法。H 取值范围为 0~1，当 $0 < H < 0.5$ 时，表明时间序列具有反持续性，即过去的变化不具有可持续性。当 $0.5 < H < 1$ 时，表明时间序列变化具有持续性，未来的变化将与过去的变化趋势相一致。可采用 R/S 法计算 H，其原理如下：

设时间序列 $\{\zeta(t)\}$，$t = 1, 2, \cdots, N$，定义均值序列：

$$\langle \zeta \rangle_\tau = \frac{1}{\tau} \sum_{t=1}^{\tau} \zeta(t) \tag{7-2-13}$$

t 时刻累积差为

$$X(t, \tau) = \sum_{u=1}^{t} (\zeta(u) - \langle \zeta \rangle_\tau) \quad 1 \leqslant t \leqslant \tau \tag{7-2-14}$$

定义极差序列 R 为

$$R(\tau) = \max_{1 \leqslant t \leqslant \tau} X(t, \tau) - \min_{1 \leqslant t \leqslant \tau} X(t, \tau) \tag{7-2-15}$$

定义标准差序列 S 为

$$S(\tau) = \sqrt{\frac{1}{\tau} \sum_{t=1}^{\tau} (\zeta(t) - \langle \zeta \rangle_\tau)^2} \tag{7-2-16}$$

则有

$$\frac{R(\tau)}{S(\tau)} = (c\ \ \tau)^H \tag{7-2-17}$$

式中：H 为 Hurst 指数；c 为常数；τ 为时间序列的长度。

可根据实测资料，在与 R/S 的双对数图上利用最小二乘法求得 Hurst 指数。

7.2.1.6　频率分析

1.P-Ⅲ型频率曲线

P-Ⅲ型频率曲线是一条一端有限一端无限的不对称单峰、正偏曲线。水文频率分析是根据某水文现象的统计特性，利用现有水文资料，分析水文变量设计值与出现频率（或重现期）之间的定量关系。目前，河流洪水流量计算主要使用 P-Ⅲ型频率曲线，年径流量序列一般服从 P-Ⅲ型概率分布。划分方法是对水量从小到大进行排序，然后计算各年水量对应的经验频率序列，满足径流系列的相互独立性和服从同分布的特性，建立 P-Ⅲ型分布曲线，然后依据原型资料与计算频率曲线验证其拟合程度，在满足精度要求的前提下，确定径流频率曲线的合理性。

2.经验频率计算

对时间序列 $x_i(i=1,2,3,\cdots,n)$，按从小到大进行排序，即

$$x_1 \geqslant x_2 \geqslant \cdots \geqslant x_n \tag{7-2-18}$$

经验频率公式如下：

$$p_i = \frac{i}{n+1} \tag{7-2-19}$$

根据式（7-2-19）可以计算 x_i 对应的经验频率 p_i。

3.参数估计

由时间序列 $x_i(i=1,\cdots,n)$ 计算均值 $\bar{x}$、变差系数 C_v 和偏态系数 C_s，计算公式如下：

$$\bar{x} = \frac{1}{n} \sum_i^n x_i \tag{7-2-20}$$

$$C_v = \sqrt{\frac{1}{n-1} \sum_i^n \left(\frac{x_i}{\bar{x}} - 1\right)^2} \tag{7-2-21}$$

$$C_s = \frac{\sum_i^n \left(\frac{x_i}{\bar{x}} - 1\right)^3}{(n-3)C_v^2} \tag{7-2-22}$$

4.P-Ⅲ型分布函数

P-Ⅲ型分布概率密度分布函数如下：

$$F(x) = \frac{\beta^\alpha}{\Gamma(\alpha)} \int_b^x (x-b)^{\alpha-1} e^{-\beta(x-b)} \mathrm{d}x \quad (\alpha > 0, \beta > 0) \tag{7-2-23}$$

式中：$\Gamma(\alpha)$ 为 α 的伽马函数；α、β 和 b 为关于曲线相关性质的未知参数，可由基本参数样本均值 $\bar{x}$、变差系数 C_v、偏差系数 C_s 表示为

$$b = \bar{x}\left(1 - \frac{2C_v}{C_s}\right) \tag{7-2-24}$$

$$\alpha = \frac{4}{C_s^2} \tag{7-2-25}$$

$$\beta = \frac{2}{\bar{x}C_v C_s} \tag{7-2-26}$$

通过计算径流资料序列的 $\bar{x}$、C_v、C_s、α、β、b，就可以确定径流量的 P－Ⅲ型概率密度分布函数，得到更连续的频率序列，根据计算出来的经验频率和相应的实测资料，得到与实测资料拟合较好的理论频率累积曲线。

运用适线法对频率曲线进行寻优，通过 P－Ⅲ型频率分布建立年径流量的理论频率曲线，应用数学期望公式计算年径流量和年输沙量的经验频率，则理论频率和经验频率拟合时的确定性系数 R^2 表达式如下：

$$R^2 = \text{SSR}/\text{SST} \tag{7-2-27}$$

$$\text{SST} = \sum_{i=1}^{n}(t_i - \bar{t})^2 \tag{7-2-28}$$

$$\text{SSR} = \sum_{i=1}^{n}(\hat{t}_i - \bar{t})^2 \tag{7-2-29}$$

式中：t_i 为因变量；$\hat{t}_i$ 为因变量回归值；$\bar{t}$ 为因变量平均值；SST 为总平方和；SSR 为回归平方和。

R^2 取值为 0～1，R^2 越接近 1 表明拟合程度越好。在 R^2 满足一定精度的条件下，调整 P－Ⅲ型分布曲线的相关参数得到与经验频率拟合度最佳的理论频率曲线。

5. 水沙丰平枯频率划分

在《水文基本术语和符号标准》（GB/T 50095—2014）中，通过不同的保证率，将河流的丰平枯年频率划分为 5 个级别，通过不同的保证率确定丰平枯年的频率划分标准，见表 7-2-1。

表 7-2-1　丰平枯水年的频率划分标准

级别	特丰水年	偏丰水年	平水年	偏枯水年	特枯水年
频率范围/%	$P<12.5$	$12.5\leqslant P<37.5$	$37.5\leqslant P<62.5$	$62.5\leqslant P<87.5$	$P\geqslant 87.5$

由于受洪水量级、水库水位、河道比降、泥沙粒径及来源等因素影响，河道径流量和沙量之间的关系相依度高和相关性强，因此可以认为输沙量频率分布与径流量频率分布类似。因此，输沙量的丰平枯年的频率划分也可以采用表 7-2-1 的标准，利用经验频率的保证率划分输沙量的频率曲线，有利于分析年径流量频率与年输沙量频率之间的关系。丰平枯沙年的频率划分标准见表 7-2-2。

表 7-2-2　丰平枯沙年的频率划分标准

级别	特丰沙年	偏丰沙年	平沙年	偏枯沙年	特枯沙年
频率范围/%	$P<12.5$	$12.5\leqslant P<37.5$	$37.5\leqslant P<62.5$	$62.5\leqslant P<87.5$	$P\geqslant 87.5$

建立满足 P-Ⅲ型分布的年输沙量频率分布后,依据频率划分标准确定年输沙量的丰平枯划分标准,对年输沙量进行丰平枯划分。

7.2.1.7 二维 Copula 理论及联合分布模型

1. Copula 函数

Copula 函数由 Sklar 首次提出,是把随机变量 $X_1, X_2, \cdots, X_N$ 的联合分布函数与各自的边缘分布函数 $U_1, U_2, \cdots, U_N$ 相连接的连接函数,即函数 $C(U_1, U_2, \cdots, U_N)$。其理论基础是二元分布的 Sklar 定理。

Sklar 定理:令 $H(x,y)$ 是具有边缘分布 $F(x)$ 和 $G(y)$ 的二元联合分布函数,则存在一个 Copula 函数 $C(F(x), G(y))$,满足:

$$H(x,y) = C[F(x), G(y)] \tag{7-2-30}$$

式中:x 和 y 分别为时间序列;$F(x)$ 和 $G(y)$ 分别为时间序列的边缘分布函数;$H(x,y)$ 为基于 Copula 函数的二维时间序列的联合分布函数。

如果 $F(x)$ 和 $G(y)$ 连续,则存在唯一的 Copula 函数。

由 Sklar 定理可以看出,Copula 函数所反映的随机变量的相关性是不受随机变量的边缘分布影响的,联合分布里包含了变量的全部信息,转换的过程中不会发生信息失真。

2. Copula 函数类型及参数估计

Copula 函数在将边缘分布进行联合分布时包含了变量所有的相依信息,在建立联合分布函数的过程中保持信息的真实度,更好地反映出序列构建的边缘分布之间的关系变化。Copula 函数在总体上大致分为三种:正态型、t 型和 Archimedean 型。在水文统计中,主要使用 Archimedean 型 Copula 函数对水沙序列进行联合分布(见表 7-2-3)。

表 7-2-3　Archimedean 型 Copula 函数表达式及参数范围

名称	$C(\lambda, F(x), G(y))$	参数 λ 范围
Clayton Copula	$\max[(F(x)^\lambda + G(x)^\lambda - 1)^{-1/\lambda}, 0]$	$(-1, \infty) \backslash \{0\}$
Frank Copula	$-\dfrac{1}{\lambda}\left[1 + \dfrac{\exp(-\lambda F(x)) - 1)(\exp(-\lambda G(y)) - 1)}{\exp(-\lambda) - 1}\right]$	$(-\infty, \infty) \backslash \{0\}$
Gumbel Copula	$\exp\{-[(-\ln F(x))^\lambda + (-\ln G(x))^\lambda]^{1/\lambda}\}$	$[1, \infty)$

Archimedean 型二元 Copula 函数的表达式均只含单参数 λ,由于边缘分布 $F(x)$ 和 $G(y)$ 已由 P-Ⅲ型函数确定并作为 Copula 函数的输入变量,这里只需要对参数 λ 进行参数估计,本书采用极大似然估计法来估计参数 λ,从而构建 Copula 函数。

3. Copula 函数构建

1)选择边缘分布

构建 Copula 函数前需先确定研究变量各自的边缘分布,在水文事件的单变量的水文数据分析中,常先假定水文序列服从 P-Ⅲ型分布,再利用优化适线法估计水文变量频率分布的统计参数。采用 Gringorton 经验频率公式计算变量边缘分布的经验累积频率:

$$H(x) = P(X \leqslant x_i) = \frac{i - 0.44}{N + 0.12} \tag{7-2-31}$$

式中：P 为 $X < x_i$ 的经验概率；i 为 x_i 的序号；N 为样本容量。

2）确定 Copula 函数

（1）二维联合经验分布。联合分布的经验频率值就是通过在排列好次序的序列中选择的数据对计算的，其中 $x_i \leqslant x_j, y_i \leqslant y_j (i < j = 1, \cdots, n)$。计算公式如下：

$$H(x_i, y_i) = P(X \leqslant x_i, Y \leqslant y_i) = \frac{\sum_{i=1}^{m} \sum_{j=1}^{n} N_{ij} - 0.44}{N + 0.12} \tag{7-2-32}$$

式中：P 为 $X \leqslant x_i, Y \leqslant y_j$ 的二维联合概率值；N_{ij} 为数据对的序号；N 为总的数据对数目。

（2）联合分布模型的建立。两变量的边际分布确定后，需要对 Copula 函数参数进行估计。对于两变量单参数阿基米德 Copula 函数的参数估计，常采用 Genest 等提出的非参数估计方法，通过 Kendall 秩相关系数 τ 与 Copula 函数参数 λ 的关系进行估计，两者的关系如下：

$$\tau(x, y) = 4 \int_0^1 \int_0^1 C(X, Y) \, \mathrm{d}C(X, Y) - 1 \tag{7-2-33}$$

式中：$C(X, Y)$ 为两变量的 Copula 函数生成函数。

两变量 Kendall 秩相关系数 τ 估计值为

$$\hat{\tau} = \begin{bmatrix} n \\ 2 \end{bmatrix}^{-1} \sum_{1 \leqslant i \leqslant j \leqslant N} \mathrm{sign} \left[(x_i - x_j)(y_i - y_j) \right] \tag{7-2-34}$$

式中：(x_i, y_i) 为样本；N 为样本个数；$\mathrm{sign}(x)$ 为符号函数，即

$$\mathrm{sign}(x) = \begin{cases} 1 & x > 0 \\ 0 & x = 0 \\ -1 & x < 0 \end{cases} \tag{7-2-35}$$

（3）函数的参数估计。常用于 Copula 函数的参数估计方法有非参数估计法、适线法及极大似然法。本书中用非参数估计法计算 Archimedean 型 Copula 函数的参数的值，如表 7-2-4 所示。

表 7-2-4　n 种常用的 Archimedean 型 copula 函数

Copula 类型	关系
Clayton Copula	$\tau = \lambda / (2+\lambda), \lambda \in (0, \infty)$
Frank Copula	$\tau = 1 - \dfrac{4}{\lambda} \left[-\dfrac{1}{\lambda} \int_{-\lambda}^{0} \dfrac{t}{\exp(t) - 1} \mathrm{d}t - 1 \right], \lambda \in R$
Gumbel Copula	$\tau = 1 - 1/\lambda, \lambda \in [1, \infty)$

4. Copula 函数拟合优度检验

为了检验 Copula 函数对于水沙序列联合分布的拟合优度，引入经验 Copula 函数，比较经验累积频率与理论累积频率的拟合度。将样本值代入 Copula 频率公式计算出经验

累积频率,同样将样本值代入 3 类 Archimedean 型 Copula 函数计算理论累积频率。计算拟合时的确定性系数 R^2 进行比较,再根据确定性系数 R^2、均方根误差 RSME(root mean square error)、最小准则 NSE(nash-sutcliffe efficiency)、离差平方和最小准则 OLS 和 AIC 信息准则等检验方法做拟合优度检验。

1)确定性系数 R^2

评价曲线拟合优度的重要指标之一,$R^2 \in (0,1)$,R^2 越大,说明曲线拟合效果越好。

2)均方根误差 RSME

关于频率曲线的拟合优度,可采用均方根误差 RSME 进行衡量。计算公式为

$$\text{RSME} = \sqrt{\text{MSE}} = \sqrt{\frac{1}{N}\sum_{i=1}^{N}[x_c(i) - x_0(i)]^2} \tag{7-2-36}$$

3)最小准则 NSE

关于频率曲线的拟合优度,可采用最小准则 NSE 进行衡量。计算公式为

$$\text{NSE} = 1 - \frac{1}{\sigma_0^2}\left[\frac{1}{N}\sum_{i=1}^{N}[x_c(i) - x_0(i)]^2\right] \tag{7-2-37}$$

式中:N 为样本容量;$x_c(i)$ 为由模型计算的频率;$x_0(i)$ 为经验频率;σ_0^2 为实际观测值的方差。

NSE 指标的变化范围为 $(-\infty, 1]$,NSE 值越大,则模型计算值与观测值匹配的越好。

4)离差平方和最小准则 OLS

衡量理论值和经验值之间的偏差,其计算公式如下:

$$\text{OLS} = \sqrt{\frac{1}{n}\sum_{i=1}^{n}(Pe_i - P_i)^2} \tag{7-2-38}$$

式中:n 为样本容量;Pe_i 为理论值;P_i 为经验值。

OLS 值越小,曲线拟合程度越好。

5)AIC 信息准则

用于衡量模型拟合优良性的标准之一。表达式为

$$\text{AIC} = n\ln(\text{MSE}) + 2m \tag{7-2-39}$$

$$\text{MSE} = \frac{1}{n-m}\sum_{i=1}^{n}(Pe_i - P_i)^2 \tag{7-2-40}$$

式中:n 为样本容量;m 为 Copula 函数参数个数;Pe_i 为理论值;P_i 为经验值。

AIC 值越小,表示曲线拟合程度越好。通过拟合优度检验选取最合适的 Copula 函数建立水沙序列的联合分布,从而得到逼近实际值的理论分布。

5. 基于 Copula 函数的变异诊断

本书基于 Copula 函数对水沙序列中水沙关系在时间分布上的变异情况进行诊断,首先构造基于 Copula 函数的极大似然对数统计量表达式如下:

$$-2\log(\Lambda_k) = 2\left[\sum_{i=1}^{k}\log C(\lambda_k; F(x_i), G(y_i)) + \sum_{i=k+1}^{n}\log C(\lambda_{k+1}; F(x_i), G(y_i)) - \sum_{i=1}^{n}\log C(\lambda_n; F(x_i), G(y_i))\right] \tag{7-2-41}$$

式中：$F(x_i)$ 和 $G(y_i)$ 分别为年径流量和年输沙量序列构成的边缘分布函数；$C(F(x_i), G(y_i))$ 为基于 Copula 函数的水沙联合分布函数；λ 为由极大似然估计法求得的 Copula 函数的参数；k 为变异点可能出现的位置。

假设序列只存在一个变异点（$k=k^*$），提出原假设（H_0）和备择假设（H_1）为

$$H_0:\lambda_1 = \lambda_2 = \cdots = \lambda_n$$

$$H_1:\lambda_1 = \lambda_2 = \cdots = \lambda_{k^*} \neq \lambda_{k^*+1} = \lambda_{k^*+2} = \cdots = \lambda_n \tag{7-2-42}$$

考虑到边缘分布及联合分布的拟合效应且 $k \in [7, n-6]$，检验统计量 Z_n 表达式为

$$Z_n = \max_{7 \leqslant n \leqslant n-6} (-2\log(\Lambda_k)) \tag{7-2-43}$$

当 Z_n 足够大以至于拒绝原假设，表明年径流量和年输沙量关系在时间分布上发生变异且存在一个变异点。Costa 在对 Copula 函数变化点分析的研究中指出，样本小于 100 时，显著性水平 α 为 0.05，检验统计量 Z_n 的阈值约为 3.2。则得到变异点 k^* 为

$$k^* = \arg\max_{7 \leqslant k \leqslant n-6} (-2\log(\Lambda_k)) \tag{7-2-44}$$

原序列经过一次诊断后，依据发现的变异点划分为两个子序列，对子序列进行二次诊断，重复以上操作直至子序列的长度小于 25。若原序列长度小于 25，一次诊断即可。

对原水沙序列进行变异诊断是为了发现水沙序列在时间分布上是否存在平稳性，若存在，则对原序列的水沙关系进行整体分析；若不存在，则根据变异点将原序列划分为若干个子序列，对每个子序列的水沙关系独立分析。

6. 水沙丰平枯组合遭遇频率划分

通过建立满足 P-Ⅲ型分布的年径流量和年输沙量频率分布，依据频率划分标准确定丰平枯年径流量和年输沙量的划分标准，把年径流量和年输沙量均划分为 5 个级别，见表 7-2-5。表 7-2-5 中，$P_{tf} = 12.5\%$、$P_f = 37.5\%$、$P_k = 62.5\%$、$P_{tk} = 87.5\%$ 分别表示丰水（沙）、偏丰水（沙）、偏枯水（沙）、枯水（沙）的频率划分标准，P_{ij} 表示在水沙联合分布下由 Copula 函数计算出的不同水沙丰平枯组合的遭遇频率。确定不同组合的遭遇频率，可分为丰平枯同频和丰平枯异频两类，结合多方面因素的影响对水沙组合的特点和水沙关系的特征做出分析。根据情况有时也取 $P_f = 37.5\%$、$P_k = 62.5\%$，分别表示丰水和枯水的频率划分标准。

表 7-2-5　水沙丰平枯组合遭遇频率

级别	丰水年	偏丰水年	平水年	偏枯水年	枯水年
丰沙年	$P_{11}(X>xP_{tf}, Y>yP_{tf})$	$P_{21}(xP_{tf} \geqslant X>xP_{tf}, Y>yP_{tf})$	$P_{31}(xP_f \geqslant X>xP_k, Y>yP_{tf})$	$P_{41}(xP_f \geqslant X>xP_{tk}, Y>yP_{tf})$	$P_{51}(X \leqslant xP_{tk}, Y>yP_{tf})$
偏丰沙年	$P_{12}(X>xP_{tf}, yP_{tf} \geqslant Y>yP_f)$	$P_{22}(xP_{tf} \geqslant X>xP_{tf}, yP_{tf} \geqslant Y>yP_f)$	$P_{32}(xP_f \geqslant X>xP_k, yP_{tf} \geqslant Y>yP_f)$	$P_{42}(xP_f \geqslant X>xP_{tk}, yP_{tf} \geqslant Y>yP_f)$	$P_{52}(X \leqslant xP_{tk}, yP_{tf} \geqslant Y>yP_f)$
平沙年	$P_{13}(X>xP_{tf}, yP_f \geqslant Y>yP_k)$	$P_{23}(xP_{tf} \geqslant X>xP_{tf}, yP_f \geqslant Y>yP_k)$	$P_{33}(xP_f \geqslant X>xP_k, yP_f \geqslant Y>yP_k)$	$P_{43}(xP_f \geqslant X>xP_{tk}, yP_f \geqslant Y>yP_k)$	$P_{53}(X \leqslant xP_{tk}, yP_f \geqslant Y>yP_k)$
偏枯沙年	$P_{14}(X>xP_{tf}, yP_k \geqslant Y>yP_{tk})$	$P_{24}(xP_{tf} \geqslant X>xP_{tf}, yP_k \geqslant Y>yP_{tk})$	$P_{34}(xP_f \geqslant X>xP_k, yP_k \geqslant Y>yP_{tk})$	$P_{44}(xP_f \geqslant X>xP_{tk}, yP_k \geqslant Y>yP_{tk})$	$P_{54}(X \leqslant xP_{tk}, yP_k \geqslant Y>yP_{tk})$
枯沙年	$P_{15}(X>xP_{tf}, Y \leqslant yP_{tk})$	$P_{25}(xP_{tf} \geqslant X>xP_{tf}, Y \leqslant yP_{tk})$	$P_{35}(xP_f \geqslant X>xP_k, Y \leqslant yP_{tk})$	$P_{45}(xP_f \geqslant X>xP_{tk}, Y \leqslant yP_{tk})$	$P_{55}(X \leqslant xP_{tk}, Y \leqslant yP_{tk})$

7.2.2　研究区域

黄河中游流经黄土高原,是指位于内蒙古托克托县的河口镇至河南郑州桃花峪之间的黄河河段。位于北纬32°~42°和东经104°~113°,流域总面积34.4万km²,干流河道长1 206 km,其间汇入的主要支流有30条。中游已建三门峡和小浪底水库为骨干水利枢纽,万家寨水库为补充,形成初步的中游水沙调控工程体系,另外中游已建头道拐、龙门、潼关和花园口等水文站用于监测水沙数据。

头道拐水文站位于内蒙古托克托县双河镇,是黄河上游的出站口,也是中游万家寨水库的入口站,其多年平均径流量主要来自兰州站以上,输沙量主要来自兰州至头道拐区间支流,其水沙变化直接影响中游龙头水库万家寨水库的水沙调度情况。进入黄河下游的水文控制站潼关水文站距离三门峡水利枢纽约114 km,是黄河在晋、陕间自北向南流动后向东折的扼制点,同时也是三门峡水库正常运用水位的回水末端,该站控制了黄河流域面积的91%、径流量的90%、泥沙的近100%。潼关站洪水主要来源于黄河干流龙门以上来水和支流泾、渭和洛河洪水,泥沙主要来源于黄河龙门、渭河咸阳、泾河张家山、汾河河津和北洛河洑头等水文断面以上地区,经黄河小北干流和渭河下游河道冲淤调整后到达潼关站。

本书分别选取头道拐水文站(1958~1990年+1998~2019年)和潼关水文站(1961~2019年)水沙数据,作为进入黄河中、下游水沙序列的典型代表,对其进行趋势性、变异性和丰平枯遭遇分析,研究黄河中下游水沙变化规律和演变趋势,其中资料来源于《黄河流域水文年鉴》。

7.2.3　头道拐水文站水沙变化规律和趋势性

7.2.3.1　变化趋势分析

头道拐水文站实测年输沙量和年径流量水沙系列(1958~1990年+1998~2019年)变化趋势如图7-2-1所示。从图中可以得到,年径流量呈现减小趋势,但是自1998年后开始出现逐渐减小—略微增加—减少的趋势,年输沙量减小趋势更加剧烈,至1998年后趋于平稳。对年径流量和年输沙量取5年进行滑动平均分析可知,年径流量与年输沙量均呈减小趋势,1969年之前年径流量和年输沙量变化趋势和变化幅度基本一致。1969年后,年径流量和年输沙量差距拉大,但是变化趋势一致。1998年之后,水沙衰减变化不再统一,输沙量趋于平稳,而年径流量呈小幅度的增加—减小等比较平稳的波动性变化趋势。

7.2.3.2　突变分析

为进一步确定黄河流域潼关站水沙关系变异情况,采用双累积曲线法对流域水沙突变关系进行诊断(见图7-2-2)。

水沙关系出现了不同程度的阶段性变化,其中1958~1990年序列的双累积曲线斜率大于1999~2019年的,这意味着这两个时间段的水沙关系发生了显著的变化,1998年为水沙关系突变点。尽管年径流量和年输沙量都呈现下降趋势,但是水沙关系减弱,表明输沙量受径流变化的影响越来越小。

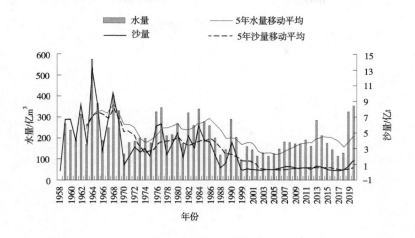

图 7-2-1　年径流量与年输沙量滑动平均图

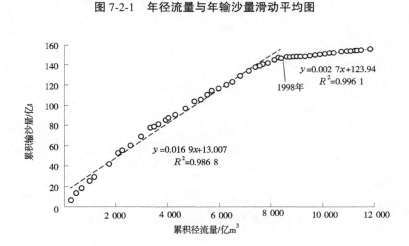

图 7-2-2　基于双累积曲线的水沙关系变异诊断

7.2.3.3　频率分析

以 1998 年作为变异点,将头道拐站多年年径流量和年输沙量长序列划分为 1958～1990 年和 1998～2019 年两个时段,通过 P-Ⅲ型分布函数建立年径流量和年输沙量序列的理论频率分布,同经验频率分布进行拟合,在满足确定性系数的前提下,得到拟合度较高的年径流量和年输沙量的理论频率分布,见图 7-2-3～图 7-2-6。得到两个时期年径流量和年输沙量频率分布图,见图 7-2-7、图 7-2-8。

7.2.3.4　丰平枯分析

根据建立的头道拐站年径流量和年输沙量的 P-Ⅲ型频率分布,分别对 1958～1990 年和 1998～2019 年水沙序列进行分析,确定头道拐站年径流量和年输沙量丰平枯划分标准,见表 7-2-6～表 7-2-9。

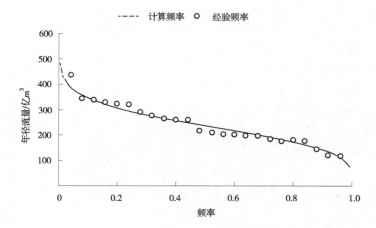

图 7-2-3　头道拐 1958~1990 年径流量频率曲线

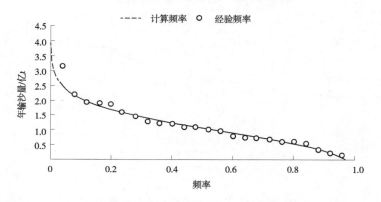

图 7-2-4　头道拐 1958~1990 年输沙量频率曲线

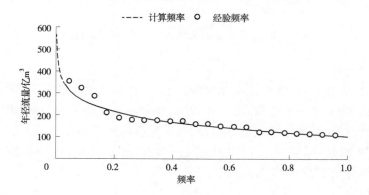

图 7-2-5　头道拐 1998~2019 年径流量频率曲线

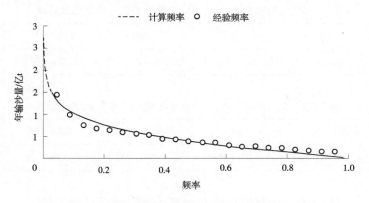

图 7-2-6　头道拐 1998~2019 年输沙量频率曲线

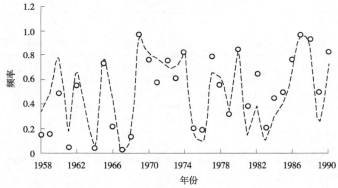

图 7-2-7　头道拐 1958~1990 年年径流量和年输沙量频率分布

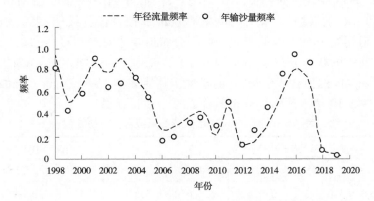

图 7-2-8　头道拐 1998~2019 年年径流量和年输沙量频率分布

表 7-2-6　头道拐站 1958~1990 年年径流量丰平枯划分标准

级别	丰水年	偏丰水年	平水年	偏枯水年	枯水年
径流量/亿 m³	>334.14	334.14~262.48	262.48~211.77	211.77~150.90	<150.90

表 7-2-7　头道拐站 1958~1990 年年输沙量丰平枯划分标准

级别	丰沙年	偏丰沙年	平沙年	偏枯沙年	枯沙年
输沙量/亿 t	>1.96	1.96~1.29	1.29~0.58	0.58~0.36	<0.36

表 7-2-8　头道拐站 1998~2019 年年径流量丰平枯划分标准

级别	丰水年	偏丰水年	平水年	偏枯水年	枯水年
径流量/亿 m³	>246.47	246.47~172.19	172.19~137.22	137.22~113.69	<113.69

表 7-2-9　头道拐站 1998~2019 年年输沙量丰平枯划分标准

级别	丰沙年	偏丰沙年	平沙年	偏枯沙年	枯沙年
输沙量/亿 t	>0.74	0.74~0.41	0.41~0.31	0.31~0.28	<0.28

7.2.3.5　变异性诊断

在确定合适的边缘分布后,分别建立年径流量和年输沙量的 Archimedean 型 Copula 函数联合分布与经验联合分布(Clayton、Gumbel 和 Frank Copula 函数),根据确定性系数 R^2、OLS 和 AIC 信息准则对 Copula 函数拟合优度检验指标的参数及拟合优度进行检验,选取最合适的 Copula 函数,见表 7-2-10。1958~1990 年的联合分布 Clayton Copula 的 R^2 值最大、OLS 和 AIC 的值均是最小,Clayton Copula 的拟合优度最佳,表明 Clayton Copula 函数是用于头道拐站 1958~1990 年水沙联合分布最合适的 Copula 函数。

1998~2019 年的联合分布中 Frank Copula 的 R^2 值最大、OLS 和 AIC 的值均是最小,则说明 Frank Copula 的拟合优度最佳,明显优于其他 2 类,表明 Frank Copula 函数是用于头道拐站 1998~2019 年水沙联合分布最合适的 Copula 函数。

表 7-2-10　类 Copula 函数参数及拟合优度检验值

函数类型	1958~1990 年				1998~2019 年			
	λ	R^2	OLS	AIC	λ	R^2	OLS	AIC
Clayton	2.298 1	0.995 2	0.026 8	−228.652 8	3.596 4	0.993 8	0.030 8	−150.057 2
Frank	10.515 7	0.993 5	0.028 5	−224.686 9	8.772 5	0.995 6	0.023 5	−161.955 3
Gumbel	3.593 9	0.994 4	0.033 4	−214.595 0	1.010 0	0.958 4	0.096 4	−97.898 5

分别基于 Clayton Copula 函数和 Frank Copula 函数对 1958~1990 年和 1998~2019 年

年径流量和年输沙量的变异情况进行诊断,见图 7-2-9 和图 7-2-10。从图中观察到,在 1958~1990 年的一次诊断中计算出统计量最大值 Z_n(8.772 5)出现在 1965 年,在显著水平 α 为 0.05 时,Z_n 大于阈值(3.2),故检测到一个变化点(1965 年),在二次诊断中统计量最大值 Z_n(1.695 2)出现在 1979 年,小于阈值,故 1966~1990 年水沙关系不存在变异点,存在一定平稳性。

图 7-2-9 基于 Copula 函数的 1958~1990 年水沙关系变异诊断

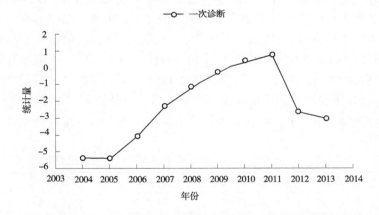

图 7-2-10 基于 Copula 函数的 1998~2019 年水沙关系变异诊断

从图 7-2-10 中观察到,在 1998~2019 年的一次诊断中计算出统计量最大值 Z_n(0.772 2)出现在 2011 年,小于阈值,因此认为在 1998~2019 年水沙关系不存在变异点,存在一定的平稳性。

7.2.3.6 Copula 函数联合分布模型

由变异点(1965 年)将头道拐 1958~1990 年的水沙序列分为两个子序列,其对应的 Clayton Copula 函数见式(7-2-45)和式(7-2-46)。

1958~1965 年
$$C(F(x),G(y)) = \max\left[(F(x)^{4.643\,6} + G(x)^{4.643\,6} - 1)^{-1/4.633\,6},0\right] \quad (7\text{-}2\text{-}45)$$

1966~1990 年
$$C(F(x),G(y)) = \max\left[(F(x)^{5.082\,6} + G(x)^{5.082\,6} - 1)^{-1/5.082\,6},0\right] \quad (7\text{-}2\text{-}46)$$

选用 Frank Copula 函数建立头道拐站 1998~2019 年的水沙序列整体联合分布模型,见式(7-2-47)。

1998~2019 年

$$C[F(x), G(y)] = -\frac{1}{8.7725}\left[1 + \frac{(e^{-8.7725F(x)} - 1)(e^{-8.7725G(y)} - 1)}{e^{-8.7725} - 1}\right] \quad (7-2-47)$$

通过 Clayton Copula 建立水沙联合分布计算得 1958~1990 年头道拐站水沙丰平枯组合遭遇频率,见表 7-2-11。

表 7-2-11　1958~1990 年头道拐站水沙丰平枯组合遭遇频率统计

级别	丰水年	偏丰水年	平水年	偏枯水年	枯水年
丰沙年	0.062 5	0.031 3	0	0	0
偏丰沙年	0.062 5	0.127 0	0.062 5	0	0
平沙年	0	0.093 0	0.062 5	0.093	0
偏枯沙年	0	0	0.031 3	0.281 0	0
枯沙年	0	0	0	0	0.093 4

头道拐站 1958~1990 年水沙丰平枯组合遭遇频率中:①同步组合为:同丰、同偏丰、同平、同偏枯和同枯,5 种同步组合的同步组合频率总和为 0.624 6,其余均为异步组合,异步组合频率总和为 0.373 6,同步组合频率明显高于异步频率。②异步频率的高频部分主要集中于丰水偏丰沙组合、偏丰水平沙组合、平水偏枯沙组合、偏枯水平沙组合这 4 种组合,其频率均大于 0.06。③总体而言,同偏枯组合(0.281 0)最大,同偏丰组合(0.137 4)次之,水沙状态相反的组合最小。说明头道拐站 1958~1990 年的年径流量和年输沙量频率的关联性强,且在年径流量和年输沙量偏枯时关联性最强。

通过 Frank Copula 建立水沙联合分布计算得头道拐站 1998~2019 年水沙丰平枯组合遭遇频率,见表 7-2-12。

表 7-2-12　头道拐站 1998~2019 年水沙丰平枯组合遭遇频率

级别	丰水年	偏丰水年	平水年	偏枯水年	枯水年
丰沙年	0.066 8	0.050 0	0.007 2	0.000 8	0
偏丰沙年	0.050 0	0.131 6	0.058 2	0.009 4	0.000 8
平沙年	0.007 2	0.058 2	0.119 6	0.058 2	0.007 2
偏枯沙年	0.000 8	0.009 4	0.058 2	0.131 6	0.050 0
枯沙年	0	0.000 8	0.007 2	0.050 0	0.066 8

由表 7-2-12 可知,头道拐站 1998~2019 年水沙丰平枯组合遭遇频率中:①同步组合中同步组合频率和为 0.515 5,异步组合频率和为 0.484 5。②异步频率的高频部分主要集中于丰水偏丰沙组合(偏丰水特丰沙组合)、偏丰水平沙组合(平水偏丰沙组合)、平水偏枯沙组合(偏枯水平沙组合)和偏枯水特枯沙组合(特枯水偏枯沙组合)8 种组合,其频率均大于 0.04。③遭遇频率而言,同偏丰(同偏枯)组合(0.131 4)最大,同平组合(0.119 1)次之,水沙同丰组合(水沙同枯组)组合(0.066 8)再次,而枯水丰沙组合(丰水枯沙组合)

最小。说明头道拐站 1998~2019 年年径流量和年输沙量频率的关联性强, 水沙状态完全相反的组合的遭遇频率极小。

　　基于 Clayton Copula 的联合分布头道拐水文站 1958~1965 年水沙边缘分布如图 7-2-11 所示。基于 Clayton Copula 的联合分布头道拐水文站 1966~1990 年水沙边缘分布见图 7-2-12。从图 7-2-11(a) 和图 7-2-12(a) 中可见, 1958~1965 年和 1966~1990 年水沙边缘分布的概率密度函数下尾部相关性强, 而且可观察到 1966~1990 年较 1958~1965 年的上尾部相关性更强, 表明年径流量的较大值处对年输沙量有较大影响且随时间不断增强; 从图 7-2-11(b) 和图 7-2-12(b) 中可见, Clayton Copula 的分布函数具有对称性, 则水沙联合分布的累积频率具有对称性。

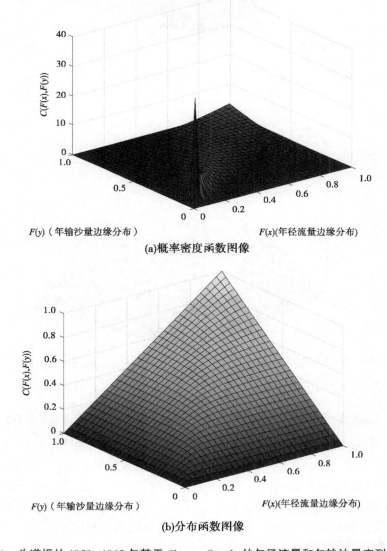

(a)概率密度函数图像

(b)分布函数图像

图 7-2-11　头道拐站 1958~1965 年基于 Clayton Copula 的年径流量和年输沙量序列边缘分布

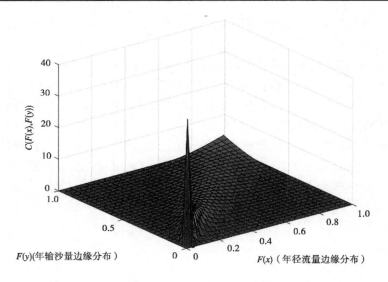

(a)概率密度函数图像

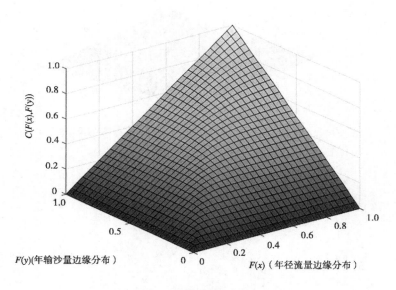

(b)分布函数图像

图 7-2-12 头道拐站 1966 年~1990 年基于 Clayton Copula 的年径流量和年输沙量序列边缘分布

基于 Frank Copula1 函数的 1998 ~ 2019 年水沙边缘分布如图 7-2-13 所示。从图 7-2-13（a）中可见，1998~2019 年流域水沙规律较强，服从固定分布，年径流量和年输沙量概率密度函数呈现尾部相关的特点，上尾部和下尾部相关性最强且具有对称性，表明年径流量的极大值或极小值处对年输沙量有较大影响。从图 7-2-13（b）中可见，Frank Copula 的分布函数具有对称性，则水沙联合分布的累积频率具有对称性。

7.2.3.7 典型年选取

头道拐水文站是黄河流域上游的出口站同时也是中游的入口站，其来水来沙变化直

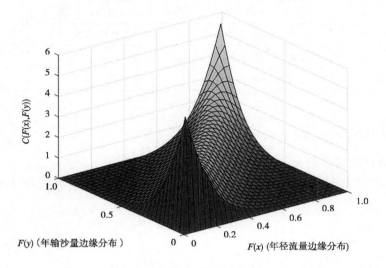

(a)概率密度函数图像

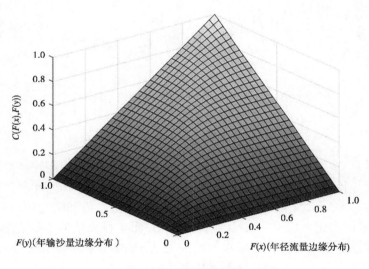

(b)分布函数图像

图 7-2-13　头道拐站 1998~2019 年基于 Frank Copula 的年径流量和年输沙量序列边缘分布

接影响中下游调水调沙,经过计算获取两个 1958~1990 年和 1998~2019 年水沙序列,其水沙关系在时间分布上具有一定的稳定性。考虑到万家寨水库和小浪底水库建设投入使用时间在 1998 年之后,故典型年的选取设置在 1998~2019 年时间区间,并优先考虑水沙丰平枯组合中遭遇频率最大的 3 个组合即偏丰水偏丰沙年、平水平沙年和偏枯水偏枯沙年作为 3 个典型年的选择范围。

根据表 7-2-13 划分标准和 1998~2019 年的年径流量、年输沙量数据,本章确定的典型年三种情形分别是:偏丰水偏丰沙年(2006 年、2007 年、2010 年、2012 年、2013 年)、平水平沙年(1999 年、2005 年、2009 年、2011 年)和偏枯水偏枯沙年(2002 年、2004 年、2017 年)。

表 7-2-13　典型年的年径流量、年输沙量划分标准

级别	偏丰水偏丰沙年	平水平沙年	偏枯水偏枯沙年
水量范围/亿 m³	246.47≥X>172.19	172.19≥X>137.22	137.22≥X>113.69
沙量范围/亿 t	0.61≥Y>0.41	0.41≥Y>0.31	0.31≥Y>0.28

7.2.4　潼关站水沙变化规律和趋势性

7.2.4.1　变化趋势分析

潼关水文站 1961~2019 年实测 59 年年输沙量和年径流量变化趋势见图 7-2-14。

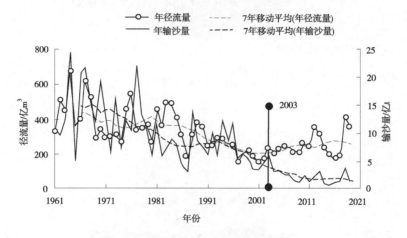

图 7-2-14　年径流量与年输沙量滑动平均图

　　年径流量自 20 世纪 90 年代中期开始出现逐渐减小的趋势,年输沙量减小趋势更加剧烈。同时对年径流量和年输沙量取 7 年进行滑动平均分析可知,年径流量与年输沙量均呈减小趋势,2003 年之前年径流量和年输沙量的变化趋势和变化幅度基本一致;2003 年之后,水沙衰减变化不再统一,输沙量持续减小,而年径流量呈小幅度的增加—减小等比较平稳的波动性变化趋势。流域水沙相关关系于 2003 年发生明显转折,2003 年前与 2003 年后呈明显的变化,且 2003 年前水沙关系强于 2003 年后。

7.2.4.2　突变分析

1. 双累积曲线

为进一步确定黄河流域潼关站水沙关系变异情况,采用双累积曲线法对流域水沙关系进行诊断,如图 7-2-15 所示。水沙关系出现了不同程度的阶段性变化,其中 1961~2003 年序列的双累积曲线斜率大于 2004~2019 年的,这意味着这两个时间段的水沙关系发生了显著的变化,2003 年为水沙关系突变点。尽管年径流量和输沙量都呈现下降趋势,但是水沙关系减弱,表明输沙量受径流变化的影响越来越小。

2. 滑动 T 检验

对 1961~2019 年径流量和年输沙量可能的突变点进行滑动 T 检验,见图 7-2-16。取子序列长度为 7 年。由图 7-2-16 可知,在给定显著性水平 $a=0.01$,由 T 检验可知,年径

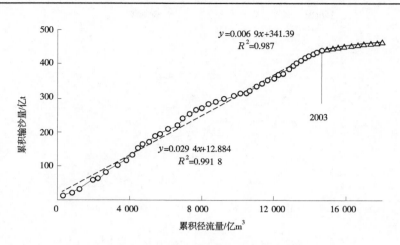

图 7-2-15 基于双累积曲线的水沙关系变异诊断

流量在 1986 年、1997 年和 2003 年发生变异,年输沙量在 1997 年、2004 年和 2007 年发生变异。初步判断 2003 年为水沙关系变异点。

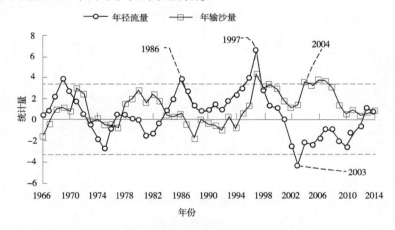

图 7-2-16 1961～2019 年年均径流量和年输沙量滑动 t 统计量曲线

3. Mann-Kendall 检验

采用 Mann-Kendall 检验法对潼关水文站的天然多年径流量和输沙量进行趋势性分析和突变检验,见图 7-2-17。自 1983 年以来,潼关站年平均径流量呈显著减少趋势,年径流量 UF 和 UB 曲线在 1987 年出现了 1 个交点,因此 1987 年为年径流量的突变点。从 1994 年开始,减少的趋势超过了 0.05 显著性水平。

由图 7-2-18 可知,潼关站年输沙量从 1966 年就呈现显著减少趋势,1986 年之后减少的趋势大大超过 0.05 临界线,年输沙量 UF 和 UB 曲线在 2000 年出现了 1 个交点,因此 2000 年为年输沙量的突变点。

4. Hurst 指数

运用线性回归方法分别计算潼关站年径流量和年输沙量的 M-K 趋势判别系数 Z 及 Hurst 指数 H(持续性系数)的值,如表 7-2-14 所示。

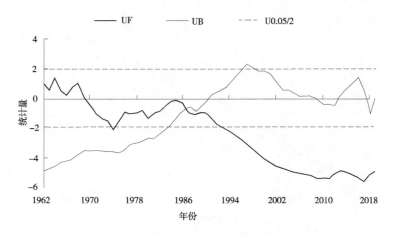

图 7-2-17 年径流量 M-K 突变检验图

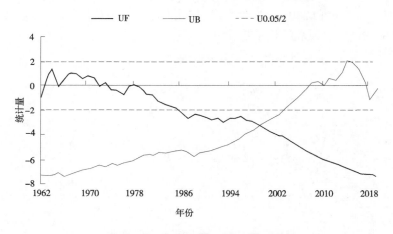

图 7-2-18 年输沙量 M-K 突变检验图

表 7-2-14 趋势判别系数及持续性系数统计

序列	趋势判别系数 Z	趋势性	H	趋势性
年径流量	-4.917 7	下降	0.310	不显著
年输沙量	-7.258 8	下降	0.849	显著

由表 7-2-14 可以看出,黄河流域潼关站的年径流量的趋势判别系数 $Z=-4.917\,7$,已经超过 90% 的显著性阈值 $Z_{\alpha/2}=\pm1.96$,年径流量呈减小的趋势,又因其持续性系数 $H=0.310$,说明流域的径流量序列减小趋势持续性不强,且在未来出现某种单一变化趋势的可能性不高。反观年输沙量序列,其趋势判别系数 $Z=-7.258\,8$,远超过 99% 的显著性指标 $Z_{\alpha/2}=\pm2.32$,且持续性系数 $H=0.849>0.5$,表明减小趋势存在较强的持续性,可知流域的年输沙量呈现出显著的下降趋势,而这样的趋势还将进一步加强。

7.2.4.3　频率分析

综合考虑滑动相关系数法、双累积曲线法对潼关站水沙关系的影响分析,本书以水沙关系变异点 2003 年为分割点,将水沙序列划分为 1961~2003 年、2004~2019 年两阶段。计算变异前后年径流量和年输沙量的参数统计量如表 7-2-15 所示。结合变异前后年径流量和年输沙量的均值、偏度和峰度可知,年径流量和年输沙量系列的偏度都为正,说明均服从右偏分布(概率密度的左尾巴短,右尾巴长,顶点偏向右边),总体分布密度曲线变异前后变化较大,对称性降低,分布有扁平化的趋势。变异前后年径流量和年输沙量的峰度都大于 3,说明总体分布密度曲线在其峰值附近比正态分布来得陡,均呈现出尖峰厚尾的特点。

表 7-2-15　水沙序列参数统计量

时段/年	项目	均值	偏度	峰度
1961~2003	年径流量/亿 m^3	341.29	0.70	3.10
	年输沙量/亿 t	10.20	0.92	3.22
2004~2019	年径流量/亿 m^3	254.56	1.11	3.26
	年输沙量/亿 t	1.97	1.20	4.37

进一步分析水沙关系变异前后年径流量与年输沙量的不同频率下特征值之间的差异,运用适线法对频率曲线进行寻优,通过 P-Ⅲ型频率分布建立年径流量和年输沙量的理论频率曲线,应用数学期望公式计算年径流量和年输沙量的经验频率,见图 7-2-19 和图 7-2-20。

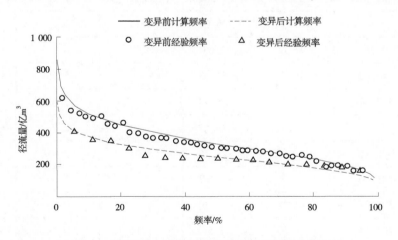

图 7-2-19　潼关站水沙关系变异前后年径流量频率曲线

假定黄河流域年径流量与年输沙量序列服从 P-Ⅲ型分布,采用优化适线法求取频率分布曲线的统计参数见表 7-2-16。

年径流量和年输沙量在水沙关系变异后相对于水沙关系变异前显著减小,其中,年径流量减小幅度 25.41%,年输沙量减小幅度远大于年径流量为 80.69%。变异系数 C_v 值年均径流量和年均输沙量均减小,年输沙量序列波动程度大于径流序列。偏态系数 C_s 变

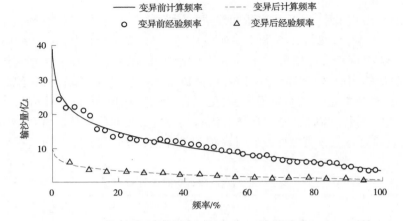

图 7-2-20　潼关站水沙关系变异前后年输沙量频率曲线

化较大,较水沙关系变异前年径流量序列偏态系数增大幅度达 52.63%,年输沙量序列偏态系数减少 67.68%。水沙关系变异后相对于水沙关系变异前,1%≤P≤99%时,年径流量与年输沙量均表现为减小趋势,设计频率下年径流量减少幅度小于年输沙量减小幅度。

表 7-2-16　水沙关系变异前后特征值统计

特征值	年径流量/亿 m³		变幅/%	年输沙量/亿 t		变幅/%
	变异前	变异后		变异前	变异后	
均值	341.29	254.56	−25.41	10.20	1.97	−80.69
C_v	0.36	0.27	−25.00	0.52	0.51	−1.92
C_s	0.76	1.16	52.63	0.99	0.32	−67.68
1%	746.03	510.09	−31.63	31.51	5.65	−82.07
10%	527.51	375.16	−28.88	18.77	3.65	−80.55
37.50%	367.1	273.45	−25.51	10.86	2.28	−77.01
50%	322.16	244.32	−24.16	8.97	1.91	−78.71
62.50%	281.06	217.35	−22.67	7.42	1.59	−78.57
90%	178.81	148.24	−17.10	4.41	0.84	−80.95
99%	101.11	92.46	−8.56	3.16	0.36	−88.61

7.2.4.4　丰平枯分析

采用频率法将径流量与输沙量进行丰平枯遭遇划分,如表 7-2-17 所示。丰枯频率的划分标准是 $p_r = 37.5\%$、$p_p = 62.5\%$。统计潼关站水沙变异前后丰平枯水沙遭遇组合如表 7-2-18 所示。

表 7-2-17　水沙丰平枯划分标准

	沙丰	沙平	沙枯
水丰	$p_1 = P(X \geq x_{pr}; Y \geq y_{pp})$	$p_1 = P(X \geq x_{pr}; y_{pp} \leq Y \leq y_{pr})$	$p_1 = P(X \geq x_{pp \backslash r}; Y \leq y_{pp})$
水平	$p_1 = P(x_{pp} \leq X \leq x_{pr}; Y \geq y_{pp})$	$p_1 = P(x_{pp} \leq X \leq x_{pr}; y_{pp} \leq Y \geq y_{pr})$	$p_1 = P(x_{pp} \leq X \leq x_{pr}; Y \leq y_{pp})$
水枯	$p_1 = P(X \leq x_{pp}; Y \geq y_{pr})$	$p_1 = P(X \leq x_{pp}; y_{pp} \leq Y \leq y_{pr})$	$p_1 = P(X \leq x_{pp}; Y \leq y_{pp})$

表 7-2-18　潼关站变异前后丰平枯水沙遭遇划分

时段/年	不超过概率					
	$P \geq 62.5\%$		$37.5\% \sim 62.5\%$		$P \leq 37.5\%$	
	枯水	枯沙	平水	平沙	丰水	丰沙
1961~2003	≤281.06	≤7.42	281.06~367.10	7.42~10.86	≥367.10	≥10.86
2004~2019	≤217.35	≤1.59	217.35~273.45	1.59~2.28	≥273.45	≥2.28

流域水沙关系变异前后丰枯遭遇结果见表 7-2-19。变异前后水沙丰枯同步的频率均小于丰枯异步的频率,变异后2004~2019年水沙关系丰枯同步频率为47.06%,相对于

表 7-2-19　变异前后水沙丰平枯遭遇频率统计

类型	丰枯组合	频率/%	
		1961~2003 年	2004~2019 年
丰枯同频	水丰沙丰	16.67	11.76
	水平沙平	7.14	5.88
	水枯沙枯	21.43	27.42
	合计	45.24	47.06
丰枯异频	水丰沙平	14.29	11.76
	水丰沙枯	0	0
	水平沙丰	17.05	23.54
	水平沙枯	11.9	11.76
	水枯沙丰	2.38	5.88
	水枯沙平	7.14	0
	合计	54.76	52.94

1961~2003 年的 45.24%,增加约 1.82%。水沙序列丰枯异步发生的频率由 54.76% 减少到 52.94%。水沙同步的频率小于水沙异步的频率,丰枯同步的频率有增大趋势,水沙异步的频率有减小的趋势。在丰枯同频中,变异前后都是以水枯沙枯的频率最大,其次为水丰沙丰,水平沙平频率最小。在丰枯异频中,变异前后都是以水平沙丰发生的频率最大,其次是水丰沙平,水丰沙枯和水枯沙丰发生的频率最小。说明水沙频率相关性较强,发生两者截然相反状态的概率最小。

7.2.4.5　Copula 函数联合分布模型

采用前文计算所得的水沙关系变异前后频率分析成果,应用 Genest 等提出的非参数估计法,通过 Kendall 相关系数 τ 与 Copula 函数参数 λ 的关系对两变量单参数 Archimedean 型 Copula 函数的参数进行估计,选取 Clayton、Frank、Gumbel 等 3 种常用的 Copula 函数进行参数分析。结果见表 7-2-20。

表 7-2-20　Copula 函数参数估计结果及拟合优度检验

Copula 函数	时段/年	Kendall 相关系数 τ	RMSE	NSE
Clayton	1961~2003	0.431	0.157 9	0.990 1
	2004~2019	0.367	0.220 5	0.947 8
Frank	1961~2003	0.431	0.209 5	0.982 6
	2004~2019	0.367	0.242 6	0.936 8
Gumbel	1961~2003	0.431	0.236 3	0.977 9
	2004~2019	0.367	0.270 0	0.921 6

对于模型拟合优度的检验,采用均方根误差 RSME、NSE 最小准则进行衡量,所得结果见表 7-2-20。根据均方根误差 RMSE 与 NSE 信息准则,潼关站水沙关系变异前后联合分布模型采用 Clayton-Copula 函数来拟合精度较高,计算 λ 分别为 1.403 和 0.939。构建的基于 Archimedean 族 Copula 函数的水沙联合分布模型见公式:

1961~2003 年　　　$H(x,y) = (F(x)^{-1.403} + F(y)^{-1.403} - 1)^{-1/1.403}$　　　　(7-2-48)

2004~2019 年　　　$H(x,y) = (F(x)^{-0.939} + F(y)^{-0.939} - 1)^{-1/0.939}$　　　　(2-7-49)

基于构建的 Copula 函数水沙联合分布模型,1961~2003 年与 2004~2019 年水沙联合分布与不同重现期的等值线图分别如图 7-2-21 和图 7-2-22 所示。

由图 7-2-21 和图 7-2-22 可以看出,黄河流域潼关站年径流量和年输沙量序列在 1961~2003 年与 2004~2019 年有明显的变化,在同等遭遇概率情况下,2004~2019 年的年径流量和输沙量比变异前小。根据等值线图即可查得任意重现期下潼关站年径流量和年输沙量的各种遭遇组合的概率,进一步了解未来进入下游河道的水沙情况,为黄河下游水沙调控和防洪减灾提供指导意见。

7.2.5　小结

(1)头道拐站多年(1958~1990 年+1998~2019 年)年径流量呈现减小趋势,但是自

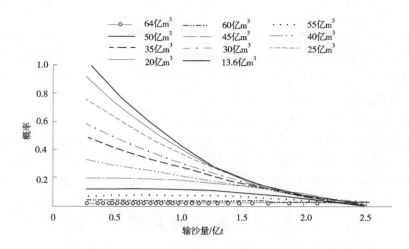

图 7-2-21　潼关站 1961~2003 年水沙联合分布与不同重现期的等值线图

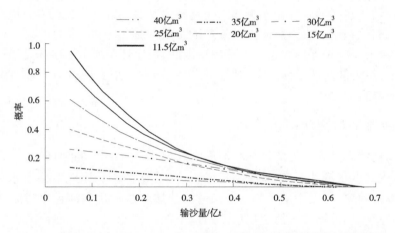

图 7-2-22　潼关站 2004~2019 年水沙联合分布与不同重现期的等值线图

1998 年后开始出现逐渐减小—略微增加—减少的趋势,年输沙量减小趋势更加剧烈,至 1999 年后趋于平稳。1958~1990 年水沙序列的演变趋势存在一个变异点(1965 年),变异前后的两个子序列水沙关系具有一定平稳性,其概率密度函数图像上尾部相关性较强,即水沙序列中年径流量的较大值处变化趋势同年输沙量变化趋势关联性强。1998~2019 年水沙子序列的水沙关系未发生明显变异,具有一定的平稳性,其概率密度函数图像头部和尾部相关性较强,即水沙序列中年径流量的高低变化趋势同年输沙量高低变化趋势关联性强。其中,水沙序列中水沙同频明显高于水沙异频,其中水沙状态相反组合的概率较小,1958~1990 年年径流量和年输沙量在平丰时相关性强,1998~2019 年年径流量和年输沙量整体相关性强,水沙丰平枯变化趋势基本一致。

（2）潼关站 1961~2019 年的年径流量和年输沙量均呈现衰减趋势,2003 年之前水沙衰减程度基本相同,2003 年之后水沙演变规律发生明显变化,年输沙量保持下降趋势,年径流量呈现出较强的波动性。水沙关系变异发生在 2003 年。水沙联合分布在水沙关系变异前后发生较大变化,设计频率下特征值变化较大,$P<90\%$ 时的年径流量、年输沙量均减小,年输沙量减小趋势较为明显。年输沙量序列的下降趋势比年径流量序列的下降趋势更为明显。变异前后水沙序列丰枯同步的频率大于丰枯异频。水沙同步的频率小于水沙异步的频率,丰枯同步的频率有增大趋势,水沙异步的频率有减小的趋势。在丰枯同频中,变异前后都是以水枯沙枯的频率最大,水平沙平频率最小;在丰枯异频中,变异前后都是水平沙丰的频率最大,水丰沙枯和水枯沙丰发生的频率最小。

(3)通过 Copula 函数建立了潼关站水沙关系联合分布模型,绘制水沙联合分布与不同重现期的等值线图,根据等值线图即可查得任意重现期下潼关站年径流量和年输沙量的各种遭遇组合的概率,为黄河下游水沙调控和防洪减灾提供指导意见。

7.3　黄河流域水沙协调度分析研究

黄河流域的主体处于半干旱地区,流域内"水少、沙多、水沙关系不协调"是黄河流域复杂难治的症结所在。随着农业灌溉和国民经济的发展,水资源供求关系日益紧张,防洪减灾和水资源高效利用一直是黄河流域管理的关键问题。另外,作为世界上最著名的多泥沙河流,输沙入海必须耗用大量的水资源。因此,在保证黄河下游淤积处于可以接受的水平的前提下,尽可能协调水沙关系,减轻下游河道淤积,是实现黄河流域生态保护和高质量发展的战略目标之一。

7.3.1　输沙效率与输沙用水关系

在进行以输沙入海为目的的黄河小浪底水库调水调沙方案的制订时,必须同时考虑两个目标,即提高洪水输沙效率,减少河道淤积;同时节省输沙用水量,降低水资源消耗。

洪水的输沙效率,可以用进入某一河段的泥沙被洪水输送到河道出口断面以下的部分的比例来表示。如果输送到河道出口断面以下的比例越大,淤积在河道中的泥沙的比例越小,则洪水的输沙效率越高。具体可以用洪水泥沙输移比或排沙比(SDR)来表示:

$$SDR = Q_{s,out} \Big/ \sum Q_{s,in} \tag{7-3-1}$$

式中:$Q_{s,out}$ 为场次洪水中输送到控制断面以下的泥沙量;$\sum Q_{s,in}$ 为进入该河段的干流来沙与支流来沙之和。

SDR 越大,则洪水输沙效益较高。SDR = 1,说明全部泥沙被输送至河段出口以下;SDR<1,说明发生了淤积;SDR>1,说明发生了冲刷。SDR 接近于 1 的洪水,就是高效输沙洪水。

输沙用水量 W_s,可定义为输送单位质量(t)泥沙入海所耗用的清水的体积(m^3)。若含沙量较低,泥沙所占体积可以忽略,则 W_s 即为含沙量的倒数,即 $W_s = 1/C$。然而,在含沙量很高时,泥沙将占据一部分体积。设场次洪水中输沙量为 Q_s,浑水径流量为 $Q_{w,浑水}$,则清水径流量为

$$Q_{w,清水} = Q_{w,浑水} - Q_{w,浑水} / \rho \tag{7-3-2}$$

式中,$\rho = 2.65~t/m^3$,为致密泥沙的平均密度。所以,输沙用水量为

$$W_s = (Q_{w,浑水} - Q_{s/\rho})/Q_s \tag{7-3-3}$$

以黄河下游 1950~1985 年间 274 次洪水的资料为基础,通过点绘三门峡至利津的场次洪水排沙比与场次洪水输沙用水量的关系,回归方程如下:

$$SDR_{>2\,000} = 0.143\,2W_s^{0.578\,2} \tag{7-3-4}$$

式(7-3-4)表明,输沙效率随输沙用水量的增大而增大。这意味着,输沙效率高则输沙用水量则大,输沙用水少则输沙效率低,因此既要高效输沙又要节约输沙用水量的两个目标是互相矛盾的。只有某种中等输沙用水量与中等输沙效率的组合,才可能是较优的。

根据输沙用水量的定义和含沙量 C 的定义,可以写出与 C 的换算公式如下:

$$C = 1\,000/(1/2.65 + W_s) \tag{7-3-5}$$

由式(7-3-5)可以计算出不同输沙效率(SDR)下的 W 与 C,见图 7-3-1。当 SDR 在 1.0~0.85 时,认为是高效输沙。当场次洪水平均含沙量为 34.3~45.2 kg/m³,输沙用水量则为 21.8~28.8 m³/t,作为高效输沙的参考。通过统计黄河下游历史场次洪水平均含沙量和排沙比的关系,并进行线性拟合可知道,输沙效率大于 0.85 的洪水流量范围为 2 600~4 800 m³/s。而许炯心通过研究 1950~1985 年的 274 场洪水资料认为,当场次洪水的平均含沙量小于 34.02 kg/m³ 时,下游河道可以不淤。曹文洪通过分析 1950~1999 年的实测水沙资料得出,黄河下游不淤的临界年均含沙量为 17.50 kg/m³。

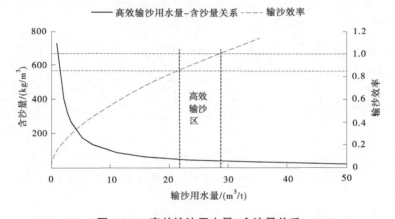

图 7-3-1　高效输沙用水量-含沙量关系

综合以上成果,输沙效率随输沙用水量的增大而增大。所以,只有某种中等的输沙用水量与中等的输沙效率的组合,才可能是较优或最优的。同时,满足输沙效率较高和输沙用水量较省这两项要求的洪水可称为高效输沙洪水,高效输沙的排沙比取 0.85~1.00。认为,含沙量区间为 17.50~34.02 kg/m³ 是黄河下游高效输沙的含沙量范围,即当年平均含沙量小于 17.50 kg/m³ 时下游河道冲刷,当年平均含沙量大于 34.02 kg/m³ 时下游河道淤积。

7.3.2　水沙协调度

对潼关站而言,水沙协调度 D_i 定义如下:

$$D_i = \begin{cases} d_{1i} & (\text{第 } i \text{ 年针对黄河上游的水沙协调度}), \quad i = 1, \cdots, n \\ d_{2i} & (\text{第 } i \text{ 年针对黄河下游的水沙协调度}), \quad i = 1, \cdots, n \end{cases} \quad (7\text{-}3\text{-}6)$$

该定义有两层含义:第一层是针对黄河上游水沙协调度而言,认为同频率的水沙过程是协调的,以来水来沙丰平枯的频率一致程度来表征;第二层是针对黄河下游水沙协调度而言,维持下游河道冲淤相对平衡的水沙关系是协调的,可以从年平均含沙量相对平衡输沙含沙量的偏离程度来表征。其各自的定义、计算方法如下。

7.3.2.1　针对黄河上游的水沙协调度

利用黄河中游潼关站 1961~2019 年 59 年的长系列水沙资料,建立径流量和输沙量的 P-Ⅲ 型频率曲线,根据丰平枯划分原则,得到 59 年年径流量和年输沙量序列的丰平枯水(沙)年的划分标准。定义针对黄河上游水沙协调度为

$$d_{1i} = P_{qi} - P_{si}, \qquad i = 1, 2, \cdots, n \quad (7\text{-}3\text{-}7)$$

式中: P_{qi} 为第 i 年的年径流量出现的频率; P_{si} 为第 i 年的年输沙量出现的频率。

统计潼关站 59 年的年水沙协调度,如图 7-3-2 所示。2004 年之前,针对黄河上游的水沙协调度在 $[-0.4, 0.4]$ 之间呈现出类周期性的波动;2005 年以后,针对黄河上游的水沙协调度为负,并且波动范围为 $[-0.6, 0]$,波动幅度较大,表现为相对水多沙少的趋势。

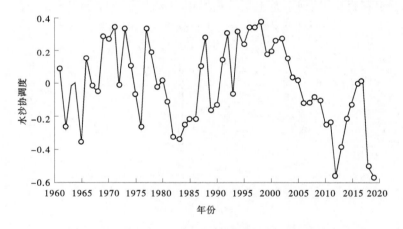

图 7-3-2　1961~2019 年针对黄河上游的水沙协调度

表 7-3-1 分析了 1961~2019 年针对黄河上游的水沙协调度 d_{1i} 的分布区间频次统计量。其区间频次通过统计检验服从正态分布,如图 7-3-3 所示。

表 7-3-1　针对黄河上游的水沙协调度统计量

统计量	均值	方差	标准差	偏度	峰度
数值	0	0.057	0.238	−0.218	−0.711

7.3.2.2　针对黄河下游水沙协调度

利用高效输沙的含沙量区间 $[17.50 \text{ kg/m}^3, 34.02 \text{ kg/m}^3]$,得到针对黄河下游的水沙协调度的定义为

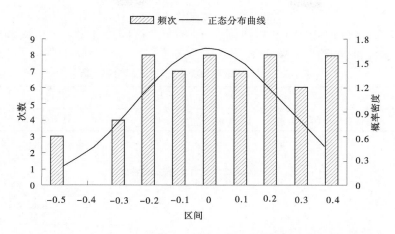

图 7-3-3　1961~2019 年针对黄河上游的水沙协调度值分布频次统计图

$$d_{2i} = \frac{S_i - \bar{S}}{S_{\max} - S_{\min}} \tag{7-3-8}$$

式中：$S_{\max} = 34.02 \ \mathrm{kg/m^3}$；$S_{\min} = 17.50 \ \mathrm{kg/m^3}$；$\bar{S} = (S_{\max} - S_{\min})/2$；$d_{2i}$ 为第 i 年针对黄河下游的水沙协调度；S_i 为第 i 年平均含沙量。

若协调度 d_{2i} 在区间 $[-0.5, 0.5]$ 内，表示水沙协调，下游河道不冲不淤，实现了高效输沙。若协调度 $d_{2i} > 0.5$，表示进入下游河道水少沙多，含沙量偏高，下游河道淤积。当协调度 $d_{2i} < -0.5$，表示进入下游河道水多沙少，含沙量偏低，下游河道冲刷。统计 1961~2019 年 59 年针对黄河下游的水沙偏离度，如图 7-3-4 所示。

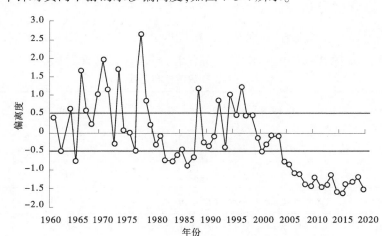

图 7-3-4　1961~2019 年针对黄河下游的水沙协调度

图 7-3-4 中横线之间的区域为实现下游河道不冲不淤的协调水沙关系区域，水沙协调性分 3 个阶段：1978 年之前，水沙协调度偏大，进入下游的水沙关系表现为水少沙多；1979~2004 年，水沙协调度逐渐减小；2005 年之后，水沙协调度小于 -0.5，并有逐渐减小的趋势，进入下游的水沙关系表现为相对的水多沙少，下游河道表现为全线冲刷，这也与

实际比较吻合。

表 7-3-2 分析了 1961~2019 年协调度 d_{2i} 的分布区间统计量。其区间频次通过统计检验服从正态分布,如图 7-3-5 所示。

表 7-3-2　针对黄河下游的水沙协调度统计量

统计量	均值	方差	标准差	偏度	峰度
数值	-0.167	0.986	0.986	0.671	0.089

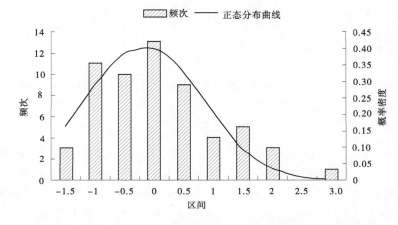

图 7-3-5　1961~2019 年针对黄河下游的水沙协调度值分布频次统计图

7.3.3　水沙协调度分析

根据正态分布的"3σ"原则,分别对水沙协调度 d_1、d_2 进行正态分布区间的划分和分级,统计得到潼关站 1961~2019 年水沙协调度 D_i 分布区间,见表 7-3-3。

表 7-3-3　正态数值分布区间

水沙协调度级别	数值分布区间	概率/%	意义
1	$(\mu-\sigma,\mu+\sigma)$	≤65.26	协调
2	$(\mu-2\sigma,\mu+\sigma)\cup(\mu+\sigma,\mu+2\sigma)$	30.18	比较协调
3	$(\mu-3\sigma,\mu-2\sigma)\cup(\mu+2\sigma,\mu+3\sigma)$	4.30	比较不协调
4	$(-\infty,\mu-3\sigma)\cup(\mu+3\sigma,\infty)$	0.26	不协调

从图 7-3-6 中可以看出,在 59 年的水沙过程中,针对黄河上游的水沙协调度有 35 年处于第一等级,有 21 年处于第二等级,仅有 3 年处于第三等级,可认为处于极不协调状态,分别为 2012 年(年径流量 357.06 亿 m^3:年输沙量 2.08 亿 t)、2018 年(年径流量 414.67 亿 m^3:年输沙量 3.73 亿 t)和 2019 年(年径流量 353.03 亿 m^3:年输沙量 1.44 亿 t)。从趋势上看整体平稳,但近年来极端水多沙少的年份偶有发生。

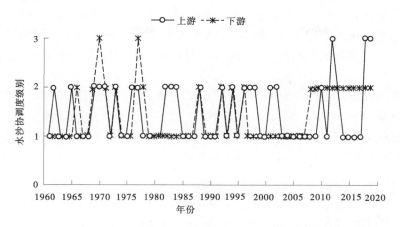

图 7-3-6　1961~2019 年针对黄河上游和下游水沙协调度分布

　　针对黄河下游的水沙协调度中,有 36 年处于第一等级,有 21 年处于第二等级,2 年处于第三等级。分析其总体趋势变化,也是由水少沙多的搭配关系向水多沙少的搭配关系转变,特别是 1997 年以后,这一趋势更加明显,1997~2007 年,潼关站水沙关系相对下游来说相对协调,形成了小浪底水库的持续淤积和下游河道的普遍冲刷,2007 年以后,潼关站来沙量进一步减少,水沙关系呈现出水多沙少的新变化,此时则更有可能在水库减少淤积和下游河道维持中水河槽之间求得更理想的平衡关系。

7.3.4　小结

　　(1)制订以输沙入海为目的的黄河小浪底水库调水调沙方案时,高效输沙排沙比取 0.85~1.00,流量为 2 600~4 800 m³/s,含沙量为 17.50~34.02 kg/m³,是黄河下游高效输沙的水沙条件范围。

　　(2)提出了潼关站水沙协调度指标的定义和计算方法。进入黄河下游水量和沙量丰平枯变化趋势基本一致,整体呈现出下降趋势,近 10 年来水量在个别年份有向偏丰发展的趋势,而沙量有进入特枯的趋势。

　　(4)在 59 年的水沙过程中,水沙协调度由水少沙多的搭配关系向水多沙少的搭配关系转变,特别是 1997 年以后,这一趋势更加明显。研究成果对流域防洪规划和防洪调度工作具有重要意义。

7.4　水库多目标优化算法研究

　　伴随着水库群多目标优化调度复杂模型的构建,多目标优化算法被广泛应用和研究。但由于水库群调度存在约束条件复杂、决策变量多、决策阶段多等问题,多目标优化算法在求解此类问题过程中会生成大量违反约束条件的不可行解,导致算法出现收敛速度慢、优化效率低下、时间复杂度高等问题。

　　快速非支配排序遗传算法(NSGA-Ⅱ)是基于遗传算法并结合非支配排序和拥挤度排序的一种多目标优化算法。针对 NSGA-Ⅱ 在求解梯级水库两目标问题时存在局部搜索能力较差的缺陷,提出基于逐次逼近方法的改进算法(SA-NSGA-Ⅱ),通过逐次减少不可行域在搜索空间中所占比重,增强其局部搜索能力和全局搜索效率。以测试函数为例,验证 SA-NSGA-Ⅱ 算法的优越性,为梯级水库两目标优化调度模型求解提供理论支撑和技术支持。

针对多目标优化调度模型求解问题,在 NSGA-Ⅱ 的基础上提出了基于参考点的非支配排序遗传算法(NSGA-Ⅲ),用来解决三个及以上目标的优化调度问题,尤其是水库三目标优化调度这类高维度决策问题。通过测试函数验证 NSGA-Ⅲ 算法的优越性,为水库多目标优化调度模型求解提供理论支撑和技术支持。

7.4.1 改进的快速非支配排序遗传算法

7.4.1.1 NSGA-Ⅱ

快速非支配排序遗传算法(NSGA-Ⅱ)是由 Deb 等在 2002 年提出的,是目前公认的解决多目标问题效果最好的算法之一。NSGA-Ⅱ 的主体思想基于 GA,相较于上一代非支配排序遗传算法(NSGA)仅在算法选择部分存在不同操作,即在多样性保护方面增加了精英策略。在优化计算方面使用快速非支配排序方法有效降低算法时间复杂度;在 Pareto 最优解选择方面使用拥挤度排序替代了共享小生境,避免人为指定共享参数进而提升算法的鲁棒性。

NSGA-Ⅱ 算法假设种群数量为 P,待优化问题变量维度为 D,即构成 $P \times D$ 的变量空间,其中每个个体都是问题的一个候选解,算法选择获取的非支配个体是当前找到的全局最优解,所有非支配个体的目标值组成 Pareto 前沿,其个体集合为 Pareto 最优解集。

1. 非支配排序

首先介绍 Pareto 最优解的概念,一般来说对于目标之间相互制约的多目标优化问题(MOP)的绝对最优解是不存在的,当绝对最优解不存在时,引入非支配解的概念进行表示。假设 x_1、x_2 是 MOP 的两个可行解,支配关系定义如下:

$$\forall i = 1, 2, \cdots, m, f_i(x_1) \leqslant f_i(x_2) \cap \exists j \in [1, m], f_j(x_1) < f_j(x_2) \qquad (7-4-1)$$

式中:i 为目标数编号;m 为总目标数;f_i 为目标函数 minimize。

满足上述条件则称 x_1 支配 x_2。

当 MOP 的解集中任何一个解都有不能被该集合中其他解支配,称该解集为非支配解集,解集中的解为非支配解。所有可行解中的非支配解集被称为 Pareto 最优解集,其对应的目标值构成 Pareto 前沿。

非支配排序是先将种群 S_t 中的非支配个体选择出来,构成非支配层 F_1,后在种群 $S_t \backslash F_1$ 的个体中的非支配个体构成非支配层 F_2,重复以上操作直至得到最后的非支配层 F_L,即种群中个体全部进行分层,表示为

$$(F_1, F_2, \cdots, F_L) = \text{Non} - \text{dominated} - \text{sort}(S_t) \qquad (7-4-2)$$

2. 精英策略

采用精英选择策略(见图 7-4-1),将同一代的父代种群 P_t 和子代种群 Q_t 合并,产生混合种群 $R_t = P_t \cup Q_t$,通过非支配排序对 R_t 进行分层,得到非支配层级 $F_1, F_2, \cdots$,再通过拥挤度排序从中选取与种群个数相同的各层非支配个体作为下一代父代种群 P_{t+1}。

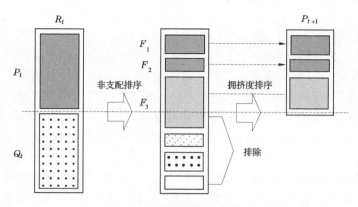

图 7-4-1 精英策略示意图

3. 拥挤度排序

拥挤度排序是用于已完成非支配排序的同一分层内个体的排序方式,拥挤度表示的是同一排序分层个体密度,是保护种群多样性的重要指标,其计算如图 7-4-2 所示。该计算适用于两个及其以上目标。以两目标为例,实心圆标记为同一排序分层个体的目标值(每个目标值均经过均一化处理),个体 i 的拥挤度为长方体的平均边长,长方体由个体 i 相邻的两个点 $i-1$、$i+1$ 作为顶点形成的,对于每个目标函数的边界值被赋予一个无限距离值。在某种意义上,拥挤度较小的个体表示和其相邻个体密度较高。通过非支配排序对种群进行分层,在对同一分层内个体进行拥挤度排序,实现对所有个体的优劣评判,在结合精英策略完成 NSGA-Ⅱ 的整个选择过程,再结合 GA 的寻优过程,获取 MOP 的 Pareto 最优解集。

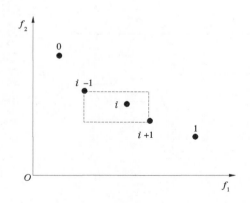

图 7-4-2 拥挤度计算示意图

7.4.1.2 基于逐次逼近方法的快速非支配排序遗传算法

1. 逐次逼近方法

NSGA-Ⅱ 采用实数编码,在决策变量的搜索空间内随机产生初始解。对于多阶段决策问题,需要决策者一次确定各阶段应选择的最优策略,各阶段的决策变量对应各自搜索范围。

搜索空间上限 $X_{\max}$ 和下限 $X_{\min}$ 如下:

$$X_{\max} = \left\{ x_{\max 1}, x_{\max 2}, \cdots, x_{\max n} \right\} \tag{7-4-3}$$

$$X_{\min} = \left\{ x_{\min 1}, x_{\min 2}, \cdots, x_{\min n} \right\} \tag{7-4-4}$$

式中:n 为阶段数,即决策变量维度数;$x_{\max n}$、$x_{\min n}$ 为各阶段搜索空间的上、下限。

当每个阶段的决策量在其搜索范围内随机生成后,全部过程的决策是阶段决策组成的一个决策序列,一个决策序列对应一个个体,所有个体的总和为种群。NSGA-Ⅱ对已生成的种群中个体的各阶段的决策量进行交叉变异,将父类和子类进行混合,计算适应度函数值,在父子混合类中通过非支配排序和拥挤度排序得到一组 Pareto 最优解集作为算法的优化结果。

NSGA-Ⅱ求解多目标多阶段优化问题的过程中,即便当前各阶段的最优解集对应的决策变量上、下限发生变化,其决策变量对应的搜索空间仍是固定的,导致算法求解过程中会生成大量支配解或违反约束条件的不可行解,从而降低了算法整体的优化效率和解的质量,因此提出一种逐次逼近方法将已生成的 Pareto 最优解集作为初始解集,以其各阶段的最优解集上、下限数值为基础增减一个宽度 $width$,使各阶段形成新的搜索范围,再通过逐次循环,减小宽度 $width$ 使各阶段搜索范围同步减小,通过实时更新搜索空间,减少各阶段中支配解数量或不可行域在搜索空间中所占比重,增强局部搜索能力,提高算法寻优效率。

如图 7-4-3 所示,假设 $x_1 \sim x_5$ 为决策变量 X 的各阶段,初次循环的决策变量的搜索空间上、下限分别为 $X_{\max 1}$ 和 $X_{\min 1}$,对于 2 次循环和之后循环,在上一次循环得到的 Pareto 最优解集对应各阶段 x_i 最优解集的上、下限的基础上增减宽度 $width$,形成各阶段的搜索范围,从而形成新的搜索空间。

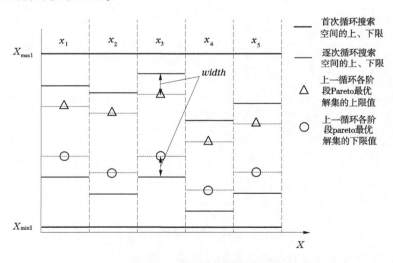

图 7-4-3　可变搜索空间示意图

2. SA-NSGA-Ⅱ

结合逐次逼近方法减小各阶段中支配解数量或不可行域在搜索空间中所占比重,增强局部搜索能力,本书提出一种基于逐次逼近方法的快速非支配排序遗传算法——SA-NSGA-Ⅱ,相对于 NSGA-Ⅱ增加了逐次循环、决策变量的可变搜索空间和 Pareto 最优解集的选择。下面对主要参数和流程进行详细讨论。

循环次数的设置，逐次循环中单次循环的最大代数 $generation$ 的大小和设置的逐次循环的总次数 K 及循环总代数 $maxrun$ 有关，并且单次循环的代数是可变的，其值为

$$
\left.
\begin{aligned}
generation^{(k)} &= g_s + \frac{k-1}{K-1}(g_s - g_f) \\
g_f &= 2\frac{maxrun}{K} - g_s \\
\text{s. t. } & g_f > g_s
\end{aligned}
\right\} \tag{7-4-5}
$$

式中：k 为循环次数；$generation^{(k)}$ 为第 k 次循环最大代数；g_s 为初次循环次数最大代数；g_f 为末次循环的最大代数。

逐次循环的最大代数依次增加进而不断提高当前循环的寻优能力，循环总代数 $maxrun$、逐次循环的总次数 K 和初次循环最大代数 g_s 的具体值将视问题的复杂程度而定。

可变搜索空间的确定，决策变量的搜索空间的上限 X_{max} 和下限 X_{min} 随着逐次循环的次数 k 而改变，即各阶段的搜索范围不断减小：

$$
\left.
\begin{aligned}
width^{(k)} &= \frac{X_{max} - X_{min}}{ek} \\
k: \quad & X_{max} = \{x^t_{maxn} + width\} \\
& X_{min} = \{x^t_{minn} - width\} \\
\text{s. t. } & \begin{cases} X_{max} \leqslant X_{max1} \\ X_{min} \geqslant X_{min1} \end{cases}
\end{aligned}
\right\} \tag{7-4-6}
$$

式中：k 为循环次数；n 为阶段个数；X_{max1}、X_{min1} 分别为第 1 次循环开始时决策变量搜索空间的上、下限；e 为放大系数。根据搜索空间的大小进行放缩通过控制 $width$ 的大小来适应搜索的范围，X_{max}、X_{min} 分别为第 k 次循环的决策变量的搜索空间的上、下限；x^t_{maxn}、x^t_{minn} 分别为第 $k-1$ 次循环所得 Pareto 最优解集对应的 n 阶段最优解集的上、下限值。

种群大小的设置，种群大小对优化结果的影响较大，设置过小全局搜索能力较差不易搜索到最优解，设置过大则导致计算时间较长，搜索效率低，具体值可根据搜索空间的大小而定，为保证在一定精度下的搜索效率，可由下式对种群个数进行调整：

$$
k: popsize = maxpop - \frac{(k-1)(maxpop - minpop)}{maxrun} \tag{7-4-7}
$$

式中：k 为循环次数；$popsize$ 为第 k 次循环的种群大小；$maxpop$ 为最大种群数是第 1 次循环的种群大小；$minpop$ 为最小种群数是最后一次循环的种群大小。

Pareto 最优解集的选择，逐次循环的总次数为 K，每次循环都会生成与种群数相同的 Pareto 最优解集，将所有单次循环的 Pareto 最优解集混合通过非支配排序和拥挤度排序，选择其中非支配解集作为算法的最终 Pareto 最优解集。

此外，算法中交叉分布指数和变异分布指数等参数的设置与 NSGA-Ⅱ 算法无异，不再赘述。SA-NSGA-Ⅱ 的整体程序框图如图 7-4-4 所示。

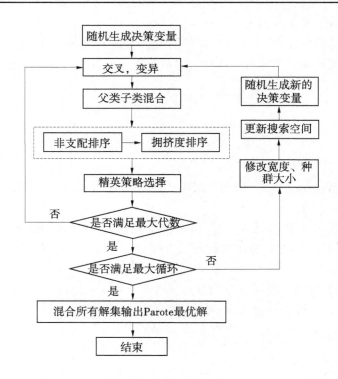

图 7-4-4　SA-NSGA-Ⅱ的整体程序框图

具体流程如下：

Step1：参数初始化，种群规模 *popsize*，循环次数 K，单次循环迭代数 *generation*，搜索空间上、下限 X_{max}、X_{min}。

Step2：根据搜索空间上、下限 X_{max}、X_{min} 生成各阶段决策变量，构成初始种群 P_1。

Step3：对第 t 代的父代 P_t 进行 SBX 交叉和多项式变异生成子代 Q_t。

Step4：父代 P_t 和子代 Q_t 合并，产生混合种群 $R_t = P_t \cup Q_t$。对 R_t 进行快速非支配排序和拥挤度排序，根据排序结果，生成规模为第 $t+1$ 代的 *popsize* 的种群 P_{t+1}。

Step5：判断是否满足单次迭代终止条件，是，进入 Step6；否，则进入 Step3。

Step6：保存当前种群 P_t，决策方案 $S = S \cup P_t$。判断是否满足循环终止条件：是，进入 Step7；否，根据式（7-4-7）计算生成新的搜索空间，并进入 Step2。

Step7：对决策方案 S 进行快速非支配排序输出 Pareto 非支配解集。

7.4.1.3　ZDT 函数测试

1. ZDT 测试函数

SA-NSGA-Ⅱ是针对多目标多阶段优化问题做出的改进，选择双目标测试函数 ZDT1、ZDT2 和 ZDT3，其决策变量均为多阶段决策变量，具体表达式如下：

（1）ZDT1：

$$
ZDT1\begin{cases}
\min f_1(x_1) = x_1 \\
\min f_2(x) = g\left(1 - \sqrt{(f_1/g)}\right) \\
g(x) = 1 + 9\sum_{i=1}^{m} x_i/(m-1) \\
\text{s.t. } 0 \leqslant x_i \leqslant 1, \quad i = 1,2,\cdots,30
\end{cases}
\tag{7-4-8}
$$

（2）ZDT2：

$$
ZDT2\begin{cases}
\min f_1(x_1) = x_1 \\
\min f_2(x) = g\left(1 - (f_1/g)^2\right) \\
g(x) = 1 + 9\sum_{i=1}^{m} x_i/(m-1) \\
\text{s.t. } 0 \leqslant x_i \leqslant 1, i = 1,2,\cdots,30
\end{cases}
\tag{7-4-9}
$$

（3）ZDT3：

$$
ZDT3\begin{cases}
\min f_1(x_1) = x_1 \\
\min f_2(x) = g\left(1 - \sqrt{(f_1/g)} - (f_1/g)\sin(10\pi f_1)\right) \\
g(x) = 1 + 9\sum_{i=1}^{m} x_i/(m-1) \\
\text{s.t. } 0 \leqslant x_i \leqslant 1, \quad i = 1,2,\cdots,30
\end{cases}
\tag{7-4-10}
$$

其中，ZDT1 具有凹 Pareto 前沿，ZDT2 具有凸 Pareto 前沿，ZDT3 为非连通 Pareto 前沿，选用此 3 类测试函数验证改进算法的可行性和有效性，其真实 Pareto 前沿见图 7-4-5。

2. 评价指标

多目标优化算法的性能评价指标主要围绕解集的收敛性、多样性和均匀性进行评价，

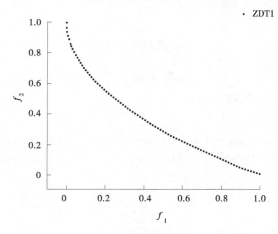

(a)测试函数ZDT1

图 7-4-5　测试函数的 Pareto 前沿

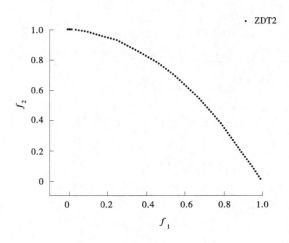

(b)测试函数ZDT2

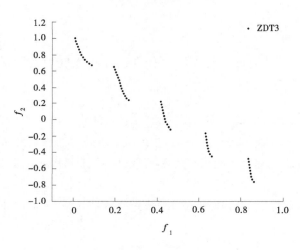

(c)测试函数ZDT3

续图 7-4-5

客观地对算法进行评估,具体细节如下。

1)反转世代距离

反转世代距离(inverted generational distance,IGD),该指标计算真实 Pareto 前沿面的参考点到算法得到的近似前沿的最近点的距离的平均值,同时评价解集的收敛性和多样性。其 IGD 指标如下:

$$\text{IGD}(P,P^*) = \frac{\sum\limits_{x=1}^{X_1} \text{dist}(P_x^*, P)}{N} \quad (7\text{-}4\text{-}11)$$

式中:P^* 为给定的一组真实 Pareto 前沿中均匀分布的点集合;X_1 为 P^* 中点的个数;P 为算法得到的近似前沿的点集合;$\text{dist}(P_x^*,P)$ 为 P^* 中的点到 P 中距离最近点的欧式距离。

从定义可以看出,IGD 值与算法得到的解的收敛性与分布性呈反比。如果 IGD 值为 0,说明算法得到的解覆盖了真实 Pareto 前沿。

2)间距指标

间距指标(spacing metric),度量算法得到的 Pareto 前沿上每个点到其他点的最小距离的标准差,用于度量解集的均匀性。其 Spacing 指标如下:

$$\text{Spacing}(P) = \sqrt{\frac{1}{X_2 - 1}\sum_{x=1}^{X_2}(\bar{d} - d_x)^2} \tag{7-4-12}$$

式中:X_2 为 P 中点的个数;d_x 为 P 中第 x 个点到其他点的最小距离;$\bar{d}$ 为所有 d_x 的平均值。

Spacing 值与算法得到的解的均匀性成反比。如果 Spacing 值为 0,说明算法得到的 Pareto 前沿上的所有点是等距放置的。

3)算法运行时间

算法优化的总运行时间同样是一项重要指标,算法运算时间同算法的优化效率相关,将算法运行时间记为 Time 指标。

3. 测试结果

分别用测试函数 ZDT1、ZDT2 和 ZDT3 对 SA-NSGA-Ⅱ算法和 NSGA-Ⅱ算法进行测试。试验参数设置:决策变量长度均设置为 30,SA-NSGA-Ⅱ算法的最大种群数设置为 200,最小种群数设置为 150,逐次循环总次数 K 设置为 5,初始循环代数 g_s 为 100。NSGA-Ⅱ算法的种群数 popsize 设置为 200,两算法的循环总代数 maxrun 为 1 000,交叉分布指数设置为 20,变异分布指数设置为 20。分别对两算法各进行 10 次测试,从两算法测试结果中取最优结果绘制,如图 7-4-6 所示。

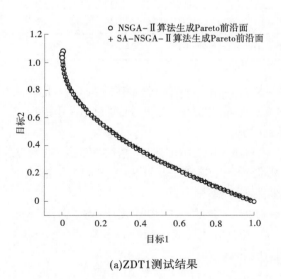

(a)ZDT1测试结果

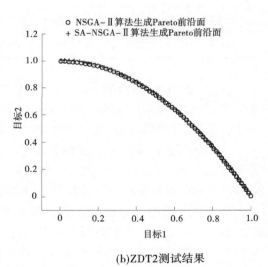

(b)ZDT2测试结果

图 7-4-6　SA-NSGA-Ⅱ和 NSGA-Ⅱ测试结果对比

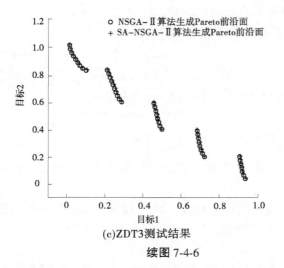

(c)ZDT3测试结果

续图 7-4-6

图 7-4-6 中两算法的 Pareto 前沿面几乎重叠,其中 SA-NSGA-Ⅱ生成的 Pareto 前沿点数分别为 277、301 和 286,而 NSGA-Ⅱ生成的 Pareto 前沿点数均为 200,SA-NSGA-Ⅱ求解函数能够获取密度更高的 Pareto 最优解集。

进一步地计算评价指标对比两算法的性能,两算法的 IGD 指标、Spacing 指标和 Time 指标具体数值如表 7-4-1 所示,各指标数值均为 10 次测试的平均值。

表 7-4-1 SA-NSGA-Ⅱ和 NSGA-Ⅱ的各评价指标值

测试函数	IGD		Spacing		Time/ms	
	SA-NSGA-Ⅱ	NSGA-Ⅱ	SA-NSGA-Ⅱ	NSGA-Ⅱ	SA-NSGA-Ⅱ	NSGA-Ⅱ
ZDT1	0.265	0.303	8.96×10^{-6}	2.64×10^{-5}	24 683	29 124
ZDT2	0.316	0.257	7.33×10^{-6}	1.24×10^{-5}	24 554	28 857
ZDT3	0.266	0.290	1.05×10^{-6}	1.30×10^{-5}	24 820	29 049

(1)对于 ZDT1 函数的测试结果而言,SA-NSGA-Ⅱ的 IGD 指标相比 NSGA-Ⅱ算法降低约 12.54%,Spacing 指标相比 NSGA-Ⅱ降低约 66.061%,表明 SA-NSGA-Ⅱ相较于 NSGA-Ⅱ的所得解集的收敛性和均匀性均得到提升。

(2)对于 ZDT2 函数的测试结果而言,SA-NSGA-Ⅱ的 IGD 指标相比 NSGA-Ⅱ算法增大约 22.96%,Spacing 指标相比 NSGA-Ⅱ降低约 40.887%,表明 SA-NSGA-Ⅱ相较于 NSGA-Ⅱ的所得解集均匀性得到提升,收敛性、多样性略微下降。

(3)对于 ZDT3 函数的测试结果而言,SA-NSGA-Ⅱ的 IGD 指标相比 NSGA-Ⅱ降低约 8.28%,Spacing 指标相比 NSGA-Ⅱ降低约 17.231%,表明 SA-NSGA-Ⅱ相较于 NSGA-Ⅱ的所得解集的收敛性、多样性和均匀性均得到提升。

(4)SA-NSGA-Ⅱ的 Time 指标相比 NSGA-Ⅱ在 ZDT1-3 函数中分别减少了 4 441 ms、4 303 ms 和 4 229 ms,在相同优化问题中 SA-NSGA-Ⅱ相较于 NSGA-Ⅱ求解运行时间大幅降低。

由测试函数可知,除 ZDT2 的 IGD 指标外,其余指标均为 SA-NSGA-Ⅱ更优,在相同初始条件下 SA-NSGA-Ⅱ比 NSGA-Ⅱ优化计算过程中决策变量的搜索空间更加逼近最优 Pareto 最优解集上、下限值,算法局部搜索能力更强,搜索时间更短,搜索效率更高。

7.4.1.4　单水库两目标优化调度

两目标单水库优化调度问题同样是多阶段、强约束的优化问题,库区各主要参数间存在水力关系,各阶段参数在时间分布上存在约束。在水库优化调度问题中,决策变量之间为二维拓扑结构,各变量之间相互制约。若前一阶段的决策变量发生变化,可能使后一阶段的决策变量的搜索范围发生变化,进而导致后一阶段的决策变量发生变化。因此,为了保证决策方案可行性,提高算法优化效率,应用逐次逼近方法通过减少各阶段中不可行域在搜索空间中所占比重,进而减少支配解和不可行解数量,提高解的质量。

以小浪底水库为例,建立小浪底水库的发电量最大和生态流量改变度最小的双目标调度模型,应用 SA-NSGA-Ⅱ对模型进行求解,同 NSGA-Ⅱ算法结果进行比较,论证该算法在水库优化调度问题中的可行性与有效性。

1. 目标函数

本调度模型以各水库在各时段(日)的末水库水位为决策变量,构建单水库群两目标优化调度模型。总目标 W 为

$$W = F(M_{21}, M_{22}) \tag{7-4-13}$$

式中:M_{21} 为经济效益目标,即单水库调度期内平均出力最大;M_{22} 为生态效益目标,即单水库下游河道适宜生态流量平均改变度最小。

$$M_{21} = \max\left(\frac{1}{T}\sum_{t=1}^{T} A Q_{\text{out}}^t \Delta H^t\right) \tag{7-4-14}$$

$$A = 9.81\eta \tag{7-4-15}$$

式中:T 为调度期总时段数;t 为时段数编号;A 为水库的水电站综合出力系数;Q_{out}^t 为水库在 t 时段(月)平均出库流量,m^3/s;ΔH^t 为水库在 t 时段(月)平均水头,m;η 为水库的水轮发电机效率系数。

$$M_{22} = \min\left[\frac{1}{T}\sum_{t=1}^{T}\left(\frac{Q_{\text{out}}^t - Q_{\text{AEF}}^t}{Q_{\text{AEF}}^t}\right)^2\right] \tag{7-4-16}$$

式中:Q_{AEF}^t 为水库的下游河道在 t 时段(月)适宜生态流量,m^3/s。

2. 约束条件

(1)水量平衡约束。

$$V^{t+1} - V^t = (Q_{\text{in}}^t - Q_{\text{out}}^t)\Delta t \tag{7-4-17}$$

式中:n 为水库编号;V^t 为水库在 t 时段的初库容,亿 m^3;V^{t+1} 为水库在 $t+1$ 时段的初库容(t 时段的末库容),亿 m^3。

(2)水位约束。

$$Z_{\min}^t \leqslant Z^t \leqslant Z_{\max}^t \tag{7-4-18}$$

式中:Z^t 为水库在 t 时段的初水位,m;$Z_{\max}^t$ 和 $Z_{\min}^t$ 分别为水库在 t 时段的水位上限值和下限值,m。

（3）出库流量约束。

$$Q^t_{\min} \leqslant Q^t_{\text{out}} \leqslant Q^t_{\max} \qquad (7\text{-}4\text{-}19)$$

式中：$Q^t_{\max}$ 和 $Q^t_{\min}$ 分别为水库在 t 时段的出库流量上限值和下限值，m^3/s。

（4）出力约束。

$$N^t_{\min} \leqslant N^t \leqslant N^t_{\max} \qquad (7\text{-}4\text{-}20)$$

式中：N^t 为水库在 t 时段的平均出力，kW；$N^t_{\max}$ 和 $N^t_{\min}$ 分别为水库在 t 时段的出力上限值和下限值，kW。

3. 调度模型及数据

根据小浪底水电站基本参数和 1990～2019 年历年水库实际调度水位值设置水位上、下限，则各时段（月）水位上、下限即初始化种群的决策变量的搜索空间的上、下限，其中 10 月末水位为调度终止水位。应用逐月频率计算法获取各时段（月）下游河道适宜生态流量，如图 7-4-7 所示，作为调度的目标生态流量。数据选取小浪底水电站 2018 年 11 月至 2019 年 10 月为调度期进行优化求解。

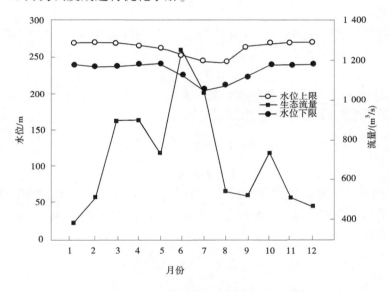

图 7-4-7　水位约束下游适宜生态流量

4. 测试结果及分析

SA-NSGA-Ⅱ优化初始参数：种群数 $\max pop = 200$，$\min pop = 150$，总循环次数 $K = 5$，单次循环迭代次数 200，算法交叉分布指数和变异分布指数均为 20。设置 NSGA-Ⅱ相关参数并运行 10 次选取最优：初始参数总循环次数 1，种群数 150，单次循环迭代次数 1 000，算法交叉分布指数和变异分布指数均为 20。优化模型得到的平均出力最大和适宜生态流量改变量最小两目标的 Pareto 前沿，如图 7-4-8 所示。

从图 7-4-8 中可以看出，两目标相互制约，增大平均出力伴随适宜生态流量改变量的增大，反之亦然。两算法的 Pareto 前沿的分布情况接近，在中部区域 SA-NSGA-Ⅱ对应的 Pareto 前沿基本支配 NSGA-Ⅱ的 Pareto 前沿，具体地，将两算法的 Pareto 前沿进行混合后进行非支配排序，并生成混合 Pareto 前沿，两算法优化结果的 Pareto 前沿在混合 Pareto 前

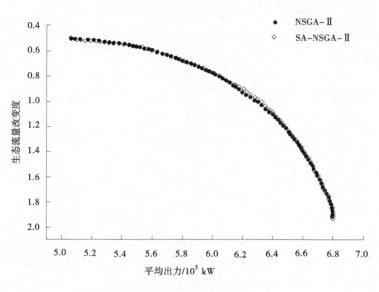

图 7-4-8　优化结果对比

沿中的占比情况,如图 7-4-9 所示。

　　图 7-4-9 中混合 Pareto 前沿点数为 404, SA−NSGA−Ⅱ 的 Pareto 前沿点数为 374, NSGA−Ⅱ 的 Pareto 前沿点数为 150。在混合 Pareto 前沿中含 SA−NSGA−Ⅱ 的 Pareto 前沿点数为 325,占比 80.45%。含 NSGA−Ⅱ 的 Pareto 前沿点数为 79,占比 19.55%。而且 SA−NSGA−Ⅱ 的 Pareto 前沿中 86.90% 的点处于非支配地位,而 NSGA−Ⅱ 的 Pareto 前沿中仅有 52.67% 的点处于非支配地位。因此,说明相较于 NSGA−Ⅱ, SA−NSGA−Ⅱ 在调度模型求解中能够获取数量更多的 Pareto 最优解集且对应的 Pareto 前沿面更优。

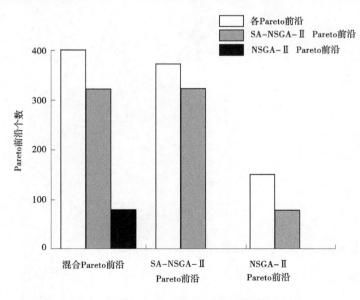

图 7-4-9　Pareto 前沿占比情况

选取 SA-NSGA-Ⅱ 的 Pareto 最优解集中的 6 个水库调度方案,如表 7-4-2 所示,其中调度方案 1 为下游生态流量平均改变量最小方案,调度方案 6 为平均出力最大方案,其余调度方案为均匀采样。

表 7-4-2　水库调度方案

调度方案	平均出力/ 10^5 kW	生态流量平均改变度	调度方案	平均出力/ 10^5 kW	生态流量平均改变度
方案 1	5.599 8	0.596 8	方案 4	6.173 9	0.881 7
方案 2	6.571 3	1.335 8	方案 5	5.789 8	0.667 1
方案 3	6.677 4	1.534 7	方案 6	6.747 6	1.713 4

将调度方案 1~6 对应的水位过程及实际调度水位过程进行绘制,如图 7-4-10 所示。方案 1~6 优化调度水位过程的整体趋势和实际调度水位过程的整体趋势一致,且各阶段水库水位调整过程相对平缓,调度方案具有一定的可行性。

综上所述,SA-NSGA-Ⅱ 算法在相同条件下寻优能力强于 NSGA-Ⅱ 算法,能够在水库优化调度中得到数量更多、质量更好的 Pareto 最优解,表明 SA-NSGA-Ⅱ 在相同水库优化调度模型下寻优能力强于 NSGA-Ⅱ,能够获得优质 Pareto 最优解集,并且在算法运行时间上 SA-NSGA-Ⅱ(101.553 s)低于 NSGA-Ⅱ(117.114 s),证明 SA-NSGA-Ⅱ 在水库优化调度的求解方面的可行性和高效性。

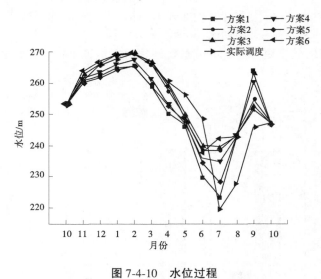

图 7-4-10　水位过程

7.4.2　基于参考点的非支配排序遗传算法

7.4.2.1　NSGA-Ⅲ

基于参考点的非支配排序算法(NSGA-Ⅲ)是 Kalyanmoy Deb 在 2013 年提出的。NSGA-Ⅲ 在 NSGA-Ⅱ 的基础上进行改进,两者的框架大致相同,其区别主要在于选择机制的改变:NSGA-Ⅱ基于拥挤度排序对统一非支配层的个体进行选择,NSGA-Ⅲ基于参考点的方法对个体进行选择。NSGA-Ⅲ在选择机制上的改进是针对解决三个及其以上目标的多目标优化问题,而 NSGA-Ⅱ 的拥挤度排序方法在优化高维目标时,其算法的收敛性和多样性将受到影响。

1. 基于参考点的选择操作

基于参考点的选择操作主要包括以下四点。

1) 确定超平面上的参考点

参考点的确定可以是结构化的方法预定义,也可以是使用者的人为定义。NSGA-Ⅲ使用预定义的一组参考点,即采用 Das 和 Dennis 提出的边界交叉构造权重的方法,以确保获得的解决方案的多样性。

在目标空间中,一个维度为 $M-1$ 的归一化超平面,对于各个目标轴有相同的倾角和相同的轴距,如果沿着每个目标进行 p 次划分,则目标数为 M 的多目标问题的参考点总数 H 为

$$H = \binom{M + p - 1}{p} \tag{7-4-21}$$

如图 7-4-11 所示以目标最小化为例,假设在 $M=3$ 个目标的问题中,参考点创建在归一化超平面上,每个目标进行 p 次 $(p=4)$ 划分,则 $H=15$ 也就是将生成 15 个参考点。

进一步地,需要确定参考点的坐标,定义参考点集合 $S=(s_1,s_2,\cdots,s_M)$,则

$$s_j \in \left\{ \frac{0}{p}, \frac{1}{p}, \cdots, \frac{p}{p} \right\}, \quad \sum_{j=1}^{M} s_j = 1 \tag{7-4-22}$$

式中:p 为每个目标的划分次数;M 为总目标数。

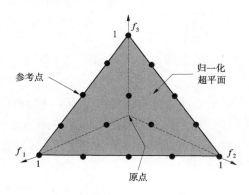

图 7-4-11 参考点示意图

定义 X 集合属于归一化超平面,作为过渡参数用于计算参考点坐标,且

$$X \in \left\{ \frac{0}{p}, \frac{1}{p}, \cdots, \frac{p + M - 2}{p} \right\} \tag{7-4-23}$$

令 $x_{ij} \in X$,其中 i 为参考点个数编码;j 为目标个数编码,则

$$x_{ij} = x_{ij} - \frac{j - 1}{p} \tag{7-4-24}$$

进而生成参考点集合 $S, s_{ij} \in S$ 且 $x_{ij} \in X$，　s_{ij} 计算公式为

$$\begin{cases} s_{ij} = x_{ij} - 0 & i = 1, j = 1 \\ s_{ij} = x_{ij} - x_{i(i-1)} & 1 < j < M \\ s_{ij} = 1 - x_{i(j-1)} & j = M \end{cases} \qquad (7\text{-}4\text{-}25)$$

其中参考点集合 S 的数量接近但不大于种群个体数量，由此反求参数 p 的大小。

2）标准化目标空间

首先要确定种群 S_t 在目标空间的理想点，这里计算每一个目标函数（$j = 1, 2, \cdots, M$），对应的最小值 $z_j^{\min}$，构成理想点集（$z_1^{\min}, z_2^{\min}, \cdots, z_M^{\min}$），将种群 S_t 的所有目标值 f_j 减去 $z_j^{\min}$，计算公式为

$$f_j'(x) = f_j(x) - z_j^{\min} \qquad x \in S_t \qquad (7\text{-}4\text{-}26)$$

式中：$f_j'(x)$ 为变换后的种群 S_t 的目标值。

经过变换种群 S_t 在目标空间的理想点均变成了零向量。

进一步地，为计算各个目标方向上的截距，需要先计算每一维目标轴上的极值点，下面使用 ASF 函数进行计算：

$$\text{ASF}(x, w) = \max_{j=1}^{M} f_j'(x) / w_j \qquad x \in S_i \qquad (7\text{-}4\text{-}27)$$

式中：w 为权重向量，当计算第 j 维目标轴的极值点时该目标方向的权重 $w_j = 1$，其他目标方向的权重应设为 0，这里用一个极小数 10^{-6} 代替 0。

由以上公式获取各个目标方向上的极值点 $z_j^{\max}$，再将 M 个极值点组成 $M-1$ 维的超线性平面，计算出此超线性平面的各个目标轴上的截距 a_j，最后完成目标空间的标准化，计算公式为

$$f_j^n(x) = \frac{f_j'(x)}{a_j - z_j^{\min}} = \frac{f_j(x) - z_j^{\min}}{a_j - z_j^{\min}} \qquad j = 1, 2, \cdots, M \qquad (7\text{-}4\text{-}28)$$

式中：$f_j^n(x)$ 为个体 x 在各个目标轴上的标准化目标值，$\sum_{i=1}^{M} f_j^n = 1$。

3）关联操作

目标空间标准化后需要与参考点进行关联操作。为了将种群中的每个个体分别关联到对应的参考点，具体操作如下：将原点与参考点在目标空间的连线设置为参考线，计算目标空间中种群 S_t 中每个个体到参考线的垂直距离，将个体与其距离最小的参考线对应的参考点关联起来，如图 7-4-12 所示。

4）环境选择操作

首先将种群 S_t 进行非支配排序获取非支配层（$F_1, F_2, \cdots, F_L$），设置需要生成的下一代父代种群为 P_{t+1}，种群数为 N，这里非支配层 F_1 的个体已经被 P_{t+1} 选择，剩余的数量为 $K = N - |P_{t+1}|$ 的个体的选择将在非支配层 $F_l(l = 2, \cdots, L)$ 中依次进行。

进一步地，计算每个参考点与种群 P_{t+1} 中个体的关联个数，即小生境数记为 ρ_s。这里定义一个参考点集合 $S_{\min} = \{s : \arg\min \rho_s\}$，此集合包含了小生境 ρ_s 为最小值的所有参考点，当然其中可能存在多个小生境相同的参考点，则随机选择一个参考点（$\bar{s} \in S_{\min}$）。如果 $\rho_s = 0$，表明目前 P_{t+1} 中没有个体与该参考点 $\bar{s}$ 关联，以下分两种情况进行操作：

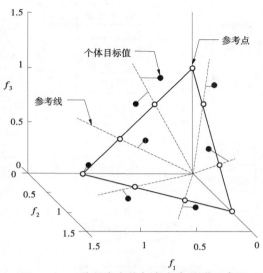

图 7-4-12　种群中个体与参考点关联示意图

（1）在 F_l 中存在一个及其以上的个体与参考点 $\bar{s}$ 存在关联，则选择与参考线垂直距离最短的个体添加到 P_{t+1} 中，并且 $\rho_{\bar{s}}=\rho_{\bar{s}}+1$。

（2）在 F_l 中不存在个体与参考点 $\bar{s}$ 存在关联，则将该参考点在当前操作中移除，不做考虑。

对于 $\rho_{\bar{s}} \geqslant 1$ 的情况（P_{t+1} 中存在至少一个个体与该参考点关联），如果 F_l 中有个体关联此参考点 $\bar{s}$，则从这些个体中随机选择一个个体存入 P_{t+1}，并且 $\rho_{\bar{s}}=\rho_{\bar{s}}+1$。当前参考点 $\bar{s}$ 遍历完成之后，进入下一非支配分层中继续上述操作。重复以上操作直至 P_{t+1} 的个体数量达到 N。

2. NSGA-Ⅲ 实现过程

NSGA-Ⅲ 的整体程序框图如图 7-4-13 所示，具体流程如下：

Step1：参数初始化，种群规模 $popsize$，循环迭代数 gen，搜索空间上下限 X_{max}、X_{min}。

Step2：根据搜索空间上下限 X_{max}、X_{min} 生成各阶段决策变量，构成初始种群 P_t。

Step3：对第 t 代的父代 P_t 进行 SBX 交叉和多项式变异生成子代 Q_t。

Step4：父代 P_t 和子代 Q_t 合并，产生混合种群 $R_t=P_t \cup Q_t$。对 R_t 进行快速非支配排序，获取非支配层（$F_1,F_2,\cdots,F_L$）。

Step5：建立参考点 S、种群 R_t 的目标空间标准化，两者进行关联操作，后通过环境选择操作生成 $t+1$ 代父代种群 P_{t+1}。

Step6：判断是否满足循环终止条件，是，进入 Step7；否，进入 Step3。

Step7：输出 Pareto 最优解集。

7.4.2.2　DTLZ 函数测试

1. 测试函数

测试函数选取 DTLZ1 和 DTLZ2，两者均设置为三目标最小化函数，这两个测试函数的表达式如下：

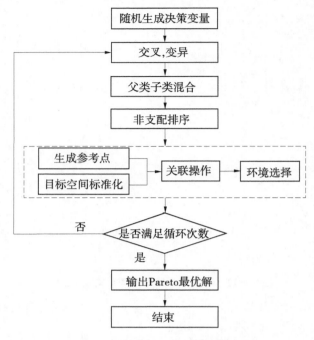

图 7-4-13   NSGA-Ⅲ的整体程序框图

$$\text{DTLZ1}\begin{cases} \min f_1(x) = \dfrac{1}{2}x_1 x_2(1 + g(x)) \\[2mm] \min f_2(x) = \dfrac{1}{2}x_1(1 - x_2)(1 + g(x)) \\[2mm] \min f_3(x) = \dfrac{1}{2}(1 - x_1)(1 + g(x)) \\[2mm] g(x) = 100 \times \left(10 + \sum_{i=3}^{m}(x_i - 0.5)^2 - \cos(20\pi(x_i - 0.5))\right) \\[2mm] \text{s. t. } 0 \leqslant x_i \leqslant 1, i = 1,2,\cdots,12 \end{cases} \tag{7-4-29}$$

$$\text{DTLZ2}\begin{cases} \min f_1(x) = \cos\left(\dfrac{\pi}{2}x_1\right)\cos\left(\dfrac{\pi}{2}x_2\right)(1 + g(x)) \\[2mm] \min f_2(x) = \cos\left(\dfrac{\pi}{2}x_1\right)\sin\left(\dfrac{\pi}{2}x_2\right)(1 + g(x)) \\[2mm] \min f_3(x) = \sin\left(\dfrac{\pi}{2}x_1\right)(1 + g(x)) \\[2mm] g(x) = \sum_{i=3}^{m}(x_i - 0.5)^2 \\[2mm] \text{s. t. } 0 \leqslant x_i \leqslant 1, i = 1,2,\cdots,12 \end{cases} \tag{7-4-30}$$

DTLZ1 函数的真实 Pareto 前沿面为平面[见图 7-4-14(a)],DTLZ2 函数的真实 Pareto 前沿面为凸面[见图 7-4-14(b)]。对 NSGA-Ⅲ和 NSGA-Ⅱ进行测试对比。

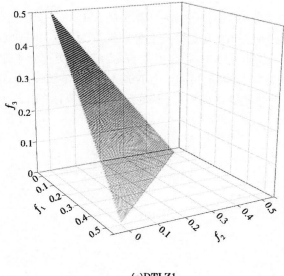

(a)DTLZ1

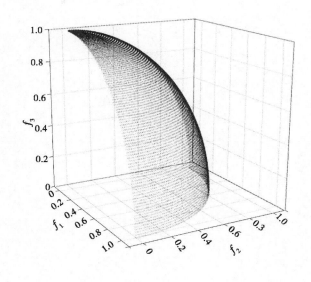

(b)DTLZ2

图 7-4-14　测试函数的 Pareto 前沿

2. 评价指标

同两目标优化算法测试一样,三目标优化算法的性能评价指标同样围绕解集的收敛性评价和均匀性评价,从反转世代距离、间距指标和算法运行时间对算法进行评估。

3. 测试结果

分别用 DTLZ1、DTLZ2 函数对 NSGA-Ⅲ算法和 NSGA-Ⅱ算法进行测试。实验参数设置为：DTLZ1 和 DTLZ2 函数的决策变量长度分别设置为 6 和 10；NSGA-Ⅲ算法和 NSGA-Ⅱ算法的种群数 *popsize* 设置为 200、循环代数 *gen* 为 500、交叉分布指数设置为 20、变异分布指数设置为 20。图 7-4-15 和图 7-4-16 为 NSGA-Ⅲ和 NSGA-Ⅱ分别对 DTLZ1 函数和 DTLZ2 函数的测试结果的 Pareto 前沿，直观地反映出两算法的 Pareto 前沿的均匀性和收敛性的差异。

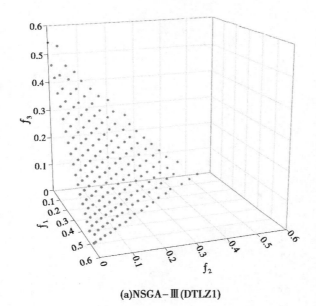

(a)NSGA-Ⅲ(DTLZ1)

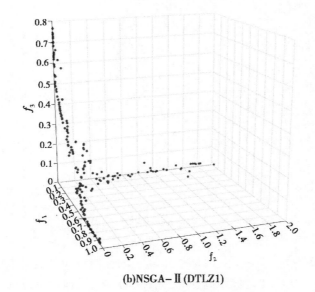

(b)NSGA-Ⅱ(DTLZ1)

图 7-4-15　DTLZ1 函数测试结果

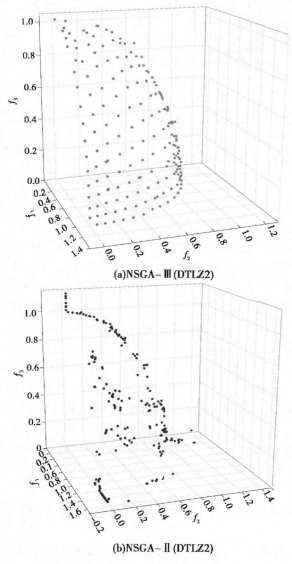

(a)NSGA-Ⅲ (DTLZ2)

(b)NSGA-Ⅱ (DTLZ2)

图 7-4-16　DTLZ2 函数测试结果

　　NSGA-Ⅲ与 NSGA-Ⅱ在求解三目标高维优化问题的各个评价指标值如表 7-4-3 所示。各指标数值均为 10 次测试的平均值。①对于 DTLZ1 函数和 DTLZ2 函数的测试结果而言,NSGA-Ⅲ的 IGD 指标相比 NSGA-Ⅱ分别降低约 38.318% 和 50.357%,表明 NSGA-Ⅲ相较于 NSGA-Ⅱ的所得解集的收敛性和均匀性均得到提升。②对于 DTLZ1 函数,NSGA-Ⅲ的 Spacing 指标相比 NSGA-Ⅱ仅降低 20.280%,而对于 DTLZ2 函数,NSGA-Ⅲ的 Spacing 指标相比 NSGA-Ⅱ反而略有升高,是因为 Spacing 指标的计算方式(点与点之前距离使用欧氏距离)在高维目标空间作用较差,说明 Spacing 指标在 3 维目标空间对解集均匀性的评价能力不足,需要结合 IGD 指标进行综合评价。③NSGA-Ⅲ的 Time 指标相比 NSGA-Ⅱ在 DTLZ1、DTLZ2 函数中分别减少了 4 303 ms 和 4 229 ms,表明在相同优化问题中 NSGA-Ⅲ相较于 NSGA-Ⅱ的求解运行时间大幅降低。通过 2 个不同的测试函数可以看出,相同初始条件下 NSGA-Ⅲ比 NSGA-Ⅱ优化计算过程中算法搜索效率更高,获得解集的均匀性和收敛性更好。

表 7-4-3　　NSGA-Ⅲ和 NSGA-Ⅱ的各评价指标值

测试函数	IGD		空间		时间/ms	
	NSGA-Ⅲ	NSGA-Ⅱ	NSGA-Ⅲ	NSGA-Ⅱ	NSGA-Ⅲ	NSGA-Ⅱ
DTLZ1	26.120	42.346	0.011 4	0.014 3	22 436	44 098
DTLZ2	45.565	91.786	0.001 1	$4.91×10^{-4}$	25 312	43 197

7.4.3　小结

针对快速非支配排序遗传算法(NSGA-Ⅱ)在求解多目标多阶段决策问题时存在各阶段局部搜索能力较差的缺陷,提出一种基于改进逐次逼近方法的快速非支配排序遗传算法(SA-NSGA-Ⅱ)。算法通过压缩搜索空间来减小不可行域和支配解占比,不断调整寻优空间,增强局部寻优能力,从而快速逼近 Pareto 真实前沿面,优化算法性能。通过两目标测试函数对 SA-NSGA-Ⅱ进行测试。测试结果表明,SA-NSGA-Ⅱ在两目标多阶段问题求解中取得较为理想效果,在收敛性、均匀性和搜索效率方面均有提升,并且 SA-NSGA-Ⅱ在求解水库优化调度问题方面较 NSGA-Ⅱ更具有可行性和高效性。

针对 NSGA-Ⅱ的拥挤度排序方法在优化高维目标时存在算法的收敛性和多样性不足的问题,提出了一种基于参考点的非支配排序遗传算法(NSGA-Ⅲ)。利用三目标测试函数对 NSGA-Ⅲ进行测试,结果表明,NSGA-Ⅲ在三目标多阶段问题求解中相交于 NSGA-Ⅱ在收敛性、均匀性和搜索效率方面都有较大优势,为水库三目标及其以上目标的优化调度问题的求解提供有效的算法支持。

7.5　黄河梯级水库多维协同调度模型及其求解研究

水库优化调度是指在保证大坝安全、承担下游的防洪任务的同时保证满足电力系统正常供应、保证各用水部分的正常供水的前提下,通过对已建水利水电枢纽合理可靠的控制运用,达到充分发挥防洪、兴利利益的一种技术措施。

设置优化调度目标和约束条件构建水库调度模型,是后续进行调度优化的重要前提。综合考虑水库在兴利、防洪和生态保护等方面功能,本章首先以调度期内梯级水库群平均出力最大、生态流量平均改变度最小为目标,以 7.3 节高效输沙条件和水沙协调度为水库下泄流量的约束条件,建立黄河中游水库群两目标优化调度模型。另外,以汛期内小浪底水库平均出力最大、生态流量平均改变度最小、最大削峰率最大为目标,构建小浪底水库三目标优化调度模型,依据 7.2 节确定的典型年水沙条件,分别利用 7.4 节提出的 SA-NSGA-Ⅱ算法求解梯级水库两目标优化调度模型和利用 NSGA-Ⅲ算法求解小浪底水库三目标优化调度模型,确定满足条件的多目标优化调度方案集。

7.5.1 构建多目标水库优化调度模型

7.5.1.1 梯级水库群两目标优化调度模型

梯级水库群优化调度模型中各库区之间、各主要参数之间均存在更加复杂的水力关系,各阶段参数在时间分布上存在约束。黄河中游已建三门峡和小浪底水库为骨干水利枢纽,万家寨水库为补充,万家寨、三门峡、小浪底梯级水库的联合调度可以增强水库间相互配合,相互联系,强化小浪底水库调度后续动力。以万家寨、三门峡和小浪底水库为研究对象,构建以月为调度时段长度,兼顾经济效益和生态效益两个方面的梯级水库两目标优化调度模型,赋能黄河流域高质量发展。

1. 目标函数

本调度模型以各水库在各时段(月)的末水库水位为决策变量,构建梯级水库群两目标优化调度模型。总目标 O_1 为

$$Q_1 = F(M_{11}, M_{12}) \tag{7-5-1}$$

式中: M_{11} 为经济效益目标,即水库群调度期内平均出力最大; M_{12} 为生态效益目标,即水库群调度期内各水库生态流量平均改变度最小。

$$M_{11} = \max\left(\frac{1}{N}\sum_{n=1}^{N}\frac{1}{T}\sum_{t=1}^{T}A_n Q_{n\,\text{out}}^t \Delta H_n^t\right) \tag{7-5-2}$$

$$A_n = 9.81\eta_n \tag{7-5-3}$$

式中: N 为水库群中水库总数; T 为调度期总时段数; t 为时段数编号; n 为水库编号; A_n 为第 n 个水库的水电站综合出力系数; $Q_{n\,\text{out}}^t$ 为第 n 个水库在 t 时段(月)平均出库流量, m^3/s; ΔH_n^t 为第 n 个水库在 t 时段(月)平均水头, m; η_n 为第 n 个水库的水轮发电机效率系数。

$$M_{12} = \min\left[\frac{1}{N}\sum_{n=1}^{N}\frac{1}{T}\sum_{t=1}^{T}\left(\frac{Q_{n\,\text{out}}^t - Q_{n\,\text{AEF}}^t}{Q_{n\,\text{AEF}}^t}\right)^2\right] \tag{7-5-4}$$

式中: $Q_{n\,\text{AEF}}^t$ 为第 n 个水库的下游河道在 t 时段(月)适宜生态流量, m^3/s。

$M_{12} \in [0,1]$,与生态效益成反比。采用逐月频率计算法获取各时段下游河道适宜生态流量。

2. 约束条件

模型中需要考虑的约束条件包括梯级水库水量约束、水量平衡约束、水位约束、出库流量约束和出力约束。

1) 梯级水库水量约束

梯级水库之间存在一定水力联系,其中上游水库的出库流量和下游水库的入库流量满足以下约束条件:

$$Q_{n+1\,\text{in}}^t \Delta t = Q_{n\,\text{out}}^t \Delta t + W_n^t \tag{7-5-5}$$

式中: $Q_{n+1\,\text{in}}^t$ 为第 $n+1$ 个水库在 t 时段的平均入库流量, m^3/s; Δt 为 t 时段的时间, s; W_n^t 为第 n 和 $n+1$ 个水库之间在 t 时段的区间来水量, m^3。

2) 水量平衡约束

时段的转换通过水量平衡方程实现,其中单个水库各个时段初和时段末的库容、进出

库流量满足以下约束条件：

$$V_n^{t+1} - V_n^t = (Q_{n\,\text{in}}^t - Q_{n\,\text{out}}^t)\Delta t \tag{7-5-6}$$

式中：V_n^t 为第 n 个水库在 t 时段的时段初库容，亿 m^3；V_n^{t+1} 为第 n 个水库水在 $t+1$ 时段的初库容（t 时段的末库容），亿 m^3；$Q_{n\,\text{in}}^t$ 为第 n 个水库在 t 时段的平均入库流量，m^3/s。

3）水位约束

水库在设计初都已经从大坝安全的角度设定了正常蓄水位、防洪高水位、汛限水位和死水位等，水库在不同的运用阶段对水位的要求也不同，因此从泄流安全的角度规定了水位的变幅，t 时段水位满足如下：

$$Z_{n\,\text{min}}^t \leqslant Z_n^t \leqslant Z_{n\,\text{max}}^t \tag{7-5-7}$$

式中：Z_n^t 为第 n 个水库在 t 时段的初水位，m。$Z_{n\,\text{max}}^t$ 和 $Z_{n\,\text{min}}^t$ 分别为第 n 个水库在 t 时段的水位上限值和下限值，m。

本书将根据水库实际调度中各时段水位上下限和水库运行规则对各时段水位约束进行设置。

4）出库流量约束

出库流量应考虑发电、防洪、防凌、供水等需求，t 时段内任意时刻的出库流量应满足以下约束条件：

$$Q_{n\,\text{min}}^t \leqslant Q_{n\,\text{out}}^t \leqslant Q_{n\,\text{max}}^t \tag{7-5-8}$$

式中：$Q_{n\,\text{max}}^t$ 和 $Q_{n\,\text{min}}^t$ 分别为第 n 个水库在 t 时段的出库流量上限值和下限值，m^3/s。

本书将根据水库实际调度中各时段出库流量上下限和水库运行规则对各时段出库流量约束进行设置。

5）出力约束

水库出力受限于水库水位、水轮机最大功率、最大过机流量等工程参数，水库 t 时段内任一时刻的出力应满足以下约束条件：

$$N_{n\,\text{min}}^t \leqslant N_n^t \leqslant N_{n\,\text{max}}^t \tag{7-5-9}$$

式中：N_n^t 为第 n 个水库在 t 时段的平均出力，kW；$N_{n\,\text{max}}^t$ 和 $N_{n\,\text{min}}^t$ 分别为第 n 个水库在 t 时段的出力上限值和下限值，kW。

7.5.1.2 单水库三目标优化调度模型

三目标优化水库调度模型的目标设定包括经济目标、生态目标和防洪目标，黄河中游汛期小浪底水库作为控制性水库起主要防洪作用，万家寨和三门峡水库作为补充性水库，其本着水量来多少出多少的汛期运行规则，因此汛期中游水库调度不再考虑万家寨和三门峡水库调度情况，以小浪底水库为主要研究对象，构建以日为调度时段长度，兼顾经济目标、生态目标和防洪目标的单水库三目标优化调度模型。

1. 目标函数

本调度模型以各水库在各时段（日）的末水库水位为决策变量，构建单水库群三目标优化调度模型。总目标 O_2 为

$$O_2 = F(M_{21}, M_{22}, M_{23}) \tag{7-5-10}$$

式中：M_{21} 为经济效益目标，即单水库调度期内平均出力最大；M_{22} 为生态效益目标，即单

水库下游河道适宜生态流量平均改变度最小；M_{23} 为防洪效益目标，即单水库调度期内最大削峰率最大。

其中

$$M_{21} = \max\left(\frac{1}{T}\sum_{t=1}^{T} A Q_{\text{out}}^t \Delta H^t\right) \tag{7-5-11}$$

$$A = 9.81\eta \tag{7-5-12}$$

$$M_{22} = \min\left[\frac{1}{T}\sum_{t=1}^{T}\left(\frac{Q_{\text{out}}^t - Q_{\text{AEF}}^t}{Q_{\text{AEF}}^t}\right)^2\right] \tag{7-5-13}$$

$$M_{23} = \max\left[\max\left(\frac{Q_{\text{in}}^t - Q_{\text{out}}^t}{Q_{\text{in}}^t}\right)\right] \tag{7-5-14}$$

式中：T 为调度期总时段数；t 为时段数编号；A 为水库的水电站综合出力系数；Q_{in}^t 为水库在 t 时段（月）平均入库流量，m^3/s；Q_{out}^t 为水库在 t 时段（月）平均出库流量，m^3/s；ΔH^t 为水库在 t 时段（月）平均水头，m；η 为水库的水轮发电机效率系数；Q_{AEF}^t 为水库的下游河道在 t 时段（月）适宜生态流量，m^3/s。

$M_{23} \in [0,1]$，与防洪效益成正比。

2. 约束条件

（1）水量平衡约束：

$$V^{t+1} - V^t = (Q_{\text{in}}^t - Q_{\text{out}}^t)\Delta t \tag{7-5-15}$$

式中：V^t 为水库在 t 的时段初库容，亿 m^3；V^{t+1} 为水库在 $t+1$ 时段的初库容（t 时段的末库容），亿 m^3。

（2）水位约束：

$$Z_{\min}^t \leqslant Z^t \leqslant Z_{\max}^t \tag{7-5-16}$$

式中：Z^t 为水库在 t 时段的初水位，m；$Z_{\max}^t$ 和 $Z_{\min}^t$ 分别为水库在 t 时段的水位上限值和下限值，m。

（3）出库流量约束：

$$Q_{\min}^t \leqslant Q_{\text{out}}^t \leqslant Q_{\max}^t \tag{7-5-17}$$

式中：$Q_{\max}^t$ 和 $Q_{\min}^t$ 分别为水库在 t 时段的出库流量上限值和下限值，m^3/s。

（4）出力约束：

$$N_{\min}^t \leqslant N^t \leqslant N_{\max}^t \tag{7-5-18}$$

式中：N^t 为水库在 t 时段的平均出力，kW；$N_{\max}^t$ 和 $N_{\min}^t$ 分别为水库在 t 时段的出力上限值和下限值，kW。

7.5.2　多目标水库优化调度模型求解

7.5.2.1　梯级水库发电-生态多目标优化调度

1. 模型编码

梯级水库优化调度模型以月为调节时段，调度周期为年，该模型选取时段 10 月 31 日至次年 11 月 1 日，对应时段数为 $T=12$。模型选择的决策变量为梯级水库中第 i 个水库

第 t 时段初（末）水位 Z_i^t，i 为水库编码，t 为时段编码，因此决策变量的时间维度 $d_t = 12$，梯级水库群包括万家寨、三门峡和小浪底三个水库，因此决策变量的空间维度 $d_i = 3$，决策变量矩阵的维度为 3×12。

综上，模型决策变量表示为

$$Z = \begin{bmatrix} Z_1^1, Z_1^2, \cdots, Z_1^t, \cdots, Z_1^T \\ Z_2^1, Z_2^2, \cdots, Z_2^t, \cdots, Z_2^T \\ Z_3^1, Z_3^2, \cdots, Z_3^t, \cdots, Z_3^T \end{bmatrix} \qquad (7\text{-}5\text{-}19)$$

2. 计算步骤

确定模型的决策变量，分别选取第 2 章中已知典型年（偏丰水偏丰沙年、平水平沙年和偏枯水偏枯沙年）的万家寨 10 月 31 日至次年 11 月 1 日的月平均入库流量作为输入参数，对模型进行求解计算，具体步骤如下：

Step1：模型参数初始化，设置种群规模 popsize = N、总循环次数 K、单次循环迭代次数 gen、输入上游水库入库流量、调度周期、起调水位、区间来水量、下游适宜生态流量，设置约束条件，根据式（7-5-7）生成决策变量搜索空间其上下限为 Z_{min}、Z_{max}。

Step2：根据当前搜索空间上下限 Z_{min}、Z_{max} 随机生成各水库各时段决策变量，构成初始种群。

Step3：检查当前种群各水库各阶段决策变量是否遵守约束，对违反约束的决策变量进行修正，计算种群中每个个体的目标值，即 M_1（调度期内平均出力）、M_2（调度期内下游生态流量平均改变度）。

Step4：对当前父代 P 进行 SBX 交叉和多项式变异生成子代 Q，对子代 Q 执行 Step3。

Step5：父代 P 和子代 Q 混合，产生混合种群 $R = P \cup Q$，对混合种群 R 进行非支配排序生成各非支配层（$F_1, F_2, \cdots, F_L$）。

Step6：对各非支配层进行拥挤度排序，按排序结果依次选择个体并入下一代父代种群，直至种群个数达到 N，生成下一代父代种群。

Step7：判断是否满足当前迭代终止条件：是进入 Step8；否跳转至 Step4。

Step8：保存当前种群 P，决策方案集 $S = S \cup P$。判断是否满足总循环终止条件：是，则输出决策方案集 S 的 Pareto 最优解集作为梯级水库调度方案集；否，则重新计算生成新的搜索空间，并进入 Step2。

3. 结果分析

根据第 2 章分析计算结果，分别计算典型年（偏丰水偏丰沙年、平水平沙年和偏枯水偏枯沙年）三种情形下的黄河中游梯级水库群优化调度情况。其中，偏丰水偏丰沙年选取 2008 年 11 月至 2009 年 10 月，平水平沙年选取 2010 年 11 月至 2011 年 11 月，偏枯水偏枯沙年选取 2016 年 11 月至 2017 年 10 月。万家寨、三门峡和小浪底水库的相关数据来源于《黄河流域水文年鉴》，其中各水库各时段（月）下游河道适宜生态流量通过逐月频率计算法计算得到。

运用 SA-NSGA-Ⅱ 对实际梯级水库模型进行优化求解，算法具体参数设置：总循环次数 $K = 5$，种群数 maxpop = 250，minpop = 200，单次循环迭代次数 $g_s = 200$，算法交叉分布指数设置为 20、变异分布指数设置为 20。根据求解过程,输入三个典型年的入库流量数据,分别计算出各典型年情形下的黄河中游梯级水库群两目标优化调度模型的 Pareto 最优解集。

1)偏丰水偏丰沙年

在偏丰水偏丰沙典型年情形下求解梯级水库群两目标优化调度模型得到 Pareto 最优解集数量为 138 个,即 138 个梯级水库群优化调度方案,见表 7-5-1。调度方案集 A 的目标值中最大平均出力为 3.201 3×10^5 kW,最小平均出力为 2.875 9×10^5 kW;最大生态流量平均改变度为 0.138 9,最小生态流量平均改变度为 0.074 5。

表 7-5-1　偏丰水偏丰沙典型年下的调度方案集

调度方案集 A	平均出力/10^5 kW	生态流量平均改变度
A1	2.875 9	0.074 5
A2	2.888 6	0.075 2
…	…	…
A138	3.201 3	0.138 9

水库调度方案在目标空间的 Pareto 前沿分布见图 7-5-1,在目标空间中各调度方案的两目标之间为负相关,各前沿点分布较为均匀。

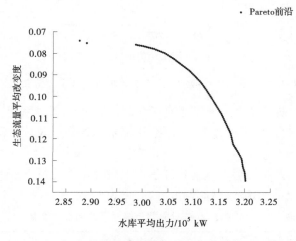

图 7-5-1　偏丰水偏丰沙典型年调度方案的 Pareto 前沿分布

2)平水平沙年

在平水平沙典型年情形下求解梯级水库群两目标优化调度模型得到 Pareto 最优解集数量为 111 个,即 111 个梯级水库群调度方案,见表 7-5-2。

表 7-5-2　平水平沙典型年下的调度方案集

调度方案集 B	平均出力/10^5 kW	生态流量平均改变度
B1	2.649 3	0.190 8
B2	2.649 6	0.191 0
…	…	…
B111	2.821 0	0.250 2

　　由表 7-5-2 可知,调度方案集 B 的目标值中最大平均出力为 2.832 4×10^5 kW,最小平均出力为 2.649 3×10^5 kW;最大生态流量平均改变度为 0.262 7,最小生态流量平均改变度为 0.190 8。水库调度方案在目标空间的 Pareto 前沿分布见图 7-5-2。

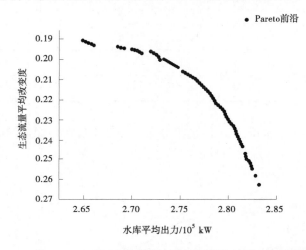

图 7-5-2　平水平沙典型年调度方案的 Pareto 前沿分布

　　图 7-5-2 中,Pareto 前沿较上一典型年有所变化,这是由于上游来水来沙量的变化,导致各水库及水库之间水力、约束等关系的变化,影响解集的数量及分布情况。

3) 偏枯水偏枯沙年

　　在偏枯水偏枯沙典型年情形下求解梯级水库群两目标优化调度模型得到 Pareto 最优解集数量为 91 个,即 91 个梯级水库群调度方案,见表 7-5-3。

表 7-5-3　偏枯水偏枯沙典型年情形下的调度方案集

调度方案集 C	平均出力/10^5 kW	生态流量平均改变度
C1	2.554 0	0.269 1
C2	2.555 2	0.270 5
…	…	…
C91	2.551 8	0.265 3

　　由表 7-5-3 可知,调度方案集 C 的目标值中最大平均出力为 2.570 2×10^5 kW,最小平

均出力为 2.451 3×10⁵ kW;最大生态流量平均改变度为 0.289 2,最小生态流量平均改变度为 0.213 0。

水库调度方案在目标空间的 Pareto 前沿分布见图 7-5-3。不同典型年下随着来水来沙量的不断减小,各典型年下的梯级水库群调度方案的平均出力目标值范围的上下限在同步下降,生态流量平均改变度也在变化。

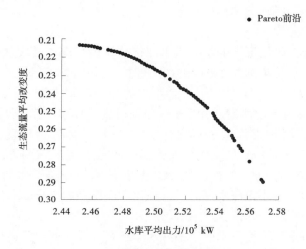

图 7-5-3　偏枯水偏枯沙年调度方案的 Pareto 前沿

7.5.2.2　单水库多目标优化调度

1. 模型编码

小浪底水库优化调度模型以日为调节时段,调度周期为月,该模型时段选取汛期 7 月 1～31 日,对应时段数为 $T=31$。模型选择的决策变量为小浪底水库各个时段初(末)水位 Z^t,t 为时段编码,因此决策变量的维度 $d_t=31$。模型决策变量表示为

$$Z = [Z^1, Z^2, \cdots, Z^t, \cdots, Z^T] \tag{7-5-20}$$

2. 计算步骤

确定模型的决策变量,分别选取第 2 章中典型年(偏丰水偏丰沙年、平水平沙年和偏枯水偏枯沙年)的小浪底水库 7 月的日平均入库流量作为输入参数,对模型进行求解计算,具体步骤如下:

Step1:模型参数初始化,设置种群规模 $popsize=N$、循环迭代次数 gen,输入入库流量、调度周期、起调水位、下游适宜生态流量,设置约束条件,生成决策变量搜索空间其上、下限为 Z_{min}、Z_{max}。

Step2:根据种群规模生成归一化参考点集,根据搜索空间随机生成各时段决策变量,构成初始种群。

Step3:检查当前种群各阶段决策变量是否遵守约束,对违反约束的变量进行修正,计算种群中每个个体的目标值,即 M^1(调度期平均出力)、M^2(调度期下游生态流量平均改变度)和 M^3(调度期最大削峰率)。

Step4:对当前父代 P 进行 SBX 交叉和多项式变异生成子代 Q,对子代 Q 执行 Step3。

Step5：父代 P 和子代 Q 混合，产生混合种群 $R=P\cup Q$。对混合种群 R 进行标椎化目标空间操作和参考点关联操作。

Step6：对混合种群 R 进行非支配排序生成各非支配层 $(F_1, F_2, \cdots, F_L)$，逐层进行环境选择操作，将个体填充至下一代父代种群中，直至种群数量达到 N。

Step7：判断是否满足迭代终止条件；是，则输出当前种群的 Pareto 最优解集作为小浪底水库调度方案集；否，则跳转至 Step4。

3. 结果分析

分别计算在典型年三种情形下的小浪底水库优化调度情况。其中，偏丰水偏丰沙年选取 2010 水文年，平水平沙年选取 2005 水文年，偏枯水偏枯沙年选取 2003 水文年，调度起止时间对应该年的 7 月 1 ~ 31 日。小浪底水库的相关数据来源于《黄河流域水文年鉴》，其中水库各时段（日）下游河道适宜生态流量通过逐月频率计算法计算得到。

运用 NSGA-Ⅲ 对实际水库模型进行优化求解，算法具体参数设置：设置种群规模 $popsize=190$，参考点数目 $H=190$，最大迭代次数 $gen=500$，算法交叉分布指数设置为 20，变异分布指数设置为 20。根据 7.5.2.2 节求解过程，输入三个典型年的入库流量数据，分别计算各典型年情形下的小浪底水库三目标优化调度模型的 Pareto 最优解集。

1）偏丰水偏丰沙年

在偏丰水偏丰沙典型年情形下求解小浪底水库三目标优化调度模型得到 Pareto 最优解集数量为 187 个，即 187 个小浪底水库调度方案，见表 7-5-4。调度方案集 D 中，最大平均出力、最小平均出力分别为 3.5967×10^5 kW 和 3.4522×10^5 kW；最大生态流量、最小生态流量平均改变度分别为 0.055 3 和 0.025 12；最大削峰率和最小削峰率分别为 0.954 0、0.701 6。

表 7-5-4 偏丰水偏丰沙典型年下的调度方案集

调度方案集 D	平均出力/10^5 kW	生态流量平均改变度	最大削峰率
D1	3.596 7	0.055 3	0.728 9
D2	3.590 1	0.051 8	0.729 5
…			…
D187	3.452 2	0.034 2	0.929 4

水库调度方案在目标空间的 Pareto 前沿分布见图 7-5-4。各调度方案在目标空间中的三个目标既相互制约又存在相互联系的关系。进一步将三维目标空间投影到二维平面上对目标值进行两两分析，见图 7-5-5。由图 7-5-5（a）可知，调度方案的平均出力和生态流量平均改变度两目标的分布部分集中在平均出力目标值较小（3.45 ~ 3.49）和生态流量平均改变度的目标值较小（0.030 ~ 0.037 5）重叠位置，平均出力增大同时生态流量平均改变度增大；由图 7-5-5（b）可知，调度方案的生态流量平均改变度和最大削峰率两目标的分布部分集中在生态流量平均改变度目标值（0.030 ~ 0.037 5）和最大削峰率目标值较大（0.875 ~ 0.95）的重叠位置；由图 7-5-5（c）可知，调度方案的的平均出力和最大削峰率改变度两目标分布有一定线性关系，平均出力增大导致最大削峰率减小。

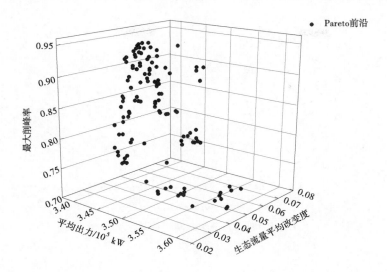

图 7-5-4   偏丰水偏丰沙典型年水库调度方案的 Pareto 前沿分布

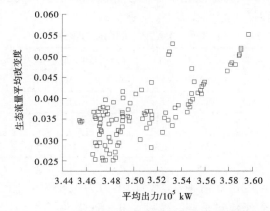

(a)平均出力–生态流量平均改变度关系图

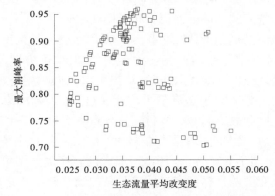

(b)生态流量平均改变度–最大削峰率关系图

图 7-5-5   偏丰水偏丰沙典型年水库调度方案两个目标间关系

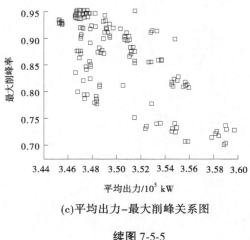

(c)平均出力–最大削峰关系图

续图 7-5-5

2)平水平沙年

在平水平沙典型年情形下求解小浪底水库三目标优化调度模型得到 Pareto 最优解集数量为 185 个,即 185 个小浪底水库调度方案,见表 7-5-5。

表 7-5-5　平水平沙典型年下的调度方案集

调度方案集 E	平均出力/10^5 kW	生态流量平均改变度	最大削峰率
E1	1.857 6	0.185 9	0.895 5
E2	1.857 5	0.181 4	0.882 6
…	…	…	…
E185	1.828 0	0.077 6	0.775 1

由调度方案集 E 可知,调度目标值中最大平均出力为 1.857 6×10^5 kW,最小平均出力为 1.828 0×10^5 kW;最大生态流量平均改变度为 0.185 9,最小生态流量平均改变度为 0.073 2;最大最大削峰率为 0.899 4,最小最大削峰率为 0.593 7。

水库调度方案在目标空间的 Pareto 前沿分布见图 7-5-6。

进一步地,将三维目标空间投影到二维平面上对目标值进行两两分析,见图 7-5-7。由图 7-5-7(a)平均出力–生态流量平均改变度关系图可知,调度方案的平均出力和生态流量平均改变度两目标呈现一定的线性分布,平均出力增大同时生态流量平均改变度增大,两者之间正相关;由图 7-5-7(b)生态流量平均改变度–最大削峰率关系图可知,调度方案的生态流量平均改变度和最大削峰率两目标值分布主要集中于生态流量平均改变度目标值较小(0.075~0.10)和最大削峰率目标值较大(0.775~0.9)重叠部分,这两目标之间存在一定的制约关系;由图 7-5-7(c)平均出力–最大削峰率关系图可知,调度方案的平均出力和生态流量平均改变度两目标分布未呈现明显的线性分布且分布较为分散。

3)偏枯水偏枯沙年

在偏枯水偏枯沙典型年情形下求解小浪底水库三目标优化调度模型得到 Pareto 最优解集数量为 185 个,即 185 个小浪底水库调度方案,见表 7-5-6。

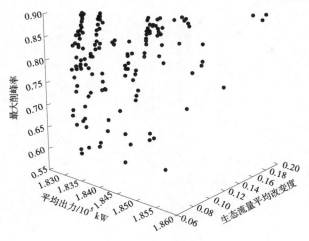

图 7-5-6　平水平沙典型年水库调度方案的 Pareto 前沿分布

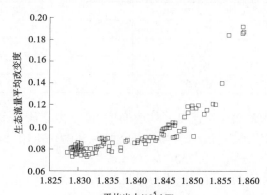

(a)平均出力–生态流量平均改变度关系图

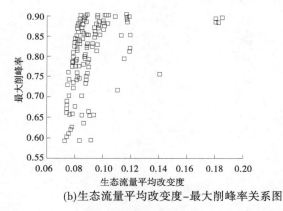

(b)生态流量平均改变度–最大削峰率关系图

图 7-5-7　平水平沙典型年水库调度方案两个目标间关系

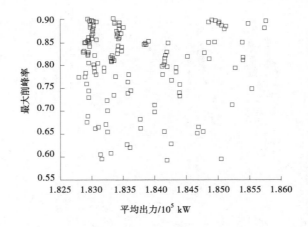

(c)平均出力–最大削峰率关系图

续图 7-5-7

表 7-5-6　偏枯水偏枯沙典型年下的调度方案集

调度方案集 F	平均出力/10^5 kW	生态流量平均改变度	最大削峰率
F1	1.071 3	0.182 5	0.701 1
F2	1.070 3	0.185 5	0.748 2
…	…	…	…
F185	1.026 5	0.152 6	0.740 2

调度方案集 F 目标值中最大生态流量平均改变度、最小生态流量平均改变度分别为 0.185 5 和 0.149 1;最大平均出力、最小平均出力分别为 1.071 3×10^5 kW 和 1.026 5×10^5 kW;最大削峰率、最小削峰率分别为 0.750 7 和 0.566 7。

水库调度方案在目标空间的 Pareto 前沿分布见图 7-5-8。

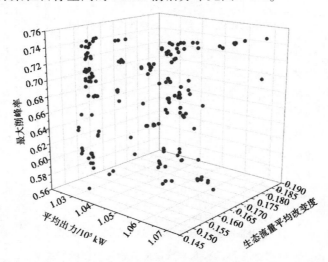

图 7-5-8　偏枯水偏估沙典型年水库调度方案的 Pareto 前沿分布

进一步地,将三维目标空间投影到二维平面上对目标值进行两两分析,见图 7-5-9。

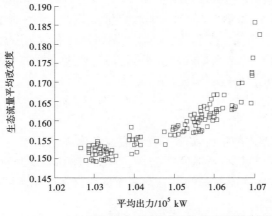

(a)平均出力–生态流量平均改变度关系图

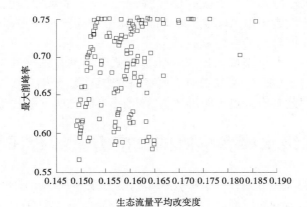

(b)生态流量平均改变度–最大削峰率关系图

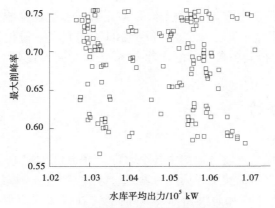

(c)平均出力–最大削峰率关系图

图 7-5-9　偏枯水偏估沙典型年水库调度方案两个目标间关系

由图 7-5-9(a)平均出力-生态流量平均改变度关系图可知,调度方案的平均出力和生态流量平均改变度两目标呈现明显的线性分布,平均出力增大同时生态流量平均改变度增大,两者之间为正相关;由图 7-5-9(b)生态流量平均改变度-最大削峰率关系图可知,调度方案的生态流量平均改变度和最大削峰率两目标分布较为分散,未呈现明显线性关系;由图 7-5-9(c)平均出力-最大削峰率关系图可知,调度方案的平均出力和生态流量改变度两目标分布较为分散,未呈现明显线性关系。

7.5.3　小结

(1)综合考虑黄河中游水库群的实际工程参数及各水库的调度运行规则,以万家寨、三门峡和小浪底水库为研究对象,考虑经济目标、生态目标和防洪目标,分别建立了考虑中游水沙协调和下游高效输沙流量的的万三小水库群两目标优化调度模型和汛期的小浪底水库三目标优化调度模型。

(2)利用 SA-NSGA-Ⅱ对黄河中游万三小梯级水库群两目标优化调度模型在三种典型年情形下进行求解,得到多个 Pareto 最优解集,形成 3 个水库调度方案集,分别包含 138 个、111 个、91 个调度方案。调度方案集能够充分利用黄河中游段水资源,在保证水库出力的同时优化下游河道的生态效益。

(3)利用 NSGA-Ⅲ对小浪底水库三目标优化调度模型在三种典型年情形下进行求解,得到多个 Pareto 最优解集,形成 3 个单水库调度方案集,分别包含 187 个、185 个、185 个调度方案。方案集能够有效提高防洪效益,兼顾小浪底汛期发电效益和生态效益。

7.6　梯级水库多维协同调度方案综合评价研究

基于多目标算法求解得到万三小梯级水库调度方案集和小浪底水库调度方案集,每个方案集中各方案均为调度模型的一个非支配解,每个方案都是满足多目标调度模型的最优解,为寻找各典型年情形下综合效益最大的调度方案,需要对多目标水库调度方案进行评价和优选。

本部分将构建水库调度方案评价指标体系,应用客观和主观相结合的评价方式,引入灰靶理论和累计前景理论,对建立的方案评价指标体系进行统一量化,采用模糊评判法对水库调度方案进行优选,得到各典型年的推荐方案,为科学制订黄河中游水库调度方案提供一种新思路。

7.6.1　评价指标体系和评价方法

7.6.1.1　评价指标体系

为进一步区分水库优化调度方案集中各个水库优化调度方案综合效益的优劣,根据各优化调度方案的目标空间构建水库调度方案综合效益评价指标体系,其指标主要包含 3 个方面:发电指标、生态指标和防洪指标。具体而言,在梯级水库群优化调度方案中一级指标由 3 个二级指标组成,二级指标 X_{k1}、X_{k2}、X_{k3} 分别对应水库平均出力、水库下游生态流量平均改变度和水库最大削峰率等指标数据,如图 7-6-1 所示。

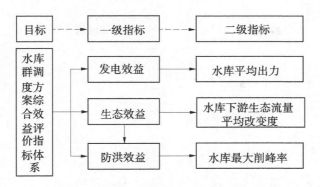

图 7-6-1　水库群调度方案综合效益评价指标体系

对于单水库优化调度方案,其一级指标下只有一个二级指标,即对应该单水库的优化调度方案的目标。

(1)发电指标 X_1,由水库调度方案中各水库对应的调度期内平均出力指标组成各二级指标,平均出力越高对应水库的兴利效益越高,将平均出力指标定义为收益型指标。

(2)生态指标 X_2,由水库调度方案中各水库对应的调度期内下游生态流量平均改变度指标组成各二级指标,生态流量平均改变度越大对应水库的生态效益越小,将生态流量平均改变度指标定义为成本型指标。

(3)防洪指标 X_3,由水库调度方案中各水库对应的调度期内最大削峰率指标组成各二级指标,最大削峰率越大对应水库的防洪效益越大,将最大削峰率指标定义为收益型指标。对于梯级水库,可根据各水库入库流量和出库流量计算调度期内最大削峰率。

7.6.1.2　评价方法

1. 灰靶理论

对于水库优化调度而言,需要考虑的因素是多样的,系统内各因素间有不确定性关系。灰靶理论是邓聚龙提出的处理模式序列的灰色关联分析理论,方式在于利用最能反映系统或方案优劣的数据指标,形成与其对应的数据模式。主要内容包括正(负)靶心和靶心系数,其中正(负)靶心是根据指标性质(成本型和收益型)确定指标的正(负)靶心并生成正(负)标准序列;靶心系数是水库各指标潜力数据与正(负)靶心标准序列进行比较得出正(负)靶心系数,实现从两个方向对指标的量化。

设多指标评价体系有 n 个方案,方案集 $S = \{s_1, s_2, \cdots, s_n\}$,每一个方案 m 个评价指标组成指标集 $O = \{o_1, o_2, \cdots, o_m\}$。方案 S_i 对指标 O_j 的效果样本值 $x_{ij}(i = 1, 2, \cdots, n, j = 1, 2, \cdots, m)$。所以,则方案集 S 对指标集 O 的决策矩阵(效果样本矩阵)为

$$X = \begin{bmatrix} x_{11} & x_{12} & \cdots & x_{1m} \\ x_{21} & x_{22} & \cdots & x_{2m} \\ \vdots & \vdots & & \vdots \\ x_{n1} & x_{n2} & \cdots & x_{nm} \end{bmatrix} \tag{7-6-1}$$

令

$$z_j = \frac{1}{n} \sum_{i=1}^{n} x_{ij} \tag{7-6-2}$$

对各指标性质进行区分,若对应指标为效益型,则有

$$y_{ij} = \frac{x_{ij} - z_j}{|z_j|} \qquad (7\text{-}6\text{-}3)$$

若对应指标为成本型,则有

$$y_{ij} = \frac{z_j - x_{ij}}{|z_j|} \qquad (7\text{-}6\text{-}4)$$

变换后的矩阵记为

$$D = (y_{ij})_{n \times m} \qquad (7\text{-}6\text{-}5)$$

将矩阵 D 规范化,得到规范决策矩阵 R,表达式为

$$R = (r_{ij})_{n \times m} \qquad (7\text{-}6\text{-}6)$$

其规范化方法为

$$r_{ij} = \frac{y_{ij}}{\max_j(|y_{ij}|)} \qquad (7\text{-}6\text{-}7)$$

以上变换将决策矩阵的元素值限制在 $[-1,1]$ 区间。

确定决策矩阵中每个二级指标的正(负)靶心,其表达式为

$$r_j^+ = \max(r_{ij}) \qquad (7\text{-}6\text{-}8)$$

$$r^+ = \{r_1^+, r_2^+, \cdots, r_m^+\} \qquad (7\text{-}6\text{-}9)$$

为灰靶决策最优效果向量,称为各二级指标的正靶心。

$$r_j^- = \min(r_{ij}) \qquad (7\text{-}6\text{-}10)$$

$$r^- = \{r_1^-, r_2^-, \cdots, r_m^-\} \qquad (7\text{-}6\text{-}11)$$

为灰靶决策最劣效果向量,称为各二级指标的负靶心。

根据多目标灰靶理论,每个指标与靶心的接近程度反映了指标的优劣。计算每个指标与正(负)靶心的正负关联系数。

设 r_j^+ 与 r_j^- 分别为正负靶心,则正(负)靶心系数分别为

$$\zeta_{ij}^+ = \frac{\min_i \min_j |r_{ij} - r_j^+| + \rho \max_i \max_j |r_{ij} - r_j^+|}{|r_{ij} - r_j^+| + \rho \max_i \max_j |r_{ij} - r_j^+|} \qquad (7\text{-}6\text{-}12)$$

$$\zeta_{ij}^- = \frac{\min_i \min_j |r_{ij} - r_j^-| + \rho \max_i \max_j |r_{ij} - r_j^-|}{|r_{ij} - r_j^-| + \rho \max_i \max_j |r_{ij} - r_j^-|} \qquad (7\text{-}6\text{-}13)$$

式中:$\rho \in [0,1]$ 为分辨系数,一般取 $\rho = 0.5$。

正靶心系数值与实际指标值的大小成正比,负靶心系数值与实际指标值的大小成反比,且正(负)靶心系数限制在 $(0,1)$ 之间。获取正(负)靶心系数即对指标值的标椎化。

2. 累计前景理论

累计前景理论由前景理论改进而来,相较于前景理论,累计前景理论实现了多结果的综合分析,允许了收益和损失有不同的权重函数。前景价值的大小是由价值函数和决策权重共同决定的,累计前景理论通过设置一个参考点,根据参考点确定数据指标的收益或损失情形进而选择不同的价值函数和权重函数,其中价值函数对于本评价体系而言,其含

义是指标评价体系在面对收益情形或损失情形时表现风险厌恶或风险追寻状态的量化;
权重函数对于本评价体系而言,用于平衡各指标在评价体系中的结构占比,寻求前景价值
最大化。

前景价值的表达式为

$$V = \sum_{i=1}^{n} \pi(p_i) v(x_i) \tag{7-6-14}$$

式中:V 为前景值;$\pi(p)$ 为决策权重;$v(x)$ 为价值函数。

各指标对应的前景价值函数的表达式为

$$v(r_{ij}) = \begin{cases} (1 - \zeta_{ij}^-)^\alpha \\ -\theta[-(\zeta_{ij}^+ - 1)]^\beta \end{cases} \tag{7-6-15}$$

式中:参数 α 和 β 分别为收益和损失区域价值幂函数的凹凸程度,$\alpha<1$,$\beta<1$ 表示敏感性
递减,一般取 $\alpha=\beta=0.88$;系数 θ 为对损失的态度,$\theta>1$ 表示损失厌恶,一般取 $\theta=2.25$。

如果负靶心为参考值,则各指标的靶心系数优于负靶心,由前景理论可知面对收益情
形时是风险厌恶的,故 $v^+(r_{ij}) = (1-\zeta_{ij}^-)^\alpha$ 作为正前景价值函数;如果正靶心为参考点,则
各指标的靶心系数劣于正靶心,由前景理论可知面对损失情形时是风险追寻的,故
$v^-(r_{ij}) = -\theta[-(\zeta_{ij}^+-1)]^\beta$ 作为负前景价值函数。

所以,指标价值体系面临收益和损失指标时的前景权重函数分别为 $\pi^+(w_j)$ 和
$\pi^-(w_j)$,如下:

$$\pi^+(w_{ij}) = \frac{w_j^{r+}}{[w_j^{r+} + (1 - w_j)^{r+}]^{1/r+}} \tag{7-6-16}$$

$$\pi^-(w_{ij}) = \frac{w_j^{r-}}{[w_j^r + (1 - w_j)^r]^{1/r}} \tag{7-6-17}$$

式中:w_j 为每个指标的权重;前景权重函数中的参数 $r^+=0.61$,$r^-=0.69$。

所以,方案 S 的指标集 O 的综合前景值为

$$V_i = \sum_{j=1}^{m} v^+(r_{ij})\pi^+(w_j) + \sum_{j=1}^{m} v^-(r_{ij})\pi^-(w_j) \tag{7-6-18}$$

式中:V_i 为一级指标的综合前景值(潜力值),计算出各一级潜力指标的综合前景值,实现
一级潜力指标的量化,构建综合前景值矩阵。

3. 基于模糊评判法的价值评估

采用的模糊综合评判法是基于模糊数学的一种决策方法,由于其良好的实用性,已被
广泛应用于各个领域。由累计前景理论计算并构建了一级指标量化矩阵,结合模糊综合
评判法分析各一级指标所对应的最优选项,对各水库调度方案进行评分。

本书将水库优化调度方案价值分为 5 个级别,即评判集 A 有 A_1(很高)、A_2(较高)、A_3
(一般)、A_4(较低)和 A_5(很低)。本书采用高斯型隶属函数确定 v_{ik} 对不同评语的模糊子
集,其形式如下:

$$f(x, \delta, c) = e^{-(x-c)^2/(2\delta^2)} \tag{7-6-19}$$

式中:δ 和 c 为高斯隶属函数的两个参数;c 用于确定高斯函数的曲线中心,对应于不同的

评语 $C = \{c_1 = 1, c_2 = 0.75, c_3 = 0.5, c_4 = 0.25, c_5 = 0\}$，代入式(7-6-19)可得到 5 个评判等级对应的隶属函数；δ 为高斯函数的宽度参数，为了保证评判结果的区分度，可对 δ 进行调整，选取合适的值。

将各一级指标的综合前景值 v_{ik} 代入如下公式得到方案集 i 隶属于评判集 W 的模糊评判矩阵 F_i

$$F_i = \begin{bmatrix} f_{A_1}(v_{i1}) & \cdots & f_{A_5}(v_{i1}) \\ f_{A_1}(v_{i2}) & \cdots & f_{A_5}(v_{i2}) \\ f_{A_1}(v_{i3}) & \cdots & f_{A_5}(v_{i3}) \end{bmatrix} \qquad (7\text{-}6\text{-}20)$$

式中：$f_{Ak}(v_{ik})$ 为 v_{ik} 在不同评判等级 A_t 的隶属度($t = 1, 2, \cdots, 5$)。

根据一级指标之间的关联性，取其权重向量 $\lambda = (\lambda_1, \lambda_2, \cdots, \lambda_k)$，对模糊评判矩阵 F_i 和权重向量 λ 采用算子 M 做模糊乘积运算，线性加权后得到模糊评判结果 S_i，如下：

$$S_i = \lambda \circ F_i = (s_i(A_1) \quad s_i(A_2) \quad s_i(A_3) \quad s_i(A_4) \quad s_i(A_5)) \qquad (7\text{-}6\text{-}21)$$

式中：$s_i(A_t)$($t = 1, 2, \cdots, 5$)为决策方案 i 相对于评判等级 A_t 的隶属度，表示决策方案 i 由 A_t 可描述的程度，可确定各方案在各评等级下的隶属度，根据最大隶属度原则，从而筛选出指标最优的方案。

对评判集 A 进行量化，即

$$A = \begin{bmatrix} A_1 & A_2 & A_3 & A_4 & A_5 \end{bmatrix} = \begin{bmatrix} 95 & 85 & 75 & 65 & 55 \end{bmatrix} \qquad (7\text{-}6\text{-}22)$$

水库调度方案 i 的指标价值评估得分为

$$G_i = \sum_{t=1}^{5} S_i(A_t) A_t \qquad (7\text{-}6\text{-}23)$$

式中：G_i 为各水库调度方案的最终评分。

对价值评分进行排序得到水库优化调度方案排名，在一定程度上反映了各水库调度方案综合效益的优劣。

4. 整体评估流程

选取水库优化调度方案的原始样本数据，计算其各二级指标值并构建决策矩阵，利用灰靶理论对决策矩阵进行处理，确定各二级指标的正(负)靶心，计算并构建正(负)靶心系数矩阵；结合累计前景理论计算各一级指标的综合前景值；通过模糊评判法对水库优化调度方案进行综合评估，量化后得出水库优化调度方案价值评分，实现对水库优化调度方案集的主客观相结合的评价方法，流程如图 7-6-2 所示。

7.6.2　方案选择与结果分析

7.6.2.1　评价指标体系数据

根据万三小梯级水库群中优化调度方案集计算各水库的发电指标、生态指标和防洪指标，生成各典型年下梯级水库调度方案的二级指标初始值见表 7-6-1 ~ 表 7-6-3。

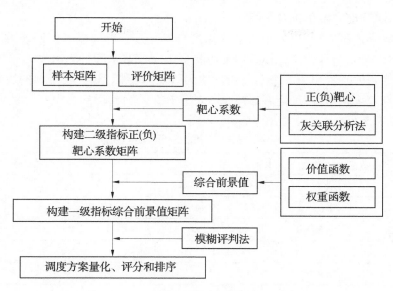

图 7-6-2   评估流程

表 7-6-1   偏丰水偏丰沙年梯级水库调度方案各指标数据

调度方案集 A	发电指标 X_1			生态指标 X_2			防洪指标 X_3		
	X_{11}	X_{12}	X_{13}	X_{21}	X_{22}	X_{23}	X_{31}	X_{32}	X_{33}
A1	3.394 6	0.092 9	0.143 1	1.982 5	0.091 3	0.234 3	3.250 3	0.039 5	0.492 2
A2	3.393 6	0.094 5	0.144 2	1.998 8	0.090 7	0.235 6	3.273 2	0.040 5	0.490 7
…	…	…	…	…	…	…	…	…	…
A138	3.474 6	0.097 7	0.100 8	2.268 1	0.097 0	0.250 6	3.861 2	0.222 0	0.987 4

表 7-6-2   平水平沙年梯级水库调度方案各指标数据

调度方案集 B	发电指标 X_1			生态指标 X_2			防洪指标 X_3		
	X_{11}	X_{12}	X_{13}	X_{21}	X_{22}	X_{23}	X_{31}	X_{32}	X_{33}
B1	2.948 3	0.094 1	0.138 0	1.884 2	0.402 9	0.291 3	3.115 3	0.075 3	0.852 9
B2	2.947 3	0.093 9	0.137 6	1.884 3	0.402 8	0.285 6	3.117 1	0.076 4	0.858 3
…	…	…	…	…	…	…	…	…	…
B111	3.006 3	0.110 5	0.105 5	2.055 5	0.396 1	0.370 6	3.424 1	0.269 4	0.893 8

表 7-6-3   偏枯水偏枯沙年梯级水库调度方案各指标数据

调度方案集 C	发电指标 X_1			生态指标 X_2			防洪指标 X_3		
	X_{11}	X_{12}	X_{13}	X_{21}	X_{22}	X_{23}	X_{31}	X_{32}	X_{33}
C1	2.249 5	0.163 0	0.161 5	1.911 0	0.417 4	0.313 3	3.501 3	0.226 6	0.972 1
C2	2.250 3	0.163 2	0.160 8	1.913 0	0.418 7	0.315 9	3.502 3	0.229 5	0.960 7
…	…	…	…	…	…	…	…	…	…
C91	2.243 5	0.151 6	0.180 1	1.922 0	0.420 2	0.270 9	3.489 7	0.224 0	0.987 2

7.6.2.2 水库调度方案优选及分析

根据方案集评价方法,以偏丰水偏丰沙典型年下万三小梯级水库调度方案集优选为例,调度方案综合效益评价指标体系中发电指标下万家寨水库平均出力、三门峡水库平均出力和小浪底水库平均出力 3 个二级指标均为效益型指标,对发电指标的决策矩阵进行规范化得到规范决策矩阵,确定各二级指标的正(负)靶心,得到发电指标的正(负)靶心系数矩阵,见表 7-6-4。

表 7-6-4　发电指标的正(负)靶心系数

方案集 A 编号	正靶心系数			负靶心系数		
	X_{11}	X_{12}	X_{13}	X_{11}	X_{12}	X_{13}
方案 A1	0.336 2	0.333 3	0.333 3	0.975 2	1	1
方案 A2	0.333 3	0.346 4	0.341 9	1	0.898 0	0.930 1
…	…	…	…	…	…	…
方案 A138	0.972 3	0.989 3	1	0.336 5	0.334 5	0.333 3

同样地,可依次计算生态指标和防洪指标的正(负)靶心系数矩阵。下一步根据累计前景理论计算各一级指标的综合前景值,首先设置二级指标的指标权重,小浪底水库作为黄河中游主要控制性水库,其对应指标权重设置为 0.4;万家寨和三门峡水库作为黄河中游补充性水库,其对应指标权重设置为 0.3。其次根据式(7-6-14)~式(7-6-18)计算出发电指标、生态指标和防洪指标的综合前景值,见表 7-6-5。

表 7-6-5　各一级指标的综合前景值

方案集 A 编号	X_1	X_2	X_3
方案 A1	-1.635 5	0.066 4	-0.773 1
方案 A2	-1.557 3	-0.124 8	-0.683 4
…	…	…	…
方案 A138	0.656 5	-1.566 4	-0.128 3

根据表 7-6-5,基于各一级指标的综合前景值,利用模糊判别法对水库调度方案集的综合效益值进行评估。根据式(7-6-19)和式(7-6-20)计算并建立各一级指标的模糊评判矩阵,再根据式(7-6-21)计算出各水利枢纽泥沙调控潜力在 5 个评判等级下的隶属度,见表 7-6-6。其中,方案 A138 位于等级 1(很高)、2(较高)、3(一般)的隶属度均优于其他方案,等级 4(较低)和 5(很低)均小于其他方案同等级隶属度,说明该方案的综合效益是优于其他调度方案的。根据式(7-6-22)和式(7-6-23)计算出各调度方案的综合效益评分并进行排名,见表 7-6-7,其中方案 A138 评分最高(73.293 6),排名第 1;方案 A43 评分最低(68.619 5),排名第 138。在各典型年下梯级水库调度的优选方案见表 7-6-8,对应实际调度数据见表 7-8-9。

表 7-6-6　各评判等级下的隶属度

方案集 A 编号	很高	较高	一般	较低	很低
方案 A1	0.101 6	0.148 2	0.200 1	0.252 0	0.297 9
方案 A2	0.085 9	0.135 0	0.195 3	0.260 8	0.322 9
…	…	…	…	…	…
方案 A138	0.155 3	0.187 6	0.211 2	0.223 0	0.222 9

表 7-6-7　方案综合效益评分

方案集 A 编号	评分	排名
方案 A1	70.036 8	45
方案 A2	67.001 9	94
…	…	…
方案 A138	73.293 6	1

表 7-6-8　万三小梯级水库调度方案优选

典型年	方案编号	平均出力/10^5 kW	生态流量平均改变度	评分
偏丰水偏丰沙年(2013 年)	方案 A138	3.201 3	0.138 9	73.29
平水平沙年(2011 年)	方案 B66	2.832 4	0.262 7	73.17
偏枯水偏枯沙年(2017 年)	方案 C33	2.451 3	0.213 0	72.51

由表 7-6-8 可知,基于灰靶-累计前景理论和模糊评判法对梯级水库调度方案集进行优选,其中偏丰水偏丰沙典型年和平水平沙典型年对应的优选方案均为方案集中平均出力最大调度方案,但其生态流量平均改变度同为最大,由于评价方式以损失厌恶为导向,可知在来水来沙较大情形下,方案 A138 和方案 B66 的发电指标收益最大,生态指标损失较小;偏枯水偏枯沙典型年对应的优选方案为生态流量平均改变度最小调度方案,在来水来沙量较小的情形下,优选方案 C33 优先保证生态效益,兼顾发电效益。

进一步对比表 7-6-9 中梯级水库在各典型年下根据实际调度数据计算出的目标值,方案 A138 相交于实际调度在平均出力方面提升 13.34%,在生态流量平均改变度方面降低 11.81%;方案 B66 相交于实际调度在平均出力方面提升 10.40%,在生态流量平均改变度方面降低 29.06%;方案 C33 相交于实际调度在平均出力方面提升 16.36%,在生态流量平均改变度方面降低 43.99%。由于万三小水库多目标联合优化调度对各水库的流量、水位调度等调度数据的统一管理和优化算法对各调度目标的不断优化,更利于黄河中游水资源的合理分配和调控,因此相较于中游各水库根据其各自实际调度规则进行调度的实际数据而言,在平均出力和生态流量平均改变度等综合效益上具有较大优势。

各优选调度方案的各水库调度期内水位过程如图 7-6-3 所示。

表 7-6-9　万三小梯级水库实际调度数据

典型年	平均出力/10^5 kW	生态流量平均改变度
偏丰水偏丰沙年（2013 年）	2.824 5	0.157 5
平水平沙年（2011 年）	2.565 6	0.370 3
偏枯水偏枯沙年（2017 年）	2.106 7	0.380 3

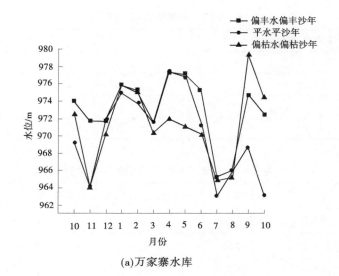

(a)万家寨水库

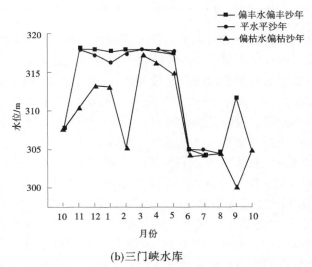

(b)三门峡水库

图 7-6-3　各优选调度方案的各水库调度期内水位过程

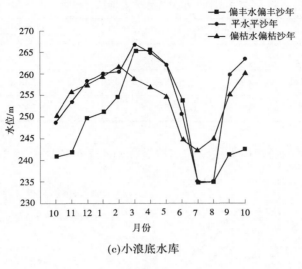

(c)小浪底水库

续图 7-6-3

小浪底水库调度在各典型年下的优选方案见表 7-6-10,对应实际调度数据见表 7-6-11。由表 7-6-10 可知,基于灰靶–累计前景理论和模糊评判法对小浪底水库调度方案集进行优选,其中偏丰水偏丰沙典型年和平水平沙典型年对应的优选方案为方案集中平均出力最大调度方案,在来水来沙量较大情形下,方案 D1 和 E1 以发电效益为主,生态效益和防洪效益有一定损失;偏枯水偏枯沙典型年对应的优选方案为平均出力较大和最大削峰率较大的调度方案,在来水来沙量较小的情形下,优选方案 F2 优先考虑发电效益和防洪效益,兼顾生态效益。

表 7-6-10　小浪底水库调度方案优选

典型年	方案编号	平均出力/10^5 kW	生态流量平均改变度	最大削峰率	评分
偏丰水偏丰沙年(2010 年)	方案 D1	3.596 7	0.055 3	0.728 9	74.416 1
平水平沙年(2005 年)	方案 E1	1.857 6	0.185 9	0.895 5	75.720 6
偏枯水偏枯沙年(2003 年)	方案 F2	1.070 3	0.185 5	0.748 2	75.194 1

进一步地,对比表 7-6-11 中小浪底水库在各典型年下根据实际调度数据计算出的目标值,方案 D1 相较于实际调度在平均出力方面提升 34.74%,在生态流量平均改变度方面降低 86.14%,在最大削峰率方面略有降低;方案 E1 相较于实际调度在平均出力方面提升 20.05%,在生态流量平均改变度方面降低 45.02%,在最大削峰率方面提升 34.88%;方案 F2 相较于实际调度在平均出力方面提升 29.31%,在生态流量平均改变度方面降低 37.73%,在最大削峰率方面提升 17.18%。

表 7-6-11　小浪底水库实际调度数据

典型年	平均出力/10^5 kW	生态流量平均改变度	最大削峰率
偏丰水偏丰沙年（2010 年）	2.669 4	0.399 0	0.885 6
平水平沙年（2005 年）	1.547 4	0.338 1	0.663 9
偏枯水偏枯沙年（2003 年）	0.827 7	0.297 9	0.638 5

各优选调度方案的各水库调度期内水位过程如图 7-6-4 所示。

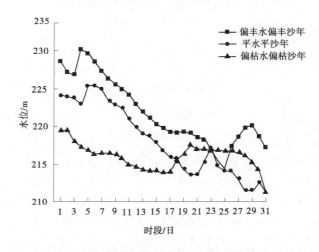

图 7-6-4　各优选调度方案的各水库调度期内水位过程

7.6.3　小结

本部分在万三小梯级水库优化调度方案集和小浪底水库优化调度方案集的基础上，计算并构建水库调度方案综合效益评价指标体系，从发电、生态和防洪三个一级指标出发，综合各水库数据，结合灰靶理论和累计前景理论，充分考虑在评估量化时对待成本型指标和效益型指标的态度，采用模糊判别法对各调度方案集进行综合评估，实现调度方案集综合效益的量化，各水调度方案价值评分的高低一定程度上代表其综合效益的大小。通过评价优选得到各典型年下的 6 个最优方案，分析其目标值特点和水库调度水位过程，对比实际调度数据，进一步验证优选方案在发电、生态和防洪构成的综合效益方面的优越性，说明了黄河中游水库群联合调度的有效性，为黄河中游水库群优化调度提供一种新的决策思路和技术支撑。

7.7　本章小结

（1）头道拐水文站多年（1998～2019 年＋1958～1990 年）年径流量和年输沙量呈下降趋势；在 1958～1990 年水沙关系存在一个变异点（1965 年），在 1998～2019 年水沙关系中无明显的变异点,整体水沙关系存在一定的平稳性;1958~1990 年和 1998~2019 年两个时期的水沙丰平枯组合遭遇频率中丰枯同频高于丰枯异频,前一时期的年径流量和年输沙量在较大值处相关性较强,后一时期年径流量和年输沙量整体相关性较强,年径流量和年输沙量的丰平枯变化趋势基本一致。基于 Copula 函数构建二维水沙联合分布模型,并确定水沙序列的变异点,分析水沙联合分布的累计频率特征,确定了典型年。

(2)潼关站的多年年径流量呈先减小后微增的平稳变化趋势,而年输沙量呈现持续减少趋势,2003 年为水沙关系的变异点;水沙关系变异后,$P<90\%$ 时的年径流量、年输沙量均减小,年输沙量减小趋势较为明显,水平沙丰和水枯沙枯遭遇概率有增大趋势;基于二维 Copula 函数建立了不同重现期下潼关站年径流量和年输沙量不同遭遇组合概率的水沙关系联合分布模型,根据等值线图即可查得任意重现期下潼关站年径流量和年输沙量的各种遭遇组合的概率。

(3)黄河下游高效输沙的水沙条件范围:排沙比取 0.85~1.00,流量范围 2 600~4 800 m^3/s,含沙量范围 17.50~ 34.02 kg/m^3。提出了水沙协调度的定义和判别方法。在 59 年的水沙过程中,水沙协调度由水少沙多的搭配关系向水多沙少的搭配关系转变,特别是 1997 年以后,这一趋势更加明显。

(4)分析 NSGA-Ⅱ和 NSGA-Ⅲ的算法特点和实现过程,针对 NSGA-Ⅱ求解多目标问题时存在局部搜索能力较差的缺陷,提出 SA-NSGA-Ⅱ,算法基于逐次逼近方法,利用寻优结果不断调整寻优空间,增强局部寻优能力,从而快速逼近 Pareto 真实前沿面。引入两目标测试函数和水库调度实例对 SA-NSGA-Ⅱ进行测试,结果表明,一定条件下 SA-NSGA-Ⅱ寻优结果的均匀性和收敛性略优于 NSGA-Ⅱ的情况下缩短寻优时间 4 200 ms以上,并且验证了 SA-NSGA-Ⅱ在求解水库优化调度问题方面的可行性和高效性。引入三目标测试函数对 NSGA-Ⅲ进行测试,结果表明,NSGA-Ⅲ在三目标多阶段问题求解中相较于 NSGA-Ⅱ在收敛性、均匀性和搜索效率方面有较大优势,为水库多目标优化调度问题的求解提供有效的算法支持。

(5)分析黄河中游水库群的工程特点和水库运行规则,考虑梯级水库水力、水位、流量、出力等约束,构建了以梯级水库群平均出力最大、下游生态流量平均改变度最小为目标的万三小梯级水库优化调度模型,针对汛期水库调度问题,构建了以水库平均出力最大、下游生态流量平均改变度最小为目标的小浪底水库优化调度模型,为黄河中游水库群科学调度提供参考。应用 SA-NSGA-Ⅱ和 NSGA-Ⅲ分别对黄河中游万三小梯级水库群两目标优化调度模型和小浪底水库三目标优化调度模型在三种典型年情形下进行求解得到共计 6 个水库调度方案集。对不同典型年下水库调度方案集的 Pareto 前沿进行分析,说明了不同典型年情形下 Pareto 前沿分布特点和分布变化。

计算并构建水库调度方案综合效益评价指标体系,从发电、生态和防洪三个一级指标出发,综合各水库数据,结合灰靶理论和累计前景理论,充分考虑到在评估量化时对待成本型指标和效益型指标的态度,采用模糊判别法对各调度方案集进行综合评估,通过优选获得各典型年下的 6 个最优方案,其中梯级水库优选调度方案较实际调度数据在平均出力目标值上平均提升 13.36%,在生态流量平均改变度目标值上平均降低 28.28%;单水库优选调度方案较实际调度数据在平均出力目标值上平均提升 27.94%,在生态流量平均改变度目标值上平均降低 55.63%,在最大削峰率目标值上平均提升 11.45%。验证了黄河中游梯级水库群多目标联合调度和小浪底水库汛期多目标优化调度的综合效益优于实际调度情况,为黄河中游水库群调度的方案制订提供了决策支撑。

参考文献

［1］ Tversky A, Kahneman D. Advances in Prospect Theory：Cumulative Representation of Uncertainty ［J］. Journal of Risk and Uncertainty, 1992, 5(4):297-323.

［2］ Bao W N, Guo W D, Xiang L I, et al. Study on dominant discharge bankfull discharge and effective discharge of Liaohe River ［J］. Journal of Sediment Research, 2018, 3(2):55-60.

［3］ Chang Y Y, Hou X Y, Wu T, et al. On spatial-temporal dynamics of precipitation in global mid-low latitudes from 1998 to 2010 ［J］. Shuikexue Jinzhan/Advances in Water Science, 2012, 23(4):475-484.

［4］ Chen X, An Y, Zhang Z, et al. Equilibrium relations for water and sediment transport in the Yellow River ［J］. International Journal of Sediment Research, 2020.

［5］ Xu J, Chen C, Hu Y, et al. Comprehensive evaluation method for sediment allocation effects in the Yellow River ［J］. International Journal of Sediment Research, 2020, 35(6):92-99.

［6］ Dias A D C. Copula Inference for Finance and Insurance ［D］. Zurich, Switzer-Land:ETH,2004：123-141.

［7］ Deb K, Pratap A, Agarwal S, et al. A fast and elitist multiobjective genetic algorithm：NSGA-Ⅱ ［J］. IEEE Transactions on Evolutionary Computation, 2002, 6(2):182-197.

［8］ Deb K. Scalable test problems for evolutionary multiobejctve optimization ［M］. Evolutionary Multiobjective Optimization：Theoretical Advances and Applications, 2005:105-145.

［9］ Fonseca C M, Fleming P J. Genetic Algorithms for Multiobjective Optimization：Formulation Discussion and Generalization ［C］//Proceedings of the 5th International Conference on Genetic Algorithms, Urbana-Champaign, IL, USA, June 1993. Morgan Kaufmann, 1993.

［10］ Genest C, Rivest L P. Statistical inference Procedures for Bivariat Archimedean Copulas［J］. Journal of the American Statistical Association. 1993,88(423):1035-1042.

［11］ Gu Q H, Wang R, Xie H Y, et al. Modified non-dominated sorting genetic algorithm III with fine final level selection ［J］. Applied Intelligence. 2021, 51(7):4236-4269.

［12］ Hashemi M R, Moghaddam I G. A Mixed Methods Genre Analysis of the Discussion Section of MMR Articles in Applied Linguistics ［J］. Journal of Mixed Methods Research. 2016,13(2):242-260.

［13］ Hojjati A, Monadi M, Faridhosseini A, et al. Application and comparison of NSGA-Ⅱ and MOPSO in multi-objective optimization of water resources systems ［J］. Journal of Hydrology & Hydromechanics, 2018, 66(3):323-329.

［14］ Huang S Z, Li P, Huang Q, et al. Copula-vbased identification of the non-stationarity of the relation between runoff and sediment load ［J］. International Journal of Sediment Research, 2017,32(2): 221-230.

［15］ Jain H, Deb k. An evolutionary many-objective optimization algorithm using reference-point based non-dominated sorting approach, Part II：Handling constraints and extending to an adaptive approach ［J］. IEEE Transactions on Evolutionary Computation, 2014, 18(4):602-622.

［16］ Jeffrey D H, Nicholas N, Goldberg D. A niched pareto genetic algorithm for multi-objective optimization ［J］. Evolutionary Computation, 1994, 1(6):82-87

［17］ Hamed K H. Trend detection in hydrologic data：The Mann-Kendall trend test under the scaling hypothesis [J]. Journal of Hydrology Amsterdam, 2008,349(3-4):350-363.

[18] Li X J, Wang Y J, Qu S J, et al. Study on the evolution law of density current in the Xiaolangdi Reservoir before the flood in 2018 [C]//2018 International Symposium on Water System Operations, 2018, 246:1-10.

[19] Kisi O, Ay M. Comparison of Mann-Kendall and innovative trend method for water quality parameters of the Kizilirmak River, Turkey [J]. Journal of Hydrology, 2014, 513:362-375.

[20] Patton A J. A review of copula models for economic time series [J]. Journal of Multivariate Analysis, 2012, 110:4-18.

[21] Shi H, Hu C, Wang Y, et al. Analyses of trends and causes for variations in runoff and sediment load of the Yellow River [J]. International Journal of Sediment Research, 2017, 32(2):171-179.

[22] Song Yu, Kong Dezhi, Liu Qiang, et al. The Analysis of Flood Limit Water Level in Longyangxia Reservoir During Different Flood Stages Based on Fuzzy Theory [C]// Advances in Water Disaster Mitigation and Water Environment Regulation, 2021, 246.

[23] Srinivas N, Deb K. Multiobjective Function Optimization Using Nondominated Sorting Genetic Algorithms [J]. Evolutionary Computation, 1994, 2(3):1301-1308.

[24] Sun C, Yang X, Zhai J. Doctoral Innovation Ability and Innovation Performance Evaluation Model [C]// Proceedings of 2016 International Conference on Communications, Information Management and Network Security, 2016:164-166.

[25] Tversky A, Kahneman D. Advances in Prospect Theory: Cumulative Representation of Uncertainty [J]. Journal of Risk and Uncertainty, 1992, 5(4):297-323.

[26] Wang Z, Liu C. Two-thousand years of debates and practices of Yellow River training strategies [J]. International Journal of Sediment Research, 2019, 34(1):77-87.

[27] Xu J J, Bai D. Multi-objective optimal operation of the inter-basin water transfer project considering the unknown shapes of pareto fronts [J]. Water,2019,11(12).

[28] Guo X, Hu T, Zeng X, et al. Extension of Parametric Rule with the Hedging Rule for Managing Multi-eservoir System during Droughts [J]. Journal of Water Resources Planning and Management, 2013, 139(2): 139-148.

[29] Yan F, Li C. Novel Method to Identify the Inrush Current Based on Pearson Correlation Coefficient [J]. High Voltage Apparatus, 2016, 52(8):52-56,63.

[30] Yue S, Ouarda T, B Bobée, et al. The Gumbel mixed model for flood frequency analysis [J]. Journal of Hydrology, 1999, 226(3-4):88-100.

[31] Xiang Z, Hu T, Guo X, et al. Water Transfer Triggering Mechanism for Multi-Reservoir Operation in Inter-Basin Water Transfer-Supply Project [J]. Water Resources Management, 2014, 28(5):1293-1308.

[32] Zitzler E, Deb K, Thiele L. Comparison of Multiobjective Evolutionary Algorithms: Empirical Results [J]. Evolutionary Computation, 2000, 8(2):173-195.

[33] 白涛, 阚艳彬, 畅建霞, 等. 水库群水沙调控的单一多目标调度模型及其应用[J]. 水科学进展, 2016, 27(1): 116-127.

[34] 蔡卓森, 戴凌全, 刘海波, 等. 基于支配强度的 NSGA-Ⅱ改进算法在水库多目标优化调度中的应用 [J]. 武汉大学学报(工学版), 2020, 7(15): 1-11.

[35] 曹文洪. 黄河下游水沙复杂变化与河床调整的关系 [J]. 水利学报, 2004, 35(11):1-6.

[36] 曾祥, 胡铁松, 郭旭宁, 等. 跨流域供水水库群调水启动标准研究. 水利学报 [J]. 2013,44(3): 253-261.

[37] 陈翠霞, 安催花, 罗秋实, 等. 黄河水沙调控现状与效果 [J]. 泥沙研究, 2019, 44(2): 69-74.

[38] 陈富洪, 易磊, 张荣, 等. 格尔木河地表径流的趋势和突变特征分析 [J]. 盐湖研究, 2021, 29 (4): 30-42.

[39] 陈秀秀, 叶盛, 洪艳艳, 等. 黄河骨干水库水沙调度的目标函数构建和应用 [J]. 应用基础与工程 科学学报, 2020, 28(3): 727-739.

[40] 程春田, 王本德, 陈守煜. 水库防洪调度的协商模型 [J]. 水电能源科学, 1994(3): 152-159.

[41] 程根伟, 陈桂蓉. 试验三峡水库生态调度, 促进长江水沙科学管理 [J]. 水利学报, 2007(S1): 526-530.

[42] 程文仕, 曹春, 黄鑫. 趋势移动平均法在耕地面积预测中的应用研究——基于1985—2010年甘肃 省耕地面积分析 [J]. 干旱区资源与环境, 2015, 29(8): 185-189.

[43] 楚纯洁, 李亚丽. 近60年黄河干流水沙变化及其驱动因素 [J]. 水土保持学报, 2013, 27(5): 41-47, 132.

[44] 代昌龙, 代稳. 频率曲线在荆江三口输沙量计算中的应用 [J]. 水利科技与经济, 2017, 23(4): 24-27.

[45] 邓聚龙. 灰预测与灰决策 [M]. 武汉: 华中科技大学出版社, 2002.

[46] 丁志宏, 张金良, 冯平. 黄河中游汛期水沙联合分布模型及其应用 [J]. 吉林大学学报(地球科学 版), 2011, 41(4): 1130-1135.

[47] 董增川, 马红亮, 王明昊, 等. 基于组合决策的黄河流域水量调度方案评价方法 [J]. 水资源保 护, 2015, 31(2): 89-94.

[48] 杜殿勖, 朱厚生. 三门峡水库水沙综合调节优化调度运用的研究 [J]. 水力发电学报, 1992(2): 12-24.

[49] 杜雷功, 王永生. 三门峡水利枢纽工程改扩建设计 [J]. 人民黄河, 2017, 39(7): 19-22.

[50] 杜懿, 麻荣永. 不同Copula函数在洪水峰量联合分布中的应用比较 [J]. 水力发电, 2018, 44 (12): 24-26, 58.

[51] 段奕多, 金琳. 基于贝叶斯框架下Copula函数的干旱特征分析 [J]. 安徽农学通报, 2021, 27 (15): 185-189, 195.

[52] 凡炳文, 陈文, 李计生. 洮河泥沙分布及变化分析 [J]. 地下水, 2010, 32(3): 118-120, 123.

[53] 方洪斌, 王梁, 李新杰. 水库群调度规则相关研究进展 [J]. 水文, 2017, 37(1): 14-18.

[54] 方洪斌, 胡铁松, 曾祥, 等. 基于平衡曲线的并联水库分配规则 [J]. 华中科技大学学报(自然科 学版), 2014, 42(7): 44-49.

[55] 方洪斌, 彭少明. 龙刘水库非汛期联动补水机制研究 [J]. 人民黄河, 2017, 39(11): 19-23, 98.

[56] 方洪斌, 王梁, 周翔南, 等. 水库优化调度与厂内经济运行耦合模型研究 [J]. 水力发电, 2017, 43(3): 102-105.

[57] 方洪斌, 王梁, 周翔南, 等. 空间水量调蓄规则下梯级水电站优化调度研究 [J]. 水力发电, 2018, 44(1): 81-84, 105.

[58] 方洪斌, 周翔南, 李克飞, 等. 基于上游综合调度模型的龙羊峡水库年末水位研究 [J]. 水力发电, 2021, 47(12): 55-59.

[59] 高航, 姚文艺, 张晓华. 黄河上中游近期水沙变化分析 [J]. 华北水利水电学院学报, 2009, 30 (5): 8-12.

[60] 高建峰, 任健美, 胡彩虹. 汾河水库以上流域径流变化与洪水频率分析 [J]. 中国沙漠, 2009, 29 (3): 577-582.

[61] 高宗军, 冯国平. 黄河水沙变化趋势及成因分析 [J]. 地下水, 2020, 42(1): 147-151.

[62] 郜国明，李新杰，马迎平. 小浪底水库生态调度的内涵、目标及措施 [J]. 人民黄河. 2014,36(9)，76-79.

[63] 郜国明，田世民，曹永涛，等. 黄河流域生态保护问题与对策探讨 [J]. 人民黄河，2020，42(9)：112-116.

[64] 郭爱军，黄强，畅建霞，等. 基于 Copula 函数的泾河流域水沙关系演变特征分析 [J]. 自然资源学报,2015,30(4):673-683.

[65] 郭爱军，黄强，畅建霞，等. 变化环境下渭河流域径流丰枯遭遇变化特征及其影响因素分析 [J]. 西安理工大学学报，2016, 32(2):173-179.

[66] 郭利丹，夏自强，李捷，等. 河流生态径流量计算方法的改进 [J]. 河海大学学报(自然科学版)，2008, 51(4): 456-461.

[67] 郭生练，叶守泽. 论水文计算中的经验频率公式 [J]. 武汉水利电力学院学报,1992(2):38-45.

[68] 郭旭宁，胡铁松，曾祥，等. 基于二维调度图的双库联合供水调度规则研究 [J]. 华中科技大学学报(自然科学版)2011, 39(10), 121-124 .

[69] 郭旭宁，胡铁松，李新杰，等. 配合变动分水系数的二维水库调度图研究 [J]. 水力发电学报，2013, 32(6):57-63.

[70] 郭一萌，王颖. 刘家峡水电站排沙洞岩塞爆破口上淤泥层稳定性试验研究 [J]. 水利科技与经济，2017,23(9):60-62.

[71] 韩其为. 黄河下游输沙能力的表达——"黄河调水调沙的根据、效益和巨大潜力"之一 [J]. 人民黄河，2008(11):1-2,5,120.

[72] 韩其为. 小浪底水库初期运用及黄河调水调沙研究 [J]. 泥沙研究,2008(3):1-18.

[73] 侯召成，陈守煜. 水库防洪调度多目标模糊群决策方法 [J]. 水利学报，2004(12): 106-111,119.

[74] 胡春宏，张晓明. 黄土高原水土流失治理与黄河水沙变化 [J]. 水利水电技术，2020, 51(1): 1-11.

[75] 胡春宏，陈绪坚，陈建国. 黄河水沙空间分布及其变化过程研究 [J]. 水利学报，2008,39(5):518-527.

[76] 胡春宏. 我国多沙河流水库"蓄清排浑"运用方式的发展与实践 [J]. 水利学报，2016, 47(3): 283-291.

[77] 胡春宏. 黄河干流泥沙空间优化配置研究(Ⅱ):潜力与能力 [J]. 水利学报,2010,41(4):379-389.

[78] 胡春宏. 黄河水沙变化与治理方略研究 [J]. 水力发电学报,2016,35(10):1-11.

[79] 胡春宏. 我国多沙河流水库"蓄清排浑"运用方式的发展与实践 [J]. 水利学报,2016, 47(3): 283-291.

[80] 黄锋华，陈思淳. 近 60 a 榕江流域径流变化成因定量分析 [J]. 广东水利水电，2020(11):7-11.

[81] 黄继文. P-Ⅲ型分布频率分析在 Excel 中的实现及应用 [J]. 水资源研究,2006,27(4):7-9.

[82] 纪昌明，刘方，彭杨，等. 基于鲶鱼效应粒子群算法的水库水沙调度模型研究 [J]. 水力发电学报，2013,32(1):70-76.

[83] 贾本军，周建中，陈潇，等. 水库容积特性曲线定线及其在调度中的应用 [J]. 水力发电学报，2021, 40(2):89-99.

[84] 贾玉红，宋松柏. 陕北地区年降水量频率分布参数估算研究 [J]. 水资源与水工程学报,2012,23(5):48-50.

[85] 金鑫，郝振纯，张金良. 黄河中游水沙频率关系研究 [J]. 泥沙研究，2006(3):6-13.

[86] 晋健，马光文，吕金波. 大渡河瀑布沟以下梯级电站发电及水沙联合调度方案研究 [J]. 水力发电学报，2011, 30(6):210-214,236.

[87] 寇晓梅,牛天祥,黄玉胜,等.黄河上游已建梯级电站的水环境累积效应 [J].西北水电,2009(6): 11-14.

[88] 乐茂华,李永清,付廷勤,等.黄河刘家峡水库洮河口排沙洞运行效果及库区河道响应 [J].泥沙研究,2021,46(2):29-34

[89] 雷冠军,王文川,殷峻暹,等.P-Ⅲ型曲线参数估计方法研究综述 [J].人民黄河,2017,39(10): 1-7.

[90] 冷梦辉,白桦,李二辉,等.洪水基流分割非参数检验方法优选 [J].水资源保护,2021,37(4): 82-88.

[91] 李贵生,胡建成.刘家峡水电站坝前和洮河库区泥沙淤积状况及应采取的对策 [J].人民黄河, 2001(7):27-28,34-46.

[92] 李国英,盛连喜.黄河调水调沙的模式及其效果 [J].中国科学:技术科学,2011,41(6):826-832.

[93] 李国英.黄河干流水库联合调度塑造异重流 [J].人民黄河,2011,33(4):1-2,8,150.

[94] 李国英.黄河调水调沙 [J].人民黄河,2002,24(11):1-4,46.

[95] 李国英.黄河中下游水沙的时空调度理论与实践 [J].水利学报,2004a,35(8):1-7.

[96] 李国英.基于空间尺度的黄河调水调沙 [J].中国水利,2004,26(3):15-19,5.

[97] 李国英.基于水库群联合调度和人工扰动的黄河调水调沙 [J].水利学报,2006,37(12):1439-1446.

[98] 李国英.维持黄河健康生命 造福中华民族 [J].中国水利,2009(18):104-106.

[99] 李弘瑞,李新杰,张红涛,等.基于Copula函数的头道拐水沙关系频率分析研究 [J].人民黄河, 2021,43(2):22-29.

[100] 李继清,谢宇韬,侯宇.基于Copula函数的川江干支流洪水遭遇分析 [J].长江流域资源与环境,2021,30(5):1275-1283.

[101] 李捷,夏自强,马广慧,等.河流生态径流计算的逐月频率计算法 [J].生态学报,2007,27(7): 2916-2921.

[102] 李林波,魏为,黄国芳.Excel在求解水文频率曲线中的应用 [J].水资源开发与管理,2020 (11):55-61.

[103] 李强,王义民,白涛.黄河水沙调控研究综述 [J].西北农林科技大学学报(自然科学版), 2014,42(12):227-234.

[104] 李天元,郭生练,罗启华,等.双参数Copula函数在洪水联合分布中的应用研究 [J].水文, 2011,31(5):24-28,46.

[105] 李彤,胡国华,顾庆福,等.近55年来降水及人类活动对资水流域径流的影响 [J].水文, 2018,38(6):54-58,88.

[106] 李新杰,郜国明,朱亮,等.黄河潼关站水沙关系频率及协调度分析研究 [J].人民黄河,2020, 42(5):47-51.

[107] 李新杰,耿明全,王远见,等.黄河下游滩区防洪减灾能力评价 [J].人民黄河,2018.11(40): 34-37.

[108] 李新杰,耿明全.滩区工程对黄河下游漫滩水流的影响分析 [J]中国水利,2017(15):42-45, 32.

[109] 李新杰,王宝莹,谢慰,等.自适应混沌差分进化算法在梯级水库优化调度中的应用 [J].水利水电技术,2016,47(9):85-89.

[110] 李新杰,周炎,王远见,等.基于模糊集分析法的小浪底水库分期汛限水位探讨 [C]//国际碾压混凝土坝技术新进展与水库大坝高质量建设管理——中国大坝工程学会2019学术年会论文集.,

2019:999-1003.

[111] 李新杰,李弘瑞,张红涛,等.黄河流域骨干枢纽泥沙调控利用潜力评价研究 [J].人民黄河, 2021,43(11):40-45,51.

[112] 李新杰,王远见,蒋思奇.基于 AHP 的梯级水库水沙调度方案的模糊综合评价研究 [C]//水库大 坝高质量建设与绿色发展——中国大坝工程学会 2018 学术年会论文集,2018:154-161.

[113] 李新杰,周恒,李晖,等.黄河刘家峡水库增建减淤发电工程及调控关键技术研究与应用 [J]. 西北水电,2021(5):10-16.

[114] 李雅晴,谢平,桑燕芳,等.水文序列相依变异识别的 RIC 定阶准则——以自回归模型为例 [J].水利学报,2019,50(6):721-731.

[115] 李艳玲,畅建霞,黄强,等.基于滑动 Copula 函数的降水和径流关系变异诊断 [J].水力发电学 报,2014,33(6):20-24,60.

[116] 连煜.坚持黄河高质量生态保护,推进流域高质量绿色发展 [J].环境保护,2020,48(增刊1):22- 27.

[117] 练继建,胡明罡,刘媛媛.多沙河流水库水沙联调多目标规划研究 [J].水力发电学报,2004 (2):12-16.

[118] 梁艳洁,罗秋实,韦诗涛.洮河异重流倒灌对刘家峡库区河床变化的影响 [J].人民黄河,2015,37 (12):19-22.

[119] 林沫,刘颖,丛远飞,等.松辽流域主要河流水沙规律分析 [J].东北水利水电,2009,27(12):40- 42,72.

[120] 刘东,黄强,杨元园,等.基于改进 NSGA-Ⅱ算法的水库双目标优化调度 [J].西安理工大学学 报,2020,36(2):176-181,213.

[121] 刘红宾,马怀宝,张雷,等.基于减少泥沙通量的水电站磨蚀主动防御措施分析 [J].水利水电快 报,2019,40(11):56-59.

[122] 刘静,乔白,余晓华,等.刘家峡水电厂左岸电站超大调压井的关键技术 [J].西北水电,2017(5): 21-25.

[123] 刘思峰,杨英杰,吴利丰.灰色系统理论及其应用 [M].7 版.北京:科学出版社,2014:63-64.

[124] 刘彦,张建军,张岩,等.三江源区近数十年河流输沙及水沙关系变化 [J].中国水土保持科学, 2016,14(6):61-69.

[125] 刘翙竣,徐国宾,段宇.基于 Copula 函数淮河流域水沙联合分布研究 [J].武汉大学学报(工学 版),2021,54(6):494-501.

[126] 刘勇,Forrest Jeffrey,刘思峰,等.基于前景理论的多目标灰靶决策方法 [J].控制与决策, 2013,28(3):345-350.

[127] 刘裕辉,刘惠英,卢怡诗.赣江上游章水流域极端降水时空变化特征 [J].水资源与水工程学 报,2020,31(2):65-73,80.

[128] 刘治理,马光文,姚若军,等.基于群决策的综合利用水库运行方式研究 [J].四川大学学报 (工程科学版),2009,41(2):77-80.

[129] 吕一兵,万仲平,胡铁松.水资源优化配置的双层多目标规划模型 [J].武汉大学学报(工学 版),2011,44(1):53-57.

[130] 马雁,贾生海,张彦洪.黄河上游兰州水文站 2004—2018 年水沙特性分析 [J].水利规划与设 计,2020(4):52-54,89.

[131] 毛海涛,邹敏,何涛,等.基于 Copula 函数的三峡库区万州段蓄水前后降雨径流关系分析 [J]. 泥沙研究,2021,46(3):57-63.

［132］莫淑红, 沈冰, 张晓伟, 等. 基于 Copula 函数的河川径流丰枯遭遇分析 ［J］. 西北农林科技大学学报（自然科学版）, 2009, 37(6):131-136.

［133］宁泽宇, 林鹏, 彭浩洋, 等. 混凝土实时温度数据移动平均分析方法及应用 ［J］. 清华大学学报（自然科学版）, 2021, 61(7):681-687.

［134］彭杨, 纪昌明, 刘方. 梯级水库水沙联合优化调度多目标决策模型及应用 ［J］. 水利学报, 2013, 44(11): 1272-1277.

［135］钱宁, 张仁, 赵业安, 等. 从黄河下游的河床演变规律来看河道治理中的调水调沙问题 ［J］. 地理学报, 1978(1):13-24.

［136］乔秋文, 蔡新玲, 廖春梅. 黄河上游梯级水电站兴利调度分析 ［J］. 中国防汛抗旱, 2019, 29(6):5-8.

［137］曲武. 灰色系统理论在水文地质实践中的应用探讨 ［J］. 长江技术经济, 2020, 4(增刊1):90-91, 104.

［138］冉大川, 姚文艺, 张攀, 等. 黄河头道拐站水沙来源空间分布及其影响因素 ［J］. 泥沙研究, 2015, 40(1):42-48.

［139］任智慧, 王婷, 曲少军. 万家寨水库库区冲淤特点分析 ［C］∥水库大坝高质量建设与绿色发展——中国大坝工程学会 2018 学术年会论文集, 2018:172-177.

［140］申冠卿, 张原锋, 张敏. 黄河下游高效输沙洪水调控指标研究 ［J］. 人民黄河, 2019, 41(9): 50-54.

［141］沈利平, 贾怀森, 姬生才, 等. 刘家峡水库汛限水位动态控制研究 ［J］. 西北水电, 2018(2):16-21.

［142］宋喜芳, 李建平, 胡希远. 模型选择信息量准则 AIC 及其在方差分析中的应用 ［J］. 西北农林科技大学学报（自然科学版）, 2009, 37(2):88-92.

［143］苏加林. 水下岩塞爆破技术进展 ［J］. 水利水电技术, 2019, 50(8): 110-115.

［144］苏中海, 陈伟忠. 近 60 年来长江源区径流变化特征及趋势分析 ［J］. 中国农学通报, 2016, 32(34):166-171.

［145］隋大鹏, 张应语, 张玉忠. 前景理论及其价值函数与权重函数研究述评 ［J］. 商业时代, 2011, 12(31): 73-75.

［146］谈广鸣, 邴国明, 王远见, 等. 基于水库-河道耦合关系的水库水沙联合调度模型研究与应用 ［J］. 水利学报, 2018, 49(7):795-802.

［147］谭晓娟. 前景理论评述 ［J］. 中国集体经济, 2012, 28(1): 87-88.

［148］田勇, 屈博, 李勇, 等. 黄河下游滩区治理研究与展望 ［J］. 人民黄河, 2019, 41(2):14-19.

［149］万新宇, 包为民, 荆艳东. 黄河水库调水调沙研究进展 ［J］. 泥沙研究, 2008(2):77-81.

［150］王光谦, 钟德钰, 吴保生. 黄河泥沙未来变化趋势 ［J］. 中国水利, 2020(1):9-12, 32.

［151］王光谦. 河流泥沙研究进展 ［J］. 泥沙研究, 2007(2):64-81.

［152］王国玉, 于连青. 黄河源区唐乃亥站水沙特性初步分析 ［J］. 青海环境, 2005, 15(2):63-65, 71.

［153］王浩, 赵勇. 新时期治黄方略初探 ［J］. 水利学报, 2019, 50(11):1291-1298.

［154］王士强. 黄河泥沙冲淤数学模型研究 ［J］. 水科学进展, 1996(3):10-16.

［155］王天宇, 董增川, 付晓花, 等. 黄河上游梯级水库防洪联合调度研究 ［J］. 人民黄河, 2016, 38(2):40-44.

［156］王婷, 李小平, 曲少军, 等. 前汛期中小洪水小浪底水库调水调沙方式 ［J］. 人民黄河, 2019a, 41(5):47- 50.

［157］王婷, 张俊华, 马怀宝, 等. 小浪底水库淤积形态探讨 ［J］. 水利学报, 2013, 44(6):710-717.

［158］王婷, 王远见, 马怀宝, 等. 水库支流异重流入汇区水沙演化特点试验研究 ［J］. 人民黄河,

2020,42(5):56-61.

[159] 王晓菊, 毛海涛, 黄庆豪, 等. 基于 Copula 函数的三峡库区万州段蓄水前后降雨量-径流量关系分析 [J]. 水资源与水工程学报, 2021, 32(2):23-30,37.

[160] 王学斌, 畅建霞, 孟雪姣, 等. 基于改进 NSGA-Ⅱ的黄河下游水库多目标调度研究 [J]. 水利学报, 2017, 48(2): 135-145,156.

[161] 王延贵, 胡春宏, 刘茜, 等. 长江上游水沙特性变化与人类活动的影响 [J]. 泥沙研究, 2016 (1): 1-8.

[162] 王煜, 安催花, 李海荣, 等. 黄河水沙调控体系建设关键问题研究 [J]. 人民黄河, 2012, 34 (10): 17-18.

[163] 王煜, 彭少明, 郑小康. 黄河流域水量分配方案优化及综合调度的关键科学问题 [J]. 水科学进展,2018,29(5):614-624.

[164] 王远见, 江恩慧, 张翎, 等. 黄河流域全河水沙调控的可行性与模式探索 [J]. 人民黄河,2020,42 (9):46-51.

[165] 王增辉, 夏军强, 张俊华, 等. 考虑干支流倒回灌的小浪底水库异重流模拟 [J]. 工程科学与技术,2018,50(1):85-93.

[166] 夏军, 翟金良, 占车生. 我国水资源研究与发展的若干思考 [J]. 地球科学进展, 2011, 26(9): 905- 915.

[167] 徐家隆, 张云, 张雪兵, 等. 仕望河流域水土保持措施的减水减沙效益研究 [J]. 水土保持研究, 2014, 21(6):140-143,147.

[168] 徐青山, 丁一帆, 颜庆国, 等. 大用户负荷调控潜力及价值评估研究 [J]. 中国电机工程学报, 2017, 37(23): 6791-6800,7070.

[169] 徐小武, 薛立梅, 李俊富, 等. 刘家峡洮河口排沙洞水下岩塞爆通后多相流运动数值模拟 [J]. 东北水利水电, 2013, 31(12): 3-5,42,71.

[170] 徐宇程, 朱首贤, 张文静, 等. 长江大通站径流量的丰平枯水年划分探讨 [J]. 长江科学院院报, 2018,35(6):19-23.

[171] 许炯心. 黄河下游洪水的输沙效率及其与水沙组合和河床形态的关系 [J]. 泥沙研究, 2019, 34 (4): 45-50.

[172] 许炯心. 黄河下游高效输沙洪水研究 [J]. 泥沙研究,2009(6):54-59.

[173] 许文龙, 赵广举, 穆兴民, 等. 近 60 年黄河上游干流水沙变化及其关系 [J]. 中国水土保持科学, 2018, 16(6):38-47.

[174] 颜明, 郑明国, 舒畅, 等. 泾河流域径流-泥沙的尺度效应研究 [J]. 水土保持通报, 2016, 36 (6):184-188,194.

[175] 杨晓萍, 黄瑜珈, 黄强. 改进多目标布谷鸟算法的梯级水电站优化调度 [J]. 水力发电学报, 2017, 36(3): 12-21.

[176] 姚曼飞, 党素珍, 孟美丽, 等. 基于 Copula 函数的泾河流域水沙丰枯遭遇频率分析 [J]. 水土保持研究, 2019, 26(1):192-196,202.

[177] 张红武, 方红卫, 钟德钰, 等. 宁蒙黄河治理对策 [J]. 水利水电技术,2020,51(2):1-25.

[178] 张红武, 李振山, 安催花, 等. 黄河下游河道与滩区治理研究的趋势与进展 [J]. 人民黄河,2016, 38(12):1-10,23.

[179] 张红武. 黄河流域保护和发展存在的问题与对策 [J]. 人民黄河, 2020, 42(3):1-10,16.

[180] 张红武. 科学治黄方能保障流域生态保护和高质量发展 [J]. 人民黄河,2020,42(5): 1-7,12.

[181] 张金良, 郗国明. 关于建立黄河泥沙频率曲线问题的探讨 [J]. 人民黄河,2003,25(12):17-18.

[182] 张金良,练继建,张远生,等.黄河水沙关系协调度与骨干水库的调节作用[J].水利学报,2020,51(8):897-905.

[183] 张俊华,马怀宝,窦身堂,等.小浪底水库淤积形态优选与调控[J].人民黄河,2016,38(10):32-35.

[184] 张俊华,马怀宝,夏军强,等.小浪底水库异重流高效输沙理论与调控[J].水利学报,2018,49(1):62-71.

[185] 张俊华,李涛,马怀宝.小浪底水库调水调沙研究新进展[J].泥沙研究,2016(2):68-75.

[186] 张欧阳,熊明.汉江中下游近60年最小流量变化及影响因素分析[J].人民长江,2017,48(增刊2):89-92,98.

[187] 张遂,涂启华.从水流挟沙力和河槽形态规律分析黄河调水调沙[J].水文,2005(6):33-36.

[188] 张应华,宋献方.水文气象序列趋势分析与变异诊断的方法及其对比[J].干旱区地理,2015,38(4):652-665.

[189] 张志会.刘家峡水电站工程建设的若干历史反思[J].工程研究——跨学科视野中的工程,2013,5(1):58-70.

[190] 赵华侠,陈建国,李宜斌.洪水期水库调水调沙与黄河下游河道排沙分析[J].水利水电技术,1997(11):33-37.

[191] 赵丽霞,徐十锋,赵旭,等.黄河伊洛河流域径流变化特性及趋势分析[J].中国防汛抗旱,2020,30(12):70-73,97.

[192] 赵阳,胡春宏,张晓明,等.近70年黄河流域水沙情势及其成因分析[J].农业工程学报,2018,34(21):112-119.

[193] 中华人民共和国水利部.水文基本术语和符号标准:GB/T 50095—2014[S].北京:中国计划出版社;1999:2-51.

[194] 周建中,李英海,肖舸,等.基于混合粒子群算法的梯级水电站多目标优化调度[J].水利学报,2010,41(10):1212-1219.

[195] 周念清,赵露,沈新平.基于Copula函数的洞庭湖流域水沙丰枯遭遇频率分析[J].地理科学,2014,34(2):242-248.

[196] 周银军,刘春锋.黄河调水调沙研究进展[J].海河水利,2009(6):54-57.

[197] 朱新彧,宋傲霜,邢凯悦,等.基于三维Copula函数的河南郑州市干旱频率分析[J].中国防汛抗旱,2021,31(10):42-48.

[198] 左其亭.黄河流域生态保护和高质量发展研究框架[J].人民黄河,2019,41(11):1-6,16.